U0228444

多层次遥感农田信息获取技术体系

方圣辉　龚　龑　彭　漪　编著

科学出版社
北　京

内 容 简 介

遥感技术以其大面积、快速、动态的优势可在不破坏植物物理结构的同时获得不同时间和空间尺度的植被信息，在识别植物种类、估算植被参数等方面得到广泛应用，为监测及分析植被生态系统的时空变化提供有力的数据支持。本书概述多层次遥感农田信息获取的基本理论和应用实例。第 1 章以我国华中及美国地区的典型农作物类型为研究对象，讨论利用遥感光谱数据反演关键植被参数的方法；第 2 章以小麦为主要研究对象，通过遥感数据同时提取植被的几何和光谱信息以反演作物典型参数；第 3 章针对不同光学遥感数据在时间分辨率、空间分辨率、光谱分辨率和辐射分辨率的差异问题研究多层次遥感信息辐射校正技术；第 4 章以油菜作为实验对象，结合冠层光谱反射率、光谱指数、光谱特征参数、无人机纹理特征参数等遥感数据综合分析评估油菜的长势变化；第 5 章讨论利用无人机平台获取农田信息的技术和应用实例。

本书适合从事农业、林业、环境、生态和遥感等领域的科学研究人员阅读，也可作为测绘科学与技术、遥感科学与技术、地理信息系统和农林院校相关专业研究生教学参考书。

图书在版编目(CIP)数据

多层次遥感农田信息获取技术体系/方圣辉，龚龑，彭漪编著. —北京：科学出版社，2018.6

ISBN 978-7-03-056223-4

Ⅰ.①多… Ⅱ.①方… ②龚… ③彭… Ⅲ.①遥感技术-应用-农田-信息获取 Ⅳ.①S28-39 ②S-058

中国版本图书馆 CIP 数据核字(2017)第 323712 号

责任编辑：杨光华/责任校对：谌　莉

责任印制：彭　超/封面设计：苏　波

科学出版社 出版

北京东黄城根北街 16 号

邮政编码：100717

http://www.sciencep.com

武汉精一佳印刷有限公司印刷

科学出版社发行　各地新华书店经销

*

开本：787×1092　1/16

2018 年 6 月第　一　版　印张：25 1/2

2018 年 6 月第一次印刷　字数：601 700

定价：258.00 元

(如有印装质量问题，我社负责调换)

前　言

我国自古以来就是一个农业大国，农业的发展一直是国民经济的命脉，直接关系着社会的稳定与发展。在当前耕地资源日益紧缺、人口不断膨胀、环境问题不断突出的背景下，加快推进农业农村现代化，利用科技创新来指导及辅助农业生产，实现农业高产、高效、生态安全的协调发展目标，是我国今后相当长时期内农业必须面对和解决的重大问题。农作物生长信息快速准确地获取和解析是现代化农业能够得以顺利决策和实施的基础，是实现精准农业生产系统的核心组件。遥感技术可以高效的、多尺度的记录植被吸收、反射或散射的太阳辐射信号，进而解析植被生理生化的相关信息，为大范围监测农田长势和健康状况提供有力的数据支持。

本书围绕农业遥感这一重要研究领域，针对当前农业遥感的主要前沿问题，系统地讨论不同层次的遥感观测数据如何来获取和分析农作物的生长变化信息，进而辅助精准农业的管理和决策。本书在内容组织方面，首先从植被地面光谱估测植被生理生化参数的角度讨论植被和太阳辐射能量相互作用的基本机理；然后通过几何与光谱信息结合分析、遥感信息辐射校正技术、多层次信息系统辅助分析技术等内容讨论“地面-航空-航天”的技术关联；最后讨论利用无人机遥感平台，形成多层次遥感农田信息获取技术体系的几个具体实例。

本书的内容主要是基于我们在 2013～2017 年完成的国家 863 课题“作物生长信息的数字化获取与解析技术”（2013AA102401）的研究成果，围绕开展的科研实例进行整理、归纳和总结，系统地讨论遥感农田信息获取的技术体系。本书从农田地面信息获取分析、低空和无人机农田信息获取分析等不同层次进行关键问题剖析，介绍一系列原创性多平台农业遥感信息获取的技术方法，主要包括基于混合像元的作物长势光谱精细化分析、油菜覆盖信息光谱自适应提取、几何光谱一体化作物分析仪器研发和基于多时相卫星影像的作物产量估算等多种新型技术。全书共 5 章。第 1 章以华中地区典型的植被种类以及美国地区典型植被类型为研究对象，研究利用高光谱遥感数据反演关键植被参数叶绿素含量、叶面积指数以及总初级生产力的方法。第 2 章以小麦作为主要研究对象，分别从小麦冠层的几何信息与光谱信息两个方面研究遥感数据估算植被叶面积指数的方法，将光谱指数统计模型和几何光学模型进行结合以提高遥感反演叶面积指数的精度。第 3 章针对国产多源卫星数据辐射校正问题，提出有效的多源卫星数据协同校正的方法，突破协同校正的关键技术，通过研发相关算法和软件程序实现典型国产光学卫星数据的辐射校正处理，改善遥感影像辐射质量，为航天遥感提供可靠的数据基础。第 4 章以油菜作为实验对象，通过建立农作物数据管理分析系统，对冠层光谱反射率、光谱指数、光谱特征参数、无人机纹理特征参数等数据与油菜长势参数进行相关分析，充分挖掘各类型数据与农作物长势参数之间的关系，通过回归得到反演模型，并探究多时序数据匹配应用于多时序农作物长势参数获取的有效性。第 5 章的研究与精准农业紧密结合，利用遥感地面与无人机平台对油菜进行天地动态立体监测。在作物生长的关键节点，利用地面采集及无人机航飞作业方式实时获取光谱、理化参数信息，及时了解农田苗情以及生长状况。

本书由方圣辉对全书进行了统稿和最后定稿。各个章节的主要撰写人员分别为：第 1 章，方圣辉、彭漪、乐源、曾奥丽、邵佩佩、林志恒、王东、许凯秋；第 2 章，龚龑、彭漪、胡文烜、蒋琦、肖洁、李玉翠；第 3 章，龚龑、方圣辉、佃袁勇、舒欢、夏芷玥、周双百合、王科、杨振忠；第 4 章，方圣辉、龚龑、佃袁勇、胡卫、吕鑫晨、马骅、刘雅婷；第 5 章，彭漪、方圣辉、汤文超、杨光、段博、侯金雨、葛梦钰。

在此，特别感谢科技部农村中心，863 高科技发展计划提供的相关项目支持，使得我们的工作得以顺利开展。项目顾问罗锡文院士、赵春江院士、何勇教授及项目首席科学家朱艳教授对我们的科研提出大量的宝贵建议，在此表示衷心的感谢。

由于作者水平有限，书中难免存在疏漏之处，敬请各位读者批评指正。

作　者

2017 年 12 月

目　录

第1章　植被地面光谱和碳汇信息获取与分析

1.1　引　　言

绿色植物通过光合作用将太阳能转化成化学能，将大气中的二氧化碳转化成有机物，为人类提供最基本的物质和能量来源。植物的各种生态过程，诸如蒸发、蒸腾、初级生产、废物分解等，都与植物体内的生化参数如叶绿素以及物理参数如叶面积指数（leaf area index，LAI）密切相关。如何计算植物的固碳能力，估算植物的生产力、生物量和评价其生态效益价值成为目前各国学者研究的热点问题。遥感技术以其大面积、快速、动态的优势可在不破坏植物物理结构的同时获得不同时间和空间尺度的植物冠层信息。高光谱作为遥感发展的又一个里程碑，能提供更加丰富的光谱信息，在识别植物、反演植物的理化参数上具有更大的优势。本章以华中地区典型植被种类以及美国地区典型植被类型为研究对象，研究利用高光谱遥感数据反演关键植被参数——叶绿素、叶面积指数以及总初级生产力（gross primary productivity，GPP）的方法，主要的研究工作包括以下内容。

（1）分别从叶片以及冠层尺度，分析叶绿素含量、叶面积对光谱的影响，发现利用高光谱反演植被叶绿素以及叶面积指数时，关键波段有400～500 nm、525～600 nm、625～675 nm、720～730 nm以及800 nm这几个波段。以小麦为研究对象逐层分析小麦冠层叶绿素含量与冠层光谱中各个光谱波段、各种光谱指数的相关性。结果表明：红边波段反映叶绿素含量的深度要优于其他波段；绿波段略高于红波段；近红外波段反映叶绿素含量的深度最浅，往往只能反映植被冠层表层的叶绿素含量。

（2）分别利用植被指数经验模型与物理模型进行叶绿素以及叶面积指数反演。结果表明，基于红边波段的三种植被指数（$CI_{rededge}$、NDRE、MTCI）无论是在叶片还是冠层水平，精度均较高。叶片尺度上，物理模型精度与植被指数经验模型相近，但在冠层水平上，由于实测参数的缺乏，物理模型的精度下降。利用华中地区5种典型阔叶植被光谱数据以及对应的叶绿素含量，对Gitelson建立的红边指数$CI_{rededge}$经验模型进行参数优化。结果表明，优化后的模型决定系数达到0.94，均方根误差为46.95 mg/m^2，优化后的模型相比原模型更适用于华中地区阔叶植被叶片的叶绿素含量反演，并且能够适用于不同的植被类型。

（3）利用连续小波变换，分别在叶片与冠层两个尺度上，利用模拟数据与武汉地区实测数据进行叶绿素反演实验，寻找最适合用于叶绿素反演的小波尺度与波段，建立反演模型并与传统的植被指数经验模型进行比较分析。结果表明，无论是在叶片尺度还是冠层尺度，高相关的小波系数区域主要分布在720 nm附近的红边波段以及780 nm附近的近红外波段，并且最高相关的小波系数模型精度均高于植被指数模型。通过交叉验证，发现利用模拟数据的模型能够作用于实测数据，说明小波系数模型在不同数据集之间具有一定适应性。

(4) 由于碳汇能力与植被的光合作用和初级生产力密切相关，利用总初级生产力作为衡量植被碳汇能力的指标，以油菜和小麦在不同水和氮条件下的田间实验为基础，首先探究两种植被在不同水和氮条件下的冠层光谱曲线特征，然后分别研究油菜和小麦叶片GPP与叶片反射光谱的定量关系，并综合两种植被探究利用植被指数估计GPP的统一定量模型。

1.2 概 述

1.2.1 研究意义和背景

随着全球气候变暖、各种地质灾害频发，世界各国对地球生态环境问题越来越关心。大量研究表明，人类向大气中排放的温室气体所产生的温室效应导致了地表温度的升高，进而影响到人类的生存环境(Baret et al.，2009；Asner et al.，2009，2008；Darvishzadeh et al.，2008；Gobron et al.，2006；陈新芳 等 2005；Goodenough et al.，2004)。植被占地球陆地表面的70%以上，是陆地生态系统的基本组成部分。植物通过光合作用积累有机物，为动物和人类提供最基本的物质和能量来源。植物将太阳能转化为化学能，吸收二氧化碳放出氧气，是生态系统能量交换与循环的先导因素。植被生态系统不仅为各种生物提供适宜的栖身场所，还具有改善地方气候、防止水土流失、减轻环境污染等作用。因此，观测植被时空动态的分布和变化，是分析和评估陆地生态系统存在和发展的基础，对研究气候变化、碳循环等重大环境问题具有深远的意义。

植被的生长与光合作用密切相关，光合作用是植物在可见光的照射下，经过光反应和碳反应，利用光合色素，将二氧化碳和水转化为有机物的生化过程，同时完成光能转变为化学能的能量转化过程。光合作用是一系列复杂的代谢反应的总和，是生物界赖以生存的基础，也是地球碳-氧循环的重要媒介，对于全球生态系统具有极其重要的意义。根据Monteith理论，植被进行光合作用固定有机物的过程可以描述为：$GPP=fAPAR\times PAR_{in}\times LUE$。其中：GPP为植物总初级生产力，是光合作用的直接表述；PAR_{in}为入射光合有效辐射，是指到达冠层的下行太阳辐射在400～700 nm范围内的入射总能量；fAPAR是光合有效辐射比例，表示植被吸收的光合有效辐射在入射辐射总量中所占的比例；LUE是光能利用率，表示植被将吸收的光合有效辐射转化为有机碳的能力。植被各种生化参数中，叶绿素是植被进行光合作用的主要色素，因此植被的叶绿素含量往往是植物营养胁迫、光合作用能力和发展衰老各阶段的良好指示剂。大量研究表明植被叶绿素含量(Chl)和Monteith理论中的两个重要生化参数(光合有效辐射比例和光能利用率)密切相关；叶面积指数是体现植被生长态势密度的相关参量，是表征植被的生长状态参数之一，也是进行植被群体和群落生长分析时的重要参数。LAI与叶绿素含量以及fAPAR密切相关，由于fAPAR难以测量，许多光合模型中使用LAI代替fAPAR(Wu et al.，2010)。

遥感技术以其大面积、快速、动态的优势可在不破坏植被结构的同时获得不同时间和空间尺度的植物冠层信息，与传统点尺度上耗时耗力的人工量测相比，遥感为获得植物冠层信息提供了便捷的手段(杨可明 等，2006；陈新芳 等，2005；王军邦 等，2004；Gitelson et al.，2003a；张佳华 等，2003；Broge et al.，2002)。卫星遥感技术无需实地采样，在不破坏植株的情况下，能够对实验区进行大范围的信息获取，且更新速度快，能及时有效地大面积估算植被参数，因此越来越广泛地应用于植被时空变化的监测评估。

随着航空、航天技术和传感器技术的快速发展，可提供从地面、机载到星载等不同尺度的海量遥感数据。空间分辨率从 0.5 m 到 1 km；陆地卫星时间分辨率也已提高到 1～3 天，地球同步静止卫星的时间分辨率可到 15 min 至半小时；光谱分辨率从 100 nm 提高到几纳米。随着遥感数据光谱分辨率的提高，高光谱遥感技术得到了迅速发展，各种类型的高光谱传感器层出不穷。各种地面测量的高光谱设备也陆续出现，通过测量地面的地物光谱来弥补航空和航天数据的可能畸变。各种主要的地面高光谱设备有 ASD、EPP、HyperScan 等。从航空高光谱成像光谱仪 AIS-1、AIS-2、AVIRIS，再到 MODIS、Hyperion、MightySat-II 卫星上 FTHSI 高光谱、PROBA 卫星 CHRIS 传感器、HJ 卫星 HSI 高光谱传感器，它们为大气、地学、植被、海洋等方面的研究和应用提供了大量的高光谱遥感数据。

与此同时，与遥感相关的一些大规模的地面实验也开展起来，建立了一些与陆地表面过程相关的观测网络。这些实验和观测网络建立的目的是为遥感模型的建立、验证，遥感传感器性能的检验提供依据和先验知识。如 GEWEX 实验用以观测大气、陆地表面和海洋表面的水循环和能量通量，并对此进行建模；FIFE 实验提供能从卫星上得到的陆地表面状态数据（如生物量、覆盖类型和温度）、陆地表面过程数据（如蒸发和光合作用）；BROREAS 实验是研究森林生态系统的生物量动态过程以及它与全球能量、水、碳循环的关系；国内的表面实验有 1999 年 4 月的山东禹城遥感模拟实验和 2001 年 4 月的北京顺义大规模的卫星-飞机-地面同步对比实验。主要的测量数据包括：植物生态参数、土壤物理参数、气象数据、大气探空数据、地面多角度波谱观测、高光谱航空数据，地表通量数据等。大型的观测网络有 AERONET（aero robotic network），主要提供全球的气溶胶光学厚度产品及降水数据；FLUXNET 是一个微型气象塔的全球网络，该站点利用涡度自相关方法测量陆地生态系统和大气系统间的 CO_2、水气和能量交换；BigFoot 站点其目标是为 MODIS 陆地产品（土地覆盖、LAI、fAPAR，NPP）提供真实性检验。

1.2.2　研究进展

遥感获取的是地表目标的辐射信号。图 1.1 描述了遥感的成像过程，太阳辐射信号通过大气达到地表，被地表目标反射后经过大气层进入传感器中，因此，遥感获取的信号包含了大气辐射信息、地表目标辐射信息等多种信息，而用户关心的是地表目标的各种参数如叶绿素、叶面积指数、植被类型等。遥感反演植被参数的本质是通过建立光谱信号与植被参数之间的关系模型，在此基础上，根据测量的光谱信号，采用各种算法推算植被的实时状态参数。在植被参数反演领域，高光谱遥感数据具有波段数量多、光谱信息丰富等特点，成为植被参数反演的主要数据源。

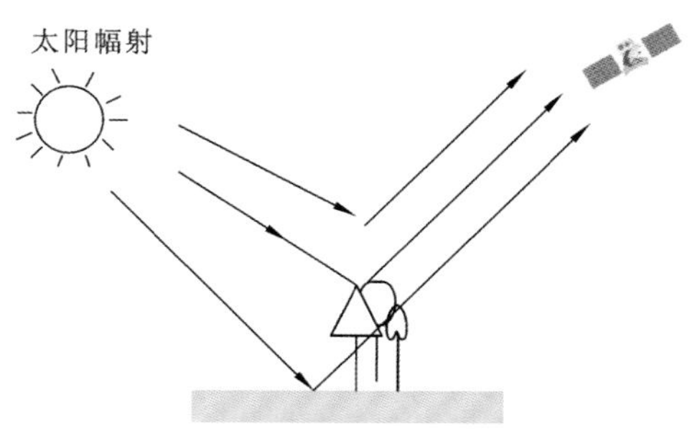

图 1.1　遥感技术成像过程

1. 高光谱传感器的发展

高光谱遥感技术在传感器方面的高速发展主要体现在两个方面：①高光谱遥感传感器获取光谱信息能力的不断提高；②高光谱遥感传感器搭载平台的拓展。获取光谱信息的能力包括传感器的光谱分辨率以及获取波段数量的能力。而搭载平台的拓展体现在地面、机载以及星载高光谱遥感传感器的出现以及可跨平台式的传感器的产生。

20 世纪 70 年代之前，具有高光谱分辨率的光谱仪已在天文、物理、化学等领域广泛使用。电子计算技术的出现将高分辨率光谱仪推入了现代遥感科研领域。1975 年，美国国家航空航天局(National Aeronautics and Space Adminisoration，NASA)首次使用了覆盖波段范围 400～2 500 nm 的便携式光谱仪对 Landset-1(MSS)传感器的遥感影像数据进行影像解译，试图使用 MSS 影像进行矿物勘探。但是，由于 MSS 传感器的波段少(4 个波段)，仅依靠各波段影像颜色的变化并不能清楚反映出地物特征，使得地物识别十分困难。因此，喷气推进实验室(Jet Propulsion Laboratory，JPL)的图像处理实验室(Image Processing Laboratory，IPL)提出了在空中进行成像光谱测量的想法。随着电耦合组件的发明以及快速信号提取系统的发展，使得在高空移动平台搭载高分辨率光谱仪成为可能。1981 年，JPL 使用机载成像光谱仪 AIS-1 和 AIS-2 进行空中矿物勘探并取得成功。这两台光谱仪能采集覆盖 800～2 400 nm 波长范围、128 个波段的高光谱影像。但是波段分布设计的局限性使得该传感器没有得到广泛应用。1987 年，著名的机载摆扫式成像光谱仪 AVIRIS(airborne visible/infrared imaging spectrometer)试飞成功才真正拉开了高光谱遥感应用的序幕。AVIRIS 载有 4 个光谱测度仪，拥有 242 个光谱波段，覆盖整个大气窗口(380～2 500 nm)。由于辐射校正精确，AVIRIS 在其整个波段范围内具有极为出众的信噪比。服役 30 多年来，AVIRIS 一直是世界范围内表现最好的机载成像光谱仪，也因此成为其他仪器制造过程中效仿与竞争的对象。

AVIRIS 的诞生引起了世界各国对高光谱遥感技术的关注，并相继提出了各自的高光谱成像光谱仪的发展计划。1986 年，德国航天中心(Deutsches Zentrum fur Luft-und Raumfahrt，DLR)宣布了建造 ROSIS(reflective optics imaging spectiometer)的计划。ROSIS 属于推扫式成像光谱仪，具有 128 个波段覆盖 450～850 nm 波长范围，于 1992 年投入运行，并不断升级使用至今。1989 年，加拿大 ITRES 公司开发出可见光-近红外光谱成像仪 CASI，具有 288 个波段覆盖 430～870 nm 波长范围。自 1996 年起，澳大利亚逐步推出了 HyMap 系列机载高光谱传感器。其具有 126 个光谱波段覆盖 450～2 500 nm 波长范围。1991 年，中国科学院上海技术物理研究所首先研制出 MAIS(modular airborne imaging spectrometer)。随后于 1994 年起，不断引进先进技术，先后制造了 OMIS(operational modular imaging spectrometer)系列以及 PHI(push-broom hyperspectral imaging system)系列等高光谱遥感传感器。

近年来，高光谱遥感传感器在成像技术和搭载平台上不断发展。在成像技术方面，通过瞬时视场角(instantaneous field of view，IFOV)以及波段带宽的减小，使其空间和光谱分辨率不断得到提高。例如，与 AVIRIS 传感器 10 nm 光谱分辨率相比较，我国自行生产的 PHI 以及 WHI 等传感器的光谱分辨率已小于 5 nm。在搭载平台方面，各国已逐步推动高光谱成像光谱仪向太空发展。美国于 2000 年成功发射了载有 Hyperion 高光谱成像光谱仪的 EO-1 卫星，其空间分辨率为 30 m，在 400～2 500 nm 共有 220 个波段。欧洲于次年卫星成功发射，PROBA/CHRIS 传感器进入太空。我国于 2008 年 6 月成功发射了 2 颗搭载了多光谱可见光相机、高光谱成像仪以及红外相机的光学环境卫星遥感器 HJ-1 和 HJ-2。其中，高光谱成像仪覆盖 400～950 nm 的光谱范围，波段数为 115，平均光谱分辨率为 5 nm，地面分辨率 100 m，其各项指标接近或达到国际先进水平。此外，随着电子集成技术的发展，高光谱成像光谱仪，尤其是商用传感器，逐渐往小型化、跨平台化发展。如美国 RESONON 公司开发的 AIRBORNE 高光谱传感器即可搭载于普通飞机上，也可以搭载于小型无人机上。小型高光谱成像光谱仪的出现降低了高光谱测量成本，推动了高光谱遥感应用的普及并缩短了高光谱遥感技术的研发周期。

2. 高光谱遥感数据反演植被参数的基本原理

如图 1.2 所示，光线照射在植被叶片上，在经过了植被叶片内各种色素的吸收作用，以及植被冠层中的散射作用后，形成了植被在 400～2 500 nm 波段内具有典型特征的光谱(图 1.3)。

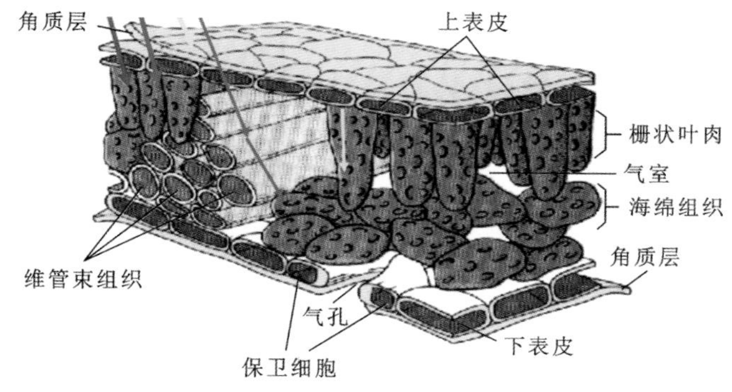

图 1.2　植被叶片结构

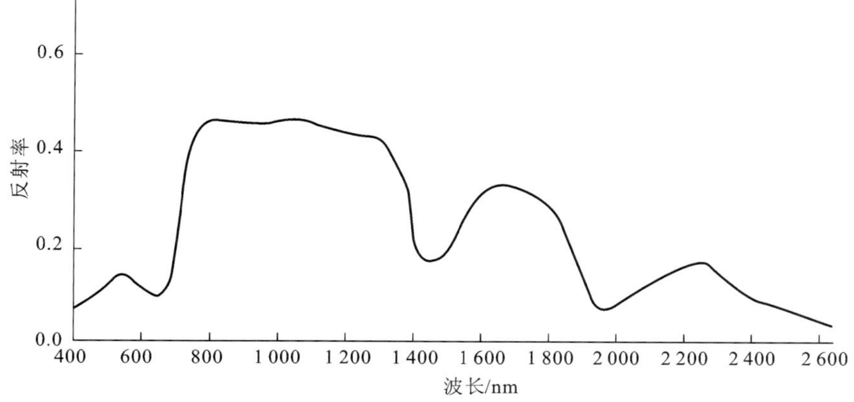

图 1.3　典型植被可见光到近红外的光谱特征

植被叶绿素在 400～500 nm、625～675 nm 处的强吸收特性导致了植被光谱在这两个波段范围内的低反射率，叶绿素在 525～600 nm 处的弱吸收特性导致了植被光谱在 550 nm

左右形成一个小的反射峰。因此，可见光近红外的反射光谱与植被的色素，特别是叶绿素有着密切的联系。此外，由于 700 nm 之后色素的吸收作用很弱，植被光谱在 700 nm 之后的反射光谱急剧上升，形成红边以及近红外平台。近红外平台处的反射率则与植被冠层的结构密切相关，植被冠层的不同导致光线在植被冠层中散射作用的不同，因此近红外平台处的反射光谱与叶面积指数密切相关。正是这种参数变化导致植被光谱的不同，使得我们能够根据地面实测或者遥感光谱来反演植被参数。

3. 基于高光谱数据的植被参数反演

1) 叶绿素含量、LAI 反演

植被叶绿素含量指的是单位面积叶片的叶绿素含量，主要包括叶绿素 a 和叶绿素 b 的含量。植物叶片叶绿素含量与植被对光能利用有直接关系，准确估算叶绿素含量对研究森林的生态效益有着举足轻重的作用。LAI 的概念是由英国农业生态学家 Watson 最早提出，它的概念定义为单位土地面积上单面植物光合作用面积的总和（Atzberger et al.,1995）。目前在遥感领域中定义的叶面积是指单位土地面积上所有叶子投影面积的总和，它的含义是通过感应器从树冠冠顶所能看到的最大叶面积值。LAI 作为陆地生态系统中一个非常重要的植被特征参量，能够量化植被冠层结构，同时也与许多植被的生物物理过程直接相关，在农业、林业、生态等领域广泛使用。传统的叶绿素含量与 LAI 获取采用地面实测法，具有一定的破坏性，也费时费力，在研究大的区域范围时存在明显的弊端。卫星遥感的发展为区域范围内叶绿素含量以及 LAI 的研究提供了一种解决方案。遥感数据具有高时间、空间分辨率，且覆盖范围广，所以利用遥感技术反演区域范围地表植被的叶绿素含量、LAI 成为一种主流技术。

在利用遥感数据反演植被叶绿素、LAI 方面，许多国家和组织都投入了大量人力物力，并专门成立项目组织实施数据观测、模型建立及推广成果应用。美国 NASA 于 1991 年成立 ACCP 计划（Accelerated Canopy Chemistry Program），该计划旨在为利用遥感数据提取生态系统的各种生化参数含量提供理论和经验上的基础。通过该计划实施不仅获取了大量生化数据和光谱数据，更推动了利用遥感提取生化参数的研究。随后，欧洲许多国家的组织和研究机构也都进行了大型实验，开展了类似研究。目前叶绿素反演方面的研究主要集中在利用地基、航空高光谱数据反演，但目前国内外还没有一个完整、系统的数据集。目前反演植被叶绿素中主要用到的高光谱数据主要包括地基的 ASD、EPP 光谱仪测量的非成像高光谱数据，HyperSCAN，HeadWall 等成像高光谱数据；机载高光谱数据主要包括 OMIS-II，AVIRIS、CASI 等；星载高光谱数据主要包括 HJ-1A/HSI，PROBA/CHRIS，EO-1/Hyperion 等。

总体来说，基于遥感数据反演 LAI 和叶绿素含量的方法主要有两种。①基于辐射传输理论的分析模型方法。该方法主要是利用辐射传输模型得到模拟的光谱反射率，通过优化算法与实测的光谱数据进行比较以估算植被参数。②基于光谱数据的经验/半经验方法通过分析植被在各波段的光学吸收物理特性，基于经验或半经验的分析模型，将反射光谱在不同波段的数据进行数学组合运算以增强植被光谱特性与植被参量关联，或者根据智能算法建立光谱反射率与植被参数之间的关系，从而反演植被参数的含量。

物理模型方法通过分析植被的光谱特征和其结构、表面特征、生化组成、外界环境条件等因素的关系以建立植物光谱模型。当已知模型输入参数，就可以模拟植被光谱；当已知光谱特征后，就可通过一些最优化的数据算法反演植物的相关参数。这类模型主要分为辐射传输模型、几何光学模型、浑浊介质模型、计算机模型等。在植物叶片尺度上，典型的叶片光谱模型主要有 PROSPECT 模型和 LIBERTY 模型，其中 PROSPECT 模型针对阔叶叶片描述了植物叶片从 400～2 500 nm 的反射和透射光谱特性，LIBERTY 模型针对针叶描述叶片。在植被冠层参数反演中，用到的模型主要有 SAIL 模型，几何光学模型、蒙特卡罗光线追踪模型等。利用物理模型可以构建反演的目标函数，在构建出目标函数后，剩下的问题就是通过最优化算法求解目标函数，找到最优的参数值，由于目标函数的非线性且变量多等问题，因此对优化算法有较高的要求。目前，优化算法有基于梯度的优化算法如 Powell 算法，最速下降法、拟牛顿法等，基于神经网络、遗传算法、模拟退火等智能化算法等。在运用物理模型方法反演叶绿素方面，Maire 等(2004)在叶片尺度上运用 PROSPECT 模型模拟了大量叶片光谱，对自 1973 年以来提出的几乎所有光谱指数进行了验证，其中 mSR 指数的精度最高，其交叉验证的 RMSE=2.1 $\mu g/cm^2$。Feret 等(2011)利用在世界各地收集的大量不同叶片数据，证明了 PROSPECT 辐射传输模型利用红边波段(680～740 nm)和近红外波段，能够准确地对叶片叶绿素含量进行估算。Renzullo 等(2006)将通过 PROSPECT 模型反演得到的叶片叶绿素含量与化学方法测得的准确叶绿素含量进行比较，发现二者之间的决定系数达 0.696，RMSE=10.63 $\mu g/cm^2$。通过耦合 PROSPECT 与 SAIL 模型，Clevers 等(2012)用 PROSAIL 模型模拟出的冠层光谱数据与实测光谱数据一起来反演叶绿素含量，结果表明 CIred-edge 指数与冠层叶绿素含量线性相关且决定系数达到了 0.94。物理模型具有一定的物理意义，在参数足够的情况下反演精度较高，但模型所需参数往往难以获取，反演时易出现病态反演的问题。

经验/半经验模型通过混合光谱分析技术，多元逐步回归分析等方法，对一系列的观测数据做统计描述或者进行相关性分析，构建植被参数与光谱指数之间的回归方程，建立光谱反射率与叶片中各种色素含量的关系，反演叶绿素含量。光谱指数是指某些特定波段反射率的组合，他们与叶片色素或者光合作用以及植被的胁迫状态有密切的关系。为了反演植被叶片/冠层的叶绿素含量，很多研究者都重视在一定的理论基础上建立和应用一些高效的光谱指数。Sims 等(2002)研究了各种光谱指数对于不同植被与不同叶片结构的有效性与适应性。对于无损的估算叶片叶绿素含量，Richardson 等(2002)的研究表明，绿波段与红边波段(680～740 nm)对叶片的叶绿素变化比较敏感。Ciganda(2009)、Gitelson(2006，2003a)等的研究表明，选用红边波段(695～735 nm)、绿波段(520～570 nm)和近红外波段(750～800 nm)组成 CI_{green} 与 $C_{Irededge}$ 指数来反演叶片叶绿素含量，当叶片叶绿素含量在 10～805 mg/m^2，叶绿素预测的均方根误差<38 mg/m^2，变异系数(coefficient of variation，COV)小于 10.3%。Zarco-Tejada 等(2005)在冠层尺度上运用 NDVI、TCARI/OSAVI、MCARI 等植被指数估算叶绿素含量，结果表明 TCARI/OSAVI 指数的估算精度为 RMSE=11.5 $\mu g/cm^2$，R^2=0.67。Delegido 等(2010)采用 NAOC 指数，运用 Proba/CHRIS 数据估算一些农作物的叶绿素含量，预测结果的 RMSE=4.2 $\mu g/cm^2$，

$R^2=0.91$。Gitelson 等(2005)对大豆与玉米的冠层叶绿素含量进行了估算,结果利用 $CI_{rededge}$ 指数进行预测得到的反演精度为 RMSE<0.32 g/m^2,$R^2=0.95$。经验/半经验模型通常具有参数少、简便、适用性强等优势,但是,这类模型通常有明显的地域局限性,特别是不同季节、不同区域的相关系数差别通常很大,模型的可移植性较差。

2) *总初级生产力反演*

GPP是指在单位时间和单位面积上,绿色植物通过光合作用所固定的有机碳总量。GPP和森林生态系统呼吸的季节性差异决定了二氧化碳在大气和森林生态系统之间的生态系统净交换,对于理解全球碳循环气候变化研究具有重要意义(Wu et al.,2010;Xiao et al.,2004)。因此,空间分布GPP的准确定量研究是监测植被状况和生态系统碳交换必要的参数(Gitelson et al.,2012;Wu et al.,2010)。植被生产力是太阳辐射被植被冠层截获的结果,因此,卫星遥感数据,包括反射和地球在不同波长发出的辐射,对植被的GPP估算具有重要的作用(Peng et al.,2011a)。

目前国内外已经提出了多种估算GPP的模型,其中大部分模型都是在Monteith(1977,1972)提出的模型基础上得来的。如式(1.1),Monteith将GPP表示为光合有效辐射吸收率(fAPAR),入射光合有效辐射(PAR)和光能利用率(LUE)三者的乘积。

$$GPP=LUE\times fAPAR\times PAR \tag{1.1}$$

自此基础上,国内外学者提出了许多基于此模型的GPP估算模型。由于LUE和fAPAR难以获取,因此,利用此模型来进行GPP估算最关键的一点是找到与LUE以及fAPAR相关并且容易获取的参量。相关研究有Gamon等(1992)用光化学反射指数(PRI)作为LUE的代替来进行GPP的估算等。大量研究表明,某些简单并且易于获取的指标,尤其是植被指数可以作为LUE和FAPAR代替量(Wu et al.,2009;Yuan et al.,2007;Gitelson et al.,2005;Running et al.,2004;Xiao et al.,2004)。

另一种估计GPP的方法是基于过程的模型(Xiao et al.,2004)。然而,这些模型需要大量的辅助数据才能进行准确的估算(Peng et al.,2013)。因此,如何将模型根据遥感数据进行简化是值得研究的内容,目前国内外学者也提出了多种完全基于遥感数据的GPP估算模型。Sims等(2008)提出了一个基于MODIS EVI和LST产品的GPP估算模型——温度与绿度模型。Gitelson等(2006)提出了一个基于叶绿素相关的植被指数和PAR的模型。基于此模型,Gitelson等(2011)提出了完全基于遥感数据的 $PAR_{potential}$ 模型。

总体来看,目前估计GPP的研究多在冠层级别,在叶片级别分析植被碳汇能力的比较少。因此,本书以小麦和油菜为观测对象,对叶片的净光合速率和初级生产力GPP进行估计,并探索性地进行分析和讨论。

4. 存在的主要局限性

基于植被指数的经验/半经验模型的方法通过直接分析传感器获取的观测数据,从遥感光学机理上理解植被光谱随植被参数的变化规律,以构建合适的植被指数,基于经验或半经验的模型通过统计分析来反演植被参数。植被指数是对地表植被状况的简单、有效和经验的度量,具有空间覆盖范围广、时间序列长、数据具有一致可比性等优点。这种方法几乎完全依赖遥感数据,不需要过多的地面辅助测量数据,算法简单快速,特别适合于大面积的植被参数的卫星反演。但此种方法适用型较差，在某地精度很高的经验模型，在推广到其他地区时，由于植被类型、环境条件等的差异，往往导致模型失效。基于物理模型的方法具有明确的物理意义，然而该模型的建立往往是基于经过简化或近似的假设前提，并需要一些与植被特性相关的地面辅助测量数据作为模型输入。在很多情况下，模型的假设前提可能并不一定成立，并且可能会因为植被的类型、环境以及数据源的不同而发生改变。另一方面，模型所需要的辅助数据的获取会受到时间与空间的限制，模型反演时容易产生病态反演的问题。从目前的研究发展来看，现阶段的植被生物量参数反演主要是针对大的区域范围、空间分辨率较低，在反演中主要是利用单一卫星传感器和单一时相遥感数据，由于反演过程中信息量不足，这些产品存在精度低、时间和空间上不完整等问题。

1.3　地面光谱数据和理化参数获取方法

在研究利用卫星遥感数据进行重点植被参数反演时，首先需要获取实验区中不同种类植被的叶片与冠层光谱数据以及植被的生化参数等样本信息，研究地面样本数据的模型并将模型推广到星上数据(图 1.4)。本节介绍两个主要实验区概况、实验设计与数据测量方案、主要仪器设备及相应的数据预处理方法。通过采集不同尺度下、不同植被类型的植被叶绿素，在叶片和冠层两个尺度上分析影响光谱的因素。通过逐片测量小麦植株叶片叶绿素含量，构建不同深度下小麦冠层叶绿素与光谱指数的模型。针对小麦这一典型植被，分析利用不同光谱波段、不同植被指数在反演植被叶绿素含量时能达到的深度。

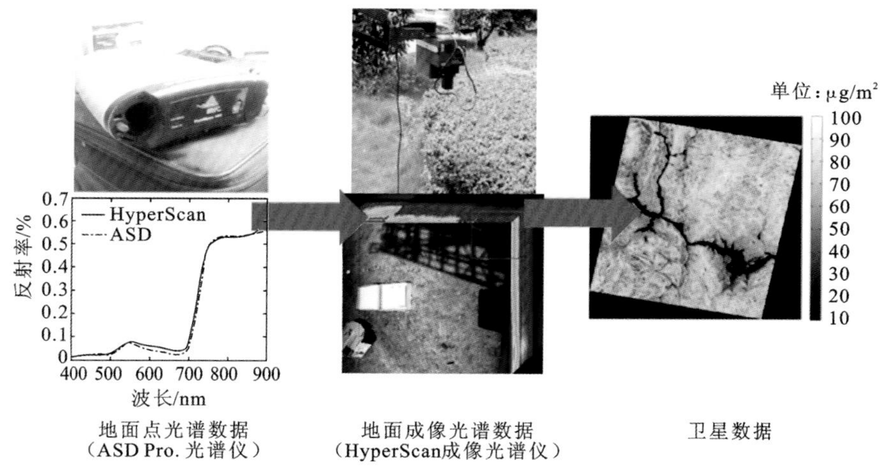

图 1.4　所用数据及来源

1.3.1　实验区

本书主要选择两个实验区，实验区一位于湖北省武汉市华中农业大学校区苗木基地，实验区二为湖北省武汉市武汉大学工学部实验田。

（1）实验区一：华中农业大学校区苗木基地

地理位置为30°28′23″N，114°21′38″E，基地占地约6 hm²，基地中种植有华中地区常见的园林植物20余种，该实验区内主要测量植被叶片与冠层光谱，植被的叶片叶绿素含量、功能叶SPAD(soil and plant analyzer development)值以及冠层叶面积指数等理化参数，构建华中地区典型植被光谱与理化参数数据集，用于叶片以及冠层尺度上叶绿素、叶面积指数反演模型研究。

（2）实验区二：武汉大学工学部实验田

2015～2016年在湖北省武汉市武汉大学工学部实验田（30°32′24″N，114°21′36″E）进行实验，油菜品种选择“华油杂9号”，油菜在10月初播种育苗，11月下旬移栽，种植密度为7 500株/667 m²，来年5月中旬收获。每块小区面积9 m²（长3 m，宽3 m），油菜行距0.25 m，每小区种植13×13＝169株油菜（01号小区略小，为159株），种植密度为18.7株/m²。3个小区的氮含量不同，均为自然降水。实验田设计的不同小区对应的施肥水平及小区面积见表1.1。

表1.1 油菜实验田设计

小区号	施肥水平/(g/m²)					面积/m²
	氮水平	尿素	过磷酸钙	氯化钾	硼砂	
01	N0	0	224.9	60.0	4.5	8.46
02	N18	176.0	224.9	60.0	4.5	9
03	N24	234.7	224.9	60.0	4.5	9

小麦品种为“襄麦35”，在2015年11月末播种，2016年5月收获。共有16个小区，小区面积为4 m²（长2 m，宽2 m），3次重复，随机区组排列，每小区播小麦种子72 g。所有小麦均在大棚内种植，便于控制水分。本次选取的4块实验区的氮含量和水分含量各不相同。实验田设计见表1.2。

表1.2 小麦实验田设计

小区号	施肥水平/(g/m²)				面积/m²	水分
	氮水平	尿素	过磷酸钙	氯化钾		
07	N20	173.9	450	90	6.63	正常浇水
08	N28	243.4	450	90	7.02	正常浇水
14	N12	104.3	450	90	6.75	控水
15	N12	104.3	450	90	6.32	控水

1.3.2 数据采集与预处理

1. 华中农业大学数据采集与预处理

实验区的光谱数据采用ASD FieldSpec Pro便携式手持地物光谱仪以及ASD

FieldSpec4 Pro 全波段地物光谱仪进行采集。光谱数据采集于 2012 年 3 月～2014 年 10 月，共测量了包含梧桐、樟树、银杏、桂树、栾树、海桐、火棘、柳树、栀子、蜡梅、法国冬青、紫叶李在内的 12 种园林植被，以及包含水稻、小麦、油菜、玉米在内的 4 种农作物的光谱数据与理化参数数据。构建了包含 231 条叶片光谱以及实测叶绿素的实测叶片数据集(WHL)，包含 147 条冠层光谱数据、实测叶片叶绿素以及叶面积指数的实测冠层数据集(WHC)，此外还有 3 幅 HyperScan 高光谱影像以及对应的叶片 SPAD 值。

1）地面点光谱数据采集

研究所采用的叶片光谱测量仪器是 ASD FieldSpec Pro 便携式手持地物光谱仪以及 ASD FieldSpec4 Pro(图 1.5)全波段地物光谱仪，其中 ASD FieldSpec Pro 便携式手持地物光谱仪用于测量可见光到近红外波段地物光谱反射率，其光谱范围在 325～1 075 nm，光谱分辨率 1 nm，共有 751 个波段，由于仪器噪声等因素的影响，在研究中选择 400～900 nm 波段范围的光谱数据。ASD FieldSpec4 Pro 全波段地物光谱仪在 ASD FieldSpec Pro 的基础上对波段进行了扩展，其光谱范围为 350～2 500 nm，其中可见光近红外部分光谱分辨率为 3 nm，短波红外部分光谱分辨率为 8 nm。

(a) ASD FieldSpec Pro便携式手持地物光谱仪

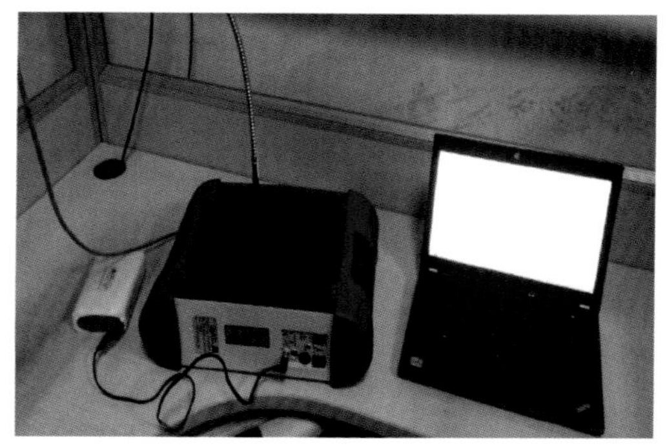
(b) ASD FieldSpec4 Pro全波段地物光谱仪

图 1.5　两类光谱仪实物图

光谱仪的基本工作原理大体相同，即通过光纤探头摄取目标光线，经由 A/D(模拟/数字)转换卡(器)变成数字信号，进入计算机。整个测量过程由操作员通过便携式计算机控制，光谱测量结果可以实时显示并保存在计算机内。需要测定三类光谱值：第一类称为暗光谱，即没有光线进入光谱仪时由仪器记录的光谱(通常是系统本身的噪声值，取决于环境和仪器本身的温度)；第二类为参考光谱或标准白板光谱，是从较完美的漫辐射体——标准白(灰)板上测得的光谱，为了避免光饱和与光不足，依照测定时的光照条件和环境温度调整光谱仪的积分时间，并保证目标光谱是在相同的条件下得到的；第三类为样本光谱，是从目标物上测得的光谱。

为获得科学、严格、有效的光谱测量数据，本实验操作规程与技术规范如下。

(1) 测定过程中，每测量一次都进行暗电流测量和白板的标定，及时校正仪器噪声和环境因素对观测结果的影响。

(2) 观测时段为地方时(北京地区即为北京时间)10:00～15:00(4～9 月),10:00～14:00(11 月～来年 3 月),以确保足够的太阳高度角。

(3) 观测时段内的气象要求为:地面能见度不小于 10 km。

(4) 太阳周围 90°立体角范围内,淡积云量应小于 2%,无卷云和浓积云等;风力应小于 3 级。

(5) 为减少测量人员自然反射光对观测目标的影响,观测人员应身着深色服装。

(6) 观测过程中,观测员应面向太阳站立于目标区的后方,记录员等其他成员均应站立在观测员身后,避免在目标区两侧走动。

(7) 转向新的观测目标区时,观测组全体成员应面向太阳接近目标区,应杜绝践踏观测区;测试结束后应沿进场路线退出目标区。

(8) 利用 ASD 观测时探测头应保持垂直向下,注意观测目标的二向反射性影响;利用 HyperScan 观测目标区时,应保证扫描镜镜头垂直向下,并记录观测时的高度。

(9) 针对叶片光谱测量时,ASD 的光纤探头距离叶片 2 cm,针对冠层综合视场的光谱测量时,保证 HyperScan 的扫描镜能完整覆盖整个冠层。

(10) 对每一采样点的观测记录不小于 10,最后取其平均值,且每次测定前、后都立即进行参考板校正。

(11) 对同一目标的观测次数(记录的光谱曲线条数)应不小于 10,每组观测均应以测定参考板开始,最后以测定参考板结束。特殊情况下,当太阳周围 90°立体角范围内有微量漂移的淡积云,光照亮度不够稳定时,应适当增加参考板测定密度。

(12) 为研究土壤背景对冠层综合视场的光谱贡献和纯植冠或叶片光谱对不同生化组分含量的光谱响应,裸露土壤和无背景干扰的植冠或叶片(田间活体)也被列为观测对象。

(13) 为确保观测对象与采样对象的严格一致性,完成对当前目标的光谱测量后,应及时在观测区域用标签纸进行标志,注明编号,标签纸在叶柄处。

针对某个植被叶片或者冠层,使用光谱仪进行多次测量,获取多次测量的均值作为此次测量的最终结果数据。同时为了减小光谱测量时出现的噪声,需要对光谱进行平滑处理。采用移动窗口平滑算法,对曲线上的光谱数据进行平滑。即取一定波长宽度的窗口,在整个光谱波段范围移动,对于移动窗口中每一中心波长,取该波长两边移动窗口内的波长对应的反射率,计算这些波长的均值并将均值赋给该中心波长。

2) 地面成像光谱数据采集

HyperScan 是美国 OKSI 公司所研制的一种地空(包括机载、实验室和现场应用)两用的多功能型高光谱遥感成像系统,包括高光谱传感器(HyperScan)、440 系列惯导系统、一个正弦波逆变器和一台 PC。其中正弦波逆变器用于机载时的电压转换,PC 中安装了智能控制数据采集软件。高光谱传感器是系统主要组件,探测器类型分别是 CCD 和高灵敏度的 InGaAs。图 1.6 是 HyperScan 高光谱成像仪的实物图。包含了高分辨率的扫描镜(scanning mirror)、成像光谱仪(imaging spectrometer)、采集镜头(collection lens)、输入光学元件(fore optics)和智能控制数据采集软件。

系统包括推扫和摆扫两种成像方式，其中摆扫采用镜面扫描机制，可通过人工设置实现逐步扫描、扫描镜连续扫描以及扫描镜固定扫描。扫描最大角度为正负 30°。光谱仪使用 1 280×1 024 面阵列 CCD 作为探测器，探测器像素大小为 10.8 μm，每条扫描线对应图像上 1 280个像素，每个像素对应地面实际大小（即空间分辨率）可调节，具体由扫描时刻的焦距、镜头和地物距离远近来决定。同时考虑到应用的广泛性，系统还配置了两种焦距不同的采集镜头，其焦距分别为 23 mm 和 12 mm，以获取不同分辨率的图像。传感器具体特性参数见表 1.3。

图 1.6　HyperScan 高光谱成像仪实物图

表 1.3　HyperScan VNIR 系统传感器特性

参数	指标
像素大小/μm	10.8
光谱范围/nm	400～1 050
总波段/个	572
光谱采用间隔/nm	1～1.3
扫描角度/(°)	－30～＋30
IFOV(瞬时视场)/mrad	0.46
传感器曝光时间/μs	30.0～1.5×10^6
每行像素数/个	1 280
信噪比	200
量化等级/bits	12

研究中使用的 HyperScan 高光谱数据是在地面平台上获取的。采集数据时仪器静置摇臂上可垂直对地表进行扫描，通过控制摇臂的高度，可以实现在不同高度上对地物扫描，摇臂可上升最大高度约 3 m。现场数据采集示意图如图 1.6 所示，采集的 HyperScan 原始数据需要进行如下预处理。

（1）HyperScan 数据辐射定标

根据成像光谱仪的定标文件可知，仪器的辐射定标公式为

$$\mathrm{DN}=[L_1G_1+L_2G_2]\times \mathrm{ET}+\mathrm{DF} \tag{1.2}$$

式中：DN 是仪器扫描后得到的亮度值；L_1 是需要的辐亮度值，是辐亮度单元的一次衍射；L_2 是不需要的辐亮度值，是辐亮度单元的二次衍射；G_1 和 G_2 分别是系统的一次增益和二次增益；ET 是积分时间，默认值为 100 ms；DF 为暗电流的测量值。G_1、G_2 和 DF 是仪器生产后经实验室定标得到的定标参数。仪器使用一段时间后，由于传感器性能的衰

减，其辐射定标系数可能不是很准，需要重新定标得到新的定标系数。由于本仪器刚投入使用，使用仪器定标文件中的定标参数。

将式(1.2)进行变形可以得到所需的定标公式：

$$L_1=\frac{\mathrm{DN}-\mathrm{DF}}{G_1\times \mathrm{ET}}-L_2\left(\frac{G_2}{G_1}\right) \tag{1.3}$$

当波长小于 800 nm 时，L_2 可以视为 0；当波长大于 800 时，L_2 和 L_1 之间有如下的关系式：

$$L_{2\lambda}=\frac{1}{2}L_{1\lambda/2} \tag{1.4}$$

(2) 遥感反射率计算

研究中使用的 HyperScan 高光谱成像系统配套的标准白板，白板经过了严格的实验室定标。扫描时将白板放置在扫描区域内，使白板与被测目标同时成像，利用白板辐亮度计算地物目标反射率值。具体计算算法为：用一个 $N\times N$ 的窗口遍历图像第一个波段(研究中取 25×25 的窗口)，计算每个窗口内的和值，取最大的一个，并记下此时窗口第一个像素的位置(在图像上的相对坐标)，定位白板的位置。对每一个波段的每一个像素，都除以该波段内的白板窗口内的均值，得到反射率图像。

3) 叶绿素含量测定

叶绿素含量测定采用分光光度法，步骤如下：①取叶片，用脱脂棉擦净组织表面污物，在叶片上用打孔器钻取直径为 1 cm 的小圆片 n 片(视叶片大小而定)；②将小圆片均匀混合，平均分成三组，每组的总面积均为 M；③三组小圆片分别放入 25 ml 容量瓶中，加入 95%乙醇 10 ml，塞紧塞子，迅速转置入黑暗的壁柜中，浸提 14 小时，中间多摇动几次；④浸提之后，用 95%乙醇定容至 25 ml；⑤以 95%乙醇为空白，分别在 665 nm、649 nm 和 470 nm波长下使用 722S 型分光光度计测定浸提液吸光度。计算公式为

$$c_{\mathrm{a}}=13.95A_{655}-6.88A_{649} \tag{1.5}$$

$$c_{\mathrm{b}}=24.96A_{649}-7.32A_{665} \tag{1.6}$$

$$c_{\mathrm{x}}=(1\,000A_{470}-2.05c_{\mathrm{a}}-114.8c_{\mathrm{b}})/245 \tag{1.7}$$

据此即可得到叶绿素 a 和叶绿素 b 以及类胡萝卜素的浓度(c_{a}、c_{b}、c_{x})(mg/L)，单位面积叶绿素含量(单位：$\mu\mathrm{g}\cdot\mathrm{cm}^2$)可表示为

$$\mathrm{Cab}=(C\times V\times N)/M \tag{1.8}$$

式中：C 为色素浓度(mg/L)；V 为提取液体积为 25 ml；N 为稀释倍数为 1；M 为钻孔叶片面积(cm^2)。

4) LAI 测量

LAI 测量使用美国 Delta 公司生产的 SunScan 冠层分析系统，该仪器可用于观测植被冠层光合有效辐射，并根据 PAR 和 TPAR 计算 LAI。植被冠层光合有效辐射根据入射光合有效辐射和植被叶面积指数计算，使用比尔公式计算：

$$\mathrm{IPAR}=\mathrm{PAR}\times[1-\exp(-k\times \mathrm{LAI})] \tag{1.9}$$

其中：IPAR 为冠层截获的光合有效辐射；PAR 为入射光合有效辐射；k 为消光系数；LAI 为植被冠层叶面积指数。当 LAI 难以获取时，使用以下公式：

$$\mathrm{IPAR}=\mathrm{PAR}-\mathrm{TPAR} \tag{1.10}$$

其中：TPAR 为冠层底部的光合有效辐射。SunScan 就是通过测量 PAR 和 TPAR 来计算叶面积指数(图 1.7)。SunScan 比较适合测量冠层分布比较均匀的植被冠层，例如农作物，但在测量森林植被类型的时候会出现一定的误差。

图 1.7　SunScan 仪器工作简图

2. 武汉大学数据采集与预处理

1) *光合数据测定及方法*

光合数据的获取采用美国 LI-COR 公司研制的 LI-6400XT 便携式光合作用仪，每次测量之前要提前进行机器的预热，设置好相关选项，待机器稳定后即可进行测量。

2016 年 3～5 月，在油菜的苗期、抽薹期、现蕾期、开花期和角果期，选择晴朗无风的天气条件，每块油菜田分别选择生长状况正常的一株油菜，实验区共选择 3 株。在每株的冠层阳面分成上中下三层，每层选取 2 片长势正常的叶片，测定每个叶片的净光合速率，实验时段为 9:00～18:00，以 2 h 为 1 个时间单位进行测试，每天共测定 5 次。每片叶片每次测量记录 5 次瞬时光合速率，若数据变化较大或者不稳定则记录 10 次，取平均值作为该叶片的净光合速率。角果期，实验时段为 9:00～14:00，每天测一次，每块油菜田分别选择生长状况正常的一株油菜，实验区共选择 3 株，每株油菜从上到下测量 6 次，每次测量 6 个角果的总光合速率。

2016 年 4～5 月，在小麦的抽穗期、开花期和成熟期分别选择 3 天，选择晴朗无风的天气条件，每块小麦田分别选择生长状况正常的一株小麦，实验区共选择 4 株。每株小麦 3～5 片叶，测定每个叶片的净光合速率，实验时段为 9:00～18:00，以 2 h 为 1 个时间单位进行测试，每天共测定 5 次。每片叶片每次测量记录 5 次瞬时光合速率，若数据变化较大或者不稳定则记录 10 次，取平均值作为该叶片的净光合速率。

LI-6400 的数据处理过程为：将 LI-6400 光合作用仪记录的数据导入电脑，用 Excel 打开数据，对于每片叶记录的 5(或 10)条记录值求平均，作为光合参量的最终记录。然后对于气孔导度出现负值的情况，要剔除这组光合数据。

本次实验中，尝试使用瞬时光合速率和日同化量分别表征植被的碳汇能力。根据各测定点的光合速率，计算每株油菜(小麦)的当日同化量。计算公式为

$$P = \sum_{i+1}^{j}[(P_{i+1} + P_i) \times (t_{i+1} - t_i) \times 3\,600/(2 \times 1\,000)] \tag{1.11}$$

其中：P 为测定日的同化总量；P_i 为初测点的瞬时光合作用速率；P_{i+1} 为下一测点的瞬时光合作速率；t_i 为初测点的瞬时时间；t_{i+1} 为下测点的时间；j 为测试次数。

根据光合作用反应方程式，计算得到每天固定 CO_2 的质量(即 GPP)：

$$GPP = P \times 44/1\,000 \tag{1.12}$$

每片叶每天测量的 5 个光合速率瞬时值，在 Excel 中可以计算得到一株油菜的日同化量 P，并根据此求得油菜的初级生产力 GPP 的值。

2) 叶片叶绿素含量测定

对于小麦和油菜的叶片叶绿素含量，均使用日本产的叶绿素仪 SPAD-502 测定，它是一种小巧的对植物无破坏性的叶绿素含量测定仪，叶片叶绿素浓度的相对含量是通过测定植被叶片在两个波段的吸收率来确定的 。注意与冠层光谱保持同步。测定时，距叶片边缘约 2 cm，由于测定部位对测量值有较大影响，测定部位避开叶脉并尽量保持一致，避免损伤叶片，每片叶测量 5 个值，取平均值作为该叶片的 SPAD 值。

由于在测量时得到的已经是叶片叶绿素的平均值，所以只需要将每片叶的 SPAD 值记录下来，再录入电脑，然后对一株所有叶片的 SPAD 值相加，作为整个植株的总 SPAD。

3) 光谱数据采集

在测定光合速率时，同步测定油菜和小麦的冠层光谱、叶片光谱。用到的仪器为 FieldSpec Pro FR2500 型背挂式野外高光谱辐射仪(由美国 ASD 公司生产)，其测试波段为 350～2 500 nm，一组光谱数据的采集仅需要 0.2 s，光谱分辨率为 1 nm。

(1) 单叶光谱测定。选择天气晴朗无风的时候测定，一般是在 10:00～14:00。在每个小区选取有代表性的油菜(小麦)植株，然后对 3 株油菜(小麦)从 1 依次进行编号，之后依次测定每一株油菜(小麦)从上至下之前选取的 6 片叶(小麦所有叶片都要测量)的反射光谱。每片叶片用叶片夹夹取 4 个点位，每个点位记录 5 条光谱，以其平均值作为该叶片的光谱值。每次采集数据之前都要进行白板校正，保证数据质量。

(2) 冠层光谱测定。每测完一株油菜(小麦)的叶片反射光谱之后，就进行冠层反射光谱的测定。手持光谱仪探头，在该株油菜(小麦)正上方 30～40 cm 处，测量时传感器探头垂直向下。每株油菜(小麦)的冠层光谱记录 4 次，每次 5 条，共 20 条光谱曲线，同样在测量之前要先进行白板对照。

采集得到的原始数据需要用 ASD 公司配套的 ViewSpecPro 软件打开进行处理。首先，对叶片的反射光谱进行处理，在计算机上用上述软件导入原始反射光谱数据，一次加载一片叶片一个点位的 5 条反射光谱，观察反射光谱曲线的形状，剔除明显错误的曲线，保留其他曲线；然后，依次对其他 3 个点位做相同的处理；最后，对每片叶保留的所有反射光谱曲线求平均，输出为一条反射光谱。冠层光谱处理思路与叶片光谱一致。

1.4 植被叶绿素及 LAI 反演方法

以华中农业大学采集的实验数据为基础，通过生成的不同尺度下的数据集，分析地面实测的不同观测尺度下光谱数据的光谱差异，从植物叶片尺度、单株植物冠层尺度出发，分析光谱与叶片叶绿素含量、LAI 以及冠层叶绿素含量的关系，研究简单统计模型、物理模型反演植物色素含量的方法，建立叶片叶绿素含量与 $CI_{rededge}$ 指数之间的经验关系并进行验证。研究内容如图 1.8 所示。

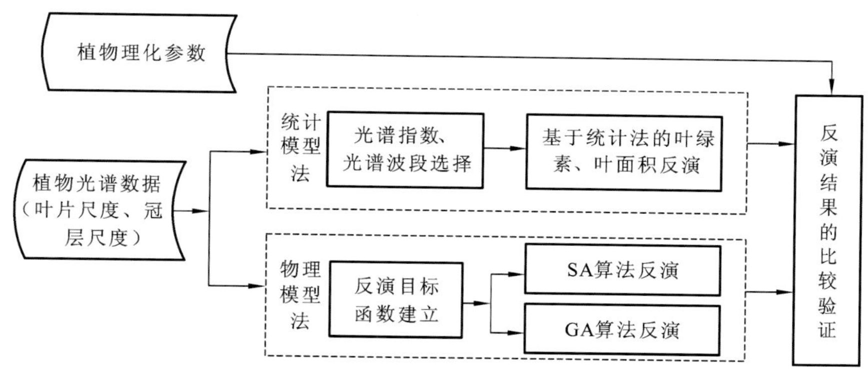

图 1.8　本节研究内容

1.4.1　植被光谱影响因素分析

植被 400～2 500 nm 内的光谱受到植被叶片生化参数、冠层结构、环境背景等多种因素的影响，利用叶片、冠层尺度测量的植被光谱，由叶片尺度到冠层尺度，分析不同的生化参数对于植被叶片、冠层光谱的影响。

1. 叶片尺度光谱影响因素分析

影响植被叶片光谱的因素主要是叶片的生化参数如叶绿素含量、干物质含量、水分含量等。如图 1.9(Gitelson et al.,2006)所示为植被叶片中各种色素在溶液(丙酮)状态下对可见光的吸收系数，叶绿素 a 和叶绿素 b 具有相似的特点，即在 400～500 nm、625～675 nm 两个波段对光线有较强的吸收作用，在 525～600 nm 波段处对光线的吸收作用较弱，大于 700 nm 的近红外波段，各种色素对光线几乎没有吸收作用。

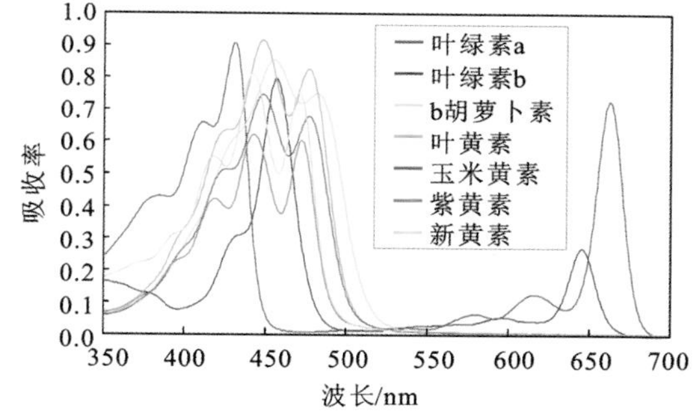

图 1.9　植被叶片中各种色素在溶液状态下对可见光的吸收系数

植被叶片中色素的不同，导致植被光谱的不同，使得人们能够利用植被光谱中对色素比较敏感的波段计算针对不同反演目标的植被指数，并建立植被指数和色素含量的经验关系进行反演。图 1.10 是不同叶绿素含量下的植被叶片光谱与典型波段反射率。当叶绿素含量逐渐增大时，红色波段(680 nm)的反射率迅速下降，当叶绿素含量大于 20 $\mu g/cm^2$ 时达到饱和，随后随着叶绿素的增加，没有明显的变化趋势；绿色波段(550 nm)反射率迅速下降，当叶绿素含量大于 50 $\mu g/cm^2$ 时达到饱和；说明红色波段和绿色波段比较适合低浓度下的叶片叶绿素反演。随着叶绿素的增加，蓝色波段(450 nm)和近红外波段(800 nm)与叶绿素之间无明显的关系；但红边波段在整个叶绿素变化范围中与叶绿素含量均有一定的相关性，可能比较适合于叶绿素的反演。结合上面的分析可以得出，利用植被指数经验模型反演叶片叶绿素含量时，关键的波段有 400～500 nm、525～600 nm、625～675 nm、720～730 nm 以及 800 nm 这几个波段。

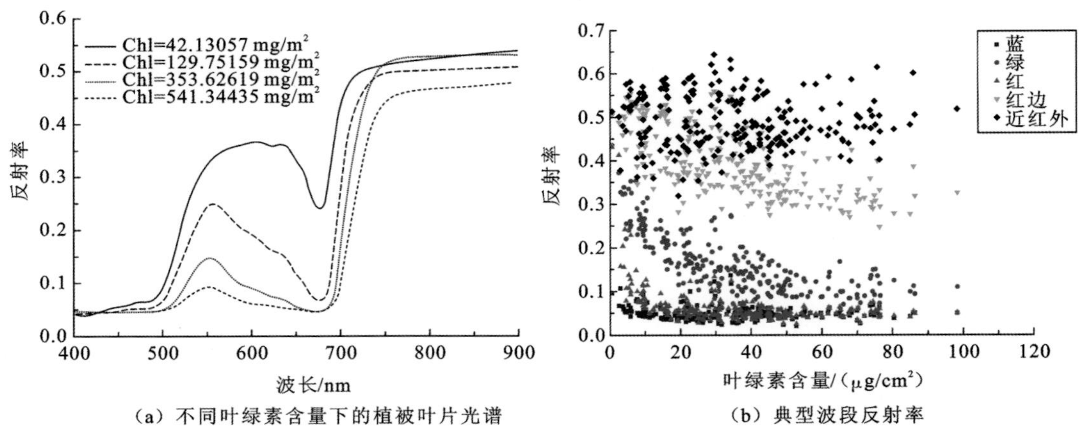

(a) 不同叶绿素含量下的植被叶片光谱　(b) 典型波段反射率

图 1.10　不同叶绿素含量下的植被叶片光谱与典型波段反射率

2. 冠层尺度光谱影响因素分析

1) LAI 和冠层光谱的关系

冠层光谱受到叶片色素含量、叶肉结构参数、冠层 LAI、叶片倾角等因素的综合影响，因此，很难直观明显地表现出和 LAI 的关系。图 1.11 显示了不同 LAI 情况下的冠层反射率以及典型波段的反射率。从图中可以看到，在整个可见光波段(400～700 nm)冠层的反射率和 LAI 关系不明显；在红边波段(700～750 nm)，其光谱受到叶肉结构参数 N、叶绿素含量、LAI 的综合影响，反射率有明显的上升；在近红外波段(760～900 nm)冠层的反射率主要是由叶片叶肉结构参数、LAI 共同决定，因此总是维持在较高的水平。图 1.11中可以看到，随着 LAI 的上升，近红外波段反射率总体上升，同时可见光波段反射率持续下降。当 LAI 接近 0.5 时，蓝色、红色波段反射率在 10%左右，当 LAI 增大且小于 2 时，其反射率会迅速下降，但当 LAI 大于 2 以后，随着 LAI 的增大，蓝色、红色波段的反射率没有明显的变化，说明在红、蓝波段当 LAI 为 2 时就达到饱和。在绿色波段以及红边波段，随着 LAI 的增大，反射率有所下降但下降并不明显。并且随着 LAI 的升高，红边波段有向近红外偏移的趋势，很多文献也有相关内容的研究(Ciganda et al.，2009；Gitelson et al.，2006，2003)。在近红外波段，总体趋势是 LAI 的增加导致反射率一定程度上增加，在 LAI 小于 2 时这种关系并不明显，这可能是由于低 LAI 下土壤等背景反射对于冠层光谱的影响较大。当 LAI 大于 2 时，这种关系就比较明显了，当 LAI 大于 5 时，LAI 的增大并不会导致反射率的增大，这说明近红外波段对 LAI 也有饱和点。

2) 冠层叶绿素含量和冠层光谱的关系

图 1.12 是不同冠层叶绿素含量(canopy chlorophyll content，CCC)下的植被叶片光谱与典型波段反射率。当叶绿素含量逐渐增大时，红色波段(680 nm)和蓝色波段(450 nm)的反射率一直维持在较低的水平，在冠层叶绿素小于 100 μg/cm² 时有一定波动，当叶冠层绿

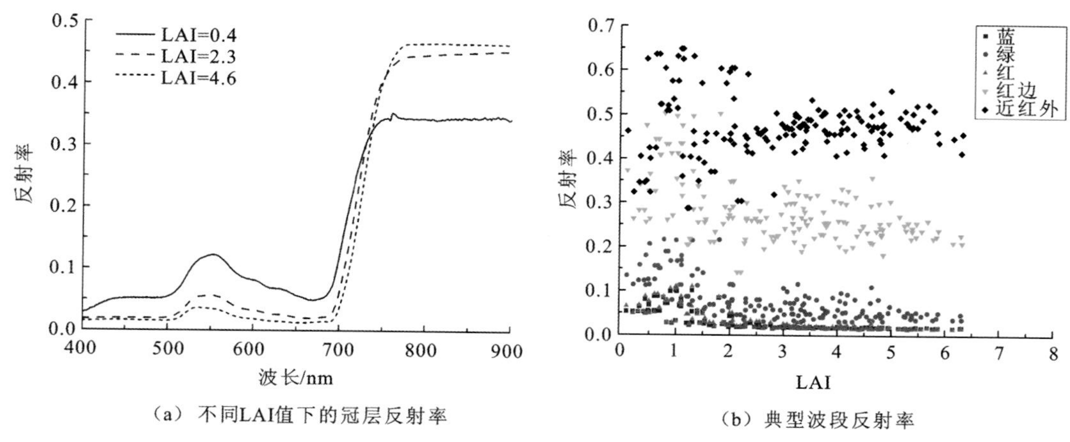

(a) 不同LAI值下的冠层反射率　(b) 典型波段反射率

图 1.11　不同 LAI 值下的冠层反射率与典型波段反射率

素含量大于 100 μg/cm² 时达到饱和，随后随着叶绿素的增加，没有明显的变化趋势；绿色波段(550 nm)反射率逐渐下降，当叶绿素含量大于 200 μg/cm² 时达到饱和；随着叶绿素的增加，近红外波段(800 nm)与叶绿素之间无明显的关系；但红边波段在整个叶绿素变化范围中与叶绿素含量均有一定的相关性，可能比较适合于叶绿素的反演。

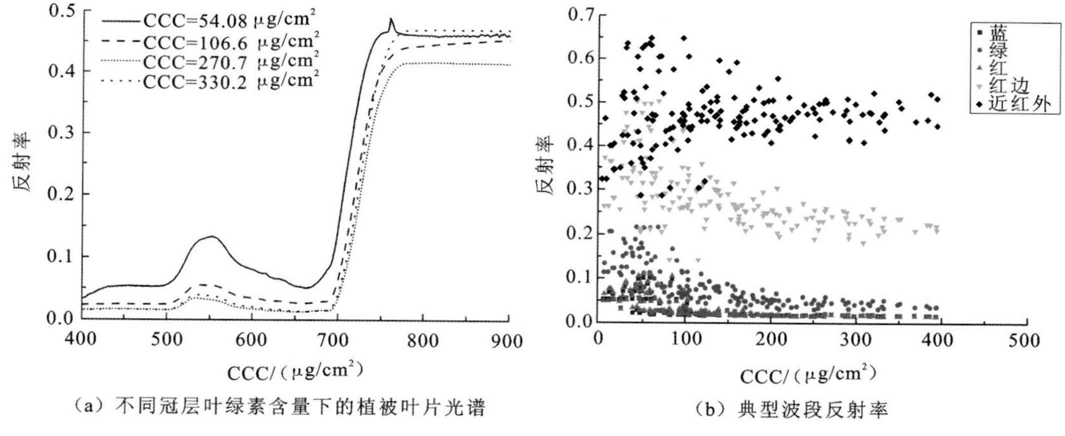

(a) 不同冠层叶绿素含量下的植被叶片光谱　(b) 典型波段反射率

图 1.12　不同冠层叶绿素含量下的植被叶片光谱与典型波段反射率

1.4.2　冠层光谱与冠层叶绿素的关系分析

在反演冠层叶绿素含量时，不同的光谱波段有着不同的能力。表现在选取不同波段构建的植被指数在反演不同种类植被的冠层叶绿素时存在一定差别。以小麦为研究对象，采集小麦整个生长周期内的冠层叶绿素含量以及冠层光谱，将小麦叶绿素含量进行分层，逐层分析冠层叶绿素含量与各个光谱波段、光谱指数的相关性。

1. 光线在植被冠层中的传播过程

光线照射在叶片上，在经过单片叶片时与叶片的作用过程如图 1.13 所示。入射光线经过植被叶片，一部分被植被叶片中的各种色素所吸收，一部分经过反射进入传感器，另外一部分透射到叶片下层。由于植被色素、水分等不同成分对不同波段光线的作用不同，导致了植被反射光谱与透射光谱的不同。

光线在植被冠层中的反射与透射过程如图 1.14 所示。图中假设植被冠层共有两层叶片，I_0 为入射光线；ρ_1、ρ_2、ρ_3 分别为第一层、第二层以及土壤背景的反射率；T 为叶片的透射率；入射光线经过第一层叶片，发生了反射与透射，透射光线进入第二层叶片，继续反射与透射，最后与地表土壤背景进行相互作用。光谱仪测量的植被冠层反射率 ρ 与叶片反射率(ρ_1，ρ_2)、透射率(T)以及背景的反射率(土壤)(ρ_3)相关：$\rho=\rho_1+\rho_2T^2+\rho_3T^4+\cdots$，并且与植被叶片的特征以及植被冠层结构密切相关。当叶片很密，层数较多的时候，背景与下层叶片对冠层反射率 ρ 的影响就很小了，对于此种植被，冠层光谱实际上无法反映整个植被冠层的叶绿素含量，而仅仅是冠层上部叶片的叶绿素含量。那么究竟光谱信息能反应到第几层叶片的叶绿素，是本节要研究的问题。

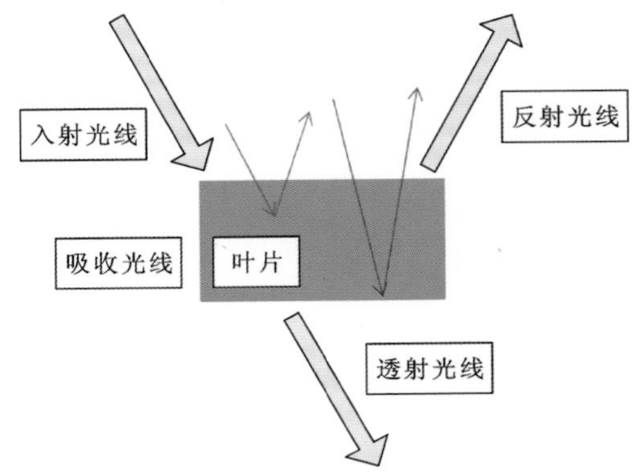

图 1.13 光线在经过单片叶片时与叶片的作用过程

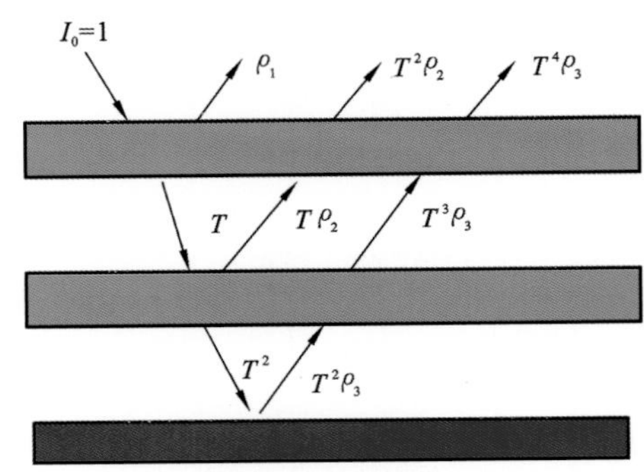

图 1.14 光线在植被冠层中的反射与透射

实验选取小麦作为研究对象，主要原因是小麦植株叶片结构相对简单，生长期的小麦一般有 5 片叶片(图 1.15)，并且冠层结构相对均匀，生长周期较短，为3～5月。叶片尺度的光谱数据采用 ASD FieldSpec4 Pro 全波段地物光谱仪进行测量。选取长势均匀一致的小麦区块选取植株，将植株叶片从顶端至底端分别标记为 1～5 号叶片，每片叶片上均匀选取 5 个采样点，测量叶片 SPAD 值，便于与 CI 计算的叶绿素含量进行比较。使用叶片夹夹住叶片，消除外部光源影响，测量叶片光谱反射率，同时测量植株的冠层反射率。实验周期内共测量 7 个日期下的 49 条冠层光谱，196 条叶片光谱(表 1.4)。利用第 3 章建立的红边指数与叶片叶绿素含量之间的经验模型，计算每片叶片的叶绿素含量。将前 N 片叶片的叶绿素含量分别表示为 Chl1、Chl2、Chl3、Chl4、Chl5。分析不同的光谱波段、不同的植被指数与前 N 片叶片的叶绿素含量，其中 N=

图 1.15 小麦实物图

1,2,3,4,5。研究使用不同的植被指数时,能较好地反映到第几片小麦叶片的叶绿素含量。

表 1.4　光谱测量日期与数量

测量日期	测量植株	叶片数量
3 月 26 日	2	5
4 月 3 日	6	5
4 月 9 日	5	5
4 月 23 日	9	5
4 月 29 日	11	3～4
5 月 8 日	10	3～
5 月 14 日	6	1～4
总体	49	1～6

2. 小麦叶绿素含量分布

1）小麦叶片间叶绿素分布情况

图 1.16 是不同生长期内小麦叶片叶绿素分布情况,图中第 1 片叶片指最底层的叶片,第 5 片叶片指最顶层的叶片,叶绿素含量通过经验公式进行计算。由图可知,无论是在小麦的哪个生长阶段,叶绿素含量最高的叶片总是顶层的两片叶片,由顶层叶片至底层叶片,叶绿素含量逐渐降低,从小麦的生理角度上说,顶层叶片更容易获取足够的光照进行光合作用。在小麦成熟期之前,大多数小麦都维持有 5 片叶片,成熟期之后,叶片数量开始减少,叶片叶绿素含量逐渐下降,底层叶片开始枯萎。

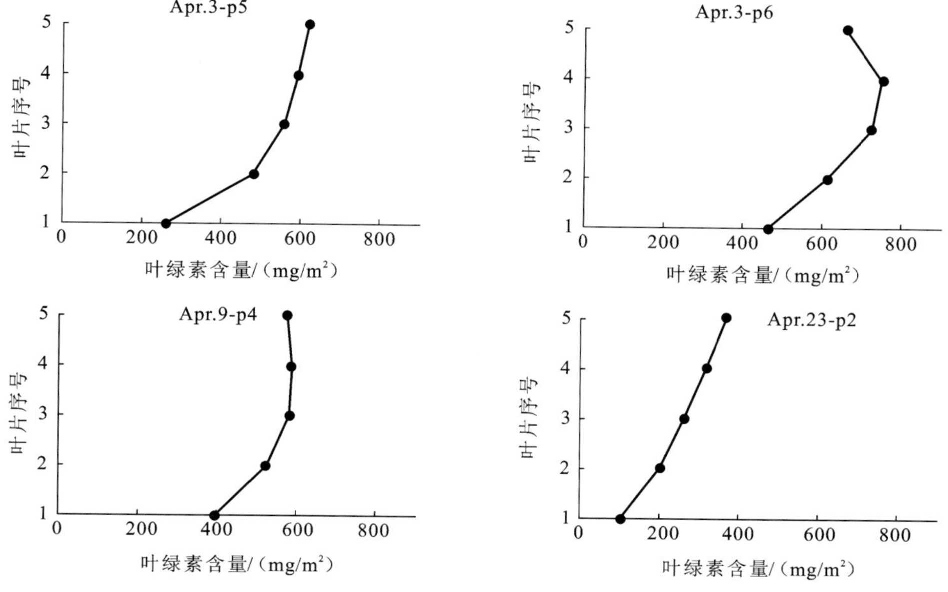

图 1.16　不同生长期内小麦叶片叶绿素含量分布

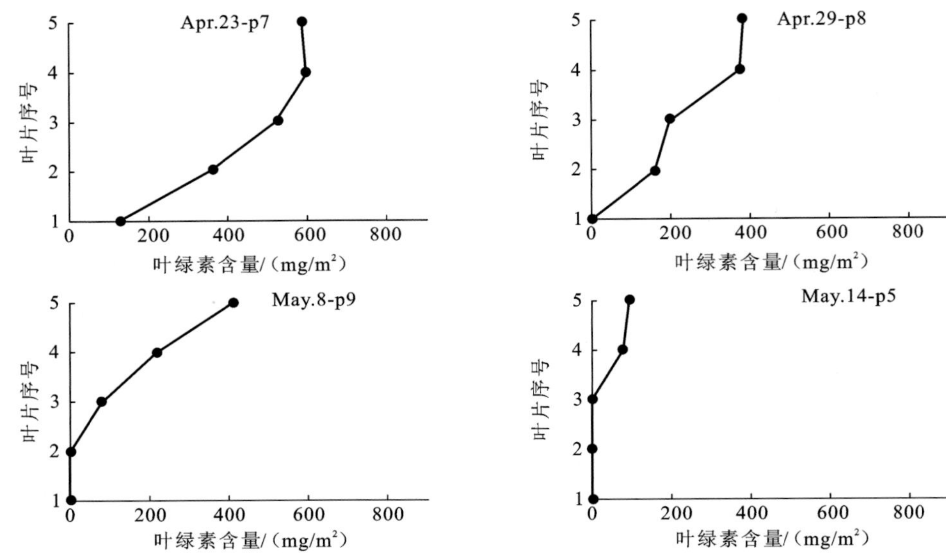

图 1.16　不同生长期内小麦叶片叶绿素含量分布(续)

表 1.5 中所示是叶片之间叶绿素含量的关系，表中 1 表示最顶端的叶片，5 表示最低端的叶片。相邻叶片之间的叶绿素含量具有一定的相关性，不相邻叶片之间的叶绿素含量无明显的相关性。图 1.17 为累积 N 片叶片与整株叶绿素间的决定系数，由图可知，最顶端叶片的叶绿素含量与整个植株的叶绿素含量的相关性已经较高，决定系数达到 0.88，顶端三片叶片的叶绿素含量与整个植株的叶绿素含量的决定系数已经高于 0.97，说明顶端三片叶片的叶绿素含量已经能代表整个植株的叶绿素水平。

表 1.5　叶片叶绿素含量间的相关系数

R^2	1	2	3	4	5
1	1.00	0.86	0.81	0.70	0.51
2		1.00	0.88	0.78	0.54
3			1.00	0.88	0.65
4				1.00	0.77
5					1.00

2）不同冠层叶绿素含量下小麦冠层光谱

图 1.18 是不同冠层叶绿素含量下，小麦的冠层光谱的变化情况。随着叶绿素含量的增加，冠层光谱在可见光波段有所下降，在近红外平台处有所上升，并且红边波段向长波方向移动。Gitelson 等(2005)指出，红光波段处叶绿素对光线的吸收作用很强，即使叶绿素含量较低的情况下，叶绿素对光线的吸收作用也能很快饱和，因此红光波段只能与叶片表层叶绿素发生相互作用，导致使用红光波段的植被指数经验模型往往在低叶绿素含量下比较敏感，而在高叶绿素含量下敏感度下降，例如 NDVI；而红边波段叶绿素的吸收作

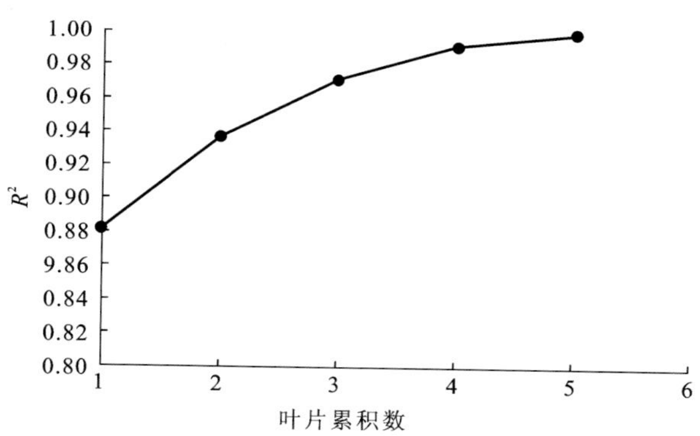

图 1.17　第 N 片叶片与整株叶绿素间的决定系数

用相对较弱，因此光线能与整个叶片内部的叶绿素发生相互作用，反射率对于叶绿素有明显的相关性，更加适用于叶片叶绿素含量的反演。因此，冠层尺度下，红边波段可能能够作用于更多、更深层的植被叶片，在反演整个冠层叶绿素含量时会优于其他波段；同时，尽管近红外波段也能够作用于更多、更深层的植被叶片，但是此波段内，叶绿素对光线的吸收作用已经很小，冠层光谱无法反映出叶绿素的特性。

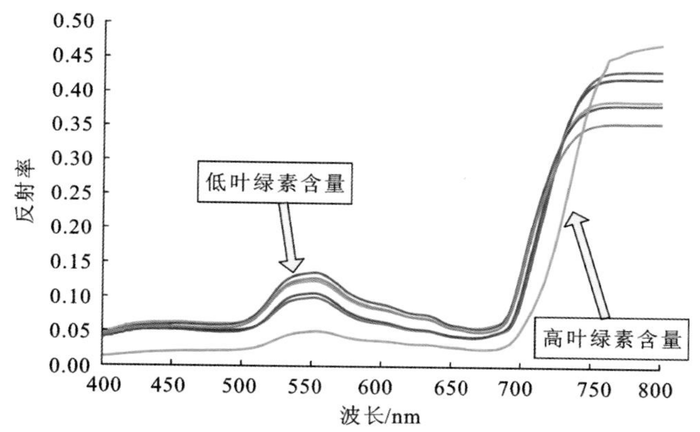

图 1.18　不同叶绿素含量下小麦冠层光谱

图 1.19 是叶片尺度 $CI_{rededge}$ 和 SPAD 的关系，相关系数达到 0.96，说明由 $CI_{rededge}$ 计算的叶绿素含量能够达到很高的精度，在使用叶片夹消除外部光线的影响之后，使用经验模型计算的叶片叶绿素含量可以用来代表小麦叶片的真实叶绿素含量。将相同植株的所有叶片叶绿素含量相加，得到整个植株的叶绿素含量。在冠层尺度下，$CI_{rededge}$ 和冠层叶绿素含量之间的相关模型精度下降，决定系数为 0.85(图 1.20)。这说明在冠层尺度下，由于光线在小麦冠层中不断反射与投射，导致下层小麦叶片以及土壤背景对冠层光谱的贡献较小，冠层光谱无法反映下层叶片的叶绿素含量，因此，$CI_{rededge}$ 指数在一定程度上无法反映整个冠层水平的叶绿素含量。

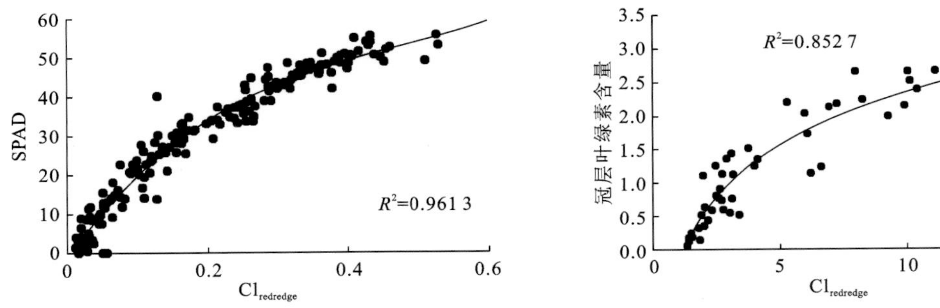

图 1.19 叶片尺度 $CI_{rededge}$ 和 SPAD 的关系

图 1.20 冠层尺度 $CI_{rededge}$ 和冠层叶绿素含量的关系

3. 冠层光谱与冠层叶绿素的关系

1) 不同光谱波段与冠层叶绿素之间的关系

为了分析不同光谱波段所能反应的最大叶绿素深度，同样选取了 4 个典型波段，分别是绿波段(550 nm)、红波段(680 nm)、红边波段(720 nm)以及近红外波段(800 nm)，将 4 个波段的冠层反射率分别与小麦第 1 片叶子叶绿素含量、前 2 片叶子叶绿素含量、前 3 片叶子叶绿素含量、前 4 片叶子叶绿素含量、5 片叶子叶绿素含量建立模型(图 1.21)，模型决定系数如图 1.22 所示。

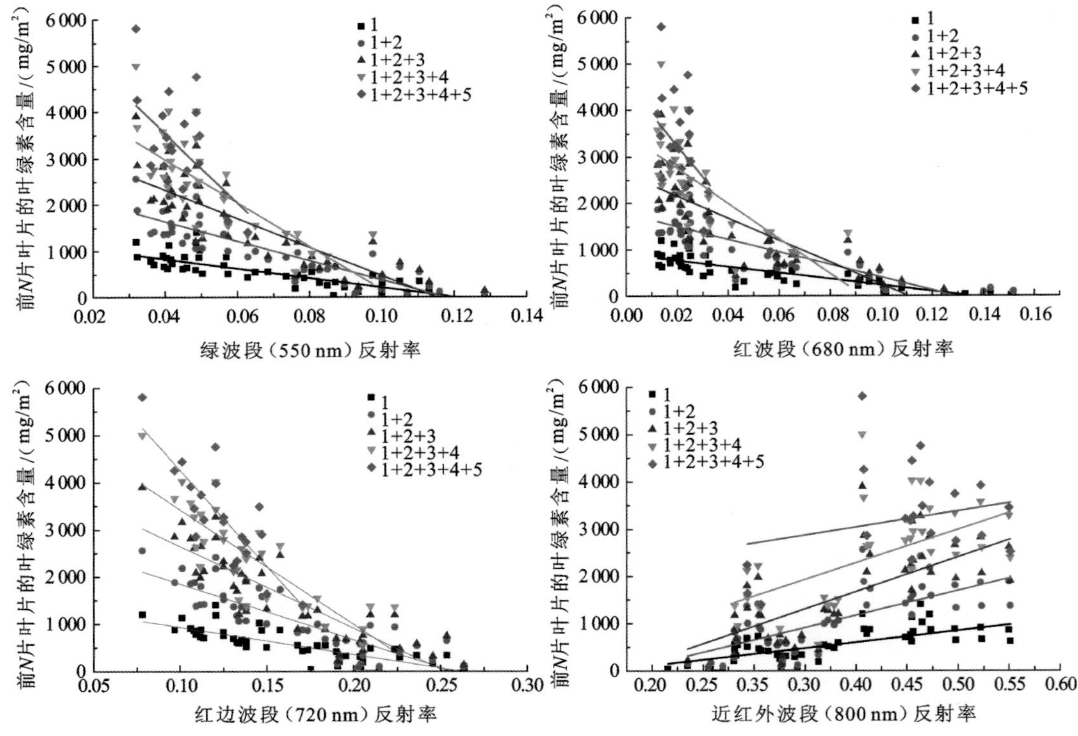

图 1.21 不同波段冠层反射率和前 N 片叶片叶绿素含量的关系

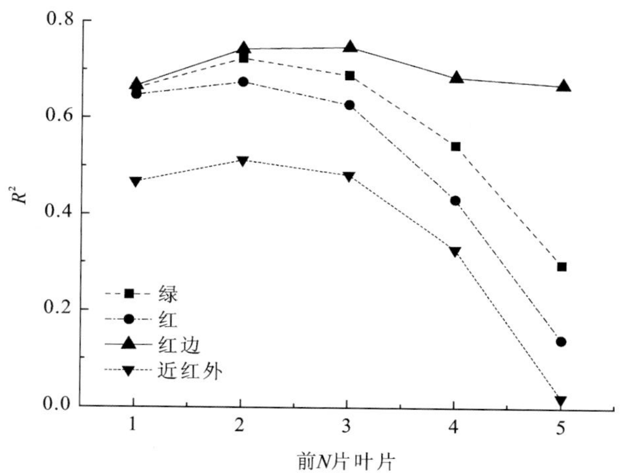

图 1.22　不同波段模型的决定系数曲线图

4 个典型波段中，整株小麦的冠层反射率与前 3 片叶片的叶绿素含量十分相关，而到第 4 片叶片时，模型精度下降明显，说明这 4 个波段与前 3 片叶片的叶绿素含量明显相关，与后 2 片叶片的叶绿素含量相关性下降。在红边波段，前 3 片叶片的叶绿素含量与冠层光谱的相关性最高，决定系数达到 0.75，而在其他波段，均是前 2 片叶片的叶绿素含量与冠层光谱的相关性最高，这说明红边波段相较其他的光谱波段有更强的穿透性，能够反映植被更深冠层的叶绿素含量。绿光波段与红光波段的精度相似，近红外波段的模型精度较低，主要是由于近红外波段受到植被叶绿素的影响较小，该波段反射率无法反映植被叶绿素特性。总体上，在反演冠层叶绿素含量时，红边波段反映叶绿素含量的深度要优于其他波段；绿波段略高于红波段，因为色素在红波段的吸收作用很强，只要有少量色素，红光波段的吸收作用就能很快饱和；近红外波段反映叶绿素含量的深度最浅，往往只能反映植被冠层表层的叶绿素含量。

2）不同植被指数与冠层叶绿素之间的关系

在实际应用中，大部分情况下使用植被指数来构建模型。选取 6 种典型植被指数 NDVI、RVI、CI_{green}、$CI_{rededge}$、NDRE 以及 MTCI 进行分析，如图 1.23、图 1.24所示。6 种植被指数中，能够与较深层叶片叶绿素相关的植被指数是 MTCI、$CI_{rededge}$、NDRE 三种利用红边波段的植被指数，这三种植被指数与前四片叶片的叶绿素含量十分相关，而到第五片叶片时，模型精度下降明显。三种植被指数中，MTCI 与前三片叶片的叶绿素含量构建的模型决定系数达到 0.85，其余两种植被指数最高相关系数达到 0.82。接下来是绿度指数 CI_{green} 和归一化植被指数 NDVI，其中 CI_{green} 与前三片叶片叶绿素含量构建的模型精度最高，达到 0.69，NDVI 与前两片叶片叶绿素含量构建的模型精度最高，达到 0.70，绿光波段与红光波段的区别在这里凸显，与前文的分析一致。RVI 的构建的模型精度相对较低，见表 1.6。

通过以上分析可知，虽然大部分植被指数只能“探测”到小麦前三片叶片的叶绿素含量，但是由以上分析可知，小麦叶片前三片叶片的叶绿素含量与整株小麦的叶绿素含量的

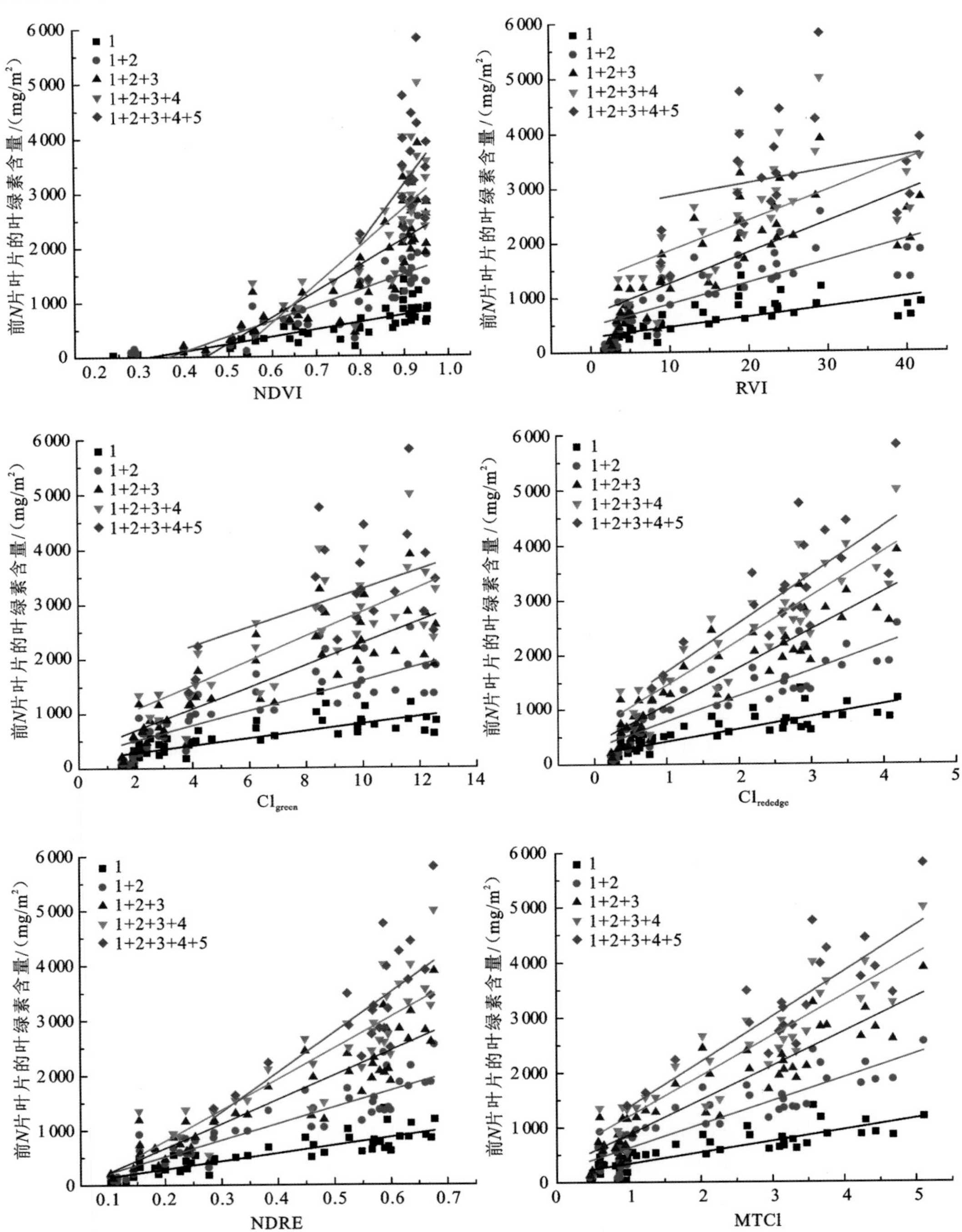

图 1.23　不同植被指数和前 N 片叶片叶绿素含量的关系

相关性已经很高，二者之间的决定系数达到 0.97，这也解释了为什么虽然利用高光谱信息监测植被信息时，即便只能探测到冠层上部的信息，却还是能够一定程度上反演整个植被冠层的生化参数。

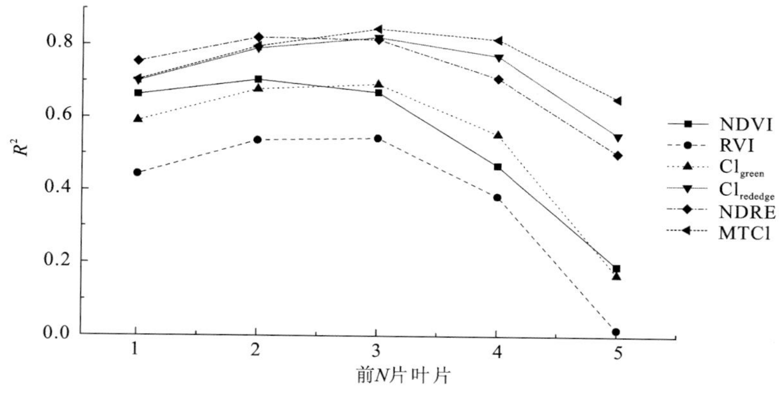

图 1.24　不同波段模型的决定系数曲线图

表 1.6　不同波段模型的决定系数

前 N 片叶片	NDVI	RVI	CI_{green}	$CI_{rededge}$	NDRE	MTCI
1	0.663 04	0.443 83	0.590 81	0.700 53	0.754 35	0.703 91
2	0.704 33	0.537 04	0.678 45	0.790 99	0.820 94	0.796 71
3	0.671 19	0.544 49	0.693 61	0.822 65	0.816 37	0.846 57
4	0.469 82	0.384 96	0.556 29	0.772 89	0.711 51	0.818 43
5	0.192 58	0.018 78	0.169 59	0.556 18	0.504 76	0.656 42

1.4.3　反演模型概述

总体来说，基于遥感数据反演 LAI 和叶绿素含量的方法主要有两种。①基于光谱数据的经验/半经验方法。通过分析植被在各波段的光学吸收物理特性，基于经验或半经验的分析模型，将反射光谱在不同波段的数据进行数学组合运算以增强植被光谱特性并与植被参量关联。②基于辐射传输理论的分析模型方法。该方法主要是利用辐射传输模型得到模拟的光谱反射率，通过优化算法与实测的光谱数据进行比较以估算植被参数。下面介绍本章使用的植被指数经验模型与物理模型以及优化算法的选择。

1. 植被指数经验模型

结合上一小节的分析，叶绿素反演的关键诊断波段有 400～500 nm、525～600 nm、625～675 nm、720～730 nm 以及 800 nm 处的近红外波段。同时由于 LAI 表征了植被的健康状态，一般情况下与植被叶绿素含量有着密切的关系，反演叶绿素含量的植被指数常常也可以用来反演 LAI。选取包含归一化差值植被指数（NDVI）、比值植被指数（RVI）、红边指数（$CI_{rededge}$）等在内的 13 种植被指数（表 1.7）来构建植被指数经验模型，进行叶绿素含量与 LAI 的反演。表中近红外波段反射率（NIR）使用的是 800 nm 处的光谱反射率，红光波段（Red）、绿光波段（Green）、蓝光波段（Blue）、红边波段（Rededge）反射率使用的分别是 680 nm、550 nm、450 nm 以及 725 nm 处的光谱反射率。

表 1.7　选取的典型植被指数

光谱指数	计算公式
归一化比值植被指数(normalized difference vegetation index,NDVI)	NDVI=(NIR−Red)/(NIR+Red)
比值植被指数(ratio vegetation index,RVI)	RVI=NIR/Red
增强植被指数(enhanced vegetation index,EVI)	$EVI=2.5\left(\frac{NIR-Red}{NIR+6Red-7.5BLUE+1}\right)$
差值植被指数(difference vegetation index,DVI)	DVI=NIR−Red
比值植被指数(simple ratio index 705,SR705)	$SR705=R_{750}/R_{705}$
绿波段归一化植被指数(green normalized difference vegetation index,GNDVI)	$GNDVI=(R_{750}-R_{550})/(R_{750}+R_{550})$
归一化叶绿素比值指数(normalized pigments chlorophyll ratio index,NPCI)	$NPCI=(R_{680}-R_{430})/(R_{680}+R_{430})$
绿边指数(green chlorophyll index,CI_{green})	$CI_{green}=NIR/Greed-1$
红边指数(red edge chlorophyll index,$CI_{rededge}$)	$CI_{rededge}=NIR/Greed-1$
归一化红边差值指数(normalized difference red edge index,NDRE)	NDRE=(NIR−Rededge)/(NIR+Rededge)
MERIS陆地叶绿素指数(MERIS terrestrial chlorophyll index,MTCI)	MTCI=(NIR−Rededge)/(Rededge−Red)
土壤调整植被指数(soil-adjusted vegetation index,SAVI)	$SAVI=\frac{NIR-Red}{NIR+Red+L}(1+L)$　(一般 L 取 0.5)
叶绿素吸收比值指数(chlorophyll absorption ratio index,CARI)	$CARI=CAR\frac{R_{700}}{R_{670}}$ $CAR=\frac{\lvert a\times 670+R_{670}+b\rvert}{\sqrt{(1+a^2)}}$ $a=\frac{R_{700}-R_{550}}{150},b=R_{550}-a\times 550$

2. 辐射传输模型与优化算法

1) 叶片尺度模型选择

对于叶片尺度,采用 PROSPECT 模型进行生化参数反演叶绿素含量,通过构建目标函数如式(1.13),所示,采用最优化算法,找到满足该式最小的 C_{ab}、N、C_m、C_w 值。

$$\varepsilon=\frac{\sum_{i=1}^{n}abs(R_{m_i}-R_{s_i}(C_{ab},N,C_m,C_w))/R_{m_i}}{n} \tag{1.13}$$

其中:R_{m_i} 为波段 i 的实测光谱反射率;$R_{s_i}(C_{ab},N,C_m,C_w)$ 表示在 C_{ab},N,C_m,C_w 等参数下模拟的反射率值。由于在采样时没有测量叶片的透射率,相对于 Jamcound 构建的目标函数缺少对透射率部分的约束,但该目标函数值也能直接反映模拟曲线和实测曲线的总体误差率。

2）冠层尺度模型选择

对植物冠层尺度，采用 PROSAIL 模型进行光谱数据反演，考虑到 PROSAIL 模型的输入参数较多，包括太阳天顶角、传感器观测角、方位角、太阳散射比例、LAI、平均叶片倾角、热点尺寸参数、叶片结构参数 N、叶片叶绿素含量、叶片干重、叶片含水量。如果对所有参数做反演这会极大地增加反演的难度和时间，而在实际测量中，笔者只测量了垂直光谱，可以不考虑传感器的观测角和方位角、热点效应，含水量对叶片的影响在 400 ～ 900 nm 范围的影响很小，可以忽略，而太阳的天顶角和太阳的散射比例在测量时已经记录，因此最终只有平均叶片倾角、叶片结构参数 N、叶片叶绿素含量、叶片干重、LAI 5 个输入参数。构建的具体目标函数如式(1.14) 所示。

$$\varepsilon = \frac{\sum_{i=1}^{n} \mathrm{abs}[R_{m_i} - R_{s_i}(C_{\mathrm{ab}}, N, C_m, C_w, \mathrm{LAD}, \mathrm{LAI})]/R_{m_i}}{n} \tag{1.14}$$

其中：R_{m_i} 为波段 i 的实测光谱反射率、$R_{s_i}(C_{\mathrm{ab}}, N, C_m, \mathrm{LAD}, \mathrm{LAI})$ 表示在 C_{ab}, N, C_m，LAD，LAI 等参数下模拟的反射率值。通过该目标函数值能直接反映模拟曲线和实测曲线的总体误差率。

在构建出目标函数后，剩下的问题就是通过最优化算法求解目标函数，找到最优的参数值，由于目标函数的非线性且变量多等问题，对优化算法有较高的要求。目前，优化算法有基于梯度的优化算法如 Powell 算法、最速下降法、拟牛顿法等，基于神经网络、遗传算法、模拟退火等智能化算法等(梁顺林 等，2009)。其中智能优化算法如遗传算法、模拟退火算法具有全局优化、无须复杂的数字计算能够较好地解决复杂非线性问题的优化问题，可以很好地运用到植物生化参数的反演中来。本节中选取模拟退火算法和遗传算法作为最优化算法。

3）模拟退火算法

模拟退火算法(simulated annealing，SA)的核心在于模仿热力学中液体的冻结与结晶或金属溶液的冷却与退火过程，该算法是一种启发式的搜索算法。该算法源于对实际固体退火过程的模拟，即先将固体加温至充分高，再逐渐冷却。加温时，固体内部粒子变为无序状态，内能增大；而逐渐降温时，粒子趋于有序，在每个温度都达到平衡态，最后在常温时达到基态，内能减为最小。因此，算法实际上是将优化问题类比为退火过程中能量的最低状态，也就是温度达到最低点时，概率分布中具有最大概率的状态。根据退火过程，反演植物生化参数的算法过程如图 1.25 所示。通过适当地控制温度的变化，SA 算法可以实现大范围内的粗略搜索和局部精细搜索相结合的搜索策略。

4）遗传算法

遗传算法(genetic algorithm，GA)最早由 Holland 提出，是一种通过模拟达尔文的生物进化论的自然选择和遗传机理来求解函数极值的方法(Davis，1991)。遗传算法将搜索空间中的解用染色体来表示，染色体又由若干基因组成，每个基因均对应一个参数，算法的每轮迭代均会产生一个新的种群，即为一组可行解的集合，通过在迭代过程中保留较好的染色体，舍弃较差的染色体来完成进化，从而得到更优的解。标准的遗传算法包含以下几个步骤：编码、选择、交叉、变异，具体算法过程不再详细描写，算法过程如图 1.26 所示，本书采用了 Matlab 的遗传算法工具包进行计算，设置的具体参数为：初始的种群大小设置为 50，编码方式选择二进制编码，选择方案选择轮盘赌方案，交叉方案选择简单交叉方案，变异率设置为 1%，交叉概率设置为 85%。

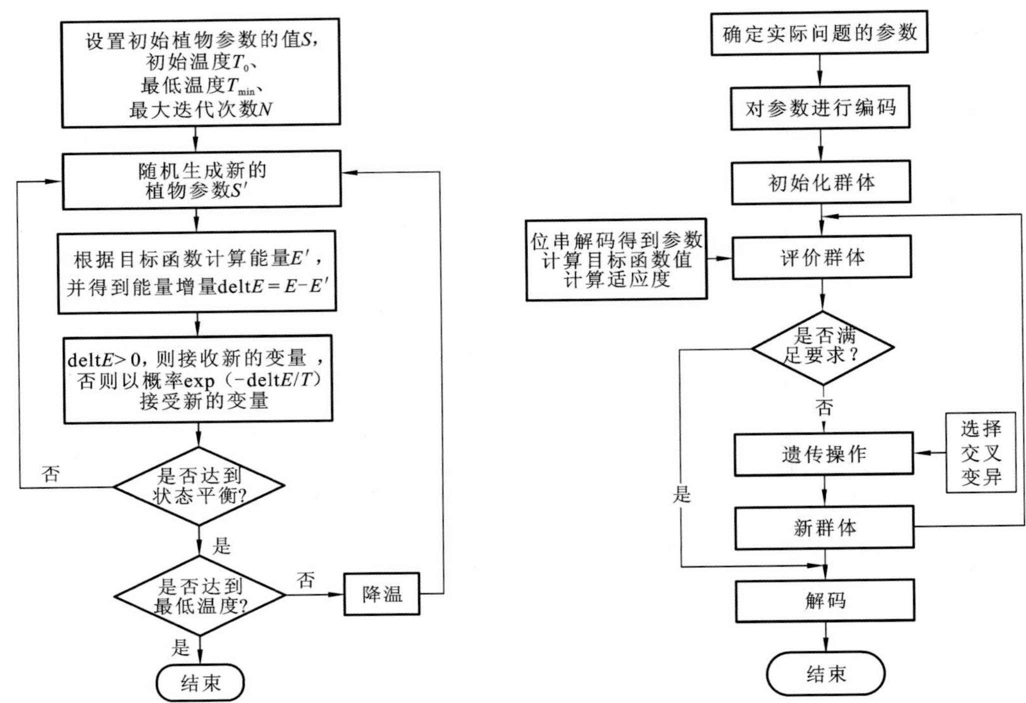

图 1.25　模拟退火算法寻找最优解流程　　　　图 1.26　遗传算法寻求最优解的流程图

1.4.4　植被指数经验模型反演结果

1. 叶片尺度叶绿素反演结果与分析

图 1.27 所示是本书选取的植被指数与叶片叶绿素含量之间的关系，表 1.8 中显示了各个指数经验模型的形式以及决定系数（R^2）和均方根误差（RMSE）。由图 1.27 可知，DVI 和 RVI 与叶片叶绿素含量无明显的相关性，不适用于反演叶片尺度的叶绿素含量；NDVI、EVI 以及 SAVI 与叶片叶绿素含量之间的关系较为相似，模型均为幂函数，当叶绿素含量小于 20 μg/cm² 时，这三种植被指数对于叶绿素含量均较为敏感，当叶片叶绿素含量超过 20 μg/cm² 时，三种指数迅速达到饱和，并且三种指数和叶片叶绿素含量的相关性较低，决定系数均小于 0.3，均方根误差大于 18 μg/cm²。NPCI 和 CARI 与叶绿素含量之间的关系也较为相似，低叶绿素含量下，指数对于叶绿素的变化较为敏感，高叶绿素含量下敏感度下降，达到饱和。两个使用绿光波段的指数 CI_{green} 和 GNDVI 与叶绿素含量呈现线性或者近似线性相关，但相关性一般，决定系数分别为 0.57 和 0.58，模型均方根误差为 13.62 μg/cm² 和 13.51 μg/cm²。

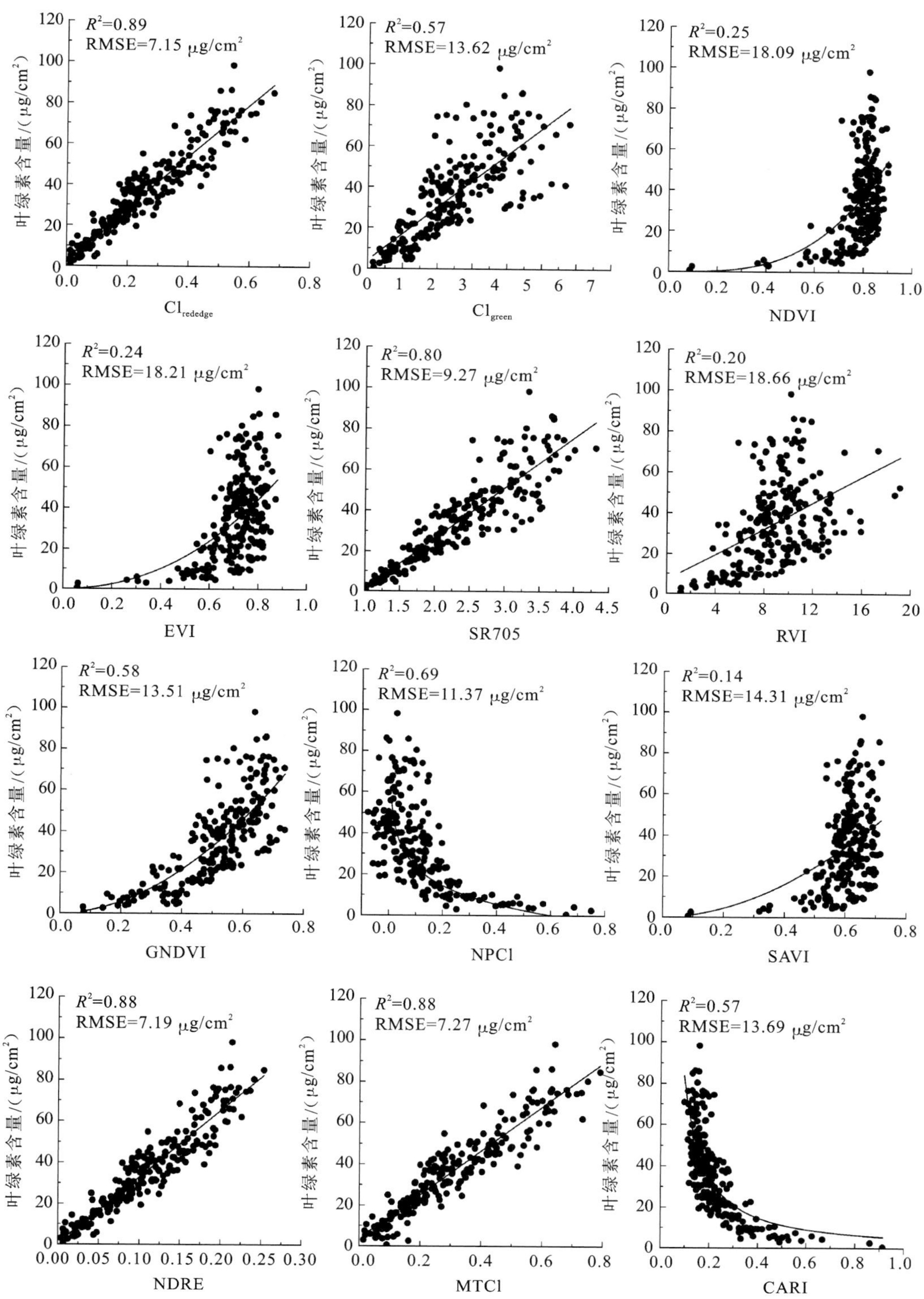

图 1.27　叶片尺度植被指数经验模型

表 1.8 叶片尺度植被指数经验模型决定系数与均方根误差

植被指数	模型	R^2	RMSE/(μg/cm²)
$CI_{rededge}$	$y=124.7\times x+3.849$	0.89	7.15
CI_{green}	$y=12.89\times x+4.144$	0.57	13.62
NDVI	$y=76.7\times x^{3.244}$	0.25	18.09
EVI	$y=71.66\times x^{2.144}$	0.24	18.21
SR705	$y=24.78\times x-23.3$	0.80	9.27
RVI	$y=3.184\times x+6.679$	0.20	18.66
GNDVI	$y=120.8\times x^{1.884}$	0.58	13.51
NPCI	$y=-\ln(x/0.6031)/0.07627$	0.69	11.37
SAVI	$y=88.8\times x^{1.867}$	0.14	14.31
NDRE	$y=323.1\times x+0.4894$	0.88	7.19
MTCI	$y=106.6\times x+3.678$	0.88	7.27
CARI	$y=5.143\times x^{-1.189}$	0.57	13.69

所有模型中，决定系数超过 0.8 的有 4 个：SR705、$CI_{rededge}$、NDRE 以及 MTCI。除了 SR705，其余 3 个植被指数均使用了红边波段，说明在叶片尺度，红边波段可以用来反演叶绿素含量。并且使用红边波段反演精度较高，3 种使用红边波段的植被指数，模型决定系数均达到 0.88，均方根误差小于 8 μg/cm²。虽然 SR705 并没有使用 725 nm 处的红边波段反射率，但公式中 750 nm 和 705 nm 均处于红边波段之中。

Gitelson 等(2005)指出，红光波段处叶绿素对光线的吸收作用很强，即使叶绿素含量较低的情况下，叶绿素对光线的吸收作用也能很快饱和，因此红光波段只能与叶片表层叶绿素发生相互作用，导致使用红光波段的植被指数经验模型往往在低叶绿素含量下比较敏感，而在高叶绿素含量下敏感度下降，例如 NDVI。而红边波段叶绿素的吸收作用相对较弱，因此光线能与整个叶片内部的叶绿素发生相互作用，反射率对于叶绿素有明显的相关性，更加适用于叶片叶绿素含量的反演，这与本书中的结果是一致的。

2. 叶片尺度红边指数与叶绿素含量的经验模型

通过上面分析可知，基于红边波段的植被指数在反演叶片水平叶绿素含量时精度极高，Gitelson 等(2009，2005，2003a)提出了一种基于红边指数(单位：mg/m²)的经验模型如下：

$$\mathrm{Chl}=37.904+1353.7\times \mathrm{CI}_{rededge} \tag{1.15}$$

并在小麦、大豆叶片中进行了验证，模型决定系数达到 0.94，均方根误差 50.9 mg/m²。本书中选取了华中地区包含梧桐、栀子、蜡梅、樟树、冬青在内的 5 种典型的植被叶片，使用 ASD FeildSpec 全谱段地物光谱仪自带的叶片夹，在消除外部光线的影响下，使用内部光源测量植被叶片光谱；同时使用乙醇萃取、分光光度计法测量叶片叶绿素含量，对 Gitelson 提出的模型进行了验证(图 1.28)，并根据华中地区数据进行了优化，优化后的模型如公式(1.16)。验证模型决定系数达到 0.94，均方根误差为 46.95 mg/m²。结果表明，叶片尺度下，基于红边指数的经验模型能够用于华中地区典型植被叶片的叶绿素含量反演，并且模型能够适用于不同的植被类型。

$$\text{Chl}=8.538+1\,254\times \text{Cl}_{\text{rededge}} \tag{1.16}$$

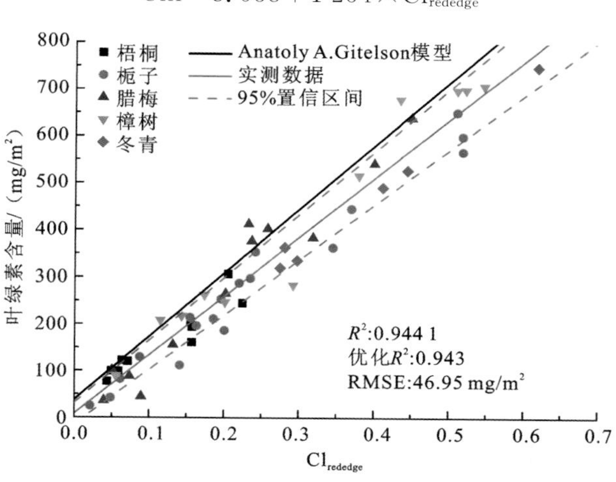

图 1.28　叶片尺度经验模型验证

3. 冠层尺度叶绿素、LAI 反演结果与分析

1）冠层尺度 LAI 反演结果

与叶片尺度模型相比，冠层尺度下叶面积指数以及叶绿素含量的反演模型精度相对于叶片尺度均有一定程度的下降，这主要是由于植被复杂的冠层结构以及测量时背景、环境因素的影响造成的。图 1.29 所示是本书选取的植被指数与 LAI 之间的关系图，表 1.9 中显示了各个植被指数经验模型的形式以及决定系数和均方根误差。所有植被指数中，DVI、EVI 与 LAI 无明显的相关性，不适用于反演冠层尺度的 LAI；SAVI 与 LAI 之间有一定的相关性，这是因为当 LAI 小于 4 时，由于 SAVI 能够大大减小背景对冠层光谱的影响，而当 LAI 大于 4 时，植被长势较密，背景影响减弱，SAVI 模型的精度所有下降。两种常用于叶绿素反演的指数 NPCI 和 CARI 在反演 LAI 时精度较低：NPCI 模型为线性但决定系数为 0.15，CARI 模型决定系数为 0.62 但模型为非线性。NDVI 模型决定系数虽然只有 0.78，但是模型同样是非线性，当 LAI 大于 3 时迅速饱和。

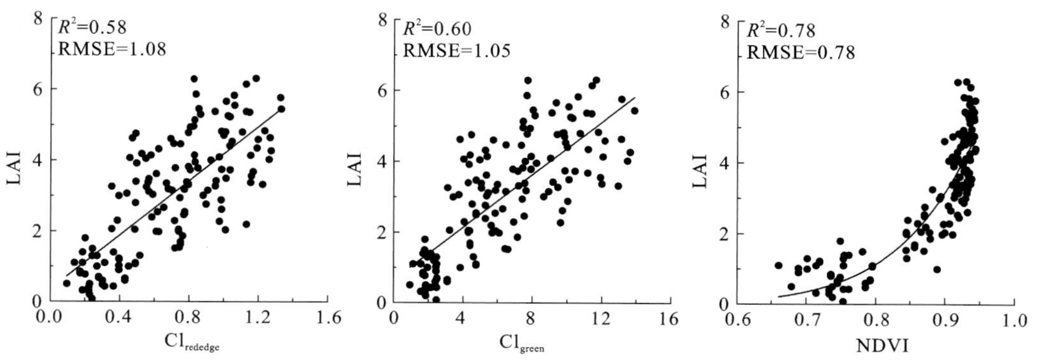

图 1.29　冠层尺度 LAI 与植被指数经验模型

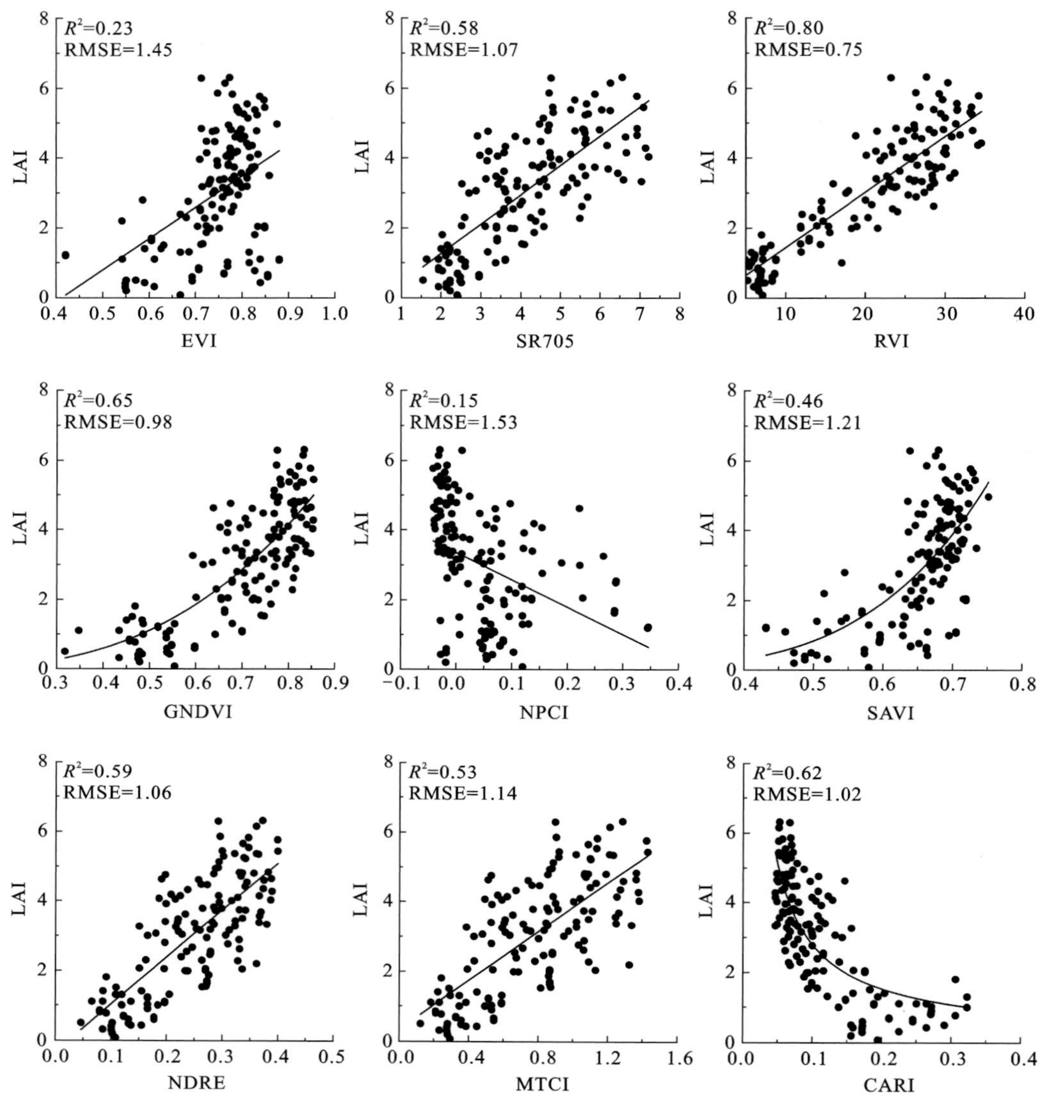

图 1.29　冠层尺度 LAI 与植被指数经验模型(续)

表 1.9　冠层尺度 LAI 与植被指数经验模型的决定系数与均方根误差

植被指数	模型	R^2	RMSE
$CI_{rededge}$	$y=3.837\times x+0.3534$	0.58	1.08
CI_{green}	$y=0.3722\times x+0.6548$	0.60	1.05
NDVI	$y=7.941\times x^{8.707}$	0.78	0.78
EVI	$y=8.981\times x-3.701$	0.23	1.45
SR705	$y=0.8384\times x-0.4127$	0.58	1.07
RVI	$y=0.1584\times x-0.1464$	0.80	0.75

续表

植被指数	模型	R^2	RMSE
GDNVI	$y=7.781\times x^{2.805}$	0.65	0.98
NPCI	$y=-7.815\times x+3.358$	0.15	1.53
SAVI	$y=19.8\times x^{4.554}$	0.46	1.21
NDRE	$y=13.56\times x-0.3227$	0.59	1.06
MTCI	$y=3.508\times x+0.3339$	0.53	1.14
CARI	$y=0.3742\times x^{-0.8726}$	0.62	1.02

3 种红边指数以及 SR705 模型在反演冠层 LAI 时精度有所下降，LAI 的变化主要影响的是近红外波段以及绿光波段，对于红边以及红光波段影响相对较小，导致以上几种模型精度有所下降，而由近红外波段以及绿光波段构建的模型例如 GNDVI 在反演 LAI 时优于红边指数模型。两种基于近红外与红光波段的指数 RVI 和 NDVI 在反演 LAI 效果最好，决定系数达到 0.78 和 0.80，均方根误差分别为 0.78 和 0.75。这可能是由于 LAI 影响最大的是近红外波段，而对于红光波段基本无影响，并且近红外波段反射率远大于红光波段反射率。通过将近红外反射率除以红光波段反射率，加强了近红外波段反射率，从而导致模型精度的提升。

2）*冠层尺度叶绿素反演结果*

冠层尺度叶绿素反演的结果与叶片尺度叶绿素反演结果类似，叶片尺度下表现较好的指数在冠层尺度下仍然保持着较高的精度，例如 3 种红边指数以及 SR705。值得注意的是，冠层尺度下，两种利用绿光波段的指数 CI_{green} 和 GNDVI 相比叶片尺度，模型精度有明显的提升，甚至超过了 3 种红边指数模型。这多半是由于在复杂的冠层条件下，红边波段只能影响到植被冠层的表层，而绿光波段波长较短，能影响到更深的冠层结构（Peng et al.，2011）。

综合分析叶片以及冠层尺度的植被指数经验模型（图 1.30，表 1.10）可知，在冠层叶绿素以及叶面积指数反演时，精度均较高的有 3 种红边指数模型：SR705 指数模型、CI_{green} 指数模型以及 GNDVI 指数模型；两种叶绿素相关的植被指数模型 NPCI 和 CARI 在反演两个尺度叶绿素时均有较好的效果，但反演 LAI 时模型精度较低；RVI 指数和 SAVI 指数则更适用于反演冠层参数。

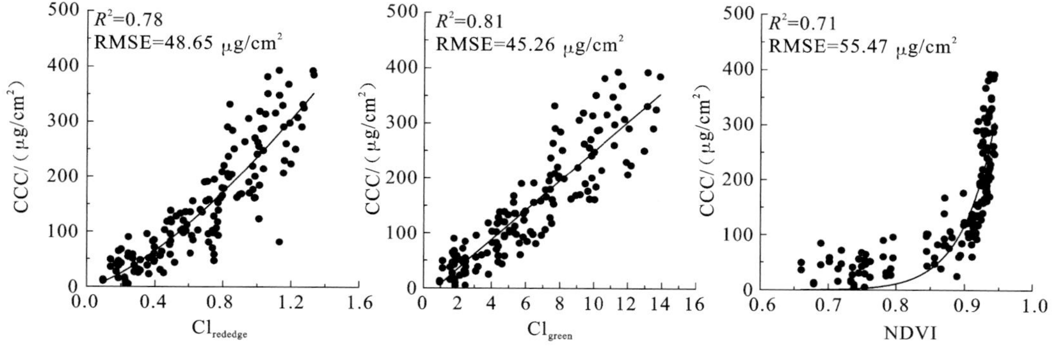

图 1.30　冠层尺度叶绿素含量与植被指数经验模型

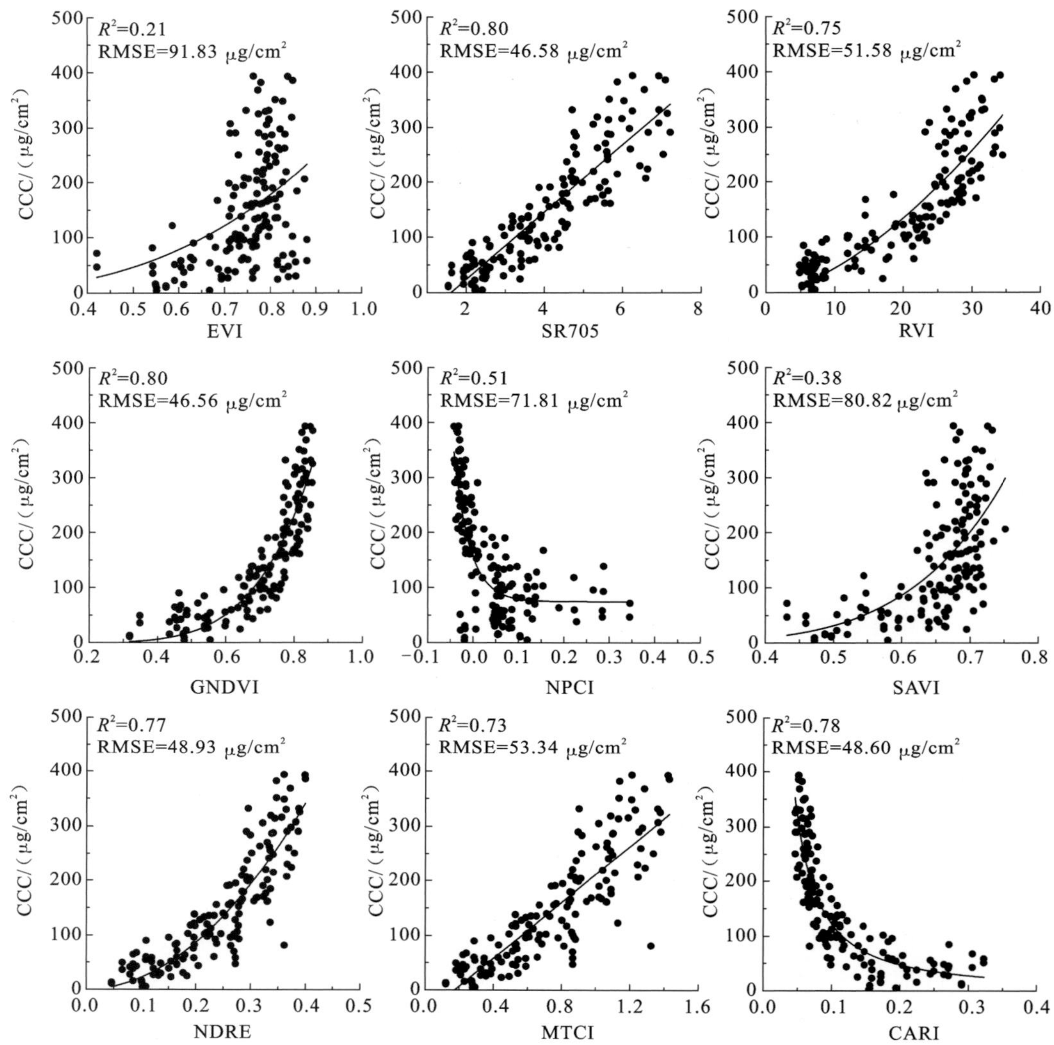

图 1.30　冠层尺度叶绿素含量与植被指数经验模型(续)

表 1.10　冠层尺度叶绿素含量与植被指数经验模型决定系数与均方根误差

植被指数	模型	R^2	RMSE/(μg/cm²)
$CI_{rededge}$	$y=235.7\times x^{1.409}$	0.78	48.65
CI_{green}	$y=26.81\times x-18.97$	0.81	45.26
NDVI	$y=974.9\times x^{20.03}$	0.71	55.47
EVI	$y=335.8\times x^{2.852}$	0.21	91.83
SR705	$y=61.05\times x-98.54$	0.80	46.58
RVI	$y=1.08\times x^{1.608}$	0.75	51.58

续表

植被指数	模型	R^2	RMSE/(μg/cm²)
GDNVI	$y=749.5\times x^{5.25}$	0.80	46.56
NPCI	$y=182.2\times e^{-11.5\times x}$	0.51	71.81
SAVI	$y=1\,442\times x^{5.515}$	0.38	80.82
NDRE	$y=21.59\times e^{7.117\times x}$	0.77	48.93
MTCI	$y=256.5\times x-45$	0.73	53.34
CARI	$y=5.19\times x^{-1.374}$	0.78	48.60

1.4.5　物理模型与优化算法的反演结果

1. 叶片尺度叶绿素反演结果与分析

在叶片尺度上，基于物理模型，采用不同的优化算法反演的叶片叶绿素含量与实测的叶片叶绿素含量如图 1.31 所示。其中基于 SA 算法反演的决定系数为 0.78，均方根误差为 8.76 μg/cm²，GA 算法反演的决定系数为 0.76，均方根误差为 9.28 μg/cm²，SA 算法反演的效果总体强于 GA 算法，但两种算法的精度都不及红边指数的经验模型。从图中还可以发现，对叶绿素含量小于 20 μg/cm² 的叶片，SA、GA 算法都会高估，在当叶绿素值在 20～60 μg/cm² 时两种算法反演的效果都较好，而当叶片含量高于 60 μg/cm² 后，模型反演值有低于实测值的趋势，反演精度会有所下降。

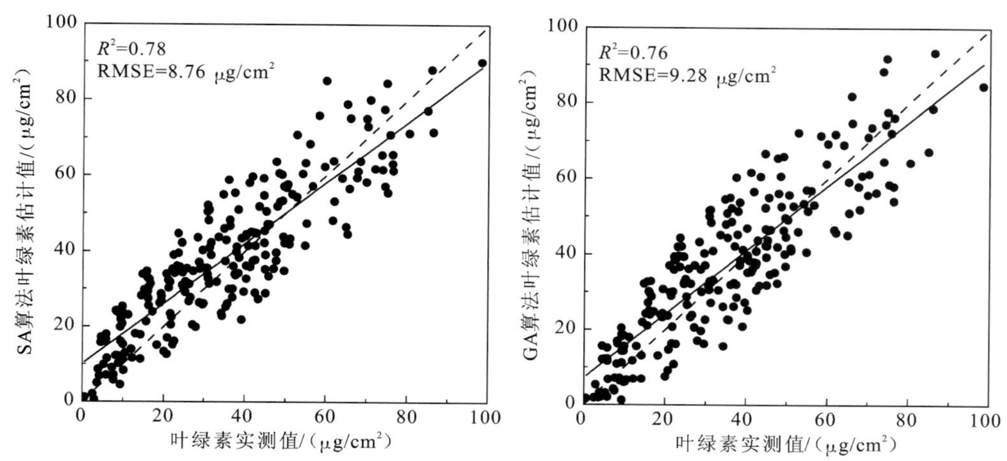

图 1.31　SA、GA 算法反演的叶片尺度叶片叶绿素含量与实测值之间的关系

2. 冠层尺度叶绿素、LAI 反演结果与分析

在冠层尺度上，基于物理模型反演的 LAI 与叶绿素含量的结果如图 1.32、图 1.33 所示。其中基于 SA 算法反演的 LAI 决定系数为 0.52，均方根误差为 1.11，GA 算法反演的 LAI 决定系数为 0.51，均方根误差为 1.09；基于 SA 算法反演的冠层叶绿素含量决定系数为 0.74，均方根误差为 53.04 mg/m²，GA 算法反演的冠层叶绿素含量决定系数为

0.75,均方根误差为 51.77 mg/m²,无论是反演 LAI 还是冠层叶绿素含量,两种基于物理模型的算法结果均相近,但两种算法的精度都明显低于基于红边指数的经验模型。

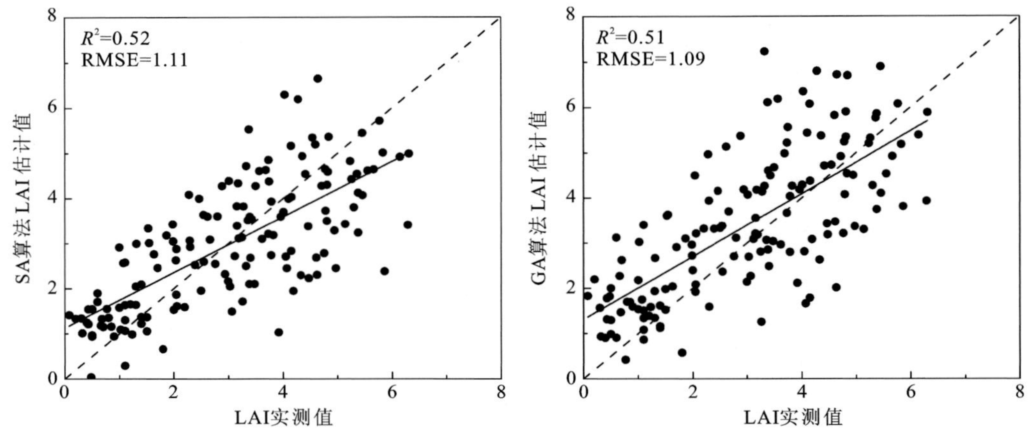

图 1.32 SA、GA 算法反演的冠层尺度 LAI 与实测值之间的关系

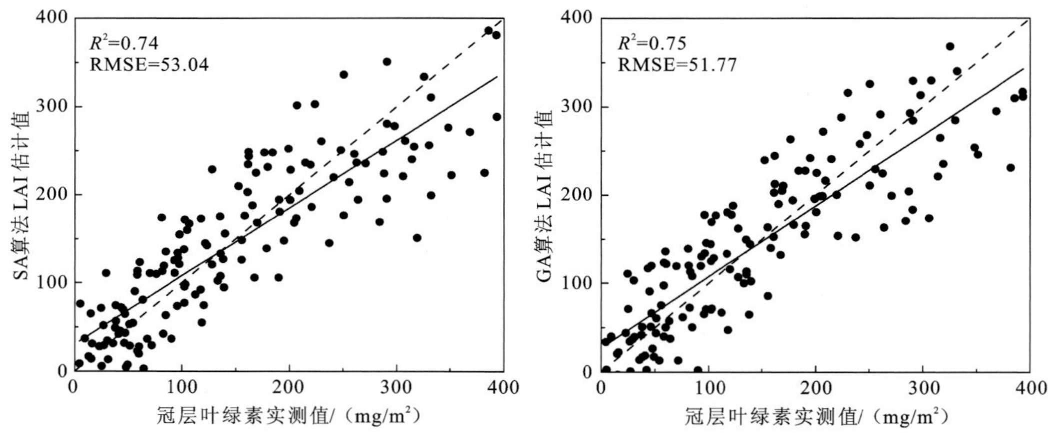

图 1.33 SA、GA 算法反演的冠层尺度叶绿素含量与实测值之间的关系

3. 不同反演算法的比较与分析

基于植被指数的经验模型形式简单,计算简便,在植被参数的定量反演方面应用广泛,但是物理意义不明确,这类模型通常有明显的地域局限性,特别是不同季节、不同区域的相关系数差别通常很大,可移植性差;物理模型具有一定的物理意义,在参数足够的情况下反演精度较高,但模型所需参数往往难以获取,反演时易出现病态反演的问题。

在叶片尺度,基于红边指数的经验模型和物理模型在反演叶绿素时的精度均较高,但是到冠层尺度,由于未知参数数量增加,反演时容易出现病态反演问题,导致物理模型精度下降明显,但基于红边指数的经验模型仍然较高。当未知参数较多时,物理模型的适应性远不如基于红边指数的经验模型。

1.4.6 HyperScan 成像光谱数据的植被叶绿素反演

1. HyperScan 光谱数据与 ASD 光谱数据的比较

前面几节在地面点光谱数据的基础上，使用植被指数经验模型以及物理模型进行了叶绿素的反演。为了验证结果是否能推广到卫星影像，有必要分析模型在反演地面成像光谱数据的植被参数时的效果。实验数据是利用 HyperScan 成像光谱仪采集的武汉地区常见的 3 种常绿阔叶植被——桂树、栀子和石楠的叶片光谱。对同一树种，在多棵树上采集树叶，按照从顶层到底层的顺序，分别采集颜色、叶龄等不同的树叶 50 片；并依次对每片树叶进行编号，利用 HyperScan 扫描获取叶片的高光谱图像，扫描方式为摆扫。图 1.34为获取的原始图像(右上角的白色部分为采集数据时在图像范围中放置的标准白板)。

使用 SPAD502 叶绿素仪获取植被的叶绿素值。SPAD 值也被称作“绿度”，是一个无量纲的值，是反映植物相对叶绿素含量的指标。研究表明，植被叶绿素含量随 SPAD 值的增加而增加，呈一定函数变化规律，且达到极显著相关的水平。在获取 HpersScan 图像的同时，利用 SPAD502 叶绿素仪测量每片树叶的 SPAD 值，每片树叶测量 10 次，大部分叶片 10 次 SPAD 测量值之间的差值在 0～3.5 波动，记录其均值作为该叶片的 SPAD 值。

对原始 HyperScan 图像进行处理，得到反射率图像。在反射率图像中，取每片树叶中心的一个 30 像素×30 像素大小的窗口，一片叶片共获取 900 个点；每个点对应一条光谱反射率曲线，计算 900 条光谱反射率曲线的平均值作为该叶片的光谱曲线。这样，每种实验树种均能得到 50 组光谱曲线及其对应的 SPAD 值。图 1.35 为使用 HyperScan 获取的光谱反射率曲线与使用 ASD 光谱仪获取的同一片栀子叶片光谱曲线的对比图。可以看到 HyperScan 获取的光谱曲线与 ASD 便携式光谱仪采集的光谱曲线虽然有一些细微变化，但总的变化特征一致。ASD 便携式光谱仪采集的光谱曲线与 HyperScan 获取的光谱曲线相比更加平滑，在 550～700 nm 的波长范围内 HyperScan 获取的光谱曲线比 ASD 采集的光谱反射率高；在近红外部分(880～900 nm)，HyperScan 获取的光谱曲线有比较大的噪声，需要进行进一步地去噪处理。

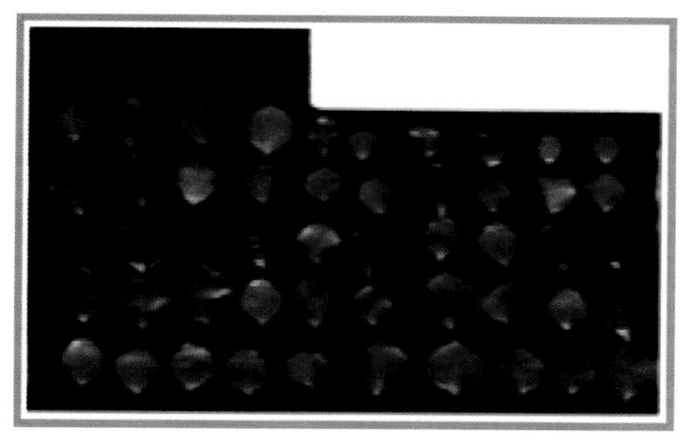

图 1.34 叶片原始 HyperScan 图像

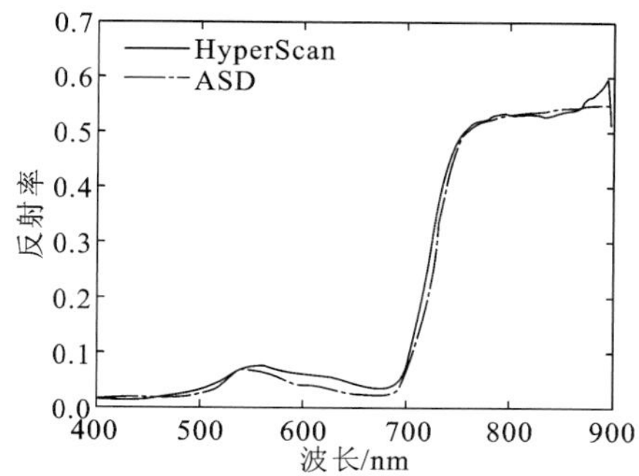

图 1.35 HyperScan 影像光谱与 ASD 数据

2. 模型建立与验证

选取包含 NDVI、SR、CI_{green}、SAVI、DVI、CARI 在内的 6 种植被指数，通过两两波段组合计算植被指数，并与 SPAD 值进行回归分析，选取相关性最高的波段建立模型（表 1.11）。虽然不同植被类型下最优波段不同，但是与点光谱实验相类似，相关性最高的几个特征波段仍然主要集中在 710～720 nm 红边波段、760～780 nm 近红外波段、550 nm附近的绿光波段。说明在地面成像光谱数据的尺度上，大气对光谱数据的影响仍然很小。

表 1.11　波段选择与相关系数

植被指数	栀子		石楠		桂树	
	最优波段组合	R^2	最优波段组合	R^2	最优波段组合	R^2
NDVI	699/765	0.929 5	712/913	0.960 4	703/768	0.956 4
SR	699/763	0.916 4	720/768	0.954 3	704/761	0.955 8
CI_{green}	529/763	0.916 8	554/767	0.925 7	569/761	0.941 5
SAVI	704/775	0.930 0	720/770	0.958 0	707/774	0.967 3
DVI	708/800	0.932 9	730/770	0.938 9	712/776	0.974 7
CARI	529/659/704	—0.835 5	554/659/706	—0.793 7	569/659/706	—0.867 8

利用波段分析得到的敏感波段进行叶绿素含量反演模型的建立与验证。由 3 种单一植被数据组成的总体数据共有 150 组，随机选择 80％的数据用来建模，其余 20％的数据用来验证。从表 1.12 可以看出，在 6 种植被指数的模型中，反演精度最高的是 SAVI，验证模型决定系数达到 0.9，均方根误差为 6.09，CARI 精度较低（决定系数只有 0.6），其余各植被指数模型精度则普遍较高（决定系数均大于 0.8）。利用上节建立的总体模型，对桂树的 HyperScan 图像进行了叶绿素含量的反演，统计了 50 片叶片影像范围中的叶绿素含量的均值，并与实测值进行了比较。从图 1.36 可以看出，在 6 种植被指数中，CARI 模型的精度较差，表现在同一片叶片反演的 SPAD 值变化范围较大；除模型精度较差的 CARI 之外，其余 7 种植被指数反演的同一片叶片 SPAD 值的变化范围不大（表 1.13）。

表 1.12　建模与验证模型参数

植被指数	总体模型	精度		验证模型	精度	
		R^2	RMSE		R^2	RMSE
NDVI	$f(x)=106.1x+7.977$	0.846 5	7.450	$f(x)=0.823\,9x+7.562$	0.853 4	6.528
SR	$f(x)=11.58x+7.185$	0.821 8	8.005	$f(x)=1.214x-7.989$	0.851 5	7.356
CI	$f(x)=10.76x+15.64$	0.796 7	8.550	$f(x)=1.202x-6.51$	0.808 4	8.367
SAVI	$f(x)=123.5x+10.96$	0.863 6	7.004	$f(x)=1.088x-2.995$	0.898 6	6.087
DVI	$f(x)=145x+12.02$	0.838 3	7.626	$f(x)=1.048x-1.406$	0.877 8	6.681
CARI	$f(x)=-69.12x+109.7$	0.538 3	12.88	$f(x)=0.905\,9x+5.441$	0.612 0	11.91

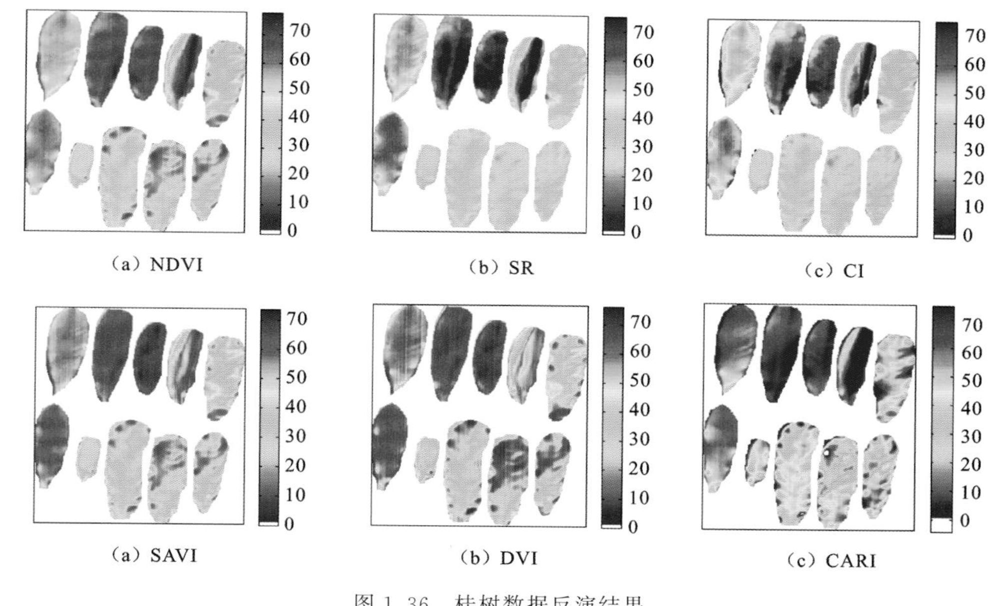

(a) NDVI　(b) SR　(c) CI

(a) SAVI　(b) DVI　(c) CARI

图 1.36　桂树数据反演结果

表 1.13　反演误差

叶绿素含量反演误差/%	NDVI	SR	CI	SAVI	DVI	CARI
最小值	0.57	1.23	3.20	0.11	0.92	0.86
最大值	19.40	19.68	23.11	18.29	16.31	59.2
均值	10.19	13.56	14.16	8.11	9.01	30.53

1.4.7　小结

高光谱遥感技术为定量化获取植物理化参数提供了更精细的数据来源。本节从植物叶片尺度、单株植物冠层尺度出发，分析光谱数据与叶绿素含量、LAI 的关系，研究基于光谱指数的统计模型反演了叶片以及冠层尺度的叶绿素含量、LAI，比较了 NDVI、RVI、CI、MTCI 等典型光谱指数的反演效果；同时，研究了基于物理模型反演叶绿素含量以及 LAI 的方法，比较了模拟退火、遗传算法等最优化算法在反演中的效果，利用华中地区 5 种典型阔叶植被光谱数据以及对应的叶绿素含量，对 Gitelson 建立了的红边指数 $CI_{rededge}$ 经验模型进行了参数的优化，结果表明，优化后的模型决定系数达到 0.94，均方根误差为 46.95 mg/m^2，优化后的模型相比原模型更适用于华中地区阔叶植被叶片的叶绿素含量反演，并且能够适用于不同的植被类型。通过本节的研究得到以下结论。

(1) 在叶片尺度，DVI 和 RVI 与叶片叶绿素含量无明显的相关性；NDVI、EVI 以及 SAVI 与叶片叶绿素含量之间的关系较为相似，模型均为幂函数，当叶绿素含量小于 20 μg/cm^{2}时，这 3 种植被指数对于叶绿素含量均较为敏感，当叶片叶绿素含量超过 20 μg/cm^{2}时，3 种指数迅速达到饱和，并且 3 种指数和叶片叶绿素含量的相关性较低，决定系数均小于 0.3，均方根误差大于 18 μg/cm²。NPCI 和 CARI 与叶绿素含量之间的关系也较为相似，低叶绿素含量下，指数对于叶绿素的变化较为敏感，高叶绿素含量下敏感度下降，达到饱和。两个使用绿光波段的指数 CI_{green} 和 GNDVI 与叶绿素含量呈现线性或者近似线性相关，但相关性一般，决定系数分别为 0.57 和 0.58，模型均方根误差为 13.62 μg/cm² 和 13.51 μg/cm²。使用红边波段的植被指数经验模型反演精度较高，三种使用红边波段的指数，模型决定系数均达到 0.88，均方根误差小于 8 μg/cm²。

两种基于物理模型的方法中，基于 SA 算法反演的决定系数为 0.78，均方根误差为 8.76 μg/cm²，GA 算法反演的决定系数为 0.76，均方根误差为 9.28 μg/cm²，SA 算法反演的效果总体强于 GA 算法，但两种算法的精度都不及红边指数的经验模型。

(2) 在冠层尺度，DVI、EVI 与 LAI 无明显的相关性，不适用于反演冠层尺度的 LAI；SAVI 与 LAI 之间有一定的相关性。NPCI 模型为线性但决定系数为 0.15，CARI 模型决定系数为 0.62 但模型为非线性。NDVI 模型决定系数虽然有 0.78 但是模型同样是非线性，当 LAI 大于 3 时迅速饱和。3 种红边指数以及 SR705 模型在反演冠层 LAI 时精度有所下降，由近红外波段以及绿光波段构建的模型例如 GNDVI 在反演 LAI 时优于红边指数模型。两种基于近红外与红光波段的指数 RVI 和 NDVI 在反演 LAI 效果最好，决定系数达到 0.78 和 0.80，均方根误差分别为 0.78 和 0.75。冠层尺度叶绿素反演的结果与叶片尺度叶绿素反演结果类似，叶片尺度下表现较好的指数在冠层尺度下仍然保持着较高的精度。

两种基于物理模型的方法中，基于 SA 算法反演的 LAI 决定系数为 0.52，均方根误差为 1.11，GA 算法反演的 LAI 决定系数为 0.51，均方根误差为 1.09；基于 SA 算法反演的冠层叶绿素含量决定系数为 0.74，均方根误差为 53.04 mg/m²，GA 算法反演的冠层叶绿素含量决定系数为 0.75，均方根误差为 51.77 mg/m²，无论是反演 LAI 还是冠层叶绿素含量，两种基于物理模型的算法的结果均相近，但两种算法的精度都明显低于基于红边指数的经验模型。

1.5 基于连续小波变换的叶绿素含量反演

小波变换是一种工具，它将数据、函数或者算子分割成不同频率的成分，然后再用分解的方法去研究对应尺度下的成分。小波分析的“自适应性质”和“数学显微镜性质”，使得它被广泛用于基础科学、应用科学，尤其是信息科学、信号分析的方方面面，比如图像处理与传输、信号处理、模式识别等。小波变换与傅里叶变换、窗口傅里叶变换相比，这是一个时间和频率的局域变换，因而能有效地从信号中提取信息，通过伸缩和平移等数学运算功能对函数或信号进行多尺度细化分析，解决了傅里叶变换不能解决的许多困难问题，从而小波变换被誉为“数学显微镜”，它是调和分析发展史上里程碑式的进展。

利用高光谱数据进行植被参数反演的方法中，植被指数经验模型计算简单易获取，但经验模型中只利用了植被光谱信息中有限的几个波段，大量有用信息并没有得到利用，因此模型适应性有限；在了解植被生理生化参数的基础上，利用物理模型能取得较高的精度，但是这些生理生化参数在实际应用时往往较难获取，导致物理模型反演时会出现病态反演的问题。

植被光谱同样可以看作一个信号，波长可以看作时间，因此将小波分析这一有力的信号分析工具应用到植被光谱的信息提取方面是可行的。本书利用连续小波变换，分别在叶片与冠层两个尺度上，利用模拟数据与华中农业大学实测数据进行了叶绿素反演实验，寻找最适合用于叶绿素反演的小波尺度与波段，建立反演模型并与传统的植被指数经验模型进行比较分析。

1.5.1　小波变换在植被参数反演中的应用

对于一条植被光谱，小波分析提取的是某个尺度下一定波长范围内整个光谱的性质，相比植被指数经验模型利用了更多的光谱信息，并且不会出现物理模型中由于缺少实测参数值而导致的病态反演问题。小波分析目前已经应用在典型植被分类、森林 LAI 制图以及植被叶绿素反演等方面。Huang 等(2001)利用基于小波分析的分类方法对大豆以及草地进行分类，分类精度达到 90%以上，并且分类精度不受植被枯萎残渣导致的背景因素的影响；Koger 等(2003)利用多种小波分析母函数，对大豆以及牵牛花光谱进行处理分析与分类，分类精度大于 87%，并且有三种母函数方法精度达到 100%；Pu 等(2004)利用小波分析方法提取 EO-1 Hyperion 影像光谱信息，并与其他方法相比较，发现小波分析反演 LAI 的精度最高，决定系数达到 0.65。

小波分析方法分为离散小波变换(discrete wavelet transformation，DWT)与连续小波变换(continuous wavelet transformation，CWT)两大类，上述研究中利用离散小波变换进行高光谱数据特征提取中一个不可避免的弊端是对于输出系数物理意义的解释。连续小波变换将原始光谱信号在连续的波段上进行分解，分解后的系数与原始的光谱波段一一对应，在物理意义上相较离散小波变换更加清晰。Cheng 等(2012)利用连续小波分析进行了叶片水分反演，发现基于实测数据的最高精度小波反演模型的决定系数达到 0.89，RMSE 为 4.48%。

利用连续小波变换，分别在叶片与冠层两个尺度上，利用模拟数据与武汉地区实测数据进行了叶绿素反演实验，寻找最适合用于叶绿素反演的小波尺度与波段，建立反演模型并与传统的植被指数经验模型进行了比较分析。本节使用的实测数据与 1.4 节相同，即华中农业大学基地内实测叶片数据集(WHL)以及实测冠层数据集(WHC)。此外，使用叶片模型 PROSPECT 以及冠层模型 PROSAIL 各生成了 1 000 条模拟光谱，构建了模拟叶片数据集(PROSPECT)、模拟冠层数据集(PROSAIL)两个数据集。输入参数中，部分参数的取值范围由实测数据确定。例如叶绿素含量和叶面积指数，部分参数的取值范围在参考部分国内外文献之后确定。由于是垂直观测所以没有考虑热点效应，土壤的背景光谱利用 ASD 实测，天空光散色比现场实测得到，利用模型模拟时变量参数采取正态分布随机生成的策略，具体的参数信息如表 1.14 所示。

表 1.14 PROSPECT 和 SAIL 模型输入参数信息表

数据集	输入参数	单位	均值	标准差
PROSPECT	叶绿素含量	$\mu g/cm^2$	45	10
	结构参数	—	1.5	0.4
	水分含量	g/cm^2	0.012	0.002
	干物质含量	g/cm^2	0.012	0.002
PROSAIL	叶面积指数	—	4	1
	平均叶倾角	(°)	45	10
	太阳天顶角	(°)	30	—
	热点参数	—	0.2	—
	土壤比率系数	—	0.3	—
	观测方位角	(°)	0	—

1.5.2 植被光谱的连续小波变换

由于本研究的植被参数叶绿素以及 LAI 主要影响的是植被 400～1 000 nm 波段内的光谱特性，因此连续小波变换在 400～1 000 nm 的波长范围内展开，通过对一个小波母函数进行伸缩和平移，得到一个小波序列(式(1.16))。式中 a 为尺度因子，b 为平移因子，a 和 b 均是正实数，a 定义了小波的宽度，b 定义了小波的位置。

$$\Psi_{a,b}(\lambda)=\frac{1}{\sqrt{a}}\Psi\left(\frac{\lambda-b}{a}\right) \tag{1.16}$$

对一条 400 ～ 1 000 nm 的植被光谱 $f(\lambda)(\lambda=1,2,\cdots,n$，本书中 $n=601)$，进行连续小波变换(式(1.17))，能够得到一系列不同尺度、不同位置下的小波系数。在给定小波尺度因子后，通过改变平移因子，将小波函数与光谱信号相作用产生一个 $1\times n$ 的小波系数矩阵(其中 n 为波段)，在 m 个尺度上进行连续小波变换就生成了 $n\times m$ 的连续小波变换系数矩阵，这个二维矩阵一维对应的是波长，另一维对应的是尺度。低尺度因子下的小波系数反映的是光谱信号的细节吸收特性，高尺度的小波系数能够对整个小波宽度内的光谱曲线进行描述。

$$W_f(a,b)=\langle f,\Psi_{a,b}\rangle=\int_{-\infty}^{+\infty}f(\lambda)\Psi_{a,b}(\lambda)\mathrm{d}\lambda \tag{1.17}$$

小波系数代表了经过缩放与平移的小波函数与对应波段内一段光谱曲线的相关性，由于叶绿素含量与 LAI 不同导致的植被光谱曲线的不同，用不同尺度下的小波系数来进行表达。由于连续小波变换在连续的尺度上($m=1,2,\cdots,m,m<601$)进行会得到大量的数据，耗费较多的时间并且得到大量冗余数据，另外，由于本实验选择光谱范围为 400～1 000 nm，任何大于 $2^8=256$ 的尺度已经不具有什么意义，因此，研究中连续小波变换在 $2,2^2,2^3,2^4,\cdots,2^8$ 的尺度上进行，分别记为尺度 1 到尺度 8。

将数据集平均分为建模数据与验证数据集。对数据集中的每一条光谱，均在 8 个尺度上进行连续小波变换，得到对应的 8×601 大小的小波系数矩阵，分析叶片叶绿素含量、冠层叶绿素含量、叶面积指数与小波系数的相关性，选取相关性最高的几个小波系数区域构建反演模型并进行验证，同时为了与植被指数经验模型的结果相比较，以 NDVI 指数的形式构建不同波段组合下的指数并与待反演参数进行相关分析，获取最相关的波段构建模型，将反演精度与小波系数模型的反演精度相比较，最后进行了交叉验证。

目前国内外学者已经发现了多种小波函数，目前广泛使用的小波函数，有 gaus 系列小波函数、Bior 系列小波函数、Db 系列小波函数、Coif 系列小波函数等，各个小波函数的波形有所不同(图 1.37)。

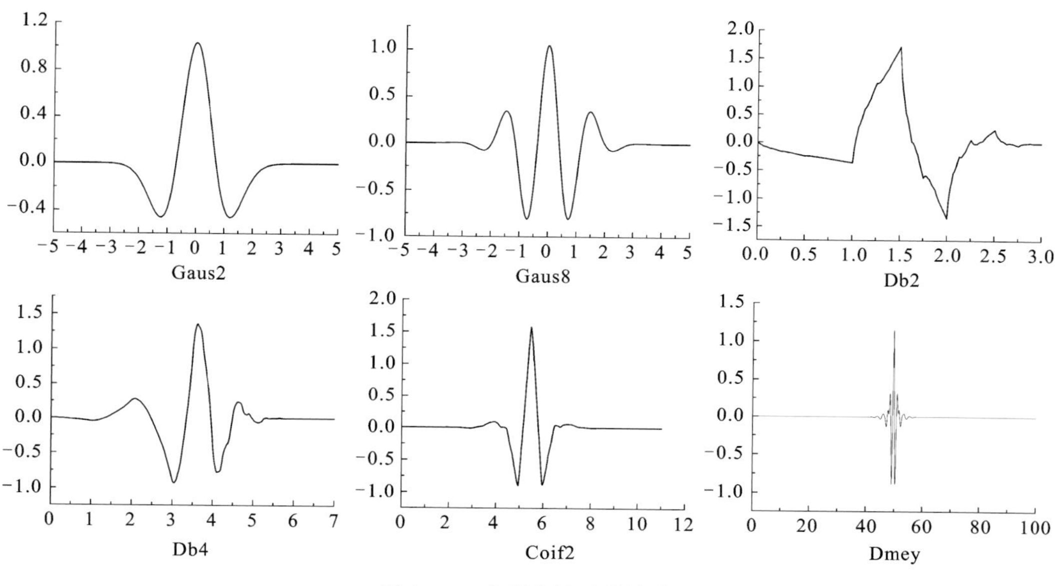

图 1.37　典型小波函数波形

利用各种不同小波函数对 PROSPECT 建模数据进行连续小波分析，将小波系数与叶绿素含量进行相关分析，提取最高的 2%决定系数。表 1.15 所示是最高的 2%决定系数的范围。所有决定系数中最大的是 Guas2 小波函数，最高达到 0.989 7，最小的是 Mexican Hat 小波函数，最低只有 0.926 0。不同小波函数处理后，最高的 2%决定系数范围相近，没有明显的差别，因此对于同一数据集，选取各种小波函数来进行处理，反演叶绿素含量的精度比较接近。由于 gaus2 函数波形与植被绿峰、红谷以及红边波段的变化具有一定相似性，因此选取 gaus2 函数作为小波变换函数。

表 1.15　不同小波函数进行连续小波分析最高的 2%决定系数范围

小波函数	最高 2%相关系数平方的范围	小波函数	最高 2%相关系数平方的范围
Bior1.1	[0.935 7　0.941 0]	Db5	[0.944 4　0.982 6]
Bior1.3	[0.936 5　0.983 4]	Db6	[0.940 1　0.979 7]
Bior1.5	[0.935 7　0.985 1]	Db7	[0.939 1　0.985 2]
Bior2.2	[0.940 0　0.981 8]	Db8	[0.938 7　0.984 7]
Bior2.4	[0.935 3　0.985 9]	Coif1	[0.936 2　0.987 2]
Bior2.6	[0.935 2　0.984 1]	Coif2	[0.949 6　0.986 0]

续表

小波函数	最高 2%相关系数平方的范围	小波函数	最高 2%相关系数平方的范围
Bior2.8	[0.936 1　0.981 0]	Coif3	[0.940 2　0.982 5]
Bior3.1	[0.942 0　0.985 9]	Coif4	[0.941 2　0.981 6]
Bior3.3	[0.944 0　0.985 4]	Coif5	[0.934 9　0.983 0]
Bior3.5	[0.944 5　0.983 7]	Dmey	[0.929 3　0.988 8]
Bior3.7	[0.945 4　0.984 1]	Gaus2	[0.929 9　0.989 7]
Bior3.9	[0.948 0　0.984 2]	Gaus8	[0.948 0　0.985 2]
Bior4.4	[0.943 2　0.986 1]	Haar	[0.935 7　0.941 0]
Bior5.5	[0.942 5　0.983 9]	Mexh	[0.926 9　0.981 0]
Bior6.8	[0.942 0　0.985 7]	Meyr	[0.932 0　0.984 4]
Db1	[0.935 7　0.941 0]	Morl	[0.936 4　0.981 7]
Db2	[0.933 1　0.987 9]	Rbio2.4	[0.944 2　0.986 0]
Db3	[0.940 5　0.988 1]	Rbio5.5	[0.952 8　0.986 2]
Db4	[0.941 0　0.986 6]	Sym4	[0.945 6　0.986 1]

1.5.3　叶片尺度反演结果

1. 最高相关植被指数模型

图 1.38 描述了叶片尺度上 400～1 000 nm 各个窄波段两两组合计算的 NDVI 指数与叶片叶绿素含量相关系数图，其中横轴为指数中的第一波段，纵轴表示各指数中的第二波段。由图可知，在模拟数据集中，与叶绿素含量最相关的波段组合集中在两个区域，分别是 700～740 nm 的红边波段和大于 700 nm 的近红外波段所构成的区域一以及 520～580 nm 的绿光波段和大于 700 nm 的近红外波段所构成的区域二。实测数据集的结果与模拟数据集类似，区别在于红边区域宽度比模拟数据集稍窄，绿光波段区域模型的精度比模拟数据集略低。从这个分布图中，可以找到各指数中与叶绿素含量最相关的波段组合以及构建的模型信息（表 1.16）。

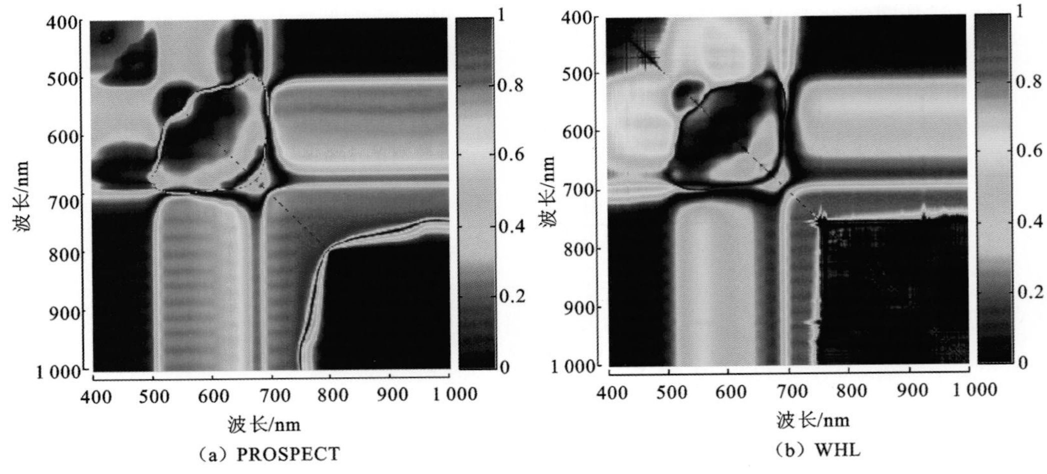

图 1.38　NDVI 指数与 LCC 的相关系数

表 1.16　叶片数据集中与叶绿素含量相关系数最高的波段以及模型

数据集	波长/nm	相关系数	模型	RMSE/($\mu g/cm^2$)
PROSPECT	721/953	0.977 4	$F(x)=1\,199\times x+18.66$	2.458
WHL	731/767	0.892 7	$F(x)=486.9\times x+1.433$	7.084

2. 最高相关小波系数模型

利用 gaus2 小波对两个建模数据集进行连续小波变换，将小波能量与叶绿素含量进行相关分析，得到同尺度、波长下小波能量与叶绿素含量的决定系数(图 1.39)并构建模型，获取最高的 2%决定系数的小波特征区域(表 1.17)。PROSPECT 模拟叶片数据集的最高相关区域集中在 1～7 尺度、700～900 nm，而武汉叶片实测数据集的最高相关区域则集中在 4～6 尺度、680～900 nm。

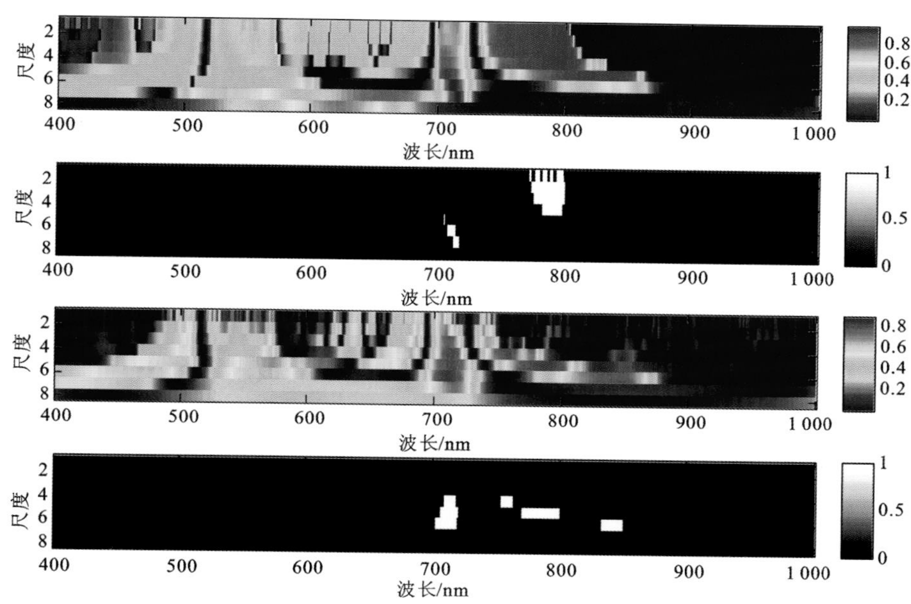

图 1.39　叶片水平不同尺度、波长下小波能量与叶绿素含量的决定系数

表 1.17　叶片尺度建模与验证精度

LCC	PROSPECT 建模 R^2	PROSPECT 验证 R^2	PROSPECT 验证 RMSE/($\mu g/cm^2$)	LCC	WHL 建模 R^2	WHL 验证 R^2	WHL 验证 RMSE/($\mu g/cm^2$)
$NDVI_{953\_721}$	0.977 4	0.975 4	2.458	$NDVI_{767\_731}$	0.892 7	0.883 2	6.877
CWT(A)(7,716)	0.989 5	0.989 0	1.480	CWT(A)(5,789)	0.893 4	0.883 4	6.849
CWT(B)(6,712)	0.982 3	0.980 5	1.969	CWT(B)(6,710)	0.888 9	0.843 8	7.985
CWT(C)(1,791)	0.941 6	0.941 5	3.410	CWT(C)(4,760)	0.857 0	0.835 7	8.154
CWT(D)(2,798)	0.935 7	0.938 3	3.502	CWT(D)(5,714)	0.849 1	0.799 1	9.017
CWT(E)(3,787)	0.934 4	0.936 3	3.557	CWT(E)(4,714)	0.842 5	0.772 5	9.597
CWT(F)(7,792)	0.932 2	0.934 9	3.598	CWT(F)(6,844)	0.822 1	0.778 0	9.478

表 1.17 中列出了两个数据集中相关性最高的前 6 个区域以及决定系数，PROSPECT 数据集最高相关区域处在第 7 尺度，波长 716 nm 处，验证模型决定系数为 0.989 0，均方根误差为 1.480 μg/cm²（图 1.40）。1～7 尺度下均有与叶绿素含量高相关的小波系数特征区域，武汉实测叶片数据集最高相关的小波系数特征区域处在第 5 尺度、波长 789 nm 处，验证模型决定系数为 0.883 4，均方根误差为 6.849 μg/cm²（图 1.41）。

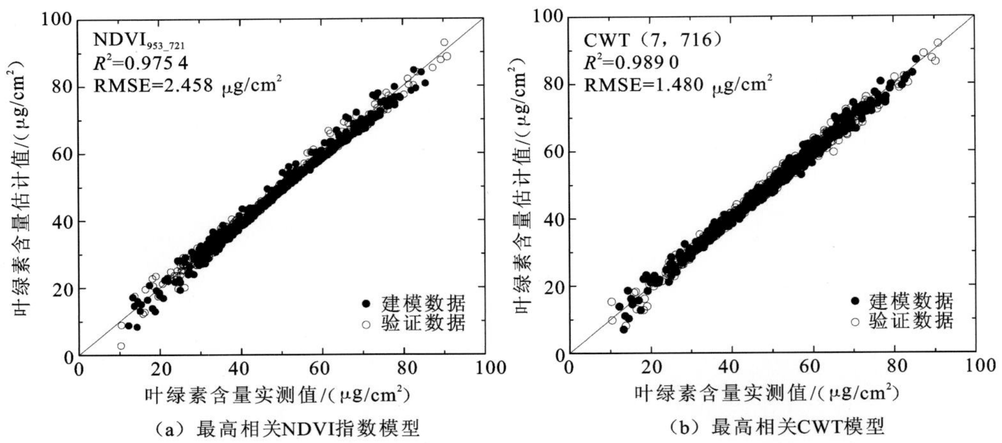

（a）最高相关NDVI指数模型　（b）最高相关CWT模型

图 1.40　模拟叶片数据集最高相关 NDVI 指数模型和最高相关 CWT 模型

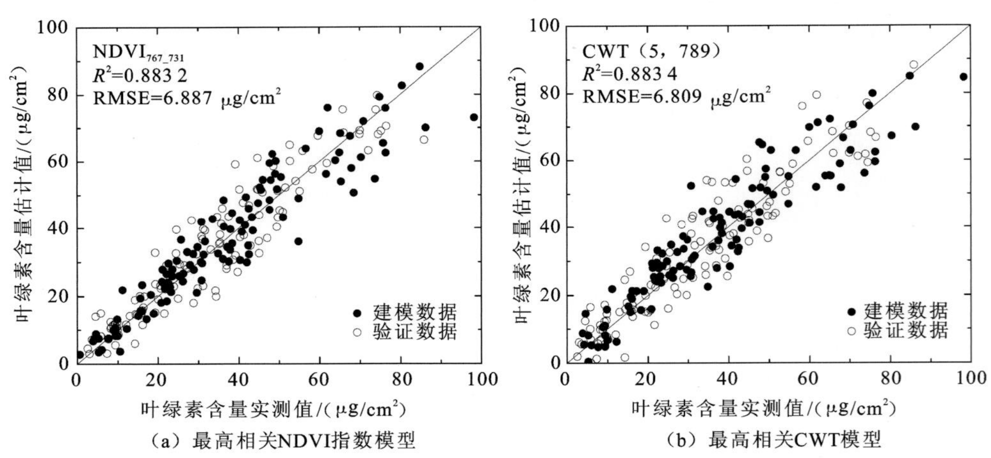

（a）最高相关NDVI指数模型　（b）最高相关CWT模型

图 1.41　华农实测叶片数据集最高相关 NDVI 指数模型和最高相关 CWT 模型

与模拟数据有所区别的是，实测数据集中高相关的小波系数特征区域主要分布在 4～6尺度，并且在实测数据集中，验证数据的精度相比建模数据的精度有较明显的下降，这是由于实测数据量有限所导致的。两个数据集中，高相关小波系数模型的特征波长主要分布在两个区域，一个是 720 nm 附近的红边波段，另一个则是 780 nm 附近的近红外波段。不同数据集中最高相关小波系数模型的精度均高于最高相关 NDVI 模型精度，其余特征区域小波系数模型精度则与最高相关 NDVI 模型基本持平，且高于大部分植被指数经验模型，说明了利用小波系数来构建叶绿素反演模型是可行的，并且模型精度比仅仅利用部分波段的植被指数经验模型要高。

1.5.4　冠层尺度反演结果

1. 最高相关植被指数模型

图 1.42 描述了冠层尺度上 400～1 000 nm 各个窄波段两两组合计算的 NDVI 指数与冠层叶绿素含量相关系数图。在模拟数据集中，与叶绿素含量最相关的波段组合集中在由 700～740 nm 的红边波段和大于 700 nm 的近红外波段所构成的区域，此外 500～600 nm 处的绿光波段以及大于 750 nm 的近红外波段所构成的区域中也有较高的相关性，最高相关的波段为 781/749 nm，模型相关系数为 0.750 8，RMSE＝39.46 μg/cm^2。实测数据集的结果与模拟数据集类似，区别在于红边区域宽度比模拟数据集稍窄，绿光波段区域模型的精度比模拟数据集高，最高相关的波段为 618/522 nm，模型相关系数为 0.777 8，RMSE＝49.79 μg/cm^2（表 1.18）。

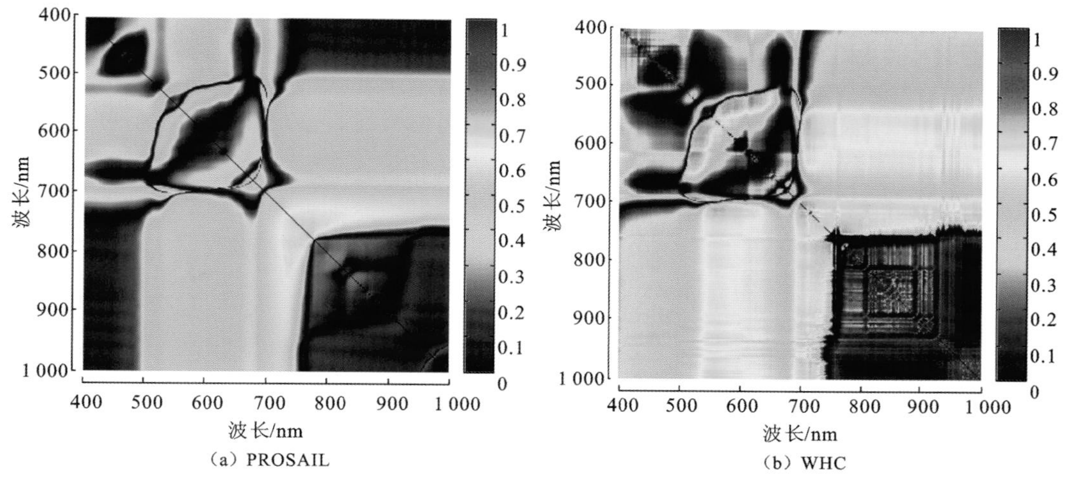

(a) PROSAIL　(b) WHC

图 1.42　NDVI 指数与 CCC 的相关系数

表 1.18　冠层数据集中与叶绿素含量相关系数最高的波段以及模型

数据集	波长/nm	相关系数	模型	RMSE/(μg/cm^2)
PROSAIL	781/749	0.750 8	$F(x)=4\,006\times x-30.4$	39.46
WHC	618/522	0.777 8	$F(x)=967.8\times x+14.12$	49.79

2. 最高相关小波系数模型

图 1.43 所示 PROSAIL 模拟叶片数据集的最高相关区域集中在 1～4 尺度、700～900 nm，而武汉叶片实测数据集的最高相关区域则集中在 2～7 尺度、500～850 nm 均有分布。

表 1.19 冠层尺度建模与验证模型精度列出了两个数据集中相关性最高的前 6 个区域以及决定系数，PROSAIL 数据集最高相关区域处在第 1 尺度、波长 777 nm 处，验证模

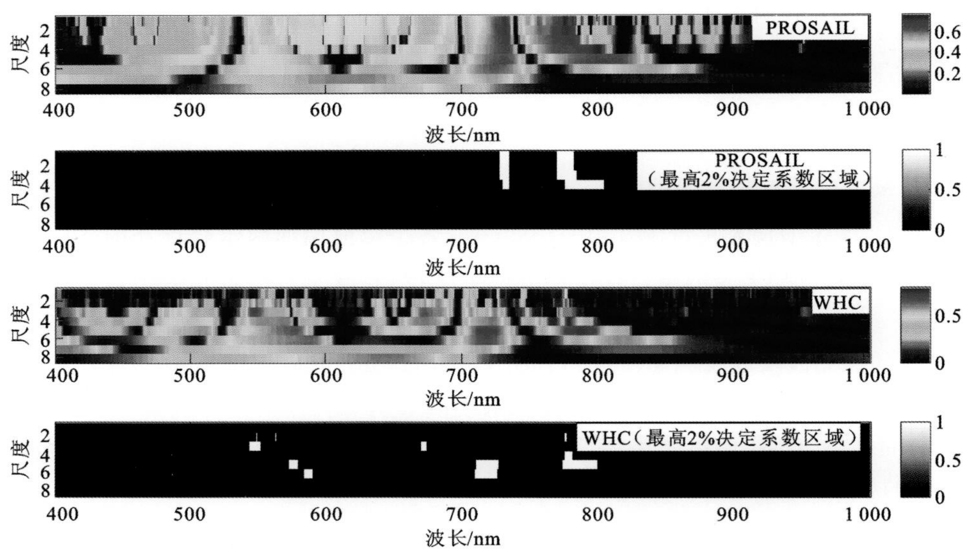

图 1.43　冠层水平不同尺度、波长下小波能量与叶绿素含量的决定系数

型决定系数为 0.812 7，均方根误差为 31.49 μg/cm²（图 1.44）。1～4 尺度下均有与叶绿素含量高相关的小波系数特征区域，但与冠层叶绿素相关性最高的小波系数特征区域集中在730 nm附近的红边波段以及 800 nm 附近的近红外波段。武汉实测叶片数据集最高相关的小波系数特征区域处在第 4 尺度、波长 779 nm 处，验证模型决定系数 0.797 4，均方根误差为 45.47 μg/cm²（图 4.55）。与模拟数据有所区别的是，实测数据集中高相关的小波系数特征区域主要分布在 4～7 尺度、550 nm、730 nm 以及 800 nm 附近均有与冠层叶绿素相关性较高的小波系数区域。

表 1.19　冠层尺度建模与验证模型精度

LCC	PROSAIL			LCC	WHC		
	建模 R^2	验证			建模 R^2	验证	
		R^2	RMSE/(μg/cm²)			R^2	RMSE/(μg/cm²)
$NDVI_{781\_749}$	0.750 8	0.768 6	37.93	$NDVI_{618\_522}$	0.780 8	0.662 1	58.67
CWT(A)(1,777)	0.769 2	0.812 7	31.49	CWT(A)(4,779)	0.786 2	0.797 4	45.47
CWT(B)(4,802)	0.751 0	0.800 3	32.52	CWT(B)(5,789)	0.741 8	0.762 3	43.35
CWT(C)(2,778)	0.724 8	0.768 9	33.81	CWT(C)(3,547)	0.677 5	0.595 5	51.93
CWT(D)(1,732)	0.720 2	0.725 2	36.47	CWT(D)(6,718)	0.666 7	0.640 1	48.42
CWT(E)(2,733)	0.710 0	0.700 8	37.79	CWT(E)(5,719)	0.665 4	0.689 0	45.17
CWT(F)(3,780)	0.701 8	0.745 9	34.84	CWT(F)(2,563)	0.645 4	0.492 2	61.24

不同数据集中最高相关小波系数模型的精度均高于最高相关 NDVI 模型精度，其余特征区域小波系数模型精度则与最高相关 NDVI 模型基本持平，且高于大部分植被指数经验模型，说明了利用小波系数来构建冠层叶绿素反演模型也是可行的，并且模型精度比

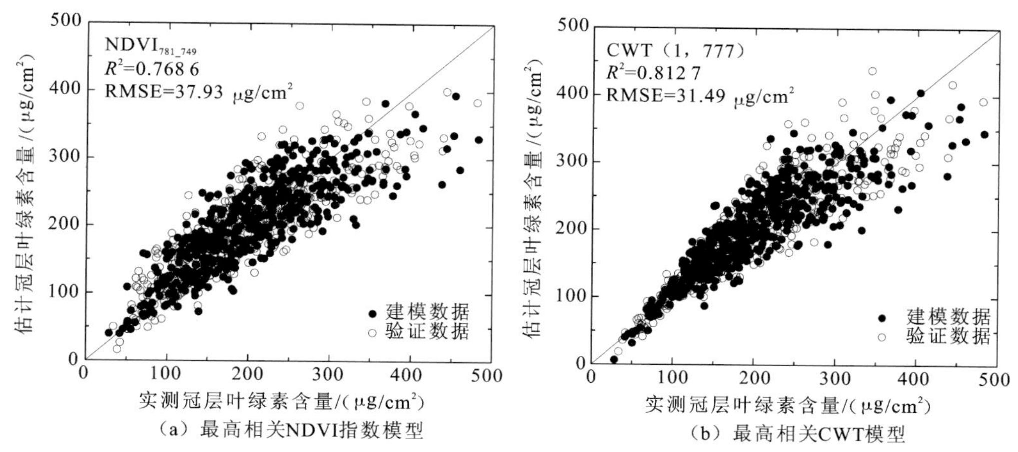

图 1.44　模拟冠层数据集最高相关 NDVI 指数模型和最高相关 CWT 模型

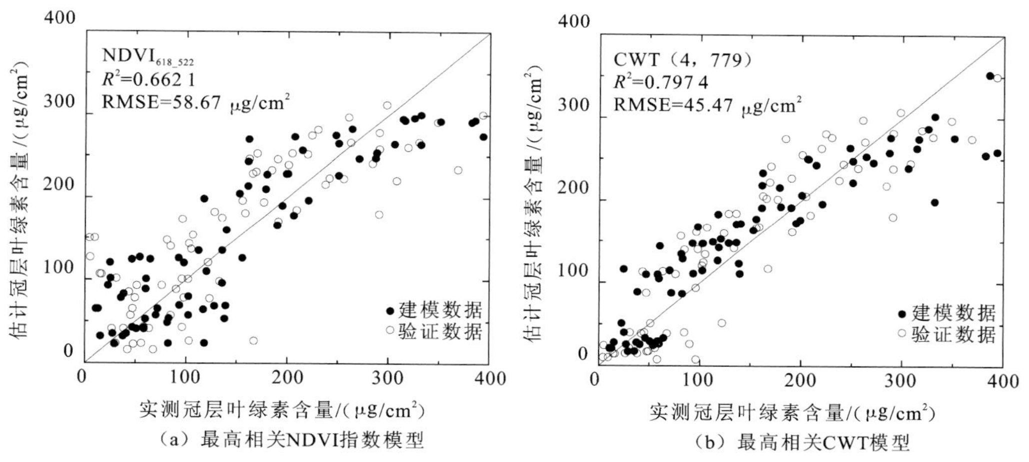

图 1.45　华农实测冠层数据集最高相关 NDVI 指数模型和最高相关 CWT 模型

仅仅利用部分波段的植被指数经验模型要高。注意到实测数据中，当小波系数模型使用 550 nm 附近的绿光波段时，验证模型精度相比建模精度有明显的下降，说明利用绿光波段的小波系数模型在不同数据集间的适应性并不强，而红边波段和近红外波段的小波模型在建模数据与验证数据中的精度一致。

综合叶片尺度与冠层尺度的分析可知，小波系数模型可以用于植被叶绿素的反演，并且利用红边波段和近红外波段的小波系数模型无论在叶片水平还是冠层水平，均能达到较高的精度，绿光波段的小波系数模型也能达到较高的精度，但是在不同的数据集之间适应性不强。

1.5.5　交叉验证

为了验证基于最高相关小波系数模型在不同数据集之间的适应性，找到在不同数据集之间相同的小波系数特征区域(图 1.46)。叶片尺度的相同区域有 2 个，分别是第 5 尺度、707 nm 以及第 6 尺度、710～715 nm；冠层尺度的相同区域有 2 个，分别是第 2 尺度、777 nm 以及第 4 尺度、777～782 nm。建立此处的小波系数同叶绿素含量之间的关系模型，并利用 PROSPECT 验证数据集，以及 WHL 整体数据集进行交叉验证。

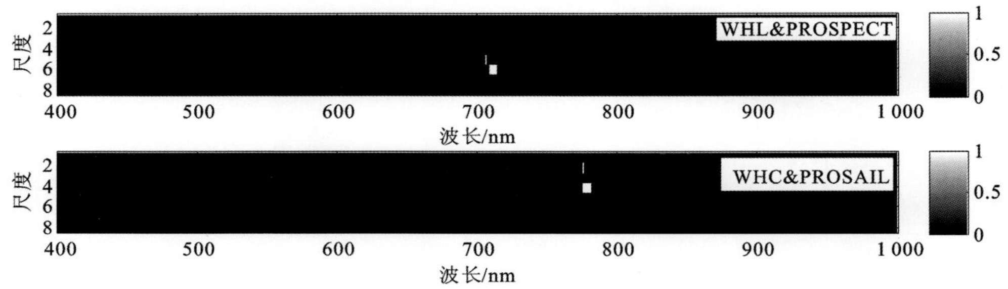

图 1.46　不同数据集之间相同的小波系数特征区域

图 1.47 为叶片尺度，选取第 5 尺度，波长 707 nm 的小波系数模型的验证结果，使用 WHL 整体数据集进行验证时，决定系数达到 0.84，均方根误差为 11.44 μg/cm²。同理图 1.48 为冠层尺度，选取第 2 尺度、波长 777 nm 的小波系数模型的验证结果，验证模型决定系数达到 0.79，均方根误差为 47.4 μg/cm²。注意到，当实测数据中叶绿素含量较低时(叶片尺度小于 10，冠层尺度小于 100)，利用模拟数据建立的小波系数模型进行反演，会出现估计值为负值的现象，这是需要考虑的问题之一。实验结果表明，相同尺度下，通过模拟数据集建立的小波系数模型能够用于实测数据，由于小波分析模型相比较植被指数经验模型利用了更多的信息，因此适应性相比植被指数模型有一定的提升。

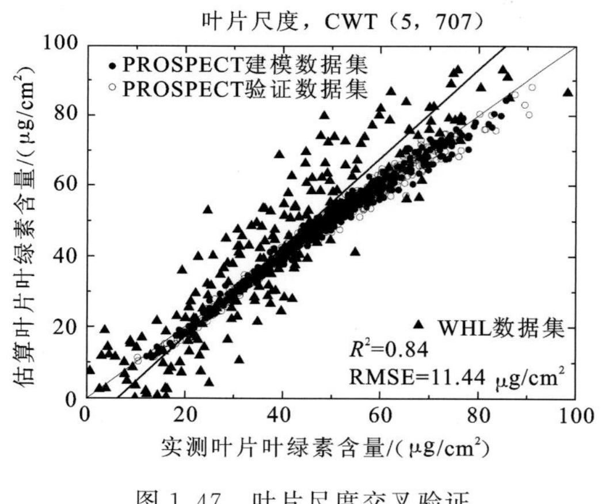

图 1.47　叶片尺度交叉验证

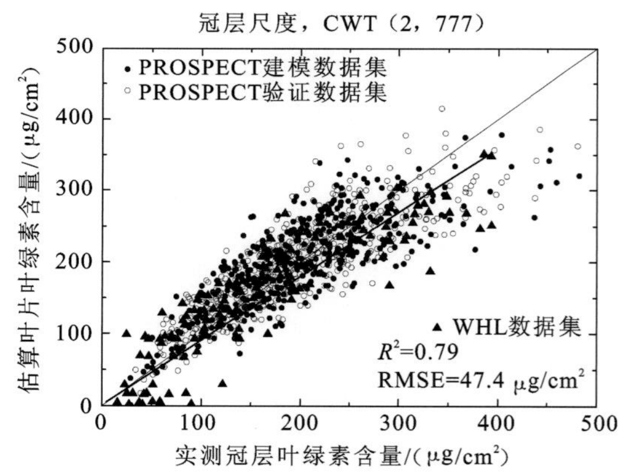

图 1.48　冠层尺度交叉验证

1.5.6　小结

本节将植被光谱看作一个信号，引入连续小波变换，将小波系数与叶绿素含量进行相关分析，建立了红边波段和近红外波段的小波系数经验模型，模型精度高于植被指数经验模型和物理模型，同时能够一定程度上解决经验模型在不同数据集之间适应性差的问题，并且不会发生物理模型的病态反演问题。得到的主要结果如下。

(1) 对于同一数据集，选取各种小波函数来进行处理，反演叶绿素含量的精度比较接近。

(2) 叶片尺度下，PROSPECT 模拟叶片数据集的最高相关小波系数区域集中在 1～7 尺度、700～900 nm，而武汉叶片实测数据集的最高相关区域则集中在 4～6 尺度、680～900 nm。两个数据集中，高相关小波系数模型的特征波长主要分布在两个区域，一个是 720 nm 附近的红边波段，另一个则是 780 nm 附近的近红外波段。不同数据集中最高相关小波系数模型的精度均高于最高相关 NDVI 模型精度，利用小波系数来构建叶绿素反演模型是可行的，并且模型精度比仅仅利用部分波段的植被指数经验模型要高。

(3) 冠层尺度下，PROSAIL 模拟叶片数据集的最高相关区域集中在 1～4 尺度、700～900 nm，而武汉叶片实测数据集的最高相关区域则集中在 2～7 尺度、500～850 nm 均有分布。两个数据集中，高相关小波系数模型的特征波长与叶片尺度类似，主要分布在红边波段区域以及近红外波段区域。实测数据中，当小波系数模型使用 550 nm 附近的绿光波段时，验证模型精度相比建模精度有明显的下降，说明利用绿光波段的小波系数模型在不同数据集间的适应性并不强，而红边波段和近红外波段的小波模型在建模数据与验证数据中的精度一致。

(4) 相同尺度下，通过模拟数据集建立的小波系数模型能够用于实测数据，由于小波分析模型相比较植被指数经验模型利用了更多的信息，适应性相比植被指数模型有一定的提升。

1.6　典型农作物碳汇能力监测分析

碳汇能力是指绿色植物吸收并固定二氧化碳的能力，随着温室效应愈发严峻，植被的碳汇能力也受到了人们的广泛关注。其中小麦和油菜等常见的农作物，在生物圈的碳循环之间扮演了十分重要的作用。如今，随着高光谱遥感和定量遥感技术的不断发展，利用植被的光谱特征参数和植被指数来研究和评价不同植被类型的碳汇能力是有必要的。

碳汇能力与植被的光合作用和初级生产力密切相关，本节以总初级生产力作为衡量植被碳汇能力的指标，以武汉大学工学部实验田内油菜和小麦在不同水和氮条件下的田间实验为基础，首先探究两种植被在不同水和氮条件下的冠层光谱曲线特征，然后分别研究油菜和小麦叶片 GPP 与叶片反射光谱的定量关系，并综合两种植被探究利用植被指数估计 GPP 的统一定量模型。

1.6.1　油菜 GPP 的遥感估计模型

本节首先探究在不同土壤氮含量下，油菜冠层光谱曲线的特点；然后根据光谱曲线并结合相关研究，选取合适的光谱波段计算得到植被指数，探索叶绿素含量与光谱反射率的相关性；最后利用遥感手段估计油菜的 GPP。

1. 不同氮水平下油菜冠层光谱反射率变化特征

在 Excel 中对油菜花期和角果期的冠层光谱反射率数据进行分析，可以看出，在不同波段范围内，油菜冠层光谱反射率存在明显差异。由于油菜叶绿素在光谱波段 325～750 nm对太阳光的吸收很强，所以反射率很低；在光谱波段 750～1 050 nm 上，油菜的冠层光谱反射率较高，也是作为反映植株叶片结构的敏感波段。其中，在光谱波段 550～680 nm 范围内反射率呈现略微下降的趋势；680～750 nm 波段上反射率呈现陡然上升的趋势，这是由于该范围的光谱被植株冠层强烈反射，造成了光谱高反射平台。另外，在近红外波段(即 750～1050 nm)，不同氮水平下冠层光谱反射曲线差别最为明显。在可见光波段500～700 nm 范围内，N0 和 N24 水平几乎无区别。

由于不同施氮处理下油菜生长状况不同，由图 1.49 和图 1.50 可以看出，油菜的冠层光谱曲线也存在不同之处，并且在不同波段处不同氮水平带来的差异不同。由于冠层结构在近红外波段 780～1 050 nm 的影响，导致该波段冠层反射率较高，同时施氮水平在一定范围内增加时，其反射率反而略有降低；但当施氮水平为 N24 时，反射率达到较高水平。故该波段可以较敏感地反映氮含量对油菜生长的影响。由以上对比分析可以得出：近红外波段对不同氮含量水平更加敏感；而在可见光波段，由于油菜的覆盖率较高时冠层光谱存在一定饱和性，所以在氮含量较低时光谱趋于饱和。

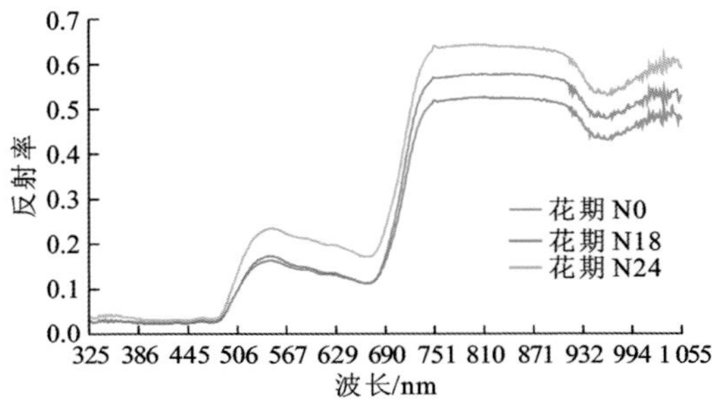

图 1.49 不同施氮处理下油菜花期冠层光谱反射曲线

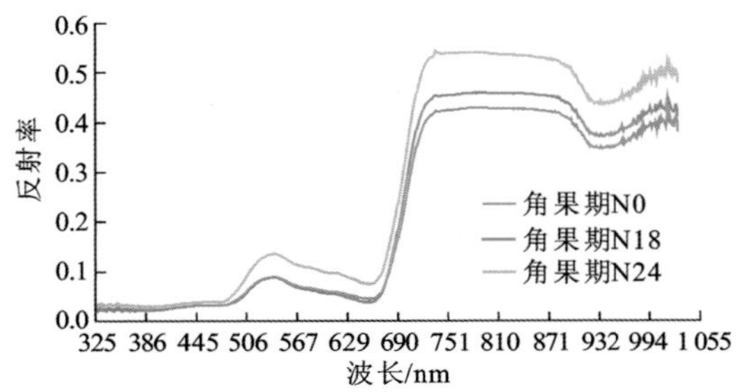

图 1.50 不同施氮处理下油菜角果期冠层光谱反射曲线

随着油菜从花期进入角果期，其冠层结构和生化组分会产生很大变化，故而影响到冠层光谱反射率。从图 1.51～图 1.53 中可以看到，在可见光波段 490～710 nm 和近红外波段 750～1 050 nm，从花期到角果期尽管叶片中叶绿素含量会略微下降，但由于花凋谢，使得油菜的叶面积指数变大，同时荚果的光合作用也较强，导致光吸收增加，反射减少，故同波段冠层反射率呈现不断下降的趋势。

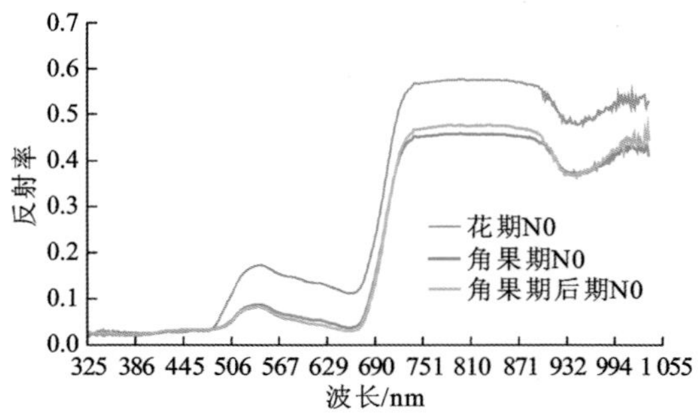

图 1.51 N0 处理下油菜不同生长期冠层光谱反射曲线

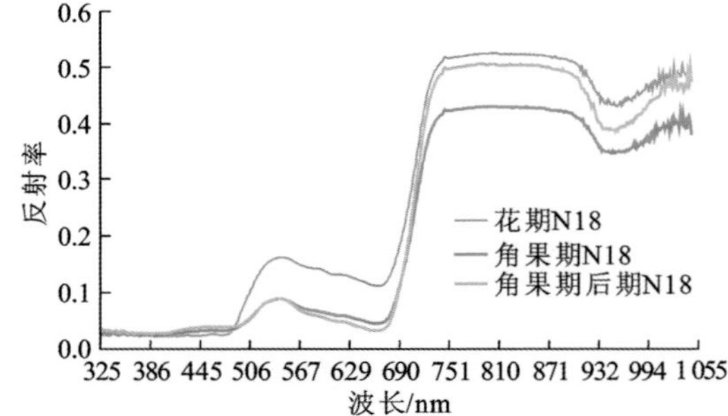

图 1.52 N18 处理下油菜不同生长期冠层光谱反射曲线

2. 叶绿素含量与光谱反射率的相关性

1）植被指数计算

针对植被光谱特征的研究开展较早，有些研究提出了一系列涉及植被生物化学组分与光谱之间关系的参数。这些光谱特征参数能够提高植被的分类精度，有利于估算植被的生化参数。根据植被的冠层反射光谱特征，通常是用植被红波段、近红外波段的反射率数据计算得到的植被指数（VI）来提取植被信息。常用的光谱特征参数和植被指数如下。

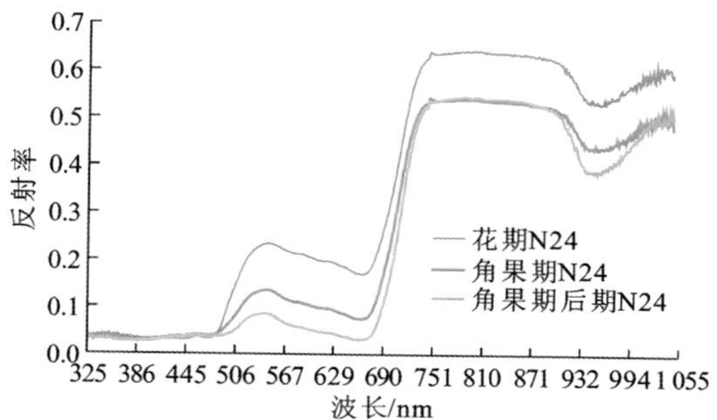

图 1.53　N24 处理下油菜不同生长期冠层光谱反射曲线

（1）红边（RE）：植被在 670～740 nm 波段范围内反射率增长最快的点，也是一阶导数光谱在该区间上的拐点，是区分绿色植被与其他地物最显著的特征。

（2）蓝边（BE）：蓝色光在 490～530 nm 反射率一阶导数的最大值位置。

（3）黄边（YE）：黄色光在 550～582 nm 反射率一阶导数的最小值位置。

（4）归一化植被指数（NDVI）：两个不同波段地物光谱反射率差值与其和的比值，或者是多个波段上的光谱反射率的加权差值与加权累积之间的比值。是目前使用最广泛的一种植被指数，也是作为植被生长状态以及植被空间分布密度的最佳指示因子。

（5）叶面积叶绿素指数（LCI）：对叶绿素很敏感，但对叶面散射和叶面内部结构变化不敏感，对高叶绿素区域较适用。

根据油菜生育期的光谱特征曲线，如表 1.20 所示，本次实验选择并定义了 3 种归一化植被指数，定义如下：

$$\mathrm{NDSI}_i = |R_i(B_1) - R_i(B_2)| / [R_i(B_1) + R_i(B_2)] \tag{1.18}$$

式中：i 为植被指数的编号；B_1 和 B_2 为波长；R_nB_i 为第 n 对组合中的 B_i 波长对应的光谱反射率。

表 1.20　归一化植被指数计算

NDSI_i	NDSI_1	NDSI_2（NDVI）	NDSI_3
描述	植被绿峰	植被红边	近红外波段水汽吸收光谱
B_1/nm	550	680	890
B_2/nm	680	890	980

除此之外，本次实验还选取了 EVI2（增强型植被指数）、TVI、$\mathrm{Cl}_{\mathrm{rededge}}$（红边叶绿素指数）、RTVI（红边三角植被指数）、$\mathrm{RE_p}$（红边位置），计算公式如下：

$$\mathrm{EVI2} = 2.5 \times (\rho_{\mathrm{NIR}} - \rho_{\mathrm{red}}) / (1 + \rho_{\mathrm{NIR}} + 2.4 \times \rho_{\mathrm{red}}) \tag{1.19}$$

$$\mathrm{TVI} = 0.5 \times [120 \times (\rho_{750} - \rho_{550}) - 200 \times (\rho_{670} - \rho_{550})] \tag{1.20}$$

$$\mathrm{Cl}_{\mathrm{rededge}} = \rho_{\mathrm{NIR}} / \rho_{\mathrm{rededge}} - 1 \tag{1.21}$$

$$\mathrm{RTVI} = [100 \times (\rho_{750} - \rho_{730}) - 10 \times (\rho_{750} - \rho_{550}) \times \mathrm{sqrt}(\rho_{700} / \rho_{670})] \tag{1.22}$$

$$\mathrm{RE_p} = 708 + 45 \times ((\rho_{670} + \rho_{780}) / 2 - \rho_{710}) / (\rho_{750} - \rho_{710}) \tag{1.23}$$

2）叶绿素与植被指数回归模型建立

与光合作用相关的光合色素包括叶绿素 a、叶绿素 b 和类胡萝卜素，其中叶绿素主要功能是吸收光能，与植被的光能利用率有直接关系。叶绿素含量与植被的光合作用能力、发育阶段以及氮素状况有较好的相关性，通常是作为氮素胁迫光合作用能力和植被发育阶段的指示器。油菜叶片叶绿素含量的敏感光谱波段范围为：480～522 nm 和 440～520 nm。用 SPAD 表征叶绿素含量，与上述植被指数进行回归建模。

经研究表明，红边位置是叶绿素的高相关参数，通过实验最终选取的植被指数为归一化差分植被指数 NDSI1、红边三角植被指数 RTVI、红边叶绿素指数 $Cl_{rededge}$ 和红边位置 RE_p 4 种植被指数。

将不同敏感波段的光谱参数与 SPAD 进行相关回归分析并进行拟合，线性回归模型见图 1.54，线性拟合方程和拟合决定系数见表 1.21。其中拟合决定系数 R^2 作为趋势线拟合程度的重要指标，其数值大小可以反映模拟曲线的估计值与对应的实际数据之间的拟合程度，拟合程度越高，趋势线的可靠性就越高。R^2 是在 0～1 的数值，模型可靠性越高时 R^2 值越接近 1；反之可靠性较低时越接近 0。

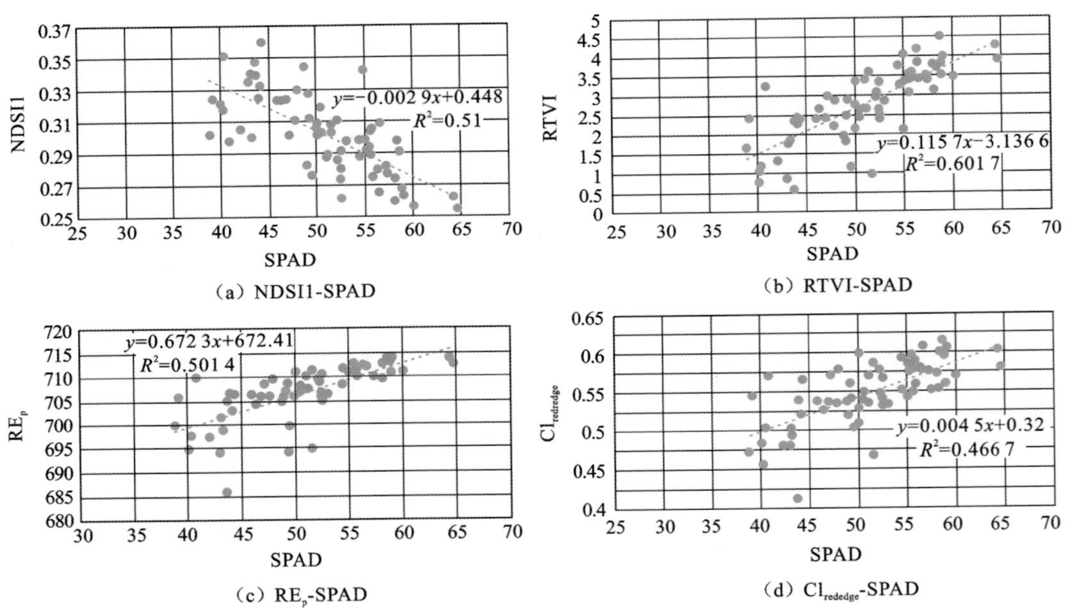

图 1.54　油菜叶片叶绿素含量与光谱指数进行线性回归

表 1.21　油菜叶片叶绿素含量与光谱指数的线性回归

光谱指数	线性回归方程	R^2
RTVI	$y=0.115\,7x-3.136\,3$	0.589 0
NDSI1	$y=-0.002\,9x+0.447\,9$	0.505 7
RE_p	$y=0.672\,3x+672.41$	0.501 4
$Cl_{rededge}$	$y=0.004\,5x+0.32$	0.462 9

对油菜叶片叶绿素含量与光谱指数的线性回归进行分析，可以发现：红边三角植被指数（RTVI）与叶片叶绿素含量呈现较为显著的线性相关关系，拟合决定系数为 0.589；NDSI1 和 RE_p 的拟合效果相近，拟合决定系数分别为 0.505 7 和 0.501 4；红边叶绿素指数 $CI_{rededge}$ 拟合效果一般，拟合决定系数为 0.462 9。由于线性拟合效果一般，所以接下来探索进行非线性回归。

如图 1.55 和表 1.22 所示，对油菜叶片叶绿素含量与光谱指数非线性回归进行分析，可以发现：红边三角植被指数（RTVI）与叶片叶绿素含量呈现较为显著的非线性相关关系，拟合决定系数为 0.591 3；NDSI1 和 RE_p 的拟合决定系数分别为 0.529 6 和 0.502 8；红边叶绿素指数（$CI_{rededge}$）拟合效果仍然较为一般，拟合决定系数为 0.464 5。

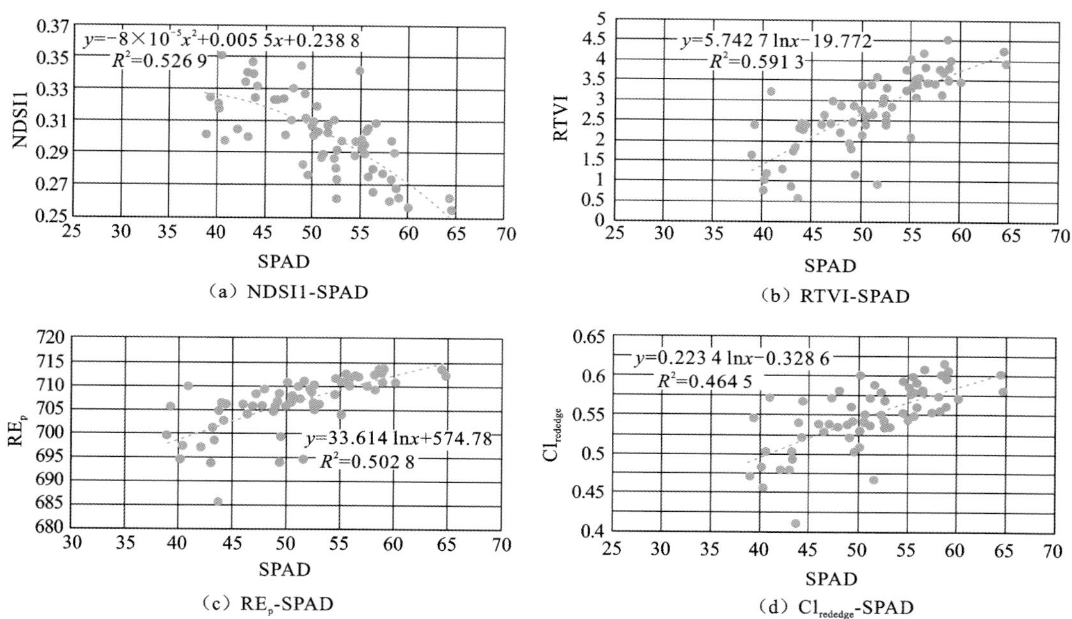

图 1.55　油菜叶片叶绿素含量与光谱指数进行非线性回归

表 1.22　油菜叶片叶绿素含量与光谱指数的非线性回归

光谱指数	非线性回归方程	R^2
RTVI	$y=5.742\ 7\ln x-19.772$	0.591 3
NDSI1	$y=-8\times10^{-5}x^2+0.005\ 5x+0.238\ 8$	0.526 9
RE_p	$y=33.614\ln x+574.78$	0.502 8
$CI_{rededge}$	$y=0.223\ 4\ln x-0.328\ 6$	0.464 5

综合以上线性回归和非线性回归，由 RTVI 建立的油菜叶片叶绿素含量的对数函数监测模型表现最好，模型拟合决定系数最大，为 0.591 3。但有些相关研究得到 VI 与 SPAD 呈现较强的线性相关：玉米中，VI 能够解释 87%以上叶绿素变化的原因；玉米和大豆中，CI_{green}（绿色叶绿素指数），$CI_{rededge}$（红边叶绿素指数）与叶绿素总含量的决定系数超过了 0.92。而本节效果并不是很好，综合分析后有以下原因：①本节采集的数据样本

涵盖不同氮含量的土壤、太阳高度角等环境因素，并且涵盖了油菜的多个生长阶段，每个生长阶段中 SPAD 和 VI 的关系未必相同，这在一定程度上会影响模型的可靠性。②在测量油菜 SPAD 时，通常是人工选择叶片比较绿的、易测量的部分进行数据采集，避开叶片偏黄的部分，而这也会造成一定的误差。③选择的 VI 并不十分优化，可能没有选择出对叶绿素最敏感的波段进行计算 VI。邵田田等(2004)通过研究表明，在进行 SPAD 估计时，修改型植被指数的决定系数要远远高于常用波段计算的植被指数。

3）油菜叶片 GPP 估算模型

根据光谱反射率与产量的统计相关性可知，近红外波段的光谱特征可以较好地反映出植被单位面积的干物质量及叶片的健康程度等综合信息，因此利用近红外波段的光谱特征进行作物估产具有可行性。冠层的理化性质在一定程度上可以控制植被的初级生产力，例如(LAI)就是通过控制光电子的传输活性来影响光合速率，进而影响 GPP。对于本部分的研究而言，首先对上文中选出的叶室内部光强与 GPP 做回归分析；将 GPP 与上文提到的光谱指数(植被指数)单独进行拟合回归；然后再将 GPP 与 SPAD×PAR_{in}进行回归，验证该模型在油菜中是否适用；最后用各种 VI 代替模型中的 SPAD，将 GPP 与 VI×PAR_{in}进行回归分析。

(1) 油菜叶片净光合速率与光合参量相关性分析

光合作用是指绿色植物通过吸收光能，将二氧化碳和水同化，合成有机物并释放氧气的过程。光合作用的简化方程式如下：

$$CO_2 + H_2O \xrightarrow{\text{光能，叶绿素}} (CH_2O) + O_2 \tag{1.24}$$

光合作用是地球上生物利用太阳能的最主要的途径，研究光合作用的机制在理论和实践上都有很重要的意义。通常，光合作用的强度可以通过光合速率的快慢表现出来，影响光合速率的因素有：光因子、温度因子、水因子、二氧化碳浓度和土壤因子等。对于植被内部因素而言，最具有决定性的因素就是植被的叶绿素含量，一般而言，叶绿素含量越高，植物的光合作用越强。

在实验中，LI-6400XT 光合仪所记录的主要光合参量有叶室内部光强(PAR_{in})，胞间二氧化碳浓度(C_i)、叶片外部光强(PAR_{out})、气孔导度(Cond)和蒸腾速率(Trmmol)，其中前两项分别对应影响因子中的光照强度、二氧化碳浓度。为了选择出影响光合作用的主要因子，本次实验对上述 5 个光合参量分别与净光合速率(Photo)进行了相关分析。

从图 1.56 中分析可得出：油菜叶片净光合速率与气孔导度、蒸腾速率、叶室内部光强和叶片外部光强呈正相关；与胞间二氧化碳浓度呈现负相关。其中，叶室内部光强和叶片外部光强与净光合速率的相关性最强，拟合系数分别为 0.687 6 和 0.683 7；胞间二氧化碳浓度与净光合速率相关性一般，为 0.555 5；气孔导度和蒸腾速率与净光合速率的相关性在 0.3～0.5，具有一定的相关性。故接下来对 GPP 的估算选择叶室内部光强 PAR_{in}。

(2) 油菜叶片 GPP 与 SPAD 和 PAR_{in}相关性分析

根据油菜每片叶每天 5 次测量得到的 PAR_{in}取平均值作为该天该叶片的叶室内部平均光强 PAR_{in}。研究表明在玉米和大豆中，GPP 与 PAR_{in}×Chl(Chl 为植被冠层叶绿素含量)相关性显著，本节对油菜的 GPP 和 SPAD×PAR_{in}的相关性进行了探索。故本次实

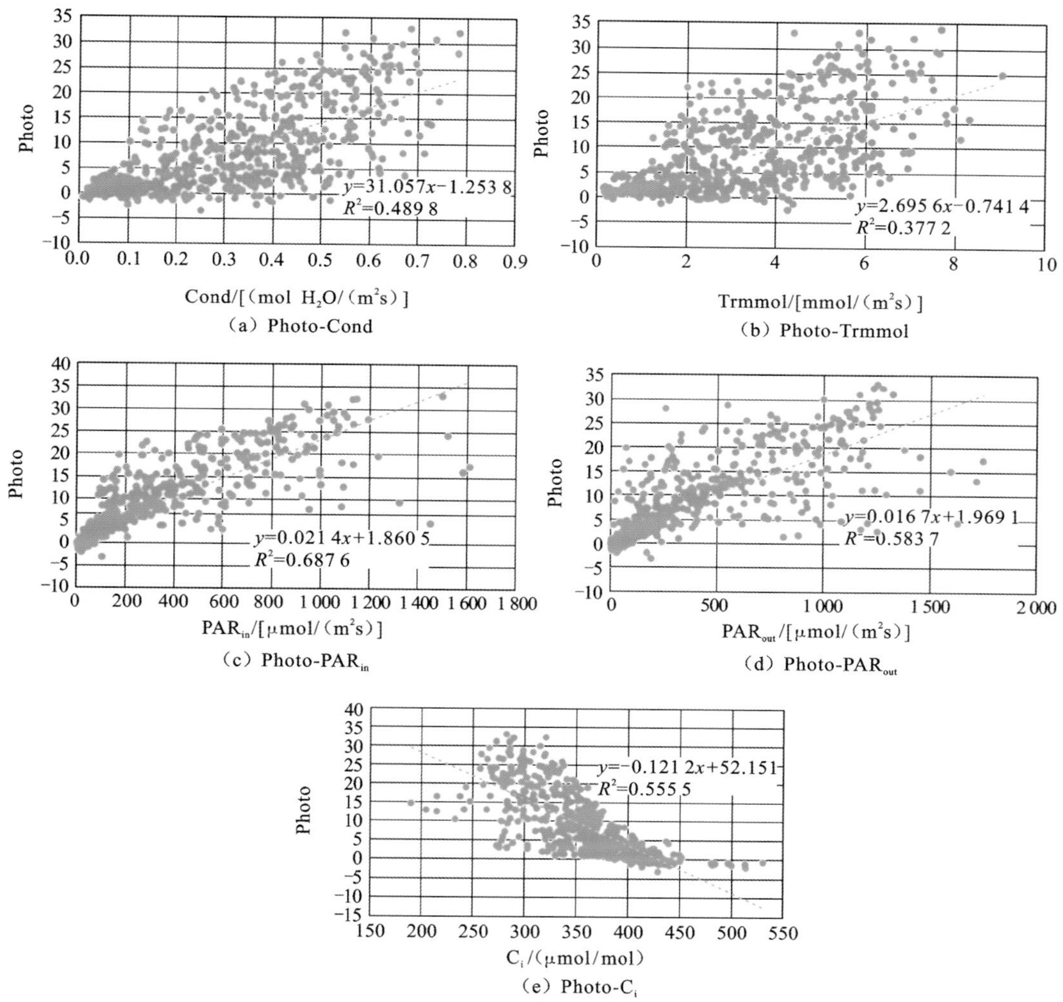

图 1.56　油菜叶片净光合速率与光合参量相关性分析

验中，将初级生产力 GPP 分别与 PAR_{in}，SPAD 和两者的乘积做散点图并进行回归分析。

由图 1.57(a)可以看出，GPP 与叶绿素含量 SPAD 的拟合决定系数较低，为 0.203 8，说明单纯用 SPAD 来估算油菜叶片的 GPP 行不通。图 1.57(b)中，GPP 和 PAR_{in} 呈现显著的线性函数相关关系，拟合决定系数达到了 0.743。说明利用 PAR_{in} 来估算 GPP 具有较好的可靠性。由图 1.57(c)得到：油菜叶片 GPP 与 SPAD×PAR_{in} 线性相关性较强，拟合决定系数为 0.765。拟合效果比 GPP 单独与两者进行线性拟合的效果都要好。从而验证了该模型也适用于油菜叶片的 GPP 估计。

(3) 油菜叶片 GPP 与 VI 相关性分析

由图 1.58 和表 1.23 中 GPP 与 VI 的回归可以看到，油菜的 GPP 与 RTVI、RE_p、$CI_{rededge}$ 和 NDVI 回归效果都不理想，拟合决定系数均小于 0.35，说明仅仅用单一植被指数来直接估计油菜叶片的 GPP 并不可靠。

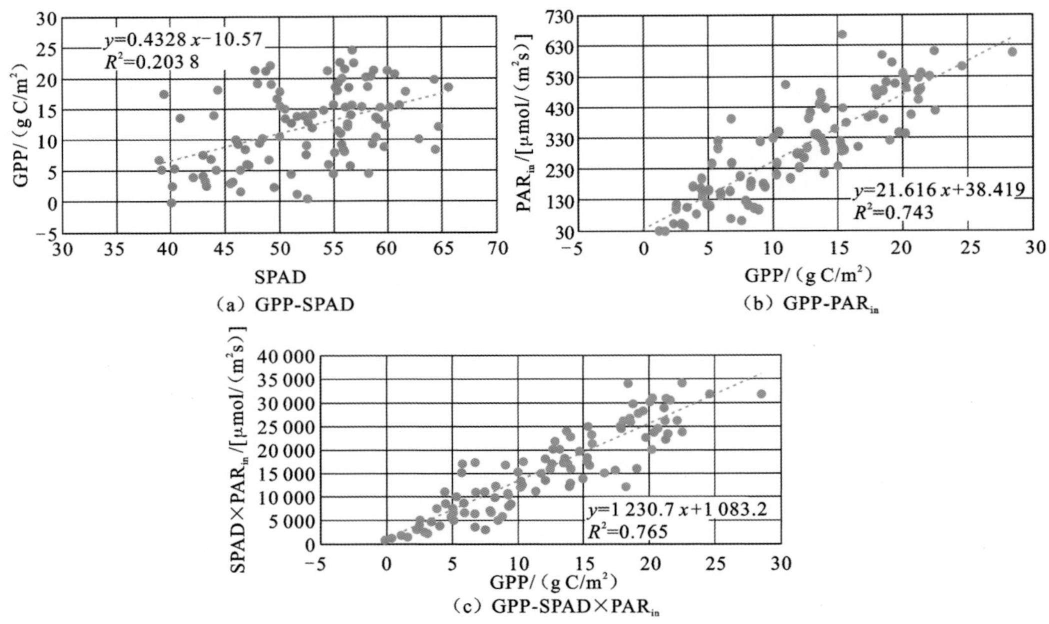

(a) GPP-SPAD　(b) GPP-PAR_{in}

(c) GPP-SPAD×PAR_{in}

图 1.57　油菜 GPP 与 PAR_{in} 和 SPAD 回归模型

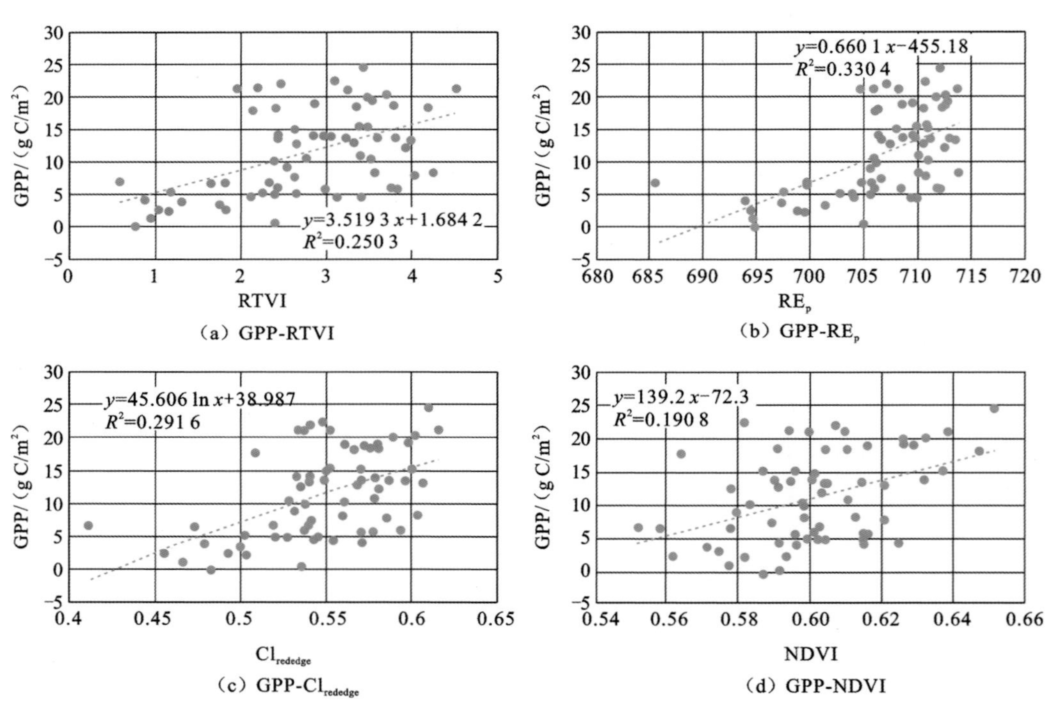

(a) GPP-RTVI　(b) GPP-RE_p

(c) GPP-$Cl_{rededge}$　(d) GPP-NDVI

图 1.58　油菜 GPP 与 VI 回归模型

表 1.23　油菜 GPP 与 VI 回归模型决定系数

决定系数	VI			
	RTVI	RE_p	$Cl_{rededge}$	NDVI
R^2	0.250 3	0.330 4	0.291 6	0.190 8

(4) 油菜叶片 GPP 与 $VI\times PAR_{in}$ 相关性分析

GPP 正比于叶绿素含量和入射光能量的乘积，同时因为叶绿素与光谱指数有较强的相关性，所以尝试利用光谱指数代替叶绿素，将 GPP 与光谱指数和入射光能量的乘积进行回归。结果如图 1.59 所示。

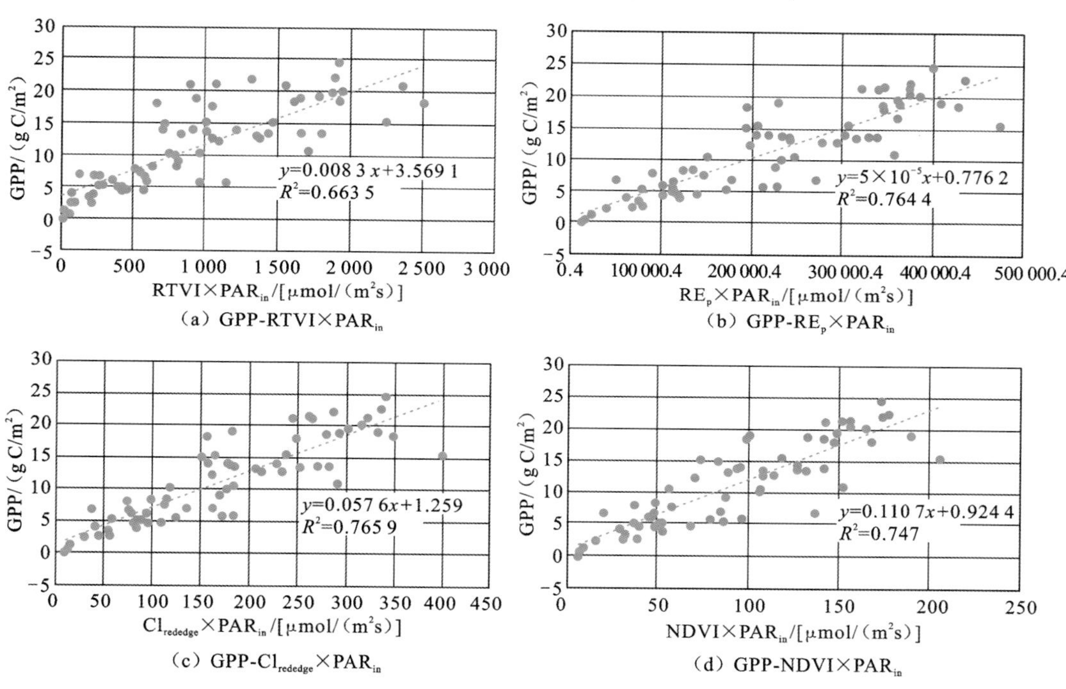

(a) GPP-RTVI×PAR_{in}　(b) GPP-RE_p×PAR_{in}　(c) GPP-$Cl_{rededge}$×PAR_{in}　(d) GPP-NDVI×PAR_{in}

图 1.59　油菜 GPP 与 VI×PAR_{in} 回归模型

模型的决定系数如表 1.24 所示，将表 1.23 和表 1.24 进行对比，可以发现：GPP 与 VI×PAR_{in} 回归模型决定系数大于单独利用植被指数与 GPP 回归模型的决定系数，也就是两者乘积与 GPP 的线性回归模型明显优于单独植被指数与 GPP 的回归模型。可以证明在估算 GPP 时，叶室内部光强是不可缺少的。4 种植被指数在估算 GPP 时 R^2 从小到大依次为：RTVI<NDVI<RE_p<$Cl_{rededge}$。特别是红边位置 RE_p 和红边植被指数 $Cl_{rededge}$ 的拟合决定系数均达到了 0.76，比较令人满意。

表 1.24　油菜 GPP 与 VI×PAR_{in} 回归模型决定系数

决定系数	VI			
	RTVI	RE_p	$Cl_{rededge}$	NDVI
R^2	0.663 5	0.764 4	0.765 9	0.747

1.6.2　小麦 GPP 的遥感估算模型

同油菜 GPP 的模型研究相似，本节首先探究在不同水和氮水平下小麦冠层光谱曲线的特点；然后探索叶绿素含量与光谱反射率的相关性；最后利用遥感手段估计小麦的 GPP。

1. 不同氮水平下小麦冠层光谱反射率变化特征

从图 1.60 和图 1.61 可以看出，正常浇水和控水时，不同生育期冬小麦的冠层光谱反射曲线基本相似。在可见光波段范围（400～700 nm）小麦的冠层反射率都很低，存在一个不太明显的反射峰，即 550 nm 的绿光，这是由于光合色素（特别是叶绿素 a 和叶绿素 b）对绿光的反射导致的。这一阶段叶绿素对可见光（特别是红波段）有较强的吸收作用，使得红光波段蕴含了丰富的叶片信息。在 700～750 nm 波段，小麦的冠层反射率急剧升高，曲线较陡，其斜率与叶绿素含量有关，这是植被独有的特征。750～1 050 nm 波段，小麦冠层反射率较高且比较稳定，形成一个“高平台”。

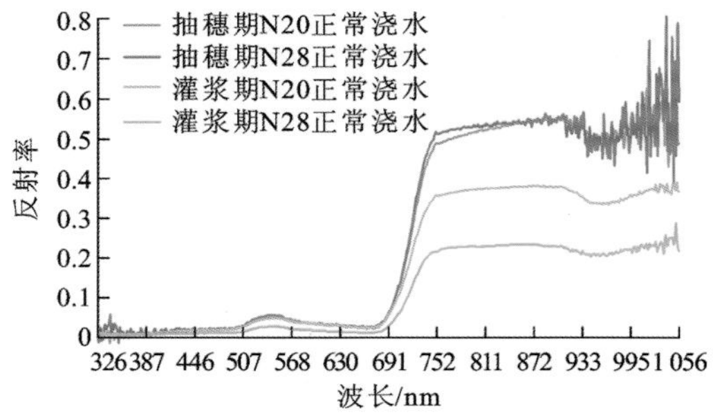

图 1.60　正常浇水小麦不同生长期冠层光谱反射曲线

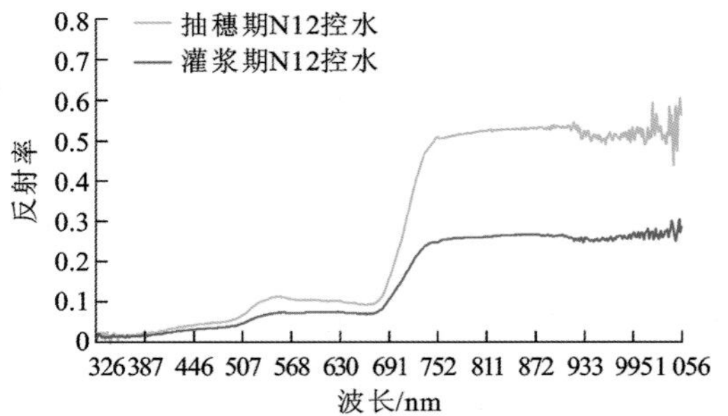

图 1.61　控水时小麦不同生长期冠层光谱反射曲线

另外，在正常浇水时，相同施氮水平下，从抽穗期到灌浆期光谱曲线在可见光部分几乎无差别，在近红外波段 750～1 050 nm 反射率降低。

从图 1.62 和图 1.63 可以看出，可见光波段，不同水和氮条件对小麦冠层光谱反射曲线影响不大。近红外波段，在抽穗期 N20 和 N28 对小麦冠层反射率几乎无影响；但在灌浆期，N20 反射率要明显高于 N28 反射率。控水且低氮条件下，近红外波段小麦光谱反射率普遍较低，在此波段范围内，小麦反射率受水分胁迫影响产生很大差异。

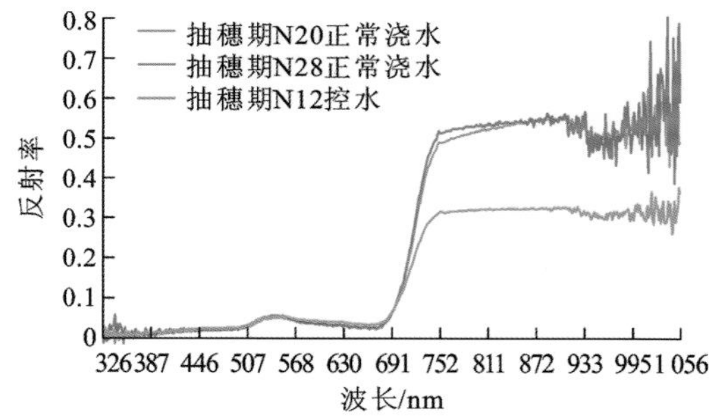

图 1.62　不同水和氮水平小麦抽穗期冠层光谱反射曲线

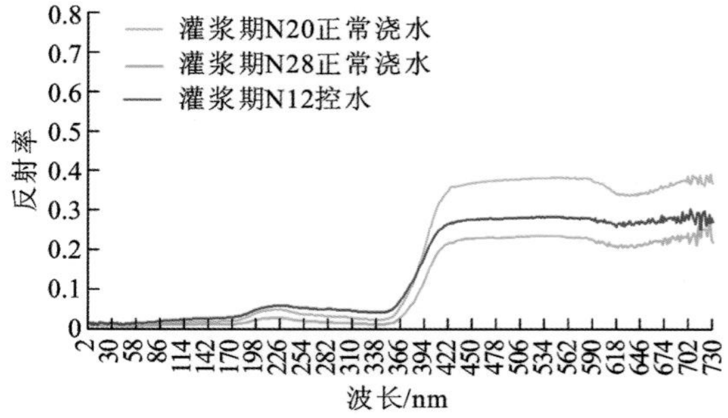

图 1.63　不同水和氮水平小麦灌浆期冠层光谱反射曲线

这是由于进入抽穗开花期后，小麦处于营养生长和生殖生长的并列时期，一方面下小麦对养分的吸收急剧增加，另一方面小麦的叶绿素迅速降解，所以作物群体状况趋于稳定，光谱反射率有所下降，但不同处理的冠层光谱特征差异仍然较大。可见。小麦冠层光谱曲线从抽穗期到灌浆期表现出明显的绿色植被特征，并且这一特征并不会随着施肥或者水分的多少而变化。也就是说，作物在同一生长期内，虽然存在氮肥含量或者水分的差异，但其光谱曲线大体相近，这也是开展农作物遥感监测的理论依据。

2. 叶绿素含量与光谱反射率的相关性

从图 1.64 和表 1.25 线性模型的拟合效果来看，拟合效果最好的光谱指数为红边位置指数 RE_p，拟合决定系数为 0.456 2，其他指数拟合系数均在 0.4 以下。拟合效果比较差，因此考虑非线性拟合模型。

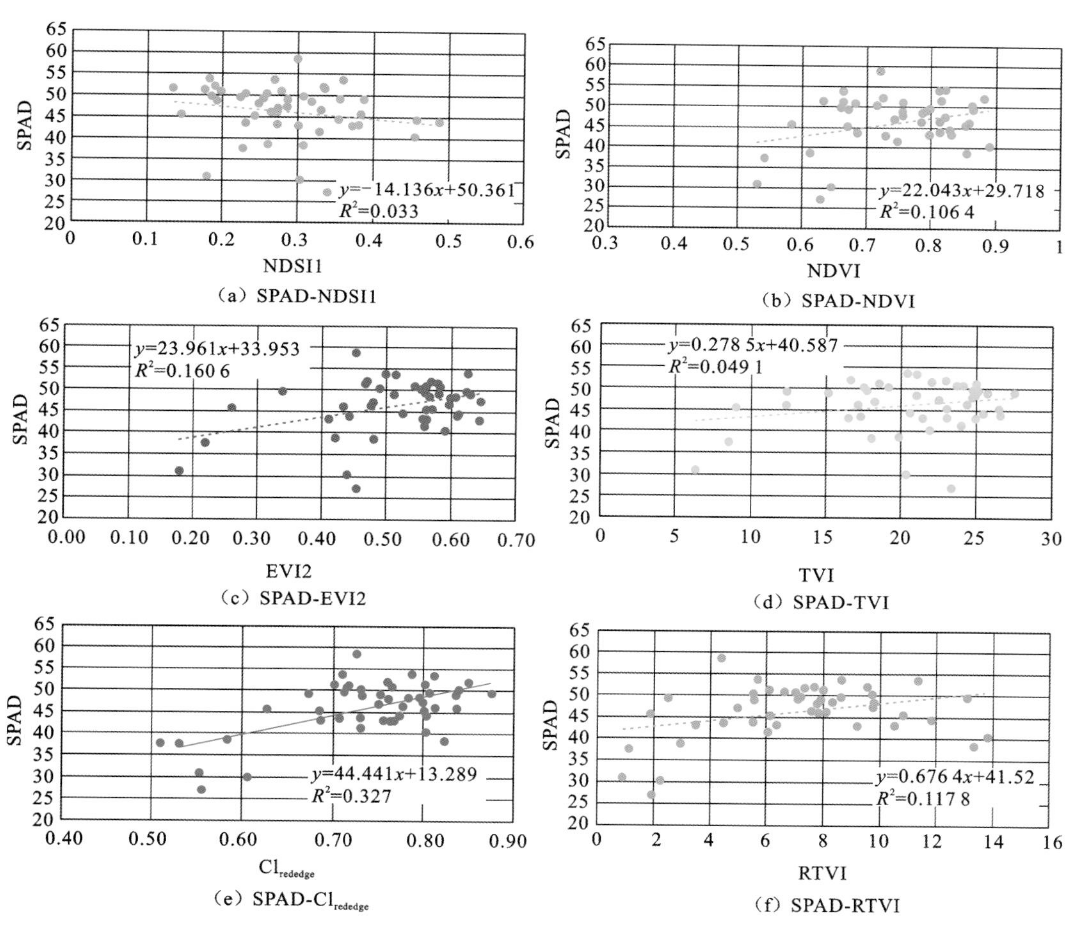

图 1.64　小麦叶片叶绿素含量与光谱指数进行线性回归

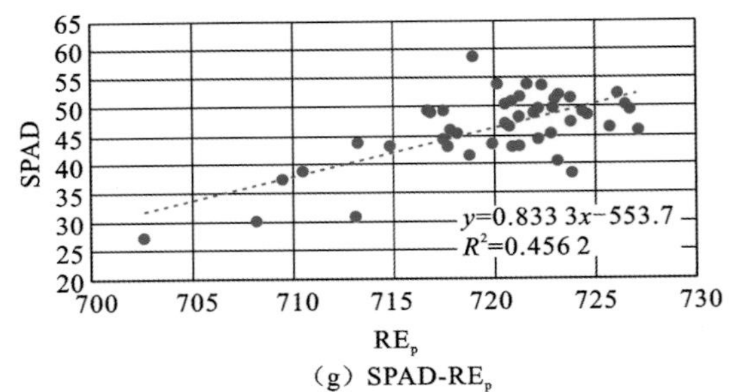

(g) SPAD-RE$_p$

图 1.64　小麦叶片叶绿素含量与光谱指数进行线性回归(续)

表 1.25　小麦叶片叶绿素含量与光谱指数的线性回归

光谱指数	线性回归方程	R^2
NDSI1	$y=-14.136x+50.361$	0.033 0
NDVI	$y=22.043x+29.718$	0.106 4
EVI2	$y=23.961x+33.953$	0.160 6
TVI	$y=0.2785x+40.587$	0.049 1
$Cl_{rededge}$	$y=44.441x+13.289$	0.327 0
RTVI	$y=0.676\,4x+41.52$	0.117 8
RE_p	$y=0.833\,3x-553.7$	0.456 2

从图 1.65 和表 1.26 中可以看出，小麦叶片叶绿素含量与光谱指数的非线性回归比线性回归效果要好一些，红边植被指数 $Cl_{rededge}$、红边三角植被指数 RTVI 和红边位置指数 RE_p 的拟合决定系数 R^2 分别达到了 0.468、0.450 6 和 0.545 8。尽管效果有所改善，但与文献中已有的结论仍然差别较大。经过分析可能有以下方面的因素。①VI 计算过程中波段选择并非最优，没有选取对叶绿素最敏感的波段进行计算，导致效果不理想。②可能因为采集的叶片反射光谱并不在小麦的同一生长期内，而不同生长期内其叶绿素和红边位置或者其他波段的关系可能不同。③也可能是本次实验数据比较少，代表性不强。但通过此次实验，至少说明了叶片的叶绿素含量与红边波段比较相关，也就是说红边波段对叶绿素含量比较敏感。

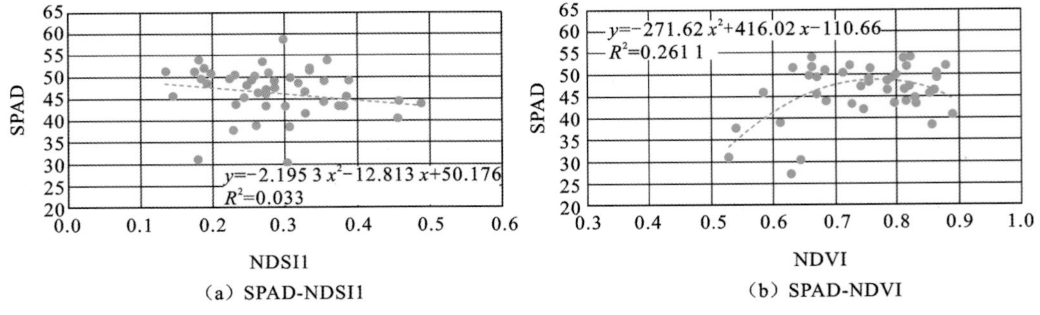

(a) SPAD-NDSI1　　(b) SPAD-NDVI

图 1.65　小麦叶片叶绿素含量与光谱指数进行非线性回归

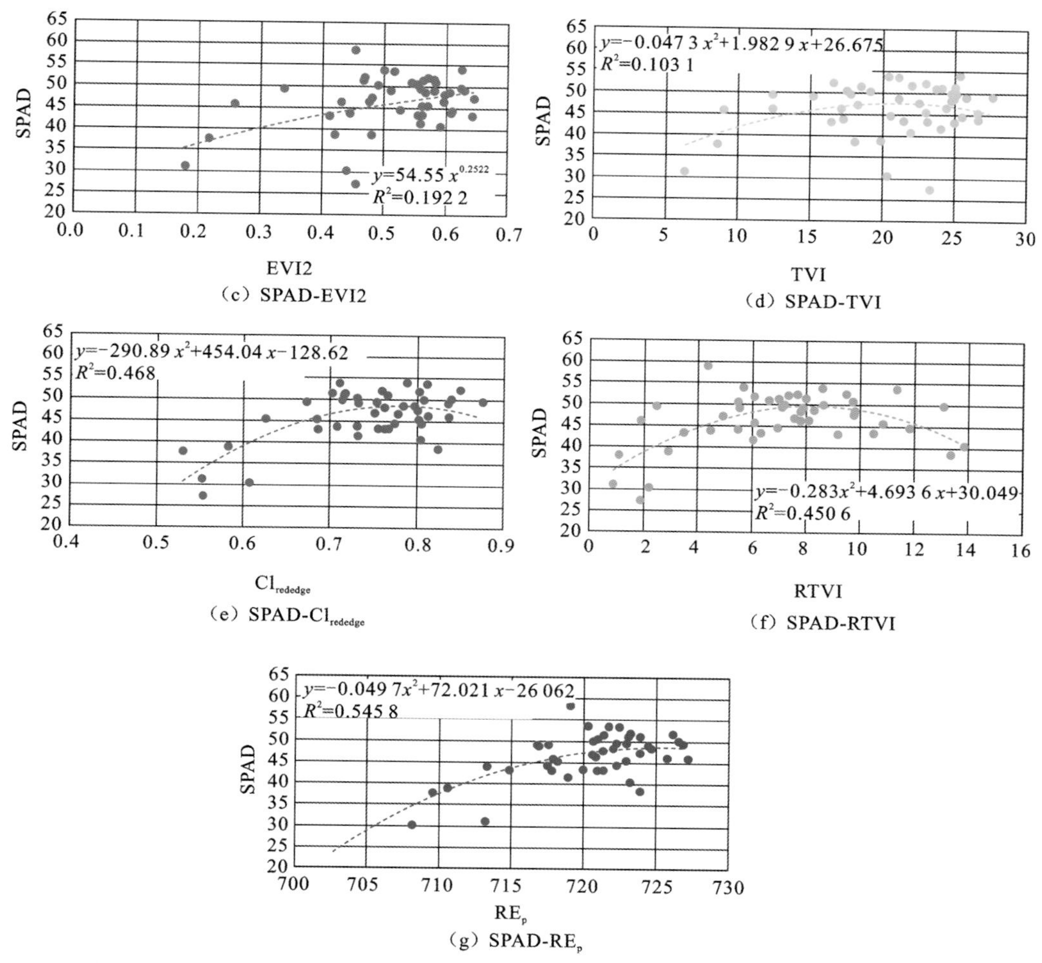

图 1.65　小麦叶片叶绿素含量与光谱指数进行非线性回归(续)

表 1.26　小麦叶片叶绿素含量与光谱指数的非线性回归

光谱指数	非线性回归方程	R^2
NDSI1	$y=-2.195\,3x^2-12.813x+50.176$	0.033 0
NDVI	$y=-271.62x^2+416.02x-110.66$	0.261 1
EVI2	$y=54.55x^{0.252\,2}$	0.192 2
TVI	$y=-0.047\,3x^2+1.982\,9x+26.675$	0.103 1
$Cl_{rededge}$	$y=-290.89x^2+454.04x-128.62$	0.468 0
RTVI	$y=-0.283x^2+4.693\,6x+30.049$	0.4506
RE_p	$y=-0.049\,7x^2+72.021x-26\,062$	0.545 8

3. 小麦叶片 GPP 估算模型

1) 小麦叶片净光合速率与光合参量相关性分析

从图 1.66 小麦叶片净光合速率与光合参量相关性分析的散点图和线性回归模型分析

可得出:同油菜类似,小麦叶片净光合速率与气孔导度、蒸腾速率、叶室内部光强和叶片外部光强呈正相关;与胞间二氧化碳浓度呈现负相关。其中,叶室内部光强和叶片外部光强与净光合速率的相关性最强,拟合系数分别为 0.620 9 和 0.554 3;胞间二氧化碳浓度与净光合速率相关性最低,为 0.095 9;气孔导度和蒸腾速率与叶片的净光合速率的相关性在 0.3~0.4,具有一定的相关性。故接下来对小麦的 GPP 的估算选择叶室内部光强。

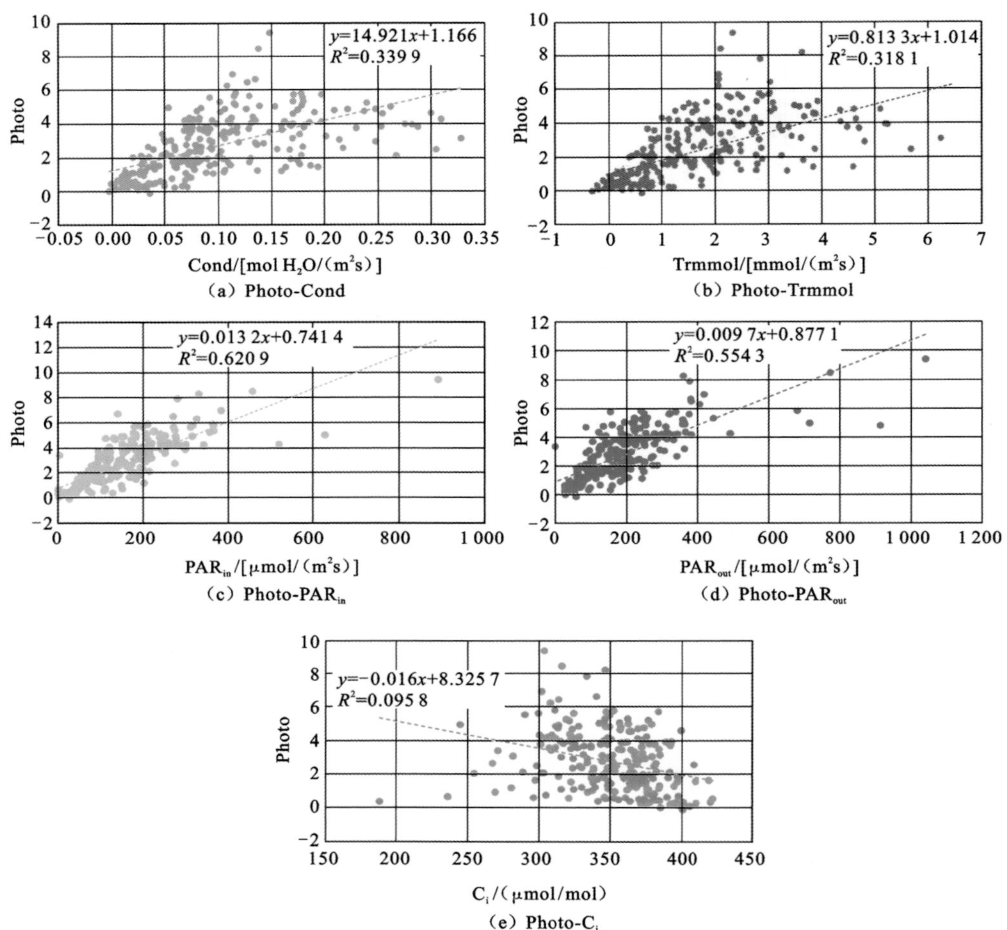

图 1.66 小麦叶片净光合速率与光合参量相关性分析

2) 小麦叶片 GPP 与 SPAD 和 PAR_{in} 相关性分析

对于本部分的研究而言,首先将表征叶绿素含量的 SPAD 与 GPP 做相关性分析;然后对上文中选出的叶室内部光强 PAR_{in} 与 GPP 做相关性分析:根据小麦每片叶每天 5 次测量得到的 PAR_{in} 取平均值作为该天该叶片的叶室内部平均光强 PAR_{in},将初级生产力 GPP 与 PAR_{in}。做散点图并进行回归分析;最后根据之前在油菜中做的实验,验证 GPP 是否与 $PAR_{in}\times SPAD$ 呈现较强的线性相关性。

由图 1.67 和表 1.27 可以看出,GPP 与 SPAD 的相关性比较弱,拟合决定系数只有 0.214 2,有些估计 GPP 的模型认为单独由叶绿素即可估算 GPP,本实验证明,基于本次实验条件下单独用 SPAD 来估计小麦 GPP 是不合适的。GPP 与 PAR_{in} 相关性较好，线性拟合系数达到了 0.625 9。GPP 与 SPAD×PAR_{in} 的拟合效果，比单独跟 SPAD 和 PAR_{in} 的拟合效果好，拟合决定系数为 0.691 8。从而验证了小麦中 GPP 与 PAR_{in}×SPAD 呈现较强的线性相关性。

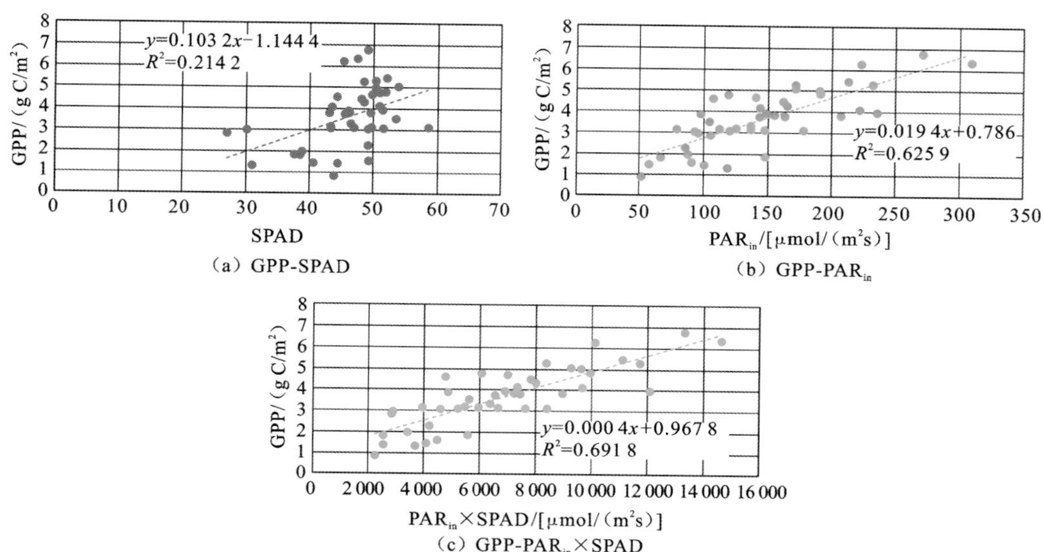

图 1.67　小麦叶片 GPP 与 SPAD 和 PAR_{in} 相关性分析

表 1.27　小麦 GPP 与 PAR_{in} 和 SPAD 回归模型决定系数

决定系数	参量		
	SPAD	PAR_{in}	SPAD×PAR_{in}
R^2	0.214 2	0.625 9	0.691 8

3）小麦叶片 GPP 与 VI 相关性分析

GPP 与 VI 进行回归时，线性模型和非线性模型差别不大，如图 1.68 采用的是线性回归。红边植被指数、红边三角植被指数和红边位置指数的拟合决定系数在 0.1～0.2，其他指数的拟合决定系数都小于 0.1(表 1.28)。同油菜中得到的结论类似，仅仅用 VI 来直接估算小麦叶片的 GPP 是不可靠的。

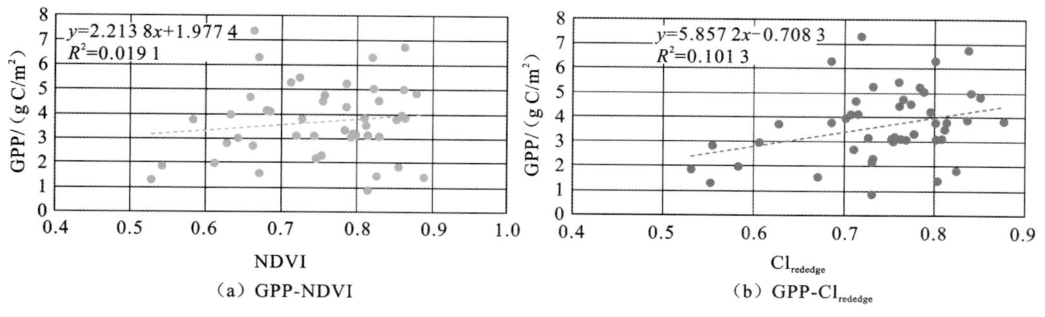

图 1.68　小麦叶片 GPP 与 SPAD 和 PAR_{in} 相关性分析

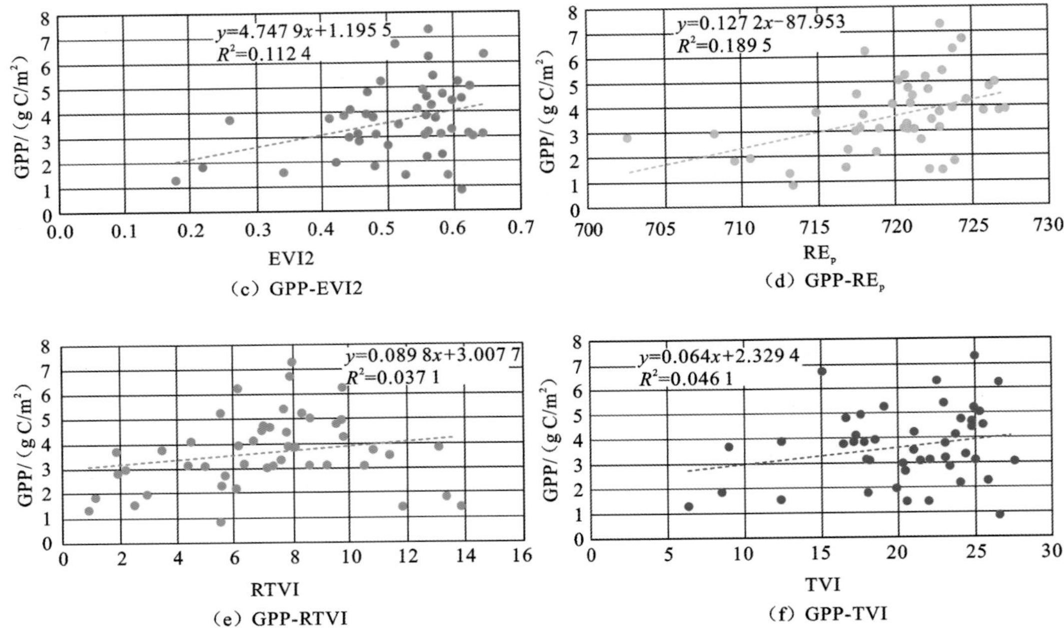

(c) GPP-EVI2　　(d) GPP-RE_p

(e) GPP-RTVI　　(f) GPP-TVI

图 1.68　小麦叶片 GPP 与 SPAD 和 PAR_{in} 相关性分析(续)

表 1.28　小麦 GPP 与 VI 回归模型决定系数

决定系数	VI					
	EVI2	RE_p	$Cl_{rededge}$	NDVI	RTVI	TVI
R^2	0.112 4	0.189 5	0.101 3	0.019	0.037 1	0.046 1

4) 小麦叶片 GPP 与 VI×PAR_{in} 相关性分析

由于 GPP 与叶绿素含量和入射光能量的乘积相关性较好,同时因为叶绿素与植被指数有较强的相关性,所以接下来尝试利用植被指数代替叶绿素,将 GPP 与光谱指数和入射光能量 PAR_{in} 的乘积进行回归。结果如图 1.69 所示。

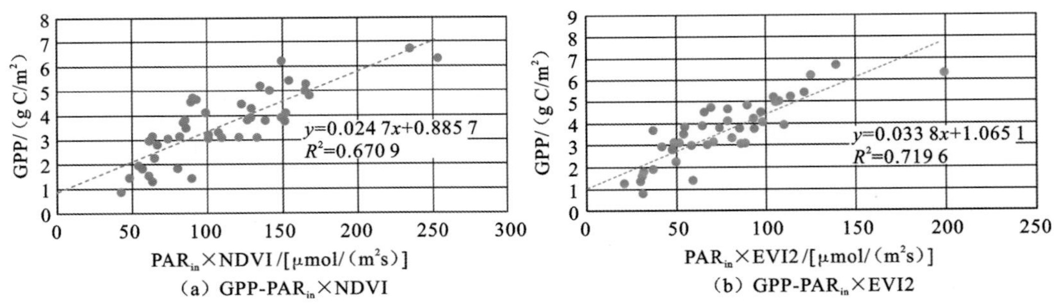

(a) GPP-PAR_{in}×NDVI　　(b) GPP-PAR_{in}×EVI2

图 1.69　小麦叶片 GPP 与 PAR_{in}×VI 相关性分析

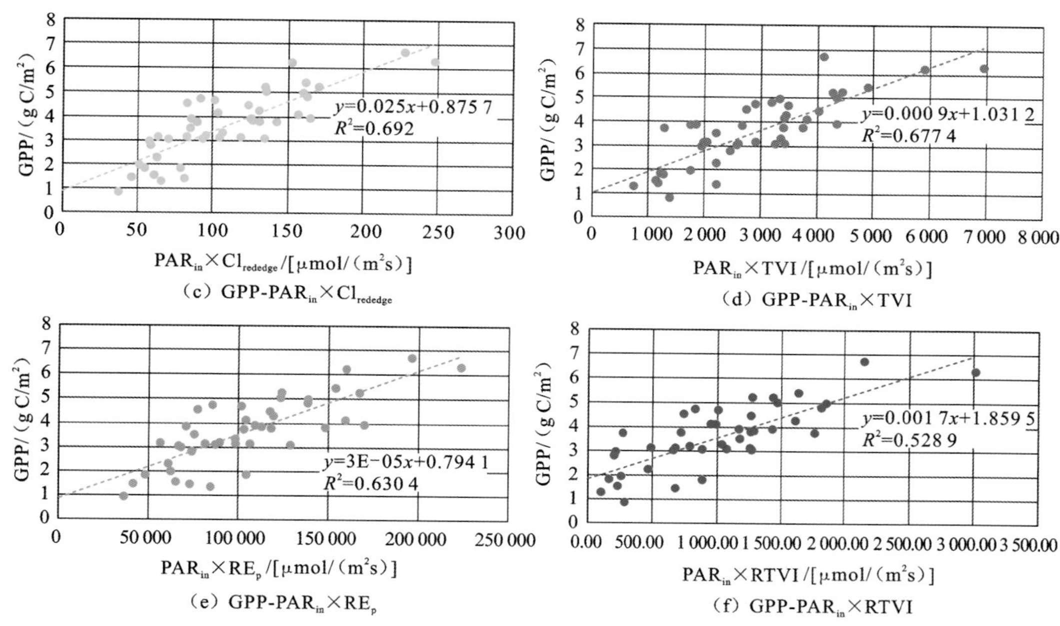

图 1.69 小麦叶片 GPP 与 $PAR_{in}\times VI$ 相关性分析(续)

其决定系数如表 1.29 所示。首先对表 1.28 小麦 GPP 与 VI 回归模型决定系数和表 1.29 进行对比可以发现,GPP 基本正比于 $PAR_{in}\times VI$,GPP 与 $PAR_{in}\times VI$ 的线性回归效果要明显好于单独跟对应 VI 的回归效果,这说明了在估算 GPP 时,叶室内部光强是不可或缺的。本次实验选取的 6 种植被指数在评估小麦叶片 GPP 时,所建立的模型决定系数 R^2 从小到大依次为:RTVI$<RE_p<$NDVI $<$TVI $<Cl_{rededge}<$EVI2。特别是 EVI2 的线性拟合决定系数达到了 0.719 6。这说明利用 EVI2$\times PAR_{in}$或者 $Cl_{rededge}\times PAR_{in}$来估算小麦叶片 GPP 是可行的。

表 1.29 小麦 GPP 与 $PAR_{in}\times$VI 回归模型决定系数

决定系数	VI					
	EVI2	RE_p	$Cl_{rededge}$	NDVI	RTVI	TVI
R^2	0.719 6	0.630 4	0.692	0.670 9	0.528 9	0.677 4

1.6.3 两种植被对比分析

经过上述对小麦和油菜的 GPP 估算,GPP-$PAR_{in}\times$SPAD 和 GPP-$PAR_{in}\times$VI 在两种植被中均适用,所以本节试探性地将两种典型植被的 GPP 与相关量进行回归,以期得到一个统一的 GPP 估算模型。

1. 两种植被 GPP 与 $PAR_{in}\times$SPAD 相关性分析

将 GPP 与 $PAR_{in}\times$SPAD 在两种植被中分别进行线性回归时,油菜的拟合决定系数为 0.765 和小麦的拟合决定系数为 0.691 8。该模型应用于小麦时效果差一些,可能是由于本次实验小麦数据偏少,代表性不是很强,因此本处尝试对两种典型植被综合进行回归分析。

如图 1.70 小麦和油菜叶片 GPP 与 SPAD×PAR_{in} 相关性分析对两种植被综合进行 GPP 与 PAR_{in}×SPAD 的回归研究，可以发现：线性模型的拟合决定系数为 0.824，均大于单独进行拟合时油菜的 0.765 和小麦的 0.691 8。说明 GPP-PAR_{in}×SPAD 模型不仅分别适用于小麦和油菜叶片 GPP 的估算，而且对于两种植被有统一的线性模型：$y=0.000\,7x+0.041$。

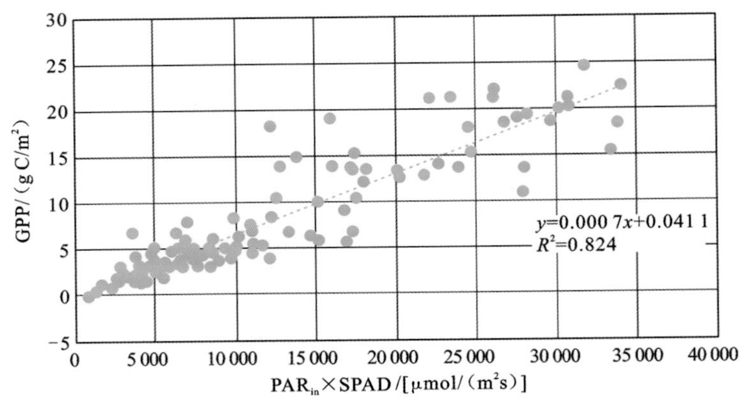

图 1.70　小麦和油菜叶片 GPP 与 SPAD×PAR_{in} 相关性分析

2. 两种植被 GPP 与 PAR_{in}×VI 相关性分析

线性模型的决定系数如表 1.30 所示。对于两种植被综合进行 GPP 和 PAR_{in}×VI 的回归发现(图 1.71)：RE_p 和 $Cl_{rededge}$ 的拟合决定系数分别为 0.815 和 0.738 4；NDVI 和 RTVI 的决定系数均在 0.2～0.3。其中 NDVI 在综合估算模型中效果较差，但单独对小

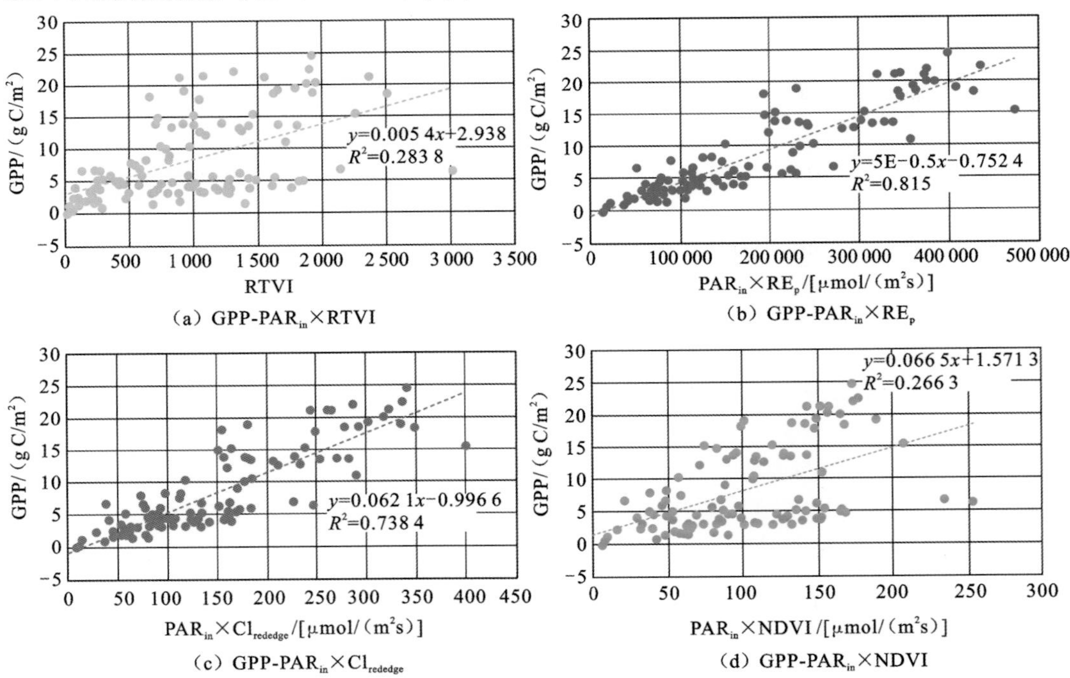

图 1.71　小麦和油菜叶片 GPP 与 PAR_{in}×VI 相关性分析

麦和油菜 GPP 拟合时效果较好，这是由于两种植被的结构和生化组分存在差异。该实验说明对小麦和油菜这两种典型作物而言，利用 $RE_p \times PAR_{in}$ 来估计 GPP 可靠性最高，也反映了由红边波段（670 nm，710 nm，750 nm，780 nm）计算得到的 RE_p，在对两者进行碳汇能力研究时起着举足轻重的作用。

表 1.30　小麦和油菜 GPP 与 $PAR_{in} \times VI$ 回归模型决定系数

决定系数	VI			
	RE_p	$Cl_{rededge}$	NDVI	RTVI
R^2	0.815	0.738 4	0.266 3	0.283 8

1.6.4　小结

本节研究了主要粮食作物小麦和油料作物油菜的碳汇能力和叶片光谱特征之间的关系，分别对叶片水平下小麦和油菜的净初级生产力进行了估计，证实 GPP-VI$\times PAR_{in}$ 和 GPP-SPAD$\times PAR_{in}$ 模型在两种典型植被中都是可行的。

1. 对油菜叶片 GPP 估计

（1）在不同波段范围内，油菜冠层光谱反射曲线趋势存在明显差异，在可见光波段反射率较低，在近红外波段形成高反射平台。不同施氮处理主要影响近红外波段的反射率；对可见光部分的反射率影响不大，在 500～700 nm 波段会产生些许影响。

（2）用叶片反射光谱计算得到的光谱指数和植被指数对叶片叶绿素的估计实验中，红边三角植被指数和红边位置的拟合效果较好，线性和非线性回归决定系数均大于 0.5。其中，由 RTVI 建立的油菜叶片叶绿素含量的对数函数监测模型表现最好，R^2 为 0.591 3。

（3）在影响油菜瞬时光合速率的主要因素中，叶室内部光强与瞬时光合速率的相关性最强，R^2 为 0.687 6。

（4）油菜叶片 GPP 与 SPAD$\times PAR_{in}$ 线性相关性较强，R^2 为 0.765。GPP-SPAD$\times$ PAR_{in} 线性模型在油菜中适用。

（5）将叶片反射光谱计算得到的植被指数和叶室内部光强相乘，然后用 VI$\times PAR_{in}$ 来估计油菜的 GPP 是可行的。其中 RE_p 和 $Cl_{rededge}$ 的拟合决定系数均达到了 0.76，比较令人满意。

2. 对小麦叶片 GPP 估计

（1）小麦冠层光谱曲线从抽穗期到灌浆期表现出明显的绿色植被特征，并且这一特征并不会随着施肥或者水分的多少而变化。也就是说，作物在同一生长期内，虽然存在氮肥含量或者水分的差异，但其光谱曲线大体相近。

（2）用植被指数对叶片叶绿素的估计实验中，红边植被指数 $Cl_{rededge}$、红边三角植被指数 RTVI 和红边位置指数 RE_p 的拟合决定系数 R^2 较高，分别为 0.468、0.450 6 和 0.545 8。可以看出，在本次实验中用 VI 估计小麦 SPAD 并不十分可靠。

（3）在影响小麦瞬时光合速率的主要因素中，叶室内部光强与瞬时光合速率的相关性最强，R^2 为 0.625 9。

(4) 小麦叶片 GPP 与 SPAD×PAR_{in}线性相关性较强，R^2 为 0.691 8。用 SPAD×PAR_{in}估计小麦 GPP 基本可行。

(5) 将叶片反射光谱计算得到的植被指数和叶室内部光强相乘，然后用 VI×PAR_{in}来估计小麦的 GPP 是可行的。特别是 EVI2 的线性拟合决定系数达到了 0.719 6。

3. 对两种植被 GPP 进行综合估计

(1) 对两种植被综合进行 GPP 与 PAR_{in}×SPAD 的回归研究，即使在不同的水氮条件下，其线性模型的拟合决定系数为 0.824，均大于分别进行回归时油菜的 0.765 和小麦的 0.691 8。说明该模型不仅分别适用于小麦和油菜叶片 GPP 估算，而且对于两种植被可以建立统一的线性模型。

(2) 对两种植被综合进行 GPP 与 VI×PAR_{in}的回归研究，对于小麦和油菜这两种典型作物而言，利用 RE_p×PAR_{in}来估计 GPP 可靠性最高，RE_p 和 $Cl_{rededge}$的拟合决定系数分别为 0.815 和 0.738 4。

由于实验条件的限制和分析数据的量大繁杂，本研究上有一些需要改进的地方，存在的不足以及需要改进的地方如下。

(1) 数据质量欠佳和数量不够充分。①实验田的条件限制，油菜实验田面积较小，距离油菜约 30 cm 处有一绿色大棚，这对油菜的光谱数据产生了一定影响；小麦由于在大棚内种植，所以其光谱数据可靠性有待验证。②在油菜数据采集中，叶片的 SPAD 5 次测量均为绿色部分的测量结果，人为避开了偏黄色的部分，这使得 SPAD 数值偏大且集中在 30～50。③小麦的观测数据量过少，主要表现为观测次数和总数据点较少，由于数据采集时期武汉地区阴雨连绵，天气状况不佳，小麦只有三天的测量数据，覆盖小麦的生育期也不够长。由此得到的模型可靠性不是很好。④叶绿素仪 SPAD 对叶绿素含量的测量是一个粗略的测量，精准度不是很高。综合以上原因，使得两种植被中用 VI 估计 SPAD 的效果都欠佳。

(2) 所选用的 VI 有一定局限性。本章选取的 VI 是根据相关文献中证明过的、与叶绿素含量相关性比较大的 VI，但由于实验条件不同，可能同样的 VI 拟合效果却不同。

在以后的研究中，希望能从以下方面对本研究做进一步的完善。

(1) 应该更加科学地选择每种植被的 VI 计算波段。在前人研究的基础上，辅之进行光谱反射率与 SPAD 和 GPP 的相关性分析，然后科学地选择与 SPAD 和 GPP 最敏感的波段，进行 VI 的计算。

(2) 扩大模型检验的适用范围，既包括在实地大面积种植的小麦和油菜中检验，也包括探索性地验证在其他植被中的适用情况，以期能找到一个通用的 GPP 估算模型，便于确定模型在大面积农业生产中应用的可靠性和通用性。

(3) 根据具体实验需要，改善实验条件，最大限度地降低因不可控因素、环境因素和天气原因所造成的实验系统误差，以便最大限度地提高模型的精度。

(4) 本章对两种典型植被的碳汇能力研究主要是在叶片级别，希望以后可以尝试更多的冠层模型，寻找最适合两种植被的冠层模型。

参考文献

蔡博峰,于嵘,2009.基于遥感的植被长时序趋势特征研究进展及评价.遥感学报,13(6):1177-1186.

柴琳娜,屈永华,张立新,等,2009.基于自回归神经网络的时间序列叶面积指数估算.地球科学进展,24(7):756-766.

陈诚,廖桂平,史晓慧,等,2011.计算机视觉视域中水稻叶片叶绿素含量的数学建模.湖南农业大学学报(自然科学版),37(5):474-478.

陈健,倪绍祥,李云梅,2008.基于神经网络方法的芦苇叶面积指数遥感反演.国土资源遥感,2(76):62-67.

陈君颖,田庆久,亓雪勇,等,2009.基于 Hyperion 影像的水稻冠层生化参量反演.遥感学报,13(6):1107-1121.

陈莉琼,田礼乔,邱凤,等,2011.HJ-1A/B 卫星 CCD 影像的武汉市东湖水色三要素遥感研究.武汉大学学报(信息科学版),36(11):1280-1334.

陈新芳,安树青,陈镜明,等,2005.森林生态系统生物物理参数遥感反演研究进展.生态学杂志,24(9):1074-1079.

陈艳华,张万昌,雍斌,2007.基于分类知识利用神经网络反演叶面积指数.生态学报,27(7):2785-2793.

高彦华,陈良富,柳钦火,等,2006.叶绿素吸收的光合有效辐射比率的遥感估算模型研究.遥感学报,10(5):798-803.

高彦华,陈良富,周旭,等,2009.估算混合植被叶绿素含量的理想波段分析.遥感学报,13(4):623-630.

何诚,冯仲科,韩旭,等,2012.基于多光谱数据的永定河流域植被生物量反演.光谱学与光谱分析,32(12):3353-3357.

侯学会,牛铮,黄妮,等,2012.小麦生物量和真实叶面积指数的高光谱遥感估算模型.国土资源遥感,4:30-35.

黄磊,张志山,吴攀,2010.沙坡头地区多年降水量的时间序列的小波分析.兰州大学学报,46(5):63-66.

李静,阎广建,穆西晗,2008.面向 LAI 反演的参数化 SAILH 模型.遥感学报,14(6):1182-1195.

李欢,2009.基于高光谱数据的柑桔叶绿素含量估算研究.重庆:西南大学.

李海洋,范文义,于颖,等,2011.基于 Prospect,Liberty 和 Geosail 模型的森林叶面积指数的反演.林业科学,49(7):75-82.

李军伟,2011.基于高光谱遥感的樟树幼树生理生化参量的反演.武汉:华中农业大学.

李永亮,张怀清,林辉,2012.基于红边参数与 PCA 的 GA-BP 神经网络估算叶绿素含量模型.林业科学,48(9):22-29.

梁顺林,范闻捷,2009.定量遥感.北京:科学出版社.

梁尧钦,曾辉,2009.高光谱遥感在植被特征识别研究中的应用.世界林业研究,22(1):41-47.

刘冰峰,2012.夏玉米氮磷营养检测高光谱遥感估算模型研究.杨凌:西北农林科技大学.

刘伟东,项月琴,郑兰芬,等,2000.高光谱数据与水稻叶面积指数及叶绿素密度的相关分析.遥感学报,4(4):279-283.

吕杰,2012.基于机器学习和辐射传输模型的农作物叶绿素含量高光谱反演模型.北京:中国地质大学(北京).

蒙继华,吴炳方,杜鑫,等,2011.基于 HJ-1A/1B 数据的冬小麦成熟期遥感预测.农业工程学报,27(3):225-230.

邵田田,宋开山,杜嘉,2014.基于三波段模型的大豆叶绿素 a 含量估算模型.中国科学院大学学报,31(2):176-181.

施润和,庄大方,牛铮,等,2005.叶肉结构对叶片光谱及生化组分定量反演的影响.中国科学院研究生学报,22(5):589-595.

史磊,李平湘,杨杰,等,2012.机载极化SAR地物类型逐步精细分类研究.遥感学报,16(6):1130-1144.

宋开山,张柏,王宗明,等,2007.基于小波分析的大豆叶面积高光谱反演.生态学杂志,26(10):1690-1696.

宋开山,张柏,王宗明,等,2008.基于小波分析的大豆叶绿素a含量高光谱反演模型.植物生态学报,32(1):152-160.

宋开山,刘殿伟,王宗明,等,2011.基于小波分析的玉米叶绿素a与LAI高光谱反演模型研究.农业系统科学与综合研究,27(2):154-160.

宋沙磊,李平湘,龚威,等,2010.基于水稻高光谱遥感数据的PLS波长选择研究.武汉大学学报,35(2):219-223.

孙华生,2008.利用多时相MODIS数据提取中国水稻种植面积和长势信息.杭州:浙江大学.

孙焱鑫,王纪华,李保国,等,2007.基于BP和GRNN神经网络的冬小麦冠层叶绿素高光谱反演建模研究.遥感技术与应用,22(4):492-496.

汤旭光,刘殿伟,宋开山,等,2010.东北主要绿化树种叶面积指数(LAI)高光谱估算模型研究.遥感技术与应用,25(3):334-340.

王桥,吴传庆,厉青,2010.环境一号卫星及其在环境检测中的应用.遥感学报,14(1):104-121.

王军邦,牛铮,胡秉民,等,2004.定量遥感在生态学研究中的基础应用.生态学杂志,23(2):152-157.

吴宝珍,2010.SCI收录的遥感类期刊.农业网书情报学刊,22(5):289-291.

向洪波,2009.基于BP神经网络森林叶面积指数估算研究-以长白山北坡为例.重庆:西南大学.

邢小罡,赵冬至,刘玉光,等,2007.叶绿素a荧光遥感研究进展.遥感学报,11(1):137-144.

颜春燕,牛铮,王纪华,等,2005.光谱指数用于叶绿素含量提取的评价及一种改进的农作物冠层叶绿素含量提取模型.遥感学报,9(6):742-750.

杨可明,郭达志,2006.植被高光谱特征分析及其病害信息提取研究.地理与地理信息科学,22(4):31-34.

姚建松,杨海清,何勇,2009.基于可见-近红外光谱技术的油菜叶片叶绿素含量无损检测研究.浙江大学学报,35(4):433-438.

姚延娟,阎广建,王锦地,2005.多光谱多角度遥感数据综合反演叶面积指数方法研究.遥感学报,9(2):117-122.

姚延娟,陈良富,柳钦火,等,2006.基于波谱知识库的MODIS叶面积指数反演及验证.遥感学报,10(6):869-878.

张东彦,刘镕源,宋晓宇,等,2011.应用近地成像高光谱估算玉米叶绿素含量.光谱学与光谱学分析,31(3):771-775.

张慧芳,高炜,施润和,2012.基于背景库的高质量LAI时间序列数据重建.遥感学报,16(5):986-999.

张佳华,王长耀,2003.区域归一化植被指数(NDVI)对植被光合作用响应的研究.干旱区资源与环境,17(1):91-95.

张佳华,杜育璋,刘学锋,等,2012.基于高光谱数据和模型反演植被叶面积指数的进展.光谱学与光谱分析,32(12):3319-3322.

张竞成,2012.多源遥感数据小麦病害信息提取方法研究.杭州:浙江大学.

张永江,刘良云,侯名语,等,2009.植物叶绿素荧光遥感研究进展.遥感学报,13(5):964-978.

ADAM E,MUTANGA O,2009. Spectral discrimination of papyrus vegetation(Cyperus papyrus L.)in swamp wetlands using field spectrometry. ISPRS Journal of Photogrammetry and Remote Sensing, 64(6):612-620.

ALI A,BIE C A J M D,SKIDMORE A K,et al.,2013. Mapping land cover gradients through analysis of hyper-temporal NDVI imagery. International Journal of Applied Earth Observation & Geoinformation, 23(1):301-312.

ATZBERGER C G, 1995. Accuracy of multitemporal LAI estimates in winter wheat using analytical (PROSPECT+SAIL) and semiempirical reflectance models. Guyot G Proc.

ATZBERGER C G, RICHTER K, 2012. Spatially constrained inversion of radiative transfer models for improved LAI mapping from future Sentinel-2 imagery. Remote Sensing of Environment, 120:208-218.

BACOUR C, BARET F, BÉAL D, et al., 2006. Neural network estimation of LAI, fAPAR, fCover and LAI×Cab, from top of canopy MERIS reflectance data: principles and validation. Remote Sensing of Environment, 105(4):313-325.

BIAN M, SKIDMORE A K, SCHLERF M, et al., 2013. Predicting foliar biochemistry of tea (Camellia sinensis) using reflectance spectra measured at powder, leaf and canopy levels. ISPRS Journal of Photogrammetry and Remote Sensing, 78:148-156.

BLACKBURN G A, 2007a. Hyperspectral remote sensing of plant pigments. Journal of Experimental Botany, 58(4):855-867.

BLACKBURN G A, 2007b. Wavelet decomposition of hyperspectral data: a novel approach to quantifying pigment concentrations in vegetation. International Journal of Remote Sensing, 28(12):2831-2855.

BLACKBURN G A, FERWERDA J, 2008. Retrieval of chlorophyll concentration from leaf reflectance spectra using wavelet analysis. Remote Sensing of Environment, 112(4):1614-1632.

BOWYER P, DANSON F M, 2004. Sensitivity of spectral reflectance to variation in live fuel moisture content at leaf and canopy level. Remote Sensing of Environment, 92(3):297-308.

BRANTLEY S T, ZINNERT J C, YOUNG D R, 2011. Application of hyperspectral vegetation indices to detect variations in high leaf area index temperate shrub thicket canopies. Remote Sensing of Environment, 115(2):514-523.

BROGE N H, LEBLANC E, 2001. Comparing prediction power and stability of broadband and hyperspectral vegetation indices for estimation of green leaf area index and canopy chlorophyll density. Remote Sensing of Environment, 76(2):156-172.

BROGE N H, MORTENSEN J V, 2002. Deriving green crop area index and canopy chlorophyll density of winter wheat from spectral reflectance data. Remote Sensing of Environment, 81(1):45-57.

CAI B F, YU R, 2009. Advance and evaluation in the long time series vegetation trends research based on remote sensing. Journal of Remote Sensing, 4619:1170-1186.

CANISIUS F, FERNANDES R, 2012. Evaluation of the information content of Medium Resolution Imaging Spectrometer (MERIS) data for regional leaf area index assessment. Remote Sensing of Environment, 119:301-314.

CHEN C, LIAO G, SHI X, et al., 2011. The mathematical modeling of chlorophyll content in rice in view of computer vision. Journal of Hunan Agricultural University, 37(5):474-478.

CHEN J Y, TIAN Q J, XUE-YONG Q I, et al., 2009. Rice canopy biochemical concentration retrievals based on Hyperion data. Journal of Remote Sensing, 4619:1106-1121.

CHEN S, FANG L, LI H, et al., 2011. Evaluation of a three-band model for estimating chlorophyll-a concentration in tidal reaches of the Pearl River Estuary, China. ISPRS Journal of Photogrammetry and Remote Sensing, 66(3):356-364.

CHEN Y H, ZHANG W C, YONG B, et al., 2007. Retrieving leaf area index using a neural network based on classification knowledge. Acta Ecologica Sinica, 27(7):2785-2793.

CHENG T, RIVARD B, SÁNCHEZ-AZOFEIFA A G, et al., 2010. Continuous wavelet analysis for the detection of green attack damage due to mountain pine beetle infestation. Remote Sensing of Environment,114(4):899-910.

CHENG T,RIVARD B,SÁNCHEZ-AZOFEIFA A G,2011. Spectroscopic determination of leaf water content using continuous wavelet analysis. Remote Sensing of Environment,115(2):659-670.

CHENG T, RIVARD B, SÁNCHEZ-AZOFEIFA A G, et al., 2012. Predicting leaf gravimetric water content from foliar reflectance across a range of plant species using continuous wavelet analysis. Journal of Plant Physiology,169(12):1134-42.

CHENG Y B,ZARCO-TEJADA P J,RIAÑO D,et al.,2006. Estimating vegetation water content with hyperspectral data for different canopy scenarios:relationships between AVIRIS and MODIS indexes. Remote Sensing of Environment,105(4):354-366.

CHO M A, SKIDMORE A K, 2006. A new technique for extracting the red edge position from hyperspectral data:the linear extrapolation method. Remote Sensing of Environment,101(2):181-193.

CHO M A,SKIDMORE A K,ATZBERGER C,2008. Towards red-edge positions less sensitive to canopy biophysical parameters for leaf chlorophyll estimation using properties optique spectrales des feuilles (PROSPECT)and scattering by arbitrarily inclined leaves(SAILH)simulated data. International Journal of Remote Sensing,29(8):2241-2255.

CHRISTEN A,OKE T,BALDOCCHI D. FluxLetter In This Issue:A brief hstory on eddy covar-iance flux measurements: a The Yatir Forest Site: The A Brief History on Eddy Covariance Flux Measurements:A Personal Perspective,2013,5(2).

CIGANDA V S, GITELSON A A, SCHEPERS J, 2012. How deep does a remote sensor sense? Expression of chlorophyll content in a maize canopy. Remote Sensing of Environment, 126(126): 240-247.

CIGANDA V, GITELSON A, SCHEPERS J, 2009. Non-destructive determination of maize leaf and canopy chlorophyll content. Journal of Plant Physiology,166(2):157-167.

CLEVERS J G P W,KOOISTRA L,2012. Using Hyperspectral Remote Sensing Data for Retrieving Total Canopy Chlorophyll and Nitrogen Content// The Workshop on Hyperspectral Image & Signal Processing:Evolution in Remote Sensing:574-583.

CLEVERS J G P W, GITELSON A A, 2013. Remote estimation of crop and grass chlorophyll and nitrogen content using red-edge bands on Sentinel-2 and-3. International Journal of Applied Earth Observation & Geoinformation,23(8):344-351.

CLEVERS J G P W,JONG S M D,EPEMA G F, et al., 2001. MERIS and the red-edge position. International Journal of Applied Earth Observation & Geoinformation,3(4):313-320.

COHEN W B, MAIERSPERGER T K, YANG Z, et al., 2003. Comparisons of land cover and LAI estimates derived from ETM+ and MODIS for four sites in North America:a quality assessment of 2000/2001 provisional MODIS products. Remote Sensing of Environment,88(3):233-255.

COLOMBO R, BELLINGERI D, FASOLINI D, et al., 2003. Retrieval of leaf area index in different vegetation types using high resolution satellite data. Remote Sensing of Environment,86(1):120-131.

COMBAL B, BARET F, WEISS M, et al., 2003. Retrieval of canopy biophysical variables from bidirectional reflectance:using prior information to solve the ill-posed inverse problem. Remote Sensing of Environment,84(1):1-15.

CROFT H,CHEN J M,ZHANG Y, et al.,2013. Modelling leaf chlorophyll content in broadleaf and needle leaf canopies from ground,CASI,Landsat TM 5 and MERIS reflectance data. Remote Sensing of Environment,133(12):128-140.

DALPONTE M, BRUZZONE L, GIANELLE D, 2008. Fusion of hyperspectral and LIDAR remote sensing data for classification of complex forest areas. IEEE Transactions on Geoscience & Remote Sensing, 46(5): 1416-1427.

DALPONTE M, BRUZZONE L, VESCOVO L, et al., 2009. The role of spectral resolution and classifier complexity in the analysis of hyperspectral images of forest areas. Remote Sensing of Environment, 113(11): 2345-2355.

DARVISHZADEH R, SKIDMORE A, SCHLERF M, et al., 2008. Inversion of a radiative transfer model for estimating vegetation LAI and chlorophyll in a heterogeneous grassland. Remote Sensing of Environment, 112(5): 2592-2604.

DARVISHZADEH R, ATZBERGER C, SKIDMORE A, et al., 2011. Mapping grassland leaf area index with airborne hyperspectral imagery: a comparison study of statistical approaches and inversion of radiative transfer models. Isprs Journal of Photogrammetry & Remote Sensing, 66(6): 894-906.

DARVISHZADEH R, ATZBERGER C, SKIDMORE A K, et al., 2009. Leaf Area Index derivation from hyperspectral vegetation indicesand the red edge position. International Journal of Remote Sensing, 30(23): 6199-6218.

DASH J, JEGANATHAN C, ATKINSON P M, 2010. The use of MERIS Terrestrial Chlorophyll Index to study spatio-temporal variation in vegetation phenology over India. Remote Sensing of Environment, 114(7): 1388-1402.

DAUGHTRY C S T, WALTHALL C L, KIM M S, et al., 2000. Estimating corn leaf chlorophyll concentration from leaf and canopy reflectance. Remote Sensing of Environment, 74(2): 229-239.

DAVIS L, 1991. Handbook of genetic algorithms. Handbook of Genetic Algorithms.

DELEGIDO J, ALONSO L, GONZÁLEZ G, et al., 2010. Estimating chlorophyll content of crops from hyperspectral data using a normalized area over reflectance curve (NAOC). International Journal of Applied Earth Observation & Geoinformation, 12(3): 165-174.

DELEGIDO J, VERRELST J, MEZA C M, et al., 2013. A red-edge spectral index for remote sensing estimation of green LAI over agroecosystems. European Journal of Agronomy, 46(46): 42-52.

DISNEY M, LEWIS P, SAICH P, 2006. 3D modelling of forest canopy structure for remote sensing simulations in the optical and microwave domains. Remote Sensing of Environment, 100(1): 114-132.

DONG H, MENG Q Y, WANG J L, et al., 2012. A modified vegetation index for crop canopy chlorophyll content retrieval. Journal of Infrared & Millimeter Waves, 31(4): 336-341.

FANG H L, LIANG S L, KUUSK A, 2003. Retrieving leaf area index using a genetic algorithm with a canopy radiative transfer model. Remote Sensing of Environment, 85(3): 257-270.

FANG H L, LIANG S L, TOWNSHEND J R, et al., 2008. Spatially and temporally continuous LAI data sets based on an integrated filtering method: Examples from North America. Remote Sensing of Environment, 112(1): 75-93.

FANG H L, WEI S S, JIANG C Y, et al., 2012a. Theoretical uncertainty analysis of global MODIS, CYCLOPES, and GLOBCARBON LAI products using a triple collocation method. Remote Sensing of Environment, 124(124): 610-621.

FANG H L, WEI S S, LIANG S L, 2012b. Validation of MODIS and CYCLOPES LAI products using global field measurement data. Remote Sensing of Environment, 119(119): 43-54.

FANG H L, LI W J, MYNENI R B, 2013. The impact of potential land cover misclassification on MODIS leaf area index (LAI) estimation: a statistical perspective. Remote Sensing, 5(2): 830-844.

FARG E, ARAFAT S M, EL-WAHED M S A, et al., 2012. Estimation of evapotranspiration ETc and crop coefficient Kc, of wheat, in south Nile Delta of Egypt using integrated FAO-56 approach and remote sensing data. Egyptian Journal of Remote Sensing & Space Sciences, 15(1): 83-89.

FASSNACHT F E, LATIFI H, KOCH B, 2012. An angular vegetation index for imaging spectroscopy data: preliminary results on forest damage detection in the Bavarian National Park, Germany. International Journal of Applied Earth Observations & Geoinformation, 19(10): 308-321.

FÉRET J B, FRANÇOIS C, ASNER G P, et al., 2008. PROSPECT-4 and 5: advances in the leaf optical properties model separating photosynthetic pigments. Remote Sensing of Environment, 112(6): 3030-3043.

FÉRET J B, FRANÇOIS C, GITELSON A, et al., 2011. Optimizing spectral indices and chemometric analysis of leaf chemical properties using radiative transfer modeling. Remote Sensing of Environment, 115(10): 2742-2750.

FITZGERALD G, RODRIGUEZ D, O'LEARY G, 2010. Measuring and predicting canopy nitrogen nutrition in wheat using a spectral index: the canopy chlorophyll content index (CCCI). Field Crops Research, 116(3): 318-324.

FUENTES D A, GAMON J A, CHENG Y F, et al., 2006. Mapping carbon and water vapor fluxes in a chaparral ecosystem using vegetation indices derived from AVIRIS. Remote Sensing of Environment, 103(3): 312-323.

GALVÃO L S, ÍCARO VITORELLO, FILHO R A, 1999. Effects of Band Positioning and Bandwidth on NDVI Measurements of Tropical Savannas. Remote Sensing of Environment, 67(2): 181-193.

GALVÃO L S, ROBERTS D A, FORMAGGIO A R, et al., 2009. View angle effects on the discrimination of soybean varieties and on the relationships between vegetation indices and yield using off-nadir Hyperion data. Remote Sensing of Environment, 113(4): 846-856.

GASTELLU-ETCHEGORRY J P, MARTIN E, GASCON F, 2004. DART: a 3D model for simulating satellite images and studying surface radiation budget. International Journal of Remote Sensing, 25(1): 73-96.

GAMON J A, PENUELAS J, FIELD C B, 1992. A narrow-waveband spectral index that tracks diurnal changes in photosynthetic efficiency. Remote Sensing of Environment, 41(1): 35-44.

GITELSON A A, MERZLYAK M N, 1996. Signature analysis of leaf reflectance spectra: algorithm development for remote sensing of chlorophyll. Journal of Plant Physiology, 148(3-4): 494-500.

GITELSON A A, BUSCHMANN C, LICHTENTHALER H K, 1999. The chlorophyll fluorescence ratio F 735 / F 700, as an accurate measure of the chlorophyll content in plants. Remote Sensing of Environment, 69(3): 296-302.

GITELSON A A, SCHALLES J F, HLADIK C M, 2007. Remote chlorophyll-a retrieval in turbid, productive estuaries: Chesapeake Bay case study. Remote Sensing of Environment, 109(4): 464-472.

GITELSON A A, PENG Y, HUEMMRICH K F, 2014. Relationship between fraction of radiation absorbed by photosynthesizing maize and soybean canopies and NDVI from remotely sensed data taken at close range and from MODIS 250m resolution data. Remote Sensing of Environment, 147(10): 108-120.

GITELSON A A, KAUFMAN Y J, STARK R, et al., 2002. Novel algorithms for remote estimation of vegetation fraction. Remote Sensing of Environment, 80(1): 76-87.

GITELSON A A, GRITZ Y, MERZLYAK M N, 2003a. Relationships between leaf chlorophyll content and spectral reflectance and algorithms for non-destructive chlorophyll assessment in higher plant leaves. Journal of Plant Physiology, 160(3): 271.

GITELSON A A, VERMA S B, VIÑA A, et al., 2003b. Novel technique for remote estimation of CO_2 flux in maize. Geophysical Research Letters, 30(9): 319-338.

GITELSON A A, VIÑA A, CIGANDA V, et al., 2005. Remote estimation of canopy chlorophyll content in crops. Geophysical Research Letters, 32(8): 93-114.

GITELSON A A, VIÑA A, VERMA S B, et al., 2006. Relationship between gross primary production and chlorophyll content in crops: Implications for the synoptic monitoring of vegetation productivity. Journal of Geophysical Research Atmospheres, 111(D8): 1-13.

GITELSON A A, GURLIN D, MOSES W J, et al., 2009. A bio-optical algorithm for the remote estimation of the chlorophyll-a concentration in case 2 waters. Environmental Research Letters, 4(4): 5.

GITELSON A A, GURLIN D, MOSES W J, et al., 2011. Remote Estimation of Chlorophyll-a Concentration in Inland, Estuarine, and Coastal Waters// Advances in Environmental Remote Sensing: Sensors, Algorithms, and Applications: 449-478.

GILERSON A A, GITELSON A A, ZHOU J, et al., 2010. Algorithms for remote estimation of chlorophyll-a in coastal and inland waters using red and near infrared bands. Optics Express, 18(23): 24109-24125.

GITELSON A A, PENG Y, MASEK J G, et al., 2012. Remote estimation of crop gross primary production with Landsat data. Remote Sensing of Environment, 121(138): 404-414.

GITELSON A A, PENG Y, ARKEBAUER T J, et al., 2014. Relationships between gross primary production, green LAI, and canopy chlorophyll content in maize: Implications for remote sensing of primary production. Remote Sensing of Environment, 144(4): 65-72.

GOERNER A, REICHSTEIN M, RAMBAL S, 2009. Tracking seasonal drought effects on ecosystem light use efficiency with satellite-based PRI in a Mediterranean forest. Remote Sensing of Environment, 113(5): 1101-1111.

GONSAMO A, PELLIKKA P, 2012. The sensitivity based estimation of leaf area index from spectral vegetation indices. Isprs Journal of Photogrammetry & Remote Sensing, 70(3): 15-25.

HABOUDANE D, MILLER J R, PATTEY E, et al., 2004. Hyperspectral vegetation indices and novel algorithms for predicting green LAI of crop canopies: Modeling and validation in the context of precision agriculture. Remote Sensing of Environment, 90(3): 337-352.

HABOUDANE D, MILLER J R, TREMBLAY N, et al., 2002. Integrated narrow-band vegetation indices for prediction of crop chlorophyll content for application to precision agriculture. Remote Sensing of Environment, 81(2-3): 416-426.

HEINSCH F A, ZHAO M S, RUNNING S W, et al., 2006. Evaluation of remote sensing based terrestrial productivity from MODIS using regional tower eddy flux network observations. IEEE Transactions on Geoscience & Remote Sensing, 44(7): 1908-1925.

HEISKANEN J, RAUTIAINEN M, STENBERG P, et al., 2013. Sensitivity of narrowband vegetation indices to boreal forest LAI, reflectance seasonality and species composition. Isprs Journal of Photogrammetry & Remote Sensing, 78(4): 1-14.

HERNÁNDEZ-CLEMENTE R, NAVARRO-CERRILLO R M, ZARCO-TEJADA P J, 2012. Carotenoid content estimation in a heterogeneous conifer forest using narrow-band indices and PROSPECT + DART simulations. Remote Sensing of Environment, 127(127): 298-315.

HERRMANN I, PIMSTEIN A, KARNIELI A, et al., 2011. LAI assessment of wheat and potato crops by VENμS and Sentinel-2 bands. Remote Sensing of Environment, 115(8): 2141-2151.

HILKER T, COOPS N C, COGGINS S B, et al., 2009. Detection of foliage conditions and disturbance from multi-angular high spectral resolution remote sensing. Remote Sensing of Environment, 113 (2): 421-434.

HOLLAND J, 1975. Genetic algorithms, computer programs that evolve in ways that even their creators do not fully understand. Scientific American, 66-72.

HOUBORG R, BOEGH E, 2008. Mapping leaf chlorophyll and leaf area index using inverse and forward canopy reflectance modeling and SPOT reflectance data. Remote Sensing of Environment, 112 (1): 186-202.

HOUBORG R, ANDERSON M, DAUGHTRY C, 2009. Utility of an image-based canopy reflectance modeling tool for remote estimation of LAI and leaf chlorophyll content at the field scale. Remote Sensing of Environment, 113(1): 259-274.

HOUBORG R, SOEGAARD H, BOEGH E, 2007. Combining vegetation index and model inversion methods for the extraction of key vegetation biophysical parameters using Terra and Aqua MODIS reflectance data. Remote Sensing of Environment, 106(1): 39-58.

HUANG J X, ZENG Y, KUUSK A, et al., 2011. Inverting a forest canopy reflectance model to retrieve the overstorey and understorey leaf area index for forest stands. International Journal of Remote Sensing, 32(22): 7591-7611.

HUANG W J, WANG J H, WANG Z J, et al., 2004. Inversion of foliar biochemical parameters at various physiological stages and grain quality indicators of winter wheat with canopy reflectance. International Journal of Remote Sensing, 25(12): 2409-2419.

HUANG Y, BRUCE L M, KOGER T, et al., 2001. Analysis of the Effects of Cover Crop Residue on Hyperspectral Reflectance Discrimination of Soybean and Weeds via Haar Transform// Geoscience and Remote Sensing Symposium. IGARSS '01. IEEE 2001 International. IEEE, 3: 1276-1278.

HUETE A, DIDAN K, MIURA T, et al., 2002. Overview of the radiometric and biophysical performance of the MODIS vegetation indices. Remote Sensing of Environment, 2002, 83(1-2): 195-213.

JACQUEMOUD S, BARET F, ANDRIEU B, et al., 1995. Extraction of vegetation biophysical parameters by inversion of the PROSPECT + SAIL models on sugar beet canopy reflectance data. Application to TM and AVIRIS sensors. Remote Sensing of Environment, 52(3): 163-172.

JACQUEMOUD S, BACOUR C, POILVÉ H, et al., 2000. Comparison of four radiative transfer models to simulate plant canopies reflectance: direct and inverse mode. Remote Sensing of Environment, 74(3): 471-481.

JACQUEMOUD S, VERHOEF W, BARET F, et al., 2009. PROSPECT+SAIL models: a review of use for vegetation characterization. Remote Sensing of Environment, 113(2009): S56-S66.

JENSEN J L R, HUMES K S, HUDAK A T, et al., 2011. Evaluation of the MODIS LAI product using independent lidar-derived LAI: a case study in mixed conifer forest. Remote Sensing of Environment, 115(12): 3625-3639.

JIANG B, LIANG S L, WANG J D, et al., 2010. Modeling MODIS LAI time series using three statistical methods. Remote Sensing of Environment, 114(7): 1432-1444.

JIANG Z, HUETE A R, DIDAN K, et al., 2008. Development of a two-band enhanced vegetation index without a blue band. Remote Sensing of Environment, 112(10): 3833-3845.

JOUINI M, LÉVY M, CRÉPON M, et al., 2013. Reconstruction of satellite chlorophyll images under heavy cloud coverage using a neural classification method. Remote Sensing of Environment, 131(6): 232-246.

KAUWE M G D,DISNEY M I,QUAIFE T,et al.,2011. An assessment of the MODIS collection 5 leaf area index product for a region of mixed coniferous forest. Remote Sensing of Environment,115(2):767-780.

KOGER C H,BRUCE L M,SHAW D R,et al.,2003. Wavelet analysis of hyperspectral reflectance data for detecting pitted morningglory (Ipomoea lacunosa) in soybean (Glycine max). Remote Sensing of Environment,86(1):108-119.

KOKALY R F,DESPAIN D G,CLARK R N,et al.,2003. Mapping vegetation in Yellowstone National Park using spectral feature analysis of AVIRIS data. Remote Sensing of Environment,84(3):437-456.

KUMAR A, MANJUNATH K R, MEENAKSHI, et al., 2013. Field hyperspectral data analysis for discriminating spectral behavior of tea plantations under various management practices. International Journal of Applied Earth Observations & Geoinformation,23(8):352-359.

KUUSK A,NILSON T,2013. Forest Reflectance and Transmittance FRT User Guide.

LEE K S,COHEN W B,KENNEDY R E,2004. Hyperspectral versus multispectral data for estimating leaf area index in four different biomes. Remote Sensing of Environment,91(3):508-520.

LI F,MIAO Y,FENG G,et al.,2014. Improving estimation of summer maize nitrogen status with red edge-based spectral vegetation indices. Field Crops Research,157(2):111-123.

LI J,YAN G J,MU X H,2010. A parameterized SAILH model for LAI retrieval. Journal of Remote Sensing,14(6):1182-1188.

LIU J, PATTEY E, JÉGO G, 2012. Assessment of vegetation indices for regional crop green LAI estimation from Landsat images over multiple growing seasons. Remote Sensing of Environment,123(3):347-358.

MA S,BALDOCCHI D D,XU L,et al.,2007. Inter-annual variability in carbon dioxide exchange of an oak/grass savanna and open grassland in California. Agricultural & Forest Meteorology,147(3-4):157-171.

MA Y P, WANG S L, ZHANG L, et al., 2008. Monitoring winter wheat growth in North China by combining a crop model and remote sensing data. International Journal of Applied Earth Observations & Geoinformation,10(4):426-437.

MAHLEIN A K,RUMPF T,WELKE P,et al.,2013. Development of spectral indices for detecting and identifying plant diseases. Remote Sensing of Environment,128(1):21-30.

MAIN R,CHO M A,MATHIEU R,et al.,2011. An investigation into robust spectral indices for leaf chlorophyll estimation. Isprs Journal of Photogrammetry & Remote Sensing,66(6):751-761.

MAIRE G L,FRANÇOIS C,DUFRÊNE E,2004. Towards universal broad leaf chlorophyll indices using PROSPECT simulated database and hyperspectral reflectance measurements. Remote Sensing of Environment,89(1):1-28.

MAIRE G L, MARSDEN C, VERHOEF W, et al., 2011. Leaf area index estimation with MODIS reflectance time series and model inversion during full rotations of Eucalyptus, plantations. Remote Sensing of Environment,115(2):586-599.

MALENOVSKÝ Z,MARTIN E,HOMOLOVÁ L,et al.,2008. Influence of woody elements of a Norway spruce canopy on nadir reflectance simulated by the DART model at very high spatial resolution. Remote Sensing of Environment,112(1):1-18.

MALENOVSKÝ Z, HOMOLOVÁ L, ZURITA-MILLA R, et al., 2013. Retrieval of spruce leaf chlorophyll content from airborne image data using continuum removal and radiative transfer. Remote Sensing of Environment,131(8):85-102.

MARKWELL J, OSTERMAN J C, MITCHELL J L, 1995. Calibration of the Minolta SPAD-502 leaf chlorophyll meter. Photosynthesis Research, 46(3): 467-72.

MAZZONI M, MERONI M, FORTUNATO C, et al., 2012. Retrieval of maize canopy fluorescence and reflectance by spectral fitting in the O2-A absorption band. Remote Sensing of Environment, 124(2): 72-82.

MERONI M, COLOMBO R, PANIGADA C, 2004. Inversion of a radiative transfer model with hyperspectral observations for LAI mapping in poplar plantations. Remote Sensing of Environment, 92(2): 195-206.

MERZLYAK M N, GITELSON A A, CHIVKUNOVA O B, et al., 1999. Non-destructive optical detection of pigment changes during leaf senescence and fruit ripening. Physiologia Plantarum, 106(1): 135-141.

MERZLYAK M N, SOLOVCHENKO A E, GITELSON A A, 2003. Reflectance spectral features and non-destructive estimation of chlorophyll, carotenoid and anthocyanin content in apple fruit. Postharvest Biology & Technology, 27(2): 197-211.

MICOL R, MICHELE M, MIRCO M, et al., 2010. High resolution field spectroscopy measurements for estimating gross ecosystem production in a rice field. Agricultural & Forest Meteorology, 150(9): 1283-1296.

MOSES W J, GITELSON A A, BERDNIKOV S, et al., 2009. Satellite estimation of chlorophyll-a concentration using the Red and NIR bands of MERIS: the Azov Sea case study. IEEE Geoscience & Remote Sensing Letters, 6(4): 845-849.

MONTEITH J L, 1972. Solar radiation and productivity in tropical ecosystems. The Journal of Applied Ecology, 9(3): 747-766.

MONTEITH J L, 1977. Climate and crop efficiency of crop production in Britain. Phil. Philosophical Transactions of the Royal Society of London, B281(B281): 277-294.

MÜLLEROVA J, PERGL J, PYŠEK P, 2013. Remote sensing as a tool for monitoring plant invasions: Testing the effects of data resolution and image classification approach on the detection of a model plant species Heracleum mantegazzianum (giant hogweed). International Journal of Applied Earth Observation & Geoinformation, 25(1): 55-65.

MUTANGA O, SKIDMORE A K, 2004. Narrow band vegetation indices overcome the saturation problem in biomass estimation. International Journal of Remote Sensing, 25(19): 3999-4014.

NGUYROBERTSON A, GITELSON A, PENG Y, et al., 2012. Green leaf area index estimation in maize and soybean: combining vegetation indices to achieve maximal sensitivity. Agronomy Journal, 104(5): 1336.

O'CONNOR B, DWYER E, CAWKWELL F, et al., 2012. Spatio-temporal patterns in vegetation start of season across the island of Ireland using the MERIS global vegetation index. Isprs Journal of Photogrammetry & Remote Sensing, 68(1): 79-94.

OLLINGER S V, SMITH M L, 2005. Net primary production and canopy nitrogen in a temperate forest landscape: an analysis using imaging spectroscopy, modeling and field data. Ecosystems, 8(7): 760-778.

PACHECO-LABRADOR J, GONZÁLEZ-CASCÓN R, MARTÍN M P, et al., 2014. Understanding the optical responses of leaf nitrogen in Mediterranean Holm oak (Quercus ilex) using field spectroscopy. International Journal of Applied Earth Observations & Geoinformation, 26(2): 105-118.

PENG Y, GITELSON A A, KEYDAN G, et al., 2011a. Remote estimation of gross primary production in maize and support for a new paradigm based on total crop chlorophyll content. Remote Sensing of Environment, 115(4): 978-989.

PENG Y, GITELSON A A, 2011b. Application of chlorophyll-related vegetation indices for remote estimation of maize productivity[J]. Agricultural & Forest Meteorology, 151(9): 1267-1276.

PENG Y, GITELSON A A, 2012. Remote estimation of gross primary productivity in soybean and maize based on total crop chlorophyll content. Remote Sensing of Environment, 117(1): 440-448.

PENG Y, GITELSON A A, SAKAMOTO T, 2013. Remote estimation of gross primary productivity in crops using MODIS 250 m data. Remote Sensing of Environment, 128(1): 186-196.

PFEIFER M, GONSAMO A, DISNEY M, et al., 2012. Leaf area index for biomes of the Eastern Arc Mountains: Landsat and SPOT observations along precipitation and altitude gradients. Remote Sensing of Environment, 118(7): 103-115.

POTGIETER A B, LAWSON K, HUETE A R, 2013. Determining crop acreage estimates for specific winter crops using shape attributes from sequential MODIS imagery. International Journal of Applied Earth Observation & Geoinformation, 23(8): 254-263.

PROPASTIN P A, 2009. Spatial non-stationarity and scale-dependency of prediction accuracy in the remote estimation of LAI over a tropical rainforest in Sulawesi, Indonesia. Remote Sensing of Environment, 113(10): 2234-2242.

PU R, GONG P, 2004. Wavelet transform applied to EO-1 hyperspectral data for forest LAI and crown closure mapping. Remote Sensing of Environment, 91(2): 212-224.

PUTTONEN E, SUOMALAINEN J, HAKALA T, et al., 2010. Tree species classification from fused active hyperspectral reflectance and LIDAR measurements. Forest Ecology & Management, 260(10): 1843-1852.

PUTTONEN E, JAAKKOLA A, LITKEY P, et al., 2011. Tree Classification with Fused Mobile Laser Scanning and Hyperspectral Data. Sensors, 11(5): 5158-5182.

RAFFY M, SOUDANI K, TRAUTMANN J, 2003. On the variability of the LAI of homogeneous covers with respect to the surface size and application. International Journal of Remote Sensing, 24(10): 2017-2035.

RAMOELO A, SKIDMORE A K, CHO M A, et al., 2012. Regional estimation of savanna grass nitrogen using the red-edge band of the spaceborne RapidEye sensor. International Journal of Applied Earth Observations & Geoinformation, 19(10): 151-162.

RAMOELO A, SKIDMORE A K, SCHLERF M, et al., 2013. Savanna grass nitrogen to phosphorous ratio estimation using field spectroscopy and the potential for estimation with imaging spectroscopy. International Journal of Applied Earth Observation & Geoinformation, 23(1): 334-343.

RENZULLO L J, BLANCHFIELD A L, GUILLERMIN R, et al., 2006. Comparison of PROSPECT and HPLC estimates of leaf chlorophyll contents in a grapevine stress study. International Journal of Remote Sensing, 27(4): 817-823.

RICHARDSON A D, DUIGAN S P, BERLYN G P, 2002. An evaluation of noninvasive methods to estimate foliar chlorophyll content. New Phytologist, 153(1): 185-194.

RUCKLIDGE W J, 1997. Efficiently locating objects using the hausdorff distance. International Journal of Computer Vision, 24(3): 251-270.

RUNNING S W, NEMANI R R, HEINSCH F A, et al., 2004. A continuous satellite-derived measure of global terrestrial primary production. Bioscience, 54(6): 547-560.

SANTOS M J, GREENBERG J A, USTIN S L, 2010. Using hyperspectral remote sensing to detect and quantify southeastern pine senescence effects in red-cockaded woodpecker (*Picoides borealis*) habitat.

Remote Sensing of Environment, 114(6): 1242-1250.

SCHLEMMER M, GITELSON A, SCHEPERS J, et al., 2013. Remote estimation of nitrogen and chlorophyll contents in maize at leaf and canopy levels. International Journal of Applied Earth Observation & Geoinformation, 25(1): 47-54.

SCHLERF M, ATZBERGER C, VOHLAND M, et al., 2004. Derivation of forest leaf area index from multi-and hyperspectral remote sensing data. New Strategies for European Remote Sensing: 253-261.

SCHUBERT P, LUND M, STRÖM L, et al., 2010. Impact of nutrients on peatland GPP estimations using MODIS time series data. Remote Sensing of Environment, 114(10): 2137-2145.

SCHLERF M, ATZBERGER C, HILL J, et al., 2010. Retrieval of chlorophyll and nitrogen in Norway spruce(Picea abies L. Karst.) using imaging spectroscopy. International Journal of Applied Earth Observation & Geoinformation, 12(1): 17-26.

SERBIN S P, AHL D E, GOWER S T, 2013. Spatial and temporal validation of the MODIS LAI and FPAR products across a boreal forest wildfire chronosequence. Remote Sensing of Environment, 133 (12): 71-84.

SILVIA H, MATHIAS K, ACHILLEAS P, et al., 2008. Estimating foliar biochemistry from hyperspectral data in mixed forest canopy. Forest Ecology & Management, 256(3): 491-501.

SIMS D A, GAMON J A, 2002. Relationships between leaf pigment content and spectral reflectance across a wide range of species, leaf structures and developmental stages. Remote Sensing of Environment, 81 (2): 337-354.

SIMS D A, RAHMAN A F, CORDOVA V D, et al., 2008. A new model of gross primary productivity for North American ecosystems based solely on the enhanced vegetation index and land surface temperature from MODIS. Remote Sensing of Environment, 112(4): 1633-1646.

SIMS D A, RAHMAN A F, VERMOTE E F, et al., 2011. Seasonal and inter-annual variation in view angle effects on MODIS vegetation indices at three forest sites. Remote Sensing of Environment, 115 (12): 3112-3120.

SONG K S, LIU D W, WANG Z M, et al., 2011. Corn chlorophyll-a concentration and LAI estimation models based on wavelet transformed canopy hyperspectral reflectance. System Sciences & Comprehensive Studies in Agriculture.

SONG K S, ZHANG B, WANG Z M, et al., 2008. Soybean chlorophyll a concentration estimation models based on wavelet transformed, in situ collected, canopy hyperspectral data. Journal of Plant Ecology, 32: 152-160.

SONG S L, GONG W, ZHU B, et al., 2011. Wavelength selection and spectral discrimination for paddy rice, with laboratory measurements of hyperspectral leaf reflectance. Isprs Journal of Photogrammetry & Remote Sensing, 66(5): 672-682.

STAGAKIS S, MARKOS N, SYKIOTI O, et al., 2010. Monitoring canopy biophysical and biochemical parameters in ecosystem scale using satellite hyperspectral imagery: an application on a Phlomis fruticosa Mediterranean ecosystem using multiangular CHRIS/PROBA observations. Remote Sensing of Environment, 114(5): 977-994.

STAGAKIS S, GONZÁLEZ-DUGO V, CID P, et al., 2012. Monitoring water stress and fruit quality in an orange orchard under regulated deficit irrigation using narrow-band structural and physiological remote sensing indices. Isprs Journal of Photogrammetry & Remote Sensing, 71(4): 47-61.

STUCKENS J, DZIKITI S, VERSTRAETEN W W, et al., 2011. Physiological interpretation of a hyperspectral time series in a citrus orchard. Agricultural & Forest Meteorology,151(7):1002-1015.

TANG H,DUBAYAH R,SWATANTRAN A,et al.,2012. Retrieval of vertical LAI profiles over tropical rain forests using waveform lidar at La Selva,Costa Rica. Remote Sensing of Environment,124(9):242-250.

THORP K R,WANG G,WEST A L,et al.,2012. Estimating crop biophysical properties from remote sensing data by inverting linked radiative transfer and ecophysiological models. Remote Sensing of Environment,124(9):224-233.

UDDLING J,GELANGALFREDSSON J,PIIKKI K,et al.,2007. Evaluating the relationship between leaf chlorophyll concentration and SPAD-502 chlorophyll meter readings. Photosynthesis Research,91(1):37-46.

USTIN S L,GITELSON A A,JACQUEMOUD S,et al.,2009. Retrieval of foliar information about plant pigment systems from high resolution spectroscopy. Remote Sensing of Environment,113(9):S67-S77.

VAIPHASA C, ONGSOMWANG S, VAIPHASA T, et al., 2005. Tropical mangrove species discrimination using hyperspectral data:a laboratory study. Estuarine Coastal & Shelf Science,65(1-2):371-379.

VAIPHASA C,SKIDMORE A K,BOER W F D,et al.,2007. A hyperspectral band selector for plant species discrimination. Isprs Journal of Photogrammetry & Remote Sensing,62(3):225-235.

VERRELST J, SCHAEPMAN M E, MALENOVSKÝ Z, et al., 2010. Effects of woody elements on simulated canopy reflectance:implications for forest chlorophyll content retrieval. Remote Sensing of Environment,114(3):647-656.

VIÑA A,GITELSON A A,2011. Sensitivity to Foliar Anthocyanin Content of Vegetation Indices Using Green Reflectance. IEEE Geoscience & Remote Sensing Letters,8(3):464-468.

VIÑA A,GITELSON A A,NGUY-ROBERTSON A L,et al.,2011. Comparison of different vegetation indices for the remote assessment of green leaf area index of crops. Remote Sensing of Environment,115(12):3468-3478.

VUOLO F,DINI L,D''' URSO G,2008. Retrieval of Leaf Area Index from CHRIS/PROBA data:an analysis of the directional and spectral information content. International Journal of Remote Sensing,29(17-18):5063-5072.

WANG H,ZHU Y,LI W L,et al.,2014. Integrating remotely sensed leaf area index and leaf nitrogen accumulation with RiceGrow model based on particle swarm optimization algorithm for rice grain yield assessment. Journal of Applied Remote Sensing,8(1):083674.

WANG L L,HUNT E R J,QU J J,et al.,2013. Remote sensing of fuel moisture content from ratios of narrow-band vegetation water and dry-matter indices. Remote Sensing of Environment, 129(2):103-110.

WANG Z, ZHANG B, SONG K, et al., 2005. Corn chlorophyll estimation with in situ collected hyperspectral reflectance data// IEEE International Geoscience and Remote Sensing Symposium. IEEE:2984-2986.

WU C Y, CHEN J M, HUANG N, 2011. Predicting gross primary production from the enhanced vegetation index and photosynthetically active radiation:evaluation and calibration. Remote Sensing of Environment,115(12):3424-3435.

WU C Y,NIU Z,TANG Q,et al.,2009. Remote estimation of gross primary production in wheat using chlorophyll-related vegetation indices. Agricultural & Forest Meteorology,149(6-7):1015-1021.

WU C Y,MUNGER J W,ZHENG N,et al.,2010. Comparison of multiple models for estimating gross primary production using MODIS and eddy covariance data in Harvard Forest. Remote Sensing of Environment,114(12):2925-2939.

WU C Y,CHEN J M,DESAI A R,et al.,2012. Remote sensing of canopy light use efficiency in temperate and boreal forests of North America using MODIS imagery. Remote Sensing of Environment,118(4):60-72.

XIAO X, ZHANG Q, BRASWELL B, et al., 2004. Modeling gross primary production of temperate deciduous broadleaf forest using satellite images and climate data. Remote Sensing of Environment,91(2):256-270.

XUE L H,YANG L,2009. Deriving leaf chlorophyll content of green-leafy vegetables from hyperspectral reflectance. Isprs Journal of Photogrammetry & Remote Sensing,64(1):97-106.

YACOBI Y Z, MOSES W J, KAGANOVSKY S, et al., 2011. NIR-red reflectance-based algorithms for chlorophyll-a estimation in mesotrophic inland and coastal waters: Lake Kinneret case study. Water Research,45(7):2428-2436.

YANG G,PU R,ZHANG J,et al.,2013. Remote sensing of seasonal variability of fractional vegetation cover and its object-based spatial pattern analysis over mountain areas. Isprs Journal of Photogrammetry & Remote Sensing,77(3):79-93.

YANG W, SHABANOV N V, HUANG D, et al., 2006. Analysis of leaf area index products from combination of MODIS Terra and Aqua data. Remote Sensing of Environment,104(3):297-312.

YAO Y,LIU Q,LIU Q,et al.,2008. LAI retrieval and uncertainty evaluations for typical row-planted crops at different growth stages. Remote Sensing of Environment,112(1):94-106.

YAO X,ZHU Y,TIAN Y,et al.,2010. Exploring hyperspectral bands and estimation indices for leaf nitrogen accumulation in wheat. International Journal of Applied Earth Observation and Geoinformation,12(2):89-100.

YAO X, TIAN Y, NI J, et al., 2013. A new method to determine central wavelength and optimal bandwidth for predicting plant nitrogen uptake in winter wheat. Journal of Integrative Agriculture,12(5):788-802.

YEBRA M,DIJK A V,LEUNING R,et al.,2013. Evaluation of optical remote sensing to estimate actual evapotranspiration and canopy conductance. Remote Sensing of Environment,129(2):250-261.

YI Y,YANG D,HUANG J,et al.,2008. Evaluation of MODIS surface reflectance products for wheat leaf area index (LAI) retrieval. Isprs Journal of Photogrammetry & Remote Sensing,63(6):661-677.

YU K,LI F,GNYP M L,et al.,2013. Remotely detecting canopy nitrogen concentration and uptake of paddy rice in the Northeast China Plain. Isprs Journal of Photogrammetry & Remote Sensing,78(1):102-115.

YUAN W P,LIU S G,ZHOU G S,et al.,2007. Deriving a light use efficiency model from eddy covariance flux data for predicting daily gross primary production across biomes. Agricultural & Forest Meteorology,143(3):189-207.

ZARCO-TEJADA P J, MILLER J R, HARRON J, et al., 2004. Needle chlorophyll content estimation through model inversion using hyperspectral data from boreal conifer forest canopies. Remote Sensing of Environment,89(2):189-199.

ZARCO-TEJADA P J,BERJÓN A,LÓPEZ-LOZANO R,et al.,2005. Assessing vineyard condition with hyperspectral indices:leaf and canopy reflectance simulation in a row-structured discontinuous canopy.

Remote Sensing of Environment, 99(3): 271-287.

ZARCO-TEJADA P J, BERNI J A J, SUÁREZ L, et al., 2009. Imaging chlorophyll fluorescence with an airborne narrow-band multispectral camera for vegetation stress detection. Remote Sensing of Environment, 113(6): 1262-1275.

ZARCO-TEJADA P J, GUILLÉN-CLIMENT M L, HERNÁNDEZ-CLEMENTE R, et al., 2013a. Estimating leaf carotenoid content in vineyards using high resolution hyperspectral imagery acquired from an unmanned aerial vehicle(UAV). Agricultural and Forest Meteorology, 171-172(8): 281-294.

ZARCO-TEJADA P J, MORALES A, TESTI L, et al., 2013b. Spatio-temporal patterns of chlorophyll fluorescence and physiological and structural indices acquired from hyperspectral imagery as compared with carbon fluxes measured with eddy covariance. Remote Sensing of Environment, 133(12): 102-115.

ZHANG H F, GAO W, SHI R H, 2012. Reconstruction of high-quality LAI time-series product based on long-term historical database. Journal of Remote Sensing, 4619(10): 986-999.

ZHANG J, RIVARD B, SÁNCHEZ-AZOFEIFA A, et al., 2006. Intra-and inter-class spectral variability of tropical tree species at La Selva, Costa Rica: implications for species identification using HYDICE imagery. Remote Sensing of Environment, 105(2): 129-141.

ZHANG T T, ZENG S L, GAO Y, et al., 2011. Using hyperspectral vegetation indices as a proxy to monitor soil salinity. Ecological Indicators, 11(6): 1552-1562.

ZHANG Y J, LIU L Y, HOU M Y, et al., 2009. Progress in remote sensing of vegetation chlorophyll fluorescence. Journal of Remote Sensing, 13(5): 963-978.

ZHANG Y, CHEN J M, MILLER J R, et al., 2008. Leaf chlorophyll content retrieval from airborne hyperspectral remote sensing imagery. Remote Sensing of Environment, 112(7): 3234-3247.

ZHAO D, HUANG L, LI J, et al., 2007. A comparative analysis of broadband and narrowband derived vegetation indices in predicting LAI and CCD of a cotton canopy. Isprs Journal of Photogrammetry & Remote Sensing, 62(1): 25-33.

ZHAO D, YANG T, AN S, 2012. Effects of crop residue cover resulting from tillage practices on LAI estimation of wheat canopies using remote sensing. International Journal of Applied Earth Observation and Geoinformation, 14(1): 169-177.

ZHAO K, POPESCU S, 2009. Lidar-based mapping of leaf area index and its use for validating GLOBCARBON satellite LAI product in a temperate forest of the southern USA. Remote Sensing of Environment, 113(8): 1628-1645.

ZHAO K, VALLE D, POPESCU S, et al., 2013. Hyperspectral remote sensing of plant biochemistry using Bayesian model averaging with variable and band selection. Remote Sensing of Environment, 132(10): 102-119.

ZHAO M, HEINSCH F A, NEMANI R R, 2005. Improvements of the MODIS terrestrial gross and net primary production global data set. Remote Sensing of Environment, 95(2): 164-176.

ZIMBA P V, GITELSON A, 2006. Remote estimation of chlorophyll concentration in hyper-eutrophic aquatic systems: model tuning and accuracy optimization. Aquaculture, 256(1-4): 272-286.

第2章 几何与光谱信息结合的作物信息获取与分析

2.1 引 言

本章分别从小麦冠层的几何信息与光谱信息两个方面对冠层的叶面积指数进行回归分析。

从几何信息方面，首先利用激光结构光散点发射器扫描小麦的冠层部分，并通过激光测距技术得到小麦冠层的三维点云数据，然后利用 MicroStation 去除掉点云数据中的地面点以及粗差点，由此得到小麦冠层的三维点云数据。将所获取的点云数据(x,y,z)转化为灰度图像，即利用点云数据的x、y坐标表示该点在灰度图像上的位置，z坐标表示该点在对应像素位置上的灰度值，从而得到能反映小麦冠层形态特征以及纹理信息的灰度图像。

然后计算该灰度图像的灰度共生矩阵，并根据灰度共生矩阵计算出该图像在四个方向上的能量、信息熵、局部平稳、相关和惯性矩这几个特征参数。对这些特征参数在 SPSS 软件上进行主成分分析，剔除掉相关性较高的成分，最终得到$\theta=0°$时的信息熵、相关、惯性矩以及$\theta=135°$时的局部平稳这四个主成分。

从光谱信息方面，首先将所得到的光谱影像进行辐射校正，然后选择红边指数作为其植被指数，并在 ENVI 中进行计算。

将由几何信息提取出的特征参数和由光谱信息提取出的红边指数与实际利用 LAI-2000 冠层分析仪所测得的叶面积指数在 SPSS 软件下进行多元线性回归分析，得出几何特征参数和红边指数与叶面积指数之间的对应关系，从而分别建立起由几何信息和光谱信息转化到冠层叶面积指数的模型，并对这两个模型进行精度评估和比较。

2.2 概 述

2.2.1 研究意义和背景

绿色植物是生命的主要形态之一，在生态系统中承担着重要的角色(董君明，1992)。绿色植物利用光合作用从太阳光中获取大部分能量，它们借助光能及叶绿素，以水、二氧化碳和无机盐为原料进行光合作用，产生葡萄糖等有机物并释放出氧气，所产生的能量以供植物体自身利用(Altermann，2008；唐艳鸿 等，2005)。绿色植物的光合作用是自然界中最为重要的生物化学反应之一，光合作用不仅能为植物、动物和人体生命活动提供能量来源，还能间接地为动物和人类提供重要的食物来源，更在维持大气碳氧平衡中起到非常关键的作用(曹彤彤 等，2011)。

植被是覆盖地表的植物群落的总称，冠层结构就是植物群落顶层空间的组成，而叶片则是植被与外界进行相互作用的一个重要器官(景照红 等,2005)。植物的生长发育离不开植被冠层的影响,植物叶片的大小以及生长状况对光能利用、干物质积累、收获量及经济效益也有着十分显著的影响(高峰 等,1997)。而在评判叶片生长状况的众多指标中,叶面积指数就是一个极为重要的指标。叶面积指数自 1947 年由英国农业生态学家 Watson 提出以来,已作为一个重要的植物学参数和评价指标,普遍应用于农业、林业以及生物学、生态学等众多领域中,并获得了广泛的认可(王希群 等,2005)。

叶面积指数是指单位土地面积上植物叶片总面积占土地面积的倍数,常用来定量描述群体水平上叶片的生长和叶片密度的变化(刘建伟 等,1994)。作为分析评定群体生长状况的一种参数,在经过长达半个世纪的系统研究后,叶面积指数不仅为植物群体和群落生长的定量分析提供了途径,更成为在植物光合作用、蒸腾作用、联系光合和蒸腾的关系、水分利用以及构成生产力基础等方面进行群体和群落生长分析中必不可少的重要参数,同时在地区尺度上碳、能量、水分通量等研究方面也扮演着十分关键的角色(温一博,2013;薛利红 等,2004)。

2.2.2　研究进展

传统测定叶面积指数的方法有树木解析法、点接触法等,这类直接测定叶面积指数的方法称为直接法。直接法通常存在误差较大、毁坏性测量等缺陷(李晓冬,2013)。随着光学仪器的发展,光学测量法开始应用于叶面积指数的测定,目前市面上就有诸如 LAI-2000 冠层分析仪、TRAC、Sunfleck Ceptometer 等光学仪器设备。这些设备能直接对叶面积指数进行较为准确地量取。光学测量法主要原理是通过观测辐射透过率,根据辐射透过率来计算得到叶面积指数的(郭素娟 等,2013)。而间接法是指通过间接光学测量而获取叶面积指数的方法。间接法虽然不会毁坏植株,且能取得精度较高的结果,但往往需要消耗大量的人力、物力和时间,并且很难获取面上的数据。

21 世纪以来,随着遥感技术的不断发展,它已被越来越多地应用在叶面积指数的测定中。利用遥感影像获取叶面积指数已成为目前叶面积指数的研究热点(林文鹏 等,2008)。从遥感影像中获取叶面积指数通常有 4 种方式:统计模型法、混合像元分解法、几何光学模型法和辐射传输模型法。

目前国内通过遥感影像获取叶面积指数最主要、最常用的方法是统计模型法。在统计模型法中,将叶面积指数作为因变量,而植被指数作为统计模型的自变量是非常可靠的叶面积指数遥感定量的方法,它与混合像元分解法都属于典型的经验统计模型(方秀琴 等,2003)。统计模型法具有形式简洁,对输入数据要求不高,计算简单直观等优点,所以一直都是进行叶面积指数遥感定量估算的主要方法。但是统计模型法也存在以下一些问题:①函数形式不确定。模型统计函数的形式各式各样,在实际应用中会产生较大的不确定性;②函数系数不确定。模型统计函数的系数基本为经验系数,随着植被类型的不同,这些系数也会随之改变,这样就需要对每种不同类型的植被找到各自相对合适的系数,所以不存在通用的统计分析模型。正是因为如此,统计模型法一般不用于对多种植被类型的大尺度遥感影像分析中(方秀琴 等,2003)。

辐射传输模型主要通过模拟光辐射在大气或植被中的传输过程,以叶面积指数等参数作为输入值，通过迭代计算而得到输出值，随后反演出叶面积指数的一种方法（陈艳华等，2007）。

而叶面积指数的光学模型法则建立在植被的非朗伯体特性的基础上。植被对太阳光短波辐射的散射具有各向异性，其在遥感上反映为太阳角和卫星观测角的关系很大程度上决定了从地表反射回天空的太阳辐射和卫星观测的结果，这种双向反射特性可以用双向反射率分布函数（bi-directional reflectance distribution function，BRDF）来定量表示（黄健熙 等，2006）。

利用几何光学法反演出叶面积指数的最大优势在于它们具有充分的理论物理基础，这是由于几何光学模型法属于物理机理模型，具有较强的普适性。因而这一方法已经成为目前最热门同时也是最成熟的研究方法之一（黄健熙 等，2006）。这种方法以PROSPECT模型为基础，模拟出植物叶片的反射率和透射率，并将其作为SAIL模型的输入参数，得到植被冠层的反射率。随后，将其结果与遥感影像的植被冠层反射率进行回归分析，得到叶面积指数（蔡博峰 等，2007；黄健熙 等，2006）。

这种方法虽然能获取大面积的叶面积指数数据，但该方法仍然存在着一些不足。①在利用PROSPECT模型之前，需要对遥感影像进行大气校正，而现有手段对大气校正的局限性是遥感机理模型发展的主要障碍之一（秦益 等，1994）。②SAIL模型不能直接用来反演得到叶面积指数，而是将叶面积指数作为输入值，采取迭代计算的方式逐步调整模型参数，直到模型输出结果与遥感观测资料较为吻合时，才能得到最终的反演结果（黄健熙 等，2006）。对于一般的遥感图像处理而言，进行迭代处理较为耗时，且可能会因为模型过于复杂而导致反演失败。③物理机理模型对地表参数的要求较高，而能直接使用的地表参数数据库在国内较为匮乏。④SAIL模型所需的参数过多，参数的获取以及参数精度的保证也是SAIL模型发展的瓶颈之一。

2.2.3 研究目的和内容

由于目前对叶面积指数的研究基本上均为利用PROSPECT模型与SAIL模型结合的方法，这种方法虽然优点显著，但缺陷同样明显。本章的研究目的即为试图绕过PROSPECT模型与SAIL模型，找到一种新的途径来获取作物的叶面积指数。

首先从小麦冠层的几何信息进行分析，通过激光测距技术与数字图像处理技术，得到小麦冠层的叶面积指数。主要方法是利用激光测距技术获取作物冠层的几何信息，再利用特定的形态参数描述获取到的几何信息，并将这些形态参数与实测的叶面积指数进行回归分析，最终得到三维激光点云数据与叶面积指数的对应关系。

然后分析小麦冠层的光谱信息，使用统计模型法，利用多光谱相机所摄得的小麦冠层光谱影像，通过ENVI提取出小麦冠层的红边指数，并将其红边指数与实测的叶面积指数进行回归分析，最终得到红边指数与叶面积指数之间的对应关系。

进行完几何信息与光谱信息的回归分析后，通过与用LAI-2000冠层分析仪实地测量的叶面积指数进行精度评定与误差分析，最终得出结论：二者所反演出的模型均能较好地预测小麦冠层的叶面积指数。从二者的回归分析以及精度评定比较中可以得出：利用几何信息所预测的叶面积指数的精度高于利用光谱信息得到的叶面积指数。

事实上，在几何信息处理中，激光点云数据能非常直观地反映出作物冠层的形态特征，并将其转化为灰度图像的纹理特征，而叶面积指数也是描述作物冠层形态特征的指标之一，所以利用激光点云数据所得到的叶面积指数具有一定的物理基础。同时，利用主成分分析以及统计回归分析得到的模型形式直观，且计算较为简单。因此，此方法成功将统计模型法与几何光学模型法的优点结合在了一起，避免了二者的种种不足。

图 2.1 是本研究中分别利用激光点云数据与多光谱影像计算出叶面积指数的技术路线。

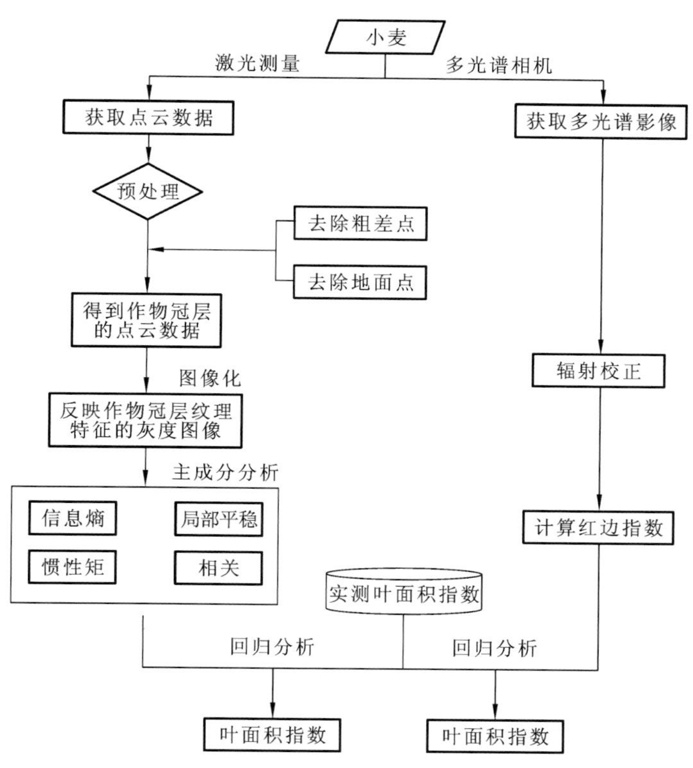

图 2.1　通过几何信息与光谱信息获取叶面积指数的技术路线

在几何信息处理中，首先利用激光结构光散点发射器对小麦植株冠层进行扫描，得到初步的三维点云数据。然后利用 MicroStation 对三维点云数据进行筛选，去除掉地面点与粗差点，得到小麦冠层的点云数据。随后将点云数据图像化，转化成能反映小麦冠层纹理信息的灰度图像并计算此灰度图像的灰度共生矩阵。通过灰度共生矩阵的计算，得到灰度图像的能量、信息熵、局部平稳、惯性矩及相关。随后，将这些特征参数在 SPSS 软件下进行主成分分析，并与实际利用 LAI2000 测得的叶面积指进行多元线性回归分析，最终得到激光点云数据与叶面积指数之间的对应关系并建立相应的模型。

在光谱信息处理中，首先对小麦冠层的多光谱影像进行辐射校正，然后在 ENVI 中计算其红边指数，并将红边指数与实际测量的叶面积指数进行回归分析，得到红边指数与叶面积指数之间的对应关系。

2.3　研究对象及数据预处理

2.3.1　研究对象

本节的研究对象为冬小麦植株的冠层。小麦是一年生草本木植物，叶鞘无毛，叶舌膜质短小，叶片平展，呈条状披针形，是世界三大谷物之一（张兆康 等，2001），研究小麦的长势对我国农业分析预测以及精细农业的发展具有非常重要的意义。

研究所采集的数据来源于武汉大学工学部盆栽场试验田。所用小麦的品种为“襄麦35”，小麦于 2015 年 11 月份播种，2016 年 5 月份收获。在盆栽场的温室大棚内共计有 16 块试验田小区，每个小区面积为 4 m^2，长宽各为 2.0 m。设 8 个氮肥处理，分别施纯氮 0(N0) kg/hm^2、40(N40) kg/hm^2、80(N80) kg/hm^2、120(N120) kg/hm^2、160(N180) kg/hm^2、200(N200) kg/hm^2、240(N240) kg/hm^2、280(N280) kg/hm^2。各小区氮肥基追比为 1∶1。磷、钾肥按 P_2O_5 135kg/hm^2、K_2O135kg/hm^2 均一次性基施，这些措施保证了每个小区小麦长势的不同。试验田小区与小麦如图 2.2 所示。

(a) 试验田小区

(b) 试验田小区内里的小麦

图 2.2　试验田小区以及小麦

2.3.2　研究仪器

本章所采用的平台为基于加拿大 PointGrey 公司的工业相机 FlyCapture 改装而来的摄影测量与多光谱集成的综合相机，是一种便携式农作物参数测量与长势的智能分析装置。此集成相机系统由 6 个多光谱相机与 2 个双目摄影测量相机组成。相机包括光谱成像模块、激光结构光散点发射器、双目摄影测量模块、成像采集控制模块、数据采集模块、数据处理模块以及数据分析与应用模块和电池模块。成像采集控制模块分别与所述光谱成像模块、激光结构光散点发射器、双目摄影测量模块、数据采集模块、数据处理模块以及数据分析与应用模块连接;电池模块分别与所述光谱成像模块、激光结构光散点发射器、双目摄影测量模块、成像采集控制模块、数据采集模块、数据处理模块以及数据分析与应用模块连接以提供电力。

光谱成像模块由可变焦镜头、特定波段滤光片和COMS图像传感器三组件组成,三组件按照从上到下顺序组装。光谱成像模块有6组,成上下两排各3个布置,光谱影像对应的波段如表2.1所示。

表2.1　光谱影像所对应的波段

影像编号	波段/nm
1	450
2	550
3	670
4	800
5	900
6	710

以上所述的光谱成像模块位于装置外壳的下底面中央,水平设置,工作时放置于农作物正上方30～40 cm处。

可变焦镜头为固定孔径和焦长为±30°视场角的镜头,使得光谱成像模块在2.5 m高度可对地观测到3 m×3 m的矩形区域;6个COMS图像传感器和对应镜头间分别配置涵盖蓝波段、绿波段、红波段、红边波段、红外波段的指定带通滤光片,双目摄影测量模块的2个COMS图像传感器不配滤光片。

进行叶面积测量时,需综合激光测距仪的测量距离和自动调焦算法对焦距进行自动调节。双目摄影测量模块为两组,用于获取可见光数字影像,分别排列在所述光谱成像模块的两侧。

激光结构光散点发射模块在系统中与双目摄影测量模块配合工作,用于辅助实现结构光摄影测量。激光结构光散点发射器接受外触发信号以在适当的时机发射二维激光光斑照射在农作物之上,对其成像后,ARM处理器通过结构光方法计算出农作物的外轮廓。

激光结构光散点发射器设置于所述光谱成像模块下方,光谱成像模块6个镜头的主光轴和所述双目摄影测量模块的2个镜头方向一致,主光轴平行向前。激光结构光散点发射器发射方向与所述光谱成像模块镜头方向一致。

在进行扫描操作前,需调整好仪器的曝光时间。曝光时间设置得越短,激光的二维光斑的亮度越暗,所采集到的三维点云数据就越少,但此时能够较好地排除太阳光等可见光对激光光斑的影响;反之,曝光时间设置地越长,激光亮度越亮,所采集的三维点云数据就越多,但此时采集的数据有可能受到可见光的影响,且激光二维光斑可能会出现重影的现象。所以,确定好合适的曝光时间对于实验数据的准确性至关重要。通过大量的实验结果表明:在室内采集数据时,曝光时间设置在30～40 ms,所采集到的三维点云数据的效果最好，而在室外采集数据的时候，设置的曝光时间一般在 60～80 ms 会取得较好的效果。

扫描方式为手持激光结构光散点发射器在距小麦冠层最高点 30～40 cm 处扫描，通过武汉大学遥感信息工程学院唐敏老师研发的 TriplePrism 软件，能从双目摄影测量相机中实时看到激光结构光散点发射器发射的二维激光光斑所扫描的位置与此处的激光强度，从而对扫描情况进行判断和调整。

2.3.3 数据获取与数据预处理

1. 光谱数据的获取

利用仪器在小麦冠层最高点 30～40 cm 处拍摄，集成相机会将小麦冠层的多光谱影像以 png 的格式进行存储，这样便得到了小麦冠层的光谱信息。以 9 号试验田为例，打开 9 号试验田所生成的 6 个 png 影像可以看到小麦冠层在 6 个波段下的光谱信息，如图 2.3 所示。

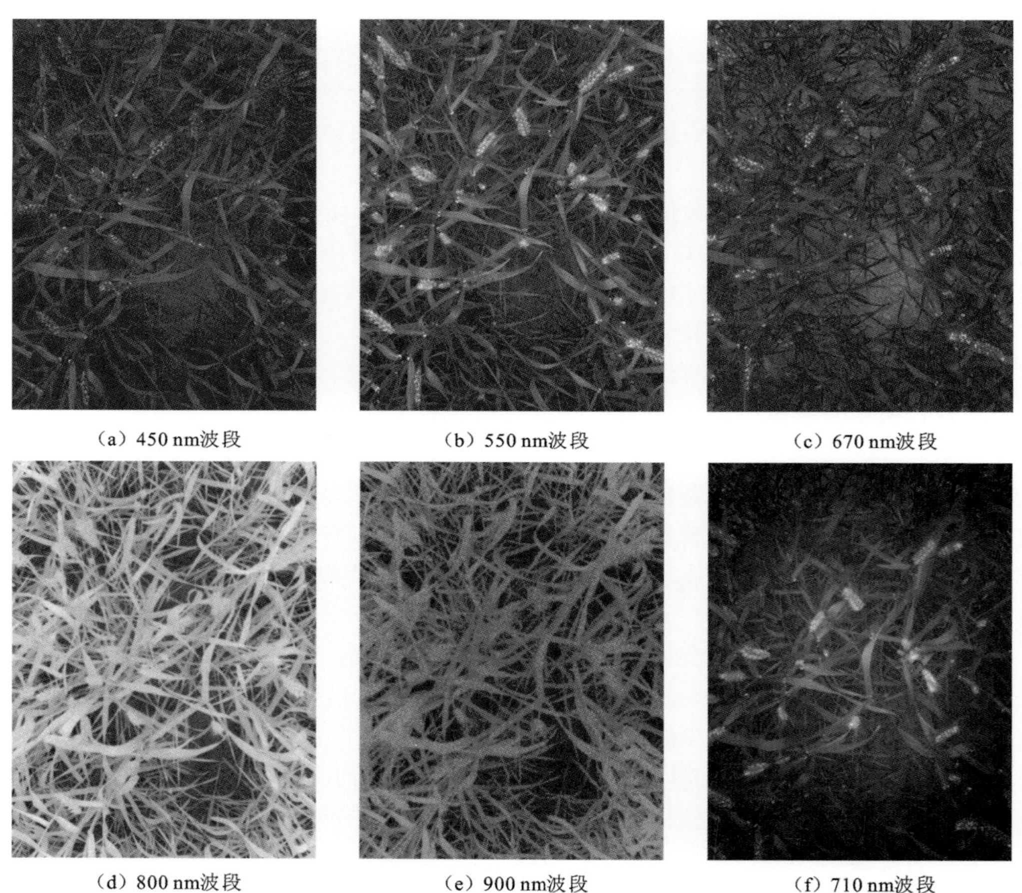

(a) 450 nm波段　(b) 550 nm波段　(c) 670 nm波段

(d) 800 nm波段　(e) 900 nm波段　(f) 710 nm波段

图 2.3　不同波段下小麦冠层的光谱影像

2. 激光点云数据的获取

用激光结构光散点发射器扫描完小麦冠层后，仪器会自动生成.las 文件与.cal 文件，其中.las 文件包含了激光点的三维信息。再利用 TriplePrism 的 3D 格式转换功能，输入.las 文件，就能生成包含有某激光点 i 的三维空间坐标(X_i，Y_i，Z_i)以及该点所对应的像点坐标(x_i^1，y_i^1)、(x_i^2，y_i^2)…(x_i^6，y_i^6)的.xyz 文件，.xyz 文件的格式如图 2.4 所示。

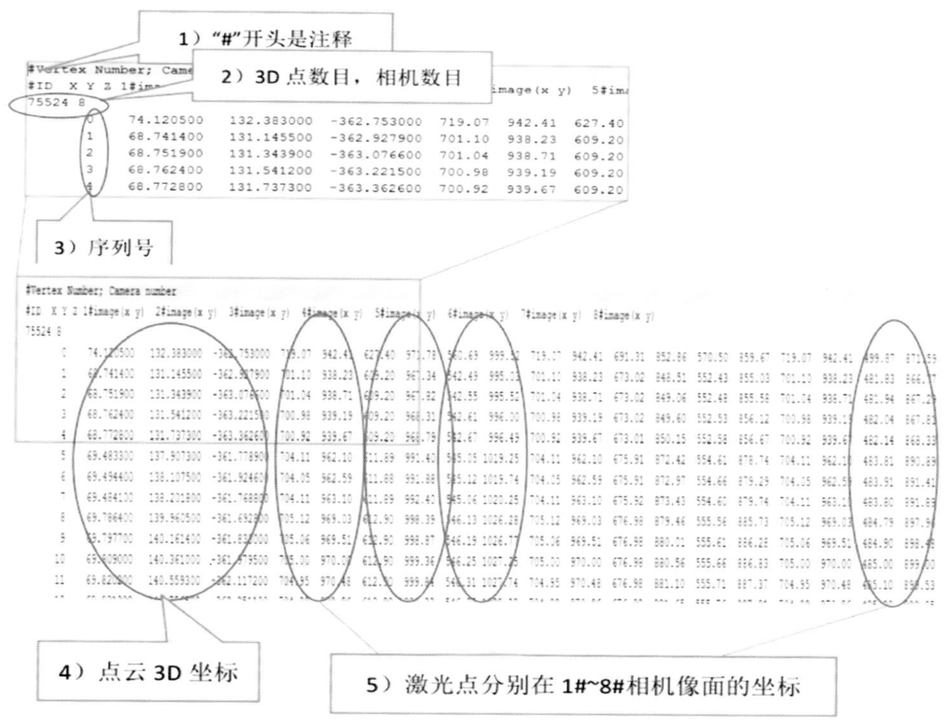

图 2.4　.xyz 文件格式说明

三维点云坐标系中，坐标原点位于相机上，XOY 平面平行于相机传感器所在的平面，Z 轴指向相机后方，构成右手坐标系。图像坐标的单位为像素，坐标系原点位于图像的左下角，x 轴水平向右，y 轴垂直向上，如图 2.5 所示。

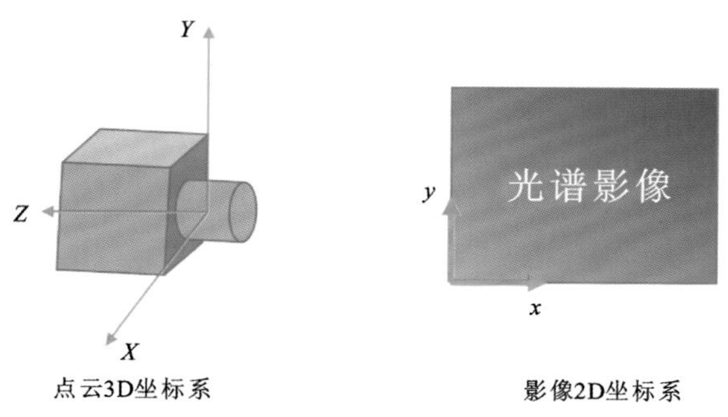

图 2.5　相机坐标系统的说明

利用 LasEdit 软件打开.las 文件。LasEdit 软件是由 Cloud Peak Software 发行的点云数据处理软件，软件能够直观地将激光点云数据进行可视化展示。利用 LasEdit 读取 9 号试验田的点云数据，并生成俯视图以及侧视图如图 2.6 所示。

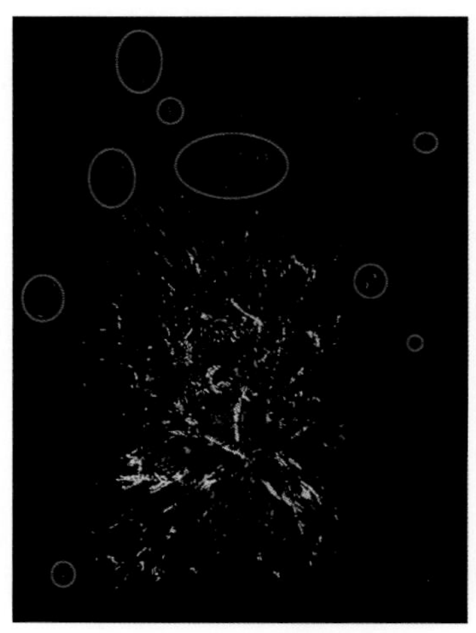

(a) 点云数据俯视图

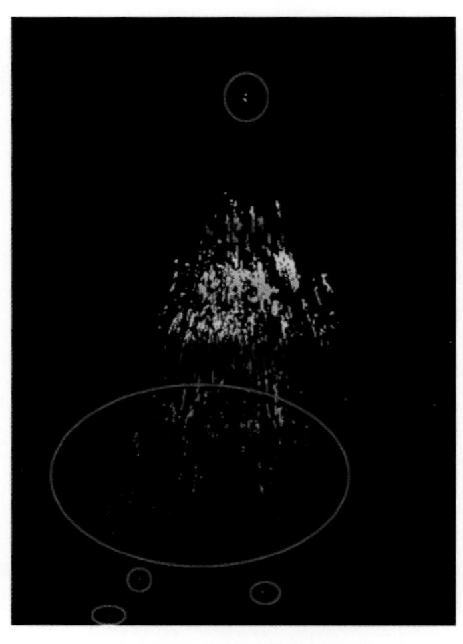

(b) 点云数据侧视图

图 2.6　不同角度下的点云数据三维视图

从图 2.6 中可以看出，在 LasEdit 界面中，点的颜色越偏向暖色表明该点的高程越大，而点的颜色越偏向冷色则说明该点的高程越小。同时，从几何数据的三维视图中可以看出，点云数据中存在着大量地面点以及少许粗差点，部分点在图中用红色椭圆框圈出。

利用 VS2010 编写相应程序，将激光点云数据投影到双目摄影测量相机所摄影像中，由此判断出扫描的精度，如图 2.7 所示。

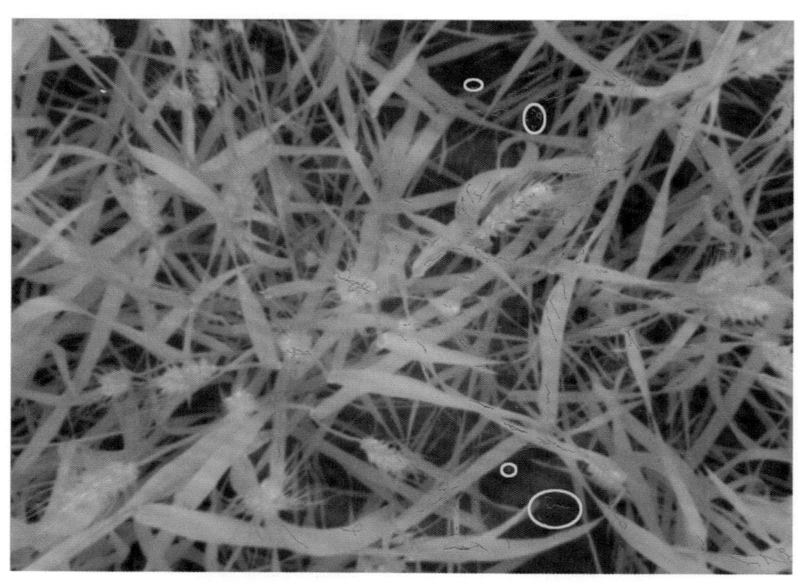

图 2.7　点云数据投影在影像上的显示

图 2.7 中，红色的散点表示激光点云数据，从图中可以看出激光点云数据能较好地概括小麦冠层的形态以及纹理信息。一些地面点以及部分粗差点由黄色椭圆圈出，而这些点需要在数据预处理中进行剔除。

3. 激光点云数据的预处理

通过图 2.6 和图 2.7 可以看出，所获取的激光点云数据存在着大量地面点以及少许粗差点，这些冗余信息会对小麦冠层的分析产生较大的影响，从而需要对这部分点进行筛选并剔除。

研究采用 MicroStation 软件进行地面点以及粗差点的剔除。MicroStaion 是由美国奔特利(Bentley)公司研发的功能强大的图形处理软件，利用点云编辑模块，能够读取.las 文件，并能通过输入高程范围，而剔除掉指定高程范围内的点。剔除后的.las 文件在 LASEdit 中所显示的俯视图和侧视图如图 2.8 所示，预处理后的激光点云数据投影在双目摄影测量相机所摄的影像中，如图 2.9 所示。

(a) 点云数据俯视图

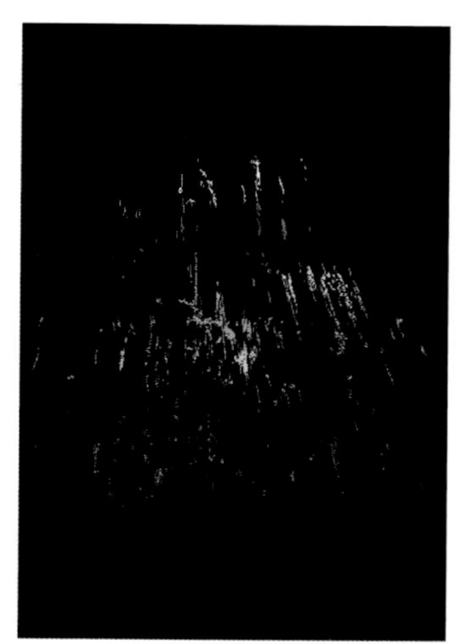

(b) 点云数据侧视图

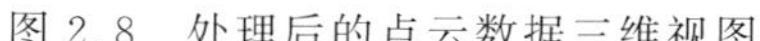

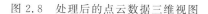

图 2.8　处理后的点云数据三维视图

图 2.9　处理后的点云数据投影在影像上的显示

从图 2.8 和图 2.9 中可以看出，地面点和粗差点均被有效地剔除掉，剩余的点云数据能够较好地描述小麦冠层的形态特征和纹理特征。

4. 实测叶面积指数的获取

通过模型计算出的叶面积指数需要与真实的叶面积指数进行回归分析与比较。本章采取光学测量法得出较为准确的叶面积指数，即利用美国 Li-cor 公司所生产的 LAI-2000 冠层分析仪进行小麦的冠层分析。

在用 LAI-2000 冠层分析仪进行量测时，先将冠层分析仪的探头放置于小麦冠层的上方，并保持探头上的水准气泡在规定的圆形区域内。按下测定按钮，在听到蜂鸣声后将探头置于地面上方，同时保持仪器处于水平状态，按下测定按钮，在听到两声蜂鸣声后选择试验田内不同的位置进行测量，重复测量 5 次，随后仪器将自动测定出小麦冠层的叶面积系数(王谦 等，2006)。

利用 LAI-2000 冠层分析仪所测得的叶面积指数如表 2.2 所示。

表 2.2　LAI-2000 冠层分析仪量测的叶面积指数

试验田序号	实测的 LAI
1	3.430
3	2.549
5	3.167
6	3.842
7	3.499
8	2.613
10	2.760
11	2.501
12	3.752
13	4.533
14	2.307
15	2.232
16	2.212

从表 2.2 中可以看到，本节一共量取了 13 块试验田的叶面积指数，如表格右列所示。从叶面积指数的数据中可以看出每块试验田的叶面积指数均不相同，且其中一些差异较为明显，例如 13 号试验田的叶面积指数达到了 4.533，而 16 号试验田的叶面积指数只有 2.212。这些不同的叶面积指数保证了用激光点云数据进行回归分析的可能性。

2.4　几何信息的处理

2.4.1　点云数据图像化

要提取小麦冠层的纹理特征及形态特征，首先需要对预处理后生成的 .xyz 文件进行图像化。图像化处理采用 VS2010 编写算法执行，算法的具体思想为：①先确定需要转化的灰度图像的像幅大小，以及像元尺寸。②将数据点在点云数据中的坐标转化到灰度图像中对应像元的像素位置。即对点云数据中的每一数据点的 X 坐标与 Y 坐标转化为该点在灰度图像中的像素行列号(i,j)。③利用灰度线性拉伸，将点云数据中的 Z 坐标转化为该点在灰度图像中所对应的灰度值。

纹理特征是图像处理中最为关键的特征之一（徐孟春，2009）。对于图像信息而言，计算其灰度共生矩阵，并通过灰度共生矩阵提取出图像的特征参数，是描述出图像的纹理特征的重要的方法。而不同长势的小麦所测得的激光点云数据转化成灰度图像后，灰度图像的纹理特征也必不相同，所以，图像化的目的在于利用灰度图像的纹理特征反映出小麦冠层的形态特征，从而得出激光点云数据与小麦冠层叶面积指数之间的对应关系。

1. 图像的重采样

将点云数据转化成灰度图像首先需要进行重采样处理。即根据数据点在点云数据中的坐标信息内插出对应点在灰度图像的像元位置。

首先在 VS2010 的开发环境下进行算法的编写，以确定灰度图像的像幅大小以及像元尺寸。算法的具体思想如下：①遍历.xyz 文件中的点云数据，找出点云数据中数据点的横坐标$\{X_1,X_2,\cdots,X_n\}$与纵坐标$\{Y_1,Y_2,\cdots,Y_n\}$的最大值 X_{max}、Y_{max}与最小值 X_{min}、Y_{min}；②计算$(X_{max}-X_{min})$与$(Y_{max}-Y_{min})$，比较二者之间的大小，并取二者中的较大者作为灰度图像的边长 l_1；③找出最合适的像元尺寸大小 m；④将图像边长 l_1 设置为 $m\times m$ 的倍数 l_2，并将图像像幅的大小设置为 $l_2\times l_2$，以简化重采样。在确定像元尺寸中，经过多次试验表明，将灰度图像的像元尺寸设置为 7×7 效果最好，在确定好像幅大小以及像元尺寸后，开始进行图像的重采样。

2. 对 X 和 Y 坐标的重采样

对点云数据重采样到灰度图像，比较直观的方法是确定点云数据的平面坐标信息到灰度图像行列号信息的比例系数 k 与位移常数项 b，即点云数据通过什么样的比例，经过多少的位移转化到灰度图像上，再对所有的数据点进行计算，最后将点云数据中所有的数据点均转化到灰度图像上。

假设$(X_{max}-X_{min})$与$(Y_{max}-Y_{min})$中的最大者为$(X_{max}-X_{min})$，则转化到灰度图像 4 个顶点的坐标理应依次为(X_{min},X_{min})，(X_{min},X_{max})，(X_{max},X_{min})和(X_{max},X_{max})。所以，可以得知转化到灰度图像的右上角坐标应为(X_{max},X_{min})，而实际上，其对应到灰度图像的坐标为$(0,m)$。同理，点云数据转化到灰度图像右下角的坐标应为(X_{max},X_{max})，而其对应到灰度图像的坐标为(m,m)。因而，通过列出一个二元一次方程，可以算出从点云数据坐标系转化到灰度图像坐标系中的比例系数 k 以及位移常数 b。

$$k=m/(X_{min}-X_{max}) \tag{2.1}$$

$$b=m\cdot X_{max}/(X_{max}-X_{min}) \tag{2.2}$$

在得出比例系数 k 与位移常数 b 后，对所有数据点(X_i,Y_i)均做如式(2.3)与式(2.4)的处理，从而转化成灰度图像的像素行列号(I_i,J_i)：

$$I_i = k \cdot X_i + b \tag{2.3}$$

$$J_i = k \cdot Y_i + b \tag{2.4}$$

3. 对 Z 坐标的重采样

在对平面坐标进行完重采样后，对激光点云数据的高程数据进行线性拉伸，使其与像元整数灰度级一一对应。同样可以通过确定点云数据的高程值到灰度图像灰度值的比例系数 k 与常数项 b，将高程信息转化成灰度信息，再对所有的数据点进行线性拉伸，得到灰度图像的灰度值。

由于灰度图像采用 0～255 的灰度级表示，所以在点云数据转化成的灰度图像中，高程的最小值 $Z_{\min}$ 对应灰度值 0，而高程的最大值 $Z_{\max}$ 对应灰度值 255，同样可以通过列出一个二元一次方程，得出该点在灰度图像上的灰度值，如式(2.5)，式(2.6)所示。

$$k = 255/(Z_{\max} - Z_{\min}) \tag{2.5}$$

$$b = 255 \cdot Z_{\min}/(X_{\min} - X_{\max}) \tag{2.6}$$

同对 X 与 Y 坐标进行重采样一样，在得出比例系数 k 与位移常数 b 后，对所有数据点 Z_i 均做如式(2.7)的处理，从而转化成灰度图像的灰度值。

$$\text{Gray-value}_i = k \cdot Z_i + b \tag{2.7}$$

重采样后的灰度图像的显示以及与在 LasEdit 软件中小麦的俯视图的对比如图 2.10 所示。

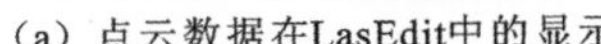

(a) 点云数据在LasEdit中的显示

(b) 重采样后的点云数据

图 2.10　点云数据在 LasEdit 的俯视图与其图像化后的灰度图像

从图 2.10 中可以看出，重采样后点云数据与在 LasEdit 中的俯视图轮廓大致一样，这表明图像化后的点云数据的纹理特征能充分描述小麦冠层的形态特征。

2.4.2　计算图像的灰度共生矩阵

图像的纹理特征是一种不依赖于图像颜色或亮度而反映图像中同质现象的视觉特征，它是物体表面共有的内在特性。纹理特征反映了物体表面结构组织排列的重要信息以及它们与周围环境的联系（陈冠楠 等，2014）。

目前，描述图像的纹理特征最为常用的方法是利用灰度共生矩阵提取出图像的特征参数（唐玉韦 等，2008）。图像的灰度共生矩阵（gray-level co-occurrence matrix，GLCM）是于 1973 年由 Haralick 提出的（Haralick et al.，1973）。作为一种常用的纹理统计分析方法和纹理测量技术，灰度共生矩阵被广泛用于将灰度值转化为纹理信息的处理中（薄华 等，2006）。1992 年，Ohanian 提供了几种纹理测量技术提取纹理特征的比较结果，根据他的实验结果表明，基于灰度共生矩阵的统计方法要优于其他特征提取的方法（Ohanian et al.，1992）。

任何影像灰度表面都可以看成三维空间中的一个曲面，其灰度直方图是研究在这个三维空间中单个像素灰度级的统计分布规律（徐鹏飞 等，2013），虽然灰度直方图能够描述图像的纹理特征，但不能很好地反映像素之间的灰度级空间相关的规律。在三维空间中，相隔某一距离的两个像素，它们具有相同的灰度级，或者具有不同的灰度级，若能找出这样的两个像素的联合分布的统计形式，对于影像的纹理分析将是很有意义的。灰度共生矩阵就是从影像 (x,y) 灰度为 i 的像素出发，统计与距离为 δ、灰度为 j 的像素 $(x+\Delta x,y+\Delta y)$ 同时出现的概率 $P(i,j,\delta,\theta)$（汪黎明 等，2003；Baraldi et al.，1995），如图 2.11 所示。

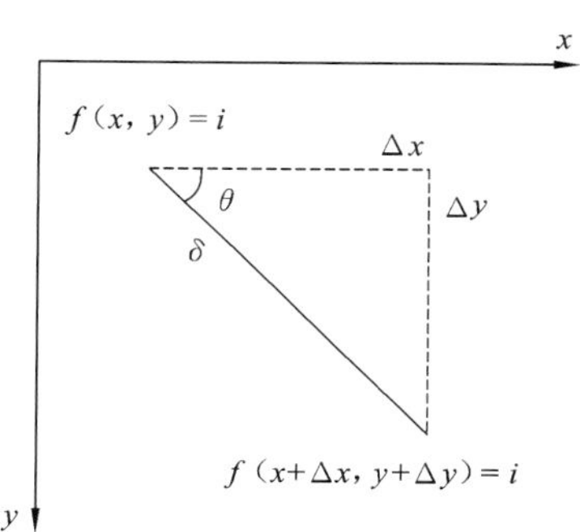

图 2.11　灰度共生矩阵

用数学公式表示则为

$$\begin{aligned}P(i,j,\delta,\theta)=\{[(x,y)(x+\Delta x,y+\Delta y)]\mid f(x,y)=i\\ f(x+\Delta x,y+\Delta y)=j;\quad x=0,1,2,\cdots,N_x-1;y=0,1,2,\cdots,N_y-1\}\end{aligned} \tag{2.8}$$

式(2.8)中：$i,j=0,1,\cdots,L-1$；x,y 是图像中的像素坐标；L 为图像的灰度级数；N_x，N_y 分别为图像的行列数。

在本研究中，取相邻间隔 δ 为 1，分别计算 θ 为 0°、45°、90°、135° 4 个方向时的灰度共生矩阵。

2.4.3　提取灰度共生矩阵的特征参数

灰度共生矩阵反映了图像灰度关于方向、相邻间隔、变化幅度等综合信息，同时，也可作为分析图像基元和排列结构信息的依据（薄华 等，2006）。作为纹理分析的特征量，在实际操作中，往往不能直接利用计算得到的灰度共生矩阵，而是在灰度共生矩阵的基础上再提取纹理特征量，成为二次统计量。

1999 年，Haralick 等(1973)由灰度共生矩阵提取出了 14 种二次统计量，但在后续的实验中表明，只有少数几个特征量才是互不相关的(Ohanian et al.,1992)。本节采用其中的 5 种特征参数来描述图像的纹理特征，进而描述小麦冠层的形态特征。

1. 能量(二阶矩)

图像二阶矩的定义如下所示：

$$f_1 = \sum_{i=0}^{L-1}\sum_{j=0}^{L-1}\hat{p}^2(i,j) \tag{2.9}$$

灰度图像的二阶矩反映了图像灰度分布的均匀程度和纹理的粗细程度。因为它是灰度共生矩阵各元素的平方和，所以又被称为能量(Haralick et al.,1973)。如果灰度共生矩阵的所有值均相等，则图像的二阶矩小。而如果其中的一些值大而其他值较小，计算出的二阶矩则较大。当二阶矩较大时，表明图像的纹理较粗，能量较大；反之，当二阶矩较小时，则说明图像的纹理较细，能量较小。

2. 惯性矩(对比度)

图像惯性矩的定义如下所示：

$$f_2 = \sum_{n=0}^{L-1}n^2\sum_{i=0}^{L-1}\sum_{j=0}^{L-1}\hat{p}(i,j) \tag{2.10}$$

灰度图像的惯性矩可以反映图像的清晰程度。一般而言，图像纹理的沟纹越深，图像的惯性矩越大，纹理越明显，图像的效果越清晰；反之，若图像的惯性矩越小，则图像纹理的沟纹越浅，纹理越不明显，图像的效果也越模糊。

3. 相关

图像相关的定义如下所示：

$$f_3 = \left[\sum_{i=0}^{L-1}\sum_{j=0}^{L-1}ij\hat{p}(i,j) - u_1u_2\right]/\sigma_1^2\sigma_2^2 \tag{2.11}$$

其中：u_1，u_2，σ_1^2，σ_2^2 分别定义如下：

$$u_1 = \sum_{i=0}^{L-1}i\sum_{j=0}^{L-1}\hat{p}(i,j) \tag{2.12}$$

$$u_2 = \sum_{i=0}^{L-1}j\sum_{j=0}^{L-1}\hat{p}(i,j) \tag{2.13}$$

$$\sigma_1^2 = \sum_{i=0}^{L-1}(i-u_1)^2\sum_{j=0}^{L-1}\hat{p}(i,j) \tag{2.14}$$

$$\sigma_2^2 = \sum_{j=0}^{L-1}(j-u_2)^2\sum_{i=0}^{L-1}\hat{p}(i,j) \tag{2.15}$$

图像的相关是用来量度灰度共生矩阵元素在行和列方向上的相似程度的。例如当图像的纹理为水平走向时，在 $\theta = 0°$ 方向上的相关大于其他方向上的相关。

4. 信息熵

图像信息熵的定义如下：

$$f_4 = -\sum_{i=0}^{L-1}\sum_{j=0}^{L-1}\hat{p}(i,j)\log_2\hat{p}(i,j) \tag{2.16}$$

图像的信息熵反映了图像中纹理的复杂程度与非均匀程度。若图像中的纹理越复杂，则图像的信息熵值越大；反之，若图像的灰度分布越均匀，则灰度共生矩阵中的元素大小的差异越大，图像的信息熵则越小。

5. 局部平稳（逆差矩）

图像局部平稳的定义如下所示：

$$f_5 = \sum_{i=0}^{L-1}\sum_{j=0}^{L-1}\{\hat{p}(i,j)/[1+(i-j)^2]\} \tag{2.17}$$

灰度图像可以看作是一个局部平稳的信息源头。对于灰度图像中的某一局部区域，由于图像中的物体具有相近的电磁波反射特性，该区域内像元的灰度值之间有着很强的相关性，由此可认为在局部范围内具有近似的平稳性，也就是说在局部区域内图像数据统计特性的变化较小（张秋余 等，2009）。所以，当图像的局部平稳性较大时，说明图像上局部区域内具有相似的纹理，反之，当图像的局部平稳性较小时，则说明图像上的局部区域内纹理差异较大。

6. 计算结果

在 VS2010 平台上，编写进行特征参数提取的程序，运行程序，得出 5 个特征参数分别在 0°、45°、90°、135°下的数据，如表 2.3 到表 2.6 所示。

表 2.3　θ=0°时 5 个特征参数的统计数据

序号	能量	信息熵	惯性矩	局部平稳	相关
1	0.934 226	0.315 880	62.302 056	0.968 057	0.005 047
3	0.951 239	0.237 106	26.586 628	0.976 845	0.017 134
5	0.898 421	0.467 641	114.004 619	0.951 989	0.003 465
6	0.927 888	0.356 292	74.616 454	0.966 418	0.006 591
7	0.927 188	0.339 818	56.140 440	0.965 615	0.007 410
8	0.908 157	0.429 778	67.999 771	0.957 691	0.006 785
9	0.900 578	0.482 541	97.337 485	0.951 836	0.004 451
10	0.874 318	0.621 220	256.252 451	0.940 222	0.001 794
11	0.926 736	0.340 422	26.567 388	0.964 601	0.013 949
12	0.835 443	0.794 575	169.369 243	0.919 236	0.002 862
13	0.891 625	0.502 147	89.118 223	0.947 374	0.003 310
14	0.924 773	0.346 447	72.353 041	0.963 857	0.004 645
15	0.936 449	0.313 473	62.224 861	0.970 970	0.007 814
16	0.893 670	0.512 403	155.057 220	0.948 570	0.002 832

表 2.4　$\theta=45°$时 5 个特征参数的统计数据

序号	能量	信息熵	惯性矩	局部平稳	相关
1	0.927 927	0.337 068	69.317 275	0.964 330	0.003 109
3	0.943 601	0.270 598	30.881 795	0.973 364	0.013 753
5	0.890 007	0.490 642	136.690 306	0.944 627	0.001 689
6	0.923 308	0.374 650	87.449 927	0.962 823	0.005 211
7	0.919 528	0.366 752	69.629 363	0.960 379	0.003 228
8	0.902 566	0.446 718	78.723 549	0.953 286	0.004 862
9	0.891 531	0.512 844	120.597 703	0.946 268	0.002 245
10	0.863 914	0.657 415	309.966 923	0.932 774	0.001 165
11	0.922 609	0.035 257	32.725 650	0.961 345	0.006 991
12	0.827 414	0.809 882	201.524 744	0.912 437	0.002 076
13	0.887 566	0.517 087	93.089 410	0.945 175	0.002 693
14	0.920 115	0.364 088	79.302 978	0.960 545	0.003 461
15	0.929 659	0.340 475	73.981 561	0.966 748	0.006 031
16	0.884 761	0.540 696	181.668 742	0.942 593	0.001 852

表 2.5　$\theta=90°$时 5 个特征参数的统计数据

序号	能量	信息熵	惯性矩	局部平稳	相关
1	0.946 626	0.260 774	47.801 076	0.975 386	0.009 509
3	0.967 881	0.155 709	22.268 416	0.984 585	0.015 801
5	0.902 014	0.455 592	106.531 138	0.953 624	0.004 145
6	0.935 259	0.324 171	66.693 135	0.969 220	0.007 460
7	0.941 634	0.278 785	44.310 887	0.973 799	0.010 614
8	0.920 201	0.370 016	70.693 671	0.962 005	0.006 289
9	0.908 937	0.442 201	100.628 689	0.956 644	0.004 031
10	0.889 008	0.553 597	240.136 140	0.949 319	0.002 006
11	0.960 655	0.181 716	18.507 056	0.980 893	0.009 888
12	0.848 649	0.736 546	153.412 503	0.926 238	0.003 225
13	0.928 303	0.341 013	66.149 181	0.966 708	0.006 431
14	0.937 360	0.289 308	61.543 201	0.971 389	0.006 876
15	0.940 473	0.289 460	69.392 185	0.972 362	0.006 593
16	0.905 540	0.460 484	135.219 956	0.956 012	0.003 582

表 2.6　$\theta=135°$ 时 5 个特征参数的统计数据

序号	能量	信息熵	惯性矩	局部平稳	相关
1	0.928 201	0.339 841	72.703 579	0.964 112	0.002 066
3	0.947 947	0.253 635	28.830 740	0.975 310	0.014 874
5	0.890 923	0.495 361	129.449 218	0.945 828	0.002 484
6	0.917 675	0.394 598	100.713 212	0.959 928	0.003 508
7	0.922 286	0.360 340	61.545 354	0.962 295	0.005 642
8	0.089 475	0.476 633	95.258 121	0.949 095	0.002 567
9	0.889 058	0.524 837	113.929 499	0.945 480	0.003 256
10	0.862 138	0.666 653	317.025 550	0.932 035	0.001 060
11	0.920 446	0.367 910	28.440 029	0.961 317	0.013 735
12	0.822 566	0.840 012	190.144 981	0.909 528	0.002 343
13	0.884 001	0.539 333	93.820 110	0.944 336	0.003 184
14	0.919 007	0.365 770	87.641 106	0.959 781	0.001 491
15	0.925 901	0.351 635	90.426 292	0.963 940	0.003 207
16	0.883 607	0.551 590	181.580 148	0.941 705	0.001 972

2.5　光谱信息的处理

2.5.1　辐射校正

由于在实际操作中，当利用集成相机系统的多光谱相机模块对小麦冠层进行拍摄时，拍摄的曝光时间往往不同，从而导致小麦冠层的反射率也必不相同，所以在进行光谱信息处理之前，需要对光谱影像进行辐射校正。

在拍摄小麦冠层时，选择与采集小麦冠层数据相同天气状况的时间进行白板检测，利用多光谱相机对白板进行拍摄，并求出白板的反射率值。再计算所拍摄的多光谱影像的反射率值，通过二者的反射率值计算出比例系数 k 以及常数量 b，在 VS2010 的平台上，对多光谱影像的像素灰度值进行线性拉伸。对 1 号试验田进行辐射校正前后的结果如图 2.12 与图 2.13 所示。

(a) 辐射校正前的 4 号影像

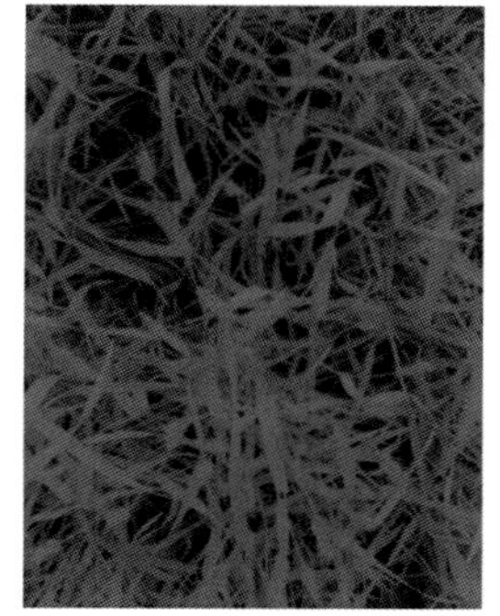

(b) 辐射校正后的 4 号影像

图 2.12　九号试验田辐射校正前后的 4 号影像

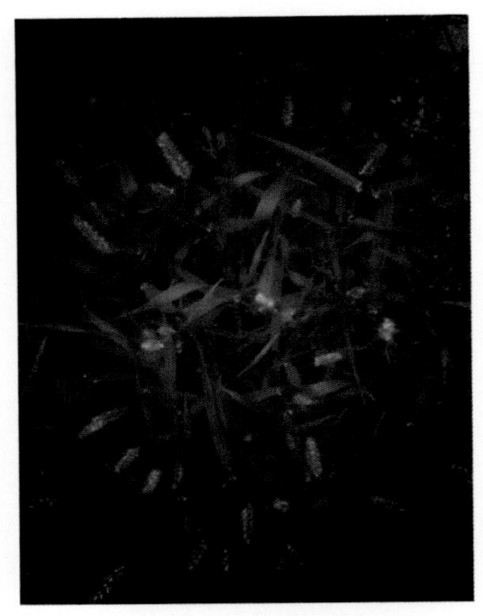

(a) 辐射校正前的6号影像　　(b) 辐射校正后的6号影像

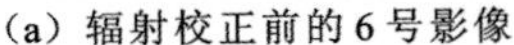

图 2.13　九号试验田辐射校正前后的 6 号影像

从图 2.12 与图 2.13 辐射校正前后的多光谱影像对比中可以看出，辐射校正后的影像像元灰度值有了一定的变化。随后，对 14 块试验田小区均做辐射校正处理。进行完辐射校正后的影像，才能进行相关植被指数的提取。

2.5.2　植被指数的选择

自 1972 年第一颗人造地球资源卫星发射以来，尝试建立光谱响应与植被之间的函数关系评定植物的生长状况就成为一个重要的研究方向。通过大量的研究结果表明，利用卫星不同波段之间的组合进行植被分析的效果十分显著，特别是红光以及红外波段这些在各类气象及资源卫星上都普遍存在的波段，反映了 90% 以上的植被信息(Baret et al., 1989)。利用这些波段之间的不同组合方式运算而来，并能反映出植物生长状况的指数被称为植被指数(郭铌，2003)。

在实际应用生产中，植被指数可以反映植被的活力，并且通常比单波段探测生物物理参数有更好的灵敏度。同时，植被指数也能提高遥感影像的解译能力，并在土地利用覆盖探测、植被覆盖密度评价、作物种类识别、生物物理参量的反演以及作物预报等方面扮演了至关重要的角色(郭铌，2003；田庆久 等，1998)。

从 1969 年 Jordan 提出最早的一种植被指数——比值植被指数(RVI)以来，植被指数经过多年的研究已经发展到了 40 多种类型。表 2.7 列出了一些植被指数的计算公式：

表 2.7　主要植被指数的相关信息(田庆久 等，1998)

名称	简写	公式	作者及年代
比值植被指数	RVI	R/NIR	Pearson 等(1972)
归一化差异植被指数	NDVI	(NIR−R)/(NIR+R)	Rouse 等(1974)
转换型植被指数	TVI	$\sqrt{NDVI+0.5}$	Rouse 等(1974)

续表

名称	简写	公式	作者及年代
绿度植被指数	GVI	−0.283MSS4−0.66MSS5+0.577MSS6+0.388MSS7	Kauth 等(1976)
土壤亮度指数	SBI	−0.283MSS4−0.66MSS5+0.577MSS6+0.388MSS7	Kauth 等(1976)
黄度植被指数	YVI	−0.283MSS4−0.66MSS5+0.577MSS6+0.388MSS7	Kauth 等(1976)
土壤背景线指数	SBL	MSS7−2.4MSS5	Richardson 等(1977)
差值植被指数	DVI	2.4MSS7−MSS5	Richardson 等(1977)
绿度土壤植被指数	GVSB	GVI/SBI	Badhwar 等(1981)
归一化差异绿度指数	NDGI	$(G-R)/(G+R)$	Chamadn 等(1991)
归一化差异指数	NDI	(NIR−MIR)/(NIR+MIR)	McNairn 等(1993)

近年来，诸如红边植被指数、导数植被指数(DVI)、温度植被指数(T_S-VI)、生理反射植被指数(PRI)等植被指数也随着高光谱分辨率遥感的发展以及热红外遥感技术的应用而被提出(田庆久 等，1998)。在探测植被生物物理参数上，高光谱遥感相对于多光谱遥感而言，通常能取得更加显著的效果(Pu et al.，2003；浦瑞良 等，2000)，高光谱连续的光谱曲线对获取评定植被成长情况的指标以及表达植被生物物理特性的特征参数更加有利。如 Gregory 等(1994)通过 R695/R670，R695/R420，R605/R760 等比值指数来研究植株胁迫，他的结果表明：从 760～800 nm 区域的任意波段的反射率通过与605 nm、695 nm 或 710 nm 的反射率进行比值，都能产生一个对胁迫敏感的特定参数；Zou 等(Zou et al.，2011)通过高光谱植被指数，反映出黄瓜叶片的叶绿素含量以及叶片的分布状况，他们最终的研究结果也表明：用基于红边范围内的比值植被指数如 R710/R760，(R780−R710)/(R780−R680)等能很好地估算出黄瓜叶绿素相对含量。

综上所述，利用高光谱技术所获取的红边指数能更好地反映植物的生长状况，所以本节采取红边指数，作为植被指数并反演出叶面积指数。红边指数的计算公式如下(Zhang et al.，2014)：

$$\mathrm{VOG}=\rho_{800}/\rho_{710}-1 \tag{2.18}$$

2.5.3　获取小麦冠层的红边指数

1. 波段融合

由于红边指数的计算需要近红外波段以及红边波段的遥感影像，在 6 个波段的影像中只需利用 4 号影像和 6 号影像即可，其中 4 号相机所拍摄波段为近红外波段，波长为 800 nm，6 号相机所拍摄波段为红边波段，波长为 710 nm。

本节利用 ENVI 进行红边指数的运算。利用 ENVI 的波段融合模块，将两个波段的影像进行融合。以 3 号试验田为例，将图 2.14 所示的两张影像进行融合，其中左影像由近红外相机拍摄，右影像为红边相机拍摄。

2. 计算红边指数

进行波段融合后，利用 ENVI 的 Band Math 模块进行红边指数运算，在输入红边指

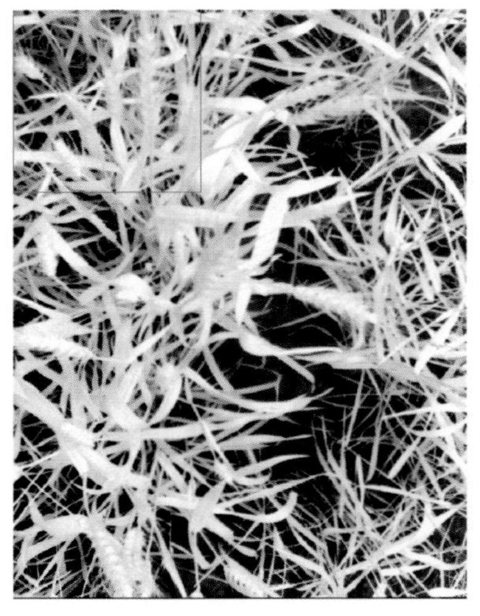

(a) 近红外影像

(b) 红边影像

图 2.14　进行融合的两个波段影像

数的公式后，得到对两个波段进行运算处理后的影像，如图 2.15 所示。

图 2.15　计算后的影像

然后利用 ENVI 中的 compute statistics 模块进行红边指数计算，计算出整张影像红边指数的平均值,并对每块试验田进行同样的处理,得出每块试验田的红边指数如表 2.8 所示。

表 2.8　各实验田的红边参数

试验田序号	红边指数
1	6.174 491
3	4.287 696
5	5.435 814
6	6.616 651
7	6.102 902
8	5.432 925
9	5.231 764
10	5.435 362
11	6.726 143
12	5.713 176
13	3.864 339
14	4.676 452
15	5.529 851
16	6.174 491

2.6　回归分析

回归是指研究一组随机变量($Y_1, Y_2, \cdots, Y_i$)和另一组($X_1, X_2, \cdots, X_k$)变量之间关系的统计分析方法(秦红兵,2007)。其中前者是因变量,后者为自变量。回归分析主要是分析因变量和自变量之间的相关关系并建立起相应的回归模型,然后根据真实的数据来确定模型中的各个参数,最后评价回归模型的拟合精度(秦红兵,2007)。本节中,所用的自变量分别为 0°、45°、90°和 135°的惯性矩、能量、信息熵、局部平稳和相关一共 20 个参数,研究的因变量为利用 LAI2000 实测的叶面积指数。由于研究的自变量过多,需要在回归之前利用 SPSS 软件进行主成分分析以减少自变量的个数。

2.6.1　几何信息的回归分析

1. 冠层形态参数的提取

在用统计分析方法研究多个变量的相关关系时,变量个数太多往往会使研究变得更为复杂,所以通常需要用更少的变量而得到更多的信息。然而在很多情况下,变量之间并非互不相关。当两个变量之间存在确定的相关关系时,就说明这两个变量在表达同一个信息上具有一定的重复(李玉红 等,2009;秦红兵,2007)。

主成分分析是对原先提出的所有变量进行分析，将互相之间相关程度较高的变量进行剔除与筛选，并找出之间互不相关或者相关程度较低的变量，从而得到更少的变量，并且保证剩余的这些变量能保留尽可能多原有的信息[42]。主成分分析主要是通过正交变换将一组可能存在相关性的变量转换为一组线性不相关的变量，转换后的这组变量叫作主成分(夏甲甲，2015)。

利用 SPSS 中的主成分分析模块可以得到关于主成分分析的数据和结果，输入的成分为 1、3、5、6、7、8、10、11、12、13、14、15、16 号试验田在 4 个方向上的 5 个特征参数，在主成分分析以及回归分析中去除掉 9 号实验田的目的是为了后续利用 9 号实验田的数据检验模型的精度。表 2.9 展示的是总方差解释变异量表。

表 2.9　总方差解释变异表

成分	初始特征值			被提取的载荷平方和		
	总计	方差百分比/%	方差累计值/%	总计	方差百分比/%	方差累计值/%
1	15.817	79.087	79.087	15.817	79.087	79.087
2	1.608	8.042	87.128	1.608	8.042	87.128
3	1.203	6.013	93.141	1.203	6.013	93.141
4	0.797	3.987	97.128			
5	0.320	1.599	98.727			
6	0.152	0.759	99.486			
7	0.073	0.365	99.851			
8	0.019	0.094	99.945			
9	0.006	0.032	99.977			
10	0.003	0.017	99.995			
11	0.001	0.003	99.998			
12	0	0.002	100			
13	8.51×10^{-16}	4.26×10^{-15}	100			
14	2.99×10^{-16}	1.50×10^{-15}	100			
15	1.12×10^{-16}	5.60×10^{-16}	100			
16	1.14×10^{-17}	5.71×10^{-17}	100			
17	-7.01×10^{-17}	-3.51×10^{-16}	100			
18	-1.13×10^{-16}	-5.62×10^{-16}	100			
19	-3.12×10^{-16}	-1.56×10^{-15}	100			
20	-8.75×10^{-16}	-4.38×10^{-15}	100			

从表 2.9 中可以看到，表中的第二列表示的是各主成分的方差，在数值上等于相关系数矩阵的各个特征根 φ，由此可以直接计算出每一个主成分 m 的方差百分比。由于全部特征根的总和等于变量数目，即：

$$m = \sum \varphi_i = 20 \tag{2.19}$$

所以，第一个特征根的方差百分比为

$$\varphi_1/m = 15.817/20 = 79.087\% \tag{2.20}$$

第二个特征根的百分比为

$$\varphi_2/m = 1.607/20 = 8.042\% \tag{2.21}$$

其余成分依此类推，从而得到各主成分的方差百分比。然后将特征根百分比依次累加即可以算出方差累计值。

判断主成分的数目，根据的是特征根的数值。在主成分分析中，主成分对应的方差等于对应的特征根数值(夏甲甲，2015)。一般而言，取特征根的临界值为 1，即所有方差大于等于 1 的成分将被保留并视为主成分，其余的成分将被舍弃(Gregory et al.，1994)。在表 2.9 的"被提取的载荷平方和"列中所展示的这些数据均是从左边栏目中提取出的三个主成分以及有关参数。在这一列中，可看出成分 1 的方差百分比最高，占到了总样本的 79.807%，而前三个成分累计占到了总样本的 93.141%，这表明前三个成分能较为全面地概括总体样本。

同时，在 SPSS 生成的碎石图中也可以判断主成分的提取数量是否准确，碎石图是由特征根按大小分布的折线图，如图 2.16 所示。

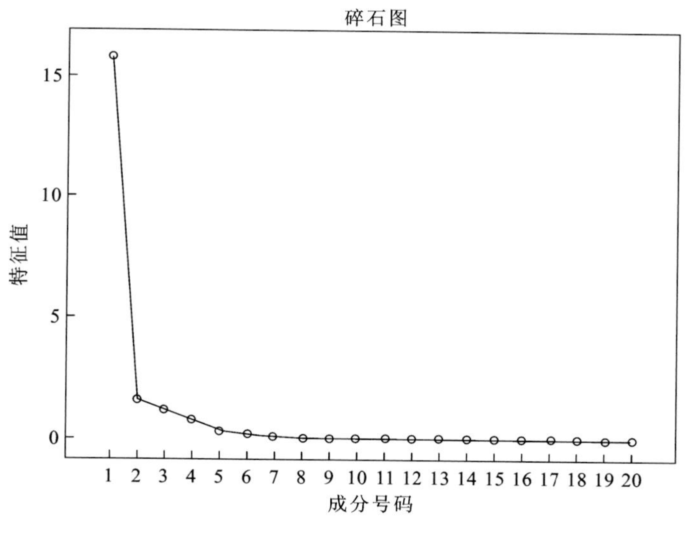

图 2.16　碎石图

从碎石图中，可以看出在第 5 个成分后，折线区域变得平缓，所以表明所选取的主成分数目 p 应有 $p \leqslant 5$。再结合总方差解释变异量表中的数据可以得出，本节中主成分的个数选择 3 个最为合适。

表 2.10 为 SPSS 生成的成分矩阵，在成分矩阵中给出了主成分载荷矩阵，每一列的载荷值都显示了各个变量与有关主成分的相关系数。

表 2.10　成分矩阵

变量	成分		
	第一主成分	第二主成分	第三主成分
能量 0°	0.957 490 258	−0.241 809 208	0.069 331 323
信息熵 0°	−0.964 781 646	−0.238 921 070	−0.027 005 359
惯性矩 0°	−0.927 722 225	−0.119 304 791	0.326 988 132
局部平稳 0°	0.948 452 163	−0.258 326 913	0.054 428 585
相关 0°	0.809 004 831	0.553 598 370	0.148 430 656
能量 45°	0.934 650 614	−0.235 699 939	0.038 351 052
信息熵 45°	−0.921 301 200	0.006 326 430	−0.039 075 300
惯性矩 45°	−0.898 865 372	−0.106 731 925	0.342 615 032
局部平稳 45°	0.960 600 906	−0.241 087 116	0.028 093 305
相关 45°	0.751 584 310	0.508 190 258	0.148 728 528
能量 90°	0.973 424 353	−0.111 757 530	0.074 487 470
信息熵 90°	−0.976 417 957	0.107 679 499	−0.032 615 330
惯性矩 90°	−0.895 439 431	−0.121 588 291	0.306 415 327
局部平稳 90°	0.961 153 606	−0.156 663 175	0.094 431 891
相关 90°	0.887 880 082	0.306 412 843	0.087 431 498
能量 135°	0.146 623 535	−0.098 898 492	0.792 686 616
信息熵 135°	−0.966 213 965	0.129 525 820	−0.042 929 175
惯性矩 135°	−0.880 152 733	−0.167 875 621	0.315 442 619
局部平稳 135°	0.964 928 849	−0.224 950 196	0.085 597 471
相关 135°	0.664 134 520	0.667 209 210	0.266 119 047

通过成分矩阵，可以看出 $\theta=0°$时的信息熵、$\theta=135°$时的局部平稳在第一主成分上的载荷较大，这就表示它们与第一主成分的相关系数较高；而 $\theta=0°$时的相关在第二主成分的载荷最大，同时，$\theta=0°$的惯性矩与 $\theta=135°$的能量在第三主成分的载荷最大。

最后，若想要得到主成分，就需要计算这些变量的公因子方差以及方差贡献。公因子方差即为成分矩阵的每一行的平方和，而方差贡献实质上为成分矩阵每一列的平方和，计算结果如表 2.11 所示。

表 2.11　主成分方差与方差贡献

变量	成分			公因式方差
	第一主成分	第二主成分	第三主成分	
能量 0°	0.957 490 258	−0.241 809 208	0.069 331 323	0.980 066 119
信息熵 0°	−0.964 781 646	0.238 921 070	−0.027 005 359	0.988 616 192
惯性矩 0°	−0.927 722 225	−0.119 304 791	0.326 988 132	0.981 823 398
局部平稳 0°	0.948 452 163	−0.258 326 913	0.054 428 585	0.969 256 771

续表

变量	成分			
	第一主成分	第二主成分	第三主成分	公因式方差
相关 0°	0.809 004 831	0.553 598 370	0.148 430 656	0.982 991 632
能量 45°	0.934 650 614	−0.235 699 939	0.038 351 052	0.930 597 034
信息熵 45°	−0.921 301 200	0.006 326 430	−0.039 075 300	0.850 362 804
惯性矩 45°	−0.898 865 372	−0.106 731 925	0.342 615 032	0.936 735 721
局部平稳 45°	0.960 600 906	−0.241 087 116	0.028 093 305	0.981 666 332
相关 45°	0.751 584 310	0.508 190 258	0.148 728 528	0.845 256 488
能量 90°	0.973 424 353	−0.111 757 530	0.074 487 470	0.965 593 099
信息熵 90°	−0.976 417 957	0.107 679 499	−0.032 615 330	0.966 050 661
惯性矩 90°	−0.895 439 431	−0.121 588 291	0.306 415 327	0.910 485 839
局部平稳 90°	0.961 153 606	−0.156 663 175	0.094 431 891	0.957 276 987
相关 90°	0.887 880 082	0.306 412 843	0.087 431 498	0.889 864 138
能量 135°	0.146 623 535	−0.098 898 492	0.792 686 616	0.659 631 443
信息熵 135°	−0.966 213 965	0.129 525 820	−0.042 929 175	0.952 189 278
惯性矩 135°	−0.880 152 733	−0.167 875 621	0.315 442 619	0.902 355 103
局部平稳 135°	0.964 928 849	−0.224 950 196	0.085 597 471	0.989 017 202
相关 135°	0.664 134 520	0.667 209 210	0.266 119 047	0.957 062 138
方差贡献	15.797 074 900	1.594 170 385	1.205 653 091	

提取主成分的原则是让公因子方差的各个数值尽可能接近，也即是说要求它们的方差非常小。比如当公因子方差完全相等时，它们的方差就为 0，这就达到了最理想的状态。而在实际应用中，并不需要方差值为 0，通常只需公因子方差数值彼此接近就能达到要求（代创锋 等，2012）。从表 2.11 给出的结果可以看出：提取 3 个主成分时，$\theta=135°$时能量的公因子方差偏小，这就说明当提取 3 个主成分时，若选用 $\theta=135°$时的能量作为特征参数，则可能造成信息较多地损失。所以在提取主成分时，应该提取公因式方差较大的变量。所以，从上表中可以看出，$\theta=0°$时的惯性矩、$\theta=0°$时的相关、$\theta=0°$时的信息熵以及 $\theta=135°$时的局部平稳所计算出来的公因式方差较大。因此，在几何信息的研究分析中，选取这 4 个特征参数与实测的叶面积指数进行回归分析。

2. 利用 SPSS 进行回归分析

在主成分分析中，选取了 4 个特征参数进行回归分析，如表 2.12 所示。利用 SPSS 的线性多元回归模块，对表 2.12 的数据进行多元线性回归，其中实测的叶面积指数为因变量，$\theta=0°$时的惯性矩、$\theta=0°$时的相关、$\theta=0°$时的信息熵以及 $\theta=135°$时的局部平稳为自变量。

表 2.12　几何信息进行回归分析的数据

实验田序号	实测的 LAI	信息熵(0°)	惯性矩(0°)	局部平稳(135°)	相关(0°)
1	3.430	0.315 880	62.302 056	0.964 112	0.005 047
3	2.549	0.237 106	26.586 628	0.975 310	0.017 134
5	3.167	0.467 641	114.004 619	0.945 828	0.003 465
6	3.842	0.356 292	74.616 454	0.959 928	0.006 591
7	3.499	0.339 818	56.140 440	0.962 295	0.007 410
8	2.613	0.429 778	67.999 771	0.949 095	0.006 785
10	2.760	0.621 220	256.252 451	0.932 035	0.001 794
11	2.501	0.340 422	26.567 388	0.961 317	0.013 949
12	3.752	0.794 575	169.369 243	0.909 528	0.002 862
13	4.533	0.502 147	89.118 223	0.944 336	0.003 310
14	2.307	0.346 447	72.353 041	0.959 781	0.004 645
15	2.232	0.313 473	62.224 861	0.963 940	0.007 814
16	2.212	0.512 403	155.057 220	0.941 705	0.002 832

多元回归是指在回归分析中存在两个或两个以上的自变量的回归。而线性回归分析，就是利用数理统计中的回归分析(秦红兵，2007)，来确定两种或两种以上变量间相互依赖的定量关系的一种统计分析方法。本研究采用 SPSS 的回归分析模块，对表 2.12 中的数据进行多元线性回归分析。进行多元线性回归分析后得到了系数矩阵，如表 2.13 所示。

表 2.13　系数矩阵

模型	非标准化系数		标准化系数	T	显著性 sig
	B	标准误差	Beta		
(常数)	−492.654	120.636		−4.084	0.004
惯性矩(0°)	−0.021	0.005	−1.853	−4.622	0.002
局部平稳(135°)	496.455	120.833	11.684	4.109	0.003
相关(0°)	−175.663	46.483	−1.085	−3.779	0.005
信息熵(0°)	61.620	14.247	12.754	4.325	0.003

在表 2.13 中，第二列表示的是回归系数，而标准化的回归系数 Beta 则代表着预测变量和因变量的相关。T 值就是对回归系数的 t 检验的结果，T 值的绝对值越大，则表示其显著性越小。显著性 sig 是回归分析中最重要的指标之一，它代表着回归系数检验的显著性。在统计学上，显著性 sig＜0.05 时，一般被认为是系数检验显著，显著的意思是回归系数的绝对值显著大于 0，即表明自变量可以有效预测因变量的变异(周健，2012)。

从表 2.13 中可以得到 4 个特征参数与实测叶面积指数之间的关系，如下所示：

叶面积指数＝−0.021×惯性矩(0°)＋496.455×局部平稳(135°)

$$-175.633\times 相关(0°)+61.62\times 信息熵(0°)-492.654 \tag{2.22}$$

表 2.14 即为通过此模型计算出的叶面积指数与实测的叶面积指数之间的比较。

表 2.14　实测的叶面积指数与模型计算出的叶面积指数

实验田序号	实测的叶面积指数	预测的叶面积指数
1	3.430	3.253 834 223
3	2.549	2.585 868 740
5	3.167	2.720 308 866
6	3.842	3.137 027 913
7	3.499	3.541 137 315
8	2.613	2.392 009 939
10	2.760	2.642 571 432
11	2.501	2.565 196 540
12	3.752	3.787 933 131
13	4.533	4.655 699 807
14	2.307	2.846 771 999
15	2.232	2.535 686 197
16	2.212	2.680 749 399

3. 回归结果分析

在得到回归模型后，需要对模型的精度进行评定。再利用 SPSS 的线性多元回归模块进行回归，SPSS 会输出模型汇总表，如表 2.15 所示。

表 2.15　模型汇总表

模型	R	R^2	调整后 R^2	标准估计的误差
1	0.883a	0.779	0.669	0.420 831

可以看出“调整后 R^2”这一列的数据为 0.669，说明模型的 R^2 等于 0.669。在统计学中，R^2 实质上就是拟合优度的指标，它代表了“回归平方和”占“总平方和”的比例，所以 R^2 也被称为决定系数。在本节中，R^2 的值为 0.669，说明本节的模型自变量可以解释 66.9%的因变量值，即 $\theta=0°$时的惯性矩、$\theta=0°$时的相关、$\theta=0°$时的信息熵以及 $\theta=135°$时的局部平稳能拟合出 66.9%的叶面积指数的变化。在统计学上，R^2 在 0.6 以上表明模型的拟合优度较高。所以，通过表 2.15 可以看出，此模型对叶面积指数的拟合效果较好。

若要观察方差分析的具体情况，需要生成变异数分析表。本节中的变异数分析见表 2.16。“变异数分析”又称为“方差分析(analysis of variance，ANOVA)”，是由美国统计学家 Fisher 发明的，变异数分析通常用于两个及两个以上样本均数差别的显著性检验(李胜联 等，2009)。

对总体随机变量的参数或总体分布形式做出一个假设被称为显著性检验，通常显著性检验是利用样本的信息来判断模型的假设是否符合要求，即判断原假设与总体的真实情况之间是否存在显著的差异（蒋金豹 等，2010）。也就是说，显著性检验要判断样本与对总体所做的假设之间的差异是纯属机会变异，还是由假设与总体真实情况之间的不一致所引起的（蒋金豹 等，2010）。

在表 2.16 中，可以看出该模型的显著性 sig 为 0.01。而在统计学中，若显著性 sig<0.05，则被认为是符合统计学规律的，即说明了自变量对因变量有显著的影响，从显著性方面证明了本节模型的可靠性。

表 2.16　变异数分析表

模型	项目	平方和	*df*	平均值平方	*F*	显著性 sig
1	回归	5.008	4	1.252	7.07	0.01
	残差	1.417	8	0.177		
	总计	6.425	12			

4. 误差分析

1）回归-标准化残差的常态 P-P 图

对该模型计算出叶面积指数，与实测的叶面积指数在 SPSS 中进行第二次线性回归。SPSS 会输出回归-标准化残差的常态 P-P 图，见图 2.17。

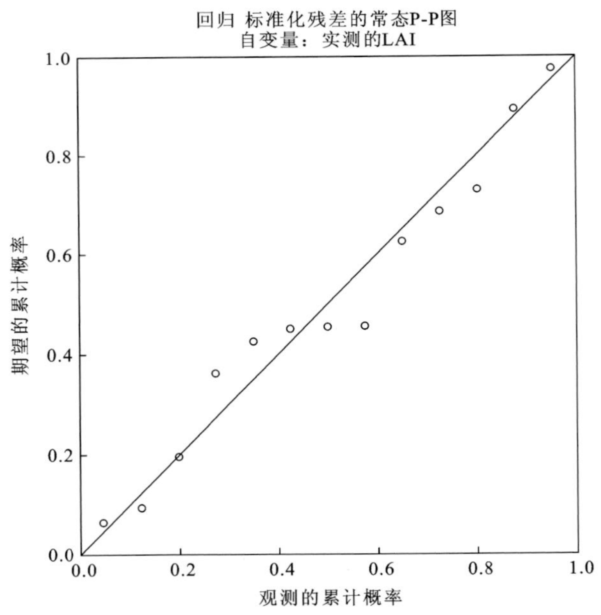

图 2.17　回归-标准化残差的常态 P-P 图

从图 2.17 可以看出，原始数据与预测数据不存在显著的差异，即模型计算出的叶面积指数与实测的叶面积指数不存在显著的差异，二者之间的残差满足线性模型的前提要求。

2）样本误差分析

在计算统计模型时，并未用到 9 号试验田的数据，下面利用式（2.22）所示的模型来预测 9 号实验田的叶面积指数，并进行预测准确性的评估。9 号实验田的相关数据以及利用该模型所计算出的叶面积指数见表 2.17。

表 2.17　9 号试验田的相关数据

序号	LAI(实测)	信息熵	惯性矩	相关	局部平稳	LAI(预测)
9	3.562	0.482 541	97.337 485	0.004 451	0.945 48	3.642 488 6622

从表 2.17 可以看出，对 9 号实验田使用该模型计算出来的叶面积指数约为 3.642，而利用 LAI2000 冠层分析仪实地测量的 9 号实验田的叶面积指数为 3.562。下面采用国际上常用的绝对误差(absolute error，AE)和相对误差(relative error，RE)对模型的预测值和实际值之间的符合度进行统计检验(蒋金豹 等，2010)。

分别利用式(2.23)与式(2.24)来计算绝对误差与相对误差：

$$\text{绝对误差} = |\text{预测值} - \text{实际值}| = |3.642 - 3.562| = 0.08 \tag{2.23}$$

$$\text{相对误差} = |\text{预测值} - \text{实际值}| / \text{实际值} = |3.642 - 3.562| / 3.562 = 0.0225 \tag{2.24}$$

可以得出，计算出来的绝对误差为 0.08，而相对误差大约为 2.25%。在统计学中，若相对误差小于 5%，说明预测值的精度较高。可见该模型较为准确地预测了 9 号实验田的叶面积指数。从另一方面，也验证了该模型的准确性以及可靠性。

2.6.2　光谱信息的回归分析

1. 利用 SPSS 进行回归分析

对光谱信息处理的具体操作与几何信息的处理类似，表 2.18 给出了光谱信息处理中需要回归的数据，其中实测的叶面积指数为因变量，红边指数为自变量。

表 2.18　光谱信息进行回归分析的数据

实验田序号	实测的 LAI	红边指数
1	3.430	6.174 491
3	2.549	4.287 696
5	3.167	5.435 814
6	3.842	6.616 651
7	3.499	6.102 902
8	2.613	5.432 925
10	2.760	5.231 764
11	2.501	5.435 362
12	3.752	6.726 143
13	4.533	5.713 176
14	2.307	3.864 339
15	2.232	4.676 452
16	2.212	5.529 851

在 SPSS 软件下进行一元线性回归分析所得到的系数矩阵如表 2.19 所示。

表 2.19 系数矩阵

模型	非标准化系数		标准化系数	T	显著性 sig
	B	标准误差	Beta		
(常数)	−0.308	1.034		−0.298	0.772
红边指数	0.609	0.187	0.701	3.265	0.080

在表 2.19 中,可以看到回归系数以及标准化的回归系数 Beta 的值。而利用红边指数反演叶面积指数的显著性 sig 为 0.08,这表明红边指数在一定程度上能够有效地预测叶面积指数的变异。

同时,从表 2.19 中也可以得出红边指数与实测叶面积指数之间的关系,如式(2.25)所示:

$$叶面积指数 = 0.609 \times 红边指数 - 0.308 \tag{2.25}$$

表 2.20 即为通过此模型计算出的叶面积指数与实测的叶面积指数之间的比较。

表 2.20 实测的叶面积指数与模型计算出的叶面积指数

实验田序号	实测的叶面积指数	预测的叶面积指数
1	3.430	3.452 265 019
3	2.549	2.303 206 864
5	3.167	3.002 410 726
6	3.842	3.721 540 459
7	3.499	3.408 667 318
8	2.613	3.000 651 325
10	2.760	2.878 144 276
11	2.501	3.002 135 458
12	3.752	3.788 221 087
13	4.533	3.171 324 184
14	2.307	2.045 382 451
15	2.232	2.539 959 268
16	2.212	3.059 679 259

2. 回归结果分析

得到回归模型后,需对模型的精度进行评定。与几何处理中一样,利用 SPSS 的线性多元回归模块进行回归后,SPSS 会输出模型汇总表,如表 2.21 所示。

表 2.21 模型汇总表

模型	R	R^2	调整后 R^2	标准估计的误差
1	0.701	0.492	0.446	0.544 669

从表 2.21 中可以看出"调整后 R^2"为 0.446,也就是说明红边参数可以解释 44.6% 的叶面积指数变化值。由此得出,相比于利用激光点云数据进行叶面积指数的反演,利用红边参数对叶面积指数的反演效果较为一般。

同理，生成变异数分析表如表 2.22 所示。

表 2.22　变异数分析表

模型	项目	平方和	df	平均值平方	F	显著性 sig
1	回归	3.162	1	3.162	10.657	0.08
	残差	3.263	11	0.297		
	总计	6.425	12			

从表 2.22 可以看出，利用红边参数反演出的叶面积指数的显著性 sig 为 0.08。这即说明了自变量对因变量有较为明显的影响，从显著性方面说明了该模型的可靠性。

3. 误差分析

1）回归-标准化残差的常态 P-P 图

对红边指数以及实测的叶面积指数在 SPSS 中输出直方图以及回归-标准化残差的常态 P-P 图，分别见图 2.18 和图 2.19。

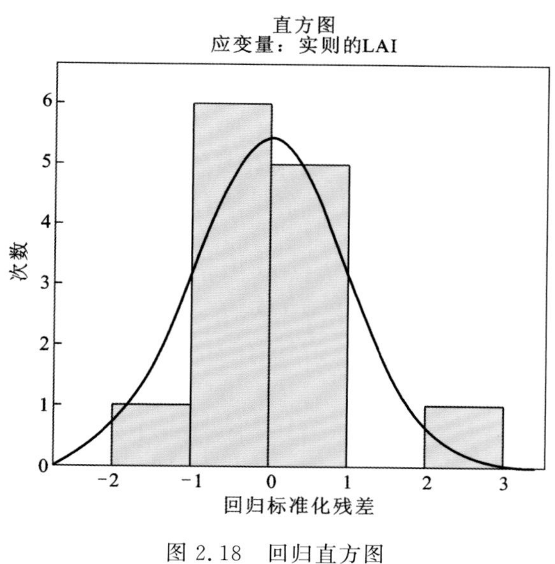

图 2.18　回归直方图

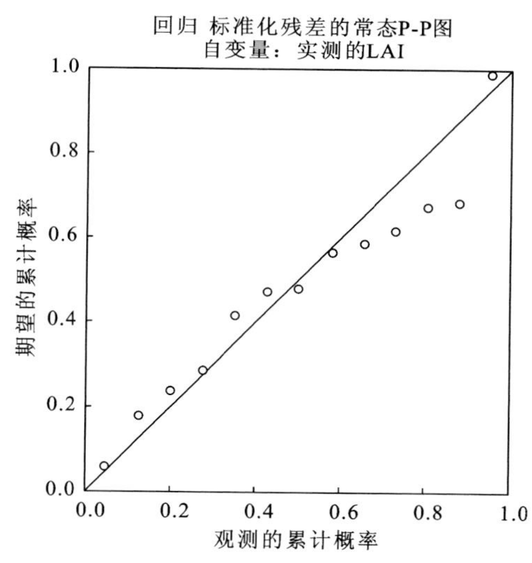

图 2.19　回归-标准化残差的常态 P-P 图

从图 2.18 可以看出，回归曲线趋向于正态分布。而从图 2.19 中可以看出，原始数据与预测数据不存在显著的差异。由此可得知，该模型计算出的叶面积指数与实测的叶面积指数不存在显著的差异，二者之间的残差同样满足线性模型的前提要求。

2）样本误差分析

同样利用式(2.25)所示的模型来预测 9 号实验田的叶面积指数，并进行预测准确性的评估。9 号实验田的相关数据以及利用该模型所计算出的叶面积指数见表 2.23。

表 2.23　9 号试验田的相关数据

序号	LAI(实测)	红边指数	LAI(预测)
9	3.562	5.760 575	3.200 190 175

从上表可以看出，对 9 号实验田使用该模型计算出来的叶面积指数约为 3.200，而利用 LAI2000 冠层分析仪实地测量的 9 号实验田的叶面积指数为 3.562。

利用式(2.23)与式(2.24)可以分别计算出其绝对误差为 0.362，相对误差为 0.1016，所得的相对误差小于 5%，说明预测值的精度较高。可见利用红边指数也能较为准确地预测 9 号实验田的叶面积指数。

2.7　本章小结

本章首先通过对小麦冠层的激光点云数据进行图像化处理，得出能描述小麦冠层形态以及纹理特征的特征参数，将这些特征参数进行主成分分析，剔除相关性大的参数，得到互相无关的几个特征参数。然后通过将其与实测的叶面积指数进行线性多元回归分析，得出相应模型，并进行精度评定。

然后利用近红外波段与红边波段对小麦冠层进行光谱信息的提取，采用红边参数作为植被指数，利用 ENVI 计算出红边参数，并与实测的叶面积指数进行回归分析与精度评定。

从精度评定中可以看出，利用几何信息得出的模型所计算出的叶面积指数与实际的叶面积指数的相对误差较小，可靠性较高。在实际的生产运用中，只需小麦冠层的激光点云数据，就能够利用该模型对小麦冠层进行叶面积指数的定量计算。而利用光谱信息所得出的模型也能较好地反演出叶面积指数，但在显著性、R^2 以及相对误差等方面不如几何信息得出的模型准确，二者的比较见表 2.24，这说明利用几何信息所反演出的叶面积指数精度更高，效果更好。

表 2.24　利用几何信息与光谱信息进行回归分析的比较

比较项目	几何信息分析	光谱信息分析
所用数据类型	激光点云数据	多光谱影像
回归自变量	信息熵、惯性矩、相关、局部平稳	红边指数
回归自变量个数	4	1
R^2	0.669	0.446
显著性 sig	0.01	0.08
绝对误差	0.080	0.362
相对误差	0.022 5	0.101 6

由于叶面积指数在评判农作物的长势状况中起到非常关键的作用，所以对于叶面积指数的获取，国内外学者均做了非常丰富的研究，利用包括直接法、间接法、统计模型法、混合像元分解法、几何光学模型法和辐射传输模型法等多种方法对叶面积指数进行提取。但每种方法均有各自的不足，例如直接法与间接法虽然能实时得到作物冠层的叶面积指数，但会在一定程度上毁坏植株，且需要消耗大量的人力、物力和财力。统计模型法、混合像元分解法等，虽然能对大面积的作物进行叶面积指数的获取，但数据精度仍然不甚理想。特别是目前研究最多的，利用 SAIL 模型与 PROSPECT 模型结合的叶面积指数反演

的几何光学法，虽然具有较好的普适性，但 SAIL 模型需要大量的参数，这些参数的获得成本同样非常高，且往往参数的精度也会影响到最终计算出的叶面积指数的精度，所以这些方法在对叶面积指数的获取方面都面临着成本较高的问题。

而本章的几何信息分析方法，利用三维激光点云数据来进行叶面积指数的获取，从物理基础来说，激光点云数据能够非常直观地反映出作物冠层的形态特征，也就是说激光点云数据与叶面积指数在作物形态学方面有较为紧密的联系，从而在一定程度上保证了模型的普适性。而在输入参数方面，只需要三维激光点云数据即可，这是因为进行叶面积指数回归分析的参数均为激光点云数据计算而来。数据源获取的简便性以及一定的普适性使得用该方法得出的模型形式简洁、直观。而在算法实现中，只需输入激光点云数据就能得到小麦冠层的叶面积指数，方法简单可靠。

可以看出，利用激光点云数据拟合出叶面积指数的优点如下：①数据源获取简单且方便；②参数获取成本低，只需作物冠层的激光点云数据即可；③具有一定的普适性；④所得到的数据精度较高；⑤模型形式简洁、直观。

相比于其他获取叶面积指数的方法，几何信息反演出叶面积指数的模型仍然有以下几点不足的地方。

(1) 点云数据的精度不高，在获取点云数据中，利用激光结构光散点发射器在植株冠层水平平面扫描时，可能会出现操作不当的情况，例如曝光时间没有调整到最佳大小而导致激光光斑过暗或者出现重影等情况，又如扫描速度过快可能会导致出现粗差点等问题。

(2) 在数据预处理中，是利用 MicroStation 平台进行输入高程范围剔除掉粗差点及地面点的，这样可能会影响到小麦冠层点云数据的获取，特别是在剔除地面点的时候，很可能会将正常点当作地面点剔除掉，也可能会有少量地面点没有被剔除掉。

(3) 进行激光点云数据图像化会导致信息的损失，由于在激光点云数据中，点云的坐标均为小数，而转化成的灰度图像的灰度值为 0～255 的整数，这样必然会导致信息的缺失。

(4) 模型的精度仍然不够高，虽然在相对误差方面，整个模型的平均相对误差约为 8.65%，但有些实验田的相对误差仍然较大，例如第 16 块田的相对误差达到了 21.19%，第 6 块实验田的相对误差达到了 18.35%，这说明多元线性回归仍然不能够完全概括所有的数据。

(5) 模型仍然没有达到理想的普适性，只能在小麦冠层的研究中利用此模型，而无法将模型应用于其他植物中。

针对以上问题，笔者列出了几种较为可能的解决方法。①针对点云数据精度不高的问题，可以通过改进仪器设备，将人工扫描变成自动扫描，来提高点云数据的质量。②在数据预处理中，进行程序开发，编写精准将地面点剔除的算法，将结果与 Microstation 的处理结果相结合，并加入人工筛选剔除的环节，由此得出更为精确的小麦冠层激光点云数据。③针对普适性不高以及模型精度不够的问题，能通过改善数据精度，建立起每种作物的模型数据库，增强模型的普适性。另外，也可以考虑利用机器学习的方法，不断提高模型的精度和普适性，以达到实时获取作物冠层的叶面积指数的能力。

参考文献

薄华，马缚龙，焦李成，2006. 图像纹理的灰度共生矩阵计算问题的分析. 电子学报，34(1)：155-158.

蔡博峰，绍霞，2007. 基于 PROSPECT＋SAIL 模型的遥感叶面积指数反演. 国土资源遥感(2)：39-43.

曹彤彤，赵丹，王桂凤，2011. 水分胁迫对树木光合作用的影响研究综述. 当代生态农业(1)：112-114.

陈冠楠，刘垚，朱小钦，等，2014. 基于二次谐波图像纹理分析的皮肤瘢痕诊断方法：CN 103632154 A.

陈艳华，张万昌，雍斌，2007. 基于 TM 的辐射传输模型反演叶面积指数可行性研究. 国土资源遥感(2)：44-49.

代创锋，任海云，2012. 基于主成分分析法的房地产上市公司业绩综合评价分析. 财会通讯(35)：24-25.

董君明，1992. 浅谈植被在生态系统中的作用. 生物学通报(6)：21.

方秀琴，张万昌，2003. 叶面积指数(LAI)的遥感定量方法综述. 国土资源遥感(3)：58-62.

高峰，朱启疆，1997. 植被冠层多角度遥感研究进展. 地理科学，17(4)：346-355.

郭铌，2003. 植被指数及其研究进展. 干旱气象，21(4)：71-75.

郭素娟，熊欢，邹锋，等，2013. 冠层分析仪在板栗冠层光辐射特征研究中的应用. 中南林业科技大学学报，33(6)：12-16.

黄健熙，吴炳方，田亦陈，等，2006. 作物冠层 BRDF 的 Monte Carlo 模拟与分析. 农业工程学报，22(6)：1-6.

蒋金豹，陈云浩，黄文江，2010. 利用高光谱红边与黄边位置距离识别小麦条锈病. 光谱学与光谱分析，30(6)：1614-1618.

景照红，隋明春，2005. 谈森林植被的作用. 林业勘查设计(2)：3.

李革成，2012. 测量数据处理假设检验问题的探讨. 大科技(24)：331-332.

李胜联，谭盛葵，施文祥，等，2009. 多个变异系数显著性检验在毒理学研究中的应用. 中华劳动卫生职业病杂志，27(2)：74-76.

李晓冬，2013. 改进 Otsu 法的冠层图像分割及银杏叶面积指数估测. 北京：中国林业科学研究院.

李玉红，彭晓峰，陈慧青，2009. 统计软件 SPSS 在应用统计学教学中的应用. 金融教学与研究(3)：71-72.

林文鹏，赵敏，张翼飞，等，2008. 基于 SPOT5 遥感影像的城市森林叶面积指数反演. 测绘科学，33(2)：57-59.

刘建伟，刘雅荣，朱春全，等. 1994. 杨树不同无性系叶面积模型的选择及其建立. 林业科学，30(6)：481-486.

浦瑞良，宫鹏，2000. 高光谱遥感及其应用. 北京：高等教育出版社.

秦红兵，2007. 多元回归分析中多重共线性的探讨与实证. 科技信息：学术研究(31)：120-123

秦益，田国良，1994. NOAA—AVHRR 图像大气影响校正方法研究及软件研制：第一部分原理和模型. 遥感学报，9(1)：11-21.

唐玮，朱华，王勇，2008. 应用空间灰度共生矩阵方法评价断口形貌//2008 全国青年摩擦学与表面保护学术会议.

唐艳鸿，李胜功，2005. 光环境的时空不均一性与光合作用的响应//现代生态学讲座暨国际学术研讨会.

田庆久，闵祥军，1998. 植被指数研究进展. 地球科学进展，13(4)：327-333.

汪黎明，陈健敏，王锐，等，2003. 织物折皱纹理灰度共生矩阵分析. 青岛大学学报(工程技术版)，18(4)：5-8.

王谦，陈景玲，孙治强，2006. LAI-2000 冠层分析仪在不同植物群体光分布特征研究中的应用. 中国农业科学,39(5):922-927.

王希群,马履一,贾忠奎,等,2005.叶面积指数的研究和应用进展.生态学杂志,24(5):537-541.

温一博,2013.大兴安岭地区叶面积指数反演.哈尔滨:东北林业大学.

夏甲甲,2015.基于PCA提取重力固体潮信号的地球物理信息研究.昆明:昆明理工大学.

徐孟春,2009.纹理特征分析及其在图像处理中的应用.大连:辽宁师范大学.

徐鹏飞,刘保菊,朱清泽,2013.直方图图像处理算法的实现.安徽电子信息职业技术学院学报,12(6):21-23.

薛利红,曹卫星,罗卫红,等,2004.光谱植被指数与水稻叶面积指数相关性的研究.植物生态学报,28(1):47-52.

张秋余,刘洪国,袁占亭,2009.基于图像局部稳定性的LSB隐藏信息检测算法.通信学报,30(S2):37-43.

张兆康,毛国忠,李红洋,2001.直播稻田恶性杂草千金子的识别及防除技术.农业科技通讯,40(1):33-34.

周健,2012.植被冠层截留量模型的多元回归分析.成都:电子科技大学.

ALTERMANN W, 2008. Accretion, trapping and binding of sediment in Archaean stromatolites: morphological expression of the antiquity of life. Space Sciences Reviews,135(1-4):55-79.

BARALDI A,PARMIGGIANI F,1995. Investigation of the textural characteristics associated with gray level cooccurrence matrix statistical parameters. IEEE Transactions on Geoscience & Remote Sensing, 33(2):293-304.

BARET F,GUYOT G,MAJOR D J,1989. TSAVI:a Vegetation Index Which Minimizes Soil Brightness Effects On LAI And APAR Estimation//IEEE International Geoscience and Remote Sensing Symposium,1989. Igarss'89. Canadian Symposium on Remote Sensing:1355-1358.

GREGORY A, CARTER, 1994. Ratios of leaf reflectance in narrow wavebands as indicators of plant stress. International Journal of Remote Sensing,15(3):697-703.

HARALICK R M, SHANMUGAM K, DINSTEIN I, et al., 1973. Textural features for image classification. IEEE Trans Syst Man Cybern 3: 610-621. IEEE Transactions on Systems Man & Cybernetics,SMC3(6):610-621.

OHANIAN P P,DUBES R C,1992. Performance evaluation for four classes of textural features. Pattern Recognition,25(8):819-833.

PU R L,GONG P,BIGING G S,et al.,2003. Extraction of red edge optical parameters from Hyperion data for estimation of forest leaf area index. Geoscience & Remote Sensing IEEE Transactions on,41(4):916-921.

ZHANG Y Q,CHEN Z C,ZHANG W J,et al.,2014. Quantitative Effects of the Spectral Calibration Accuracy of the Imaging Spectrometer on the Vegetation Red Edge// Iop Conference Series:Earth & Environmental Science,17(1):682-691.

ZOU X B,SHI J Y,HAO L M,et al.,2011. In vivo noninvasive detection of chlorophyll distribution in cucumber(Cucumis sativus)leaves by indices based on hyperspectral imaging. Analytica Chimica Acta, 706(1):105-112.

第 3 章　多层次遥感信息辐射校正技术

3.1　引　言

本章主要内容分为以下几个部分。

(1) 地面及航空遥感数据辅助下的光学遥感卫星影像辐射校正。试验场定标需要地物均一、反射率稳定的辐射校正场，当辐射校正场不适宜使用时，地物混合和光谱混杂会导致辐射校正质量较差。对非试验厂定标而言，仅仅采用地面控制点测量光谱的方式显然无法全面反映地物真实情况。针对地面测量点和卫星影像之间存在点面差异，以及多源遥感数据难以融合的特点，本章使用一种以航空高光谱影像作为地面测量和卫星观测间过渡的辐射校正方法。

针对不同光学遥感卫星影像在时间分辨率、空间分辨率、光谱分辨率和辐射分辨率的差异问题研究其辐射校正协同方式。实验使用 Specim Aisa 机载高光谱成像仪对江苏常熟地区成像，同步采集地面 ASD 数据，并获取同期的高分卫星、环境卫星等影像数据，使用地面测量数据校正航空影像，校正后的航空影像再联合 6S 大气传输模型用于卫星影像的校正，最终得到地面反射率产品。实验结果以及精度验证表明，该辐射校正方法中航空影像作为过渡，波长积分和空间综合效果良好，可以研究利用。

(2) 星载遥感数据辅助下的光学遥感卫星影像辐射校正包含多光谱影像校正和高光谱影像校正。星载数据辅助的多光谱影像辐射校正中，依据控制点信息获取对应区域已定标影像和待定标影像的 DN，对已定标影像的 DN 进行标定，结合通道匹配因子计算待定标影像的辐亮度，与待定标影像的 DN 进行最小二乘拟合，得到标定系数，接着利用辐亮度到地面反射率的转换系数，对卫星影像进行校正，得到校正后的反射率影像。

星载数据辅助的高光谱影像辐射校正中，本专题针对拥有短波红外(2.1 μm)、蓝波段(0.47 μm)、红波段(0.66 μm)的高光谱数据，使用基于 6S 辐射传输模型构建大气参数查找表，利用暗目标采用循环迭代方法纠正高光谱遥感数据的方法。以武汉市为研究区域，以 Hyperion 卫星高光谱数据为数据源，对该地区进行大气纠正。

(3) 利用光谱信息来约束辐射校正过程的高光谱影像辐射校正模型。光谱信息约束下的辐射校正，结合地物本身的光谱信息特征，综合分析高光谱影像中各种地物的光谱特征，对辐射校正过程进行约束。光谱信息约束辐射校正实质上是用图像信息来反演光谱信息的过程中，增加光谱信息约束，利用已知的光谱信息来优化这个反演模型。

(4) 针对多光谱相机，提出结合几何信息的多光谱影像辐射定标方法。该方法能减小辐射畸变，提高从响应灰度值转换为地物反射率的精度，为遥感地物光谱提取与分析、遥感影像分类与解译、遥感地物参数反演提供多光谱反射率数据基础。

3.2 概　　述

3.2.1 研究意义和背景

多源遥感数据处理及应用技术既是对资源环境信息监测的有效手段，也是对瞬息万变生态环境信息准确把握的首选技术。在农业、林业、水利和测绘等行业中，对多源遥感卫星数据的处理和应用存在巨大需求，多源遥感数据的结合将极大提高行业生产效率。

近年来国产卫星建设不断推进，资源卫星、环境卫星、高分卫星等系列卫星的多光谱、高光谱及全色遥感数据都在多个领域得到应用，这些数据的辐射定标质量对相关行业应用有着重要影响，有效的辐射定标对后续数据应用将起到基础性保障作用。当前充分利用多源遥感数据对在轨自主遥感卫星进行辐射校正愈发重要，已成为挖掘多源遥感卫星数据应用潜力的重要方向。本研究正是在这种背景下，针对部分国产卫星的多源辐射校正方法展开研究。

实现多源数据综合处理进行光学卫星影像辐射校正这一目标面临诸多技术难题，其中的核心问题之一便是光学卫星遥感数据普遍存在光谱信息和辐射信息数据的多样性和差异性。综合考虑光谱和辐射信息，对改善国产光学遥感数据辐射质量具有关键作用。

研究目标是针对典型国产多源卫星数据间辐射校正问题，提出有效的多源卫星数据协同校正的方法，突破协同校正的关键技术，通过研发相关算法和软件程序实现典型国产光学卫星数据的辐射校正处理，改善遥感影像辐射质量。研究内容包括：地面及航空遥感数据辅助下的多源国产卫星数据辐射校正，星载数据辅助下的多源国产遥感卫星数据辐射校正。

3.2.2 研究进展

实验室定标、星上定标、场地定标是卫星传感器定标的主要形式。对于实验室定标，由于卫星升空运行后传感器工作温度的变化、系统性能衰减、感应元件老化、镜头污染等原因造成传感器探测精度和灵敏度下降，原有的定标系数不完全适用。星上定标优点在于可以实现连续、实时的定标，缺点在于由于定标系统准确性和稳定性稍差导致的定标精度不是很高。场地定标主要分为反射率法、辐亮度法和辐照度法，优点在于综合考虑了卫星、大气、地面等因素的影响，与成像完全相同条件的绝对辐射定标，不足之处在于对场地有着严格要求，测量过程需要同步测量数据，需要耗费一定的人力、物力和财力。交叉辐射定标是最近发展的一种用已定标的传感器对未定标传感器进行定标的无场地定标方法，要求两种传感器在近似成像状况下观测同一目标区域。交叉辐射定标主要可分为光线匹配交叉定标、光谱匹配交叉定标、基于辐射传输模型交叉定标和基于瑞利散射交叉定标。交叉辐射定标无须使用地面校正场和定标系统，定标成本较低；可以实现多频度多传感器的定标。交叉辐射定标对两种传感器的光谱有一定要求，要尽可能获取一致的成像状况，其精度严重依赖于选择的已定标传感器精度。目前场地定标的校正精度可达3%～6%，已成功地对 Landsat-4、5 的 TM，SPOT 的 HRV，NOAA-9、10、11 的 AVHRR，Nimbus-7 等卫星传感器进行辐射校正。美国在新墨西哥州的白沙和爱德华空军基地建立了辐射校正场，法国在马塞市附近建立了辐射校正场，欧空局在非洲撒哈拉沙漠建立了辐射校正场，中国在甘肃省敦煌市和青海湖建立了辐射校正场。

多传感器图像融合技术是多源遥感数据融合发展最早也最成熟的领域。Dally 等首先把雷达图像和 MSS 图像进行简单的图像融合，Chiche 等实现了全色图像与多光谱图像融合，Toet 等实现了可见光图像与红外图像的融合，Wilson 等实现了高光谱图像的融合，Chibani 利用冗余小波变换进行图像数据融合，Petrovic 等利用梯度图像表示源图像信息的分布进行多波段图像融合。国内一开始主要是基于像素的多源遥感影像融合，从简单的代数融合发展到多尺度的金字塔和小波融合方法的研究与应用，目前正着手基于特征和决策水平的遥感影像融合研究。资源卫星、环境卫星、高分卫星的成功发射运行，极大地扩展了国产卫星影像的图像融合的范围。当前融合技术研究正从低层次的数据融合向中高层次的信息融合、知识融合方向发展，从理论研究向实际应用方向发展。

3.3　多源信息辅助的光学遥感影像辐射校正

多源遥感数据处理及应用技术既是对资源环境信息监测的有效手段，也是对瞬息万变生态环境信息准确把握的首选技术。在农业、林业、水利和测绘等行业中，对多源遥感数据的处理和应用存在巨大需求，多源遥感数据的结合将极大提高行业生产率。近年来国产卫星建设不断推进，资源卫星、环境卫星、高分卫星等系列卫星的多光谱、高光谱及全色遥感数据都在多个领域得到应用。这些数据的辐射校正质量对相关行业应用有着重要影响，有效的辐射校正对后续数据应用将起到基础性保障作用。

针对当前研究现状趋势和存在的问题，结合国家科技战略部署需求，本章的研究目标是针对典型国产多源卫星数据间辐射校正问题，提出有效的多源卫星数据协同校正的方法，突破协同校正的关键技术，通过研发相关算法和软件程序实现典型国产光学卫星数据的辐射校正处理，改善遥感影像辐射质量。

研究内容包括地面及航空遥感数据辅助下的光学遥感卫星影像辐射校正以及星载遥感数据辅助下的光学遥感卫星影像辐射校正，具体如下。

(1) 地面及航空遥感数据辅助下的光学遥感卫星影像辐射校正。针对不同平台多源遥感数据的特点和地面及航空遥感数据的近地观测优势，利用超高光谱分辨率的近地观测数据，对国产光学遥感卫星影像进行协同定标。主要包括根据机载及地面成像光谱数据模拟等效星载观测遥感数据，以及多通道国产卫星数据的等效表观反射率计算等内容。

(2) 星载遥感数据辅助下的光学遥感卫星影像辐射校正。针对不同光学遥感卫星影像数据在时间分辨率、空间分辨率、光谱分辨率、辐射分辨率的差异问题研究其辐射校正协同方式。主要包括基于已定标遥感卫星数据的大气模型求解，以及针对国产光学卫星数据大气参数的波长维修正和定标参数求解等内容。

本研究的技术难点在于现有观测数据和待定标国产卫星遥感数据存在普遍的物理意义非一致性。由于传感器设计差异，导致不同遥感数据在辐射信息传输链路、光谱维观测信息等方面均存在差异，不同遥感平台、不同观测来源的遥感数据之间的信息参数无法直接迁移使用。

研究数据源包括待定标数据和辅助数据。待定标数据为以环境卫星和高分卫星为主的国产光学遥感卫星影像数据，同时以 MODIS 等典型星载已定标数据为辅助数据，还包括机载和地面成像光谱仪数据以及地面光谱测量数据，协作来自试验区的实地观测。

研究区域为江苏常熟地区，采用 8～10 景国产卫星数据，根据观测实验条件会有适当扩展和调整。

首先，将多源遥感数据间影像辐射校正这一基本问题划分为两个核心问题，即多源数据条件下的大气模型求解问题和多源遥感数据辅助下的传感器定标问题。其次，对不同平台国产卫星遥感数据辐射定标的作用进行分析，对多源数据的协作方式进行设计研究，提出解决关键问题的方案。最后，通过几个研究内容的任务分工和有效衔接建立完整的处理流程，框架图如 3.1 所示。

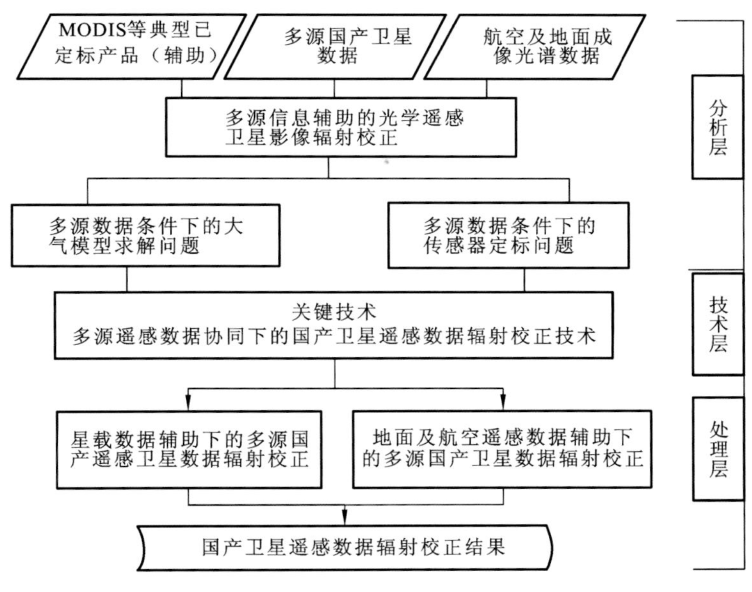

图 3.1　研究方案总体框架图

(1) 地面及航空遥感数据辅助下的光学遥感卫星影像辐射校正。根据使用的设备及技术基础，利用超高光谱分辨率的近地观测数据，通过对星载观测数据的模拟和对比分析，获取国产光学卫星特定波长及带宽的等效数据，实现表观反射率的计算以及定标参数的解算，其核心是地面高光谱观测数据和机载高光谱成像数据的有效利用。①利用机载、地面高光谱遥感数据，对国产卫星的光谱信息进行修正，其中包括波长信息的定位和修正，获取光谱校正后的国产卫星数据。②利用经典星载卫星数据的已定标产品进行参考波长的大气模型参数解算，获取有限个中心波长对应的大气模型参数。然后，根据这些参考波长的大气参数，以及国产卫星的观测条件信息，利用机载、地面成像光谱数据模拟出对应波长的表观反射率。③对有限个模拟的表观反射率进行光谱维内插以获取不同波长对应的表观反射率。然后将光谱校正后的国产卫星数据和模拟以及按波长内插的表观反射率数据进行直方图匹配分析，获取国产卫星表观反射率数据，并进行定标参数解算，完成辐射校正。

(2) 星载遥感数据辅助下的光学遥感卫星影像辐射校正。首先选择地表状况稳定区域作为辐射定标场地，其次获取定标场 BRDF 与 AOD 信息，利用时间序列的国产中低分辨率卫星数据来同时反演地表的 BRDF 与 AOD 信息，接着模拟待定标数据地表方向反射率，最后计算待定标数据表观反射率。

3.3.1 数据获取与处理

1. 地面数据

1) 地面光谱数据

使用野外分光辐射光谱仪(ASD FieldSpec Pro)测量可见光到近红外波段地物光谱反射率及绝对亮度值。其光谱范围在 390～2 500 nm，光谱分辨率 1 nm。

使用 ASD 公司的 RS3 软件包对采集得到的数据进行初步处理，RS3 是一套数据采集分析软件包，可以进行实时的辐射测量和辐照测量，漂移锁定暗电流校准，获取的数据可以直接用 ENVI 软件读取。仪器主要测定三类光谱值：暗光谱、参考光谱、样本光谱。暗光谱是不进行测量时由仪器记录系统本身的光谱，与仪器软硬件系统和周围环境相关。参考光谱又称为标准白板光谱，是从标准白板(相对理想的漫辐射体)上测得的光谱。在相同的条件下进行试验，并依据光照条件和环境温度调整光谱的测量时间，以避免光谱辐射饱和或不足。样本光谱为从目标物上测得的光谱，包含了多种理化参数，综合反映了环境信息，是主要的研究对象。

采集数据时，时段选择在正午 10～14 时，选择阳光直射的部位；开始采集时，先对黑校准 ASD 光谱仪，消除仪器内杂光的影响。然后以标准白板为参照，再次校准 ASD 光谱仪，使其测得的谱线平稳；对每秒测得的十个光谱曲线取平均作为地物光谱曲线；每采集十组数据后，对准白板进行校准一次。

环境变化、系统噪声以及仪器操作的不一致导致了光谱数据的波动性和不连续性，实验时采用了移动窗口平滑算法对光谱数据进行了滤波处理。即取一定波长宽度的窗口，在整个光谱波段范围移动，对于移动窗口中每一中心波长，取该波长两边移动窗口内的波长对应的反射率，计算这些波长的均值并将均值赋给该中心波长。具体公式如下：

$$x(l) = \frac{1}{2K+1}\sum_{i=-K}^{K} x(l+i) \tag{3.1}$$

其中：l 表示波段，$l = K, \cdots, L-K-1$，K 为窗口半径。图 3.2 是对 ASD 数据中植被光谱数据的平滑效果，移动窗口大小为 15，图中展示了移动窗口平滑算法对消除光谱噪声影响的有效性。

2) HyperScan 数据

研究使用的地基成像光谱仪是美国 OKSI 公司研制的 HyperScan 高光谱遥感成像系统。HyperScan 是一种包括高光谱传感器、惯导系统、正弦波逆变器和 PC 的地空两用多功能型高光谱遥感成像系统。其中高光谱传感器包括可见光近红外波段的 HyperScan

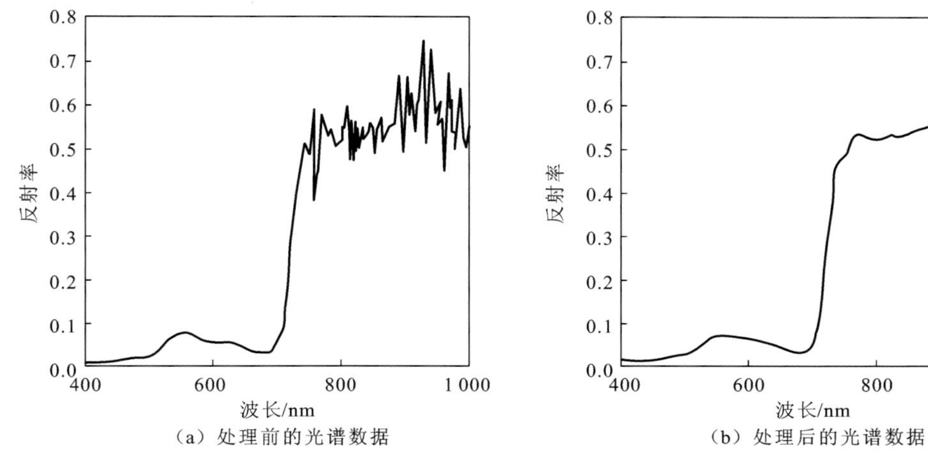

(a) 处理前的光谱数据　(b) 处理后的光谱数据

图 3.2　平滑前后的光谱数据对比

VNIR 和短波红外的 HyperScan SWIR，两种探测器类型分别是 CCD 和高灵敏度的 InGaAs(铟砷化镓)，正弦波逆变器用途为航空测量时电压的转换，数据采集软件安装在 PC 中。图 3.3 是 HyperScan 高光谱成像仪的实物图。

图 3.3　HyperScan 高光谱成像仪

研究使用的是 HyperScan VNIR 系统，即图中红色仪器，其主要包含了采集镜头、高分辨率的扫描镜、输入光学元件和智能控制数据采集软件。系统有两种成像方式：推扫和摆扫。摆扫采用可以通过人工设置的镜面扫描方式，分别实现逐步扫描、扫描镜连续扫描以及最大角度为－30°～＋30°扫描镜固定扫描。成像光谱仪采用像素大小为 10.8 μm，长宽为 1 280 和 1 024 的面阵列 CCD 探测器。空间分辨率可以通过焦距、距离和地物大小加以调节。为了获取不同分辨率图像以匹配应用的广泛性，系统配置了焦距分别为 23 mm和 12 mm 两种不同的采集镜头。传感器具体特性参数见表 3.1。

表 3.1　HyperScan VNIR 传感器特性

传感器特性	参数
像素大小 μm	10.8
光谱范围/nm	400～1 050
总波段/个	572
光谱采用间隔/nm	1～1.3
扫描角度/(°)	－30～＋30
IFOV(瞬时视场)/mrad	0.46
传感器曝光时间	30.0 μs～1.5 s
每行像素数/个	1 280
信噪比	200
量化等级/bits	12

系统的软件是 HyperVision，这是一款包含扫描设置部分、扫描镜控制部分、显示部分、采集部分、图像显示部分以及 GPS/AHRS 对话框部分 6 个部分的智能控制数据采集软件，其主要功能包括系统控制、数据采集以及数据预览和预处理，获取的三种数据文件为 cub 格式的高光谱图像数据、hdr 格式图像头文件和 tim 格式的时序文件。HyperVision 软件的界面如图 3.4 所示。

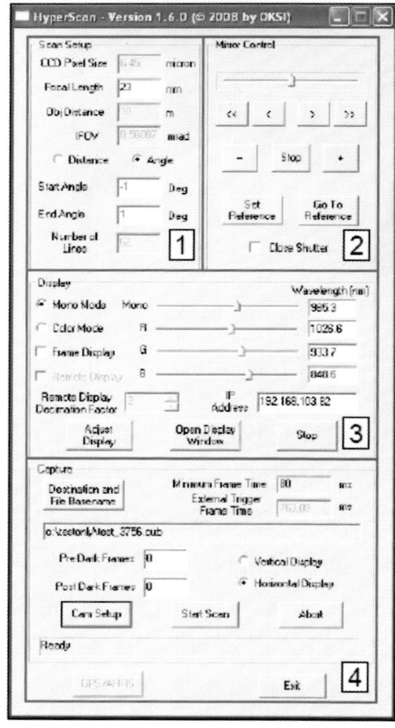

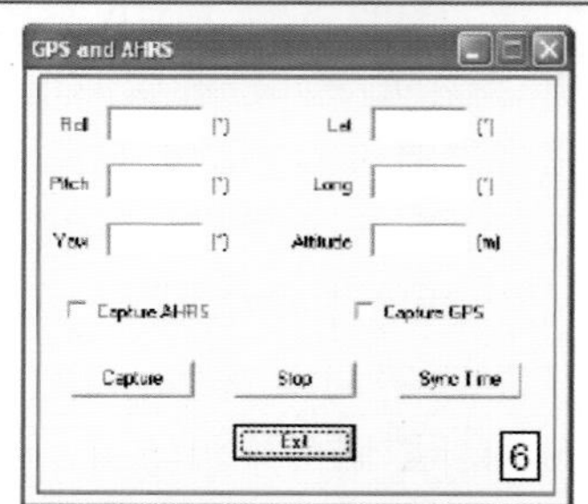

图 3.4　HyperVision 软件界面

研究使用的 HyperScan 高光谱数据是在地面平台上获取的。采集数据时仪器静置摇臂上可垂直对地表进行扫描，通过控制摇臂的高度，可实现不同高度上对地物扫描，摇臂可上升最大高度约 3 m。现场数据采集示意如图 3.5 所示。

(1) HyperScan 数据辐射定标

由成像光谱仪的定标文件可知其辐射定标公式为

$$DN=[L_1G_1+L_2G_2]\times ET+DF \tag{3.2}$$

式中：DN 是仪器扫描后得到的 DN 值；L_1 是需要的辐亮度值，是辐亮度单元的一次衍射；L_2 是不需要的辐亮度值，是辐亮度单元的二次衍射；G_1 和 G_2 分别是系统的一次增益和二次增益；ET 是积分时间，默认值为 100 ms；DF 为暗电流的测量值。G_1、G_2 和 DF 是实验室定标得到的仪器定标参数。仪器使用一段时间后，由于传感器性能的衰减，其辐射定标系数可能不是很准，需要重新定标得到新的定标系数。由于本仪器刚投入使用，因此研究中使用仪器定标文件中的定标参数。将式(3.2)进行变形可以得到所需的定标公式：

图 3.5　HyperScan 数据采集

$$L_1=\frac{DN-DE}{G_1\times ET}-L_2\left(\frac{G_2}{G_1}\right) \tag{3.3}$$

当波长小于 800 nm 时，L_2 可以视为 0；当波长大于 800 时，L_2 和 L_1 之间有如下的关系式：

$$L_{2_\lambda}=\frac{1}{2}L_{1_{\lambda/2}} \tag{3.4}$$

(2) 基于 HyperScan 的反射率计算

研究使用的 HyperScan 高光谱成像系统配套的标准白板，白板经过了严格的实验室定标。扫描时将白板放置在扫描区域内，使白板与被测目标同时成像，利用白板辐亮度计算地物目标反射率值。

确定白板位置区域。用一个 $N\times N$ 的窗口遍历图像第一个波段(本研究取 25×25 的窗口)，计算每个窗口内的和值，取最大的一个，并记下此时窗口第一个像素的位置(在图像上的相对坐标)，这样就定位了白板的位置。

反射率计算。对每一个波段的每一个像素，都除以该波段内的白板窗口内的均值，得到反射率图像。为了计算方便，在得到反射率后都同乘以 1 000，同时为了避免出现噪声点，在得到反射率后进行一个判断，如果大于某个阈值(通常是白板均值的某个倍数)，就令其与阈值相等，最后得到遥感反射率图像。

3) 太阳光度计数据

进行大气参数测量的仪器是法国 CIMEL 公司生产的 CE318 太阳分光光度计，其测量太阳和大气在可见光和近红外在不同时间、不同地点、不同方向、不同波段的辐射亮度，用以反演计算大气气溶胶厚度、水汽、臭氧和二氧化碳含量等信息参数。其波段包括：

1 020 nm、870 nm、670 nm、500 nm、440 nm、936 nm、380 nm、340 nm，带宽均为 10 nm。CE318 太阳分光光度计是美国 NASA 建立 AERONET 全球气溶胶光学特性监测网络的主要设备，精度可达 0.01～0.02。太阳光度计反演大气气溶胶厚度原理如下。

设大气上界波长为 λ 处太阳直接辐射光谱辐照度为 $E_0(\lambda)$，到达地面的太阳直射辐照度为 $E(\lambda)$，$\tau(\lambda)$ 为大气光学厚度，$m(\theta)$ 为大气质量数，即太阳光自某一天顶角 θ 入射时和自天顶入射时整层大气的光学厚度的比值，d_0 为日地平均距离，d 为观测时的日地距离；$t_g(\lambda)$ 为吸收气体透过率。根据 Bouguer 定律有

$$E(\lambda)=\left(\frac{d_0}{d}\right)^2 E_0(\lambda)\exp[-m(\theta)\tau(\lambda)t_g(\lambda)] \tag{3.5}$$

在 CE318 测量数据中太阳直接辐射表现为仪器的输出电压，由于 936 nm 处水汽吸收对太阳辐射影响较大，不能忽略，对于其他波段有 $t_g\approx 1$，可将式(3.5)改写为

$$V(\lambda)=\left(\frac{d_0}{d}\right)^2 V_0(\lambda)\exp[-m(\theta)\tau(\lambda)] \tag{3.6}$$

其中：$V(\lambda)$ 为太阳光度计的实测数值；$V_0(\lambda)$ 为定标常数，对上式取对数可得

$$\tau(\lambda)=\frac{1}{m(\theta)}\left\{\ln\left[\left(\frac{d_0}{d}\right)^2 V_0(\lambda)\right]-\ln[V(\lambda)]\right\} \tag{3.7}$$

对于总光学厚度 $\tau(\lambda)$ 有

$$\tau(\lambda)=\tau_{\text{aero}}+\tau_r(\lambda)+\tau_{\text{ab}}(\lambda) \tag{3.8}$$

式中：$\tau_{\text{aero}}(\lambda)$ 为气溶胶光学厚度；$\tau(\lambda)$ 为瑞利散射光学厚度；$\tau_{\text{ab}}(\lambda)$ 为大气中吸收气体的光学厚度，其中 $\tau_r(\lambda)$、$\tau_{\text{ab}}(\lambda)$ 可通过经验法和精确公式法计算得到或通过准实时测量点数据查到，从而可以得到气溶胶光学厚度，具体为：$\tau_r(\lambda)=(0.008\,64+6.5\times10^{-6}H)\lambda^{-(3.916+0.074\lambda+0.05/\lambda)}$，其中 H 是光度计处的海拔高度(km)；吸收气体主要是臭氧，臭氧吸收光学厚度 τ_{O_3} 与臭氧吸收系数 K_{O_3} 和臭氧含量 U_{O_3}(单位 DU)之间的关系为：$\tau_{O_3}=K_{O_3}U_{O_3}$。

研究中，臭氧含量可通过 TOMS 卫星臭氧产品网站 http://jwocky.gsfc.nasa.gov/eptoms/ep.html、OMI 臭氧产品网站 http://toms.gsfc.nasa.gov/ozone_v8.html 或者全球地基臭氧测量点 http://es-ee.tor.ec.gc.ca/cgibin/totalozone/得到。

2. 机载高光谱数据

航空影像数据是通过在机载平台上加载航摄仪，按一定的要求对地面成像来获取数据的。航空影像数据有可读性强，信息量丰富，拍摄时间、地点、路径灵活多样等优点。

为了实现机载高光谱遥感数据辅助星载光学遥感影像定标关键技术研究，以运-5 运输机为航空平台，使用 Specim AisaEaglet 机载高光谱成像仪于 2013 年 8 月在江苏常熟地区和河南安阳地区获取了遥感影像。

该影像分为 64 个波段，分布在 398～994 nm，光谱分辨率为 9 nm。该影像 DN 值为 16 bit 量化，范围在 1～65 536。在航拍同时期进行了地面观测，包含多种不同的植被及地物目标类型。

3. 星载影像数据

1) 高分一号

高分一号是“高分专项”发射的第一颗卫星，预期寿命为 5～8 年，实现了高空间分辨

率、超长寿命、高精度姿态控制等诸多关键技术的突破。“高分专项”全称为高分辨率对地观测系统专项工程,是《国家中长期科学和技术发展规划纲要(2006～2020年)》确定的16个重大专项之一,牵头实施单位为国防科工局和总装备部。“高分专项”项目计划庞大,目前规划就已经包含至少7颗卫星,从高分一号,高分二号,直到高分七号,这7颗高分卫星计划均在2020年前发射并投入使用。高分一号和高分二号均为光学成像遥感卫星,但后者分辨率比前者高一倍。高分三号为一米分辨率雷达卫星,高分四号为地球同步的光学遥感卫星,高分五号搭载多态大气测量仪器,高分六号和高分一号性能接近,高分七号为高空间分辨率的测绘卫星。“高分专项”系列卫星包含多种波谱区间:光学和雷达;包含多种波长间隔:多光谱、高光谱和全色;包含多种轨道类型:太阳同步和地球同步。构成了一个高时间分辨率、高空间分辨率、高光谱分辨率、高辐射分辨率的对地观测系统。

高分一号(GF-1)卫星于2013年4月26号在酒泉卫星发射中心由长征二号丁运载火箭成功发射,并于2013年6月开始为国土资源部门、气象部门、环境保护部门等部门提供高质量的影像数据,在农业、林业、水利、环境监测等领域发挥重要作用。高分一号卫星搭载了两台8 m分辨率多光谱相机(全色波段分辨率为2 m),四台16 m分辨率多光谱相机。GF-1卫星轨道参数如表3.2所示,PMS传感器有效载荷技术指标如表3.3所示。

表3.2　GF-1卫星轨道参数

参数	指标
轨道类型	太阳同步回归轨道
轨道高度/km	645
轨道倾角/(°)	98.050 6
降交点地方时	10:30 AM
回归周期/天	41

表3.3　GF-1卫星CCD相机参数

谱段号	谱段范围/μm	空间分辨率/m	幅宽/km	侧摆能力	重访时间/天
1	0.45～0.90	2	60(2台相机组合)	±35°	4
2	0.45～0.52	8			
3	0.52～0.59	8			
4	0.63～0.69	8			
5	0.77～0.89	8			

人们使用的影像像元值是经过量化、位于一定区间、无量纲的DN值,而进行遥感定量分析时常用的是辐射亮度值的带量纲物理量,实现DN值到辐亮度值之间的转换即为辐射定标的意义所在。遥感从定性到定量的发展对反射率、含水量、叶绿素含量、温度值等物理量的准确度提出了更高的要求,而这些都是从辐射亮度值推导得到的,因而对更精确的辐射亮度值有了更迫切的需求。所有这些都是以DN值到辐射亮度值的转换为基础,故辐射定标的精度往往对最终结果的精度起到很大影响,高精度、实施简便、与实际情况符合的辐射定标变得越来越重要而迫切。

实验室定标可以系统地获得传感器的各项信息，诸如初始定标系数、光谱响应函数、传感器线性度、各通道光谱带、各通道测量动态范围等。实验室定标从某种程度上讲是必需的，因为传感器一旦发射升空，由于条件的不允许，很多特性指标都很难再次测量得到。由于传感器老化和镜片污染等原因，传感器升空后需要再次定标，常常用到的是星上定标。它是以太阳或星上灯为照准源进行的，优点是简便和周期性实施，缺点是高质量的星上定标系统结构复杂且对装载卫星有一定要求。地物在传感器上成像是一个复杂的过程，其中涉及大气和气溶胶对电磁波的作用，如散射、吸收、反射等。实验室定标和星上定标都没有模拟实际成像过程，对真实情况缺乏很好的适配，替代定标可以很好地解决这个问题。它于卫星成像时刻在地面同步测量地面反射率、大气参数和气溶胶参数等，用大气辐射传输方程去除大气对成像的影响。交叉辐射定标是基于传统定标方法繁杂不精确，以及全球卫星融合应用的背景新近发展起来的一种定标方法。交叉定标实施简便、精度基本满足需求、便于不同传感器的交叉定标和融合应用，是一种很有潜力的定标方法。

2）环境一号

我国自主研究发射的环境与灾害监测预报小卫星星座主要包括 A、B、C 三颗，分别命名为 HJ-1A、HJ-1B、HJ-1C，其中 HJ-1A/1B 于 2009 年 3 月正式交付使用，HJ-1 卫星具体的指标参数见表 3.4。

表 3.4 HJ-1 卫星参数

卫星指标	光学小卫星（HJ-1A，HJ-1B）	SAR 小卫星（HJ-1C）
轨道	太阳同步回归轨道	太阳同步回归轨道
高度/km	649	499
倾角/(°)	97.95	97.37
回归周期/天	31	31
降交点地方时	10:30 AM	6:00 AM
轨道保持精度/km	星下点漂移≤±10	星下点漂移≤±10
A、B 星相位分布/(°)	180	

HJ-1 卫星携带的传感器类型主要有 CCD，SAR（合成孔径雷达）、HSI（超光谱成像仪），HSI 参数如表 3.5 所示。

表 3.5 HSI 传感器主要技术指标

技术指标	性能
幅宽/km	50
轨道高度/km	649
工作谱段/nm	459～956
波段数	115
平均光谱分辨率/nm	4.32
星下点分辨率/m	100

HJ-1A HSI 传感器主要有以下几个特点。①光谱分辨率高。HJ-1A/HSI 传感器的最高光谱分辨率可达 2.08 nm，最低光谱分辨率为 8.92 nm，平均光谱分辨率为 4.32 nm，明显优于 EO-1 的 Hyperion 传感器光谱分辨率（10 nm）。②光谱波段区间较窄，HJ-1A/HSI 传感器的光谱区间在 459～956 nm，仅包含可见光和近红外波段，只能在白天、天气条件较好的情况下获得数据。HSI 数据共有 115 个波段，但受到仪器本身的影响，HJ-1A/HSI 前 30 个波段的数据条带噪声很大。③空间分辨率相对较低，HJ-1A/HSI 高光数据分辨率为 100 m，低于 EO-1 的 Hyperion 传感器 30 m 的空间分辨率。

HJ-1A 卫星和 HJ-1B 卫星上携带的 CCD 相机型号相同，参数一致，具体信息如表 3.6 所示。HJ-1C 卫星是合成孔径雷达卫星，没有 CCD 相机。

表 3.6　HJ-1A/HJ-1B 卫星 CCD 相机参数

波段号	光谱范围/μm	空间分辨率/m	幅宽/km	重访时间/天
1	0.43～0.52	30	360（单台） 700（两台）	4
2	0.52～0.60	30		4
3	0.63～0.69	30		4
4	0.76～0.90	30		4

本实验采用了 2013 年 8 月中旬在中国东部获取的环境 HJ-1A 卫星 CCD2 传感器的影像。该影像包含遥感应用中经常使用的 4 个波谱段：红波段、绿波段、蓝波段和近红外波段。影像的大致范围在经度 117°～123°，纬度 30°～34°，覆盖范围为江苏、上海和东海。环境卫星影像和高分一号卫星影像，一同作为本章的研究对象，均会实现多种方法的辐射校正，包括星载数据辅助的辐射校正和机载-地面数据协同下的辐射校正。这样不仅可以从多个维度、多个角度对比和验证上述多种辐射校正方法的适用范围，而且可以分析研究同一种校正方法在环境卫星和高分卫星实现后得到的不同效果。

3）Landsat 数据

Landsat 7 卫星于 1999 年 4 月 15 日由美国航空航天局为保持全球变化的长期连续监测发射的，属于陆地卫星（Landsat）计划。陆地卫星计划总共包含 8 颗卫星，即 Landsat 1-8，前 5 颗卫星超过运行寿命已经失效，Landsat6 发射失败，Landsat7 在超期服役，Landsat8 正在良好运行中。卫星设置了绝对定标系统，通过增益减少高亮度饱和效应从而提高了辐射测量精度、范围和灵敏度。Landsat 7 装载了增强型专题绘图仪 ETM＋（enhanced thematic mapper plus），ETM＋相比 ETM 增加了一个 15 m 分辨率的全色波段，热红外波段的空间分辨率提高到了 60 m，每一景影像长宽为 185 km 和 170 km，赤道上相邻两景图像的旁向重叠率和航向重叠率分别为 7.3%和 5%。Band 6 图像数据具有高、低增益两种模式，band 1-5、7 增益随季节变化可调整。ETM＋有 8 个波段，如下表4.7所示。

表 3.7 ETM+波段参数

波段	波长/μm	分辨率/m
波段 1	0.45～0.52	28.5
波段 2	0.52～0.60	28.5
波段 3	0.63～0.69	28.5
波段 4	0.76～0.90	28.5
波段 5	1.55～1.75	28.5
波段 6	10.40～12.50	57
波段 7	2.08～2.35	28.5
波段 8	0.50～0.90	14.25

4) Hyperion 数据

EO-1 卫星为美国 NASA 新千年计划的第一颗卫星，轨道高度 705 km。Hyperion 传感器是 EO-1 卫星上搭载的高光谱传感器，共有 242 个波段，44 个波段没有进行辐射定标，经过辐射定标的有效数据波段为 198 个，其中采用可见光定标系数的是 8～57 波段，采用短波红外定标系数的是 77～224 波段。Hyperion 传感器空间分辨率为 30 m，光谱分辨率为 10 nm，具体的参数见表 3.8。

表 3.8 Hyperion 传感器参数

名称	特性
波长/nm	356～2 577
波段数	242
光谱分辨率/nm	10
空间分辨率/m	30
VNIR 波段	1～70(356～1 058 nm)
SWIR 波段	71～242(852～2 577 nm)
数据类型	Short
VNIR 波段定标系数	40
SWIR 波段定标系数	80

Hyperion 数据转化为表观反射率的计算公式如下：

$$\rho_\lambda = \frac{\pi L_\lambda d^2}{E_\lambda \cos\theta} \tag{3.9}$$

其中：ρ_λ 为波段的表观反射率；$L_\lambda = \mathrm{DN}/S$(VNIR，$S=40$；SWIR，$S=80$)；$L$ 为光谱辐亮度；d 为日地归一化距离；E 为大气上界太阳光辐照度；θ 为太阳天顶角。

3.3.2 机载-地面数据辅助辐射校正

1. 机载-地面数据辅助辐射校正研究方案

1) 总体框架

遥感卫星传感器定标的主要形式为实验室定标、星上定标和场地定标。其中广义上的场地定标包括地物均一、反射率稳定的实验场定标，和地物混合、反射率复杂的非实验场定标。对非实验厂定标而言，仅仅采用地面控制点测量光谱的方式显然无法全面地反映地物真实情况。因此在卫星数据和地面数据之间引入贴近地面的低空航空数据，并且这航空数据是高光谱信息，用以解决地物空间混杂、光谱混合的问题，从而有效实现非实验厂的精确定标。

本研究方法的总体框架如下：首先，根据地面采样点的经纬度坐标找到航空影像上的同名点，由于航空数据获取时离地面很近，两者之间的大气影响忽略不计，因此按波段对各采样点的反射率数据和航空影像的 DN 数据进行最小二乘拟合，得到各波段的校正系数。将得到的各波段校正系数用于航空影像的校正，获得航空高光谱反射率影像。

其次，利用光谱响应函数对机载高光谱反射率影像进行光谱信息综合，利用像元重采样进行空间信息综合，得到待校正卫星影像各波段对应的航空反射率。在本研究中，由 49 个航空波段综合加权得到高分一号的 4 个波段，由 51 个航空波段综合加权得到环境一号的 4 个波段(注：高分一号和环境一号的 4 个波段不一样)。

接着，利用 6S 模型将控制点的航空反射率转化为相应的星上辐亮度，其中涉及观测点的时间和经纬度、卫星影像类型和获取时间、卫星天顶角和方位角、太阳天顶角和方位角、气溶胶参数等信息。

而后，按波段将计算得到的控制点辐亮度和对应的卫片 DN，进行最小二乘拟合，获得各波段的校正系数。要注意的是这里的控制点和第一步进行航空影像校正的控制点并不相同，航空影像的控制点是地面采样点，而这里的控制点是在航空影像取的点，用于卫片的校正。这里获得的校正系数也不同于前面航空影像的校正系数，航空影像的校正系数用于将航片 DN 转化为反射率，而这里的校正系数用来把卫片 DN 校正成辐亮度。

最后利用获得的校正系数对卫片各波段进行校正，得到卫片辐亮度，并用前面 6S 模型的输出，对卫片辐亮度进行转换获取最终的卫片反射率产品。

研究方法总体框架图如图 3.6 所示。

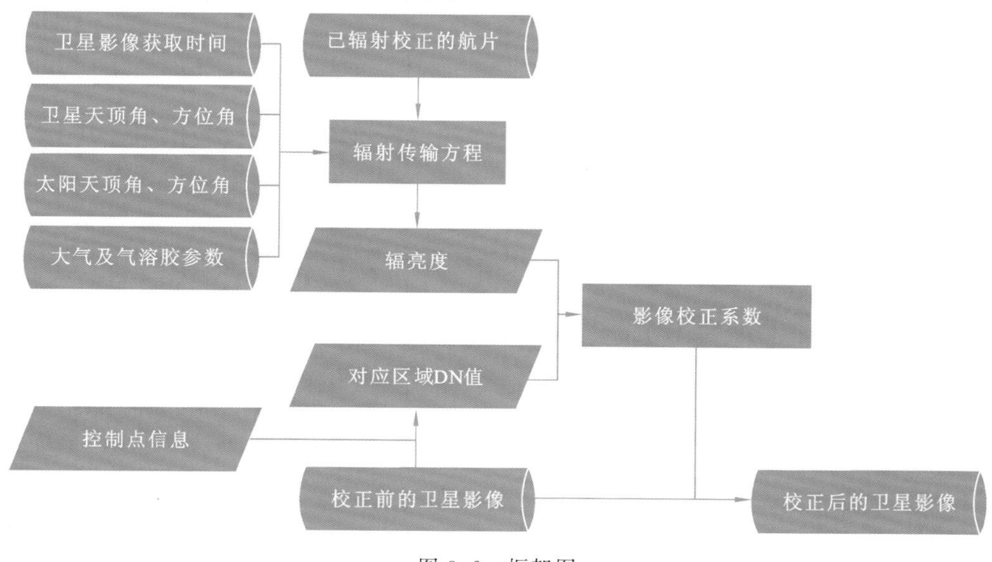

图 3.6　框架图

2）实施步骤

（1）依据控制点信息，获取已校正航片影像对应区域的反射率，和校正前卫星影像对应区域的 DN 值；

（2）将卫星影像相关信息、太阳天顶角和方位角、卫星天顶角和方位角、大气相关参数、控制点反射率等数据代入 6S 辐射传输模型中，计算入瞳处辐亮度；

（3）对卫星影像的 DN 和辐亮度最小二乘拟合，得到标定系数；

（4）利用上述步骤获得的标定系数和辐亮度到地面反射率的转换系数，对卫星影像进行校正，得到校正后的反射率影像。

3）程序输入输出

本研究关于机载-地面数据协同辐射校正的研究使用编程实现，并且集成到一个程序中。这样可以缩减处理层级，避免不必要的数据转换和处理，减少人工操作，提高效率，改善精度。程序的整体输入输出如图 3.7 所示。

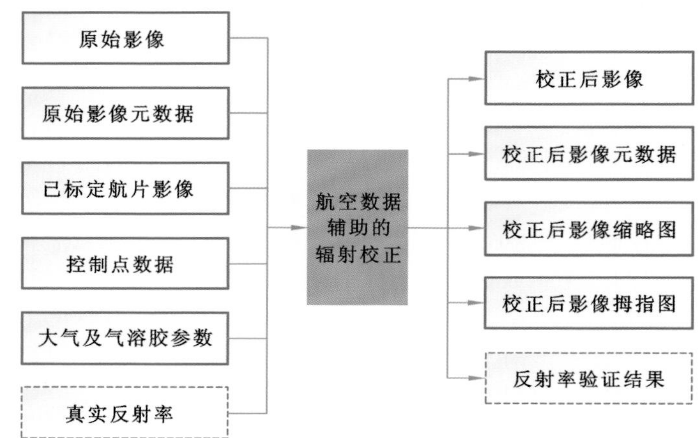

图 3.7　程序的整体输入输出

图中，程序输入包括原始影像、原始影像元数据、已标定航片影像、控制点数据、大气及气溶胶参数和真实反射率数据。原始影像是待校正的卫星影像，如高分一号 CCD 影像，格式为 tif 影像。原始影像元数据是描述待校正卫星影像的辅助信息数据，格式为 XML 文档。已标定的航片影像是机载航空高光谱影像，该影像是使用地面采样点数据校正过后得到的反射率影像，格式为 tif 影像。控制点数据保存的是控制点分别在卫片和航片的行号和列号，格式为 txt 文档。大气及气溶胶参数是 6S 模型的输入数据，以便计算用于大气校正的转换系数。真实反射率是地面测量的实际反射率数据，用以检查程序校正结果的精度。需要稍加注意的是，真实反射率作为程序的输入是非必需的，有真实反射率，固然可以进行真实性检验，没有真实反射率也没有关系，同样可以进行完整的辐射校正。

程序的输出包括校正后的影像、校正后的影像元数据、校正后影像缩略图、校正后影像拇指图和反射率验证结果。其中校正后影像是卫片经过辐射校正得到的反射率产品，格式为 tif 影像。校正后影像元数据是校正后影像的辅助描述信息，格式为 XML 文档。

校正后影像缩略图和校正后影像拇指图都是对校正后影像进行重采样得到的展示图像，格式均为 jpg 图像，只不过二者分辨率不相同。反射率验证结果是真实反射率和校正后影像上相应点的反射率的比较结果，格式为 txt 文档。反射率验证结果和输入的真实反射率数据相呼应，有真实反射率，则会进行反射率检验，会有反射率验证结果；反之，没有真实反射率，也就不会进行反射率检验，也就没有反射率验证结果。

2. 机载-地面数据辅助辐射校正实现

1）机载高光谱影像获取与校正

地面采样点是 2013 年 8 月 19～21 日在江苏省常熟市虞山公园和尚湖（经度约为 E120.70°，纬度约为 N31.66°）附近采集的。使用美国分析光谱设备公司的 ASD FieldSpec Pro 光谱仪进行测量，可以获取 350～2500 nm 波长范围内的反射率曲线。选择采样点时，尽量均匀分散，每种地物都选取多次，以排除粗差。控制点分布如图 3.8 所示。

图 3.8　地面采样点分布

机载高光谱数据是使用 SPECIM AisaEaglet 机载高光谱成像仪，在飞机低空飞行时获取的 64 个波段，各波段间隔约为 9 nm，总共获取 17 条航带影像。由于航带影像覆盖范围和地面采样点分布并不完全重合，因此有必要从 17 条航带中挑选出尽量覆盖多地面采样点的航带影像。航片分布情况如图 3.9 所示，选取某一地面采样点进行比较，其位于左边航带的右上方，位于中间航带的中心，位于右边航带的左下方（超出影像范围），最终选取了中间的航带，以便进行后续的处理。

由于机载高光谱影像成像时离地面很近，机载传感器和地面之间的大气影响很小，几乎忽略不计。因此可以根据经纬度坐标或拍摄的照片，将机载高光谱影像 DN 和地面采样点实地采集的高光谱反射率数据对应起来，分波段进行最小二乘拟合，得到相应的校正系数。

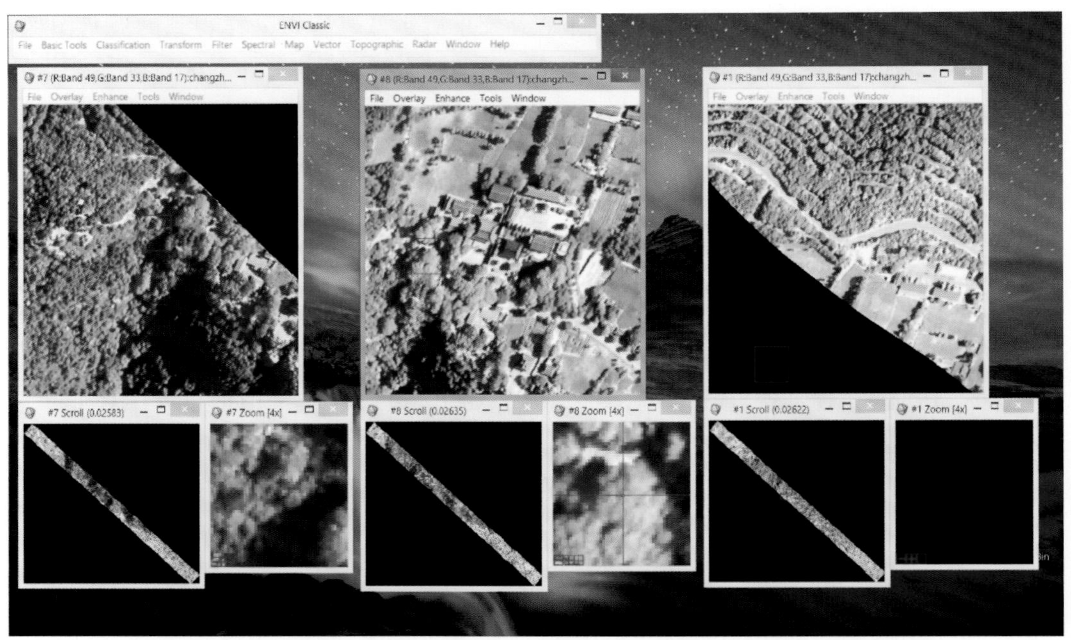

图 3.9　航片分布及选取

而后用计算得到的校正系数对机载影像各波段进行校正，得到机载高光谱反射率影像。

2）航空高光谱影像模拟星载辐亮度

为了实现机载辐射信息与星载辐射信息交叉，利用机载影像的反射率作为已知参数，使用 6S 大气传输模型计算特定大气条件下反射率对应的辐亮度值。由于需要分别将各个波段的机载影像反射率数据转换为辐亮度数据，为了提高转换效率，将 6S 计算得到的反射率对应的辐亮度值建立查找表，使用查找表计算航空影像数据各波段的辐亮度值。

根据已经获得的机载高光谱反射率影像，可以通过技术手段有效地缓解和解决一些场地定标中存在的地物混杂、光谱混合的问题。假如只有地面反射率数据，由于地面采样点只有单点数据，无法进行空间合并和光谱加权。但对于影像来说，可通过降空间分辨率解决。

虽然机载影像提供了解决问题的方向，具体而言需要解决的问题主要分为以下两方面。①机载高光谱影像波段数多，波段间隔小，而待校正的卫片影像只有数个波段，并且波段间隔相对较大，这里就存在一个波段不匹配的问题；②卫片和航片分辨率不一致，卫片上一个点在航片上可能对应几十个点甚至上百个点，如何解决空间一致性问题显得尤为重要。

对于波段不匹配的问题，本研究使用基于光谱响应函数的光谱综合的方法。对于空间一致性问题，可以使用基于像元重采样的空间综合方法。研究针对 ETM＋和典型国产卫星影像逐步开展了辐射校正研究。

3）星上辐亮度获取

要获取控制点对应的星上辐亮度，首先得确定使用的卫星影像，本实验对国产高分一号卫星和环境卫星的多光谱影像进行校正研究。

在 Google Earth 上镶嵌卫星影像，并根据经纬度标记出地面采样点，卫星影像和地面采样点分布如图 3.10 所示，各卫星影像的中心经纬度如表 3.9 所示。经过对比分析，最终选取覆盖全部虞山公园和尚湖地面采样点的第二张卫星影像，作为辐射校正的对象，以便进行后续的处理。

图 3.10　卫星影像和地面采样点的分布图

表 3.9　各卫星影像的中心经纬度

序号	东经/(°)	北纬/(°)
1	120.5	31.4
2	120.6	31.6
3	120.7	31.9
4	120.9	31.3
5	120.9	31.6

6S 模型有多种使用模式，该步骤采用的模式是由地面反射率和大气参数计算得到星上辐亮度。将大气参数等信息输入到 6S 模型中，选取进行大气校正，输出得到各个波段的转换系数，该转换系数可以将地面反射率转换为星上辐亮度。利用各波段的转换系数分别对各控制点不同波段进行转换，得到各控制点不同波段的辐亮度。

经过上述过程可以获得各控制点各波段的星上辐亮度，与此同时，根据这些控制点在卫片上的行列号可以获得相应的 DN 值，这样按波段对辐亮度和 DN 值建立回归方程，根据最小二乘原则可以获得各波段的校正系数。

辐亮度和 DN 值建立的回归方程可以写成矩阵形式 $\boldsymbol{B}X=\boldsymbol{L}$，其中 X 是待求的校正系数，$\boldsymbol{B}$ 和 $\boldsymbol{L}$ 分别为 DN 和辐亮度序列，还有一个权重矩阵 $\boldsymbol{P}$。该矩阵方程的最小二乘解为 $X=(\boldsymbol{B}^{\mathrm{T}}\boldsymbol{P}\boldsymbol{B})^{-1}\boldsymbol{B}^{\mathrm{T}}\boldsymbol{P}\boldsymbol{L}$，由于权矩阵 $\boldsymbol{P}$ 为单位矩阵，方程解可简化为 $X=(\boldsymbol{B}^{\mathrm{T}}\boldsymbol{B})^{-1}\boldsymbol{B}^{\mathrm{T}}\boldsymbol{L}$。

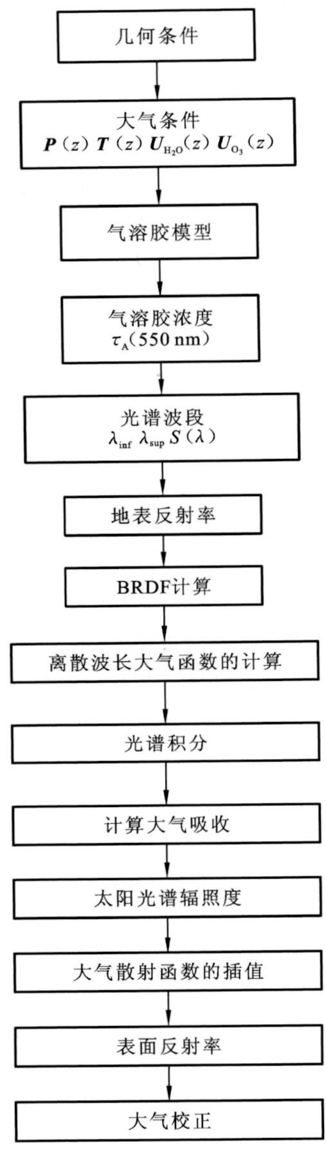

图 3.11 大气校正计算流程图

4) 卫片反射率产品制作

根据已有的各波段校正系数和 6S 模型输出的转换系数,可以将卫星 DN 影像转化为反射率影像。为了提高效率,减少处理时间,可以采用逐波段处理。先处理波段 1,接着处理波段 2,如此按序处理,直至所有波段处理完成。对于处理的单一波段而言,采用逐行处理,处理完某一行后接着处理下一行,直至处理完该波段图像范围内的所有行。对于处理的某一行而言,采用逐像素处理,一个像素接着一个像素处理,直至处理完该行包含的所有像素。经过上述步骤可以将多波段的影像所有像素处理完成。将影像 DN 值转化为辐亮度,和将辐亮度转化为地面发射率,可以合并成一步直接由 DN 值转化为地面反射率数据。

5）基于光谱响应函数的光谱信息综合

卫片影像和航片影像由于波段数量、波段间隔、波段范围的不一致导致的波段不匹配问题可以在表 3.10 中得到清晰地展示。

表 3.10　卫星影像和航空影像的波段差异

卫星影像	波段	波长/nm	波段间隔	航空影像	波段	起始波长	波段间隔
高分一号影像	1	450～520	70	航空高光谱影像	1	398	9
	2	520～590	70		2	407	9
	3	630～690	60		3	416	9
	4	770～890	120		……		
					64	994	9

由于一个卫星影像波段覆盖多个航空影像的波段，因此解决上述波段不匹配的问题自然而然想到对航空影像波段综合的方法，然而仅仅简单地对航空波段求平均似乎并不能完全反映卫星波段的特性。由于卫星传感器各通道受元器件本身特性的影响，各通道在相同波谱区间对相同波谱辐射的响应能力不同，呈现非均一响应，通过光谱响应函数对光谱辐射的响应能力进行纠正，使其更符合实际情况，结果更为准确。高分一号卫星 PMS1 传感器 MSS 影像各波段的光谱响应函数如图 3.12 所示。

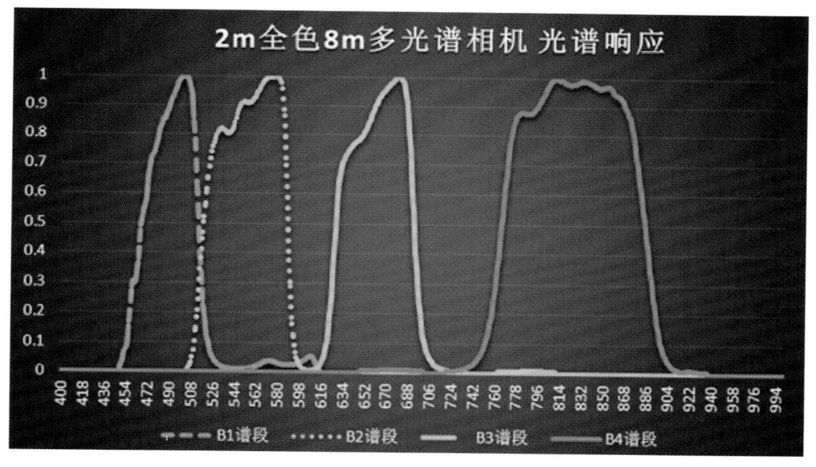

图 3.12　GF1-PMS1-MSS 影像各波段的光谱响应函数

转换成各波段对应的权重系数如图 3.13 所示。

对航片各波段按图 3.13 中权重系数加权求和，再除以权重系数之和，得到卫片对应波段的综合反射率。值得注意的是首尾波段由于无法和卫片波段恰好吻合，也就是某一航片波段的一部分属于卫片波段，而另外一部分不属于卫片波段，这时该波段的权重系数需要乘上一个因子，这因子是属于卫片波段的波长间隔与整个波长间隔的比值。

6）基于像元重采样的空间信息综合

高分一号多光谱影像的分辨率为 8 m，而航空高光谱影像的分辨率为 0.8 m，因此严

```
const double weight_band1[9] = { 0.002314665, 0.154825218, 0.428087193, 0.690794828, 0.834860718,
                                 0.937355786, 0.990165695, 0.692156872, 0.095788056 };
const double weight_band2[8] = { 0.332276368, 0.798964184, 0.813692274, 0.894756712, 0.916799747,
                                 0.974704082, 0.997442046, 0.694491361 };
const double weight_band3[7] = { 0.53892396, 0.76647794, 0.818256625, 0.910391136, 0.967614509,
                                 0.991086185, 0.420200648 };
const double weight_band4[14] = { 0.110413008, 0.843580121, 0.878396905, 0.909792983, 0.980974161,
                                  0.990618623, 0.980102934, 0.987678097, 0.970668972, 0.963838114,
                                  0.925061927, 0.818683397, 0.560443473, 0.073770313 };
```

图 3.13　光谱响应函数转化为权重系数

格意义上说，一个卫片像元对应于 100 个航片像元。如果这是均一稳定的地物，100 个航片像元的各波段反射率都一样，那么就不需要考虑空间信息的综合。但实际上这种情况是比较少见的，常见的情况是各种地物混杂在一起，因此空间处理就显得很有必要。研究中处理的是航片，而不是地面采样点，这就允许笔者对卫片像元对应的多个航片像元进行降采样，通过对多个航片像元的各个波段进行求和取平均，得到卫片像元对应的地面反射率。

3. 研究使用工具介绍

1）辐射传输模型

6S 辐射传输模型是对 5S 辐射传输模型的改进，光谱积分的步长从 5 nm 改进到 2.5 nm，可以模拟机载观测和设置目标高程，考虑了临近效应，增加了两种吸收气体的计算（CO、N_2O），采用 SOS(successive order of scattering)方法计算散射作用以提高精度。6S 公式如下所示。

$$L=\frac{E_s \cdot \cos\theta_s}{\pi \cdot d^2} \cdot \left[\rho_\alpha(\theta_s,\theta_v,\phi_s,\phi_v)+\frac{\rho \cdot T(\theta_s) \cdot T(\theta_v)}{1-\rho S}\right] \tag{3.10}$$

$$\rho_{\mathrm{TOA}}(\theta_s,\theta_v,\phi_v)=\rho(\theta_s,\theta_v,\phi_v)+\frac{\rho_t^u T(\theta_s) T(\theta_v)}{1-\rho_t^u S} \tag{3.11}$$

其中：L 是卫星遥感器入瞳处接受的幅亮度；E_s是大气层外相应波长的太阳光谱辐照度；θ_s 是太阳天顶角；θ_v 是遥感器观测角；ρ 为地物反射率；T 为大气透射率；S 为大气的半球反射率（大气层临界面）；ρ_t^u 为环境反射率，ρ_{TOA}为计算出的大气外的顶部光谱反射率。

2）GDAL 库

GDAL 是一个由开源地理空间基金会在符合 X/MIT 开源许可证下发布的，面向栅格和矢量地理空间数据类型的转换库。GDAL 支持多种数据格式的处理，拥有统一的栅格抽象数据模型和矢量抽象数据模型，提供了诸多实用的控制台工具用于数据转换和处理。

GDAL 的优点有支持多种栅格和矢量数据；功能丰富，实现多种算法；统一的抽象数据模型；支持多种编程语言使用等。GDAL 的不足包括部分模块复杂，不利于调用；部分接口稳定性稍差；对中文路径支持不好。

GDAL 的使用一般按如下顺序进行，先注册驱动，接着创建输出文件，输入默认的几何坐标系数，而后对数据进行针对性处理以实现相应功能，最后输出数据集并关闭数据集，真正将数据保存到磁盘。

3）TinyXML2 库

TinyXML2 是一个开源的 XML 的解析库，解析 XML 文件后可生成一个可读可修改可保存的文档对象模型（DOM）。XML 是一种可扩展标记语言，用于标记电子文件使其具有结构性。DOM 模型即文档对象模型，是将整个文档分成多个元素（如书、章、节、段等），并利用树型结构表示这些元素之间的顺序关系以及嵌套包含关系。

TinyXML2 是一个轻量级的 XML 解析器，相比于 TinyXML 和其他 XML 解析器而言，体积小巧，功能丰富，使用简单。与此同时内存占用小，读取速度快，使用高效，能更好地适应移动设备。

TinyXML2 的使用非常简单。TinyXML2 只有两个文件 tinyxml2.h 和 tinyxml2.cpp，将它们拷贝到工程目录里面，添加到头文件即可使用。

4）Libiconv 库

国际交流中经常使用和语言相关的字符编码，随着互联网的出现和国与国之间频繁的文字交流，这些编码之间的转换已变得非常重要。由于许多字符存在于一个编码，而不存在于其他编码中，这成为一个严重的问题。Unicode 编码能解决相当一部分这个问题，它是其他编码的基础。

尽管如此，许多计算机仍然使用传统的字符编码。一些应用程序如邮件程序和网络浏览器，必须能够在文字编码和用户的编码之间进行转换。这些应用的输入输出在内部字符串表示和外部字符串表示，即 Unicode 的编码和传统的编码之间进行转换。GNU libiconv 是这两种字符编码的转换库。

iconv 可以将一种字符集文件转换成另一种字符集文件，能够在多种国际编码格式之间进行文本内码的转换。Iconv 的使用示例如下：

```
string prod_gb="地面及航空数据辅助下的遥感卫星辐射校正",prod_utf;
iconv_code("GB2312","UTF-8",prod_gb,prod_utf)
```

4. 机载-地面数据辅助辐射校正反射率精度验证

1）验证数据

验证数据采集仪器：ASD FieldSpec4 光谱仪，Aisa Eaglet 机载高光谱成像仪，运-5 运输机，时间：2013 年 8 月 19 日，地点：江苏省常熟市虞山公园附近，经度约为 E120.70°，纬度约为 N31.66°。

2）验证方法

使用基于光谱响应函数的权重系数对地面采集的高光谱反射率数据进行修正，得到卫星影像对应波段的反射率。p_1、p_2、…、p_m 为各波段的反射率，w_1、w_2、…、w_m 为对应波段的权重，式(3.12) 计算的只是一个波段的反射率，对 4 个波段都进行类似处理。

$$P=\sum_{i=1}^{m} w_i p_i \Big/ \sum_{i=1}^{m} w_i \tag{3.12}$$

地面高光谱反射率数据经过波段合并后得到（P_{11}，P_{12}，P_{13}，P_{14}）、（P_{21}，P_{22}，P_{23}，P_{24}）、…、（P_{n1}，P_{n2}，P_{n3}，P_{n4}），分别对应第一个点、第二个点、…、第 n 个点。获取这些点在校正后影像上的反射率（p_{11}，p_{12}，p_{13}，p_{14}）、（p_{21}，p_{22}，p_{23}，p_{24}）、…、（p_{n1}，p_{n2}，p_{n3}，p_{n4}）。各波段反射率精度计算见式(3.13)，总体反射率精度计算见式(3.14)。

$$R_j = \sum_{i=1}^{n} \frac{|p_{ij} - P_{ij}|}{p_{ij}} \Big/ n \tag{3.13}$$

$$R = \sum_{j=1}^{4} \frac{R_j}{4} \tag{3.14}$$

3）说明

（1）正如星载数据辅助辐射校正精度验证提到，使用和方法无关的真实数据进行验证，可靠性更高。因此仍然使用江苏常熟地区测量的反射率数据进行验证，并且这样可以对不同方法进行一个粗略的比较，得出哪种校正效果相对更好。

（2）机载-地面协同数据辅助辐射校正本身就使用了地面反射率数据，为了防止自我验证，选择的真实性验证点要和用于校正的地面反射率数据不同。这两种反射率数据选取要求也不一样，真实性验证点应分布略广，用于校正的地面点应均一同质。

（3）计算的反射率误差是对中等反射率地物而言的，不管是校正还是验证，地物反射率都不应过低。

5. 实验结果与分析

1）高分一号校正结果与分析

使用同样的方法（具体设置因卫星而异）对高分一号和 HJ-1A 卫星影像分别进行上述过程的机载-地面协同辐射校正，最终的结果为卫星反射率影像产品、描述信息的元数据，两张降采样后的展示图和真实性验证结果，具体如下所述。高分一号卫星影像辐射校正后的反射率产品如图 3.14 所示，高分一号反射率影像的元数据如图 3.15 所示。

图 3.14　校正得到的反射率影像

```xml
<?xml version="1.0" encoding="UTF-8"?>
<Product>
    <ProductFile>E:\Fang\AerialAssistCalibrate\Output\calibrated.tif</ProductFile>
    <ProductName>地面及航空数据辅助下的遥感卫星辐射校正</ProductName>
    <ProductDate>2015/09/01 14:50:40</ProductDate>
    <PixelType>Float32</PixelType>
    <Width>4548</Width>
    <Height>4596</Height>
    <BandNum>4</BandNum>
    <EarthModel>WGS_1984</EarthModel>
    <MapProjection>UTM</MapProjection>
    <CenterLat>31.674875</CenterLat>
    <CenterLong>120.587250</CenterLong>
    <UpperLeftLat>31.867900</UpperLeftLat>
    <UpperLeftLong>120.445000</UpperLeftLong>
    <UpperRightLat>31.795100</UpperRightLat>
    <UpperRightLong>120.814000</UpperRightLong>
    <LowerLeftLat>31.554600</LowerLeftLat>
    <LowerLeftLong>120.362000</LowerLeftLong>
    <LowerRightLat>31.481900</LowerRightLat>
    <LowerRightLong>120.728000</LowerRightLong>
    <BrowseName>E:\Fang\AerialAssistCalibrate\Output\calibrated_browse.jpg</BrowseName>
    <ThumbName>E:\Fang\AerialAssistCalibrate\Output\calibrated_thumb.jpg</ThumbName>
</Product>
```


图 3.15　校正后影像的元数据

高分一号反射率产品的真实性验证如表 3.11 所示。

表 3.11　高分一号卫星校正后影像真实性结论

项目	波段 1	波段 2	波段 3	波段 4
真实反射率	0.171 379	0.265 735	0.154 61	0.789 856
	0.233 406	0.262 828	0.202 745	0.105 025
	0.305 646	0.309 667	0.304 105	0.292 27
	0.216 604	0.207 754	0.180 454	0.171 893
	0.298 206	0.308 821	0.256 109	0.296 4
	0.232 661	0.263 429	0.205 062	0.104 585
	0.294 05	0.298 846	0.287 817	0.269 276
	0.207 971	0.199 457	0.164 465	0.142 817
	0.489 713	0.611 954	0.657 185	0.518 916
	0.182 153	0.246 024	0.140 734	0.571 91
校正后影像上的反射率	0.167 902	0.244 712	0.163 03	0.784 796
	0.244 608	0.284 472	0.202 102	0.109 997
	0.297 344	0.317 819	0.276 205	0.281 893
	0.211 049	0.208 799	0.168 419	0.151 195
	0.302 138	0.340 905	0.260 037	0.317 409
	0.244 608	0.284 472	0.202 102	0.117 1
	0.295 746	0.319 102	0.277 552	0.293 258
	0.209 451	0.206 234	0.168 419	0.149 775
	0.554 629	0.664 117	0.695 219	0.561 757
	0.183 882	0.217 777	0.148 21	0.574 543

续表

项目	波段 1	波段 2	波段 3	波段 4
二者之差	−0.003 477	−0.021 024	0.008 42	−0.005 06
	0.011 203	0.021 644	−0.000 642	0.004 972
	−0.008 302	0.008 152	−0.027 9	−0.010 377
	−0.005 555	0.001 045	−0.012 035	−0.020 697
	0.003 932	0.032 084	0.003 928	0.021 009
	0.011 947	0.021 043	−0.002 96	0.012 515
	0.001 695	0.020 256	−0.010 265	0.023 982
	0.001 48	0.006 777	0.003 954	0.006 958
	0.064 917	0.052 163	0.038 034	0.042 842
	0.001 73	−0.028 247	0.007 475	0.002 633
偏差相对于真实值的比率（即相对误差）	0.02	0.079	0.054	0.006
	0.048	0.082	0.003	0.047
	0.027	0.026	0.092	0.036
	0.026	0.005	0.067	0.12
	0.013	0.104	0.015	0.071
	0.051	0.08	0.014	0.12
	0.006	0.068	0.036	0.089
	0.007	0.034	0.024	0.049
	0.133	0.085	0.058	0.083
	0.009	0.115	0.053	0.005

高分一号卫星机载-地面数据辅助辐射校正，所有波段反射率平均误差为 5.2%。波段 1、2、3、4 反射率平均误差分别为 3.4%，6.8%，4.2%，6.3%。

从图 3.16 可以看到即使对于多种不同地物检查点，其校正后得到的反射率和真实反

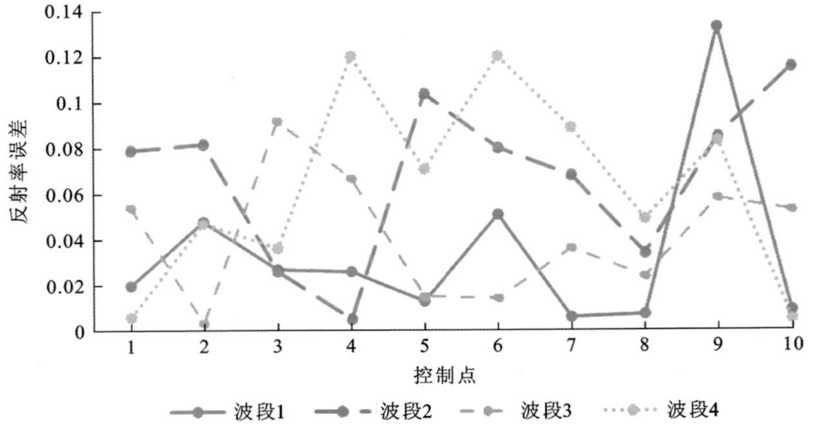

图 3.16　反射率与真实值的比值

射率之差与真实值的比值大部分都小于 10%。一条连线为一个波段，横轴上的不同位置代表不同的检查点，共有 4 个波段和 10 个检查点。从图中分析可以看出，波段 1 的反射率误差比值普遍较低，小于 5%，只有第 9 个点例外。波段 2 和波段 4 的反射率误差比值相对较高，接近 7%。这样可以得出大致结论，波段 1 校正结果最好，波段 3 次之，波段 2 和波段 4 稍差，但也相当不错。

2）环境一号校正结果与分析

HJ-1A 卫星 CCD 影像的校正结果如图 3.17、图 3.18 和表 3.12 所示。

图 3.17　HJ-1A 卫星校正后的反射率影像

```
<?xml version="1.0" encoding="UTF-8"?>
<Product>
    <ProductFile>E:\Fang\Aerial-HJ\Output\calibrated.tif</ProductFile>
    <ProductName>地面及航空数据辅助下的遥感卫星辐射校正</ProductName>
    <ProductDate>2015/09/24 13:58:53</ProductDate>
    <PixelType>Float32</PixelType>
    <Width>16046</Width>
    <Height>13979</Height>
    <BandNum>4</BandNum>
    <EarthModel>WGS_1984</EarthModel>
    <MapProjection>UTM</MapProjection>
    <CenterLat>32.512361</CenterLat>
    <CenterLong>120.532060</CenterLong>
    <UpperLeftLat>34.346256</UpperLeftLat>
    <UpperLeftLong>117.864898</UpperLeftLong>
    <UpperRightLat>34.454128</UpperRightLat>
    <UpperRightLong>123.096162</UpperRightLong>
    <LowerLeftLat>30.577862</LowerLeftLat>
    <LowerLeftLong>118.074971</LowerLeftLong>
    <LowerRightLat>30.671198</LowerRightLat>
    <LowerRightLong>123.092208</LowerRightLong>
    <BrowseName>E:\Fang\Aerial-HJ\Output\calibrated_browse.jpg</BrowseName>
    <ThumbName>E:\Fang\Aerial-HJ\Output\calibrated_thumb.jpg</ThumbName>
</Product>
```


图 3.18　HJ-1A 卫星校正后影像元数据

表 3.12　HJ-1A 卫星校正后影像真实性验证

项目	波段 1	波段 2	波段 3	波段 4
真实反射率	0.202 789	0.286 823	0.265 189	0.091 157
	0.096 178	0.138 352	0.084 208	0.106 85
	0.195 497	0.275 078	0.253 828	0.086 999
	0.112 991	0.103 842	0.116 162	0.074 049
	0.175 176	0.200 821	0.204 258	0.210 861
	0.197 533	0.278 691	0.258 034	0.090 392
校正后影像上的反射率	0.188 559	0.267 404	0.247 736	0.096 246
	0.110 044	0.149 023	0.097 716	0.119 807
	0.188 559	0.267 404	0.254 829	0.064 787
	0.127 61	0.109 117	0.133 62	0.080 523
	0.188 559	0.218 321	0.219 317	0.205 966
	0.179 902	0.267 404	0.233 536	0.088 386
二者之差	−0.014 23	−0.019 419	−0.017 453	0.005 089
	0.013 866	0.010 671	0.013 508	0.012 957
	−0.006 938	−0.007 674	0.001 001	−0.022 212
	0.014 619	0.005 275	0.017 458	0.006 474
	0.013 383	0.017 5	0.015 059	−0.004 895
	−0.017 631	−0.011 287	−0.024 498	−0.002 006
偏差相对于真实值的比率（即相对误差）	0.07	0.068	0.066	0.056
	0.144	0.077	0.16	0.121
	0.035	0.028	0.004	0.255
	0.129	0.051	0.15	0.087
	0.076	0.087	0.074	0.023
	0.089	0.04	0.095	0.022

环境卫星机载及地面协同辐射校正，所有波段反射率平均误差为 8.4％。波段 1、2、3、4 反射率平均误差分别为 9.1％，5.9％，9.2％，9.4％。

虽然校正取得比较好的效果，并且不管是对于各波段而言，还是对于各个控制点而言，均取得比常规手段更精确的校正结果，但是依然有提升的空间。

首先，高分一号校正结果优于环境卫星的校正结果，主要原因是环境卫星影像的空间分辨率（30 m）较低，辐射分辨率（对辐射响应不敏感）较低，以及经过长时间的运行后传感器衰减（成像时已经有了 5 年的使用时间）。这是由于环境卫星是 2008 年发射的，受限于当时的研究成熟度和制造水平，传感器性能并不高。到了 2013 年 8 月，运行了整整 5 年，仪器衰减也非常正常。这些因素综合起来造成同样的研究方法和技术在高分一号上校正取得比较好的结果，而环境卫星的校正结果相对较差，这也是后续改进的方向。

其次，6S 模型的输入中某些参数缺乏精确的测量值，这是由于卫星影像成像时并没有获得严格意义上的地面及大气的同步测量数据。目前的做法是使用6S输入中的一些通用模型，如地区选择的是中纬度夏季、地物类型选择的是地表均一的朗伯体。6S模型的选择对本研究的影响，或者是用更精确的输入代入6S模型是否会带来校正效果的提升，是值得深入研究的。

最后对于光谱信息综合，采用了光谱响应作为约束，对于空间信息综合，采用像元降采样的方法，直接是求和取平均，按权重而言各航片像素是相等的。权重分配是否完全合理、是否存在中心像元权重稍高、边缘像元权重稍低，以及如果权重不相等的处理方法，对这些方面的研究和改进都有可能提高最终结果精度。

3）两种卫星校正结果对比与分析

不管是波段对比，还是总体对比，高分一号的校正效果都比HJ-1A的校正效果要好，这种差异主要是由以下几个因素造成的。

（1）就多光谱分辨率而言，高分一号卫星为8 m，HJ-1A卫星为30 m。对于江苏常熟地区而言，非均一的混合地物占绝大多数，无论是选取用于校正的控制点，还是选取用于检验的检查点，HJ-1A卫星影像选取难度更大，精度更低。

（2）就卫星发射运行时间而言，HJ-1A卫星于2008年9月发射，高分一号于2013年4月发射。到2013年8月，环境卫星已经运行接近5年，衰减较大，精度下降。高分卫星刚刚运行几个月，经过了最初的调试和磨合，正是效果最好精度最高的时候。

（3）随着设计和制造工艺的提高，2013年发射的高分一号和2008年发射的HJ-1A相比，无论是几何精度还是辐射精度，都有一定的提升，这种提升也体现在最终的校正效果上（对相同的校正方法而言）。

6. 程序版本迭代功能实现

1）版本一功能实现

（1）模块化开发，打包成单独的exe程序，便于集成到系统框架。

（2）综合集成了辐射定标和大气校正，使用6S模型进行大气校正。

（3）进行了传感器光谱响应函数约束。

（4）选取控制点时，根据相应目的采用不同的策略。

（5）几何控制点要几何精度高，宜采用角点，光谱控制点应避免混合像元带来的噪声，地物均一处选点较好。

（6）控制点数目不限，只要在影像范围内即可。

（7）路径参数para. xml文件中，路径分隔符统一使用\，而不是用\\ 或/。

2）版本二功能实现

（1）对结果影像增加了质量检验模块，与真实数据进行对比。

（2）对质量检验模块进行了重载，有实际数据则比较，没有也不影响。

（3）增加了输出影像的元数据文件，描述其基本信息。

（4）6S. exe的路径固化到程序内部，只需和calibrate. exe处于同一文件夹即可，无须用户指定。

（5）对于6S模块，并不真正需要其结果文件，只需获取其中某些值，故处理后可以将这些文件删除。

（6）只需输入一个波段的6S参数文件，其他三个波段的6S参数文件会自动生成，使用后自动删除。

（7）制作影像缩略图时，使用了 gdal 内部文件格式 MEM，提高使用效率，减少磁盘消耗。

（8）在控制台使用 del＋路径名 删除文件，关键在盘符后面要 \，而不是\\。要注意路径名为 E：\Fang\\AerialAssistCalibrate\\Call\\6S_input_band1. txt，而不是 E：\\Fang\\AerialAssistCalibrate\\Call\\6S_input_band1. txt。

3）版本三功能实现

（1）解决输出 XML 文件时中文乱码的问题。

（2）数据转换时，均使用显式的类型转换。

（3）对运行错误信息进行标准化输出，所有输出信息均更改为中文。

（4）优化代码形式，提升阅读质量。

4）版本四功能实现

（1）更新输入的航片影像，反射率更准确。

（2）更新反射率检验文件，反射率更准确。

（3）更新控制点文件，使地物类型更丰富。

（4）更新 6S 输入参数，使模型更符合实际情况。

（5）更新高分一号 PMS1，MSS 传感器的光谱响应函数，更准确。

3.3.3 星载数据辅助辐射校正

1. 星载数据辅助的多光谱影像辐射校正

1）多光谱影像辐射校正的实施流程

针对高分一号和环境卫星多光谱数据，开展了国产典型卫星辐射校正方法研究，星载数据辅助多光谱影像辐射校正流程如图 3.19 所示。

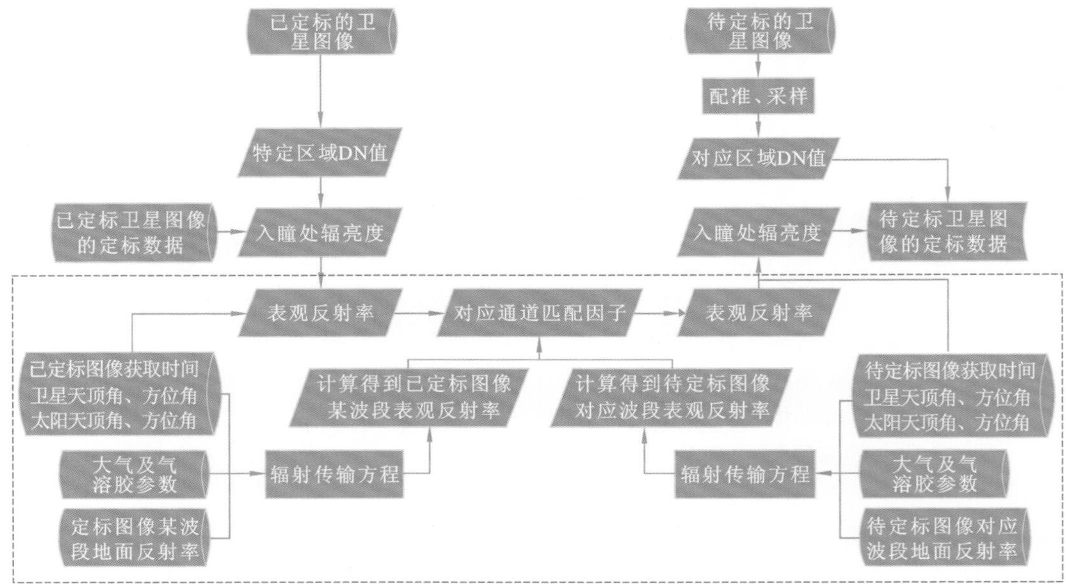

图 3.19 星载数据辅助多光谱影像辐射校正的流程图

流程图实施步骤如下。

(1) 将卫星影像相关信息、太阳天顶角和方位角、卫星天顶角和方位角、大气相关参数、控制点反射率等数据代入6S辐射传输模型中，计算表观反射率。分别对已定标影像和待定标影像进行处理，由获得的两类表观反射率计算对应通道匹配因子。

(2) 依据控制点信息获取已定标影像和待定标影像对应区域的DN。

(3) 使用影像自带的标定系数对已定标影像的DN进行标定，得到辐亮度。结合前面获得的通道匹配因子计算待定标影像的辐亮度。

(4) 对待定标影像的DN和辐亮度进行最小二乘拟合，得到标定系数。

(5) 利用上述步骤获得的标定系数和辐亮度到地面反射率的转换系数，对卫星影像进行校正，得到校正后的反射率影像。

高分一号星载数据辅助多光谱影像辐射校正程序的输入输出如图3.20所示。

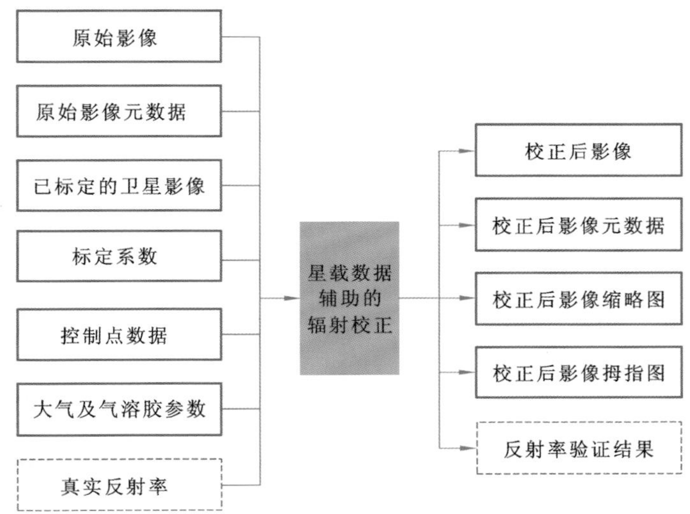

图3.20　星载数据辅助多光谱影像辐射校正程序的输入输出

2) *星载数据辅助辐射校正反射率精度验证*

验证数据采集仪器：ASD FieldSpec4光谱仪，Aisa Eaglet机载高光谱成像仪，运-5运输机，时间：2013年8月19日，地点：江苏省常熟市虞山公园附近，东经约为120.70°，北纬约为31.66°。

使用基于光谱响应函数的权重系数对地面采集的高光谱反射率数据进行修正，得到卫星影像对应波段的反射率。p_1、p_2、…、p_m 为各波段的反射率，w_1、w_2、…、w_m 为对应波段的权重，$P=\sum_{i=1}^{m} w_i p_i / \sum_{i=1}^{m} w_i$ 计算的只是一个波段的反射率，对4个波段都进行类似处理。

地面高光谱反射率数据经过波段合并后得到(P_{11},P_{12},P_{13},P_{14})、(P_{21},P_{22},P_{23},P_{24})、…、(P_{n1},P_{n2},P_{n3},P_{n4})，分别对应第一个点、第二个点、…、第 n 个点。获取这些点在校正后影像

上的反射率($p_{11}, p_{12}, p_{13}, p_{14}$)、($p_{21}, p_{22}, p_{23}, p_{24}$)、…、($p_{n1}, p_{n2}, p_{n3}, p_{n4}$)。各波段反射率精度计算公式为 $R_j = \sum_{i=1}^{n} \frac{|p_{ij} - P_{ij}|}{p_{ij}} \Big/ n$,总体反射率精度计算公式为 $R = \sum_{j=1}^{4} \frac{R_j}{4}$。

3) 说明

(1) 其他星载或机载产品无法直接得到真实反射率,其校正效果不如地面直接测量的真实反射率效果好。

(2) 用地面测量的反射率数据进行验证,和具体使用什么方法校正无关,因此都使用了同一地区的验证数据。

(3) 高分卫星多光谱分辨率为 8 m,环境卫星多光谱分辨率为 16 m,相对较低,进行验证可选择的均一地物点更少,故高分卫星验证点个数为 20,环境卫星真实性验证点个数为 10。

(4) 计算的反射率误差是对中等反射率地物而言的,不管是校正还是验证,地物反射率都不应过低。

3) 实验结果与分析

高分一号星载数据辅助多光谱影像辐射校正的反射率产品如图 3.21 所示,高分一号星载数据辅助多光谱影像辐射校正的影像元数据如图 3.22 所示。

图 3.21　星载数据多光谱影像辅助辐射校正的反射率影像

高分一号星载数据辅助多光谱影像辐射校正反射率真实性检验如表 3.13 所示。

```
<?xml version="1.0" encoding="UTF-8"?>
<Product>
    <ProductFile>E:\Fang\SatelliteAssistCalibrate\Output\Calibrated.tif</ProductFile>
    <ProductName>星载数据辅助遥感卫星数据辐射校正</ProductName>
    <ProductDate>2015/09/01 15:11:21</ProductDate>
    <PixelType>Float32</PixelType>
    <Width>4548</Width>
    <Height>4596</Height>
    <BandNum>4</BandNum>
    <EarthModel>WGS_1984</EarthModel>
    <MapProjection>UTM</MapProjection>
    <CenterLat>31.674875</CenterLat>
    <CenterLong>120.587250</CenterLong>
    <UpperLeftLat>31.867900</UpperLeftLat>
    <UpperLeftLong>120.445000</UpperLeftLong>
    <UpperRightLat>31.795100</UpperRightLat>
    <UpperRightLong>120.814000</UpperRightLong>
    <LowerLeftLat>31.554600</LowerLeftLat>
    <LowerLeftLong>120.362000</LowerLeftLong>
    <LowerRightLat>31.481900</LowerRightLat>
    <LowerRightLong>120.728000</LowerRightLong>
    <BrowseName>E:\Fang\SatelliteAssistCalibrate\Output\CalibratedBrowse.jpg</BrowseName>
    <ThumbName>E:\Fang\SatelliteAssistCalibrate\Output\CalibratedThumb.jpg</ThumbName>
</Product>
```


图 3.22　星载数据辅助多光谱影像辐射校正的影像元数据

表 3.13　校正反射率和真实反射率的对比

项目	波段 1	波段 2	波段 3	波段 4
真实反射率	0.305 646	0.309 667	0.304 105	0.292 27
	0.216 604	0.207 754	0.180 454	0.171 893
	0.298 206	0.308 821	0.256 109	0.296 4
	0.171 379	0.265 735	0.154 61	0.789 856
	0.233 406	0.262 828	0.202 745	0.105 025
	0.284 105	0.309 161	0.323 704	0.460 362
	0.489 713	0.611 954	0.657 185	0.518 916
	0.182 153	0.246 024	0.140 734	0.571 91
	0.294 05	0.298 846	0.287 817	0.269 276
	0.207 971	0.199 457	0.164 465	0.142 817
校正后影像上的反射率	0.306 649	0.327 611	0.283 873	0.283 005
	0.227 623	0.225 947	0.179 531	0.153 211
	0.311 039	0.349 14	0.268 222	0.318 275
	0.188 11	0.259 436	0.174 314	0.782 427
	0.258 355	0.296 514	0.212 138	0.112 298
	0.265 673	0.339 571	0.389 52	0.504 5
	0.542 264	0.650 542	0.689 505	0.560 932
	0.202 744	0.234 319	0.159 967	0.573 629
	0.305 186	0.328 807	0.285 178	0.294 291
	0.226 159	0.223 555	0.179 531	0.151 8

续表

项目	波段 1	波段 2	波段 3	波段 4
二者之差	0.001 003	0.017 944	−0.020 232	−0.009 265
	0.011 019	0.018 193	−0.000 923	−0.018 681
	0.012 833	0.040 318	0.012 113	0.021 874
	0.016 731	−0.006 299	0.019 703	−0.007 429
	0.024 950	0.033 686	0.009 393	0.007 274
	−0.018 432	0.030 410	0.065 816	0.044 138
	0.052 551	0.038 589	0.032 320	0.042 016
	0.020 592	−0.011 705	0.019 232	0.001 719
	0.011 135	0.029 961	−0.002 639	0.025 015
	0.018 188	0.024 098	0.015 066	0.008 983
偏差相对于真实值的比率（即相对误差）	0.003	0.058	0.067	0.032
	0.051	0.088	0.005	0.109
	0.043	0.131	0.047	0.074
	0.098	0.024	0.127	0.009
	0.107	0.128	0.046	0.069
	0.065	0.098	0.203	0.096
	0.107	0.063	0.049	0.081
	0.113	0.048	0.137	0.003
	0.038	0.100	0.009	0.093
	0.087	0.121	0.092	0.063

高分一号卫星星载数据辅助辐射校正，所有波段反射率平均误差为 7.5%。波段 1、2、3、4 反射率平均误差分别为 7.1%，8.6%，7.8%，6.3%。

高分一号星载数据辅助多光谱影像辐射校正反射率之差与真实值的比值如图 3.23 所示。

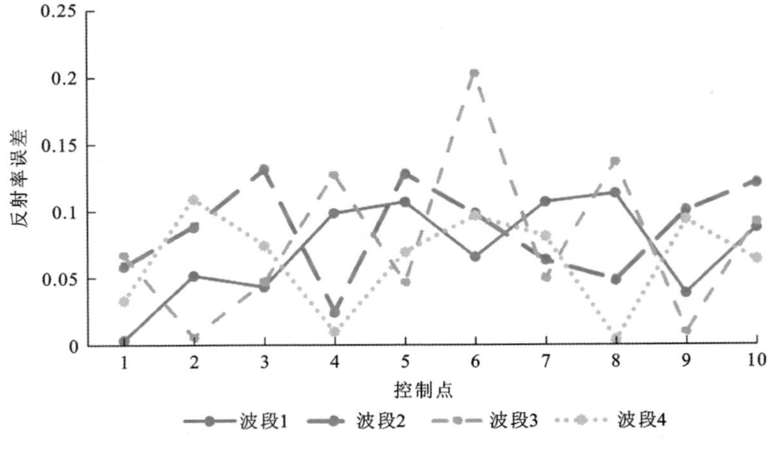

图 3.23　反射率之差与真实值的比值

环境卫星星载数据辅助多光谱影像辐射校正的反射率影像如图 3.24 所示。

图 3.24　HJ-1A 卫星校正后的反射率影像

环境卫星星载数据辅助多光谱影像辐射校正的反射率真实性检验如表 3.14 所示。

表 3.14　HJ-1A 卫星校正后影像真实性验证

项目	波段 1	波段 2	波段 3	波段 4
真实反射率	0.178 434	0.523 2	0.459 853	0.301 668
	0.199 082	0.435 9	0.428 345	0.373 668
	0.201 028	0.485 9	0.478 766	0.389 441
	0.209 406	0.484 4	0.396 837	0.249 668
	0.191 929	0.439 6	0.442 338	0.487 836
	0.198 162	0.501 9	0.585 624	0.573 735
校正后影像上的反射率	0.234 071	0.549 651	0.412 252	0.279 758
	0.188 658	0.518 771	0.523 299	0.320 643
	0.182 132	0.503 278	0.452 763	0.361 445
	0.227 612	0.487 751	0.361 400	0.347 854
	0.188 658	0.425 291	0.432 526	0.463 089
	0.208 177	0.503 278	0.563 400	0.591 100

续表

项目	波段 1	波段 2	波段 3	波段 4
二者之差	0.055 637	0.026 451	−0.047 601	−0.021 91
	−0.010 424	0.082 871	0.094 954	−0.053 025
	−0.018 896	0.017 378	−0.026 003	−0.027 996
	0.018 206	0.003 351	−0.035 437	0.098 186
	−0.003 271	−0.014 309	−0.009 812	−0.024 747
	0.010 015	0.001 378	−0.022 224	0.017 365
偏差相对于真实值的比率（即相对误差）	0.312	0.051	0.104	0.073
	0.052	0.190	0.222	0.142
	0.094	0.036	0.054	0.072
	0.087	0.007	0.089	0.393
	0.017	0.033	0.022	0.051
	0.051	0.003	0.038	0.030

环境卫星星载数据辅助辐射校正，所有波段反射率平均误差为 9.3%。波段 1、2、3、4 反射率平均误差分别为 10.2%，5.3%，8.8%，12.7%。

从校正效果而言，机载-地面协同数据辅助的辐射校正精度较高，星载数据辅助的辐射校正精度相对较低。从实施难度而言，机载-地面协同数据辅助的辐射校正需要一定的辅助测量，比如 GPS 观测、航空成像、地面采集光谱等等，星载数据辅助的辐射校正最为简单。两种校正方法优缺点对比如表 3.15 所示。

表 3.15　两种校正方法对比

方法	优点	缺点
星载数据辅助	简单易实行；对地物要求不高	精度相对较低
机载-地面协同数据辅助	精度较高；进行了空间综合；进行了光谱综合	同步辅助观测

2. 星载数据辅助的高光谱影像辐射校正

1）高光谱影像波长特征分析

本小节对星载高光谱数据辐射校正的实施进行试验研究，尤其对高光谱条件下特征波长位置的辐射信息差异进行分析。地表反射率越低，对大气影响越敏感，地物本身的不确定性因素的影响就越小，因此暗目标可用来探测气溶胶。研究表明，在 2.1 μm 波段除了粉尘，其他的气溶胶类型的影响较弱，浓密植被的反射率与蓝色波段中 0.49 μm 和红色波段 0.66 μm 处的反射率线性相关系数很强。如果只考虑吸收而忽略大气散射，星上反射率可以直接转换为地面反射率，因此确定暗目标后，可以根据 2.1 μm 的反射率直接确定蓝色波段和红色波段的地面反射率。

对于绿色植被、黑色土壤等暗目标区域红色(0.66 μm)、蓝色(0.47 μm)波段的地表反射率，根据 Kaufman 方法可依据 2.1 μm 波段处的地表反射率来确定，具体的公式如下：

$$\rho_{0.47}=\rho_{2.1}/4 \tag{3.15}$$

$$\rho_{0.66}=\rho_{2.1}/2 \tag{3.16}$$

其中：$\rho_{2.1}$、$\rho_{0.47}$、$\rho_{0.66}$，分别为 2.1 μm、0.47 μm、0.66 μm 波段地表反射率。但是，在随后的研究发现可见光波段与近红外波段地表反射率的比值是随着散射几何条件发生变化的，在很多观测条件下不满足固定关系，从而 Kaufman 等(1997)提出的假设被完全打破。鉴于这些发现，研究人员采用了新的反演思想：在暗目标地区，可见光红波段与近红外波段地表反射率的关系是散射角和植被指数的函数，可见光红波段与蓝波段地表反射率的关系呈线性相关。具体描述如下：

$$\rho_{0.66}^{S}=f(\rho_{2.12}^{S})=\rho_{2.12}^{S}\times \mathrm{slope}_{0.66/2.12}+\mathrm{yint}_{0.66/2.12} \tag{3.17}$$

$$\rho_{0.47}^{S}=f(\rho_{0.66}^{S})=\rho_{0.66}^{S}\times \mathrm{slope}_{0.47/0.66}+\mathrm{yint}_{0.47/0.66} \tag{3.18}$$

$$\mathrm{slope}_{0.66/2.12}=\mathrm{slope}_{0.66/2.12}^{\mathrm{NDVI_{SWIR}}}+0.002\theta-0.27 \tag{3.19}$$

$$\mathrm{yint}_{0.66/2.12}=-0.000\,25\theta+0.033 \tag{3.20}$$

$$\mathrm{slope}_{0.47/0.66}=0.49 \tag{3.21}$$

$$\mathrm{yint}_{0.47/0.66}=0.005 \tag{3.22}$$

$$\mathrm{slope}_{0.66/2.12}^{\mathrm{NDVI_{SWIR}}}=\begin{cases}0.48, & \mathrm{NDVI_{SWIR}}<0.25\\ 0.58, & \mathrm{NDVI_{SWIR}}>0.75\\ 0.48+0.2(\mathrm{NDVI_{SWIR}}-0.25), & 0.25\leqslant \mathrm{NDVI_{SWIR}}\leqslant 0.75\end{cases} \tag{3.23}$$

$$\mathrm{NDVI_{SWIR}}=\frac{\rho_{1.24}^{m}-\rho_{2.12}^{m}}{\rho_{1.24}^{m}+\rho_{2.12}^{m}} \tag{3.24}$$

使用该方法确定暗目标及红波段和蓝波段的地表反射率时，在上述研究基础上，针对拥有短波红外(2.1 μm)、蓝波段(0.47 μm)、红波段(0.66 μm)的高光谱数据，使用基于 6S 辐射传输模型构建大气参数查找表，利用暗目标采用循环迭代方法纠正高光谱遥感数据的方法。以武汉市为研究区域，以 Hyperion 卫星高光谱数据为数据源，对该地区进行大气纠正。

2) *基于查找表的循环迭代大气纠正算法*

本算法的核心思想是在利用大气辐射传输模型的基础上，采用基于查找表进行循环迭代反演水汽和气溶胶的大气纠正方法。与现有的大气纠正算法的主要差别如下。首先确定了研究区域的大气模式，然后在纠正的过程中同时考虑水汽和气溶胶的影响，采用逐像元循环迭代的思路进行大气纠正，纠正时考虑了气溶胶在 2.1 μm 波段处的影响。传统的算法认为 2.1 μm 处的获得卫星数据没有受到除沙尘型气溶胶以外其他气溶胶的影响，即认为 2.1 μm 处星上反射率与地表反射率相同。这种假设存在一定的问题。本算法中认为在 2.1 μm 处数据也存在气溶胶的影响，并采用了循环迭代的方式解决这个问题。本研究的大气纠正流程如图 3.25 所示。

利用 6S 模型计算生成查找表，用于反演特定模式下气溶胶的参数。6S 模型中需要输入的参数有：几何参数包括了太阳和卫星的高度角、方位角、时间等信息，大气中水和臭氧浓度、气溶胶光学厚度、辐射条件、观测波段和海拔高度、地表覆盖类型和反射率。

需要建立的是 $T_g(\mathrm{gas})$、$T_g(\mathrm{H_2O})$、$\rho R+A$、S、$TR+A$、气溶胶成分的比例因子的查找表。可以将 $T_g(\mathrm{gas})$、$\rho R+A$ 归纳为一个变量 ρ^{*}，将 $T_g(\mathrm{gas})$、$T_g(\mathrm{H_2O})$、$TR+A$ 归纳

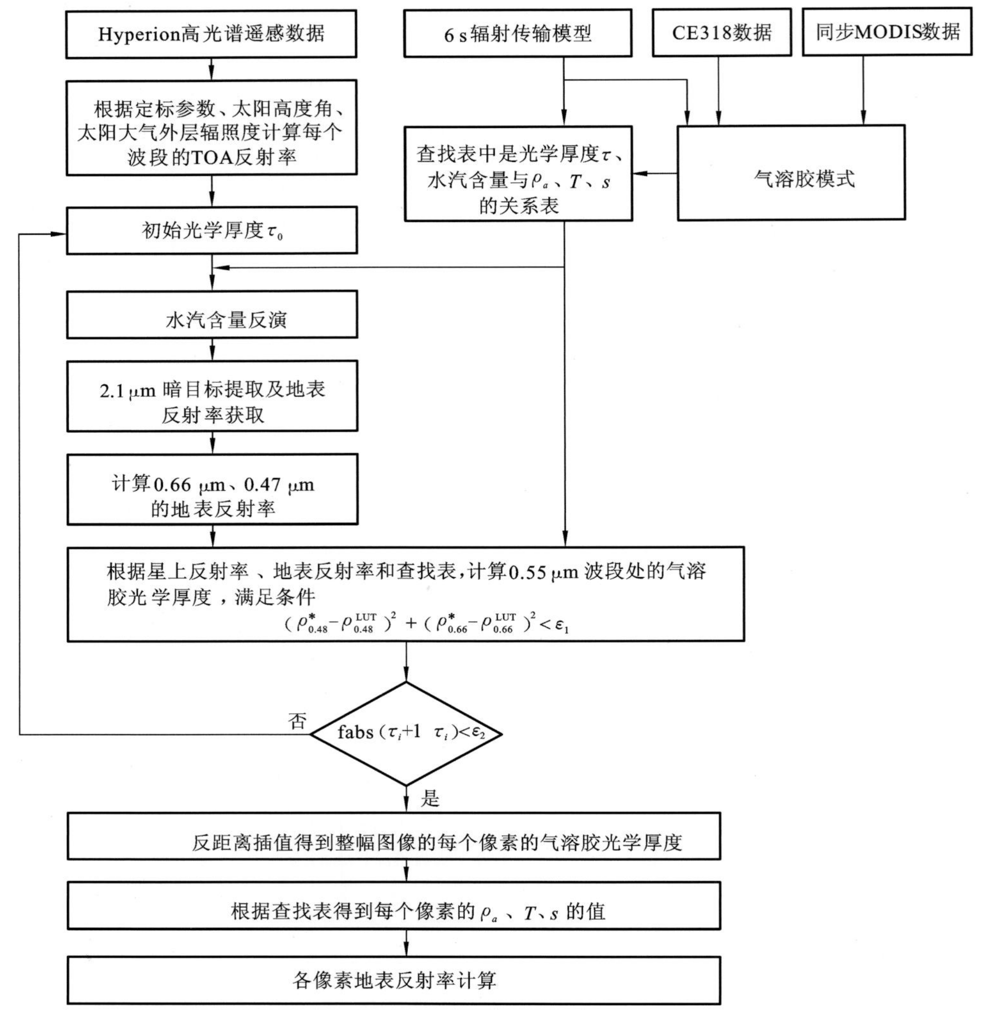

图 3.25　大气纠正流程图

为一个变量 T。那么公式可简化为

$$\rho_{\mathrm{TOA}}=\rho^*+\frac{T\rho_s}{1-S\rho_s} \tag{3.25}$$

3）实验结果与分析

采用同期 MODIS 数据作为辅助数据，得到红、绿波段地表反射率和星上反射率，并以 MODIS 本身反演得气溶胶光学厚度作为当前值，利用气溶胶模式反演得到武汉市气溶胶组成：沙尘性 0.17，水溶性 0.82，煤烟 0.01。该气溶胶模式和武汉的地理条件比较相符，武汉市湿度较大，沙尘、煤烟较少。

由于缺少 CE318 太阳光度计同步观测数据，以 MODIS 的气溶胶数据来验证反演的气溶胶光学厚度和水汽含量。利用该算法反演的大气参数如表 3.16 所示，反演结果与 MODIS 的反演结果相差不大。

表 3.16 不同算法反演的大气参数对比

	本算法反演的最大值	本算法反演的最小值	本算法反演的均值	MODIS 反演的值
水汽	1.286 4	0.834 2	1.058 3	1.326 7
气溶胶	1.032 5	0.724 5	0.845 6	0.759 3

比较和分析大气纠正前后地表反射率的变化，选取典型目标如植被、水体、农田、建筑，对比分析纠正前后光谱曲线的变化。图 3.26～图 3.29 反映了不同地表类型纠正前后的光谱对比，从图中分析可以发现在 400～800 nm 波长范围大气对地物光谱的反射率具有很大的影响，特别是在蓝色波段处，甚至可以达到 20%的误差。

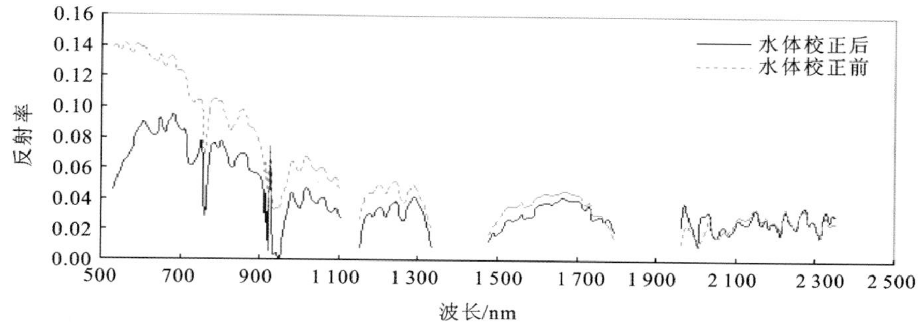

图 3.26 校正前后水体光谱特征

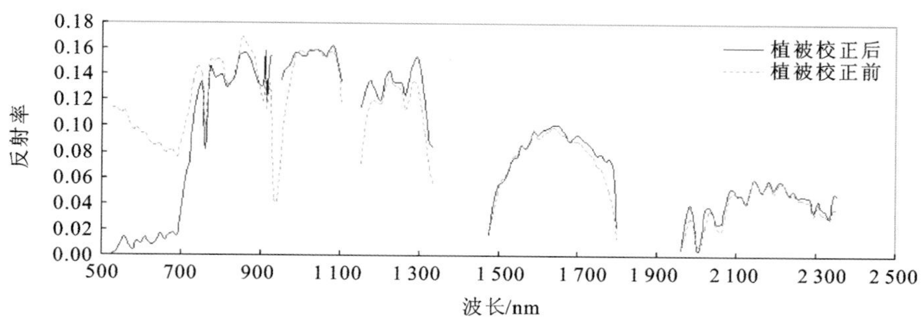

图 3.27 校正前后植被光谱特征

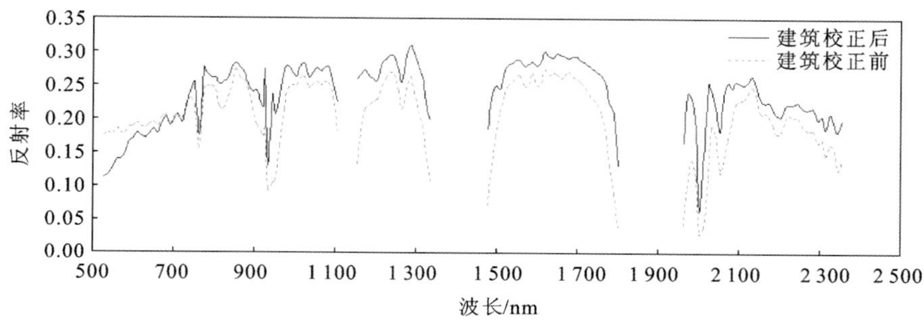

图 3.28 建筑光谱反射率校正前后对比

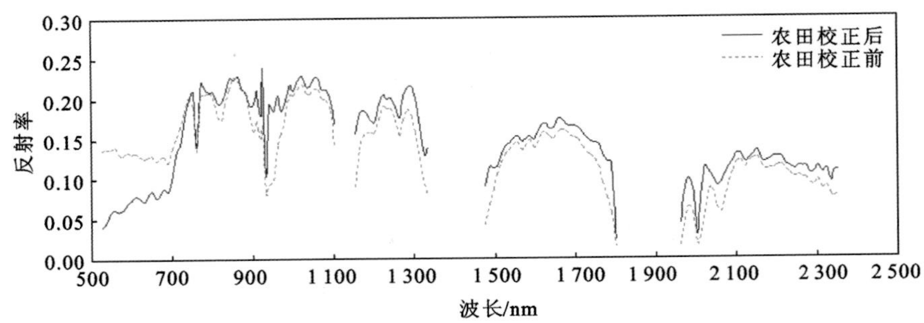

图 3.29　农田校正前后反射率对比

对大气纠正前后各种光谱指数比较分析。目前植被指数已经发展有 50 余种，本研究采用较常用的植被指数 NDVI(归一化差值植被指数)、RVI(比值植被指数)、ARVI(大气阻抗植被指数)、EVI(增强型植被指数)、TVI(三角植被指数)，CI(叶绿素指数)、SAVI(土壤调节植被指数)、CARI(叶绿素吸收指数)，进行对比分析比较大气纠正前后各种光谱指数的误差。具体的光谱指数定义如下：

$$\mathrm{SR}=\rho_{\mathrm{NIR}}/\rho_{\mathrm{Red}} \tag{3.26}$$

$$\mathrm{NDVI}=(\rho_{\mathrm{NIR}}-\rho_{\mathrm{Red}})/(\rho_{\mathrm{NIR}}+\rho_{\mathrm{Red}}) \tag{3.27}$$

$$\mathrm{ARVI}=\frac{\rho_{\mathrm{NIR}}-\rho_{\mathrm{rb}}}{\rho_{\mathrm{NIR}}+\rho_{\mathrm{rb}}} \tag{3.28}$$

其中

$$\rho_{\mathrm{rb}}=\rho_{\mathrm{red}}-\gamma(\rho_{\mathrm{blue}}-\rho_{\mathrm{red}}) \tag{3.29}$$

ARVI 指数通过蓝波段和红波段的差值来修正大气中气溶胶的影响，根据 Kaufman 的建议，系数 γ 的值取 1。

$$\mathrm{EVI}=G\,\frac{\rho_{\mathrm{NIR}}-\rho_{\mathrm{red}}}{\rho_{\mathrm{NIR}}+C_1\times\rho_{\mathrm{red}}-C_2\times\rho_{\mathrm{blue}}+L} \tag{3.30}$$

式中：L 是冠层的背景调节系数；G 是增益系数，根据 Huete(1997)的建议，L 取 1，$C1$ 取 6，$C2$ 取 7.5，G 取 2.5。

$$\mathrm{SAVI}=(1+L)\frac{\rho_{\mathrm{NIR}}-\rho_{\mathrm{red}}}{\rho_{\mathrm{NIR}}+\rho_{\mathrm{red}}+L} \tag{3.31}$$

其中：L 是冠层背景调节系数，根据 Huete(1988)的研究，取值为 0.5。

$$\mathrm{CARI}=\frac{R_{700}}{R_{670}}\mathrm{CAR}=\frac{R_{700}}{R_{670}}\frac{670a+R_{670}+b}{\sqrt{a^2+1}} \tag{3.32}$$

其中：$a=\dfrac{R_{700}-R_{550}}{150}$；$b=R_{550}-550a$。

$$\mathrm{TVI}=60\times(\rho_{\mathrm{NIR}}-\rho_{\mathrm{green}})-100\times(\rho_{\mathrm{red}}-\rho_{\mathrm{green}}) \tag{3.33}$$

$$\mathrm{CI}_{\mathrm{rededge}}=\rho_{\mathrm{NIR}}\rho_{\mathrm{rededge}}-1 \tag{3.34}$$

所有植被指数的误差值定义如下：

$$\delta(\mathrm{VI})=\hat{\mathrm{V}}\mathrm{I}-\mathrm{VI} \tag{3.35}$$

其中：$\hat{\mathrm{VI}}$ 为大气纠正后植被指数；VI 为大气纠正前植被指数。选择 20 个典型的植被样本，按式(3.36)计算其均方根误差，计算结果如图 3.30 所示，分析大气纠正前后的植被指数变化。

$$\mathrm{RMSE(VI)}=\sqrt{\frac{\sum_{i=1}^{n}(\hat{\mathrm{VI}}_i-\mathrm{VI}_i)^2}{n}}=\sqrt{\frac{\sum_{i=1}^{n}\delta(\mathrm{VI}_i)}{n}} \tag{3.36}$$

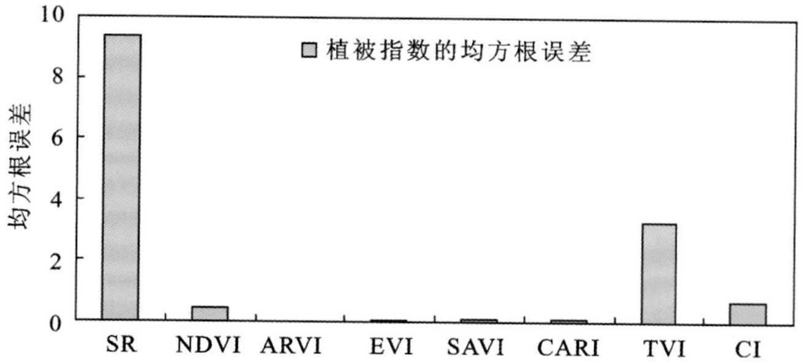

图 3.30　不同植被指数纠正前后的均方根误差

从图中分析可以发现，以上常见的植被指数受到不同程度的大气影响。其中 SR 指数影响最大，其均方根误差可到 9.3；TVI 影响较大，均方根误差为 3.3；CI、NDVI 一般，均方根误差为 0.67、0.42；EVI、SAVI、CARI 指数对大气的影响较小，均方根误差分别为 0.06、0.09，0.08；影响最小的是 ARVI 指数，其均方根误差为 0.02。

3.3.4　小结

针对“航空高光谱数据协同下的多源国产光学遥感卫星影像辐射校正方法”问题，本节将拓展遥感数据辐射校正的处理途径，使得机载及近地成像光谱数据在国产卫星遥感数据定标中发挥新的作用。

本节将光谱和辐射信息相结合，充分利用多源数据的不同信息特点来解决辐射定标问题。本节的方法以地面和航空成像光谱仪数据为基础，以光谱波长修正为手段，通过机载成像光谱数据表观反射率模拟和影像直方图分析等方法，使得多源数据中的光谱信息在辐射校正过程中得到有效利用。

传统的光学影像辐射校正方法通常是与光谱校正相分离的，通过光谱校正解决影像中心波长和带宽等信息，辐射校正解决传感器响应值和入瞳辐亮度值的对应关系。而本节所采用的方法，充分利用航空及低空成像光谱仪的高光谱分辨率特点，将光谱信息和辐射信息结合考虑，在辐射定标过程中引入光谱特征，改善了辐射定标效果。

分析同期国外技术水平可以发现，关于光学遥感影像的辐射校正，国外起步较早，从目前的方法来看基于辐射传输方程的辐射校正方法精度最高，校正效果最好，但需要大量的实测大气参数；而其他方法虽然不要大量参数，但存在大量的前提假设，纠正精度不高。上述这些方法主要应用于多光谱遥感数据，而在高光谱遥感数据中研究较少。要将针对宽波段多光谱数据的辐射纠正方法应用到高光谱及多光谱遥感数据中，尚存在一些问题值得进一步研究。

高光谱信息如何用于辐射校正中，目前国外大多数的校正方法都是针对 ETM+，SPOT 等多光谱的卫星遥感数据，但这些遥感数据的波段宽度一般都在 60～100 nm，当然也有针对 MODIS 的高光谱遥感数据，而 MODIS 也有 20～50 nm 宽，而高光谱的遥感数据，如环境卫星的超光谱传感器光谱分辨率仅为 5 nm。在宽波段范围与窄波段上的大气辐射特性存在着一定的差异。本节在这些方面均体现出一定的先进性。机载和地面协作下的辐射校正方法将光谱特征运用于辐射定标，针对机载高光谱数据影像、辐射和光谱合一的特点，将其作为地面和星载遥感数据的桥梁，在国内外研究领域中均具创新性水平。

由于缺乏同步精确大气参数测量值，且受原始影像质量差异影响，辐射校正精度还有进一步提高的空间。6S 模型的输入中某些参数缺乏精确的测量值，这是由于卫星影像成像时并没有获得严格意义上的地面及大气的同步测量数据。目前的做法是使用 6S 输入中的一些通用模型，如地区选择的是中纬度夏季、地物类型选择的是地表均一的朗伯体。6S 模型的选择对本节的影响，或者是用更精确的输入代入到 6S 模型是否会带来校正效果的提升，是值得深入研究的。

对于空间信息综合，采用像元降采样的方法是求和取平均，按权重而言各航片像素是相等的。权重分配是否完全合理、是否存在中心像元权重稍高、边缘像元权重稍低，以及如果权重不相等如何处理，对这些方面的研究和改进都有可能提高最终校正精度。

3.4 光谱信息约束下的辐射校正模型

随着遥感技术的发展，高光谱数据广泛应用于环境研究、城市规划、农业研究等领域。高光谱技术是近年来国内外遥感研究的热点，海量的高光谱卫星影像和数据为研究者们提供了更多的信息，让数字地球的实现有了更多的发展空间，让信息社会的发展更加迅速（傅俏燕 等，2006）。高光谱技术的出现和迅速发展无疑是遥感技术逐渐进步成熟的体现。高光谱成像光谱仪的发展实现了图谱合一，图像和光谱信息能够同时获取并且呈现更加多元的信息（高海亮 等，2010）。成像光谱仪生成数据立方体，随之产生了高光谱影像的处理技术和存储技术，为遥感技术提供了更加丰富的信息。由于高光谱影像可以同时展现地图的图像和光谱曲线，所以地物的光谱特征和影像特征都能从高光谱影像中表现出来，使得研究者们可以综合分析地物的几何特征和光谱特征，为地物识别、地物分析、定量遥感等技术提供了更加精准的分析基础。本节研究主要针对高光谱影像和曲线进行处理，分析光谱特征和影像特征，提出高光谱影像的辐射定标模型。

辐射校正一般包括两个过程，大气辐射校正和传感器辐射定标。由于遥感数据获取和传输储存过程中外界环境会对影像的成像产生影响，所以需要修正产生的畸变来得到真实的亮度值的影像（巩慧 等，2010；高海亮 等，2009）。大气辐射校正使图像的光谱信息更加真实，具有更强的分析性，是许多卫星遥感图像处理过程的基础，如水文遥感、植被遥感、城市遥感等领域都必须进行大气辐射校正的预处理过程（顾行发 等，2008）。

遥感的定量化发展是新技术的趋势，辐射定标是定量遥感的基础和前提。地物波谱曲线是体现地物特征的数据，如果要定量定性分析某类地物，地物波谱曲线可以代表该地物的特征。因为高光谱图像包含了多维的光谱信息，每个波段中的信息都可以单独提取出来。所以可以通过各个波段中各种地物的影像灰度值信息来反演地物的反射率。传感器的辐射定标指的是建立各个波段影像的灰度值与地物在该波段的反射率之间关系的过程。通过辐射定标，可以建立通过高光谱图像来反演地物点光谱曲线的模型。辐射校正是实现遥感定量化应用的第一步，同时也是实现多源数据同化的前提，在遥感应用中具有重大的意义。随着定量遥感技术的逐渐发展，特别是利用多时相多维度光谱数据来检测环境、气象的变化，分析地球的生态资源、矿产资源等，利用辐射校正来分析地表的光谱，从而分析地表其他的物理量的技术和研究吸引了越来越多的研究者。

光谱信息约束下的辐射校正，结合地物本身的光谱信息特征，综合分析高光谱影像中各种地物的光谱特征，对辐射校正过程进行约束。光谱信息约束辐射校正实质上是用图像信息来反演光谱信息的过程，增加光谱信息约束，利用已知的光谱信息来优化这个反演模型，使其精度得到提高。

利用不同的光谱信息来约束模型，通过分析不同的约束条件，不断优化辐射校正模型，得到更加精确的辐射校正模型，提高辐射校正的精度。

本节的主要研究内容包括以下几个方面。

(1) 结合高光谱影像中的光谱信息，采集并分析实验地点高光谱影像的特征，分析各种地物类的光谱特征。

(2) 对高光谱成像光谱仪(headwall hyperspec VNIR/NIR)所获取的高光谱影像进行通用方法的辐射校正，将地物光谱仪所获取的光谱曲线作为标准的反射率参照值，回归得到各个波段像元灰度值与地物反射率之间的关系。

(3) 根据地物光谱特征，运用植被的光谱特征来优化模型，并选取光谱信息来约束辐射校正模型，逐步优化模型。

(4) 测试通用方法辐射校正模型和光谱信息约束下的辐射校正模型，对比分析两种模型的精度和稳定性。

本节的技术流程如图3.31所示。

3.4.1 实验地区介绍和数据采集

本节的实验数据采集仪器为Analytical Spectral Devises(ASD)FieldSpec 4 Pro光谱仪和高光谱传感器。

采集实验数据日期为2015年12月18日下午一点至三点半。采集实验地点为武汉大学校内无建筑遮挡处。当天光照条件良好，测试地点采光良好，无建筑阴影遮挡且光照充足，满足测量数据采集的要求。视野范围内地物类型有序，有人工放置的白板、黑板，还有草地和灰石板等地物。地物有序不杂乱，不会产生光谱相互严重影响的状况。

采集高光谱数据一般有以下几个事项。

(1) 观测条件：天气一般选择晴朗，无云或者有少量云，无风或者微风的情况下进行观测。

(2) 观测时间：选择太阳直接照射的时间段，视野内尽量不要有阴影遮挡，选择在上

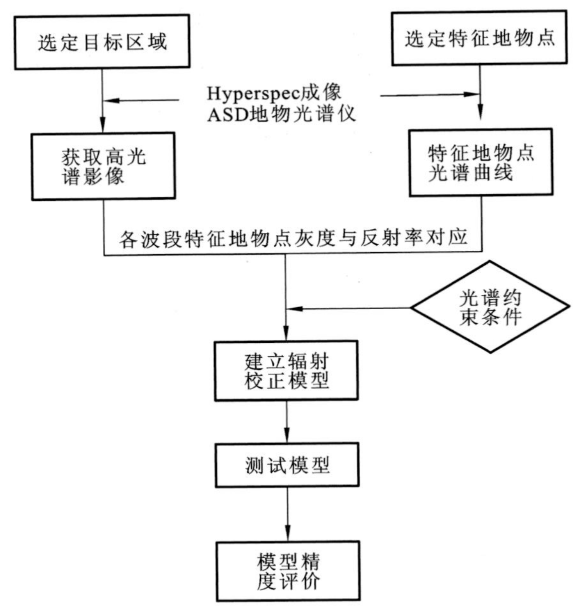

图 3.31　实验技术流程图

午 10:00 至下午 4:00 最佳。此次数据的采集时间在此时间段内。

(3) 观测地物类别:选择有特征且容易图像值识别的地物类进行观测。此次试验选择了 4 种地物类,分别是白板、黑板、草地和灰石板。

(4) HyperScan 数据采集步骤:固定 HyperScan 的机身,让其镜头对着目标视野范围,使其扫描入 4 种地物类;完成 2～3 次图像的采集,便于综合分析。

(5) ASD 光谱曲线数据采集步骤:模拟 HyperScan 扫描图像从成像的角度来测量某点的光谱曲线。测量时确保参考白板与被测地物点同一角度放置。光谱仪的近光孔模拟 HyperScan 的角度瞄准地物点,首先测量白板,比对白板反射率在每个波段都为 1.0 或接近 1.0,若不是 1.0,则重新测量。然后分别测量黑板、草地、灰石板的反射率光谱曲线,设置每次测量采集次数为 5 次,每个地物点测量 3 次。取这 15 次采集值的均值作为该点的反射率曲线,减小测量误差。

3.4.2　研究方法简介

1. 影像中特征地物点 DN 值曲线

1) HyperScan 影像

本次实验中 HyperScan 获取的影像是由 571 个波段构成的数据立方体,按照光谱序列排列。波长范围从 390～1 005 nm,光谱间隔为 1 nm 左右。高光谱影像利用很窄并且连续的通道来成像,光谱分辨率高,获取超多波段的影像数据立方体,提供多元信息。高光谱图像包含了多的细节特征和光谱特征,使定量分析更加准确,也提供了更多的定量分析的可能性。比如利用高光谱影像可以分析植被的光谱特征,从而进一步分析叶绿素花青素的含量等特征;又比如高光谱影像的光谱曲线可以展现土壤和岩石中的化学物理性质，从而分析土壤岩石中的化学成分和元素组成，这为定量的地质勘探提供了技术可行性。

此次测量的高光谱影像数据质量良好，成像清晰，各波段差异明显，特征地物点成像完整。用 ENVI 软件打开高光谱的数据立方体后可以观察所测量的高光谱影像。图3.32和图 3.33 分别为真彩色、假彩色两种由不同的通道显示的图像。真彩色的 RGB 通道由真实的红绿蓝通道图像显示，显示效果为我们真实看到的影像效果。假彩色影像的 RGB 通道为近红外通道、红光通道和绿光通道。由于人眼对不同通道的敏感性不一样，且假彩色合成的三个通道信息相关系强，所以对于假彩色合成的图像，对比度高，色阶鲜明，人眼能更加容易判断解读。

图 3.32 真彩色波段的影像合成

图 3.33 假彩色波段合成的影像

影像成像清晰，需要用到的白板数据、黑板数据、草地地物点和灰石板地物点都包含在了影像之中，完整且不靠近影像边缘，偏差较小。假彩色合成的影像中植被成明显的红色，这是由于植被的特性，由近红外波段的光谱红边效应所致。此次实验的数据采集时间为冬季，但从影像的特征来分析植被的光谱特征明显，白板和黑板还有灰石板成像清晰，用来做实验数据是可靠的。

2）特征地物点 DN 值曲线

此次实验的目的是研究高光谱影像的各波段的影像 DN 值与和反射率之间的关系，所以首先分析不同地物点在各波段的 DN 值。用 ENVI 软件提取各类特征地物点在不同波段的 DN 值并绘制 DN 值曲线。由于某单点的成像可能存在偶然误差，所以选择每个类别的特征地物点时的做法是选择一小片区域，求取这个区域的每个像素各波段 DN 值的均值。由于 DN 值曲线将和 ASD 地物波谱仪获取的光谱曲线进行拟合，所以选取的区域应尽量和 ASD 光谱仪测量的目标点接近。取平均值的实验方法可以有效地减少偶然误差带给实验结果的影响，避免由于测量时偶然误差的影响给辐射校正模型带来误差。图 3.34 是最终提取的 4 种地物的 DN 曲线，从曲线的最左边看，由上至下依次是对照白板、灰石板、草地和对照黑板。

4 种特征地物的 DN 值曲线具有差异性并且特征明显，数据质量可靠，可见光波段和近红外、红外波段的 DN 值区别明显，可用于进行辐射校正分析建模。

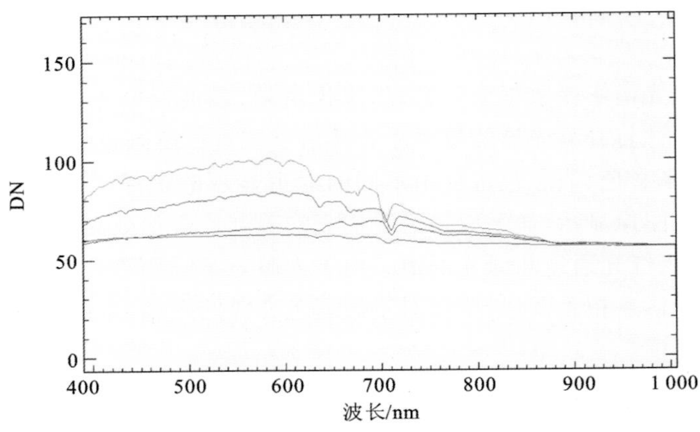

图 3.34　4 种特征地物的 DN 值曲线

2. 地物点的反射率光谱曲线

完成 HyperScan 数据的预处理之后，对 ASD 手持地物波谱仪获取的光谱数据进行处理。

ASD 仪器可以获取目标点在波谱范围 350～2500 nm 内的反射率，波长的范围从可见光到短波红外，光谱分辨率为 1 nm。获取的数据波段窄且多，一次测量可以获取 2000 波段以上的数据。高光谱仪获取的光谱数据特点是测量迅速、数据精确，所以 ASD 测得的光谱曲线可以作为该点的真实反射率曲线。

本次实验中，观测前对白板进行定标测量。白板是作为定标的对照物，如果标准白板在每个波段的反射率不等于 1，代表当时光照情况不佳或者仪器出现误差。先测标准白板的反射率，反射率为 1。针对每个地物点进行三次观测，每次观测中包含有 5 次测量，查看数据是否存在较大误差。若没有，对数据取均值，避免偶然误差对实验造成不必要的影响。

ASD 仪器获取的光谱曲线范围从 350～2 500 nm，HyperScan 获取的影像波段为 390～1 005 nm，我们所分析的是影像灰度值和地物点反射率的对比关系，所以有一部分光谱曲线是无效的，根据 HyperScan 的波长范围来截取所需要的光谱曲线数据。

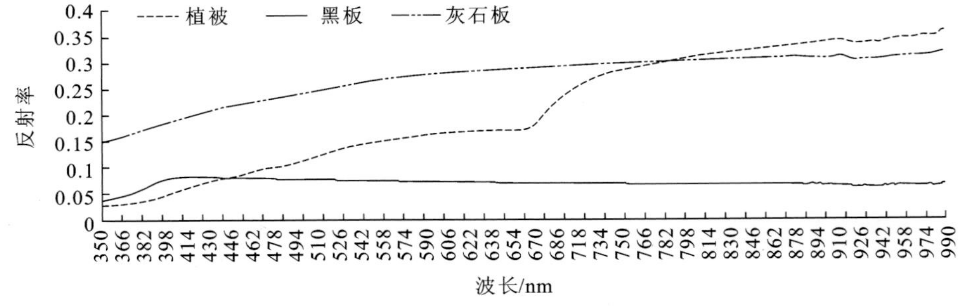

图 3.35　黑板、草地、灰石板光谱曲线图

图 3.35 是测量得到的黑板、草地、灰石板的反射率光谱曲线图，黑色实线为黑板的光

谱曲线图，接近于0，因为黑板吸收光，反射率低。线状虚线为灰板的反射率曲线，较为平稳，没有明显的吸收峰和反射峰。点状的曲线为草地的反射率光谱曲线，植被特征非常明显，在蓝光和绿光波段，450 ～ 515 nm 和 525 ～ 600 nm 的波长范围内，植被的叶绿素会吸收蓝绿光进行光合作用，所以反射率较低，在红光和近红外波段反射率曲线有明显的抬升，这是植被的红边效应。用 ASD 获取的 4 种典型地物点的光谱特征来分析 4 种地物的特征，通过反射率光谱曲线可以看出 4 种地物的性质。

对比分析图 3.34 中 4 种特征地物的 DN 值曲线和图 3.35 黑板、草地、灰石板光谱曲线可以看出，特征地物的 DN 值曲线和其对应光谱曲线的变化趋势不相同，每个波段都是独立的，每个波段的定标方程都不相同。

3. 辐射校正模型的基本思路原理

辐射校正包含了大气校正和辐射定标两个过程(梁顺林，2009)。

本次实验中，采集的是用 HyperScan 在地面直接获取的数据，没有大气影响，所以此辐射校正过程中需要建立定标模型。辐射校正模型的研究涉及两个基本概念，像元的 DN 值和地物点的反射率。像元的 DN 值是无量纲的，没有实际的物理意义，只是用来记录像元的灰度。地物点的反射率代表了该地物点对某波段光的反射能力，是物质的固有特性，能够反映其内部的物理化学性质。遥感影像辐射定标就是将遥感影像中无物理意义的 DN 值转化为具有物理意义的地物点反射率的过程(刘照言 等，2010；马灵玲 等，2010)。

辐射定标的原理是线性拟合(沈艳 等。2007)。认为每个波段的各点的 DN 值和反射率呈线性关系，而且各波段的 DN 值和反射率的对应关系相互独立。某点在第 i 波段的 DN 值为 D_i，反射率为 ρ_i，则该点在第 i 波段上 DN 值和反射率满足：

$$\rho_i = a_i \times \mathrm{DN}_i + b_i, \quad i=1,2,\cdots,571 \tag{3.37}$$

共有 571 个波段，所以有 571 个等式方程。方程中 a_i 为线性拟合的系数，b_i 为常数项，每个波段的方程都独立，而方程的系数和常数项就是需要求解的。

我们观测了 4 种地物点，分别是标准白板、黑板、草地和灰石板，令这 4 种地物点的 DN 值分别为 $\mathrm{DN_w}$、$\mathrm{DN_b}$、$\mathrm{DN_v}$、$\mathrm{DN_g}$，反射率分别为 ρ_w、ρ_b、ρ_v、ρ_g。针对这 4 种地物其 DN 值和反射率在每个波段上应该满足以下条件。

标准白板：

$$\rho_{\mathrm{w}_i} = a_i \times \mathrm{DN}_{\mathrm{w}_i} + b_i, \quad i=1,2,\cdots,571 \tag{3.38}$$

黑板：

$$\rho_{\mathrm{b}_i} = a_i \times \mathrm{DN}_{\mathrm{b}_i} + b_i, \quad i=1,2,\cdots,571 \tag{3.39}$$

草地：

$$\rho_{\mathrm{v}_i} = a_i \times \mathrm{DN}_{\mathrm{v}_i} + b_i, \quad i=1,2,\cdots,571 \tag{3.40}$$

灰石板：

$$\rho_{\mathrm{g}_i} = a_i \times \mathrm{DN}_{\mathrm{g}_i} + b_i, \quad i=1,2,\cdots,571 \tag{3.41}$$

每个波段都需要求解 a_i 和 b_i，只需要已知两组 DN 和对应的 ρ 就可以了，此次实验中每个波段都获取了 4 种地物的 DN 值和反射率，存在多余观测，利用这些观测值可以进行模型的约束优化，并且可以进行精度评价。

首先利用黑板和灰石板的测量值来进行建模，即使用式(3.39)和式(3.40)来计算波段的定标方程，这也就是通用的辐射定标模型。用黑板和灰石板的影像数据和光谱数据进行建模的原因是两者的DN值曲线差异较大，而且两者反射率曲线差异大并且没有特殊的吸收反射特征，有利于建立定标模型的稳定性。将草地的DN值DN_v带入模型计算出灰石板反射率的预测值ρ_v'，比较预测值ρ_v'和真实值ρ_v之间的误差，进行通用辐射定标模型的误差分析。

运用草地的真实光谱信息和预测的光谱之间的差异进行模型的优化，设定对于a_i和b_i每次修正的修正值ω_a和ω_b，然后进行迭代修正。计算每次修正后的草地反射率光谱预测值ρ_v'和真实值ρ_v的光谱角，关于光谱角的计算在后面一小节中做出说明。

因为模型做出了修正，所以对于黑板和灰石板的拟合效果也会产生变化，计算出每次修正后的模型下黑板和灰石板的反射率预测曲线，和真实的黑板灰石板的光谱曲线进行比较，求出两者之间的光谱角。将三种地物类型(黑板、灰石板、草地)的光谱曲线的预测值和真实值的光谱角相加，三个光谱角之和最小的模型，认定为拟合最优的模型。

4. 光谱相似性——光谱角

光谱角是指两个n维的光谱向量在n维空间中的夹角(唐洪创 等，2010)。国内外有许多研究将光谱角应用于光谱匹配技术，通过比较未知地物的光谱和已知地物的光谱来对未知地物进行分类(徐希孺 等，2009；谢东辉 等，2007；童庆禧 等，2006)。但将光谱角应用于辐射校正或者定量模型中的研究却还很少。光谱角可以衡量两个n维的光谱向量的相似性，本次试验中衡量预测光谱曲线和真实光谱曲线的相似性，从而来约束模型的拟合效果。

光谱角充分利用了高光谱的高维信息，从光谱曲线的相似性来评估预测光谱曲线和真实光谱曲线的差异(徐永明 等，2010；杨贵军 等，2010)。这种衡量方式更加能够切合光谱信息的特征，另外几种衡量光谱差异的方式如计算光谱向量的欧式距离、计算光谱预测的平均精度，这些方式都只是从数学统计的角度来评估光谱间的差异。由于光谱不是单一的数据信息，光谱趋势、光谱走向、吸收峰反射峰的位置都属于光谱特征，所以评价光谱差异的时候并不能只考虑统计误差，应该考虑光谱整体的相似性(姚延娟 等，2008)。所以选用光谱角作为光谱约束条件能够充分利用高光谱信息的特点。

光谱角的计算方法是计算两个光谱向量的夹角，其数学表达公式为

$$\cos\theta = \frac{(\boldsymbol{X} \cdot \boldsymbol{Y})}{|\boldsymbol{X}| \cdot |\boldsymbol{Y}|} \tag{3.42}$$

式中：$\boldsymbol{X}$、$\boldsymbol{Y}$分为两个n维的向量。

当两个光谱向量越接近，它们的夹角越接近90°，那么$\cos\theta$的值就会接近于1，这两个光谱相似性越高(袁金国 等，2009；余涛 等，2005)。

此次实验中相比较的两个向量分别是光谱预测值和光谱真实测量值，数据共有571个波段，所以是两个571维的光谱向量。

地物点草地的预测曲线和真实光谱曲线的光谱角可表示为

$$\cos\theta_v = \frac{(\rho_v \cdot \rho_v')}{|\rho_v| \cdot |\rho_v'|} \tag{3.43}$$

上式也可以表示为

$$\cos\theta_{\mathrm{v}}=\frac{\sum p_{\mathrm{v}_i}\times p'_{\mathrm{v}_i}}{|\rho_{\mathrm{v}}|\cdot|\rho'_{\mathrm{v}}|},\quad i=1,2,\cdots,571 \tag{3.44}$$

同理,可以计算每次修正后的黑板和灰石板的预测计算曲线和真实测量光谱曲线的光谱角。

3.4.3　通用辐射定标模型

1. 模型的建立

黑板和灰石板的反射率曲线(ρ)和 DN 值曲线(DN)都已知,那么根据式(3.39)和式(3.40)可以建立每个波段上的二元一次方程组,一共可以建立 571 个二元一次方程组,可以求得每个波段上的增益参数 a_i 和偏置参数 b_i。

2. 模型误差分析

初步的定标模型已经建立,每个波段所求得的增益参数 a_i 和偏置参数 b_i 通过 571 个二元一次方程组已经全部求出,将第三类地物点草地的 DN 值曲线向量带入到初步的模型中,可以评估传统的定标方式的准确度。草地的预测模型如下:

$$\rho_{\mathrm{v}_i}=a_i\times\mathrm{DN}_{\mathrm{v}_i}+b_i,\quad i=1,2,\cdots,571 \tag{3.45}$$

分析 ρ'_{v} 和 ρ_{v} 之间的差异,草地光谱的预测曲线和实际测量的草地光谱曲线如图 3.36 所示,图中实线为预测光谱,虚线为实际测量的光谱,从图像中可以看到对于光谱曲线整体的趋势预测比较吻合,比如在蓝光和绿光波段反射率较低,在红光和近红外开始有明显的抬升。

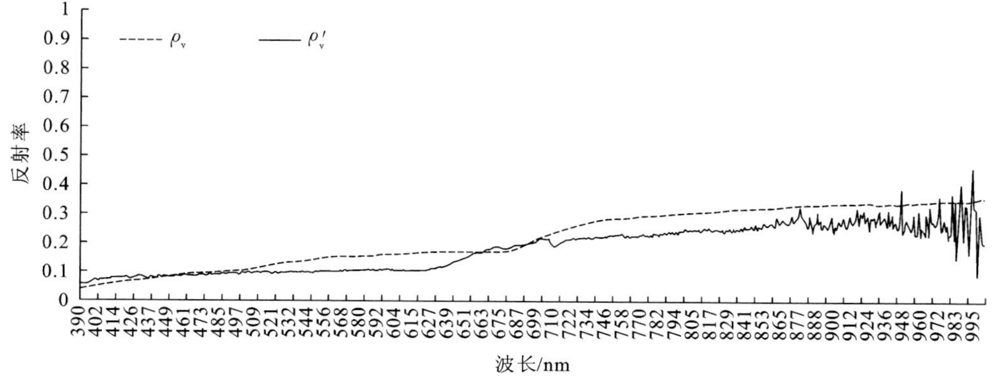

图 3.36　通用模型草地预测光谱和实际测量光谱

预测曲线非常明显的特点是从 800～1 000 nm 开始,预测曲线不稳定,上下波动较大。800～1 400 nm 的范围是热红外波段,此波段为大气窗口库,所以大气对于此波段光线的反射率、吸收率、散射率较低,反之透射率较高,从而地面的物体在这些波段接收到的太阳能量就会比其他波段高,所以各地物反射的能量较多,同时在影像上呈现出亮度较大,DN 值比较高,且 DN 值近似。另一方面,由于此波段是热红外波段,影响这一波段光谱差异的主要因素是温度。此次实验所选择的地物类别黑板、灰石板和草地都是陆地城市常见的地物类别，测量时间又是同一时间，所以石板和草地温度近似，光谱曲线接近，但黑板定标毯吸收光性质强，反射率非常低。图 3.37 和图 3.38 分别是 554 nm 和 994 nm 波段的灰度影像。

从图 3.37 和图 3.38 的对比可以看出，在可见光波段，三种地物的 DN 值差异明显，反射率也有差异性，所以进行辐射定标效果较好。但是在热红外波段，三种地物的 DN 值接近，但是反射率有较大的差异，所以 DN 值是没有办法来反演反射率的，在热红外波段，辐射定标模型不稳定。所以在之后的模型精度评测中去除热红外波段的拟合效果评估。

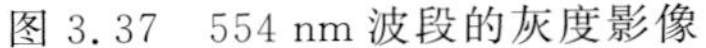

图 3.37　554 nm 波段的灰度影像

图 3.38　994 nm 波段的灰度影像

在图 3.36 中已经展示了草地光谱预测曲线和实际测量曲线的关系，为了更加准确地比较这两个曲线的相似性，计算草地的预测曲线和实际测量得到光谱曲线之间的光谱角，光谱角 $\cos\theta_v$ 的值为 0.989 6。在 2011 年，同济大学测量与国土信息工程系的研究者施蓓琦等(2011)曾做过典型地物实测光谱的相似性分析实验，实验结果表明不同的地物光谱角度一般为 0.6 ～ 0.9 不等，同种类似地物之间的光谱角值从 0.85 ～ 1 不等。所以此次实验中的初步模型的拟合效果曲线相似度角高。如果用初步模型的定标参数进行辐射校正，校正结果可用于定性分析，如图像分类，光谱匹配等。如果需要用于精度要求非常高的定量分析，如植被色素定量分析、森林资源分析等技术，那么模型还有待提升。

3.4.4　光谱信息约束下的辐射定标模型

1. 光谱信息约束优化模型的思路及方法

优化模型的基本思路是利用草地的光谱信息，对模型进行约束修正，并且利用光谱角来评价和指导修正的过程。图 3.39 的流程图显示了模型的修正过程，通过不断修正辐射校正模型中的增益参数 a_i 和偏置参数 b_i，每次的修正参数 ω_a 和 ω_b 是一个通过计算来设定的比较小的数值，修正过程中草地的预测光谱曲线会逐渐逼近真实的测量曲线。该修正方法的特点如下：

(1) 每次修正量较小，不会出现修正之后正误差变为负误差的情况；

(2) 每次修正都计算输出变化后的模型参数，能够比较每次修正对草地光谱曲线的计算效果；

(3) 修正过程中计算预测光谱曲线和真实光谱曲线之间的光谱角，比较修正过程中草地预测曲线和真实草地曲线的相似性；

(4) 计算草地预测曲线和真实草地曲线的同时，也会计算黑板的预测光谱和真实光谱曲线之间的光谱角，并且计算灰石板的预测光谱和真实光谱曲线之间的光谱角；

(5) 存储了每次修正三类地物的预测光谱曲线和真实光谱曲线之间的光谱角，可以比较分析每次修正对于整体环境辐射校正的效果，而非只能得到一种地物类的校正效果。

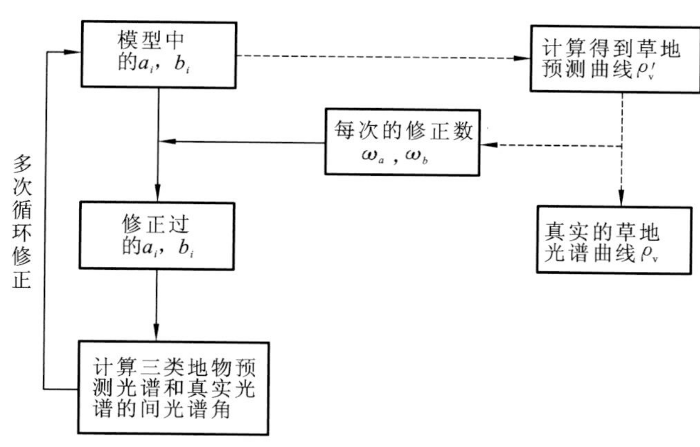

图 3.39　模型修正过程流程图

1) 修正模型——利用光谱差异约束和逼近

在修正模型的过程中利用草地预测光谱和草地真实光谱的误差值来计算并且确定修正参数 ω_a 和 ω_b。选用草地的光谱来作为光谱信息的约束条件是因为草地光谱属于植被类型的光谱，光谱在可见光、近红外波段差异较大，不像黑板白板那样光谱在每个波段都比较稳定(赵丽芳 等，2007)。选用草地光谱曲线作为约束和优化的光谱信息能够有效衡量不同波段的辐射校正效果，避免了由于光谱曲线差异性不够而造成的模型灵敏度差、实用性差的影响。

比较通用模型中草地反射率光谱曲线和真实的草地光谱曲线之间的误差，可以得到最大反射率的误差为－0.07，要修正这个误差，不能将最大误差完全修正，因为这样可能会引起模型迭代次数过多，修正过度，使模型的预测误差正误差变为负误差，负误差变为正误差。修正总和应该小于 0.07，使大部分波段的误差得到最理想的修正。

根据通用模型中的 a_i 和 b_i 的数量级和它们分别对模型的影响确定每次修正的修正参数。对于辐射校正模型增益系数 a_i 每次的修正参数为 $\omega_a=0.000\,02$，对于偏置系数 b_i 每次的修正参数为 $\omega_b=0.001$。算法的迭代次数上限为 20 次。每个波段的算法相同，若该波段已经迭代计算完毕，则进入下一个波段的模型进行优化，每个独立波段的优化模型的迭代算法步骤如下。

(1) 判断模型的预测值和真实值的误差。若预测值减去真实值的误差大于零，则进入步骤(2)，小于零，则进入步骤(3)。

(2) 增益参数 a_i 减去 ω_a，偏置参数减去 ω_b，进入步骤(4)。

(3) 增益参数 a_i 加上 ω_a，偏置参数加上 ω_b，进入步骤(4)。

(4) 计算改变 a_i，b_i 之后的草地光谱的预测值，并回到步骤(1)循环。

(5) 算法的停止条件有两个，一是当迭代次数达到 20 次上限时；二是当预测值已经最佳逼近真实值时，最佳逼近是指下次再迭代进行过后预测值减去真实值的误差会发生正负变化，正误差变为负误差，或者是负误差变为正误差。

算法在实行的过程中将每次计算得到的 a_i，b_i 存储为数组 A，B，也将每次的预测值存储为预测值的数据，这样在各个波段的计算结束之后可以进行光谱角的计算，从而来衡量模型对整个光谱的修正效果。

2）光谱角约束选取最优模型

上一小节中的算法可以逐步修正草地的光谱曲线，使得草地地物类的预测光谱曲线可以逼近真实的草地光谱曲线，但是 a_i，b_i 随之变化，不再是最初由二元一次方程组解出的数据，所以优化过后的模型对于黑板和灰石板的预测能力会发生变化。计算每次优化得到的模型预测的黑板光谱、灰石板光谱和草地光谱，并将这些计算值和真实的黑板光谱曲线、灰石板光谱曲线和草地光谱曲线进行比较。计算三类地物类的预测光谱曲线和真实光谱曲线的光谱角之和，分析光谱角之和的变化趋势。

光谱角是衡量光谱曲线相似性的依据，三个不同地物的预测曲线和真实曲线的光谱角之和能评定模型的拟合精度(赵祥 等，2007)。

利用三类地物类的预测光谱曲线和真实光谱曲线的光谱角之和来评定哪一次优化的结果是对整体区域辐射定标的最优模型。最优模型选取的具体步骤如下：

(1) 计算每次优化过程中草地的预测光谱曲线；

(2) 计算每次优化过程中黑板的预测光谱曲线；

(3) 计算每次优化过程中灰石板的预测光谱曲线；

(4) 计算每次优化过程中草地的预测光谱曲线和真实光谱曲线的光谱角；

(5) 计算每次优化过程中黑板的预测光谱曲线和真实光谱曲线的光谱角；

(6) 计算每次优化过程中灰石板的预测光谱曲线和真实光谱曲线的光谱角；

(7) 计算每次优化过程中三个光谱角之和；

(8) 选择三个光谱角之和最小的那次优化最为全局的最优模型。

2. 实验结果分析

本次实验中利用草地的光谱信息来逼近真实观测值，并用三种地物类的预测光谱曲线和真实光谱曲线的光谱角之和来约束选择全部区域辐射校正的最优模型。首先来分析对于草地地物类的预测光谱的修正效果。

草地的预测光谱曲线经过 20 次模型修正后逐渐逼近真实曲线，草地预测光谱曲线和真实光谱曲线之间的光谱角逐渐增大，20 次修正过程模型中，光谱角见图 3.40。图 3.40 中横坐标为修正的次数，纵坐标为光谱角的余弦值。光谱角的余弦值在最理想的状态下值为 1，光谱角余弦值为 1 代表了草地的预测反射率光谱曲线和真实测量的光谱曲线在每个波段上的反射率都相等。可以看出，随着每次修正，草地预测光谱曲线和真实光谱曲线之间的光谱角逐渐提高，并且提高到趋近于平稳，所以修正使得模型对草地光谱曲线的预测能力得到了提升。分析草地预测最优化的模型计算出的草地光谱曲线，比较其和真实草地光谱曲线的差异。

图 3.41 是选择草地地物类的波谱角值最大时的模型，用此模型来预测草地的光谱曲线，将预测光谱曲线和草地真实的光谱曲线进行对比。从图中可以看到，经过多次优化修正过后的模型，对草地地物类的辐射定标效果较好，可以准确地通过辐射定标计算出光谱

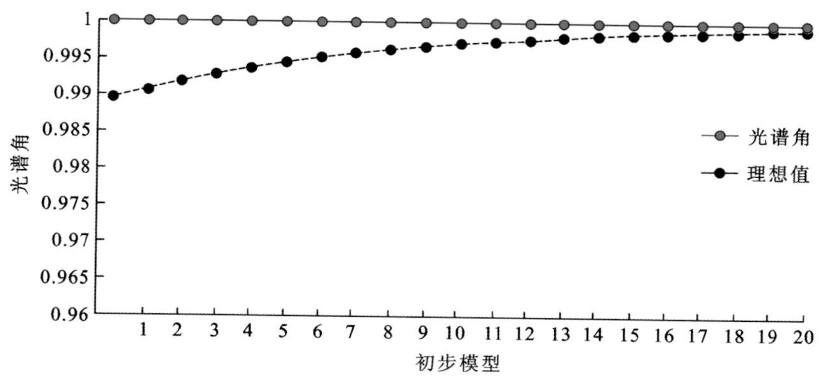

图 3.40 模型修正过程中光谱角的变化曲线

曲线的变化趋势，如植被在红光近红外波段的红边效应，光谱曲线有明显的抬升。并且相比于通用方法得到的初步模型来看，优化后的模型除了能够准确地计算出光谱的变化趋势之外，对于各波段的反射率的预测也能达到非常高的准确度。但是这次选择的最优模型是根据草地类的预测值和真实值光谱角余弦值最大的原则，那这个最优模型对于草地的定标效果优良。对于黑色定标毯和灰石板两种地物类，最优的模型不一定是这次拟合的结果(郑求根 等,2010)。

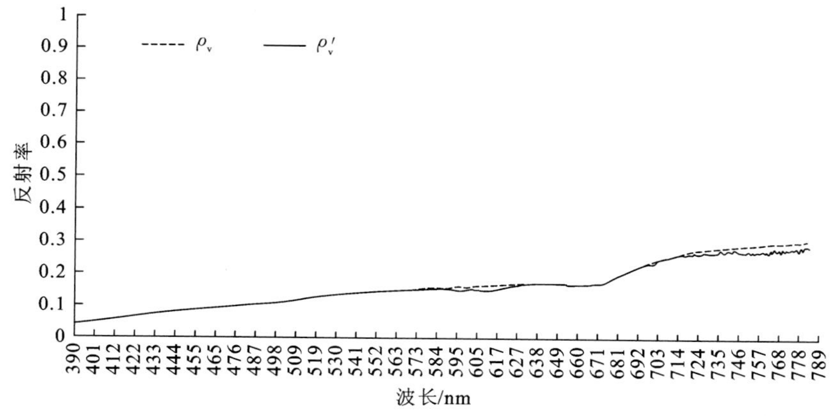

图 3.41 优化模型计算的草地预测光谱曲线和真实的光谱曲线

计算三类地物类的预测光谱曲线和真实光谱曲线的光谱角之和，分析光谱角之和的变化趋势，光谱角之和最大的修正模型是对于这片区域辐射定标的最优模型。

从图 3.42 中可以看出，随着模型的修正，草地地物类的预测值和真实值间的光谱角余弦值逐渐增大。灰石板的预测值和真实值间的光谱角余弦值逐渐减小，但是减小幅度非常小，而黑板的预测值和真实值间的光谱角余弦值在前 1～5 次修正的时候减少幅度较小，但是随着修正次数增多，预测值和真实值间的光谱角余弦值减小的幅度变大，但也稳定在0.96以上，光谱相似度还是非常高(周春艳 等,2009)。对整张影像进行辐射校正，则需要考虑模型对各种类型地物适用性，所以选择三个光谱角余弦值之和最大的修正模型作为全局最优的模型。

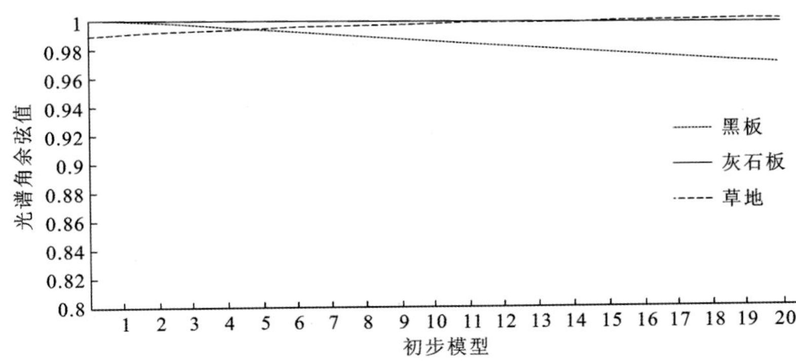

图 3.42　不同修正次数下模型预测的黑板、灰石板和草地

图 3.43 是三种地物类预测值和真实值间之间光谱角的余弦值之和随着修正次数变化的曲线。理想余弦值之和是 3，代表每类地物的预测值和真实值间的光谱角余弦值都为 1，即在每个波段上三种地物的反射率预测值和真实值都相等。

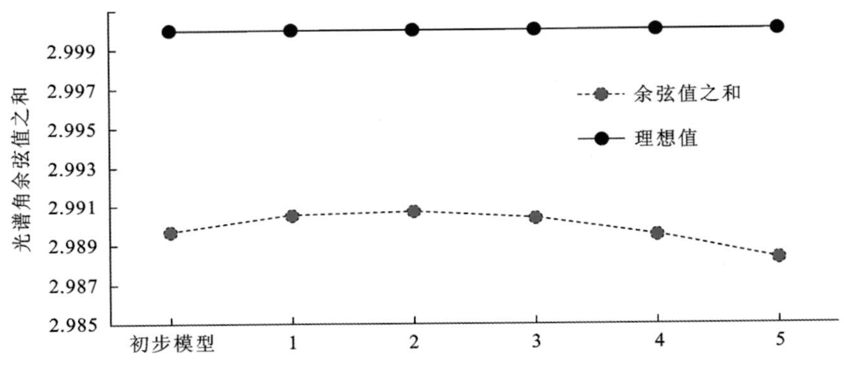

图 3.43　三种地物类预测值和真实值间的光谱角余弦值之和

图 3.43 中观察到前 5 次修正之中每次修正过后的光谱角之和都在 2.987 之上，三种地物的预测光谱曲线和真实光谱曲线的相似度非常高。分析光谱角之和的变化趋势，在第二次修正过后，三种地物类预测值和真实值间的光谱角余弦值之和就达到了最大值 2.990 8，第二次修正后得到的模型就是对于这片区域的不同地物类的辐射定标的最优模型。利用这个全局最优模型来计算三种地物类别的光谱曲线预测值，并与真实的测量光谱曲线物进行对比。

从图 3.44 可以看出，虽然相比于初步的模型，优化修正模型中的预测光谱曲线和真实光谱曲线间的光谱角余弦值非常小幅度地减少了，但是其光谱相似度还是非常高，在图中基本看不出来预测光谱和真实光谱间的差异。

和黑板一样，从图 3.45 可以看出，虽然优化修正模型中的预测光谱曲线和真实光谱曲线间的光谱角余弦值小幅度地减少了，光谱角余弦值减少值只有 0.000 1，但是光谱相似度依然还是非常高，几乎看不到预测光谱和真实光谱局部之间的差异。

分析图 3.46 中草地的预测光谱和真实光谱曲线图，虽然其光谱相似性不如黑板和灰石板高，但是其和初步的通用模型相比，预测光谱曲线和真实光谱曲线间的光谱角余弦值

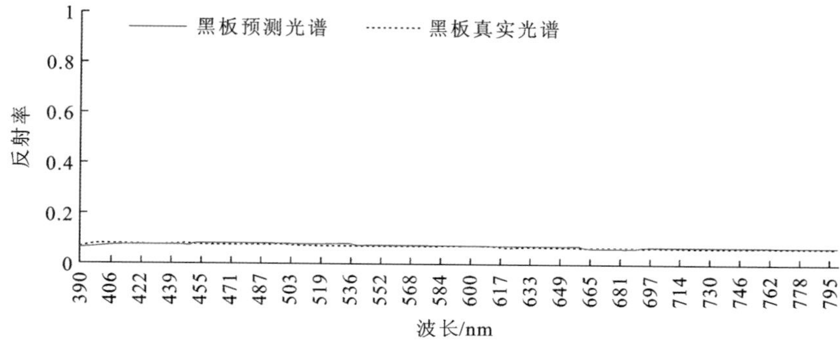

图 3.44　黑板的预测光谱和真实光谱

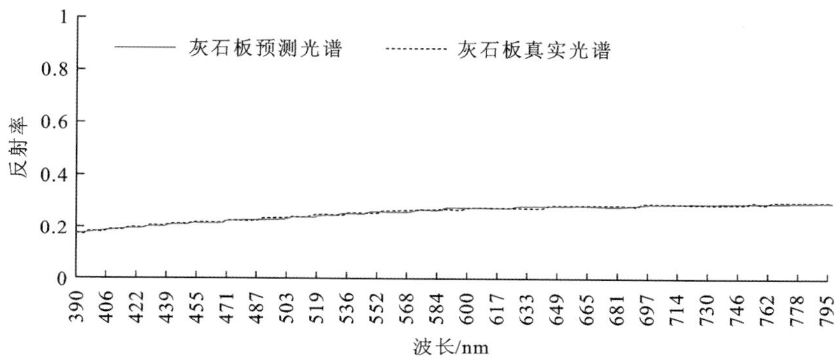

图 3.45　灰石板的预测光谱和真实光谱

增高，草地地物类的预测光谱曲线和真实光谱曲线相似性增高，光谱余弦值高达 0.992，光谱相似度非常高，和通用模型的辐射定标效果相比，优化后的模型拟合效果得到了很大的提高。

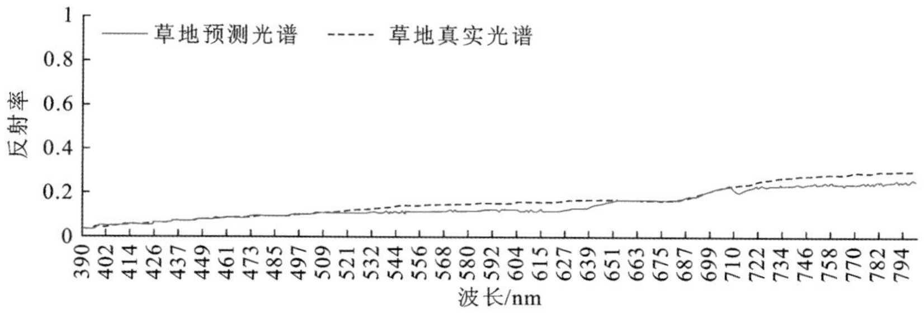

图 3.46　草地的预测光谱和真实光谱

3.4.5　两种模型的对比分析

1. 光谱信息约束的优点

采用光谱信息约束的辐射定标模型在辐射定标效果上优于传统的通用定标模型。此次实验中优化模型利用草地的光谱信息，对模型进行约束修正，并且利用光谱角来约束选择最优修正的模型。在光谱信息的约束过程中，使预测光谱曲线逐渐逼近真实测量的光谱曲线。

光谱信息约束下的辐射校正模型和通用的辐射校正模型相比，主要的优点如下：

(1) 利用植被的预测光谱和实际测量光谱信息之间差异，来制定修正系数逐渐修正模型，使其精度逐渐提高；

(2) 使用光谱角余弦值作为衡量光谱相似性的标准，预测光谱和真实光谱之间的光谱角余弦值随着模型的修正逐渐增加，预测光谱和真实光谱的相似性也逐渐提高；

(3) 采用三类地物的预测光谱和真实光谱间的光谱角余弦值之和，作为衡量整体模型优化程度的准则，选取最优的模型，保证了三种地物类别的曲线能够同时最大限度地逼近真实的光谱曲线；

(4) 辐射定标效果比通用模型好，黑板和灰石板两个地物类的辐射定标良好，光谱信息约束下的辐射定标模型对于草地地物类的辐射定标效果明显优于通用模型。

2. 通用模型和优化模型的精度分析对比

通用模型中，利用灰石板的 DN 值曲线、反射率光谱曲线和黑板的 DN 值曲线、反射率光谱曲线进行多波段单独地二元一次方程组拟合，得到初步的辐射定标模型，对于灰石板和黑板来说，预测光谱曲线和真实光谱曲线完全重合，所以对通用模型预测的草地光谱曲线进行光谱分析。

在可见光和近红外，波长范围在 390～800 nm，波段间隔为 1 nm，通用辐射定标模型对于草地地物类的预测光谱曲线的精度分析如表 3.17 所示。

表 3.17　通用模型预测草地光谱曲线的精度分析

参数	值
最小精度	0.507 9
最大精度	0.999 7
平均精度	0.791 8
均方根误差	0.039 4

从表 3.19 中的分析统计数据可以看出，通用的预测模型最大误差比较大，能达到 50％的误差。通用模型的平均精度为 79％，均方根误差为 0.0394，模型的预测效果一般(周子勇 等，2005)。

在光谱信息约束下，经过多次修正优化之后，得到了预测草地地物类的最优模型，和对于整体区域中的地物类来说预测效果最优的全局最优模型，先分析草地地物类的优化模型。

表 3.18 分别是通用模型、第 2 次修正优化之后的模型、第 8 次修正优化之后的模型、第 20 次修正优化之后的模型的精度对比。

表 3.18　各模型精度对比

参数	通用模型	2 次修正	8 次修正	20 次修正
最小精度	0.507 9	0.600 1	0.729 6	0.896 0
最大精度	0.999 7	0.999 9	1.000	1.000 0
平均精度	0.791 8	0.829 9	0.910 9	0.980 2
均方根误差	0.039 4	0.035 7	0.025 5	0.008 2

表 3.18 中对比 4 个模型中所有波段辐射校正的最小精度，随着修正次数的增多，最小精度逐渐提高，从通用模型中的最小精度 0.507 9 提高到最终修正模型中的 0.896 0。再来分析 4 个模型中所有波段辐射校正的最大精度，随着修正次数的增多，最大精度提高，从通用模型中的最大精度 0.999 7 提高到最终修正模型中的 1.000。平均精度能代表模型的整体精度，均方根误差是来评定模型的稳定性的重要指标。随着模型的修正，对于草地地物类的各波段的平均预测精度提高，从通用模型中的平均精度 0.791 8，提高到最终修正模型中的 0.980 2。因为地物类的反射率量级非常小，非常小的绝对误差就可能会引起较大的相对误差，但是相对误差并不能来衡量光谱曲线整体的变化趋势，比如光谱曲线的吸收峰和反射峰这些光谱特征也属于光谱相似性，所以只用精度这一个标准来衡量模型的辐射定标效果不够完备。用均方根误差来评定模型的稳定性，均方根误差是一种标准差，能够有效衡量预测值和真实值之间的偏差(Bachmann et al.，2009)。此次试验中，随着修正过程进行，模型预测值和真实值的均方根误差 RMSE 逐渐减小。

在光谱信息约束下，经过多次修正优化之后，得到了预测草地地物类的最优模型，相比于通用的初步模型的预测结果，平均精度得到了提升，均方根误差也减小了，所以此模型对于草地地物类的辐射定标能力有提高，稳定度也提高了。

经过 20 次修正的优化模型是对于草地地物类辐射定标的最优模型，而对于其他的地物类黑板和灰石板的辐射定标，这个模型不一定是最优的，所以综合考虑到黑板、灰石板和草地三种地物类，选取一个全局最优模型。计算每次修正后的模型的预测草地曲线和真实草地光谱曲线的光谱角余弦、预测黑板光谱曲线和真实黑板曲线的光谱角余弦、预测灰石板曲线和真实灰石板光谱曲线的光谱角余弦，并计算三个光谱角余弦值之和，选择光谱角余弦值之和最大的修正模型作为全局最优模型。

表 3.19 中的数据是全局最优模型的各波段平均精度、最大精度、最小精度和均方根误差的统计，并将全局最优模型各项评定参数和通用的初步模型的草地光谱辐射校正的结果进行对比。

表 3.19　全局最优模型的评定指标

参数	黑板	灰石板	草地	通用模型—草地
最小精度	0.935 5	0.986 8	0.600 1	0.507 9
最大精度	0.972 5	0.992 5	0.999 9	0.999 7
平均精度	0.942 1	0.989 5	0.829 9	0.791 8
均方根误差	0.004 3	0.000 1	0.035 7	0.039 4

从表 3.19 中可以看出，全局最优模型对于黑板和灰石板地物点的辐射定标效果良好，平均精度达 0.94 和 0.99，均方根误差为 0.004 3 和 0.000 1。因为考虑到全局最优，所以草地地物类的辐射定标效果没有局部最优的模型精度高，但全局最优的草地类地物点的辐射定标平均精度为 0.83，均方根误差为 0.03，对于光谱曲线中反射率的预测值均方根误差为 0.03，结果比较理想。将全局最优模型中草地地物类的辐射定标效果与通用模型中草地地物类的辐射定标效果进行对比，优化后的模型平均精度从 0.79 提高到 0.82，均方根误差由 0.04 减小到 0.03。从模型的平均精度和均方根误差分析，光谱信息约束下的模型的辐射定标效果好于通用模型。

分析不同的模型对草地地物类辐射定标的效果，只通过平均精度和均方根误差来评定辐射定标效果不够全面。通过预测光谱曲线和真实光谱曲线之间的光谱角余弦值来衡量光谱的相似性，表 3.20 是各模型对草地辐射定标后的预测光谱曲线和真实光谱曲线之间的光谱角余弦值统计。

表 3.20　各模型草地预测光谱曲线和真实光谱曲线之间的光谱角余弦值

项目	通用模型	全局最优模型	局部最优模型
光谱角余弦值	0.989 6	0.992 0	0.999 4

随着模型的修正，草地辐射定标后预测光谱曲线和真实光谱曲线之间的光谱角余弦值增加，光谱相似性增加。通用模型的光谱角余弦值为 0.989 6，全局的最优模型光谱角余弦值达到 0.992 0，光谱相似性较高，局部的最优模型光谱余弦值为 0.999 4。图 3.47 为不同模型下草地地物类各模型的预测光谱曲线和草地真实的光谱曲线进行对比。

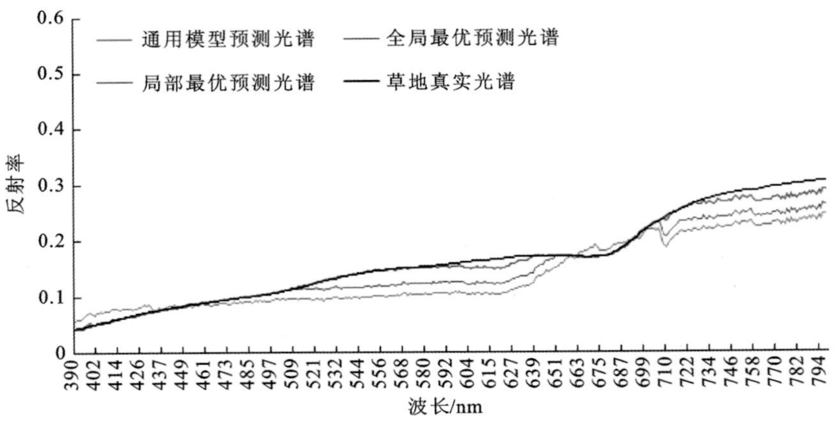

图 3.47　草地地物类各模型的预测光谱曲线和真实光谱曲线

在光谱信息约束下修正过后的优化模型能够更加准确地预测地物的光谱曲线，不仅在每个波段的误差减小，整体的光谱曲线的吸收反射特征也更加接近真实的曲线，变化趋势也逐渐逼近真实的光谱曲线。

3.4.6　小结

本节的辐射定标分析研究主要分为两个部分，一是通用模型的辐射定标的精度和误差分析，在3.4.3小节中详细介绍了利用通用模型的定标的实验结果；二是利用光谱差异和光谱角来约束模型的修正过程，从而得到优化的辐射校正模型，3.4.4小节详细介绍了模型优化的过程和算法，并且分析优化模型的辐射定标实验效果。在3.4.5小节中将通用模型和优化模型的辐射定标效果进行了对比分析。分析优化模型的特征和优点之后主要得到以下实验结论。

（1）随着修正次数的增多，辐射校正模型的校正效果发生变化，对于草地地物类有局部最优的辐射校正模型，对于整体场地包含的地物类有全局最优的辐射校正模型。

（2）局部最优的辐射校正模型对草地特征点的辐射校正精度非常高，但是对于其他地物点精度不及草地地物点高，相对于通用模型，使用优化过后的辐射校正模型预测光谱曲线，平均精度从79.18%提高到98.02%，提高了18.04%。

（3）全局最优辐射校正模型对灰石板地物点的光谱预测平均精度为99.25%，均方根误差为0.000 1，对于草地的光谱预测平均精度为83.00%，均方根误差0.039 4。全局最优模型计算出的黑板、灰石板和草地的真实光谱曲线和计算光谱曲线间的光谱角余弦值之和为2.990 7，整体平均光谱角为0.997 0，计算光谱和真实光谱的相似度高。

实验中采用HyperScan的高光谱影像数据和ASD光谱仪获取的高光谱曲线数据作为实验数据，对通用的高光谱辐射定标模型进行光谱约束优化下的修正，虽然得到了效果较好的优化模型，但是还存在可以改进的地方。

该实验使用了地面高光谱成像光谱仪获取的高光谱影像来进行试验，无须考虑大气环境对成像造成的影响。在后续实验中，可以使用航空机载相机获取的影像或者卫星影像作为实验数据，综合考虑大气影响。

实验区域内的特征地物点有标准白板、黑板、草地和灰石板，实验进行的是场地地表，模型修正的光谱约束条件为特征地物点的光谱曲线和计算光谱之间的差异和光谱角信息。场地内没有水体等地物类，不能确定该优化方法是否适用于其他的环境，还需要后续的实验对此加以研究。

提出了修正优化过程中的全局最优模型和局部最优模型。局部最优的辐射定标模型对于草地地物类的辐射定标精度高于全局最优模型，所以全局最优模型的精度还有提升的空间，让全局最优的辐射定标模型对于各种地物特征点的辐射定标精度能都接近每种地物的局部最优模型的校正精度。

本节中虽然针对可见光和近红外波段的高光谱影像提出了优化的辐射定标模型，但在研究中发现热红外波段的高光谱影像各类地物点灰度值差异性小，这就对辐射定标产生了干扰，不可以从影像的DN值来反演地物点的反射率。但是热红外波段包含了地物的很多物理特征，所以对于这一波段的辐射校正的研究还可以探索。

3.5　兼顾几何信息的多光谱相机辐射定标

迄今为止，遥感信息应用主要受制于遥感科学的基础研究尚且不足，需要实现从定性到定量的过渡，需要多学科交叉，加强基础研究。目前对遥感精度的要求越来越高，遥感数据量越来越大，人们正面临海量遥感数据与新应用需要的有效信息匮乏之间的供需矛盾。

随着遥感应用向广度和深度发展，遥感技术将更趋于国际化与实用化，遥感科学的进步与定量遥感的发展越发密不可分，辐射定标作为遥感定量化的基础也受到越来越多的关注。遥感辐射定标是建立空间相机入瞳处辐射量与探测器输出量的数值相联系的过程，包括相对辐射定标与绝对辐射定标过程。绝对定标过程是指将表征传感器响应的DN值转换为表征地球物理参量的物理量。在可见光与近红外波段，绝对辐射定标是将传感器响应的DN值转换为传感器入瞳处的表观辐亮度。传感器的绝对辐射定标是遥感定量化的基础，是实现多源数据同化的前提，是不同时序遥感数据应用的纽带，对遥感应用具有重要意义。

1970年以来，无人机遥感主要采取垂直观测方式，获得地表二维信息，并基于地面目标漫反射的假定，对获取的数据作一些简单校正后利用地面目标的光谱特性做有监督或无监督的最大似然率分类，或经验判读。但随着遥感技术的发展及其面临的各种新的要求，人们越来越迫切需要弄清楚无人机遥感过程中地表光辐射与影像输出灰度值之间相互作用的机理。

相机的标定是定量遥感和摄影测量学等领域共同关注的一个基本问题。标定结果的好坏在很大程度上制约着一个系统的测量精度，因此在几何测量、深度测量和运动测量等需要高精度测量的场合，实现相机的高精度定标是完成系统测量任务的一个必不可少的重要环节。目前普遍沿用的辐射定标方法是将影像数字量化输出值直接经过增益系数和偏置系数改正得到表观辐亮度，通常忽略了成像平面上不同位置同一地物的灰度值并不完全一致，从而造成误差。

本节针对多光谱相机绝对辐射定标提出结合几何信息的方法，从而减小辐射畸变，提高从响应灰度值转换为地物反射率的精度，为遥感地物光谱提取与分析、遥感影像分类与解译、遥感地物参数反演提供多光谱反射率数据基础。从定量遥感长远的发展来看，辐射定标方法的研究与改进具有重要的现实意义。

本节对DJI S1000无人机搭载的多光谱相机Tetracam Mini-MCA6进行结合几何信息的辐射定标方法研究，并对定标后影像进行定标精度评估。针对多光谱相机辐射定标方法目前已经有较为完善的方法和理论，而在辐射定标中加入几何信息约束旨在使定标更为精确，提高定量遥感数据的置信度。本节的研究思路如图3.48所示。

辐射定标的目的是确定多光谱相机的数字化输出(DN)与入瞳辐射值(L)之间的关系$L=a\times \mathrm{DN}+b$，即确定定标系数a和b。由于本次实验无人机飞行高度不超过100 m，气溶胶光学厚度和水汽含量的影响可以忽略不计，因此认为靶标同步反射率测量值即为定标毯标称反射率值，用最小二乘法对各通道靶标标称反射率和平均DN值进行线性拟

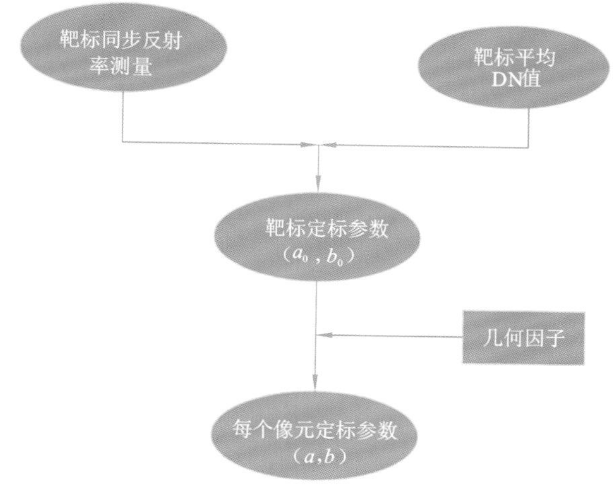

图 3.48　研究思路

合，得到定标参数 a 和 b。再由各通道影像上几何因子，对图像各像元定标参数进行修正，得到各通道定标后的影像。

其中，第一步先将各个像元视作无差别，计算得到某一波段的增益系数 a_0 和偏置系数 b_0；第二步结合几何信息确定各个像元之间定标参数之间的关系，得到方程；第三步再通过最小二乘法得到改正后的定标参数并计算出每个像元的反射率。

3.5.1　研究区域及仪器介绍

1. 研究区域概况

湖北省武穴市属于湖北省黄冈市代管的县级市，位于长江中游北岸，东经 115°33′，北纬 29°51′。本次利用无人机搭载的多光谱相机对武穴油菜花地(图 3.49)进行影像采集，该区域的坡度十分平缓，基本无高程起伏变化。

图 3.49　武穴油菜花地

2. 仪器介绍

1）多光谱相机 Tetracam Mini-MCA6 介绍

Tetracam Mini-MCA6（图 3.50）高质量多光谱数码相机采用多传感器通道，具有重量轻、体积小的特点，每个传感器通道可生成 10 位 SXGA 数据，在拍摄 130 hm^2 的图像分辨率可以达到 1 m。每个传感器通道都有独立的探测器/滤光片，固定在光学探头上。选择能够指示植被生长变化的敏感波段，从而设计相应的滤光片，以得到自定义的植被多光谱成像仪。

图 3.50　Mini-MCA6 实物图

Tetracam Mini-MCA6 相机具有以下特点：①采用的相机最大面阵为 1 280×1 024；②所使用的相机镜头一般有较大的畸变，特别是在视场角较大的场合；③作为感知部件的 CMOS 器件的成像面一般与光轴不严格垂直；④受光学系统景深、色差等因素的影响，所观测影像边缘会产生一定的模糊。

Tetracam Mini-MCA6 有 6 个 CMOS 传感器排列如图 3.51 所示，通过前置滤镜控制波段分别设置为 800 nm、490 nm、550 nm、670 nm、720 nm、900 nm，各个波段成像相对独立。

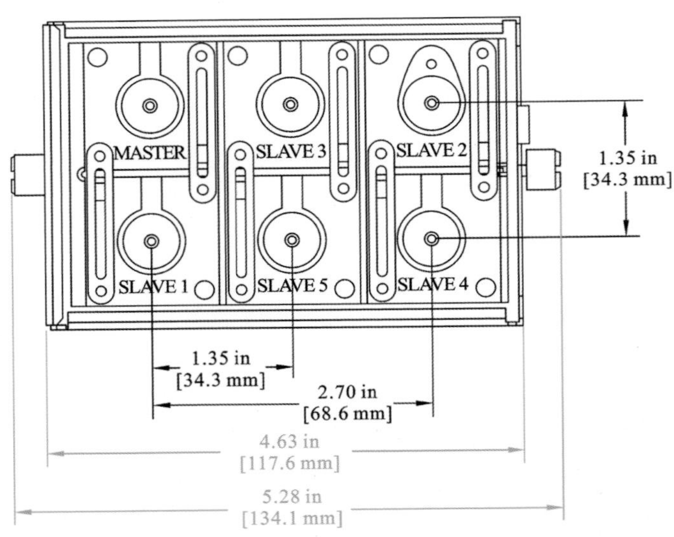

图 3.51　Tetracam Mini-MCA6 传感器示意图

2）无人机 DJI S1000 介绍

DJI S1000 是一款专业航拍无人机（图 3.52），具有便携易用、操作友好、安全稳定等特点。高度集成化的设计使其安装调试工作简单快捷。可收放起落架、可折叠机臂、螺旋桨及 GPS 折叠座使其便携易用。高性能的减震组件、小角度倾斜的机臂和下移的云台安装架使其稳定高效。它集成电源分布盒，内置高速电调和电机，配合高效螺旋桨，以及 DJI 多轴飞控系统，可获得稳定安全的飞行性能，其具体参数如表 3.21 所示。

图 3.52　DJI S1000 无人机

表 3.21　DJI S1000 参数

参数	指标
起飞重量/kg	6.0～11.0
整机重量/kg	4.2
动力电池	LiPo
最大功耗/W	4 000
悬停功耗/W	1 500
悬停时间/min	15
工作环境温度/(℃)	−10～+40

3. 数据介绍

无人机影像数据来源于武汉大学。该影像数据大小为 1 280×1 024，有 6 波段（图 3.53）。如图 3.54，在影像中心布设有 1 块标准白板和 3 块定标毯，由上自下 4 块定标毯的标称反射率依次为 0.06、0.24、0.48 和 1。

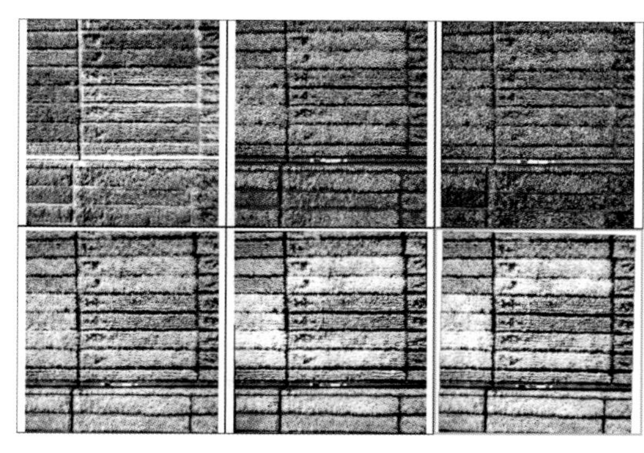

图 3.53　原影像 6 波段数据

图 3.54　靶标(定标毯)布设图

3.5.2　多光谱相机辐射定标原理和方法

1. 辐射定标的定义和范畴

遥感器定标是将遥感器所得的测量值变换为绝对亮度值(绝对定标)或变换为与地表

反射率、表面温度等物理量有关的相对值(相对定标)的处理过程,即建立遥感器每个探测器输出值与该探测器对应的实际地物辐射亮度之间的定量关系。遥感器定标是遥感定量化的前提。定标数据中除了由探测器的灵敏度特性引起的偏差外,还包含路程的大气及遥感器的测量系统混入的各种失真。由遥感器的灵敏度特征引起的畸变主要是由其光学系统(滤光片或其他光学元件等)或光电变换系统(电子漂移信号等)的特征所造成的。这种畸变直接影响通道的光谱响应。

无人机遥感中常用的定标技术有实验室定标及实验场定标。实验室定标是指在遥感器发射前必须进行的实验室光谱定标与辐射定标,将仪器的输出值转换为辐射值。实验场定标是指通过飞行中测得的靶标数据,采用场地定标的方法对无人机搭载的相机进行绝对辐射定标。

本节中主要对实验场定标(绝对定标)进行研究。无人机实验场定标类似于卫星地面定标,通过布设典型的人工靶标,用高精度仪器在地面进行同步测量,并利用遥感方程,建立空-地遥感数据间的数学关系,将遥感器数字量化值转换为直接反映地物特性的地面有效辐射亮度值,以消除遥感数据中大气和仪器等的影响,来进行在轨遥感仪器的辐射定标。由于地面定标包含了路程大气的影响,必须要有大量的同步观测数据(如大气光学厚度、大气廓线、地物反射率等),而各种测量误差将直接影响到辐射定标的精度。

2. 多光谱相机实验室辐射定标

实验室辐射定标是在遥感器出厂之前对其进行的波长位置、辐射精度、空间定位等的定标,将仪器的输出值转换为辐射值。有的仪器内有内定标系统,但是在仪器运行之后,还需要定期定标,以监测仪器性能的变化,相应调整定标参数。实验室定标又分为光谱定标和辐射量定标。光谱定标的目的是确定传感器每个波段的中心波长和带宽,以及光谱响应函数。辐射量定标则可以分为绝对定标和相对定标。绝对定标是测定传感器输出的数字量化值与准确已知的各种标准辐射源在不同波谱段的入瞳处辐射量之间的关系。相对定标是确定场景中各像元之间、各探测器之间、各波谱之间以及不同时间测得的辐射量的相对值。

在进行实验之前,相机都要经过实验室定标。为了得到增益和偏置,一般方法是使传感器对着 n 档已知辐亮度的辐射源进行测量,从而得到 n 个量测方程,对方程进行求解得到增益系数和偏置量:

$$a_i = \frac{N\sum_{n=1}^{N}\mathrm{DN}_i^n L_i^n - \sum_{n=1}^{N}\mathrm{DN}_i^n \sum_{n=1}^{N} L_i^n}{N\sum_{n=1}^{N}(\mathrm{DN}_i^n)^2 - \left(\sum_{n=1}^{N}\mathrm{DN}_i^n\right)^2} \tag{3.46}$$

$$b_i = \frac{\sum_{n=1}^{N} L_i^n \sum_{n=1}^{N}(\mathrm{DN}_i^n)^2 - \sum_{n=1}^{N}\mathrm{DN}_i^n \sum_{n=1}^{N}\mathrm{DN}_i^n L_i^n}{N\sum_{n=1}^{N}(\mathrm{DN}_i^n)^2 - \left(\sum_{n=1}^{N}\mathrm{DN}_i^n\right)^2} \tag{3.47}$$

其中:a_i 为波段 i 的定标增益系数 Gain;b_i 为波段 i 的定标偏置系数 Bias;DN_i 为波段 i 输出的数字量化值;L_i 为波段 i 的入瞳辐射亮度。

另外,如果知道传感器输出及对应光源辐射值的上下限,可以直接得到增益和偏置,即

$$a_i = \frac{L_{\max} - L_{\min}}{\mathrm{DN}_{\max} - \mathrm{DN}_{\min}} \tag{3.48}$$

$$b_i = L_{min} \tag{3.49}$$

式中：DN_{max} 为传感器能够输出的最大值；DN_{min} 为传感器能够输出的最小值；L_{max} 为对应 DN_{max} 的光源辐射值；L_{min} 为对应 DN_{min} 的光源辐射值。

3. 基于人工靶标的传感器实验场辐射定标

1）基本原理和方法

实验场定标指的是遥感器处于正常运行条件下，选择辐射定标场地，通过地面同步测量对遥感器的定标。场地定标可以实现全孔径、全视场、全动态范围的定标，并考虑了大气传输和环境的影响，该定标方法可以提供遥感器在整个寿命期间的定标，对遥感器进行真实性检验和对一些模型进行正确性检验，实验场定标还必须测量和计算遥感器过境时的大气环境参量和地物反射率。

传感器的场地绝对辐射定标主要方法有反射率基法、辐照度基法（也称改进的反射率基法）和辐亮度基法。反射率基法是当传感器过境时同步进行地面反射率测量、大气气溶胶特性观测以及气象观测，处理数据获取地面等效反射率、气溶胶光学厚度等参数，将参数输入到 6S 等辐射传输模型中进行计算。辐照度基法与反射率基法相比还需测量漫射与总辐射比以避开气溶胶模型假设，减少相关误差及不确定性。辐亮度基法是将精确标定的光谱辐射计放在与飞行器等高的位置进行辐射测量，以测量值作为真实接收到的辐亮度并对传感器进行标定。实际应用中最常用的方法是反射率基法。

由于无人机多光谱相机成像过程中对地面目标辐射的探测、收集是在大气中进行的，无论是太阳辐射照射到地面目标，还是地物反射、发射辐射到达卫星载荷，电磁波都要穿过厚度不同的大气层，载荷接收到的信息必定受到大气的影响，其入瞳处的表观辐亮度信息是太阳光、大气以及地表相互作用的结果，其中可见光 - 近红外载荷入瞳处接收的辐亮度为

$$L_s(\lambda) = \frac{1}{\pi d^2}\{T_g(\lambda)\rho(\lambda)[\mu_s E_s(\lambda)e^{-\tau'/\mu_s} + E_d(\lambda)e^{-\tau''/\mu_v}] + L_p(\lambda)\} \tag{3.50}$$

式中：$L_s(\lambda)$ 为波长 λ 处的载荷入瞳辐亮度；d^2 为日地距离修正因子；$T_g(\lambda)$ 为波长 λ 处向上和向下 2 个方向的大气总吸收透过率；$\rho(\lambda)$ 为波长 λ 处的地面双向反射率因子；$E_s(\lambda)$ 为波长 λ 处的大气外太阳光谱辐照度；μ_s 为太阳天顶角 θ_s 的余弦（$\cos\theta_s$）；μ_v 为观测天顶角 θ_v 的余弦（$\cos\theta_v$）；$E_d(\lambda)$ 为波长 λ 处入射到地表的大气漫射辐照度；τ' 为太阳到地面方向的垂直大气散射光学厚度；$e^{-\tau'/\mu_s}$ 为太阳到地面方向的大气散射透过率，τ'' 为地面到载荷方向的垂直大气散射光学厚度，$e^{-\tau''/\mu_v}$ 为地面到载荷方向的大气散射透过率；$L_p(\lambda)$ 为波长 λ 处的大气路径散射辐亮度。

依据多光谱相机各波段光谱响应特点，可计算出波段 i 的入瞳处等效辐亮度值为

$$L_e(\lambda_i) = \frac{\int_{\lambda_{min}}^{\lambda_{max}} L_s(\lambda)\phi_i(\lambda)\mathrm{d}\lambda}{\int_{\lambda_{min}}^{\lambda_{max}} \phi_i(\lambda)\mathrm{d}\lambda} \tag{3.51}$$

式中：λ_i 为多光谱相机波段 i 的等效中心波长；$L_e(\lambda_i)$ 为波段 i 的等效辐亮度；$\phi_i(\lambda)$ 为多光谱相机波段 i 的光谱响应函数；λ_{min} 和 λ_{max} 为波长 i 的光谱响应的最小、最大波长。

当多光谱相机辐射探测性能为线性响应时，可假设观测值和入瞳处的等效辐亮度符合某种定量关系，则可采用同步观测试验的方法确定无人机多光谱相机在轨绝对辐射定标系数 Gain 和 Bias，即

$$L_e(\lambda_i) = \mathrm{Gain} \times \mathrm{DN} + \mathrm{Bias} \tag{3.52}$$

式中：$L_e(\lambda_i)$为波段 i 的入瞳辐射能量；DN 为波段 i 传感器输出的亮度值；Gain 为波段 i 的定标增益系数；Bias 为波段 i 的定标偏置量。

传感器辐射定标的目的就是解求辐射定标公式中的增益量和偏置量，然后用求得的系数去标定遥感影像数据。无人机辐射定标一般是采用辐射校正场定标方法，根据大气传输模型(如 6S、MODTRAN，考虑多次散射)计算得到入瞳辐射亮度，再与探测器输出值进行线性拟合，得到定标系数。

2) 传感器入瞳处辐射量的组成

数字传感器将辐射测量的结果存储为灰度值(DN)。在航空影像数据中，同一张相片不同位置的 DN 值不尽相同，同一地物在不同的相片中的 DN 值也不尽相同，这是由于进入相机的入瞳处辐射亮度的不同和成像系统属性的差异造成的。图像的辐射测量通常分为两个步骤，首先辐射量从目标经过大气散射和吸收传输到成像系统，然后到达系统的入瞳处辐射亮度在系统内再被转化为灰度值。

传感器入瞳处辐射亮度由许多部分组成，具体如图 3.55 所示。太阳光辐射到达地表面的总辐射量主要是太阳直射辐射照度和天空散射辐射照度。因为地表目标反射的各向异性，数字航测相机在空中观测到的地物目标反射出的辐射量经大气散射和吸收后，进入相机视场中含有目标信息。而从太阳辐射出的能量，有一部分没有到达地面就被大气散射和吸收，其中部分被散射的能量也可能进入相机的视场，不过这一部分能量中是不含任何目标信息的。照射在目标上的辐射量包括：太阳直射(A)、天空辐射光(B)、周围环境的多次散射(D)、邻近物体的反射(F)。一般来讲，地物目标在不同的观测方向，反射率并不相同，所以观测反射率时，除了考虑光照条件，还要顾及观测方向的影响，目标反射率随入射方向和反射方向变化的特性可以用双向反射分布函数(BRDF)来描述。双向反射分布函数的定义是 $\mathrm{BRDF}(\Omega_i, \Omega_r) = \mathrm{d}L(\Omega_i)/\mathrm{d}L(\Omega_r)$，其中：$\Omega_i$ 为入射角；$L(\Omega_i)$为入射辐射量；Ω_r 为出射角；$L(\Omega_r)$为出射辐射量。

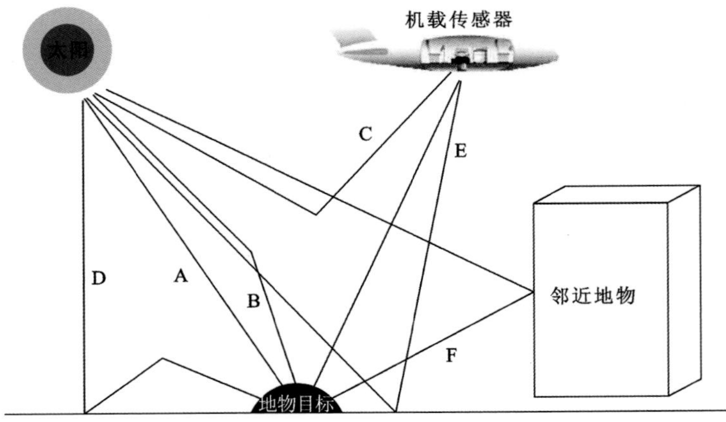

图 3.55　传感器入瞳辐射亮度组成

进入传感器视场的辐射量还包含了一些附加的随机变化的辐射量，如：路径辐射(C)，邻近物体反射(E)。在天气状况良好时，A、B、C 三部分辐射分量是入瞳处辐射亮度的主要组成部分。大气的影响主要是由于气溶胶的吸收、米氏散射和瑞利散射，大气影响的程度同样与观测方位有密切关系。

3）传感器辐射定标参数

传感器系统的辐射定标包含了相对定标、绝对定标和性能评估。其中相对定标是指测定像素响应非均匀性、暗信号非均匀性、坏点、光线衰减率；绝对定标是测定光谱响应、辐射响应，即不同光谱波段的DN值转换为辐射量的模型和参数；性能评估是指绝对定标精度、相对定标精度和传感器的动态范围。

相对定标精度中又包含了像素与像素之间的均匀性、波段与波段之间的灵敏度差异以及图像与图像之间的稳定性。相对定标将探测器的输出值标准化，从而使所有的像元在传感器的焦平面被均匀的辐射场照射时拥有一致的输出。

数字传感器的绝对辐射响应模型通常可以简化为一个含有增益参数和偏移参数的线性公式。光谱响应定标是为了测定系统对不同波段的波长的响应函数，主要参数一般包括中心波长和带宽。

主要的辐射测量质量指标包括：绝对辐射测量准确度（传感器输入与输出辐射量的差异）、相对辐射测量准确度、线性度（定标模型的匹配情况）、灵敏度、信噪比、动态范围。

4）辐射定标参数计算与精度评估方法

本实验采用简易的反射率法对无人机Mini-MCA6多光谱相机进行实验场辐射定标，测定其定标参数。由于观测值含有误差，在有多余观测的情况下，观测值与选定的数学模型并不完全一致。平差的任务，就是使观测值适应所选定的数学模型。其理论基础是严格地建立观测值与未知定标参数之间的函数关系，根据最小二乘原理，解算出未知参数。辐射定标参数计算具体步骤如下。

首先根据构建的数学模型建立误差方程

$$\mathrm{V}=\boldsymbol{A}X-L \tag{3.53}$$

其中：V为改正数或称残差；$\boldsymbol{A}$为系数矩阵；X为未知参数；L为常数项。

然后根据最小二乘间接平差原理，可列出法方程式

$$\boldsymbol{A}^{\mathrm{T}}\boldsymbol{P}\boldsymbol{A}X=\boldsymbol{A}^{\mathrm{T}}\boldsymbol{P}L \tag{3.54}$$

式中：$\boldsymbol{P}$为观测值的权矩阵，它反映了观测值的量测精度。对所有像点的观测值，一般认为是等精度量测，则$\boldsymbol{P}$为单位权矩阵，由此得到法方程解的表达式

$$X=(\boldsymbol{A}^{\mathrm{T}}\boldsymbol{A})^{-1}\boldsymbol{A}^{T}L \tag{3.55}$$

从而可求出定标参数。使用最小二乘原理可以得出许多重要的数据，它可以用来进行精度和可靠性评估。

精度是一个量的重复观测值彼此之间接近或一致的程度，即观测结果与其数学期望接近的程度。在一维随机变量的情况下，精度

$$\sigma=\sqrt{E[(x-E(x)^2)]} \tag{3.56}$$

精度的概念也可用于多维随机变量的情况。多维随机变量的精度用协方差阵来表示。

准确度评估是测量过程的关键步骤，准确度指一个观测值与其真值接近或一致的程度。准确度不仅受到观测中偶然误差成分的影响，而且还受到没有剔除的粗差和系统误差的影响。准确度用均方根误差RMSE来表示，定义为

$$RMSE=\sqrt[2]{E[(x-\bar{x})^2]} \tag{3.57}$$

式中：x 为一随机变量；$\bar{x}$ 为 x 的真值。

偏差 β 定义为

$$\beta=E(x)-\bar{x} \tag{3.58}$$

带入均方误差公式有

$$RMSE=\sqrt[2]{\sigma^2+\beta^2} \tag{3.59}$$

当 $\beta=0$ 时，$RMSE=\sigma$，即观测值中没有系统误差的影响时，准确度和精度是一致的。同时不难看出，精度高不一定意味着准确度高，如果 σ^2 小而 β^2 大，观测值精度高而准确度低。

本节传感器辐射定标实验中解算的定标参数的精度可以通过法方程式中未知数的系数矩阵的逆阵$(\mathbf{A}^{\mathrm{T}}\mathbf{A})^{-1}$来解求，此时的观测值假定为等精度、不相关。因为$(\mathbf{A}^{\mathrm{T}}\mathbf{A})^{-1}$中第 i 个主对角线上元素 Q_{ii} 就是法方程式中第 i 个未知数的权倒数，若单位权中误差为 m_0，则第 i 个未知数中误差为

$$m_i=\sqrt{Q_{ii}}m_0 \tag{3.60}$$

当观测值数据有 n 组时，则单位权中误差可按下式计算

$$m_0=\pm\sqrt{\frac{[pvv]}{R}} \tag{3.61}$$

其中：R 为多余观测数，即 m_0 是自由度为 R 时的单位权中误差。

3.5.3 兼顾几何信息的辐射定标方法

1. 无人机影像数据说明

由于本次实验无人机飞行高度不超过 100 m，离地面较近，气溶胶光学厚度和水汽含量的影响可以忽略不计，因此在实验期间并未对此类参数进行采集，认为靶标同步反射率测量值即为地物反射率值。

下述三种辐射定标方法均无大气辐射传输模型的校正，而是将地物反射率直接视为表观反射率，这也是本次实验较大的误差来源。

在 4 块标称反射率已知的定标毯上取 8 个观测点，其数据如表 3.22 HyperScan VNIR 传感器特性所示。

表 3.22 定标毯数据

P(标称反射率)	i(行号)	j(列号)
0.06	433	450
0.06	427	447
0.24	497	448
0.24	477	451
0.48	545	450
0.48	551	450
1	590	451
1	587	448

2. 基于像元不一致性的辐射定标方法

1）基本原理与方法

由于受面阵探测器制作工艺、光电转换电路、电子放大电路等环节的影响，Mini-MCA6 多光谱相机的 CMOS 传感器的各个像元的响应特性不完全一致，即同一个波段不同像元的增益系数和偏置系数并不一致。该定标方法即是针对此现象进行辐射改正，从而获取更精确的辐射定标结果。

光学相机内部辐射误差主要是由镜头中心和边缘的透射光的强度不一致造成的，它使得在图像上不同位置的同一类地物有不同的灰度值，如航空相片时常边缘较暗就是由此形成的。

设原始图像灰度值为 g，校正后的图像灰度值为 g'，则

$$g'=\frac{g}{\cos\theta} \tag{3.62}$$

其中：θ 为像点成像时光线与主光轴的夹角（图 3.55）。如图 3.1 所示，X 为无人机飞行的方向，无人机飞行的高度大约在 100 m，此时越偏离影像中心的像元，其光线与主光轴的夹角越大。由于相邻像元之间的 θ 的变化很小，可以近似看作相邻像元之间的传感器滤波增益系数呈线性关系变化。

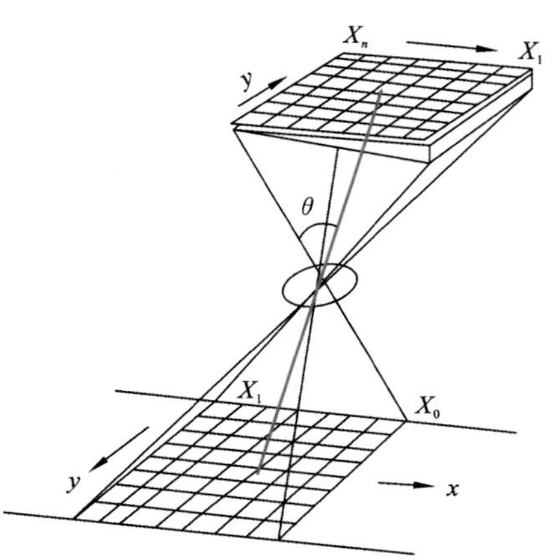

图 3.55　面阵上光线与主光轴的夹角

针对传感器增益变化引起的误差，已有的校准模型为

$$V_c=\frac{k}{\hat{b}_{s(n)}}[V_r-\hat{a}_{s(n)}] \tag{3.63}$$

其中：V_c 为校准后的辐射输出值；V_r 为未校正的输入辐射值；$\hat{b}_{s(n)}$ 为滤波增益，取决于传感器响应因素；$\hat{a}_{s(n)}$ 为滤波偏移值，取决于传感器系统大气干扰；k 为太阳角校正系数，在此作为常数。

将 V_c 视作 L，将 V_r 视作 DN，将 $\frac{k}{\hat{b}_{s(n)}}$ 视作 Gain，$\frac{k\hat{a}_{s(n)}}{\hat{b}_{s(n)}}$ 视作 Bias，上式可以简化为

$$L=\text{Gain}\times\text{DN}+\text{Bias} \tag{3.64}$$

又由于入瞳辐亮度值与表观反射率之间呈线性比例关系，故有

$$\rho=\text{Gain}\times\text{DN}+\text{Bias} \tag{3.65}$$

其中：ρ 为表观反射率。

由于 Gain 和 Bias 系数中均含有取决于传感器响应因素的滤波增益系数 $\hat{b}_{s(n)}$，且相邻像元之间的校正增益系数可视为线性关系变化，因此有理由假设同一平面上不同像元之间的 Gain 和 Bias 之间存在

$$\text{Gain}(i,j)=k_1\cdot i+k_2\cdot j+k_3 \tag{3.66}$$

$$\text{Bias}(i,j)=k_4\cdot i+k_5\cdot j+k_6 \tag{3.67}$$

式中：Gain(i,j)为位于(i,j)位置的像元的增益系数；Bias(i,j)为位于(i,j)位置的像元的

偏置系数，两者均由定标参数 $k_1 \sim k_6$ 决定。通过上述模型，求解每个波段定标参数 Gain 和 Bias 的问题转换为求解每个波段各个像元的 6 个定标参数 $k_1 \sim k_6$。

对某一个波段，观测值与未知定标参数之间的函数关系为

$$\rho(i,j)=(k_1 \cdot i+k_2 \cdot j+k_3)\times \mathrm{DN}+k_4 \cdot i+k_5 \cdot j+k_6 \tag{3.68}$$

根据最小二乘原理，建立 8 个方程求解 6 个未知参数，具体步骤如下。

首先根据构建的数学模型建立误差方程

$$V=\boldsymbol{A}K-\rho \tag{3.69}$$

其中：V 为改正数或称残差；$\boldsymbol{A}$ 为系数矩阵；K 为未知参数；ρ 为表观反射率。其中 8 个方程分别取自 4 个定标毯数据，如表 3.22 所示。得到 ρ 为 8×1 的矩阵，即

$$\rho=\begin{pmatrix} 0.06 \\ 0.06 \\ 0.24 \\ 0.24 \\ 0.48 \\ 0.48 \\ 1 \\ 1 \end{pmatrix}$$

得到 $\boldsymbol{A}$ 为 8×6 的矩阵，即

$$\boldsymbol{A}=\begin{pmatrix} \mathrm{DN}(i_1,j_1)\cdot i_1 & \mathrm{DN}(i_1,j_1)\cdot j_1 & \mathrm{DN}(i_1,j_1) & i_1 & j_1 & 1 \\ \mathrm{DN}(i_2,j_2)\cdot i_2 & \mathrm{DN}(i_2,j_2)\cdot j_2 & \mathrm{DN}(i_2,j_2) & i_2 & j_2 & 1 \\ \mathrm{DN}(i_3,j_3)\cdot i_3 & \mathrm{DN}(i_3,j_3)\cdot j_3 & \mathrm{DN}(i_3,j_3) & i_3 & j_3 & 1 \\ \mathrm{DN}(i_4,j_4)\cdot i_4 & \mathrm{DN}(i_4,j_4)\cdot j_4 & \mathrm{DN}(i_4,j_4) & i_4 & j_4 & 1 \\ \mathrm{DN}(i_5,j_5)\cdot i_5 & \mathrm{DN}(i_5,j_5)\cdot j_5 & \mathrm{DN}(i_5,j_5) & i_5 & j_5 & 1 \\ \mathrm{DN}(i_6,j_6)\cdot i_6 & \mathrm{DN}(i_6,j_6)\cdot j_6 & \mathrm{DN}(i_6,j_6) & i_6 & j_6 & 1 \\ \mathrm{DN}(i_7,j_7)\cdot i_7 & \mathrm{DN}(i_7,j_7)\cdot j_7 & \mathrm{DN}(i_7,j_7) & i_7 & j_7 & 1 \\ \mathrm{DN}(i_8,j_8)\cdot i_8 & \mathrm{DN}(i_8,j_8)\cdot j_8 & \mathrm{DN}(i_8,j_8) & i_8 & j_8 & 1 \end{pmatrix}$$

其中：$\mathrm{DN}(i_x,j_x)$ 为第 x 个观测点的数字量化值，从原始影像中读出得到，如表 3.23 所示。

表 3.23 第 1 波段 8 个观测点的灰度值

(i,j)	DN
DN(433, 450)	37
DN(427, 447)	40
DN(497, 448)	116
DN(477, 451)	106
DN(545, 450)	218
DN(551, 450)	224
DN(590, 451)	255
DN(587, 448)	255

然后根据最小二乘间接平差原理，可列出法方程式

$$\boldsymbol{A}^{\mathrm{T}}\boldsymbol{P}\boldsymbol{A}K=\boldsymbol{A}^{\mathrm{T}}\boldsymbol{P}\rho \tag{3.70}$$

式中：$\boldsymbol{P}$ 为观测值的权矩阵；它反映了观测值的量测精度。对所有像点的观测值，一般认为是等精度量测，则 $\boldsymbol{P}$ 为单位权矩阵，由此得到法方程解的表达式

$$K=(\boldsymbol{A}^{\mathrm{T}}\boldsymbol{A})^{-1}\boldsymbol{A}^{\mathrm{T}}\rho \tag{3.71}$$

从而可求出定标参数 K，如图 3.56 所示。

K

6x6 double

	1	2	3	4	5	6
1	-1.1710e-13	-2.5884e-12	5.7316e-13	3.2724e-12	-2.5962e-12	-4.1226e-12
2	-1.7480e-11	-6.8683e-12	-2.0540e-11	1.1355e-11	-6.1331e-11	-9.3570e-12
3	0.0029	0.0036	0.0030	0.0037	0.0043	0.0049
4	1.3759e-09	-7.3019e-10	2.1945e-10	6.4623e-11	-4.3136e-10	-6.0077e-10
5	3.9906e-09	1.9626e-09	5.1132e-09	-2.9789e-09	9.5577e-10	2.3396e-10
6	0.0562	-0.0705	0.0361	-0.0109	-0.0814	-0.0716

图 3.56　各个波段的定标参数 K

2）辐射定标结果

由原影像通过上述方法，得到辐射定标过后的反射率影像，各个波段如图 3.57 所示。

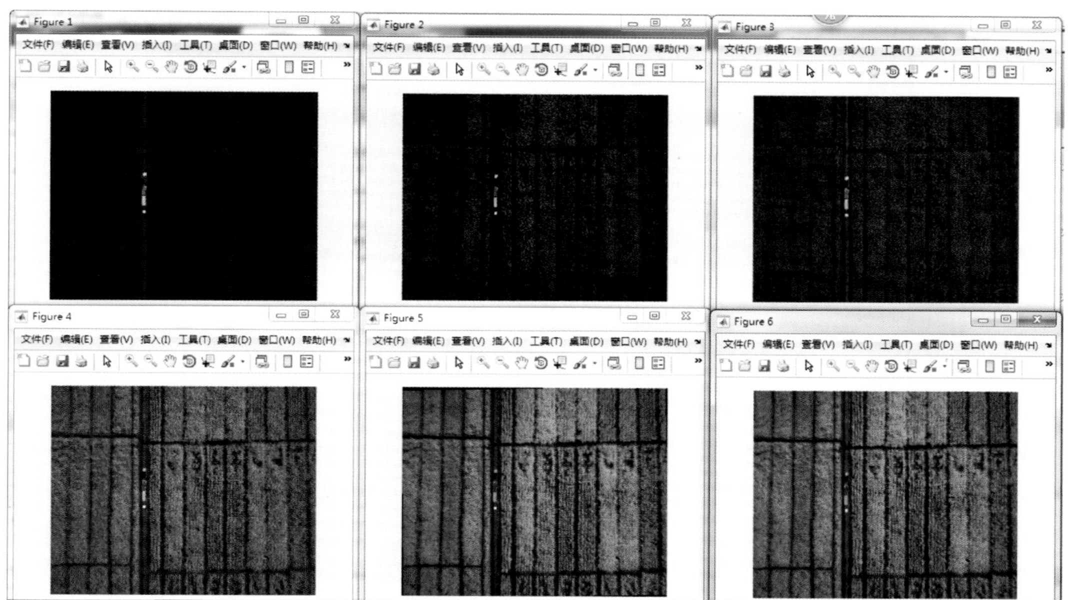

图 3.57　各个波段辐射定标后的影像

根据所选择的 8 个观测点的灰度值和相应的入瞳处反射率，使用最小二乘原理计算得到 Mini-MCA6 的 6 个波段共 36 组定标参数，如表 3.24 所示。在所有的波段都使用了含有偏移项和增益项的完整线性模型，其中 $\hat{\sigma}_0$ 为观测值单位权中误差。

表 3.24　绝对定标结果

波长/nm	K_1	K_2	K_3	K_4	K_5	K_6	$\hat{\sigma}_0$
490	-2.59×10^{-12}	-6.87×10^{-12}	0.003 6	-7.30×10^{-10}	1.96×10^{-9}	−0.070 5	0.177 1
550	5.73×10^{-13}	-2.05×10^{-11}	0.003 0	2.19×10^{-10}	5.11×10^{-9}	0.036 1	0.243 0
670	3.27×10^{-12}	1.14×10^{-11}	0.003 7	6.46×10^{-11}	-2.98×10^{-9}	−0.010 9	0.245 7
720	-2.60×10^{-12}	-6.13×10^{-11}	0.004 3	-4.31×10^{-10}	9.56×10^{-10}	−0.081 4	0.257 7
800	-1.17×10^{-13}	-1.75×10^{-11}	0.002 9	1.38×10^{-9}	3.99×10^{-9}	0.056 2	0.144 3
900	-4.12×10^{-12}	-9.35×10^{-12}	0.004 9	-6.01×10^{-10}	2.34×10^{-10}	−0.071 6	0.259 7

辐射定标后影像的波段组合显示如图 3.58 。各个波段的定标参数 K。

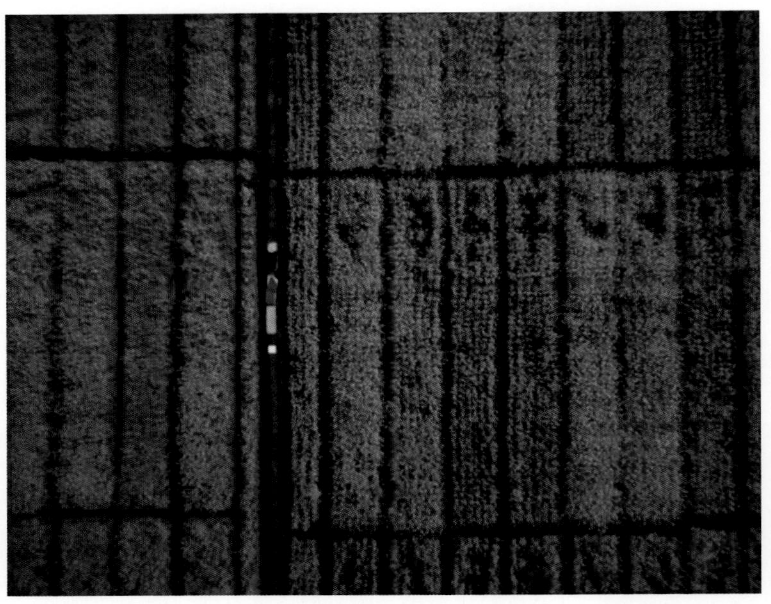

图 3.58　RGB 显示的定标后的反射率影像

3）定标精度评估

辐射定标的数学模型确定以后，入瞳处辐射量和相应的灰度值作为观测值，使用最小二乘方法求解，观测值单位权中误差 $\hat{\sigma}_0$ 数值较小，辐射定标的结果比较理想。Mini-MCA6 相机在此时试验中各个波段增益项结果差异较小，而偏移项的差异较大。对于多光谱相机而言，偏移值在相机出厂时已经经过校正，相机在理想状态时，偏移值应该为 0，但是实验结果显示，偏移值在各个波段都很明显，这与相机的稳定度有较大关系。本次实验中使用的这款相机仅出厂时进行过辐射定标，按照官方的建议，至少两年要重新进行一次辐射定标，在长时间的使用和保存中，相机的性能和精度必定会下降，特别是受潮对相机的影响较大。此外，实验中所使用参考目标表面的非均匀性和大气参数的忽略，直接影响了入射辐射量的计算结果，从而给定标精度造成影响。上面这些原因都将造成定标系数的变化。

从表 3.25 总体精度评估中得到了中误差较小的定标结果，该结果可靠程度较高。将来可以进一步提高校正精度，从而提高绝对辐射定标的精度，使航空摄影测量数据在定量遥感方面发挥更大的作用。影像上测定灰度值时，图像饱和、噪声等不可避免的因素也会引起误差，实验中大气参数的缺失都将使辐射定标的结果出现差异，因为它直接影响了基于反射率法的辐射定标中入瞳辐射量的计算值，如果大气辐射模型选用较好，这些影响也会降到最小。

表 3.25　总体精度评估

波段/nm	残差极大值	残差极小值	残差均值	均方根误差	决定系数
490	0.166 5	−0.213 2	−0.035 8	0.177 1	0.767 8
550	0.201 0	−0.245 4	−0.056 4	0.243 0	0.734 7
670	0.054 4	−0.102 3	−0.059 3	0.245 7	0.839 5
720	0.034 8	−0.034 7	−0.068 4	0.257 7	0.892 8
800	0.192 9	−0.235 8	−0.021 7	0.144 3	0.756 7
900	0.023 7	−0.029 7	−0.084 9	0.259 7	0.857 6

定标计算过程中计算量较大，本节设计开发了定标程序，可解算的内容包含：等效反射率、定标参数、观测值中误差以及决定系数。等效反射率的计算以模型所建立的公式为依据，定标参数和中误差的计算则根据 3.5.2 小节中介绍的最小二乘平差原理进行设计。

随着参考目标数量的增加，辐射定标计算量会进一步增大，使用本节设计的定标程序可以非常便捷地计算出某一像元在各个波段的定标参数及其中误差，方便进行精度评估，从而提高工作效率，也有助于展开更多不同的试验。

3. 基于加权最小二乘法的辐射定标方法

1）基本原理与方法

由 3.5.3 小节可知，多光谱相机 Mini-MCA6 的 CMOS 成像器件像元的不均匀性主要是由像素之间响应的差别引起的。为此，本节提出一种加权最小二乘法，即为每一个观测点附加上一个权值，表示该观测点的质量和对响应度曲线拟合影响的大小。用定标点输出灰度的方差 δ^2 来表示观测点的波动大小，δ^2 越大的观测点说明质量越差，因此权值也越低，这使得整个观测点对拟合曲线的贡献也越小，影响也就越小。加权最小二乘法通过权值减小了曲线拟合的误差，拟合误差为

$$S=\sum_{i=1}^{k}W_n(L_n-\hat{L}_n)^2 \tag{3.72}$$

其中：S 为拟合误差；W_n 为第 n 个定标点的权值。权值为一个相对值，可以通过在每个定标点 DN 值的方差 δ^2 获得，即

$$W_n=\frac{1}{\delta^2} \tag{3.73}$$

对应的权值可以通过对每个观测点所在定标毯上周围 100 个像元进行统计分析得到。本方法选用 3.5.3 小节中表 3.22 定标毯数据的第 1、3、5、7 观测点组成 4 组观测值进行实验，取第 1 个波段第 4 观测点(即表 3.22 中第 7 观测点)为例，利用其周围 100 个

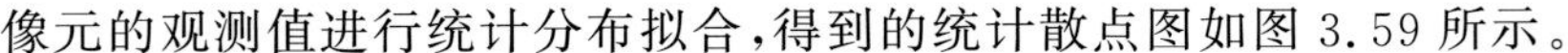

像元的观测值进行统计分布拟合，得到的统计散点图如图 3.59 所示。

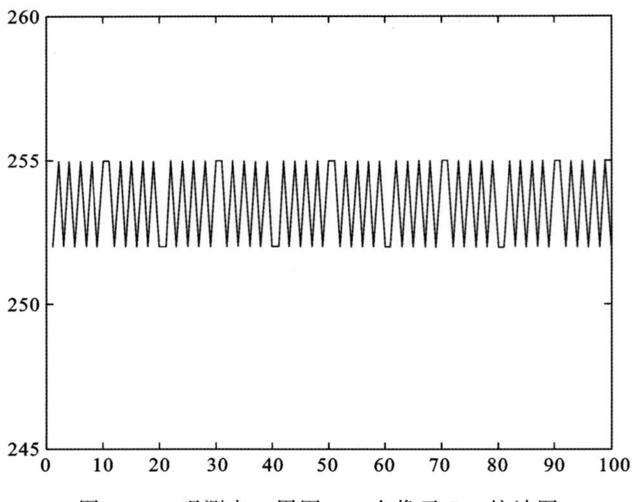

图 3.59　观测点 4 周围 100 个像元 DN 统计图

结合 MATLAB 结果得到，该观测点经过统计分析得到的平均值为 253.5，方差为 1.5。然后分别对每一个波段每一个观测点都进行上述的统计分析，得到对应的均值和方差，由 $W_n=1/\delta^2$ 得到每个观测点对应的权值 W_n。通过权值和实验获得的观测点，应用加权最小二乘法，得到响应度的拟合曲线。其中，定标公式为 $\rho_i=\text{Gain}\times\text{DN}_i+\text{Bias}$，$\rho_i$ 为第 i 个观测点表观反射率；DN_i 为第 i 个观测点灰度值；Gain 和 Bias 即为该波段待求的定标系数。该方法实现的具体步骤如下。

首先根据构建的数学模型建立误差方程

$$V=\boldsymbol{A}K-\rho \tag{3.74}$$

其中：V 为改正数或称残差；$\boldsymbol{A}$ 为 4×2 系数矩阵；K 为 2×1 未知参数矩阵；ρ 为常数项。其中 4 个方程分别取自 4 个定标毯数据，如表 3.22 所示。得到 $\boldsymbol{\rho}$ 为 4×1 的矩阵，即

$$\boldsymbol{\rho}=\begin{pmatrix}0.06\\0.24\\0.48\\1\end{pmatrix}$$

得到 $\boldsymbol{A}$ 为 4×2 的矩阵，即

$$\boldsymbol{A}=\begin{pmatrix}\text{DN}(i_1,j_1) & 1\\ \text{DN}(i_2,j_2) & 1\\ \text{DN}(i_3,j_3) & 1\\ \text{DN}(i_4,j_4) & 1\end{pmatrix}$$

其中：$\text{DN}(i_x,j_x)$ 为第 x 个观测点的数字量化值，从原始影像中读出得到，如表 3.23 所示。

然后根据最小二乘间接平差原理，可列出法方程式

$$\boldsymbol{A}^{\mathrm{T}}\boldsymbol{PA}X=\boldsymbol{A}^{\mathrm{T}}\boldsymbol{P}L \tag{3.75}$$

式中:$\boldsymbol{P}$ 为观测值的权矩阵;它反映了观测值的量测精度;由 $W_n=1/\delta^2$ 得到,故得到法方程解的表达式

$$X=(\boldsymbol{A}^{\mathrm{T}}\boldsymbol{P}\boldsymbol{A})^{-1}\boldsymbol{A}^{\mathrm{T}}\boldsymbol{P}L \tag{3.76}$$

从而可求出定标参数。

2)辐射定标结果

由原影像通过上述方法,得到辐射定标过后的反射率影像,其各个波段如图3.60所示。

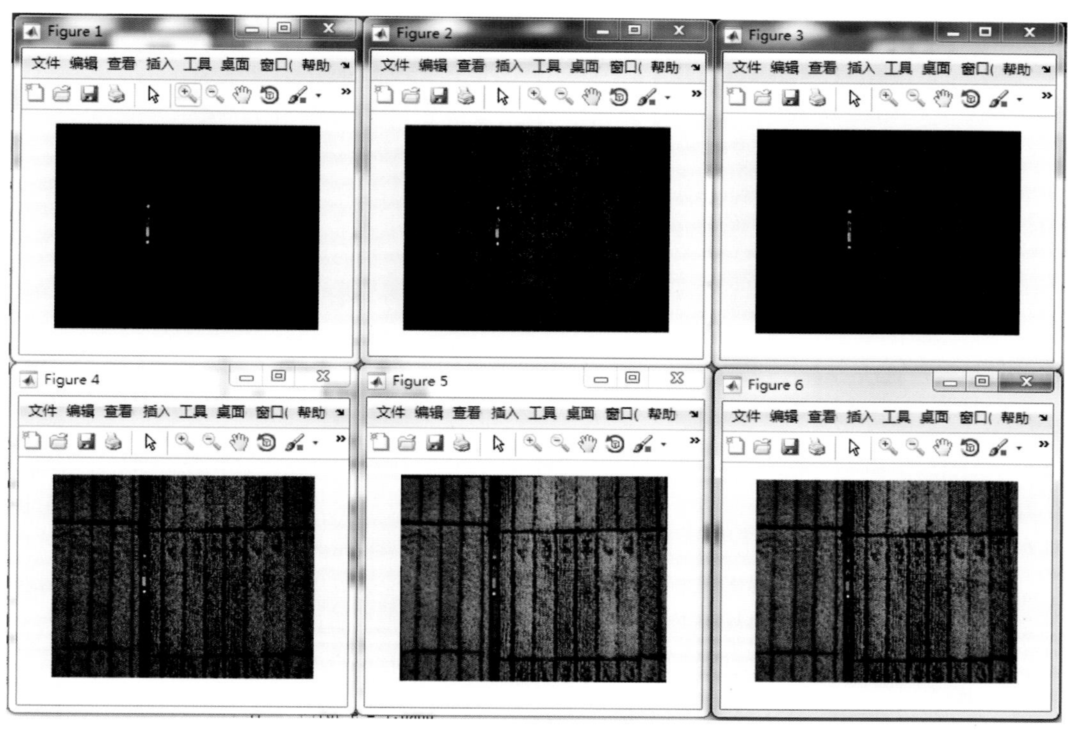

图3.60 各个波段辐射定标后的影像

根据所选择的4个观测点的灰度值和相应的入瞳处反射率,使用最小二乘原理计算得到Mini-MCA6的6个波段共12组定标参数,如表3.26所示。所有的波段都使用了含有偏移项和增益项的完整线性模型,其中 $\hat{\sigma}_0$ 为观测值单位权中误差。

表3.26 绝对定标结果

波段/nm	Gain	Bias	$\hat{\sigma}_0$
490	0.003 9	0.003 8	0.120 1
550	0.003 6	−0.108 4	0.144 2
670	0.004 2	−0.109 6	0.051 4
720	0.004 5	−0.103 9	0.001 8
800	0.003 8	−0.140 2	0.138 9
900	0.005 1	−0.111 9	0.008 9

辐射定标后影像的波段组合显示如图 3.61 所示。

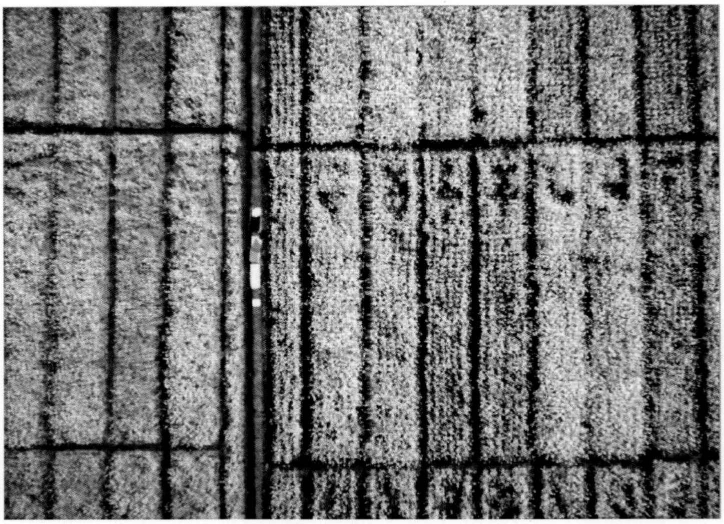

图 3.61　RGB 显示的定标后的反射率影像

3）定标精度评估

各观测点权值确定以后，入瞳处辐射量和相应的灰度值作为观测值，使用加权最小二乘方法求解，观测值加权中误差 $\hat{\sigma}_0$ 数值较小，辐射定标的结果比较理想。Mini-MCA6 相机在此时实验中各个波段增益项结果差异较小，而偏移项的差异较大。

此外，实验中所使用参考目标表面的非均匀性和大气参数的忽略，直接影响了入射辐射量的计算结果，从而给定标精度造成影响。上面这些原因都将造成定标系数的变化。

此方法对各个波段的精度结果如表 3.27 所示。由于精度评估参数指标和其他两个方法一致，故可以进行纵向比较。

表 3.27　总体精度评估

波段/nm	残差极大值	残差极小值	残差均值	均方根误差	决定系数
490	0.146 5	−0.175 6	−0.000 8	0.120 1	0.812 8
550	0.187 6	−0.213 3	−0.001 0	0.144 2	0.730 1
670	0.048 3	−0.084 7	−0.000 4	0.051 4	0.965 7
720	0.002 6	−0.002 3	−0.000 4	0.001 8	0.999 9
800	0.179 0	−0.194 0	0.002 1	0.138 9	0.749 5
900	0.007 2	−0.015 1	−0.000 2	0.008 9	0.998 9

相比于基于像元不一致性的辐射定标方法，基于加权最小二乘法的定标结果的中误差更小，决定系数更大，可靠程度更高。

定标计算过程中计算量较大，本节设计开发了定标程序，可解算的内容包含：等效反射率、定标参数、观测值中误差以及决定系数。等效反射率的计算以模型所建立的公式为依据，定标参数和中误差的计算则根据 3.5.2 小节中介绍的最小二乘平差原理进行设计。

4. 基于泰勒级数的辐射定标方法

1）基本原理与方法

由 3.5.3 小节可知，由于光学系统像差、焦平面探测器的响应非线性以及转换的非线性等的影响，图像的 DN 值和入瞳辐射亮度之间并不一定呈严格的线性关系。这时可以用泰勒级数来表示相机数码输出与辐射亮度关系的辐射响应函数

$$DN=a_0+a_1\cdot L+a_2\cdot L^2+\cdots+a_n\cdot L^n \tag{3.77}$$

其中：$a_0,a_1,a_2,\cdots,a_n$ 是待定标的系数，辐射定标的任务就是确定这些待定系数的值。常数 a_0 的物理含义是焦平面探测器、电子学系统和杂散辐射产生的相机本底输出，a_1 为多光谱相机的线性响应系数，$a_2,\cdots,a_n$ 为二次以上的高次响应函数。

若模型中二次项以上系数很小以至于其影响可以忽略，则可以简化为经典定标公式 $\rho_i=\text{Gain}\times \text{DN}_i+\text{Bias}$ 的线性响应系统。

当具体应用定标结果对遥感图像进行辐亮度反演时，一般利用上述模型的逆过程，即把该观测条件下的目标等效为表观反射率表示成图像灰度的函数

$$\rho=d_0+d_1\cdot \text{DN}+d_1\cdot \text{DN}^2+\cdots+d_n\cdot \text{DN}^n \tag{3.78}$$

其中：$d_0,d_1,d_2,\cdots,d_n$ 是辐射校正系数，一旦该定标系数被确定，就可以根据这个函数关系和相机的数字输出 DN 值反演出入瞳处反射率，最终还原影像的反射率影像。

假设 $n=5$，则有 6 个未知数，具体步骤如下。

首先根据构建的数学模型建立误差方程

$$V=\boldsymbol{AD}-\rho \tag{3.79}$$

其中：V 为改正数或称残差；$\boldsymbol{A}$ 为 8×6 系数矩阵；$\boldsymbol{D}$ 为 6×1 未知参数矩阵；ρ 为常数项。其中 8 个方程分别取自 4 个定标毯数据，如表 3.22 所示。得到 $\boldsymbol{\rho}$ 为 8×1 的矩阵，即

$$\boldsymbol{\rho}=\begin{pmatrix}0.06\\0.06\\0.24\\0.24\\0.48\\0.48\\1\\1\end{pmatrix}$$

得到 $\boldsymbol{A}$ 为 8×6 的矩阵，即

$$\boldsymbol{A}=\begin{pmatrix}
1 & \text{DN}(i_1,j_1) & \text{DN}(i_1,j_1)^2 & \text{DN}(i_1,j_1)^3 & \text{DN}(i_1,j_1)^4 & \text{DN}(i_1,j_1)^5\\
1 & \text{DN}(i_2,j_2) & \text{DN}(i_2,j_2)^2 & \text{DN}(i_2,j_2)^3 & \text{DN}(i_2,j_2)^4 & \text{DN}(i_2,j_2)^5\\
1 & \text{DN}(i_3,j_3) & \text{DN}(i_3,j_3)^2 & \text{DN}(i_3,j_3)^3 & \text{DN}(i_3,j_3)^4 & \text{DN}(i_3,j_3)^5\\
1 & \text{DN}(i_4,j_4) & \text{DN}(i_4,j_4)^2 & \text{DN}(i_4,j_4)^3 & \text{DN}(i_4,j_4)^4 & \text{DN}(i_4,j_4)^5\\
1 & \text{DN}(i_5,j_5) & \text{DN}(i_5,j_5)^2 & \text{DN}(i_5,j_5)^3 & \text{DN}(i_5,j_5)^4 & \text{DN}(i_5,j_5)^5\\
1 & \text{DN}(i_6,j_6) & \text{DN}(i_6,j_6)^2 & \text{DN}(i_6,j_6)^3 & \text{DN}(i_6,j_6)^4 & \text{DN}(i_6,j_6)^5\\
1 & \text{DN}(i_7,j_7) & \text{DN}(i_7,j_7)^2 & \text{DN}(i_7,j_7)^3 & \text{DN}(i_7,j_7)^4 & \text{DN}(i_7,j_7)^5\\
1 & \text{DN}(i_8,j_8) & \text{DN}(i_8,j_8)^2 & \text{DN}(i_8,j_8)^3 & \text{DN}(i_8,j_8)^4 & \text{DN}(i_8,j_8)^5
\end{pmatrix}$$

其中：DN(i_x,j_x)为第 x 个观测点的数字量化值，从原始影像中读出得到，如表 3.23 所示。

然后根据最小二乘间接平差原理，可列出法方程式

$$\boldsymbol{A}^{\mathrm{T}}\boldsymbol{PAD}=\boldsymbol{A}^{\mathrm{T}}\boldsymbol{P\rho} \tag{3.80}$$

式中：$\boldsymbol{P}$ 为观测值的权矩阵，它反映了观测值的量测精度。对所有像点的观测值，一般认为是等精度量测，则 $\boldsymbol{P}$ 为单位权矩阵，由此得到法方程解的表达式

$$\boldsymbol{D}=(\boldsymbol{A}^{\mathrm{T}}\boldsymbol{A})^{-1}\boldsymbol{A}^{\mathrm{T}}\boldsymbol{\rho} \tag{3.81}$$

从而可求出定标参数 $\boldsymbol{D}$。

2）辐射定标结果

由原影像通过上述方法，得到辐射定标过后的反射率影像，其各个波段如图 3.62 所示。

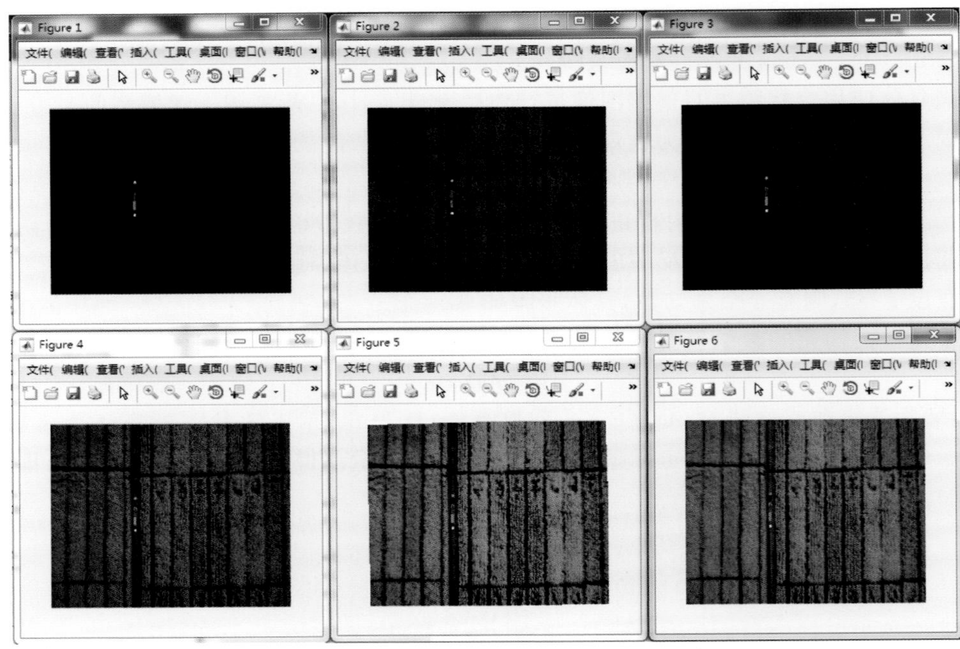

图 3.62　各个波段辐射定标后的影像

根据所选择的 8 个观测点，在所有的波段都使用了含有偏移项和增益项的完整线性模型，其中 $\hat{\sigma}_0$ 为观测值单位权中误差。

表 3.28　绝对定标结果

波段/nm	d0	d1	d2	d3	d4	d5	$\hat{\sigma}_0$
490	0.481 3	−0.031 0	$7.645\,1\times10^{-4}$	$-7.387\,2\times10^{-6}$	$3.050\,3\times10^{-8}$	$-4.430\,1\times10^{-11}$	0.012 2
550	−0.482 8	0.032 7	$-6.885\,5\times10^{-4}$	$6.847\,5\times10^{-6}$	$-3.012\,7\times10^{-8}$	$4.799\,7\times10^{-11}$	0.020 5
670	0.230 5	−0.012 4	$2.800\,9\times10^{-4}$	$-2.097\,3\times10^{-6}$	$6.790\,7\times10^{-9}$	$-7.610\,6\times10^{-12}$	0.022 2
720	1.004 1	−0.057 5	0.001 2	$-1.021\,3\times10^{-5}$	$3.954\,9\times10^{-8}$	$-5.651\,8\times10^{-11}$	0.022 5
800	−0.772 6	0.043 2	$-7.847\,6\times10^{-4}$	$6.887\,7\times10^{-6}$	$-2.797\,7\times10^{-8}$	$4.255\,3\times10^{-11}$	0.011 8
900	0.228 2	−0.017 8	$5.678\,7\times10^{-4}$	$-6.132\,3\times10^{-6}$	$2.911\,8\times10^{-8}$	$-4.987\,7\times10^{-11}$	0.026 3

辐射定标后影像的波段组合显示如图 3.63 所示。

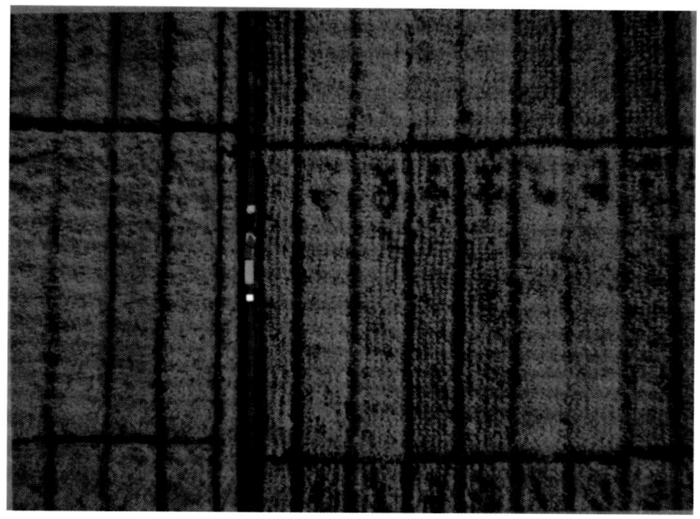

图 3.63　RGB 显示的定标后的反射率影像

3）定标精度评估

入瞳处辐射量和相应的灰度值作为观测值，使用最小二乘方法求解，观测值加权中误差 $\hat{\sigma}_0$ 数值较小，辐射定标的结果比较理想。Mini-MCA6 相机在此时实验中各个波段增益项结果差异较小，而偏移项的差异较大。此外，实验中所使用参考目标表面的非均匀性和大气参数的忽略，直接影响了入射辐射量的计算结果，从而给定标精度造成影响。上面这些原因都将造成定标系数的变化。

此方法对各个波段的精度结果如表 3.29 所示。

表 3.29　总体精度评估

波段/nm	残差极大值	残差极小值	残差均值	均方根误差	决定系数
490	0.015 4	−0.015 4	0.000 0	0.012 2	0.998 8
550	0.023 9	−0.022 7	0.000 0	0.020 5	0.996 6
670	0.023 9	−0.022 1	0.000 0	0.022 2	0.996 1
720	0.023 6	−0.022 1	0.000 0	0.022 5	0.996 0
800	0.015 4	−0.015 5	0.000 0	0.011 8	0.998 9
900	0.024 2	−0.022 2	0.000 1	0.026 3	0.994 5

由精度结果知，在三种方法中，该方法的均方根误差最小，决定系数最接近于 1，故该结果的精度最优。

5. 三种辐射定标方法分析与总结

本节提出了三种结合几何约束对无人机搭载的多光谱相机进行野外实验场辐射定标的方法，利用 4 块不同反射率的定标毯对 Mini-MCA6 进行了实验场辐射定标实验，计算出了不同波段的定标参数。

由于飞行高度较低，本节三种方法均未将大气参数考虑在内，而是直接将地物反射率认为是表观反射率。尤其是定标毯的实测反射率与标称反射率之间差值较大，定标毯校正精度不够高。本节三种兼顾几何信息的辐射定标方法均是以定标毯的标称反射率为观测数据，从而带来了较大的误差。为了提高辐射定标精度，剔除了部分误差较为明显的观测点，得到了中误差较小的定标结果，实验表明定标毯观测点的选择及其反射率的确定对定标精度的影响较大。

从不同方法的定标结果可以看出，基于泰勒级数的辐射定标方法要优于其他两种方法，更适合用于光学遥感器的辐射定标。

3.5.4　多光谱相机辐射测量性能评估与辐射定标建议

1. 辐射测量性能评估方法

对于不同实验场定标过程，除了要确定从数字灰度值转换为表观反射率的定标系数，还需要对多光谱相机 Tetracam Mini-MCA6 进行辐射测量性能评估，描述其工作性能。对获取的数据影像数字输出值统计结果和定标毯的表观反射率数据进行分析，从而验证相机的辐射测量性能。对相机辐射测量性能的评估主要依赖于动态范围和光谱灵敏度。

不同波段的动态范围是由影像中数字量化输出值的最大值和最小值决定。理论上，多光谱相机 Mini-MCA6 的动态范围可以达到 10bit 并且信噪比良好。结合本次实验中影像数据，得到影像各个波段灰度直方图统计数据，从而确定其动态范围为

$$DR = \log_2(DN_{max} - DN_{min} + 1) \tag{3.87}$$

动态范围反映了该多光谱相机所能测量的地物反射率范围。为了得到更加真实客观的评估结果，选取整幅影像进行分析，从而涵盖尽可能多的地物反射率。

光谱灵敏度的评估是将定标毯在不同波段的数字量化输出值与相应的标称反射率进行对比，分析不同强度的入瞳辐射亮度所产生的灰度响应值，从而比较不同波段的灵敏度差异。对光谱灵敏度的评估有助于预测不同波段的影像数据的质量。

2. 多光谱相机 Mini-MCA6 辐射测量性能评估

1）*动态范围评估*

本次动态范围评估实验用了未经过定标的原始影像，在不同波段使用 ENVI5.1 计算了整幅影像的灰度分布数据。图像中部分区域成像质量较差，有较多噪声斑点和条纹，主要是由于飞行状况不理想。

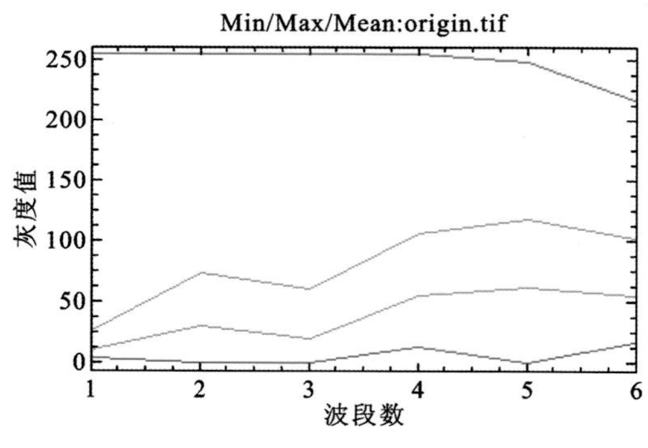

图 3.64　各波段像元灰度分布数据

Mini-MCA6 在不同波段的像元灰度分布数据如图 3.64 所示，可以看出除了第 1 和 6 波段，其他各波段的动态范围较小。其中第 1 波段波长 800 nm，第 6 波段波长 900 nm，故影像可见光波段的动态范围较小，而近红外波段的动态范围较大。动态范围的差异与各波段的光谱灵敏度有关，且噪声信号也对动态范围的评估造成了一

定影响。噪声随灰度响应值的增大而增大，该多光谱相机在近红外波段处的光谱灵敏性较好，故而近红外通道受到的噪声影响比可见光通道要大，从而动态范围更大。

由表 3.30 中的灰度值最小值数据可以看出，部分波段的灰度值最小值超过 1.000，出现这种情况的原因可能与噪声水平有关，在影像中可以看到部分区域成像质量较差。总体而言，传感器动态范围没有达到最理想的状态。较高动态范围的传感器可以胜任更多复杂的成像环境，特别是在背景反差较小的情况下，可以更好地反映地物目标的细节，而在背景反差较大时，较高的动态范围可以同时记录下较暗和较亮的地物目标，而不会因为曝光不足或曝光过度造成信息的丢失。

表 3.30　各波段像元统计数据

统计	最小值	最大值	平均值	标准偏差	数量	特征值
波段 1	4.000 000	255.000 000	18.915 481	7.635 776	1	2 261.642 197
波段 2	0.000 000	255.000 000	52.156 628	21.449 796	2	355.956 645
波段 3	0.000 000	255.000 000	40.700 072	20.271 622	3	136.233 201
波段 4	14.000 000	255.000 000	80.647 977	25.536 261	4	101.920 699
波段 5	0.000 000	249.000 000	90.189 720	28.641 492	5	46.793 120
波段 6	19.000 000	218.000 000	78.582 945	23.323 408	6	43.208 603

动态范围评估结果说明多光谱相机 Mini-MCA6 具有较大的动态范围，其对地面目标反射率的测量范围有一定的保证，该性能有利于摄影测量作业。此外，该多光谱相机在整个动态范围内都具备了较高的辐射分辨率，可以采集地表不同角度多光谱信息，提高了影像的可解译性和可量化性。

同时，由影像灰度分布数据可以求出各个波段的相关系数如表 3.31 所示。其中，波段 1(波长 800 nm)与其他波段的相关系数均很小，说明该波段具有较强的独立性，在地物多光谱信息里该波段的数据更加重要，在一些类似目标的识别中能够提供更多的信息。

表 3.31　各波段的相关系数

相关系数	波段 1	波段 2	波段 3	波段 4	波段 5	波段 6
波段 1	1.000 000	0.385 772	0.448 279	0.283 393	0.211 085	0.216 090
波段 2	0.385 772	1.000 000	0.737 357	0.666 835	0.646 810	0.666 230
波段 3	0.448 279	0.737 357	1.000 000	0.593 725	0.499 688	0.503 816
波段 4	0.283 393	0.666 835	0.593 725	1.000 000	0.814 760	0.886 954
波段 5	0.211 085	0.646 810	0.499 688	0.814 760	1.000 000	0.895 822
波段 6	0.216 090	0.666 230	0.503 816	0.886 954	0.895 822	1.000 000

2）光谱灵敏度评估

光谱灵敏度评估是利用定标毯的标称反射率与其数字量化输出值之间的比值得到不同入瞳辐射亮度时相机的响应性能。对于 Mini-MCA6 观测点各波段的光谱灵敏度，其灰度值与标称反射率的关系如图 3.65 所示。官方给出 Mini-MCA6 采用的 CMOS 传感器对各波段的灵敏度如图 3.66 所示，该传感器对波段 750～800 nm 的响应最好，光谱灵敏度最高并向两侧递减。

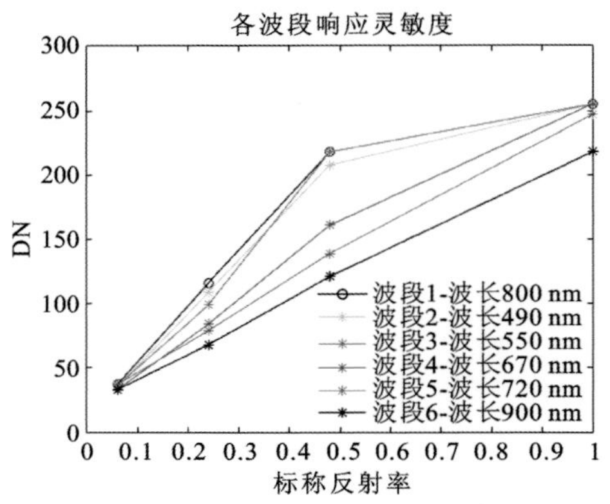

图 3.65　Mini-MCA6 定标毯标称反射率与影像 DN 值

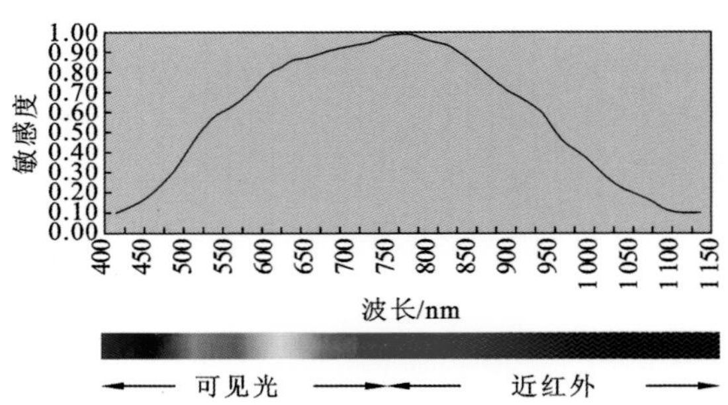

图 3.66　CMOS 对各波段的光谱灵敏度

由辐射定标公式 $\rho=\text{Gain}\times\text{DN}+\text{Bias}$ 可知，地物的表观反射率与数字量化输出值之间的比值和 Gain 呈正比，即辐射定标中计算得到的增益系数 Gain 也可以反映该相机在各个波段的灵敏度，Gain 值越小，则该波段的灵敏度越大。3.5.3 小节中三种方法得到的 Gain 的具体数值稍有差异，但是基本上满足 750～800 nm 间 Gain 值最小，灵敏度最高，两边灵敏度则递减。该规律与官方给出的 CMOS 传感器对各波段的灵敏度一致。

实验结果表明 Mini-MCA 多光谱相机各个波段的灵敏度表现出很大的差异，每个波段的宽度、过滤器的设计以及光束分光器有一定关系。在良好的光照条件下提高飞行质量可以使相机系统达到更好的工作性能。

3. 多光谱相机辐射定标

结合 Mini-MCA6 多光谱相机在实验场辐射定标中遇到的问题，讨论辐射定标场的建设面临的问题和发展潜力，有助于更好地完善辐射定标实验场的建设。

实验场的选址需要考虑以下几个因素：地形、区内地物、气候等。实验场周围地形需要方便布设靶标，并且保证飞行实验时靶标容易观测；实验场区内地物种类趋于多样化为宜，最好包含诸多典型地物特征，既要具备一定范围的平坦区域，又要具有高低起伏的地形特征；实验场需要设定在大气变化均匀且没有剧烈气候变化的区域，从而能得到更高质量的影像数据。

定标毯的属性，如大小、材料、质量等都会对定标结果造成影响。一方面需要对定标毯进行准确的校准，另一方面还需要尽量控制建造和维修的费用。在绝对辐射定标模型中，可以适当增加定标毯的数量提高多余观测数量，从而提高定标精度和可靠性，并且还能够进行精度评估和定标结果验证。为了避免因明亮的目标过曝对定标结果的影响，绝对辐射定标采用的定标毯的反射率最好不要超过 70%，防止所选参考目标出现过度曝光的情况，影响对实验结果的分析。

为了描述系统的辐射响应能力，则需要定标毯的反射率范围更大，数量更多，这样可以更好地评估系统的动态范围。定标毯应铺设在尽量平坦的区域，使不同部位各个方向的反射率变化较小，至少不能出现镜面发射的情况。同时，定标毯也要足够大，在 5 m×5 m为宜，定标毯需要进行精确的校准。本节研究的最大局限在于无法对定标毯进行校准，实际测得的定标毯反射率与其标称反射率有较大差距，从而为定标结果带来较大误差，实验定标的精度无法保证。

实验场应该有测量大气参数的基本实验设备，比如测量温度、湿度、压强等测量仪器。为了准确地进行定标，需要将大气参数考虑在内，如飞行高度较高，则要确保大气测量的精度。

3.5.5 小结

本节以遥感定量化在各个领域的应用需求为牵引，剖析了辐射定标在遥感定量化发展方面的重要地位，重点探讨了利用实验场定标毯对无人机多光谱相机 Mini-MCA6 进行兼顾几何信息绝对辐射定标方法理论和关键技术问题，开展了对辐射定标方法和原理、辐射定标模型和参数、辐射定标结果与精度评估、辐射测量性能评估等方面的研究和实践。

(1) 深入分析研究了辐射定标方法的必要性和可行性。定量遥感产品的广泛使用扩大了定量遥感的应用范围。随着遥感技术的快速发展，遥感在各个领域的应用逐渐由定性向定量转变，而辐射定标是遥感数据定量化的最基本环节。影像数据项定量遥感应用方向的拓展需要对遥感器进行精确的辐射定标。当今的多光谱相机可以提供高质量的辐射信息，作为实验室辐射定标的拓展，基于实验场的辐射定标进一步保证了辐射测量的准确性。

(2) 阐明并归纳了多光谱相机辐射定标原理和方法，并参照星载传感器的实验场辐射定标方法，详细地介绍了实验场辐射定标方法和原理，并对辐射定标参数和精度评估方法进行了系统介绍，指出使用最小二乘法原理计算定标参数，利用多余观测进行精度评估，从而为提出兼顾几何信息的辐射定标方法奠定了理论基础。

(3) 提出三种兼顾几何信息的绝对辐射定标方法，在野外实验场对该多光谱相机进行辐射定标实验。实验中使用到 Tetracam Mini-MCA6 相机在湖北武穴油菜花田采集的影像，靶标则选择了人工布设的定标毯上的 8 个观测点。由于飞行高度不到 100 m，在辐射定标过程中并未考虑大气参数的影响。计算得到了绝对辐射定标模型的定标参数，分析了影响定标精度的主要原因，并由精度结果分析选出最优的定标方法，为今后开展无人机多光谱相机的实验场定标提供有价值的参考。此外，根据定标参数计算和精度评估的原理编写了定标程序，提高了定标工作的效率。

(4) 作为实验场辐射定标工作的一部分，评估了 Mini-MCA6 相机的辐射测量性能，得出了许多有价值的结论；定量地测定了传感器的动态范围和光谱灵敏度；从动态范围的分析，反映了该相机较高的辐射分辨率，比较了各波段受噪声的影响；从各波段光谱灵敏度的分析，验证了 750～800 nm 处光谱灵敏度最高，增益系数最小，并与兼顾几何信息的辐射定标方法得出的增益系数或等价增益系数进行对比。

(5) 设计了多光谱相机完整的定标流程，并且对辐射定标场的建设提出了建议。无人机多光谱相机的辐射测量性能需要经过实验室和实验场定标来确定，辐射测量性能信息的缺失会阻碍无人机影像数据在遥感定量化方面的应用。在进行实验场定标过程中，每一个环节的数据测量准确性都会对最终的计算结果造成一定的影响，所以对场地和测量设备要求较高，测量的时间也非常重要。实验场基础设施配置完善以后，可以得到精度更高的绝对定标参数，定标的工作量也会大大减少。实验场辐射定标对于星载和机载遥感系统都是十分重要的。

随着遥感技术的迅速发展，实验场辐射定标技术也将更加丰富与成熟。可以预见，在科学技术高速发展的背景下，更多功能强大的多光谱相机会被开发出来，良好的辐射性能可以提高影像在遥感领域的使用效率，辐射信息是对影像数据中的几何信息的一种补充。实验场辐射定标的重要性会被广泛认可，用于定量化应用的遥感器系统都需要进行实验场辐射定标。

遥感科学的发展需要多学科交叉发展，加强基础研究。在本次实验中，为了发掘出更多的结论，也为了在辐射定标方面得出更多指导性建议，需要知道传感器的许多技术细节，比如在计算入瞳处辐射亮度时，需要知道不同波段的光谱响应函数；在评估相机整体性能时，应该提供飞行实验中的曝光时间，光圈大小，飞行速度等数据。由此可见，定量遥感的发展趋势是多学科多领域的。

为了得到更精确的定标结果，对于光学成像系统和电子元件的工作原理需要进行更深入的研究，故今后的研究工作将从以下几个方面展开：①深入研究电子元件的响应原理和影响因素，并比较多种标定测量方法，学习和对比多种光强响应模型；②深入研究大气辐射传输模型，并且比较多种辐射传输模型的差异，结合遥感数据处理软件进行大气校正实验；③受实验条件所限，本章只对 Mini-MCA6 相机进行了辐射定标实验，以后还要对不同类型的传感器进行研究；④加强与相机生产商的交流，获取更多详细的实验室定标信息，为实验场的定标结果提供参考标准。

参考文献

傅俏燕，闵祥军，李杏朝，等，2006. 敦煌场地 CBERS-02 CCD 传感器在轨绝对辐射定标研究. 遥感学报，10(4)：434-439.

高海亮，顾行发，余涛，等，2010. 环境卫星 HJ-1A 超光谱成像仪在轨辐射定标及真实性检验. 中国科学，40(11)：1312-1321.

高海亮，顾行发，余涛，等，2009. 超光谱成像仪在轨辐射定标及不确定性分析. 光子学报，38(11)：2826-2833.

巩慧，田国良，余涛，等，2010. CBERS02B 卫星 CCD 相机在轨辐射定标与真实性检验. 遥感学报，14(1)：1-12.

顾行发，陈良富，余涛，等，2008. 基于 CBERS-02 卫星数据的参数定量反演算法及软件设计. 遥感学报，12(4)：546-552.

胡方超，王振会，张兵，等，2009. 遥感试验数据确定大气气溶胶类型的方法研究. 中国激光，36(2)：312-317.

胡方超，张兵，陈正超，等，2007. 利用太阳光度计 CE318 反演气溶胶光学厚度改进算法的研究. 光学技术,33(s1):38-41.

黄春林,李新,卢玲,2006.基于模拟退火算法的制备参数遥感反演.遥感技术与应用,21(4):271-276.

姜立鹏,覃志豪,谢雯,等,2006.针对MODIS近红外数据反演大气水汽含量研究.国土资源遥感,18(3):5-9.

焦斌亮,高志强,李素静,等,2007.大气辐射传输模型及其软件.计算机技术与应用进展:386-389.

李小英,顾行发,余涛,等,2006.CBERS-02WFI的辐射交叉定标及其对植被指数的作用.遥感学报,10(2):211-220.

梁顺林,2009.定量遥感.北京:科学出版社.

刘照言,马灵玲,唐伶俐,2010.基于SAIL模型的多角度多光谱遥感叶面积指数反演.干旱区地理,33(1):93-98.

马灵玲,王新鸿,唐伶俐,2010.HJ-1A高光谱数据高效大气校正及应用潜力初探.遥感技术与应用,25(4):525-531.

沈艳,牛铮,陈方,等,2007.基于经验线性法的Hyperion高光谱图像地表反射率反演研究.地理与地理信息科学,23(1):27-30.

施蓓琦,刘春,陈能,等,2011.典型地物实测光谱的相似性测度与实验分析.同济大学学报(自然科学版),39(2):292-298.

唐洪钊,晏磊,李成才,等,2010.基于MODIS高分辨率气溶胶反演的ETM+影像大气校正.地理与地理信息科学,26(4):12-15.

童庆禧,张兵,郑兰芬,2006.高光谱遥感:原理、技术与应用.北京:高等教育出版社:217-218.

谢东辉,王培娟,覃文汉,等,2007.叶片非朗伯特性影响冠层辐射分布的辐射度模型模拟与分析.遥感学报,11(6):868-874.

徐希孺,范闻捷,陶欣,等,2009.遥感反演连续植被叶面积指数的空间尺度效应.中国科学(地球科学),39(1): 79-87.

徐永明,覃志豪,陈爱军,2010.基于查找表的MODIS逐像元大气校正方法研究.武汉大学学报(信息科学版),35(8):959-962.

杨贵军,黄文江,刘三超,等,2010.环境减灾卫星高光谱数据大气校正模型及验证.北京大学学报(自然科学版),46(5):821-828.

姚延娟,刘强,柳钦火,等,2008.遥感模型多参数反演相互影响机理的研究.遥感学报,12(1):1-8.

余涛,李小英,张勇,等,2005.CBERS02B卫星CCD与WFI的NDVI影像因子的分析与比较.中国科学(E辑:信息科学),35(z1):97-112.

袁金国,牛铮,王锡平,2009.基于FLAASH的Hyperion高光谱影像大气校正.光谱学与光谱分析,29(5):1181-1185.

赵丽芳,谭炳香,杨华,等,2007.高光谱遥感森林叶面积指数估测研究现状.世界林业研究,20(2):50-54.

赵祥,梁顺林,刘素红,等,2007.高光谱遥感数据的改正暗目标大气校正方法研究.中国科学(D辑:地球科学),37(12):1653-1659

郑求根,权文婷,2010.基于暗像元的Hyperion高光谱影像大气校正.光谱学与光谱分析,30(10):2710-2713.

周春艳,柳钦火,唐勇,等,2009.MODIS气溶胶C004、C005产品的对比分析及其在中国北方地区的适用性评价.遥感学报,13(5):863-872.

周子勇,李朝阳,2005.高光谱遥感数据光谱曲线分形特征研究.光谱学与光谱分析,26(6):454-451.

BACHMANN C M, AINSWORTH T L, FUSINA R A, et al., 2009. Bathymetric retrieval from hyperspectral imagery using manifold co-ordinate representations. IEEE Transactions on Geoscience & Remote Sensing,47(3):884-897.

BACOUR C, JACQUEMOUD S, LEROY M, et al., 2002. Reliability of the estimation of vegetation characteristics by inversion of three canopy reflectance models on airborne POLDER data. Agronomie, 22(6):555-566.

BACOUR C, JACQUEMOUD S, TOURBIER Y, et al., 2002. Design and analysis of numerical experiments to compare four canopy reflectance models. Remote Sensing of Environment, 79(1): 72-83.

BARDUCCI A,GUZZI D,MARCOIONNI P,et al.,2004. Algorithm for the retrieval of columnar water vapor from hyperspectral remotely sensed data. Applied Optics,43(29):5552-5563.

BLACKBURN G A,FERWERDA J G,2008. Retrieval of chlorophyll concentration from leaf reflectance spectra using wavelet analysis. Remote sensing of environment,112(4):1614-1632.

BOUSQUET L,LACHÉRADE S,JACQUEMOUD S,et al.,2005. Leaf BRDF measurements and model for specular and diffuse components differentiation. Remote Sensing of Environment, 98(2-3): 201-211.

CLARK M L,ROBERTS D A,CLARK D B,2005. Hyperspectral discrimination of tropical rain forest tree species at leaf to crown scales. Remote Sensing of Environment,96(3):375-398.

FANG H L, LIANG S L, 2005. A hybrid inversion method for mapping leaf area index from MODIS data: experiments and application to broadleaf and needleleaf canopies. Remote Sensing of Environment,94(3):405-424.

FRENCH A N, HUNSAKER D J, CLARKE T R, et al., 2010. Combining remotely sensed data and ground-based radiometers to estimate crop cover and surface temperatures at daily time steps. Journal of Irrigation & Drainage Engineering,136(4):232-239.

GAO B C, KAUFMAN Y J, 2003. Water vapor retrievals using Moderate Resolution Imaging Spectroradiometer(MODIS) near-infrared channels. Journal of Geophysical Research Atmospheres,108 (D13):-4389.

GATEBE C K,KING M D,TSAY S C,et al.,2001. Sensitivity of off-nadir zenith angles to correlation between visible and near-infrared reflectance for use in remote sensing of aerosol over land. IEEE Transactions on Geoscience & Remote Sensing,39(4):805-819.

GITELSON A A,KEYDAN G P,MERZLYAK M N,2006. Three-band model for noninvasive estimation of chlorophyll, carotenoids, and anthocyanin contents in higher plant leaves. Geophysical Research Letters,33(11):431-433.

GITELSON A A,MERZLYAK M N,LICHTENTHALER H K,1996. Detection of red edge position and chlorophyll content by reflectance measurements near 700nm. Journal of Plant Physiology,148(3-4):501-508.

GITELSON A A, VIñA A, ARKEBAUER T J, et al., 2003. Remote estimation of leaf area index and green leaf biomass in maize canopies. Geophysical Research Letters,30(30):335-343.

GITELSON A A,VINA A,MASEK J G,et al.,2008. Synoptic monitoring of gross primary productivity of maize using landsat data. IEEE Geoscience & Remote Sensing Letters,5(2):133-137.

GITELSON A A,VIñA A,VERMA S B,et al.,2006. Relationship between gross primary production and chlorophyll content in crops: Implications for the synoptic monitoring of vegetation productivity. Journal of Geophysical Research Atmospheres,111(D8):D08S11.

GITELSON A A, Y G, MERZLYAK M N, 2003. Relationships between leaf chlorophyll content and spectral reflectance and algorithms for non-destructive chlorophyll assessment in higher plant leaves. Journal of Plant Physiology, 160(3):271-282.

GOBRON N, PINTY B, TABERNER M, et al., 2006. Monitoring the photosynthetic activity of vegetation from remote sensing data. Advances in Space Research, 38(10):2196-2202.

GOBRON N, PINTY B, VERSTRAETE M M, et al., 1997. A semidiscrete model for the scattering of light by vegetation. Journal of Geophysical Research, 102(D8):9431-9446.

GOODWIN N R, COOPS N C, WULDER M A, et al., 2008. Estimation of insect infestation dynamics using a temporal sequence of Landsat data. Remote Sensing of Environment, 112(9):3680-3689.

HABOUDANE D, MILLER J R, PATTEY E, et al., 2004. Hyperspectral vegetation indices and novel algorithms for predicting green LAI of crop canopies: Modeling and validation in the context of precision agriculture. Remote Sensing of Environment, 90(3):337-352.

HABOUDANE D, MILLER J R, TREMBLAY N, et al., 2002. Integrated narrow-band vegetation indices for prediction of crop chlorophyll content for application to precision agriculture. Remote Sensing of Environment, 81(2-3):416-426.

HATFIELD J L, GITELSON A A, SCHEPERS J S, et al., 2008. Application of spectral remote sensing for agronomic decisions. Agronomy Journal, 100(3):117-131.

HE Y, MUI A, 2010. Scaling up semi-arid grassland biochemical content from the leaf to the canopy level: challenges and opportunities. Sensors, 10(12):11072-11087.

HESTIR E L, KHANNA S, ANDREW M E, et al., 2008. Identification of invasive vegetation using hyperspectral remote sensing in the California Delta ecosystem. Remote Sensing of Environment, 112(11):4034-4047.

HILKER T, COOPS N C, COGGINS S B, et al., 2009. Detection of foliage conditions and disturbance from multi-angular high spectral resolution remote sensing. Remote Sensing of Environment, 113(2):421-434.

HOFFBECK J P, LANDGREBE D A, 2002. Covariance matrix estimation and classification with limited training data. IEEE Transactions on Pattern Analysis & Machine Intelligence, 18(7):763-767.

HUANG C Y, ASNER G P, 2009. Applications of remote sensing to alien invasive plant studies. Sensors, 9(6):4869-4889.

HUEMMRICH K F, 2001. The GeoSail model: a simple addition to the SAIL model to describe discontinuous canopy reflectance. Remote Sensing of Environment, 75(3):423-431.

HUETE A R, LIU H Q, LEEUWEN W J D V, 1997. The Use of Vegetation Indices in Forested Regions: Issues of Linearity and Saturation//Geoscience and Remote Sensing, 1997. IGARSS '97. Remote Sensing-A Scientific Vision for Sustainable Development. 1997 IEEE International, 4:1966-1968.

HUETE A R, KEROLA D, DIDAN K, et al., 1998. Terrestrial Biosphere Analysis of SeaWiFS Data Over the Amazon Region with MODIS and GLI Prototype Vegetation Indices//Geoscience and Remote Sensing Symposium Proceedings, 1998. IGARSS '98. 1998 IEEE International, 2:1998:785-787.

JACQUEMOUD S, BARET F, ANDRIEU B, et al., 1995. Extraction of vegetation biophysical parameters by inversion of the PROSPECT + SAIL models on sugar beet canopy reflectance data. Application to TM and AVIRIS sensors. Remote Sensing of Environment, 52(3):163-172.

JACQUEMOUD S, FLASSE S, VERDEBOUT J, et al., 1994. Comparison of several optimization methods to extract canopy biophysical parameters—application to CAESAR data. International

Symposium of Physical Measurements & Signatures in Remote Sensing:17-21.

JACQUEMOUD S, USTIN S L, 2001. Leaf optical properties: a state of the art. International Symposium of Physical Measurements & Signatures in Remote Sensing:223-332.

JACQUEMOUD S, VERHOEF W, BARET F, et al., 2007. PROSPECT+SAIL: 15 years of use for land surface characterization// IEEE International Conference on Geoscience and Remote Sensing Symposium:1992-1995.

JACQUEMOUD S, VERHOEF W, BARET F, et al., 2009. PROSPECT+SAIL models: a review of use for vegetation characterization. Remote Sensing of Environment, 113:S56-S66.

JIA G J, BURKE I C, KAUFMANN M R, et al., 2006. Estimates of forest canopy fuel attributes using hyperspectral data. Forest Ecology & Management, 229(1-3):27-38.

JIN Z, TIAN Q, CHEN J M, et al., 2007. Spatial scaling between leaf area index maps of different resolutions. Journal of Environmental Management, 85(3):628-37.

KAUFMAN Y J, TANRÉ D, REMER L A, et al., 1997. Operational remote sensing of tropospheric aerosol over land from EOS moderate resolution imaging spectroradiometer. Journal of Geophysical Research Atmospheres, 102(27):51-17.

KAWATA Y, FUKUI H, TAKEMATA K, 2003. Retrieval of aerosol optical thickness using band correlation method and atmospheric correction for Landsat-7/ETM+ image data// IEEE International of Geoscience and Remote Sensing Symposium, 2003. IGARSS '03. Proceedings:2173-2175.

LAURENT V C E, VERHOEF W, CLEVERS J G P W, et al., 2011. Estimating forest variables from top-of-atmosphere radiance satellite measurements using coupled radiative transfer models. Remote Sensing of Environment, 115(4):1043-1052.

VERÓNICA C, ANATOLY G, JAMES S. Vertical profile and temporal variation of chlorophyll in maize canopy: quantitative "crop vigor" indicator by means of reflectance-based techniques. Agronomy Journal, 100(5):1409-1417.

第4章　多层次信息系统辅助作物长势分析技术

4.1　引　　言

高光谱反射率具有波段数量多、光谱宽度窄的特点，能够反映地物细微的差异，多通道无人机影像记录了重要波段的光谱反射率及其空间分布。农作物冠层叶面积指数(LAI)、郁闭度、植株N、P、K含量等参数是精准农业衡量农作物长势的重要参数，然而完整生长期的农作物长势参数测量费时费力，因此，通过光谱反射率数据和无人机影像数据实现农作物长势参数的获取对实现精准农业具有重要意义。本专题通过建立农作物数据管理分析系统，充分挖掘各类型数据与农作物长势参数之间的相关性，通过回归得到反演模型，并探究了多时序数据匹配应用于多时序农作物长势参数获取的有效性。

本专题以油菜作为实验对象，对冠层光谱反射率、光谱指数、光谱特征参数、无人机纹理特征参数等数据与油菜长势参数进行相关分析和回归分析，对不同数据作为因变量的回归方程的反演效果进行对比，选择最佳回归方法作为农作物长势参数反演方程。另外，本章提出将输入的不完整数据与在库完整数据进行匹配，最佳匹配结果对应的长势参数作为输入数据的长势参数。对单个生长期的不完整输入数据，如：光谱反射率、纹理特征参数等，对于不同的输入数据类型，建立基于角度的相似性测度(AM)，基于相关性的相似性测度(CM)，基于信息散度的相似性测度(ID)和基于欧氏距离的相似性测度(ED)，并对比分析不同相似性测度的匹配效果。对多个生长期的不完整输入数据，分别对不同生长期数据进行匹配，然后对不同生长期匹配结果取不同权重进行综合获得最终匹配结果。

研究发现：①一阶微分形式的光谱相对于原始光谱和去除包络线的光谱更适用于基于回归方程的农作物长势参数反演和基于数据匹配的长势参数获取；②与农作物长势参数之间相关性最强的波段基本集中在750 nm、1 000 nm、1 400 nm、1 900 nm附近；③在样本数据量较小时，对农作物长势参数反演，多元逐步回归相对主成分回归精度更高；④适用于进行油菜长势参数反演的光谱指数有$CI_{rededge}$、NDVI、RTVI、TBVI、RTVI和MO，光谱形状特征参数有rep、吸收参数AA、AP、AW、AD、SAI；⑤无人机纹理参数提取时的窗口越小，与农作物长势参数相关性越强；⑥根据变异系数对光谱参数及无人机纹理参数进行选择后与光谱反射率进行组合并归一化处理可提升匹配精度；⑦引入光谱反射率、光谱参数和纹理参数的基于角度的相似性测度最适于数据匹配。

4.2　概　　述

4.2.1　研究意义和背景

中国是农业大国，农业的发展关系到国家的经济状况、人民的生活水平，但是中国农业正面临着农药化肥滥用、污染严重、技术水平低、农民收入偏低等诸多问题，特别是面临农产品国际化市场，中国农业亟须一场改革，而农业问题也是政府的关注点之一。

精准农业(precision agriculture)起源于 19 世纪 80 年代中期，是当今世界农业发展的新潮流，它定义了一种低投入、高效率、可持续化的农业系统，主要依靠全球卫星导航定位系统、地理信息系统、地面数据采集和遥感技术、自动化控制、信息处理和通信等技术，通过获取农业系统中的变量和不确定性来优化生产，是保证食物供应链以及进行农业生产质量和数量控制的重要途径(Gebbers et al.,2010;Zhang et al.,2002)。针对当前中国农业面临的问题，精准农业技术的研究和推广具有重要意义。

遥感技术在不直接接触目标的情况下，通过接收目标物体反射或辐射的电磁波，探测地物波谱信息，并获取目标地物的光谱数据与图像，从而实现对地物的定位、定性或定量描述。遥感技术是获取土壤及作物状态的重要手段，是实现精准农业的基础环节，而数据分析和数据挖掘可以实现数据向信息的转变，指导农业决策。

精准农业需要获取各个生长期、各个地区农作物的生长状态及土壤状态信息等，这是进行农业监测和农业决策的依据。但是在田间进行多时段、多类型的农作物生长状态参数测量，需要投入大量的时间和精力。因此，多时序、多种类、多种植条件下的作物高光谱数据库的建立具有重要意义，提供了不同地区，各种农作物在各个生长期的生物物理参数、生物化学参数、产量等数据，可以为农业领域中对农作物的生长提供更多的参考数据，通过对作物高光谱数据库存储数据的数据挖掘和数据分析，不仅可以节约成本，对准确识别作物种类、提高分类准确率、进行农作物产量估计等都有帮助(房华东 等,2012)，同时还可以更快速地获取农作物长势参数。

4.2.2 研究进展

1. 高光谱遥感在精准农业中的应用

从 20 世纪 80 年代，高光谱技术开始兴起，随着传感器技术的革新及数据处理技术的发展，高光谱遥感已经成为遥感技术领域的研究热点。传统的传感器波段数量较少，每个波段的宽度较宽，仅能获取特定波段的有限信息；而高光谱遥感传感器可以获取地物连续的反射光谱信息，波段范围更广，波段宽度更窄，因此可以反映地物更全面、更细致的信息。

鉴于高光谱能更细致地反映地物特性的优势，国内外学者通过高光谱数据进行植被生化、物理参数估算成为一个研究热点，应用范围涉及产量估算、叶绿素含量估算、全氮含量估算、叶面积指数估算等，涉及植被包括小麦、玉米、水稻、油菜等，使用光谱变量包括特定波段的光谱反射率、反射率变换形式、植被指数、光谱特征参数等，比较常用的反演方法包括偏最小二乘多元回归、主成分分析、神经网络模型等，并获得了较好的反演结果(王平 等,2010;董晶晶 等,2008;杨燕 等,2007;杨敏华 等,2002)。

高光谱遥感不仅应用于快速获取农作物生化物理参数，还可以通过土壤反射光谱或者冠层光谱进行胁迫管理，如植被是否缺水、土壤有机质含量是否充足、是否缺氮等。Srivastava 等(2015)建立了一种基于可见光、近红外波段的土壤有机碳含量的估算模型，Wang 等(2015)通过实验发现半干旱水量指数和红边归一化植被指数可以指示作物缺水情况，有学者通过比对发现，经过校正后的高光谱影像可以用来识别作物是否存在氮胁迫(Nigon et al.,2015)。

为了进一步提高反演精度，增强反演模型对不同植被类型、不同观测条件、不同生长环境下的作物的普适性，许多学者进行了尝试。如 He 等(2016)研究出了新型植被指数

AIVI，经试验，该植被指数可以估算冬小麦的叶片N含量，且对观测角度的变化不敏感，Kalacska等(2015)利用连续小波变换和神经元网络方法得到了一种适用于估算不同植被类型、不同季节测区内植物总叶绿素和N含量的模型。高光谱数据包含丰富的光谱信息，有研究表明，结合光谱和影像特征，可以进一步提高反演效果(Wang et al.，2015；Wu et al.，2012)。

虽然N、P、K含量与光谱特征参数有相关性，但是不同参数之间的相关性及相关波段并不相同(Zhang et al.，2010)，另外，由于高光谱反射率波段众多，不进行选择或特征提取，会导致自变量过多，当样本数量过少时，解算困难，因此对原始光谱曲线进行光谱特征选择、特征参数计算以及相关性分析，从而达到数据降维，对通过回归方程或神经网络等方法快速确定植物生长状态是必要且有意义的。

高光谱数据可以细致的记录地表反射光谱，可以识别地物间细微的差别，因此，高光谱遥感也是地物识别的重要手段，可以用来分辨不同作物(Wilson et al.，2014)、分辨同种作物不同生长阶段(Yang et al.，2014)、分辨作物和野草(Eddy et al.，2014)等，相比传统遥感数据分辨能力更强，为了进一步放大不同地物光谱反射率之间的差异，对光谱反射率进行一阶微分变换或包络线消除是常用的方式。

2. 光谱数据库研究进展

进行地物分类识别、参数反演等研究，首先要解决数据问题，因此高光谱数据库的建立具有重要意义，可以为诸多研究提供基础，同时也提高了数据的利用率。目前，各国机构公布的比较常用的光谱库，公开提供电子版的有：由美国地质勘探局建立的USGS，包含数百种材料的光谱数据，2007年已更新至splib06版本，包含1300多条光谱；由美国喷气推进实验室建立的JPL，主要包含不同粒度矿物的光谱数据；由约翰霍普金斯大学建立的JHU；由加利福尼亚技术研究所建立的ASTER，该数据库中的数据来源于前三个数据库。这些光谱库中的光谱数据包括植被、地质、水体、人造材料等物质。某些遥感处理软件将高光谱数据库作为模块集成到软件中，供用户下载和分析。比如在ENVI软件中拥有波谱库管理、编辑及分析模块，ENVI 5.1波谱库中新增了2443种的Aster的波谱文件，同时对应的波谱工具也有了很大的改进，可以帮助用户直观地看到每一种波谱库中的文件个数，以及更为方便的查看每一种波谱文件的波谱曲线。

我国在光谱库建设领域起步较晚，但也在进行积极的探索，不仅建立了全面的标准光谱库，也建立了面向应用的特定地物的光谱库。中科院遥感所和北京师范大学在“十一五”期间，建立了开放式的能覆盖我国主要地物类型的从可见光、近红外、热红外到微波波段的典型地物波谱数据和与其配套的环境参数的标准波谱数据库以及应用模型库(王锦地 等，2003)；陈永刚等建立了南方常见树种光谱库(陈永刚 等，2010)；任利华等建立了地形信息光谱库(任利华 等，2008)；还有学者建立了特色农业(方立刚 等，2005)、浒苔(谢宏金 等，2012)、识别作物病虫害(曹人尹 等，2008)的光谱库。此外，有学者进行了光谱影像库的建立和应用(李兴，2006)。

综合国内外研究进展，可以看出光谱库存储的数据已不局限于原始的地物反射光谱，正向多元化发展。光谱数据的形式趋向于多元，如一阶微分、去除包络线的反射率曲线，并包含光谱指数和光谱特征参数；数据类型多元，地物光谱数据库不仅包含基本的光谱反射率数据，还包括影像数据、病虫害数据等，数据类型主要依赖于光谱库的应用方向。光谱库的功能已不局限于数据管理,而是结合应用,不仅能实现数据添加、删除、修改、查询等基本功能,还能实现数据可视化和数据分析,趋于管理分析一体化。建立面向应用的光谱数据库,并与编程语言结合,实现可视化的界面和数据分析,是光谱数据库发展的一个重要方向。

3. 光谱数据匹配

光谱匹配在目标识别、地物分类、变化检测等方面有广泛的应用,通过量测光谱库中的参考数据与某目标的光谱数据的相似性来识别目标。光谱匹配的核心在于光谱相似性测度的定义,现有的光谱相似性测度有欧氏距离、光谱角匹配、相关系数匹配、光谱信息散度匹配、梯度角匹配等(Robila et al.,2005),这些均为仅仅基于光谱反射率的匹配算法。

为了提高数据匹配精度,很多学者提出了新型的相似性测度,综合多种相似性测度、结合空间和光谱维度。张修宝等(2011)提出了将光谱信息散度与梯度角相结合的光谱相似性测度,Kumar 等(2011)将光谱相关性角度与光谱信息散度相结合,Pu 等(2014)提出了一种将空间维数据与光谱维数据相结合的相似性测度。实验证明,这些方法的使用相对于原有相似性测度匹配精度均得到了提高。另外,有学者证明,对光谱反射率进行一阶微分变换和包络线消除,也可以提高匹配精度(白继伟,2002)。

光谱匹配和参量反演是基于光谱库的重要应用。但是光谱匹配应用于农作物长势分析以及产量估计的研究还尚未有记录。

4.2.3　研究内容

本章意在建立一个农作物数据管理分析系统,实现对多种农作物测量参数的管理,并对这些数据进行分析,实现通过光谱反射率、无人机影像纹理特种参数等数据获取农作物长势参数。该系统的整体结构如图 4.1 所示。

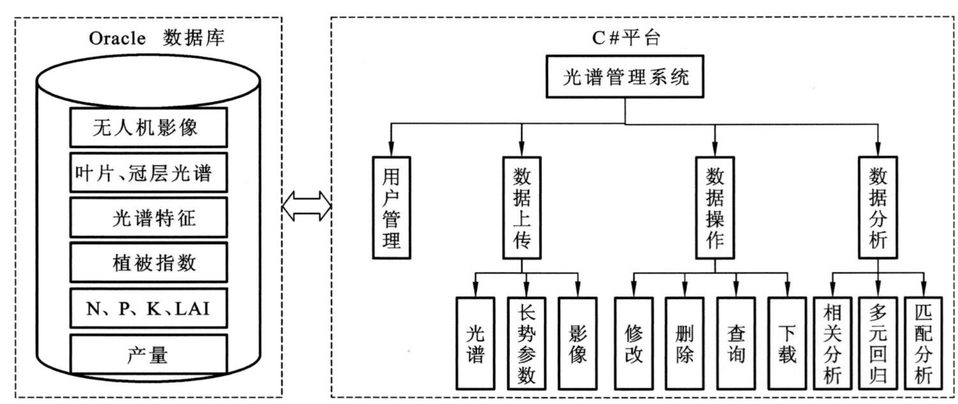

图 4.1　农作物数据管理分析系统结构

如图 4.1 所示,该系统包含用户管理、数据上传、数据操作和数据分析,数据操作和数据分析是系统核心,数据操作实现基本的数据删除、修改和查看,数据分析包含相关分析、回归分析和匹配分析,主要是为了实现基于已有的光谱、光谱参数等数据快速获取农作物的叶绿素含量、叶面积指数、N 含量等参数,分析农作物长势。

研究内容主要包括以下几个方面。

(1) 设计并创建农作物光谱库,管理不同时序、不同尺度、不同作物的生物物理参数、生物化学参数、产量、光谱反射率等数据,同时保证数据完整性、一致性和正确性。

(2) 进行多种类型数据的相似性测度实验,包括多种形式的光谱数据,如原始反射率曲线、一阶微分曲线和去除包络线的曲线;光谱参数,如植被指数及光谱形状参数;通过灰度共生矩阵提取的无人机纹理特征参数。对同一生长期的输入数据与数据库中数据进行匹配,针对光谱数据、光谱特征参数、无人机纹理特征、作物生化物理参数,进行多种相似性测度实验,并确定相似性测度匹配效果标准,分析对比相似性测度的匹配精度。

(3) 多时序数据匹配。对用户输入的不完整生长期的不完整数据与数据库中完整的多时序数据进行匹配实验,对比分析对多时间序列数据进行综合匹配的效果,最终确定最佳匹配效果的综合型相似性测度。

4.3 数据获取与数据处理

4.3.1 实验数据获取

1. 实验区设计

项目在华中农业大学及武穴市梅川镇设立了实验区,研究用到的数据主要来源于武穴市实验区的油菜小区,为研究不同施肥水平对农作物的影响,采取单一变量实验,对不同油菜小区均设置了不同氮肥施加水平,其他肥料施加一致,并设置重复实验组。

油菜小区分为移栽和直播两部分。移栽油菜在 10 月初播种育苗,10 月下旬移栽,种植密度为 7500 株/亩①;直播油菜于 10 月初播种,播种量按 300 g/亩,即 13.5 g/30m^2。来年 5 月中旬收获。油菜实验小区设 8 个氮肥处理,分别为 N_0、N_3、N_6、N_9、N_{12}、N_{15}、N_{18} 和 N_{24},右下角数字表示施加纯氮的量,单位为 kg/亩。各小区氮肥均作基肥一次性施用。磷、钾肥按 P_2O_5 90 kg/hm^2、K_2O 120 kg/hm^2 施入,外加硼肥 15 kg/hm^2。氮、磷、钾和硼肥品种分别为尿素(含 N 46%)、过磷酸钙(含 P_2O_5 12%)、氯化钾(含 K_2O 60%)和十水硼砂(含 B 10.7%),磷、钾、硼肥均一次性基施。具体施肥情况见表 4.1。

表 4.1 油菜各处理小区肥料用量(单位:g/30m^2)

处理	尿素	处理	尿素
1(N_0)	0	5(N_{12})	1 173
2(N_3)	293	6(N_{15})	1 467
3(N_6)	587	7(N_{18})	1 760
4(N_9)	880	8(N_{24})	2 347

2. 实验数据采集

实验采集的数据主要有冠层反射光谱数据、生物物理参数、生物化学参数、产量。油菜数据覆盖六叶期、八叶期、十叶期、蕾薹期、初花期、盛花期和角果期 7 个时期。

① 1 亩=667 m^2。

光谱数据使用美国 ASD(analytical spectral devince)公司的 ASD FieldSpec Pro FRTM 光谱仪测量,该仪器光谱范围 350～2 500 nm。其中 350～1 000 nm 光谱采样间隔 1.4 nm,光谱分辨率 3 nm;1 000～2 500 nm 光谱采样间隔 2 nm,光谱分辨率 10 nm。测量时选择天气晴朗,无云或少云,无风或微风的时间,观测时间在 10:00～14:30,保证视场范围内太阳直接照射。油菜每个实验小区测量 5 个点位,每个点位测量 5 条反射光谱,每个小区的布点情况如图 4.2 所示。

油菜测量数据还包括冠层 LAI 和生物化学参数:植株 N、P、K 和叶绿素含量。LAI 通过 Sunscan 测量,小区测量点位与光谱测量点位一致;由于实验小区有直播和移栽两种种植方式,针对移栽实验小区,每个小区取样四株进行测定,对不同植株测量数据进行取均值作为小区生物化学参数,针对直播小区先进行样方选择,对样方内植株进行生物化学测量并取均值。植株的 N、P、K 和叶绿素含量通过采集各时期油菜叶片,在实验室测定其叶绿素和全氮含量及植株全氮含量。

对实验小区进行无人机影像采集,航线设置如图 4.3 所示,每条航线覆盖至少 8 个实验小区。影像共有 6 个波段:蓝波段 490 nm,绿波段 550 nm,红波段 670 nm 和 720 nm,以及近红外波段 800 nm 和 900 nm,每个波段宽度为 10 nm。

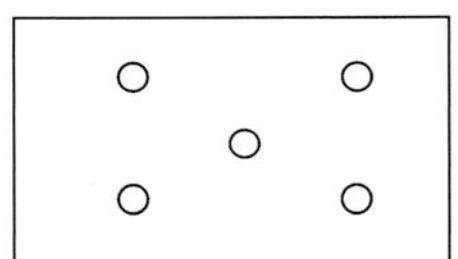

图 4.2　观测点设置方式

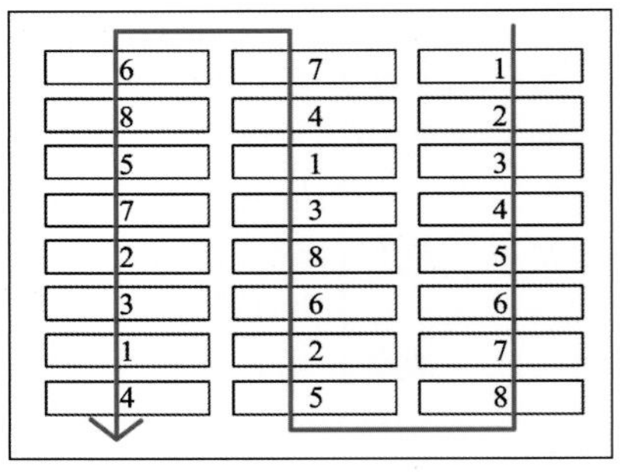

图 4.3　无人机航线设置

4.3.2　数据处理

为了探索光谱反射率、光谱植被指数、光谱特征参数、无人机纹理特征参数等不同数据类型与农作物长势参数之间的关系,并通过回归或数据匹配的方式实现长势参数反演,因此在进行数据分析之前,需要对原始的数据进行处理,丰富数据库中的数据类型、数据形式,让数据反演有更多的可能性。

1. 高光谱数据处理

对光谱反射率数据,在实验过程对其进行了光谱形式的变换,计算了一阶微分光谱,并对光谱反射率进行了包络线消除,基于原始光谱反射率还进行了各种植被指数和光谱特征参数的提取。

1) 植被指数

本实验中对光谱反射率曲线进行了常见的植被指数提取,同时,为了减少测量过程中作物长势参数本身以外的其他因素对测量结果的影响(如土壤反射率),经过查阅文献,本节还使用了对土壤背景变化不敏感的其他指数。

归一化植被指数(NDVI,normalized difference vegetation index),是最为经典的植被指数,在大量提出的新的植被指数进行农作物参数反演时,该参数常被作为对照组,可以用来估算生物量、LAI、叶绿素含量等,计算公式如下:

$$\mathrm{NDVI}=\frac{R_{\mathrm{NIR}}-R_{\mathrm{R}}}{R_{\mathrm{NIR}}+R_{\mathrm{R}}} \tag{4.1}$$

式中:R_{NIR}表示近红外波段的反射率;R_{R} 表示红光波段的反射率;NDVI 的取值范围为[−1,1]。

"红边"位置三波段模型 $\mathrm{CI}_{\mathrm{rededge}}$,该指数由 Gitelson 提出,经实验证明,该植被指数可以用来估算玉米、葡萄叶、山毛榉等植被的叶绿素含量,反演精度相对于 NDVI 等常用的植被指数以及实验中经常用来替代叶绿素含量的 SPAD 值更高,且反演模型为线性模型,不存在"饱和"情况,特别是在叶片尺度反演精度更高,公式如下(Steele et al.,2008;Gitelson et al.,2003):

$$\mathrm{CI}_{\mathrm{rededge}}=(R_{\mathrm{NIR}}/R_{\mathrm{rededge}})-1 \tag{4.2}$$

式中:R_{NIR}表示近红外波段的反射率;R_{rededge}表示"红边"位置附近的反射率。

除去以上植被指数,研究还用到了以下光谱指数,指数名称及定义如表 4.2 所示,这些指数经过实验验证比常用的光谱指数反演参数的精度更高。

表 4.2　光谱指数及定义

指数	定义	指数	定义
OSAVI	$\frac{(1+0.16)\times(R_{800}-R_{670})}{R_{800}+R_{670}+0.16}$ (蒋阿宁 等,2007)	SR	$R_{\lambda1}/R_{\lambda2}$(田永超 等,2010)
TVI	$0.5[120(R_{750}-R_{550})-200(R_{670}-R_{550})]$	RTVI	$[100(R_{750}-R_{730})-10(R_{750}-R_{550})]\times\sqrt{(R_{700}/R_{670})}$ (陈鹏飞 等,2010;Broge et al.,2003)
SAVI	$\frac{1.5(\rho_{\mathrm{NIR}}-\rho_{\mathrm{red}})}{\rho_{\mathrm{NIR}}+\rho_{\mathrm{red}}+0.5}$	TBVI	$\frac{R_{856}-R_{811}}{R_{856}+R_{811}}$(王巧男 等,2015;Huete,1988)
MO	$\frac{[(R_{750}-R_{705})-0.2(R_{750}-R_{550})](R_{750}/R_{705})}{(1+0.16)(R_{750}-R_{705})/(R_{750}+R_{705}+0.16)}$(wu et al.,2008)		

2) 光谱特征参数

光谱特征参数是对光谱反射率曲线的形态学分析,反映了光谱反射率曲线的形状特征、吸收特征等,是光谱反射率信息的提炼。研究中对光谱特征参数的计算使用两种方法:①通过 VSFEM 模型计算农作物可见光部分重要拐点、极值点、上升点的波长、反射率及斜率,包含 7 个特征位置:蓝波段波谷 M、蓝波段吸收边 B、绿波段波峰 G、黄波段吸收边 Y、红波段波谷 R、红边位置 V、近红外抬升波段 I。基于这些特征位置的波长、反射率等定义了 5 个特征参数,包括:红边斜率 SV、绿峰高度 HG、红谷深度 HR、绿峰宽度 WIDTHG 和红峰宽度 WIDTHR(佃袁勇,2011),各个特征位置在光谱曲线上的表示见图 4.4。

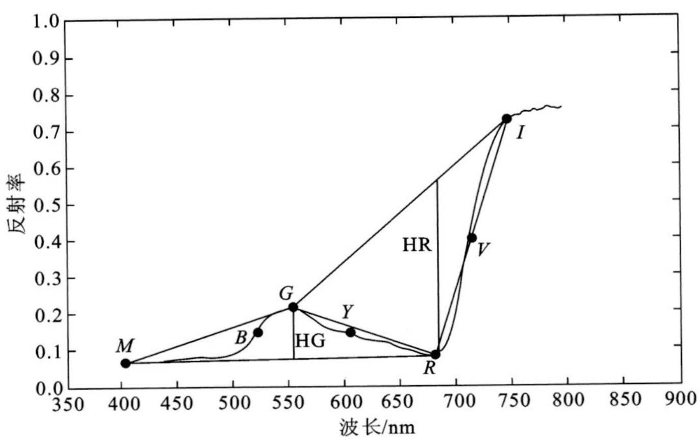

图 4.4　光谱曲线特征点

光谱吸收指数，表示一条光谱曲线的光谱吸收特征，m 表示光谱吸收谷，对应光谱反射率曲线上的最低点，S_1 与 S_2 表示两肩位置，λ 表示对应的波长，ρ 表示对应反射率，如图 4.5 所示，据此可以定义以下吸收参数：

(1) 吸收深度 AD(absorption depth)，吸收谷 m 与两肩连线的距离；

(2) 吸收对称性 AA(absorption asymmetry)，$AA=(\lambda_m-\lambda_2)/(\lambda_1-\lambda_2)$，衡量以吸收谷为中线，吸收谷左右两侧的对称性；

(3) 光谱吸收指数 SAI(spectral absorption index)，可看作是吸收深度的另一种表达方式，$SAI=\rho/\rho_m=[d\rho_1+(1-d)\rho_2]/\rho_m$；

(4) 吸收宽度 AW(absorption width)，吸收谷 m 吸收深度一半处的吸收谷宽度；

(5) 吸收位置 AP(absorption position)，吸收谷 m 对应的波长。

为了简化光谱吸收特征的参量化，一般先对光谱反射率曲线进行包络线去除和归一化处理(童庆禧 等，2006)。

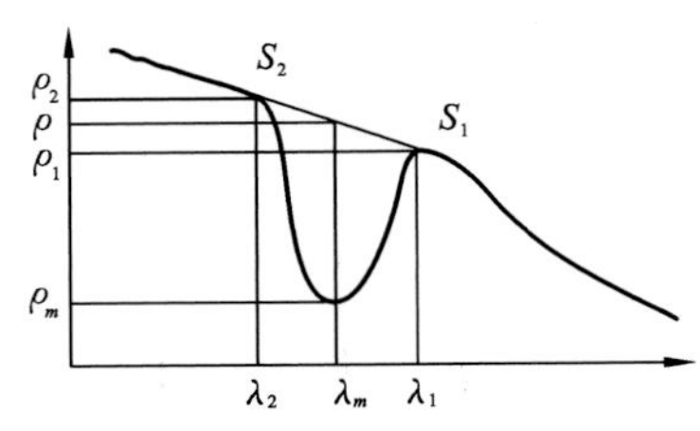

图 4.5　光谱吸收谷

"红边"位置 rep(red edge position)是光谱反射曲线在红边波段(680～780 nm)的拐点位置，受生物化学参数、生物物理参数的影响，常被用来估算叶绿素和氮含量。研究中，使用线性外推法计算"红边"位置，公式如下：

$$REP=-\frac{c_1-c_2}{m_1-m_2} \tag{4.3}$$

式中：c_1、c_2、m_1、m_2 分别表示一阶微分光谱的远红外和近红外波段线的截距和斜率，该算法可以去除一阶微分光谱红边位置的"双峰效应"(Cho et al.，2006)，相对于使用一阶微分光谱对应波段范围内的最大值精度更高。

3)光谱变换

变换光谱形式，对光谱曲线进行一阶微分变换和包络线去除，可以对光谱变化和光谱特征进行放大。一阶微分光谱变换公式如下：

$$R'_{\lambda_i}=\frac{R_{\lambda_{i+1}}-R_{\lambda_{i-1}}}{2\Delta\lambda} \tag{4.4}$$

式中：R_λ 表示 λ 处的光谱反射率；λ_{i-1}、λ_i、λ_{i+1} 表示光谱曲线上相邻的三个波长；$\Delta\lambda$ 为波长采样间隔，一阶微分可以更好地表达光谱反射率随波长的变化(图 4.6)。

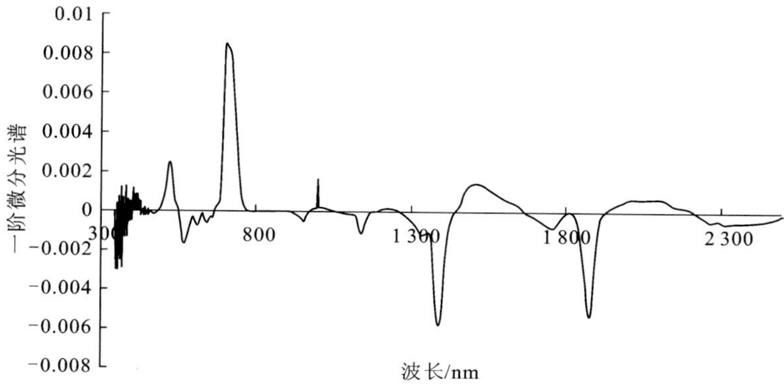

图 4.6　光谱一阶微分

首先对数据进行均值滤波，窗口大小为 3，然后进行包络线消除，使用外壳系数法计算(徐元进 等，2005)。

从图 4.7 可以看出，经过包络线消除的光谱曲线，反射和吸收特征得到了放大，并且将反射率进行了归一化，可以更加有效地进行光谱特征比较，有助于光谱特征数据匹配。

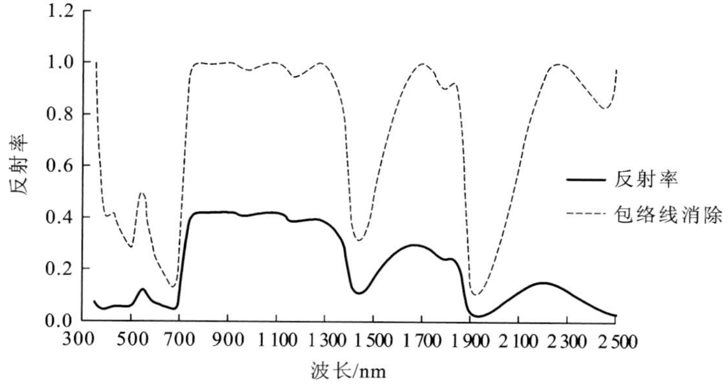

图 4.7　包络线消除

2. 无人机数据处理

原始的无人机影像每个波段对应一个格式为“*.RAW”的文件，使用 ENVI 软件进行波段调整及格式转换，得到一个 ENVI 标准影像，共 6 个波段。为了保证影像几何质量，使用相机参数及航高参数进行几何校正，根据定标毯对影像进行辐射校正，最后得到无人机影像。处理结果如图 4.8 所示。

从影像上选择一个样区，该样区各波段的影像如表 4.3 所示。

图 4.8　无人机影像

表 4.3　各波段影像

中心波长	490 nm	550 nm	670 nm	720 nm	800 nm	900 nm
影像	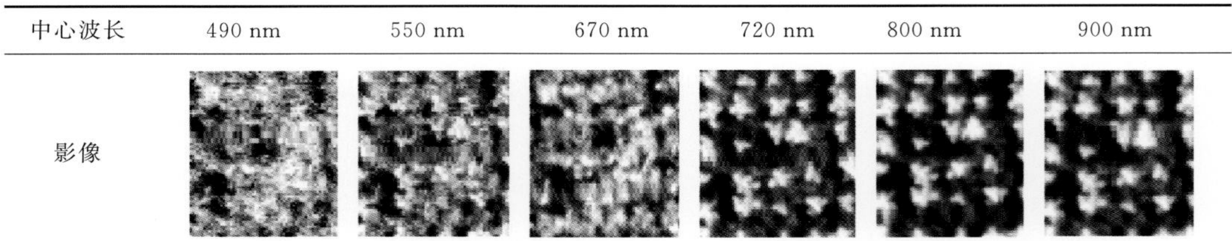					

由上表可以看出，各个波段的影像整体明暗，纹理分布均有一定的区别，中心波长差异越大，影像差异也越大，近红外的几个波段影像较为一致。

针对无人机影像，通过灰度共生矩阵(gray level cooccurrence matrix，GLCM)算法进行纹理特征参数提取，得到 8 个纹理特征参数：均值、方差、同质性/逆差距、反差、差异性、熵、二阶距和自相关(Dian et al.，2015)。生成灰度共生矩阵需要确定 5 个输入参数：窗口大小、纹理变量、输入波段、输出影像的质量(8 bit、16 bit 或者 32 bit)以及空间组成(像素对间的距离)。具体参数的定义及意义如表 4.4 所示：

表 4.4　灰度共生矩阵参数定义及意义

名称	定义	意义
均值	$\frac{1}{L^2}\sum_{i,j=0}^{L-1} P_{i,j}$	灰度均值，整体明暗
方差	$\sum_{i,j=0}^{L-1} P_{i,j}(i,j-\mu_{i,j})$	灰度变化大小、周期性的大小

续表

名称	定义	意义
同质性	$\sum_{i,j=0}^{L-1} \frac{P_{i,j}}{1+(i,j)^2}$	局部同质性，纹理的杂乱程度，越大表示规律性越强
对比度	$\sum_{i,j=0}^{L-1} P_{i,j}\,(i-j)^2$	纹理清晰度，越大越清晰
差异性	$\sum_{i,j=0}^{L-1} P_{i,j}\,\lvert i-j \rvert$	与对比度相似，越大表示局部变化越大
熵	$\sum_{i,j=0}^{L-1} P_{i,j}(-\ln P_{i,j})$	度量图像信息量，越大纹理越多越细越复杂
二阶距	$\sum_{i,j=0}^{L-1} (P_{i,j})^2$	表示灰度分布的均匀性，越大纹理越粗
自相关	$\sum_{i,j=0}^{L-1} \frac{(i-\mu_i)(j-\mu_j)}{\sqrt{\sigma_i^2\sigma_j^2}}$	邻域灰度的线性依赖性，可用来判断纹理方向性

4.4 系统设计及基础功能实现

农作物长势分析系统分为两部分，其一是通过 Oracle 实现的数据管理部分，其二为 Visual Studio 平台，提供友好、可视化的界面实现数据管理，并提供数据分析功能。本节介绍系统设计以及系统基础功能的实现，包含数据上传、下载、查询、删除、修改和用户管理。

4.4.1 数据库设计

数据库完成对数据的管理，是后续工作的基础。数据库的设计与创建应该满足以下需求。

(1) 保证数据完整性。对于不同层次的数据，叶片、冠层和土壤测量的光谱和参数以及测量时的天气、时间、地点等数据，都应该在数据库中有完整的记录，作为核心数据的光谱数据等属性不应为空。

(2) 保证数据正确性。光谱参数、光谱指数、光谱数据等对应关系一致，进行数据修改或数据添加时，保证对应的多种类型数据作为一个整体进行修改。

(3) 减少数据冗余。对数据不进行重复入库，不同实体属性不重复。

数据库的物理结构如图 4.9 所示。

数据库主要的表格包括冠层和叶片的光谱反射率及测量参数、一阶微分光谱、包络线消除光谱，光谱指数和光谱特征参数，生物物理参数，生物化学参数、土壤参数、无人机影像及影像获取参数、无人机纹理参数和各个实体之间的关系。

冠层光谱表格包括字段：主键 ID，作物名字，数据采集时间、地点和仪器，作物生长期，采集到的光谱数据，采集时的天气、温度，拍摄的照片，包络线消除光谱和一阶微分光谱，MD5(保证光谱数据的唯一性)，种植方式(直播/移栽)。叶片生物化学参数表格包含

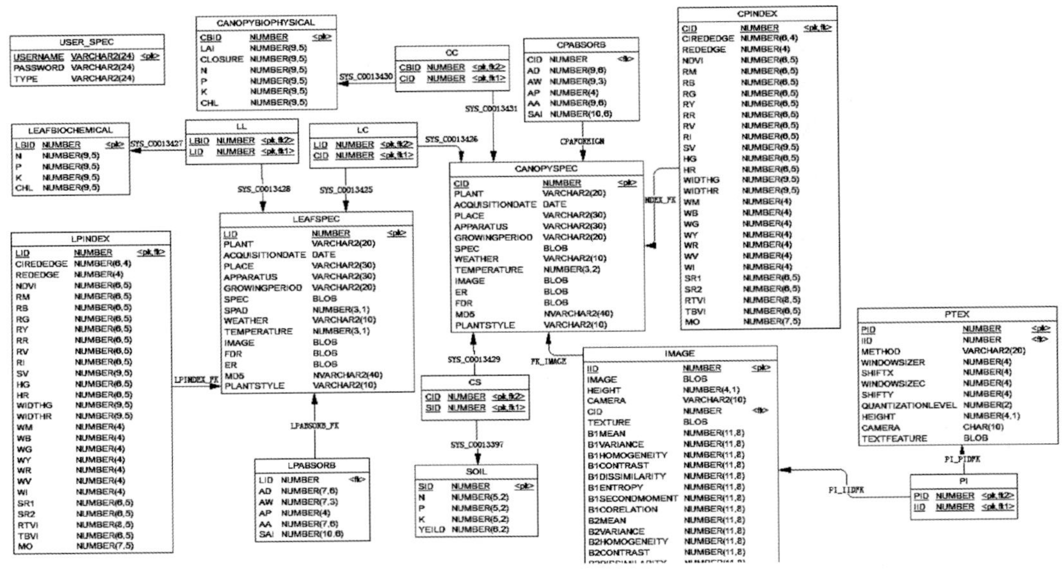

图 4.9 数据库物理模型

字段:主键 ID 以及叶片的 N、P、K 和叶绿素含量。土壤表格包含土壤 ID,N、P、K 施加水平以及土壤湿度和温度。

4.4.2 Oracle 与 Visual Studio 平台连接

Oracle 服务能够对数据进行有效的管理,但是不便于数据操作和数据可视化,因此将 Oracle 数据库服务与 VS 平台建立连接,通过 C #用语言对 Oracle 数据库中的对象进行读取和写入,提供友好界面,实现 Oracle 数据管理的可视化。Oracle 与 Visual Studio 的连接,通过 ADO. NET 实现,它是微软的数据连接技术,是. NET 应用与数据库之间的桥梁(Zhou et al.,2014),主要包括 Connection、DataAdapter,DataSet、Command 等对象,利用这些对象,结合数据库连接字符串以及 SQL 命令字符串,可以方便地访问和修改数据库中的数据,还能通过 C #对数据库进行事务管理等。

4.4.3 数据上传

数据上传是后续数据分析的基础,数据上传的质量,完整性和一致性会对后续的分析造成影响。因此,数据上传功能仅面向具有管理员权限的用户。数据库中的数据覆盖三个尺度,叶片尺度、冠层尺度和土壤尺度。对照 4. 4. 1 小节中的表格物理设计,不同尺度数据用不同表格管理,同种尺度下的不同数据也分表管理,表格之间的关系单独成表。因此,在进行数据上传时,与对应数据库物理结构设计一致,针对不同尺度数据设计不同数据上传界面。为了保证数据的完整性,不同层次的数据,应按照从大尺度至小尺度上传。

土壤尺度的数据包括土壤的氮、磷、钾施肥水平及田块的产量,施肥水平应该统一单位为 kg/亩,其他尺度的数据也与此相同,单位一致。

冠层尺度的数据最为全面，包括与光谱相关的光谱数据，采集光谱时的时间、天气、地点、作物的种植方式(直播/移栽)、对应的照片，经过对原始光谱进行转换和运算得到的一阶微分光谱以及包络线消除光谱也在进行冠层数据上传时同时进行上传；还包括与农作物生长状态相关的参数，包括冠层植株的化学参数：N、P、K、叶绿素含量以及物理参数：LAI 和郁闭度。另外还包括与无人机影像相关的无人机影像参数、无人机影像、无人机纹理特征以及无人机纹理特征计算参数，在进行无人机影像及纹理特征录入时应先进行无人机影像参数和纹理特征提取参数的设置。为了保证数据的对应性和完整性，在进行冠层光谱数据上传时，可以指定对应的土壤参数。

由于冠层数据种类繁多、数据处理较为复杂，为了防止进行数据上传时部分数据上传成功，部分数据上传失败，造成数据库内部数据的不完整，因此，对冠层数据上传时，应设置事务管理，在开始上传时开始事务，在所有数据均成功计算并成功上传后提交事务，如果有部分数据操作失败，则进行回滚操作，使数据库状态返回到未进行数据上传时的状态。所有操作完成后，可以直观地看到不同形式的光谱数据及对应的冠层照片(图 4.10)。

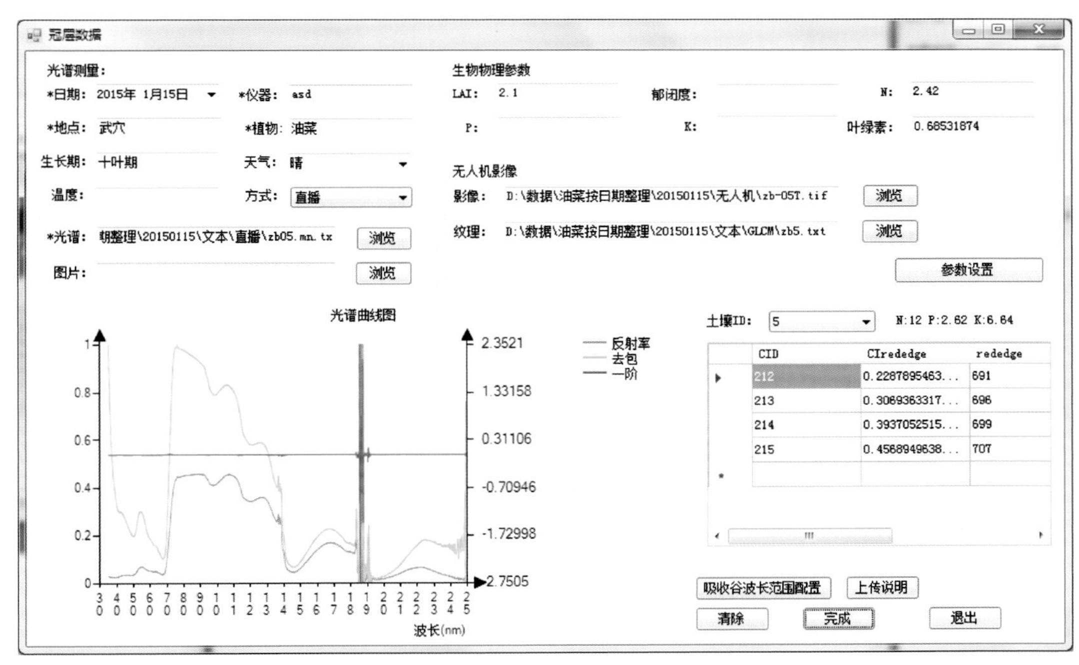

图 4.10　冠层数据上传

在光谱数据上传的同时，会对原始光谱反射率进行形式转换，提取光谱指数和光谱形状参数，并计算吸收谷的吸收参数，吸收谷的位置可以在数据上传的过程中进行设置，一旦进行设定，为了保证数据库内部参数的一致性，特别是同一作物类型、同一种植方式下的数据，不建议修改。

叶片尺度的数据包括光谱数据，采集光谱数据所采用的仪器、天气、地点等参数，在上传光谱数据的同时上传光谱数据经过转换和运算得到的不同光谱形式和光谱指数、光谱形状特征参数。与冠层光谱数据上传类似,也通过事务管理保证数据上传的完整性。如果该叶片数据数据库中有对应的冠层数据,指定该冠层数据,如果该叶片同时测量了叶片的 N、P、K、叶绿素或 SPAD 值,在叶片生物化学参数除将这些数据上传。叶片数据不具有对应无人机影像。

4.4.4 数据下载

数据下载供用户下载农作物光谱、照片、光谱特征等数据。数据下载包括两种方式:部分下载和全部下载。部分下载可以根据用户需求,根据农作物名称、生长期、数据尺度等条件进行下载;而全部下载没有限制条件,将数据库中的不同形式的光谱、光谱指数和光谱特征参数等全部下载。下载的光谱数据为一条光谱对应一个文本文件,而光谱指数和光谱特征参数保存为一个 Excel 文件。数据库中数据较多时,全部下载较慢,一般建议根据需求进行部分下载。

4.4.5 数据查询、删除、修改

数据查询供用户对数据库中的农作物数据进行查询,可设置数据尺度、农作物名称、作物生长期、地点等查询条件,查询的数据通过表格显示。可以对数据根据某一列进行升序或降序显示。通过选择某一行或几行数据,可以将对应选择的数据进行可视化显示,主要是光谱数据和照片。界面如图 4.11 所示。

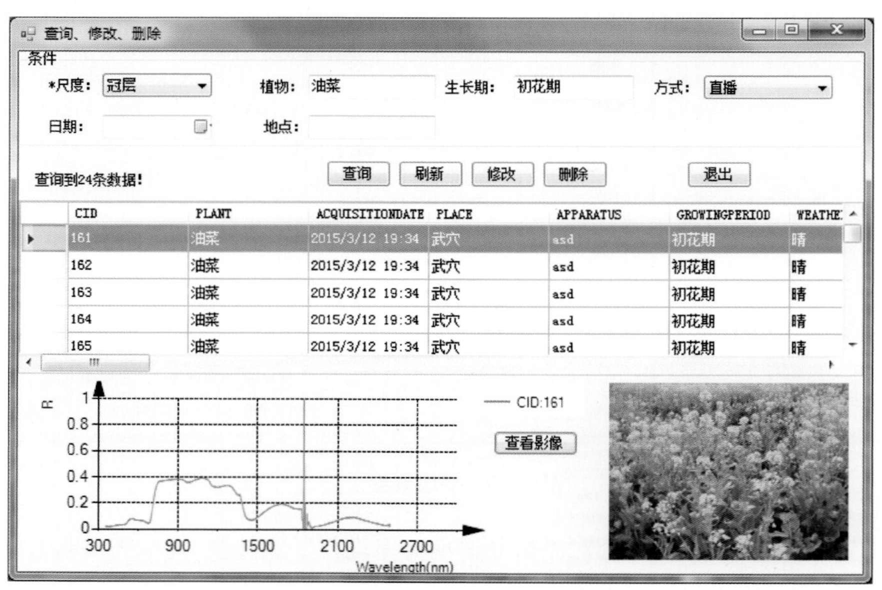

图 4.11 冠层数据查询

点击“查看影像”按钮,如果数据库中存在与之对应的无人机影像,不仅可以查询该影像,同时将显示该影像对应的拍摄参数,如航高、相机,影像参数:影像波段数和影像行列数。如果该影像进行了纹理特征提取,还将显示纹理特征提取设置的参数,如纹理特征提

取所用到的方法，纹理特征提取时对应的窗口大小，移动矢量等；还可以下载该纹理特征参数，保存在单独的文本文件中。对显示波段红、绿、蓝进行波段选择，可以查看不同波段组合的不同显示效果。界面如图 4.12 所示。

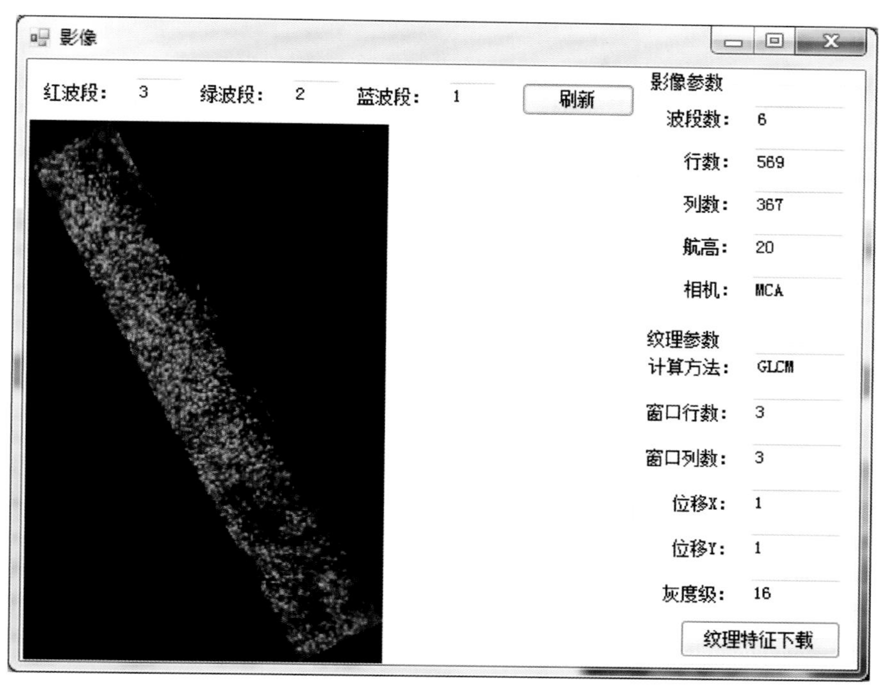

图 4.12　冠层无人机影像查询

如果用户具有管理员权限，用户还可对查询到的数据进行修改和删除。在删除和修改数据的同时考虑了数据库内部表格的结构。删除了表格“SOIL”中的某一行数据，表格“CS”的列“SID”为外键，对应表格“SOIL”中的“SID”列，表格“CS”将同时删除对应行。对数据进行删除和修改之后通过“刷新”查看该数据操作有没有成功执行。

4.4.6　用户管理

用户管理对保证数据库内部的数据质量有重要作用，用户管理及不同用户权限区分可以防止数量较多的普通用户对数据库中的数据进行不适当的删除和修改，或上传质量不合格的数据。管理员权限的用户可以对数据进行数据上传、数据删除和修改，而普通用户不具备这些权限。用户管理功能对不同权限的用户有所差别，普通用户可对用户自身进行密码修改和用户登录，而有管理权限的用户可以进行用户添加、修改和删除，实现对所有用户的管理。

4.5　农作物长势参数相关性分析和回归分析

数据库管理大量农作物相关数据，本节对这些数据与农作物长势参数进行分析，挖掘数据之间的相关性，并通过回归分析对长势参数进行反演。相关分析分两部分：①分析多种形式的光谱数据，包括原始光谱反射率曲线、一阶微分光谱反射率曲线以及包络线消除的光谱曲线与农作物单一长势参数之间的相关性，获取光谱曲线与长势参数之间的相关性曲线以及最为相关的反射率对应的波段；②对光谱参数，包括多种植被指数及形状特征参数与单一长势参数之间的相关性，获取对应散点图及相关性。通过回归对农作物长势参数反演也分为两部分：①对光谱数据进行主成分回归分析和多元逐步回归分析，对数据进行特征选择，然后得到对应的回归方程，并对回归方程应用于农作物长势参数反演效果进行验证；②对光谱指数和光谱特征参数、无人机纹理参数等，将其与农作物长势参数进行一元线性回归和二次回归。

4.5.1 相关分析

数据与农作物长势参数之间的相关性通过 Pearson 相关系数衡量，计算公式如下：

$$R(x,y)=\frac{\sum_{i=1}^{n}(x_i-\bar{\mathbf{x}})\times(y_i-\bar{\mathbf{y}})}{\sqrt{\sum_{i=1}^{n}(x_i-\bar{\mathbf{x}})^2}\times\sqrt{\sum_{i=1}^{n}(y_i-\bar{\mathbf{y}})^2}} \tag{4.5}$$

式中：x、y 为研究的两个变量；n 为变量的维度，两个变量要求维度一致；$\bar{\mathbf{x}}$、$\bar{\mathbf{y}}$ 分别为 x、y 的均值向量。得到的相关系数 $R(x,y)$ 可以衡量两个变量之间的依赖关系，取值范围为 $[-1,1]$；取值为负，表示负相关；取值越接近 1 或 -1，表示两个变量之间的线性相关程度越强；相关性系数为 0 时表示两个变量没有依赖关系。为了去除符号对相关性强弱判断的影响，取 R 的平方作为衡量两个变量之间相关程度的标准，取值范围 $[0,1]$，取值越大，相关性越强。

1. 光谱曲线与农作物长势参数相关分析

对于光谱曲线，包括原始光谱反射率曲线、一阶微分光谱曲线以及去除包络线的光谱曲线，对光谱数据以及农作物生长状态参数，包括生物物理参数、生物化学参数和产量参数进行相关分析，可以得到对应的相关性曲线。根据相关性曲线，可以选择与农作物生长状态参数更为相关的波段，优化参数反演精度。以十叶期的移栽油菜冠层原始光谱反射率为自变量，以冠层 LAI 为因变量，进行相关性分析，计算其判决系数(R^2)，得到对应相关性曲线，如图 4.13 所示。通过相关性分析，与十叶期移栽油菜的生物物理参数 LAI 最为相关的冠层反射光谱为 778 nm 处，判决系数(R^2)约为 0.85，并且 778 nm 附近的近红外波段的冠层光谱反射率与 LAI 的相关性均处在较高水平。因此，进行 LAI 反演如果仅仅选用单波段，可以选择该波段的反射率。

对于不同形式的光谱反射率，经过变换的一阶微分光谱或去除包络线的光谱，同样可以得到这些光谱形式与农作物生长状态参数相应的相关性，进行数据反演时通过对比，选择最优光谱形式。

使用不同光谱形式数据以及对不同农作物长势参数进行相关性分析，仍以十叶期移

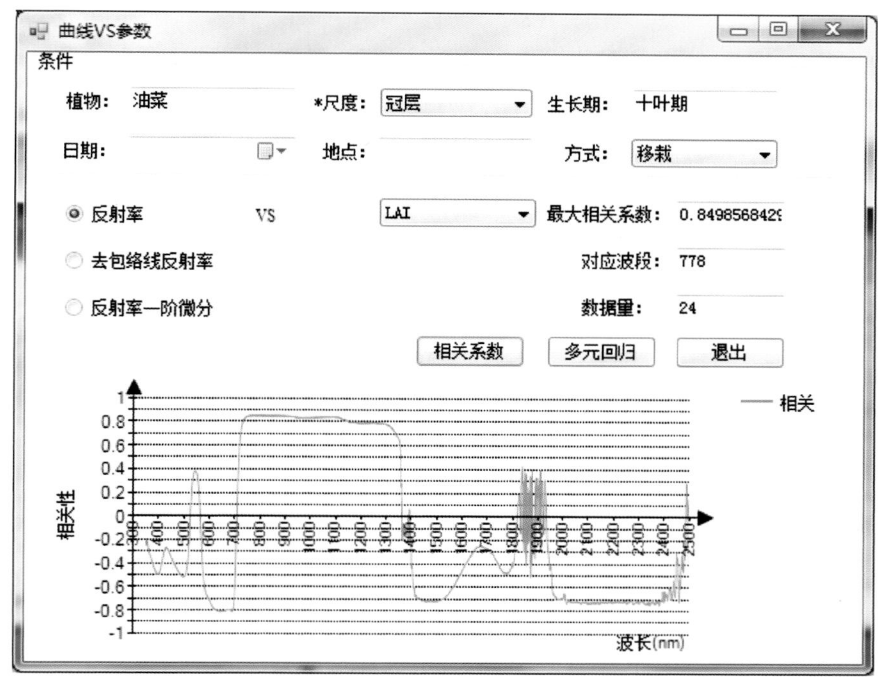

图 4.13　原始光谱反射率与 LAI 相关性

栽冠层 LAI 为例(图 4.14,图 4.15),可以发现,相对于原始光谱,一阶微分光谱的波动性增大,即相邻波段之间的变化更大,但是最大相关性系数有所增大;去除包络线的光谱相对于原始光谱与农作物之间的相关性,变化趋势较为相近,稳定性较接近,与冠层 LAI 的整体相关性相对原始光谱反射率有所减小。

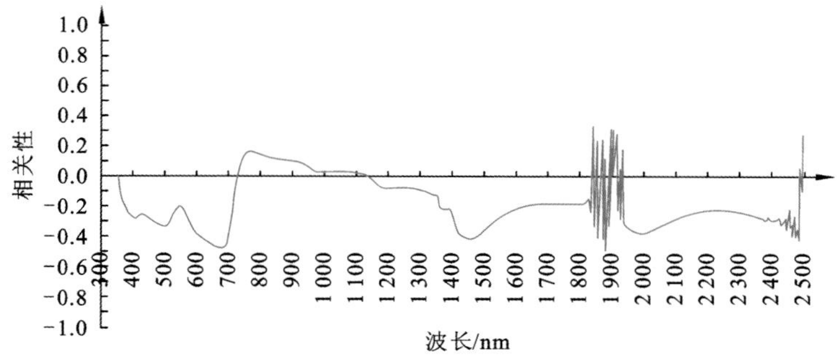

图 4.14　包络线消除光谱与 LAI 相关

以八叶期和十叶期的冠层数据作为实验数据,每个生长期包括直播和移栽两种种植方式,每种种植方式下的数据按氮肥施加量可分为 8 个施肥水平,每种方式包含 24 条样本光谱曲线,光谱形式包括原始光谱反射率、包络线消除光谱和一阶微分光谱。对应的油菜生长状态参数有对应时期的冠层 LAI、植株叶绿素含量和植株 N 含量等,实验时仅使用这三种参数作为油菜长势参数。分析光谱形式、种植方式对相关性的影响,并对比以不

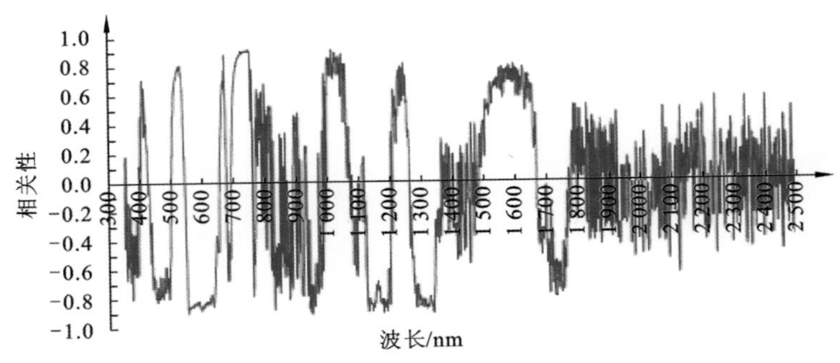

图 4.15 一阶微分光谱与 LAI 相关性

同农作物长势参数为因变量相关性的差异。实验结果如表 4.5 和表 4.6 所示。

表 4.5 八叶期光谱曲线与长势参数最大判决系数

	移栽 LAI	移栽 N	移栽 CHL	直播 LAI	直播 N	直播 CHL
原始	0.79	0.64	−0.64	−0.82	−0.81	−0.74
ER	−0.82	−0.71	−0.71	−0.83	−0.90	−0.82
FDR	−0.87	0.74	−0.80	0.88	−0.90	−0.86

表 4.6 十叶期光谱曲线与长势参数最大判决系数

	移栽 LAI	移栽 N	移栽 CHL	直播 LAI	直播 N	直播 CHL
原始	0.85	−0.67	0.63	0.89	−0.66	0.56
ER	−0.50	0.56	−0.56	−0.64	−0.73	−0.60
FDR	0.91	−0.83	0.76	0.93	−0.74	−0.72

由以上表格可以看出，三种与农作物长势相关的参数中，能够通过光谱反射率数据更好的表达的为 LAI，其次为植株 N 含量，植株叶绿素含量与光谱曲线的相关性与前两者相比更弱。一阶微分光谱最适于参数反演，其次为原始光谱曲线，而包络线消除的光谱与油菜的三种长势参数整体相关性较弱。

对表 4.5 和表 4.6 进行对比分析，查看不同种植方式对最大相关性的影响，可以发现，相对于移栽的油菜，直播油菜的冠层光谱曲线与长势参数相关性更强。这可能是因为，直播油菜不需要经过移栽损伤根系的过程，因此具有庞大的根系，外界施加的氮肥能够更好地被这些油菜吸收，也就是油菜的长势参数对氮肥更加敏感。对比八叶期和十叶期的数据，可以发现，十叶期直播油菜相对移栽油菜的相关性优势相对八叶期有所减弱，这可能是随着时间推移，移栽油菜的根系得到恢复。

为了研究与农作物长势参数最为相关的光谱波长的分布规律，对上述实验数据相关分析时的最大判决系数对应的波长进行统计，统计结果如表 4.7 和表 4.8 所示。

表 4.7　八叶期光谱曲线与长势参数最大判决系数对应波长

	移栽 LAI	移栽 N	移栽 CHL	直播 LAI	直播 N	直播 CHL
原始	761	761	653	1 122	693	692
ER	706	1 000	734	1 033	736	731
FDR	935	676	442	1 051	437	1 685

表 4.8　十叶期光谱曲线与长势参数最大判决系数对应波长

	移栽 LAI	移栽 N	移栽 CHL	直播 LAI	直播 N	直播 CHL
原始	778	1 859	1 296	761	2 472	1 870
ER	1 880	1 909	696	2 457	1 924	2 486
FDR	750	860	674	672	934	1 456

由以上表格可以看出，与油菜冠层 LAI、植株 N 含量和叶绿素含量最为相关的波段最为集中的分布在 650～770 nm 的反射率抬升波段，即“红边”所在的波段，该波段是植被遥感关注最多的波段之一，其次为 1 000 nm 附近以及 1 900 nm 附近的中红外波段，这两个波段为水含量引起的吸收带所在，在多层叶片的冠层结构下，水的吸收作用对冠层反射率有很大影响，反射率是叶片总厚度和叶片水含量的函数（童庆禧 等，2006），在叶片水含量基本一致的情况下，主要受叶片总体厚度的影响。这与雷利琴得到的油菜冠层 LAI 反演最佳波段分布研究结果一致，N 和叶绿素含量范围也一致（雷利琴，2012）。

图 4.16 为移栽的十叶期油菜冠层光谱曲线，通过曲线可以看到 670～800 nm 附近“红边”抬升部分，960 nm 以及 1 200 nm 附近的水含量引起的较弱的吸收带，但是 1 900 nm附近的水含量吸收带，由于仪器测量噪声的存在无法分辨。因为进行数据相关分析时的样本数量仅为 24，相对于 2 151 个自变量数量并不充分，同时由于三个噪声波段的影响，特别是 1 900 nm 附近的噪声波段，最佳农作物长势参数反演波段还需进一步确认。

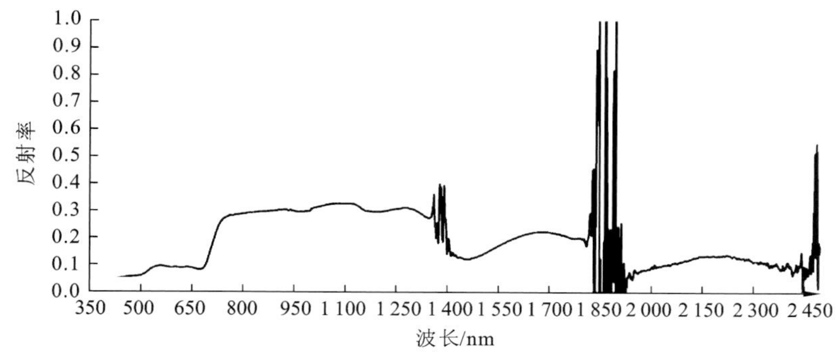

图 4.16　十叶期油菜冠层反射光谱

对于所有对于单一生长期的光谱数据，由表 4.6 可知，冠层一阶微分光谱与 LAI 的相关性最大达到 0.93，而使用所有生长期的数据进行相关性分析，相关系数有所减小，因此在已知作物生长期的情况下，应该选择进行单一生长期的反演方式。

2. 光谱指数及光谱形状参数与农作物长势参数相关分析

针对光谱指数和光谱形状参数,将其与农作物生长状态相关的生物物理或生物化学参数进行相关分析,绘制散点图,并计算相关系数。光谱指数包括多个植被指数,如“红边”三波段模型($\mathrm{CI}_{\mathrm{rededeg}}$)、归一化植被指数(NDVI)、比值植被指数(SR)、改进的三角植被指数(RTVI)等。因变量为与农作物生长状态相关的生物物理及生物化学参数。同样以移栽的十叶期油菜冠层光谱得到的光谱指数及光谱特征参数作为自变量,以油菜的冠层LAI作为因变量,得到对应散点图和相关系数,界面如图4.17所示。

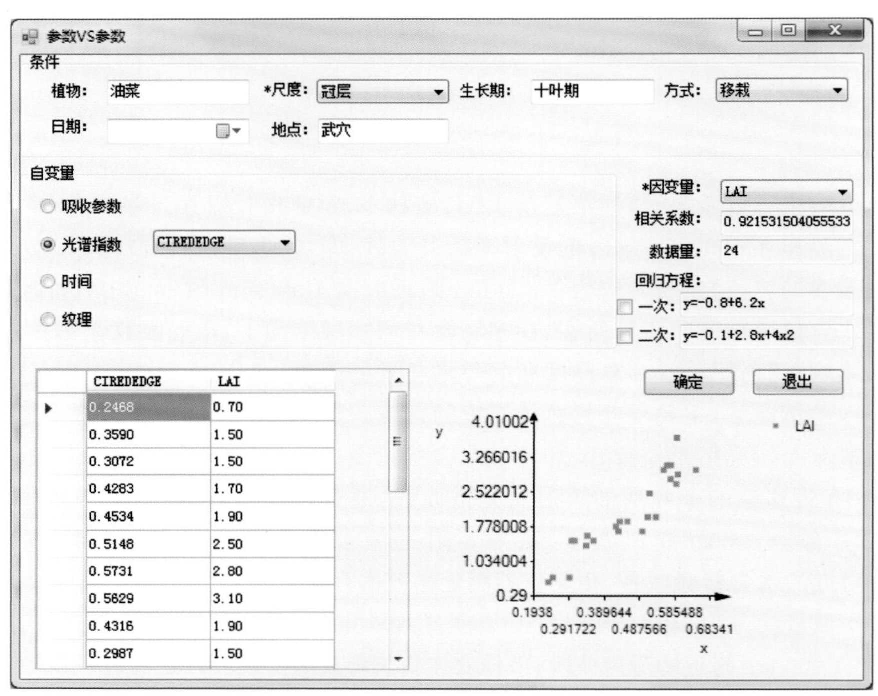

图 4.17　$\mathrm{CI}_{\mathrm{rededge}}$与LAI相关分析

使用不同的光谱指数及不同吸收谷的光谱吸收参数作为自变量,并改变因变量,多次实验,光谱参数与油菜长势参数的相关性判别系数如图4.18所示。

以十叶期的数据为实验数据,由上图的相关性折线图可知:整体而言,光谱指数及光谱形状特征参数与生物物理参数LAI最为相关,而与植株叶绿素含量和植株N含量相关性较弱;某些光谱特征参数,虽然能够反映冠层反射光谱曲线的特征位置及对应反射率,但是对油菜的生长参数变化反应不敏感,这些参数包括:RM、RG、RY、WM、WY、WV、WI、WIDTHG和WIDTHR,这些参数与三种长势参数相关的最大判决系数均小于0.2,不适用于参数反演,也不适用于数据匹配;与三种长势参数相关的最大判决系数大于0.5的光谱参数有$\mathrm{CI}_{\mathrm{rededge}}$、rep、NDVI、RTVI、TBVI等,大于0.9的参数有$\mathrm{CI}_{\mathrm{rededge}}$、RTVI和MO。

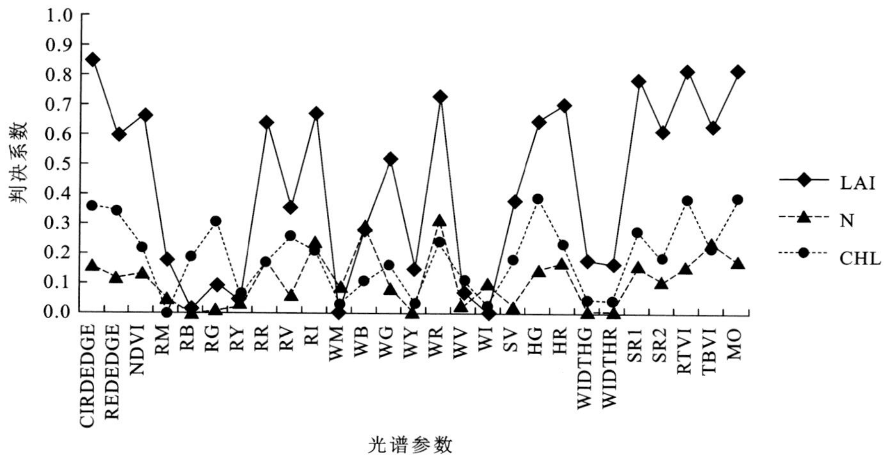

图 4.18　光谱参数与油菜长势参数判决系数

以数据库中三个生长期的数据作为实验数据，对应数据包括三个生长期的冠层 LAI 和植株叶绿素含量以及两个生长期的植株 N 含量，进行相关性分析，以参数 rep 作为自变量，散点图如图 4.19 所示。

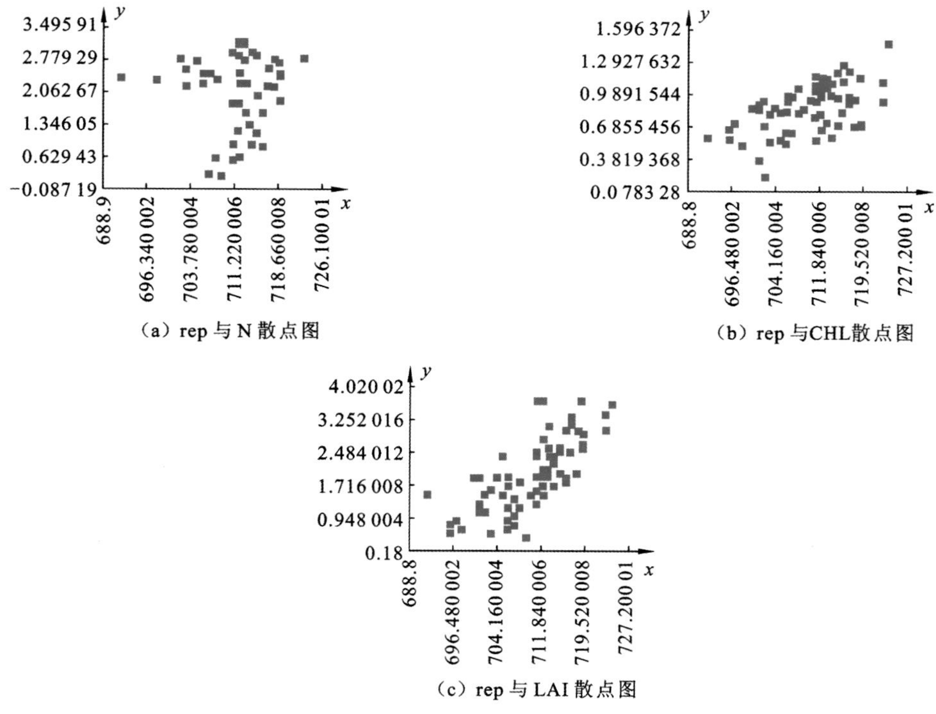

图 4.19　rep 与 N、CHL、LAI 散点图

由图 4.19 可知，光谱参数 rep 与植株 N 含量之间的相关性受作物生长期的影响，在单个生长期内，光谱参数与农作物参数具有较强的相关性，但是不同生长期的数据相关性

均减弱，rep 与 LAI 的相关判决系数从 0.60 降到了 0.52，rep 与植株 N 含量的相关判决系数从 0.12 降到了 0.004，而与植株叶绿素含量的相关判决系数从 0.34 降到了 0.27。参数 rep 与 LAI 和植株叶绿素含量，整体上还具有一致的相关性，但是与植株 N 含量的散点图明显的存在同一生长期内部聚集、不同生长期之间差异较大，因此对于植株 N 含量使用光谱参数进行反演时应该针对不同生长期数据分别进行。

通过实验，可以发现 NDVI 及比值植被指数 SR1、SR2 进行相关性分析时，存在“饱和”效应，而 $CI_{rededge}$、RTVI、MO 参数与生长状态参数不存在这种情况，以 LAI 参数作为因变量为例，分别以 NDVI 和 $CI_{rededge}$ 为自变量，对应的散点图如图 4.20 所示。

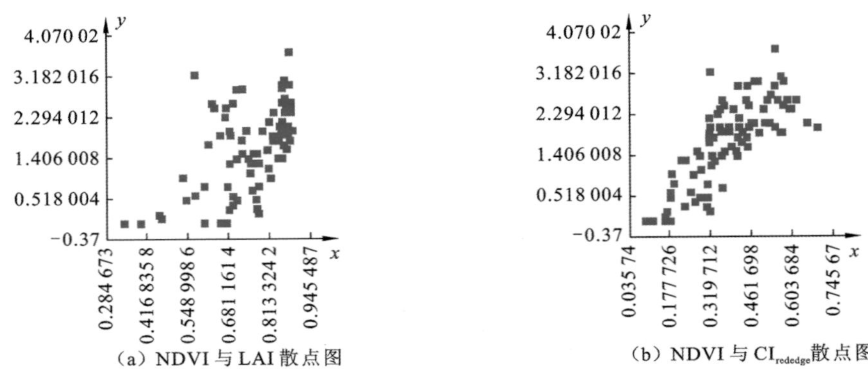

图 4.20　NDVI、$CI_{rededge}$ 与 LAI 散点图

由上图可以看出以 NDVI 为自变量时，在 LAI 值较大时，存在散点过于集中的现象，且散点图的整体不成线性关系，以 $CI_{rededge}$ 为自变量时，呈现较好的线性关系，没有“饱和”现象。

使用直播的八叶期冠层光谱数据，共计 24 条，计算得到的吸收谷吸收参数作为自变量，选择不同吸收谷吸收参数与油菜冠层 LAI 进行相关性分析，对应散点图如表 4.9 所示(横轴为对应的吸收参数，纵轴为油菜冠层 LAI)。

表 4.9　吸收参数与油菜 LAI 散点图

吸收参数	吸收谷 1(650～700 nm)	吸收谷 2(1 430～1 480 nm)	吸收谷 3(1 910～1 960 nm)
吸收深度(AD)	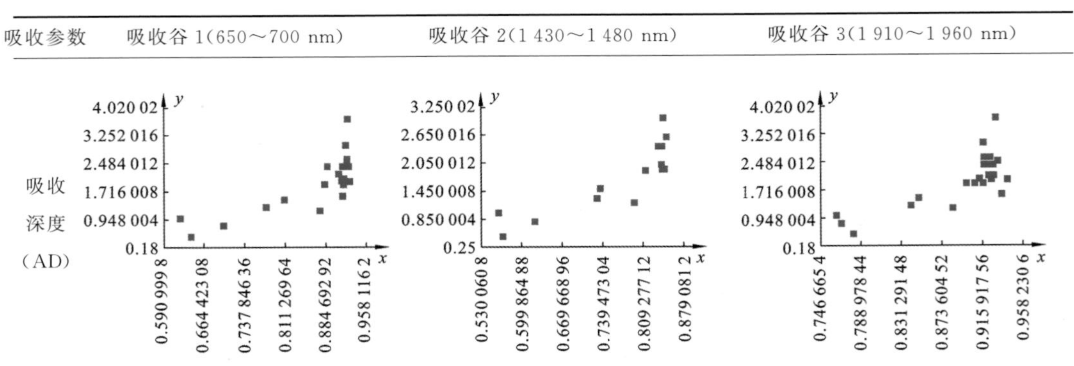		

续表

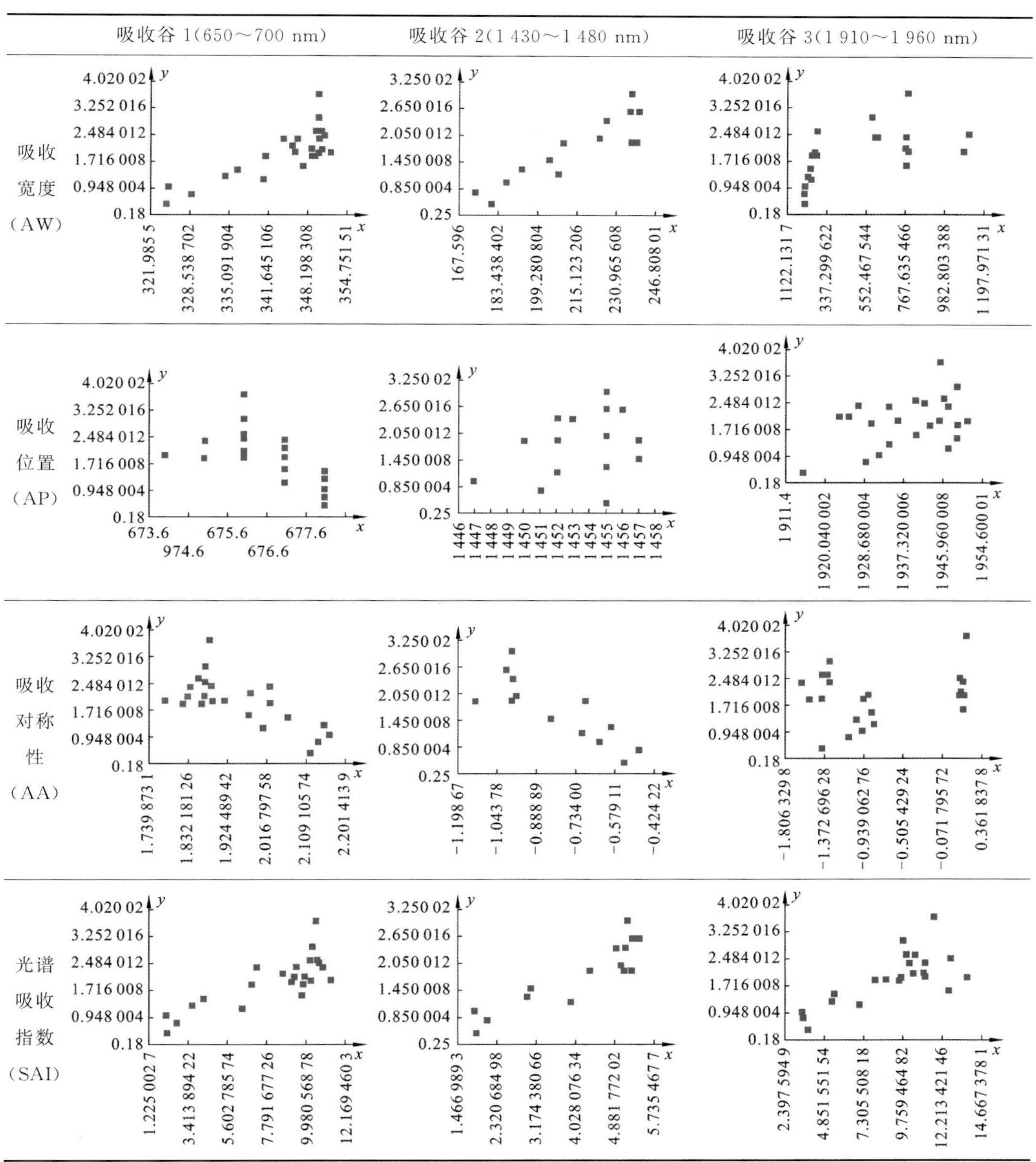

表 4.9 中散点图横坐标为不同吸收谷的不同吸收参数值，纵坐标为对应冠层 LAI 值，坐标的最大、最小取值根据对应参数值和 LAI 值决定。三个吸收谷分别为位于红光波段的叶绿素吸收谷及位于中红外波段的水含量吸收谷。在不同吸收谷位置，吸收谷 1、吸收谷 2、吸收谷 3 满足吸收谷判断阈值的数据分别为 24、15 和 23，存在某些吸收谷波段的包络线消除曲线吸收深度未达到吸收谷吸收深度阈值，从而不参与相关及回归分析，这是吸收参数相对于其他光谱参数的弊端。

由表 4.10 可知，不同吸收谷参数与油菜冠层 LAI 之间的相关性有所不同。吸收谷 1

为由叶绿素存在引起的吸收谷，5 个吸收参数与 LAI 的相关性均较大，吸收谷 2 和吸收谷 3 为水吸收带，对应吸收参数 AP 与冠层 LAI 的相关性较弱，分别为 0.31 和 0.41。在吸收参数中，处于不同吸收谷位置的吸收参数 AD 和 SAI 与 LAI 相关性系数均大于 0.7。但是由于吸收谷 2 和吸收谷 3 处，并不是所有光谱均存在满足吸收深度阈值的吸收谷，因此其相关系数仅作参考。

表 4.10　吸收参数与油菜 LAI 相关系数

吸收参数	吸收谷 1(650～700 nm)	吸收谷 2(1 430～1 480 nm)	吸收谷 3(1 910～1 960 nm)
AD	0.77	0.85	0.77
AW	0.80	0.89	0.52
AP	−0.61	0.31	0.41
AA	−0.71	−0.83	0.22
SAI	0.79	0.90	0.74

3. 无人机纹理参数与农作物长势参数相关性分析

由无人机影像可以看出，不同施肥水平下的油菜长势不同，而且不同长势的油菜在无人机影像上纹理表现不同，为了检验各个波段的各个纹理参数能够反映农作物长势，对无人机纹理参数与农作物长势参数进行相关性分析。

实验对象为十叶期和初花期的无人机影像及对应的农作物长势参数，数据覆盖 8 个施肥水平，两个生长期的作物均具有移栽和直播两种种植方式，一个生长期的一种种植方式共有 24 个样本数据，相关性判别系数折线图如图 4.21 和图 4.22 所示。

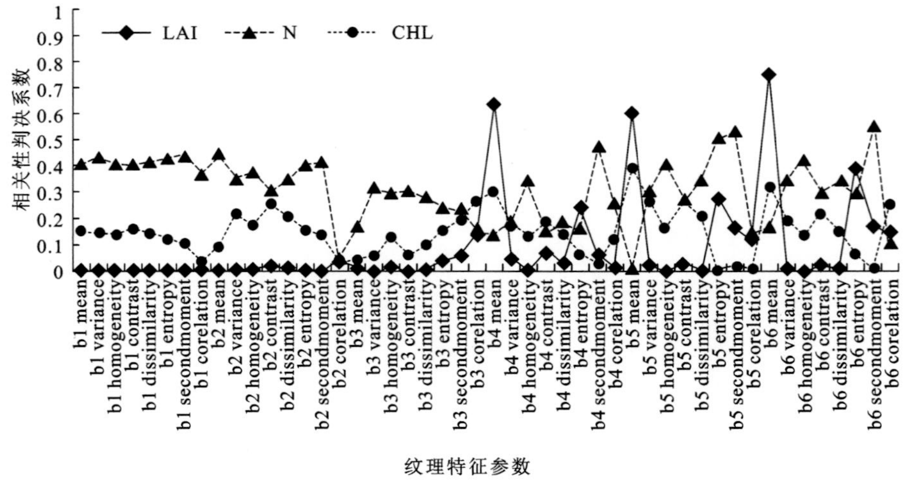

图 4.21　十叶期移栽油菜长势参数与纹理参数相关性

图 4.21 和图 4.22 中不同的折线系列表示不同参数与无人机纹理特征参数的相关性判别系数，横坐标表示纹理特征参数，b_n 表示第 n 个波段，无人机影像纹理特征计算参数窗口大小为 3×3，横纵向位移均为 1，灰度量化等级为 16。

由以上折线图可以看出与十叶期移栽和直播油菜长势参数的相关性折线图有较大差异，移栽油菜不同长势参数与纹理特征参数的相关性折线没有表现出相对的一致性，变化

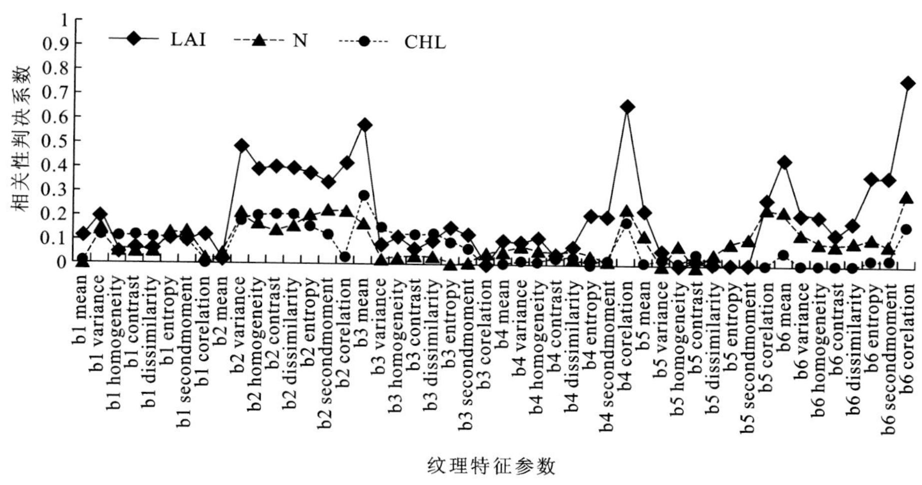

图 4.22　十叶期直播油菜长势参数与纹理参数相关性

趋势差异明显,而直播油菜几种长势参数与纹理特征参数表现出相对的一致性。在直播和移栽方式下,与纹理特征参数相关性最强的长势参数为 LAI。

与移栽油菜三种长势参数的最大相关性判决系数超过 0.5 的纹理特征参数有:b4 mean、b5 mean、b6 mean、b5 entropy、b5 second moment 和 b6 second moment,b2 correlation 与移栽油菜三种长势参数的相关性判决系数均较小。与直播油菜三种长势参数相关性较强的纹理特征参数集中分布在 b2 波段,最大判决系数大于 0.5 的纹理特征参数有:b4 correlation、b6 correlation 和 b3 mean。

由图 4.23 和图 4.24 可知,初花期的移栽和直播油菜不同长势参数与纹理特征参数的相关性相对一致。与移栽油菜长势参数相关性较强的纹理参数有 b5 mean、b6 mean、b2 entropy、b2 second moment、b2 dissimilarity 和 b2 homogeneity,与直播油菜长势参数相关性较强的纹理参数集中在 b2、b3、b4 波段。

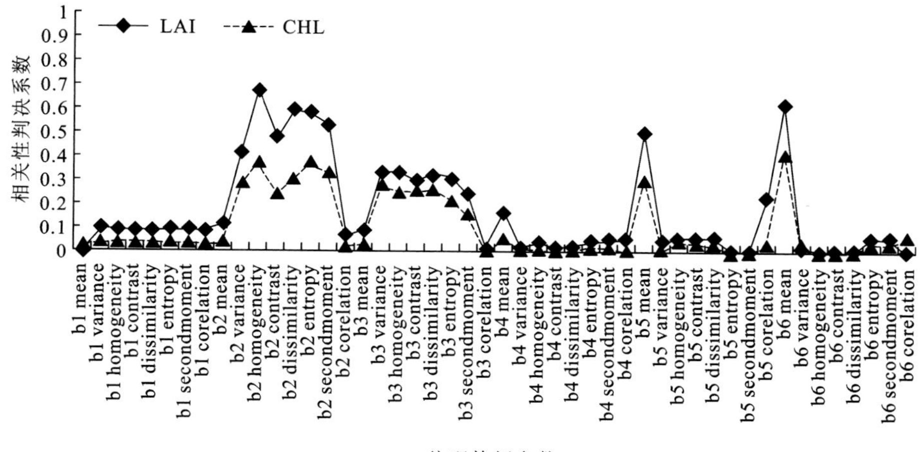

图 4.23　初花期移栽油菜长势参数与纹理参数相关性

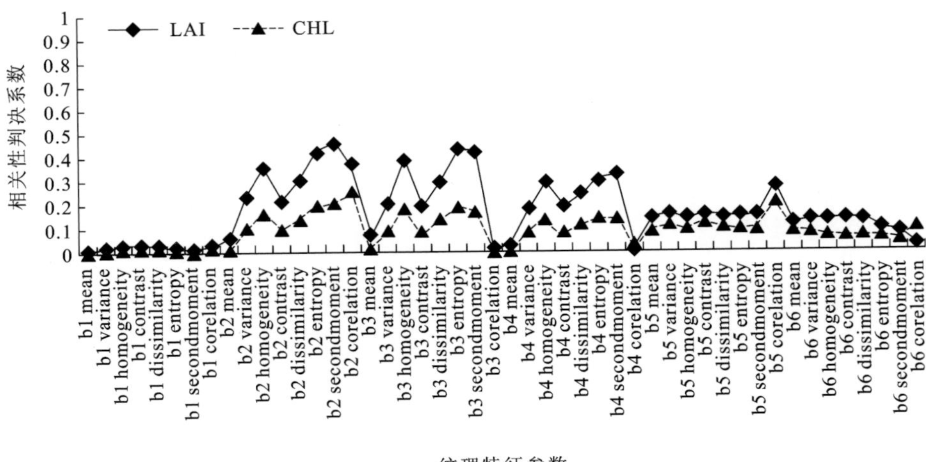

图 4.24　初花期直播油菜长势参数与纹理参数相关性

由于十叶期移栽油菜各长势参数与纹理特征参数趋势不一致,可能数据有误,因此选用前 8 个小区再次验证,对应 8 个施肥水平,结果如图 4.25 所示。

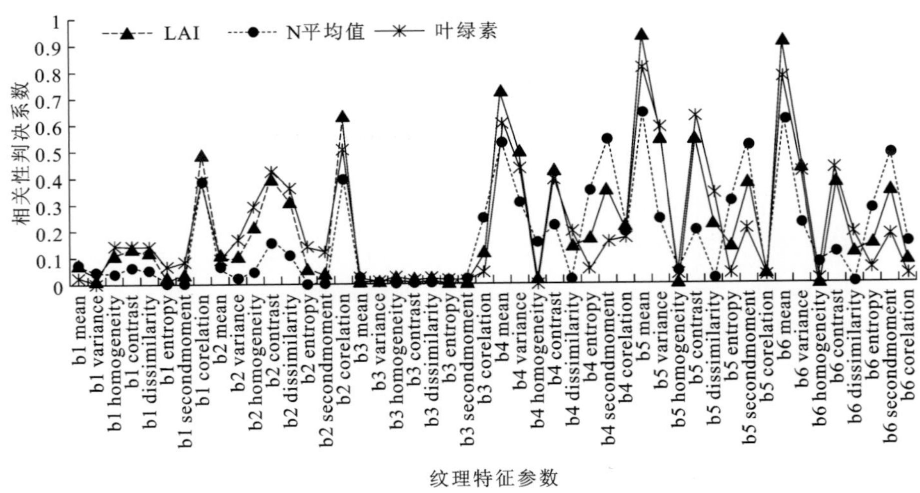

图 4.25　十叶期移栽油菜长势参数与纹理参数相关性(选取 8 个样本)

由图 4.25 可以看出,仅选择前 8 个样本作为实验对象进行相关性分析时,移栽油菜的三种长势参数与纹理特征的变化趋势一致,与长势参数相关性较强的波段集中在波段 b2、b4、b5 和 b6,特征参数 b5 mean、b6 mean 和 b4 mean 的相关性最强。综合以上十叶期和初花期的所有相关性分析,直播油菜与移栽油菜的长势参数与纹理特征的相关性差异较大,而不同生长期的同种种植方式的油菜长势参数与纹理特征的相关性有一定的一致性。与直播油菜长势参数相关性较强的参数有:b2 correlation、b4 second moment、b2 dissimilarity、b2 contrast 和 b4 contrast;与移栽油菜长势参数相关性较强的参数有:b6 mean、b5 mean、b4 mean 和 b5 correlation。

根据有关研究，使用灰度共生矩阵进行纹理特征参数提取时设置的窗口大小会对森林蓄林量和植被冠层叶面积指数的反演精度产生较大的影响（刘俊，2014；周靖靖 等，2014），为了探究纹理窗口大小是否会影响纹理特征参数与农作物长势参数的相关性，设置不同窗口尺寸，对十叶期的移栽油菜影像和直播初花期油菜进行灰度共生矩阵处理，并计算十叶期影像各纹理特征与LAI的相关性及初花期影像各纹理特征与植株叶绿素含量的相关性，数据量均为8，结果如图4.26和图4.27所示。

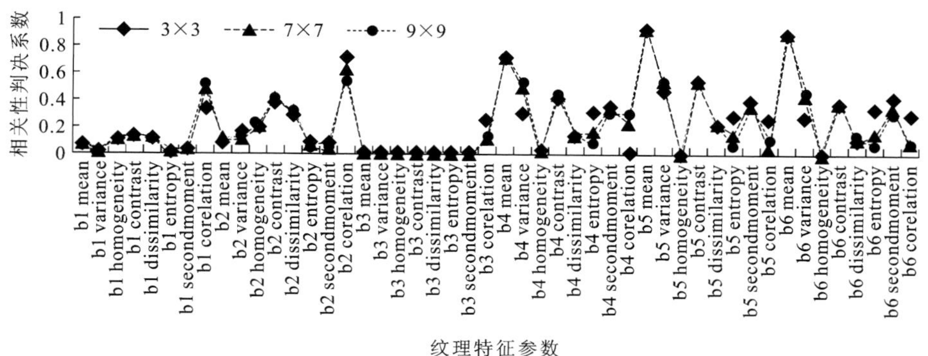

图4.26　不同窗口大小的纹理特征与移栽油菜LAI相关性

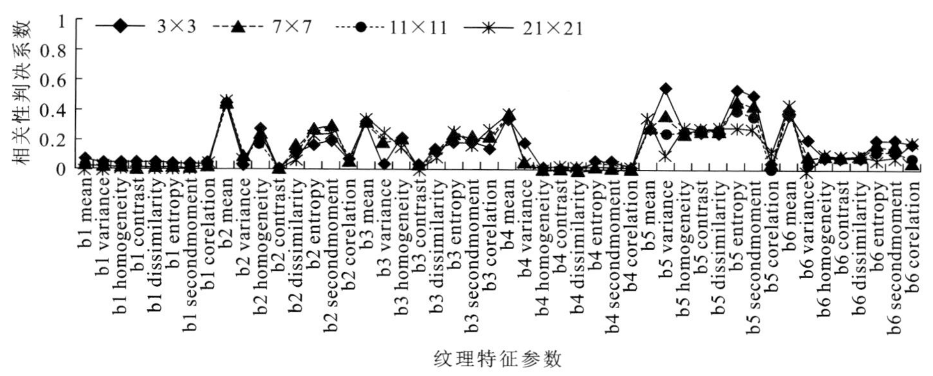

图4.27　不同窗口大小的纹理特征与直播油菜叶绿素相关性

结果证明，不管使用何种窗口尺寸进行灰度共生矩阵纹理特征参数提取，对于不同生长期、不同种植方式的油菜，相关性折线图的整体变化趋势未发生变化，随着窗口变大，某些参数呈现出渐变趋势，十叶期影像特征 b1 correlation 随着窗口变大，与冠层LAI相关性增强，但是其他参数，要么随着窗口的增大与LAI和植株叶绿素含量的相关性基本不变，要么随着窗口的增大与LAI和叶绿素含量的相关性减弱。因此，对各个时期的无人机影像均设置窗口大小为3×3进行纹理特征参数提取。

分析以上数据，纹理特征与作物不同的长势参数相关性有一定的一致性，纹理特征与LAI的相关性较强，与植株N含量和叶绿素含量相关性较弱。相对于直播方式，移栽方式的油菜无人机影像纹理特征与油菜长势参数相关性更强。窗口大小3×3更适用于长势参数反演。

4.5.2 回归分析

农作物光谱库包含了农作物各个关键生长期的光谱反射率、农作物长势参数、无人机纹理参数等，经过以上相关分析，某些光谱参数、纹理参数及反射率等与农作物长势参数具有较大的相关性。本节对不同参数与农作物长势参数进行回归分析，建立不同的反演模型，并对不同模型反演精度进行对比。

1. 光谱参数、纹理特征参数回归

对于光谱指数和光谱吸收参数，通过相关分析，可以获取光谱参数与农作物生长状态参数之间的线性相关性，对于某些相关性较强的参数，直接进行回归分析，进行对应农作物生长状态参数的反演。本实验中对于单光谱指数变量，采用线性回归和二次指数回归。

以十叶期的移栽油菜的冠层 LAI 作为因变量，选择与之相关性最强的光谱指数 $CI_{rededge}$，所得到的线性回归方程为 ：$y=-0.8+6.2x$，二次方程为：$y=-0.1+2.8x+4x^2$，线性方程的 R^2 达到 0.84。同样对于其他光谱指数和光谱吸收参数以及不同的冠层生长状态参数，进行多次实验可以得出最佳农作物长势参数线性反演模型：①LAI 反演模型：$LAI=-0.8+6.2\times CI_{rededge}$；②植株叶绿素含量反演模型：$Chl=0.4+0.2\times MO$；③植株 N 含量反演模型：$N=89.3-0.1\times WR$。

2. 光谱反射率主成分回归

对于光谱反射率及不同变换形式的光谱曲线，因为波段数繁多，如果只选用相关性最强的波段的光谱反射率，那么众多其他波段的反射率将不会得到应用，如果选用过多波段反射率，当数据库中的样本数量没有足够多时，将会造成病态方程。因此，在进行作物长势参数反演之前，数据降维，或者波段选择是影像反演结果的重要环节。

主成分分析(PCA，principal component analysis)是常用的数据降维方法，其目标是使用少数的几个主成分代表所有原始的所有变量，且尽可能多的保留原有的信息量，信息量通过方差来衡量。剩下的少数几个主成分通过对原始数据的线性组合得到，并且这些主成分之间要求不存在线性相关关系。对数据进行主成分分析得到包含大部分信息量的新的主成分变量之后，以这些主成分为自变量，农作物长势参数为因变量，进行多元线性回归，得到回归方程。

进行主成分分析时需要指定累积方差阈值，该阈值决定了入选的主成分的数量。以数据库中十叶期移栽油菜的 24 条记录作为建模对象，以油菜的冠层光谱反射率作为自变量，累积方差阈值设为 0.999，进行主成分分析，入选的主成分数量为 5 个，对入选的主成分与油菜的冠层 LAI 进行多元线性回归，得到回归方程。回归方程的复相关系数仅为 0.56，平均标准偏差 0.68，模型反演精度较差。将累积方差阈值提升为 0.999 9，进行主成分分析，入选的主成分数量达到 10 个，以这些主成分为自变量建立回归方程，方程为

$$\begin{aligned} LAI=&-0.001+0.000\,819\times p_{r_{i_1}}+0.030\,6\times p_{r_{i_2}}-0.019\,2\times p_{r_{i_3}} \\ &+0.030\,7\times p_{r_{i_4}}-0.042\,6\times p_{r_{i_5}}-0.185\times p_{r_{i_6}}+0.055\times p_{r_{i_7}} \\ &+0.166\times p_{r_{i8}}-0.038\times p_{r_{i_9}}+2.054\times p_{r_{i_{10}}} \end{aligned} \tag{4.6}$$

该方程的复相关系数达到 0.90，平均标准偏差 0.35，以建模数据为自变量，用该回归

方程进行 LAI 反演，估测 LAI 与实测 LAI 的关系如图 4.28 所示。

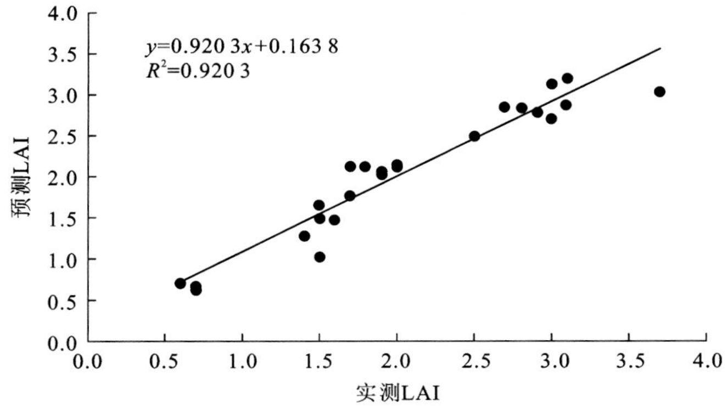

图 4.28　光谱逐步回归建模预测值与实测 LAI

将十叶期移栽油菜的冠层光谱测量数据作为自变量，对主成分回归方程进行检验，结果如图 4.29 所示。

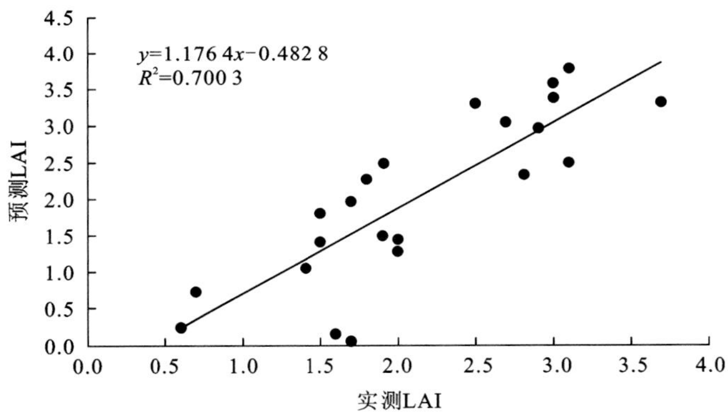

图 4.29　光谱逐步回归检验预测值与实测 LAI

由以上实验可知，累积方差的阈值对主成分回归的模型反演精度有很大的影响，当自变量的数量相对样本数量过少时，主成分回归方程的反演精度不高，不适用于农作物长势参数反演。

3. 光谱反射率逐步回归

多元逐步回归是另一种对多元数据进行变量选择和回归的方法。自变量选择依据为自变量对因变量影响的显著性大小，从大到小逐个引入回归方程。将自变量引入之后，如果发现先前被引入的自变量在其后由于某些自变量的引入而失去其重要性时，从回归方程中剔除。直到既无不显著变量从回归方程中剔除，又无显著变量需要选入回归方程时为止(傅德印 等，2013)。

假设最后得到的逐步回归模型为

$$\hat{y} = \beta_0 + \beta_1 x_{i1} + \beta_2 x_{i2} + \cdots + \beta_k x_{ik} + \mu_i, i = 1,2,\cdots,n, n \text{ 为样本个数}$$

对逐步回归模型进行检验，检验的参数包括复相关系数、剩余标准差和回归方程显著

性检验 F 检验，复相关系数的计算公式如下：

$$R = \sqrt{1 - \sum_{i=1}^{n} (y_i - \hat{y}_i)^2 / \sum_{i=1}^{n} (y_i - \bar{y})^2} \tag{4.7}$$

式中：y_i 为第 i 个样本的因变量真实值；$\hat{y}_i$ 为根据模型得到的估算值；$\bar{y}$ 为因变量均值，复相关系数取值范围为[0,1]，取值越大表示预测模型效果越好。

剩余标准差的计算公式如下：

$$S_y = \sqrt{\frac{\sum_{i=1}^{n} (y_i - \hat{y}_i)^2}{n - k - 1}} \tag{4.8}$$

剩余标准差衡量了预测模型估算得到的因变量与真实因变量值之间的差异，残余标准差越大，表示模型估算效果越差。

F 检验是为了检验逐步回归模型中各自变量系数是否显著不为零，公式如下：

$$F = \frac{U/k}{Q/(n - k - 1)} \tag{4.9}$$

表达式中 $U = \sum_{i=1}^{n} (\hat{y}_i - \bar{y})^2$，为回归平方和，$Q = \sum_{i=1}^{n} (y_i - \hat{y}_i)^2$ 为残差平方和。F 检验的原假设 H_0 为所有自变量系数为 0，进行逐步回归后，确定一个显著性水平 α，如果 $F \geqslant F_\alpha(k, n - k - 1)$，那么拒绝原假设，方程显著。

将十叶期移栽油菜的冠层光谱反射率作为自变量，LAI 作为因变量，进行逐步回归，变量引入 F 阈值为 5，变量剔除 F 阈值 5。F 阈值的选择对回归结果有很大影响，F 值选择过大，入选变量过少，不能充分利用光谱信息，F 值选择过小，入选变量过多。最后入选的光谱反射率对应波段为：2 485 nm、722 nm、1 850 nm、1 908 nm 和 721 nm。方程复相关系数为 0.99，F 检验值为 166.78，设定显著性为 0.05，经查看 F 分布表 $F_{0.05}(8, 2\,145)$ 为 2.93，178.5＞2.93，因此该预测模型显著，可以应用于 LAI 估算。预测方程标准差：0.14，远远小于大部分样本的冠层 LAI 值。使用此回归方程对光谱数据进行计算，使用获取该回归方程的建模光谱数据作为因变量，通过该回归方程计算得到的 LAI 与实测 LAI 之间的关系如图 4.28 所示。

从图 4.28 可以看出，通过多元逐步回归得到的 LAI 与实测 LAI 之间具有显著的相关性，它们之间的线性回归方程，截距接近于 0，而系数接近于 1。

为了进一步验证多远逐步回归在反演作物长势参数的有效性，以同一生长期、同一种植形式的油菜冠层光谱数据作为因变量，总计 24 条，该部分数据称为“检验数据”，通过该回归方程计算得到 LAI，查看估算 LAI 与实测 LAI 之间的关系，如图 4.29 所示。

通过光谱参数与农作物长势之间的相关分析可知，部分光谱参数对于农作物长势参数的反演比较适用，因此将光谱指数及光谱形状特征参数引入多元逐步回归过程，为筛选参与多元逐步回归过程的参数，可先根据光谱反射率或光谱参数与相应农作物长势参数之间的相关性，确定相关性阈值、引入变量的 F 阈值和剔除阈值的 F 值，得到多元线性回归方程。

同样以十叶期的移栽油菜冠层光谱反射率以及光谱参数作为自变量，冠层 LAI 作为因变量，确定变量入选F阈值5，变量剔除F阈值5，相关性系数阈值0.5，与冠层LAI相关性系数绝对值大于0.5的变量才参与逐步回归，得到回归方程为：LAI＝6.59×$CI_{rededge}$－11.28×$R_{2\,461}$＋12.08×$R_{2\,446}$－1.08，复相关系数：0.96，F检验值：76.9，预测方程剩余标准差：0.25。

对比分析在仅使用光谱的估算LAI与实测LAI之间的关系以及使用光谱和光谱指数、光谱形状参数得到的估算LAI与实测LAI之间的关系可以发现，两种方法最后入选的反射率集中在波段710 nm、1 900 nm和2 400 nm附近，这几个波段也是植被的特征波段。因为后者先对自变量进行了筛选，参与逐步回归的变量数更少，而逐步回归结果的稳定性受样本数量的影响，一般需要相对自变量更多的样本数量回归结果更可靠（肖筱南，2002），因此后者的逐步回归结果更稳定。对比两种方法的检验预测值与LAI实测值的关系，使用光谱和参数，进行数据筛选的回归R^2更大。

4.5.3　小结

本节使用数据库中的光谱反射率数据及光谱指数和光谱吸收参数，农作物的单一长势参数，包括生物物理参数：LAI，生物化学参数：植株N含量和叶绿素含量。经过相关分析和回归分析可以得到以下结论。

（1）相对于植株N含量和叶绿素含量，冠层LAI能更好地由光谱数据反演得到。

（2）光谱指数及光谱反射率反演N含量，在单一生长期内精度较高，但是使用不同生长期的数据，散点图会出现明显的同一生长期内数据聚集，而不同生长期之间数据分离的现象，反演精度降低，植株N含量应该分生长期反演。LAI和植株叶绿素含量多个生长期数据可使用同一回归方程反演。

（3）不同光谱形式，一阶微分光谱形式相对于原始光谱形式的相关性得到提升，反演精度提高；包络线消除光谱相对于原始光谱形式的相关性与反演精度较差。一阶微分变换表示的是由于农作物生物物理或生物化学参数等引起的波段反射率之间的变化，因此反演效果更佳，而包络线消除的光谱虽然放大了光谱的形状特征，但是包络线消除之前所做的滤波操作降低了不同光谱之间的差异性。

（4）不同形式的光谱数据与农作物长势参数之间的相关性最强的波段基本集中在750 nm左右的近红外波段，1 000 nm、1 400 nm、1 900 nm附近的水吸收带波段。

（5）与农作物长势参数相关性较强，适用于进行油菜长势参数反演的光谱指数有：$CI_{rededge}$、NDVI、RTVI、TBVI、RTVI和MO，光谱形状特征参数有：rep、吸收谷1的吸收参数AA、AP、AW、AD、SAI，而参数RM、RG、RY、WM、WY、WV、WI、WIDTHG和WIDTHR不适用于油菜生长参数反演。

（6）种植方式对无人机影像纹理参数与油菜长势参数的相关性有影响，与直播方式的油菜长势参数相关性较强的参数有：b2 correlation、b4 second moment、b2 dissimilarity、b2 contrast和b4 contrast；与移栽油菜长势参数相关性较强的参数有：b6 mean、b5 mean、b4 mean和b5 correlation。

（7）无人机纹理特征参数与油菜长势参数的相关性随窗口尺寸变大而变弱，因此最佳尺寸为3×3。

(8) 将光谱指数、光谱形状参数和光谱反射率作为自变量，先根据参数与农作物长势参数的相关性进行筛选，然后进行逐步回归得到的模型反演效果相对直接使用光谱反射率作为自变量进行逐步回归得到的模型反演效果更佳。

(9) 样本数量对主成分回归与多元逐步回归的模型反演精度有很大影响，在样本数量较小时，主成分回归与逐步回归的反演精度相比，逐步回归的反演精度更高。

4.6 农作物多长势参数分析

本节设计多组实验，输入已知的光谱数据以及部分已知的其他参数，通过数据匹配方法获得数据库中与之最为匹配的数据，认为数据库中该作物的生长状态与输入农作物的生长状态最为相似。

首先进行单一生长期的数据匹配实验，实验分为 4 种方案：①仅使用光谱数据进行数据匹配，以光谱最相似的数据作为输入农作物的长势参数；②使用光谱反射率曲线及多种光谱指数进行数据匹配；③如果输入数据是具有同等拍摄条件的无人机影像，综合无人机影像纹理特征进行数据匹配；④如果已知部分农作物长势参数，将已知参数也参与数据匹配。最后对比分析不同实验方案的数据匹配精度，选择最佳单一生长期内数据匹配策略。

然后进行多时序农作物长势分析，输入多个生长期的光谱反射率、无人机影像纹理特征等，根据之前确定的单一生长期数据的最佳数据匹配方案，分别对不同生长期得到的匹配系数给一定权重进行数据匹配，在数据库中选择生长趋势及目前生长状态均与输入数据较为一致的农作物长势参数作为输入农作物的生长状态，数据库中对应农作物的产量作为该输入作物的预测产量。

4.6.1 相似性测度

相似性测度是数据匹配的基础，在本次实验中选用的相似性测度有：角度匹配(angle mapper，AM)、相关匹配(correlation mapper，CM)、信息散度匹配(information divergence，ID)和欧氏距离匹配(euclidean distance，ED)。相似性测度的定义如下所示：

$$\mathrm{AM}(t,r)=\cos^{-1}\frac{\sum_{i=1}^{n}t_i\times r_i}{\sqrt{\sum_{i=1}^{n}t_i^{\ 2}}\times\sqrt{\sum_{i=1}^{n}r_i^2}} \tag{4.10}$$

式(4.10)表示角度匹配。式中：t、r 表示进行匹配的两组数据，分别为输入数据和数据库中的数据；n 表示单组数据中的数据维数，如果输入数据为 350～2 500 nm 的光谱反射率，那么 n 为 2 151，$\mathrm{AM}(t,r)$ 表示两组数据之间夹角的夹角，取值范围[0，π/2]，值越大表示两者差异越大。

$$\mathrm{CM}(t,r)=\frac{\sum_{i=1}^{n}(r_i-\bar{r})\times(t_i-\bar{t})}{\sqrt{\sum_{i=1}^{n}(r_i-\bar{r})^2}\times\sqrt{\sum_{i=1}^{n}(t_i-\bar{t})^2}} \tag{4.11}$$

式(4.11)表示相关匹配。式中：t、r 表示进行匹配的两组数据，分别为输入数据和数据库中的数据；n 表示单组数据中的数据维数；$\bar{t}$、$\bar{r}$ 分别表示数据 t、r 的均值；$\mathrm{CM}(t,r)$ 是衡量两组数据之间相关程度的相关系数，取值范围为[−1,1]，值越接近 0，表示两者之间的相关性越小，其绝对值越接近 1，表示相关性越强，相关性越强，可以认为两者之间的差异性越小。负值表示负相关，正值表示正相关。

$$\mathrm{ID}(t,r) = D(r \| t) + D(t \| r) \tag{4.12}$$

$$D(t \| r) = \sum_{i=1}^{n} q_{t,i} D_i(t_i \| r_i) = \sum_{i=1}^{n} q_{t,i}[I(r_i) - I(t_i)] \tag{4.13}$$

$$D(r \| t) = \sum_{i=1}^{n} q_{r,i} D_i(r_i \| t_i) = \sum_{i=1}^{n} q_{r,i}[I(t_i) - I(r_i)] \tag{4.14}$$

式(4.12)～式(4.14)为信息散度数据匹配方法。式中：t、r 表示进行匹配的两组数据，分别为输入数据和数据库中的数据；n 表示单组数据中的数据维数；参数 $q_{r,i} = \frac{r_i}{\sum_{i=1}^{n} r_i}$；$q_{t,i} = \frac{t_i}{\sum_{i=1}^{n} t_i}$；$I(r_i) = -\log q_{r,i}$；$I(t_i) = -\log q_{t,i}$；$\mathrm{ID}(t,r)$ 通过信息熵表示两组数据之间的概率分布差异，取值范围[0,1]，取值越小，表示两者之间的差异性越小。

$$\mathrm{ED}(t,r) = \sqrt{\sum_{i=1}^{n} (t_i - r_i)^2} \tag{4.15}$$

式(4.15)为最短距离数据匹配方法。式中：t、r 表示进行匹配的两组数据，分别为输入数据和数据库中的数据；n 表示单组数据中的数据维数。$\mathrm{ED}(t,r)$ 的取值范围为[0,n]，取值越小，表示两者之间的差异性越小。

4.6.2　单一生长期农作物长势分析

本小节将数据库中的光谱、光谱指数和光谱特征参数、无人机纹理参数与单一生长期的输入的数据进行匹配，分析农作物在该生长期的长势参数。

1. 数据匹配效果评价

输入数据的不同，数据库中参与数据匹配的数据类型不同，以及数据匹配方法的变化，会出现不同的匹配结果。为了对比不同匹配条件下的匹配效果，需要指定数据匹配效果评价标准，本实验中，用到的评价标准主要包括以下几种。

1) 匹配正确率(matching accuracy，MA)

假设输入数据 n 项，且已知这些数据对应的正确施肥水平、叶绿素含量等，通过数据匹配算法得到匹配结果与已知数据相符的数据有 m 项，那么匹配正确率公式如下：

$$\mathrm{MA} = \frac{m}{n} \times 100\% \tag{4.16}$$

2) 判别概率(discriminatory probability，DPB)(van der Meer et al.，2006)

假设 $\{d_k\}_{k=1}^{k=K}$ 是一个数据集 Δ，里面包含 K 条光谱曲线、K 套与之对应的光谱特征及影像纹理，d_k 表示第 k 条数据，t 表示将利用数据集 Δ 来识别的目标光谱，那么 DPB 的定义如下：

$$P_{t,\Delta}^{m}(k)=\frac{m(t,d_k)}{\sum_{j=1}^{j=K}m(t,d_k)}\quad,k=1,2,\cdots,K \tag{4.17}$$

式中：分母部分为标准化常数，$m(,)$ 表示任意一种相似性测度算法，那么结果概率向量可以用该矢量来表示：$P_{t,\Delta}^{m}=\{P_{t,\Delta}^{m}(1),P_{t,\Delta}^{m}(2),P_{t,\Delta}^{m}(3)\cdots P_{t,\Delta}^{m}(K)\}$，这就是集合 Δ 对 t 的识别概率。

3）判别熵（discriminatory entropy，DE）

$$H_{DE}^{m}(t,\Delta)=-\sum_{k=1}^{k=K}P_{t,\Delta}^{m}(k)\log(P_{t,\Delta}^{m}(k)),k=1,2,\cdots,K \tag{4.18}$$

式(4.18)中的符号定义与判别概率表达式中的定义一致，该参数表示相似性测度将 t 从数据集 Δ 中识别出来的不确定性，值越大，表示不确定性越高。

4）判别力（discriminatory power，DPW）

$$\Omega^{m}(d_i,d_j,d)=\max\{\frac{m(d_i,d)}{m(d_j,d)},\frac{m(d_j,d)}{m(d_i,d)}\} \tag{4.19}$$

式中：d 为数据库中参考光谱；d_i，d_j 是需要进行对比的数据对。该参数用来衡量相似性测度将数据集 Δ 中数据两两分别开来的能力，值越大，表示判别能力越强。

以上对于数据匹配的评价标准，MA 是数据匹配效果最为直观、最为基本的指标。其他三个指标衡量了匹配算法对正确匹配数据的识别概率，对不同数据的区分能力以及数据匹配的不确定性，是新型匹配算法常用的评价指标。

2. 光谱反射率匹配

使用光谱反射率及光谱反射率变换形式作为匹配数据，选用以上四种数据匹配方式，进行数据匹配试验。

由图 4.30 可以看出，如果直接使用完整的光谱反射率曲线，噪声将会对数据匹配效果产生影响，特别是 1900 nm 附近的噪声远大于光谱反射率，因此在进行光谱匹配之前需要对光谱数据进行噪声波段去除处理，最后使用波段 350～1 350 nm、1 420～1 800 nm、1 950～2 400 nm 的光谱反射率。

数据库中的光谱数据覆盖油菜的关键生长期，实验进行数据匹配的光谱数据包括两部分：一是六叶期的直播油菜冠层光谱，二是十叶期的移栽油菜冠层光谱。光谱形式包括原始光谱反射率、光谱反射率一阶微分以及包络线消除的光谱。每个时期包括 120 条光谱反射率曲线，覆盖 24 个实验小区，共设置 8 个氮肥施肥水平，其他肥料施肥一致。数据库中对应这两个生长期的数据同样均覆盖 24 个实验小区，设置 8 个氮肥水平，而且还包含冠层 LAI 参数、植株 N 含量以及植株叶绿素含量。

SAM、SID 及 SED 相似性测度进行最匹配数据选择时，选择标准均为匹配测度越小越匹配，而 SCM 相反，而且 SCM 会出现负值，因此在进行相似性测度计算时，对 SCM 作取绝对值操作，并计算 1-SCM 作为新的相似性测度指标。如果经过数据匹配选择最为相似的数据库中光谱，那么可以认为数据库中该光谱对应的其他参数，如土壤施肥水平、冠

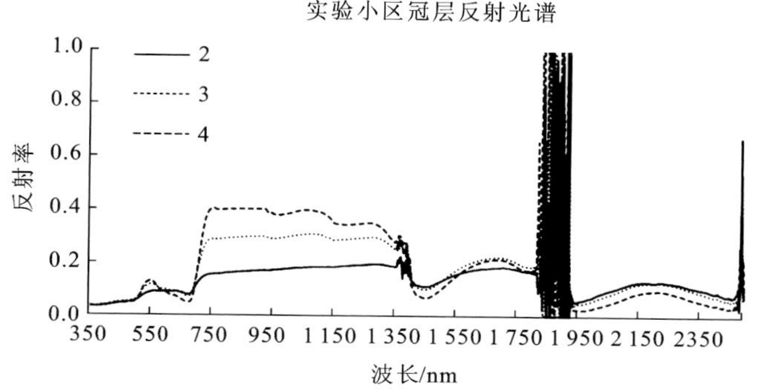

图 4.30　冠层光谱反射率曲线

层生物物理及生物化学参数、产量等数据均与输入光谱相匹配。

实验结果如表 4.11 和表 4.12 所示，SPEC 表示原始光谱反射率曲线，FDR 表示一阶微分光谱曲线，ER 表示包络线消除曲线。

表 4.11　六叶期直播油菜光谱匹配正确百分比

光谱曲线	SAM	SCM	SID	SED
SPEC	33.3	40.8	31.7	29.2
FDR	65.8	65.8	75.8	60
ER	35	35	38.3	21

表 4.12　十叶期直播油菜光谱匹配正确百分比

光谱曲线	SAM	SCM	SID	SED
SPEC	40.8	45	45	42.5
FDR	86.7	86.7	88.3	79.2
ER	31.7	25.8	40	21.7

由表 4.11 和表 4.12 可知，使用不同生长期的油菜光谱反射率进行数据匹配，三种不同的光谱形式中光谱一阶微分形式的数据匹配正确率最高，4 种数据匹配方式，SID 的正确率最高，SCM 和 SAM 方法正确率较为接近，相对较差，匹配正确率最低的是 SED 方法。因此如果仅使用光谱反射率数据进行数据匹配，应该选用一阶微分形式，并使用基于信息散度的匹配方法，该方法对六叶期直播数据正确率达到 75.8%，对十叶期直播数据正确率达到 88.3%。

计算匹配正确率最高的一阶微分光谱形式使用 SID 方法的数据匹配方法的判别概率(DPB)和判别熵(DE)，以十叶期直播油菜的实验小区 1 内的一次测量数据作为输入数据，数据库中该生长期的 24 条直播油菜记录为匹配数据集，对应 8 个施肥水平，计算结果如表 4.13 所示。

表 4.13　微分光谱相似性测度 SID 的判别概率

编号	DPB	编号	DPB	编号	DPB
1	0.012	9	0.052	17	0.052
2	0.028	10	0.034	18	0.053
3	0.04	11	0.047	19	0.051
4	0.047	12	0.046	20	0.055
5	0.047	13	0.041	21	0.04
6	0.044	14	0.02	22	0.035
7	0.051	15	0.043	23	0.018
8	0.055	16	0.05	24	0.041

由表 4.13 可知，最小判别概率对应的数据库数据编号为 1，最小判别概率为 0.012，根据判别熵计算公式得到其判别熵为 3.13。

改变输入数据，分别改用实验小区 2-8 的测量数据为输入数据，仍然将数据库中对应生长期的 24 条数据作为匹配数据集，计算其最小判别概率和判别熵如表 4.14 所示。

表 4.14　微分光谱相似性测度 SID 的最小判别概率及判别熵

输入编号	2	3	4	5	6	7	8
MIN(DPB)	0.011	0.015	0.017	0.023	0.021	0.009	0.012
ENTROPY	3.13	3.01	2.86	3.12	3.09	2.80	2.91

由表 4.14 可以看出，对于不同的输入，得到的最小判别概率和判别熵基本一致，因此在后续的实验中，仅使用一个输入数据，即实验小区 1 的测量数据。

为了判断该方法对两两成对的数据的判别力，如果仍然使用 24 条数据作为匹配数据集，那么数据对将有 $C_{24}^{2}=276$ 种，数据量太多，因此本实验以数据库中十叶期直播油菜的 8 条记录为匹配数据集，输入数据为对应生长期直播油菜且与数据集中某一条记录施肥水平也一致的数据。为了更好地体现相似性测度的判别能力，选择与其他数据相关性最强的数据，计算数据集中 8 条记录的相关性，如表 4.15 所示。

表 4.15　匹配数据集内数据间相关性

	zb01	zb02	zb03	zb04	zb05	zb06	zb07	zb08	平均
zb01	1.00	0.05	0.65	0.83	0.64	0.08	0.03	0.03	0.33
zb02	0.05	1.00	0.66	0.22	0.29	0.09	0.03	0.03	0.20
zb03	0.65	0.66	1.00	0.56	0.74	0.13	0.07	0.07	0.41
zb04	0.83	0.22	0.56	1.00	0.65	0.04	0.00	0.00	0.33
zb05	0.64	0.29	0.74	0.65	1.00	0.13	0.04	0.04	0.36
zb06	0.08	0.09	0.13	0.04	0.13	1.00	0.99	0.99	0.35
zb07	0.03	0.03	0.07	0.00	0.04	0.99	1.00	1.00	0.31
zb08	0.03	0.03	0.07	0.00	0.04	0.99	1.00	1.00	0.31

因为只衡量相关性的大小，所以对负相关的相关性系数进行了取绝对值处理。由于数据与其本身的相关性系数为 1，因此在进行取平均操作时只对除与本身以外的其他数据之间的相关性系数进行了平均。由上表可以看出，2 号光谱与其他光谱之间的相关性整体上最弱，3 号光谱与其他光谱之间的相关性整体最强，7 号和 8 号光谱相关性最强，相关性系数为 0.999 96，四舍五入后为 1，说明光谱形状几乎完全一致。根据以上分析，选择与匹配数据集中 3 号光谱对应的实验田测量的数据作为输入数据，计算各数据对之间的判别力，结果如图 4.31 所示。

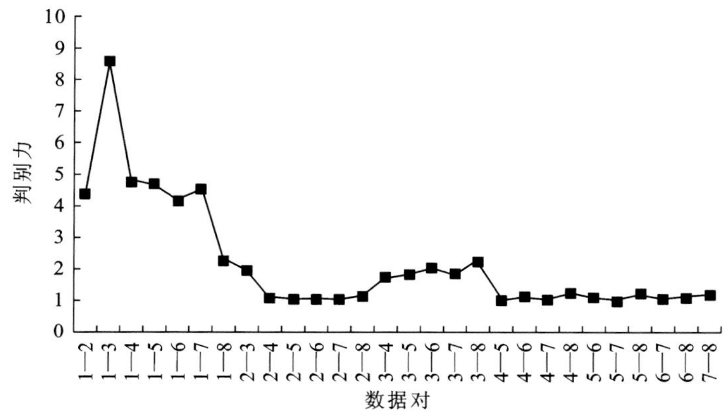

图 4.31　微分光谱相似性测度 SID 的判别力

由上图可知，匹配数据集中的 8 条数据，微分光谱相似性测度 SID 能将编号为 1 的数据与其他数据轻易分开，编号为 1 的数据与编号为 3 的数据差异最大，而施肥水平较为接近的数据对 4-5、数据对 5-6、数据对 7-8 等较难分开，这与施肥水平较为接近的数据光谱数据比较类似有关。

3. 光谱反射率及光谱参数匹配

相关分析和回归分析都证明部分光谱指数和光谱形状参数能反映农作物长势参数的变化。数据库中的光谱指数及形状特征共计 22 个，吸收参数 5 个。前者与光谱反射率曲线一一对应，而吸收参数，因为一条光谱曲线存在多个吸收谷，光谱曲线与吸收参数为一对多的关系，因此光谱指数、形状特征与光谱吸收参数应分别进行处理。

经相关分析可以发现，某些光谱指数及参数与农作物长势参数相关性较弱，结合变异系数(coefficient of variation，CV)对多个参数进行取舍。对于光谱指数，要适用于数据匹配，要求在同一实验小区内取值相近，而在不同实验小区之间的取值差异较大。因为不同指数的取值范围不一致，因此不使用常用的标准差来衡量数据之间的差异性，而是通过变异系数来比较，变异系数可以消除单位及取值范围的影响，计算公式如下：

$$\mathrm{CV}_1 = \frac{1}{n}\sum_{i=1}^{n}\left(\sqrt{\frac{1}{m}\sum_{j=1}^{m}(x_{ij}-\overline{x}_i)^2}\Big/\overline{x}_i\right) \tag{4.20}$$

$$\mathrm{CV}_2 = \sqrt{\frac{1}{n}\sum_{i=1}^{n}(x_i-\overline{x})^2}\Big/\overline{x} \tag{4.21}$$

式(4.20)表示实验小区内部的平均变异系数;m 为每个小区重复测量次数;n 表示小区数目;x_{ij} 表示第 i 个小区的第 j 次测量的光谱数据得到的光谱指数;式(4.21)表示不同实验小区之间的变异系数。CV_1 越小,表示内部差异越小,CV_2 越大,表示小区间差异越大,因此适用于数据匹配的光谱参数要求 CV_1 更小,而 CV_2 更大。以移栽的油菜十叶期的24个实验小区光谱数据作为实验数据,涉及8个氮肥施肥水平,对不同光谱指数的判别能力进行比较,参数内部变异系数以及与各个农作物长势参数的平均相关性系数如表4.16所示。

表 4.16　光谱指数变异系数

变异系数及相关系数	OSAVI	SR(780,580)	NDVI	SR(1600,820)	TVI
CV_1	0.043	0.076	0.026	0.082	0.094
CV_2	0.159	0.248	0.099	0.372	0.270
R^2	0.47	0.50	0.49	0.42	0.43
变异系数及相关系数	RTVI	SAVI	TBVI	MCARI/OSAVI	$CI_{rededge}$
CV_1	0.192	0.055	0.196	0.115	0.092
CV_2	0.508	0.185	0.782	0.347	0.271
R^2	0.42	0.46	0.43	0.43	0.44

从表4.16可以看出,这些光谱指数的外部变异系数与内部变异系数的比值都大于2,同时,相关系数都比较一致,在0.4至0.5,均可以作为匹配参数,为了避免光谱指数过多,对这些参数根据外部变异系数进行降序排列,然后根据内部变异系数进行升序排序,最后选择的参数有 OSAVI、MCARI/OSAVI、$CI_{rededge}$、SR(780,580)、NDVI、TBVI 和 RTVI。

以上是对光谱指数的处理,对于光谱特征参数,使用六叶期的8个实验小区的油菜光谱数据进行对比,一共八个氮肥施加水平,如图4.32所示。

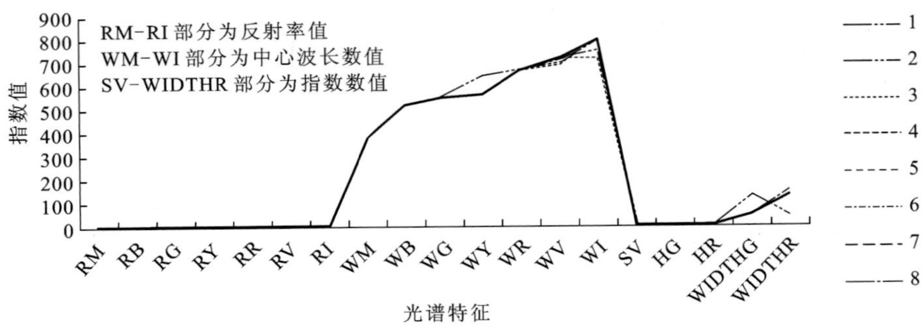

图 4.32　不同氮肥水平下的光谱特征

从图4.32可以发现,因为不同指数之间的取值范围不同,如红边位置取值范围为680～780,而对应反射率的取值范围为[0,1],不具有可比性,所以进行数据标准化处理。

$$x^{*}=\frac{x-x_{\min}}{x_{\max}-x_{\min}} \tag{4.22}$$

由图 4.33 可以看出，经过数据标准化之后，不同光谱曲线的光谱特征差异得到了放大。但是对某些参数，多条曲线仍然出现了重合，查看不同参数在多条曲线上的差异，可以发现某些参数对植物的生长状态不敏感，如 WM，即黄波段的吸收峰，黄波段反射率最小值对应的波段，它反映了光谱曲线的形状，但是随着生长状态的变化，并没有一个逐渐变化的过程，不同生长状态下差异不大，因此不适用于进行参数反演和数据匹配，如图 4.34所示。

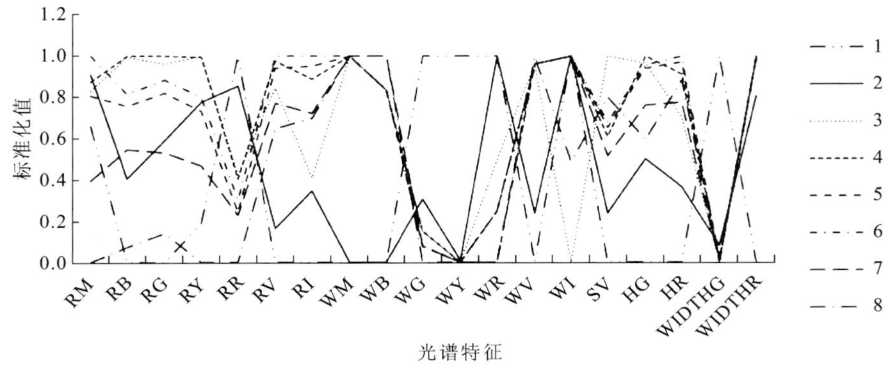

图 4.33　归一化光谱参数

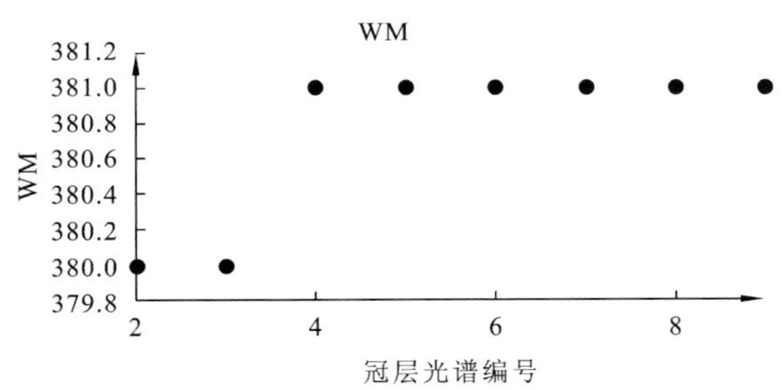

图 4.34　不同施肥水平下的冠层光谱特征 WM

对光谱形状参数，同样剔除的还有 WB、WR、WY 等，结合之前光谱形状特征参数与油菜长势参数的相关性分析，最终选择用来进行数据匹配的参数有 SV、HR、RV、RI、RR、HG 和 WG。

为了验证光谱指数及光谱参数对数据匹配的效果，先只使用光谱指数及光谱特征参数进行数据匹配，实验中输入数据为十叶期直播油菜的 24 个实验小区内测得的 120 条光谱反射率曲线得到的光谱参数，作为匹配数据集的数据为数据库中将对应生长期直播油菜光谱计算得到的光谱指数，共计 24 条，输入数据和匹配数据集对应施肥水平范围一致。使用与光谱反射率匹配的四种方法进行数据匹配，正确率如表 4.17 所示。

表 4.17　十叶期移栽油菜光谱参数匹配正确百分比

方法	SCAM	SCCM	SCID	SCED
正确率 1	50.0	49.2	25.0	50.5
正确率 2	57.5	57.5	49.2	55.8

表 4.17 中，正确率 1 是使用所有光谱指数和光谱形状参数，经过数据归一化处理与在库数据集进行匹配得到的正确率，而正确率 2 为同样的光谱数据计算得到的光谱参数，但是依据上述过程只选用了部分光谱参数进行数据匹配得到的正确率。对比正确率 1 和正确率 2 可以证明，对光谱参数进行数据归一化和参数选择对提高匹配精度是有效的。对于使用光谱参数计算得到的相似性测度进行数据匹配，匹配正确率较高的为 SAM 和 SCM 算法，两者正确率基本一致，ED 算法次之，SID 算法效果最差。

将表 4.17 与表 4.12 进行对比可以发现，使用原始光谱反射率和去除包络线的反射率计算得到的相似性测度，对比使用同种算法的使用光谱参数的相似性测度对十叶期移栽油菜数据的匹配正确率更低，但是使用一阶微分光谱计算得到的相似性测度相比使用光谱参数得到的相似性测度匹配正确率更高。

将由光谱数据得到的光谱相似性测度与由光谱参数得到的相似性测度进行对比，将十叶期直播油菜 1 号试验田中的一个测量数据作为输入数据，与数据集中不同数据得到两种相似性测度，以 SID 算法为例，如图 4.35 所示。

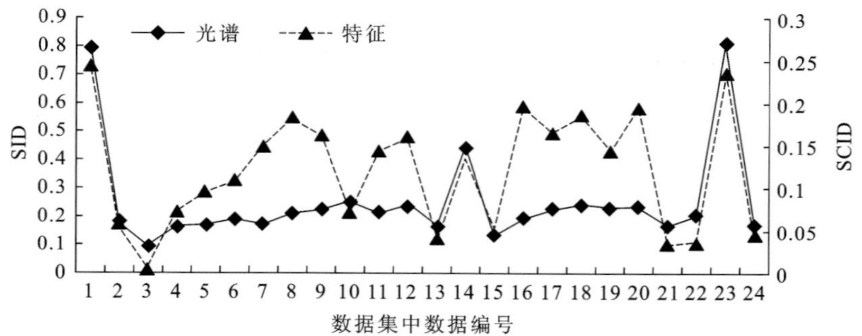

图 4.35　光谱 SID 与光谱参数 SCID 相似性测度

由图 4.35 可以看出，数值上 SCM 比 SCCM 取值更大，与数据集中各条数据的相似性测度相对大小变化趋于一致，在图上表现为折线走势基本相同。

为了综合光谱反射率和光谱指数在数据匹配中的作用，实验了三种综合策略：①因为光谱反射率相似性测度与光谱参数相似性测度形状相似，光谱相似性测度较小的数据对，光谱参数相似性测度一般也较小，因此将两者相乘，理论上可以增大判别概率、判别熵和判别力；②对光谱相似性测度和光谱参数相似性测度取不同权重；③将光谱反射率和光谱参数作为一条整体数据参与数据匹配。

对于策略 1，使用十叶期直播油菜 24 块试验田内的 120 条光谱数据作为输入数据，数据库中对应生长期的直播油菜 24 条数据作为输入数据集，对光谱数据的相似性测度计算使用一阶微分形式的光谱，相似度测度采用 SID，对光谱参数的相似性测度选用正确率最高的 SCAM，经过对 SID 与 SCAM 综合，正确率为 69.17%，虽然相对 SCAM 的正确率 57.5%有所提高，但是相对 SID 的匹配正确率 88.3%有所下降。分析其原因，两者相乘，因为 SCAM 的变化相对 SID 更大，因此乘积受 SCAM 影响更大，因此正确率相对 SID 降低。

对于策略 2，实验数据与策略 1 的实验数据相同，因为 SID 相似性测度的匹配正确率更高，因此对 SID 和 SCAM 的取不同权重进行综合，公式如下：

$$\mathrm{SS}=\sqrt{a\times \mathrm{SID}+\mathrm{ratio}\times b\times \mathrm{SCAM}} \tag{4.23}$$

式中：a 为光谱相似性测度 SID 的权重；b 为光谱参数相似性测度 SCAM 的权重，a、b 总和为 1；ratio 为输入数据与匹配数据集的光谱相似性测度 SID 与光谱参数相似性测度的比值，ratio 作为系数是为了保证 SID 与 SCAM 有较为一致的取值范围，输入的数据、匹配数据集数据及匹配算法的改变均会对 ratio 的取值造成影响。对 a 和 b 作不同的取值，并统计正确率如表 4.18 所示。

表 4.18　SID 与 SCAM 权重及匹配正确百分比(单位：%)

实验组	1	2	3	4	5	6
a	0.5	0.6	0.7	0.8	0.9	0.95
b	0.5	0.4	0.3	0.2	0.1	0.05
正确率	77.5	82.5	84.2	87.5	89.2	88.3

由表 4.18 可以看出，随着光谱相似度 SID 的权重增加，匹配正确率不断提升，当 SID 提高至 0.9，匹配正确率超过了仅使用 SID 的匹配正确率 88.3%，但是当比例继续提升至 0.95，匹配正确率下降至 88.3%。这种光谱与光谱参数的综合方式对匹配正确率的提升较小，而且匹配正确率很大程度上依赖于权重的取值，而合适的权重取值需要进行多次重复实验，并需要大量的样本进行实验，因此效率不高。

对于策略 3，实验数据与前两种策略相同，将光谱反射率的一阶微分形式和对应的光谱参数组合为一条新的数据，并进行归一化处理，对该数据进行数据匹配。不同相似性算法的数据匹配正确率如表 4.19 所示。

表 4.19　光谱与光谱参数组合的匹配正确百分比(单位：%)

光谱参数	SSAM	SSCM	SSID	SSED
正确率	90.8	91.7	88.3	89.2

由上表可以看出使用这种方法对光谱和光谱参数进行综合，正确率相对于前两种综合策略，以及仅使用光谱数据得到的相似性测度的匹配正确率都要高，最低正确率为88.3%，与仅使用光谱数据的最高匹配正确率相等。相对于策略 2，该方法可操作性强，不需要训练样本和重复实验，正确率更高，因此确定该策略为综合光谱反射率和光谱参数的方法。

为了进一步验证该方法对数据的判别能力，选择正确率最高的 SSCM 相似性测度算法，以十叶期直播油菜试验田 3 内的测量数据作为输入数据，与数据库中同一生长期的直播油菜数据进行数据匹配，并计算判别概率(DPB)、判别熵(DE)和判别力(DPW)，结果如表 4.20 所示。

表 4.20　SSCM 的判别概率

编号	DPB	编号	DPB	编号	DPB
1	0.031	9	0.054	17	0.056
2	0.018	10	0.037	18	0.049
3	0.005	11	0.063	19	0.06
4	0.014	12	0.048	20	0.056
5	0.036	13	0.032	21	0.016
6	0.059	14	0.026	22	0.022
7	0.053	15	0.064	23	0.033
8	0.064	16	0.046	24	0.056

由上表可知，DPB 最小值对应 3 号光谱，经过计算对应判别熵为 3.07。与仅使用光谱反射率的 SID 相比，DPB 最小值由 0.015 降低到了 0.005，判别熵稍有增大，由 3.01 增大为 3.07。

选择数据库中与输入数据同一生长期内的直播油菜的 8 条记录作为匹配数据集，计算 SSCM 的判别力，如图 4.36 所示。

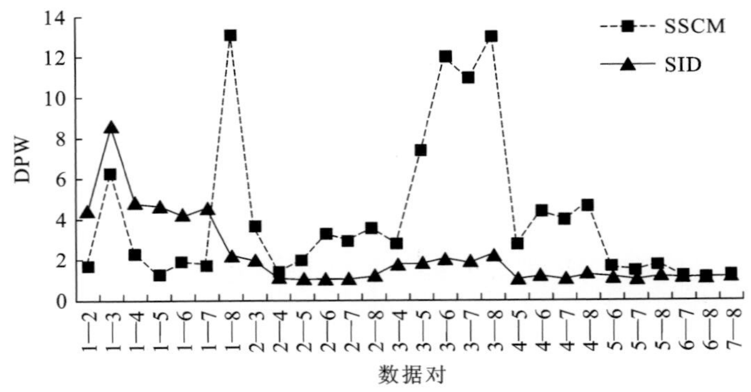

图 4.36　SSCM 与 SID 判别力对比

为了更直观地体现 SSCM 相对于 SID 对数据对判别力的差别，对两者进行比值计算，得到的比值如图 4.37 所示。

对比 SID 与 SSCM 对数据对的判别力，SID 的判别力对大多数数据对的判别力小于 2，仅对数据 1 与其他数据区分性较强，SSCM 对数据 1 与 2～7 号数据的区分性有所减弱，对 6—7、6—8、7—8 数据对的区分能力基本不变，对其他数据对的判别能力均有提升。SSCM 对数据对的判别力的整体平均值是 SID 的 2.38 倍。

综上所述，将光谱参数和光谱反射率数据组合作为一条新的数据，并进行归一化，使用相关性相似性测度 SSCM，对提升数据匹配效果是有效的。

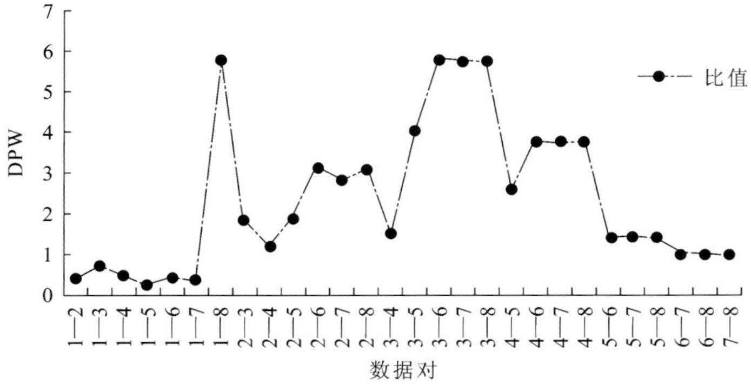

图 4.37　SSCM 与 SID 判别力比值

4. 光谱反射率、光谱参数及纹理参数匹配

进行数据匹配时，除了光谱数据还采集了无人机影像数据，为了充分利用无人机影像纹理特征参数对数据匹配的效果，先对无人机影像纹理参数进行选择。选择标准与光谱参数的选择标准一致，根据变异系数及与油菜长势参数的平均线性相关判决系数进行选择。

选择移栽的十叶期油菜的无人机影像，取不同施肥水平下的 8 个实验小区，每个实验小区选取三个 70×70 大小的样区，样区选取要求能代表实验小区的整体生长状态，设置灰度共生矩阵的窗口尺寸 3×3，移动矢量(1,1)，灰度量化等级 16，计算纹理参数的内部变异系数和外部变异系数，结果如表 4.21 所示。

表 4.21　十叶期纹理参数变异系数

1 月 3×3	内部 CV	外部 CV
b1 mean	0.094 883	0.121 591
b1 variance	0.163 541	0.088 510
b1 homogeneity	0.050 285	0.033 867
b1 contrast	0.175 857	0.111 954
b1 dissimilarity	0.092 548	0.059 936
b1 entropy	0.020 373	0.013 990
b1 second moment	0.046 633	0.032 084
b1 corelation	0.127 236	0.198 935
b2 mean	0.093 080	0.060 993
b2 variance	0.166 706	0.121 587
b2 homogeneity	0.054 949	0.054 247
b2 contrast	0.185 626	0.205 488
b2 dissimilarity	0.099 402	0.103 366
b2 entropy	0.024 177	0.020 192

续表

1月 3×3	内部 CV	外部 CV
b2 second moment	0.056 799	0.049 731
b2 corelation	0.060 142	0.214 349
b3 mean	0.153 344	0.352 669
b3 variance	0.202 266	0.322 073
b3 homogeneity	0.058 024	0.091 819
b3 contrast	0.203 252	0.285 740
b3 dissimilarity	0.122 476	0.196 940
b3 entropy	0.056 240	0.095 790
b3 second moment	0.107 947	0.173 591
b3 corelation	0.059 539	0.114 112
b4 mean	0.067 446	0.132 385
b4 variance	0.107 060	0.103 480
b4 homogeneity	0.036 155	0.033 050
b4 contrast	0.114 800	0.136 416
b4 dissimilarity	0.061 645	0.053 777
b4 entropy	0.014 130	0.018 427
b4 second moment	0.035 052	0.049 742
b4 corelation	0.023 843	0.026 214
b5 mean	0.049 663	0.218 956
b5 variance	0.084 133	0.179 958
b5 homogeneity	0.031 633	0.063 545
b5 contrast	0.086 949	0.201 367
b5 dissimilarity	0.049 743	0.105 663
b5 entropy	0.016 321	0.048 057
b5 second moment	0.040 053	0.128 528
b5 corelation	0.029 060	0.025 983
b6 mean	0.049 767	0.200 999
b6 variance	0.071 785	0.143 027
b6 homogeneity	0.025 070	0.058 776
b6 contrast	0.077 081	0.177 116
b6 dissimilarity	0.041 327	0.095 359
b6 entropy	0.011 918	0.035 030
b6 second moment	0.029 235	0.090 504
b6 corelation	0.026 409	0.026 542

要适用于数据匹配，要求特征值在实验小区内部有较小的变异系数，即田块内部差异较小；同时要求外部变异系数较大，即不同实验小区之间差异较大。选择参数时先根据外部变异系数降序排列，然后根据内部变异系数升序排列，最后根据相关性系数降序排列。入选的变量有：b6 mean、b4 mean、b5 mean、b6 second moment、b5 second moment、b5 homogeneity、b6 variance、b5 dissimilarity。

根据之前的相关分析可知，种植方式会对无人机纹理参数与农作物长势参数之间的相关性造成影响，不同种植方式无人机纹理特征参数与农作物长势参数相关性最强的参数不同，因此对初花期直播油菜无人机影像纹理特征参数进行参数选择。方法与十叶期相同，结果如表4.22所示。

表4.22　初花期纹理参数变异系数

3月3×3	内部CV	外部CV
b1 mean	0.604 928	0.966 333
b1 variance	0.578 664	0.840 655
b1 homogeneity	0.707 118	0.003 300
b1 contrast	0.582 616	0.849 795
b1 dissimilarity	0.608 034	0.858 608
b1 entropy	0.655 057	0.983 898
b1 second moment	0.707 130	0.004 918
b1 corelation	0.707 160	0.009 009
b2 mean	0.708 500	0.140 099
b2 variance	0.711 447	0.115 208
b2 homogeneity	0.708 235	0.168 805
b2 contrast	0.714 131	0.132 789
b2 dissimilarity	0.708 782	0.103 442
b2 entropy	0.707 108	0.003 275
b2 second moment	0.707 125	0.010 135
b2 corelation	0.713 441	0.047 163
b3 mean	0.709 441	0.183 712
b3 variance	0.711 338	0.141 945
b3 homogeneity	0.708 651	0.180 747
b3 contrast	0.711 284	0.154 140
b3 dissimilarity	0.708 199	0.115 498
b3 entropy	0.707 113	0.007 048
b3 second moment	0.707 194	0.034 520
b3 corelation	0.708 905	0.062 376
b4 mean	0.708 389	0.072 399
b4 variance	0.711 095	0.106 506
b4 homogeneity	0.709 547	0.093 476

续表

3 月 3×3	内部 CV	外部 CV
b4 contrast	0.714 860	0.135 127
b4 dissimilarity	0.709 161	0.076 404
b4 entropy	0.707 110	0.003 471
b4 second moment	0.707 140	0.010 874
b4 corelation	0.708 467	0.054 847
b5 mean	0.708 279	0.077 484
b5 variance	0.716 222	0.145 888
b5 homogeneity	0.710 055	0.066 262
b5 contrast	0.719 516	0.115 901
b5 dissimilarity	0.710 506	0.063 698
b5 entropy	0.707 109	0.003 385
b5 second moment	0.707 130	0.010 399
b5 corelation	0.707 932	0.029 917
b6 mean	0.708 263	0.067 506
b6 variance	0.715 919	0.107 301
b6 homogeneity	0.710 463	0.049 229
b6 contrast	0.721 511	0.105 187
b6 dissimilarity	0.711 385	0.056 960
b6 entropy	0.707 110	0.002 525
b6 second moment	0.707 142	0.007 898
b6 corelation	0.708 364	0.036 315

使用与十叶期数据相同的参数选择方法，最后选择的参数有：b2 homogeneity、b2 dissimilarity、b2 variance、b2 contrast、b3 homogeneity、b3 dissimilarity、b1 mean、b3 variance。

将无人机纹理参数与光谱指数和光谱反射率进行组合，并进行归一化处理。数据库中存储了十叶期和初花期直播与移栽和无人机影像，包括两种种植方式，覆盖 8 个施肥水平。以十叶期直播油菜的 7 套光谱数据和无人机纹理数据以及初花期移栽油菜的 8 套光谱数据和无人机纹理数据作为输入数据，尝试不同的相似性测度算法，与数据库中对应时期的数据进行匹配，正确率如表 4.23 所示。

表 4.23　不同相似性测度匹配整体正确率对比

相似性测度匹配	AM	CM	ID	ED
光谱	60.0	60.0	60.0	53.3
光谱＋光谱参数	86.7	73.3	53.3	86.7
光谱＋光谱参数＋纹理参数	86.7	73.3	73.3	86.7

由上表可以看出，将光谱反射率、光谱参数和无人机纹理特征参数进行组合并归一化的相似性测度相对于光谱反射率与光谱参数组合的相似性测度AM、CM和ED正确率相同，但是对相似性测度ID的匹配正确率有所提升。相对于只使用光谱数据的匹配正确率有较大的提升。4种相似性测度算法中，AM和ED算法正确率较高。

整体匹配正确率较高，为了进一步验证该相似性测度的匹配效果，首先以十叶期移栽数据作为输入数据，进行DPB、DE和DPW计算。

表4.24　基于光谱和纹理的相似性测度STAM的DPB、DE(十叶期)

相似性测度	DPB								DE
	1	2	3	4	5	6	7	8	
SAM	0.149	0.092	0.088	0.107	0.127	0.137	0.134	0.167	1.814
STAM	0.139	0.106	0.112	0.118	0.117	0.128	0.133	0.146	1.807

由以上表格可以看出，虽然将纹理特征参数引入相似性测度算法之后整体匹配正确率增强，但是对应的最小判别概率从0.088增大到了0.106，判别熵略有减小，说明相似性测度SSAM的不确定性有所减弱。然后对该相似性测度进行判别力计算，结果如图4.38所示。

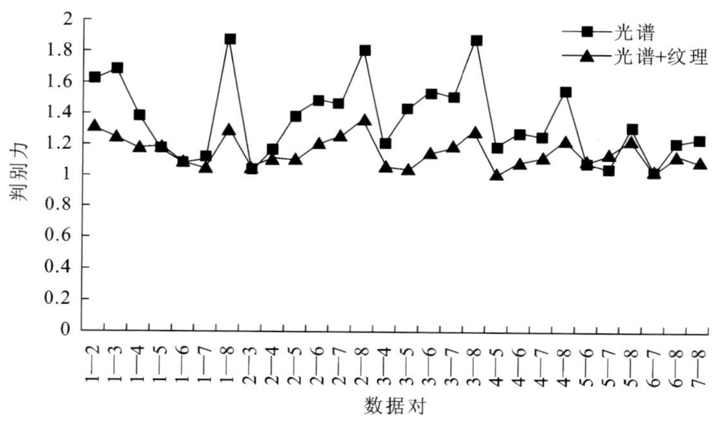

图4.38　STAM与SAM判别力对比(十叶期)

由图4.38可以看出，相似性测度SAM相对于SSAM几乎对所有数据对的判别力都更强，因此在判别两个数据的能力上看，SSAM相对较弱。SSAM的整体PDW是SAM的0.87倍。

然后以初花期直播油菜作为输入数据，结果如表4.25和图4.39所示。

表4.25　基于光谱和纹理的相似性测度STAM的DPB、DE(初花期)

相似性测度	DPB								DE
	1	2	3	4	5	6	7	8	
SAM	0.060	0.080	0.083	0.182	0.141	0.146	0.153	0.145	2.026
STAM	0.049	0.060	0.083	0.149	0.141	0.174	0.170	0.175	1.992

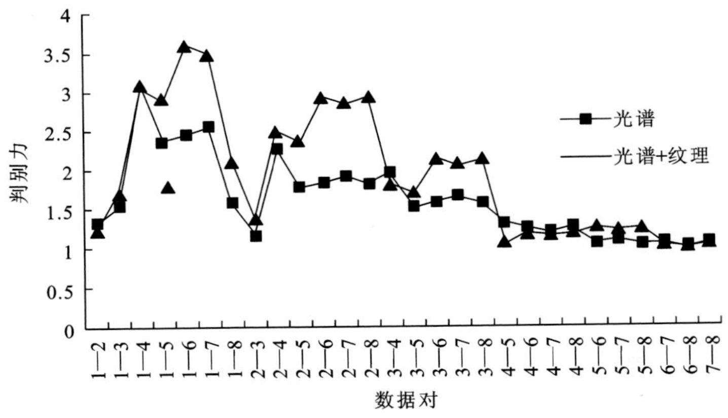

图 4.39　STAM 与 SAM 判别力对比(初花期)

以初花期数据作为输入数据,STAM 判别概率从 0.060 下降到了 0.049,判别熵从 2.026 下降到了 1.992,且整体判别力为 SAM 的 1.17 倍。

根据对十叶期数据和初花期数据进行数据匹配的评价可知(图 4.40),STAM 相似性测度相对于仅使用光谱数据的 SAM 相似性测度并没有明显的优势,在初花期表现出一定的提升,但是提升幅度较小,对十叶期数据的匹配效果比 SAM 相对较差。因此可以推断,将无人机纹理特征参数引入数据相似性测度算法对提高数据匹配效果表现不佳。

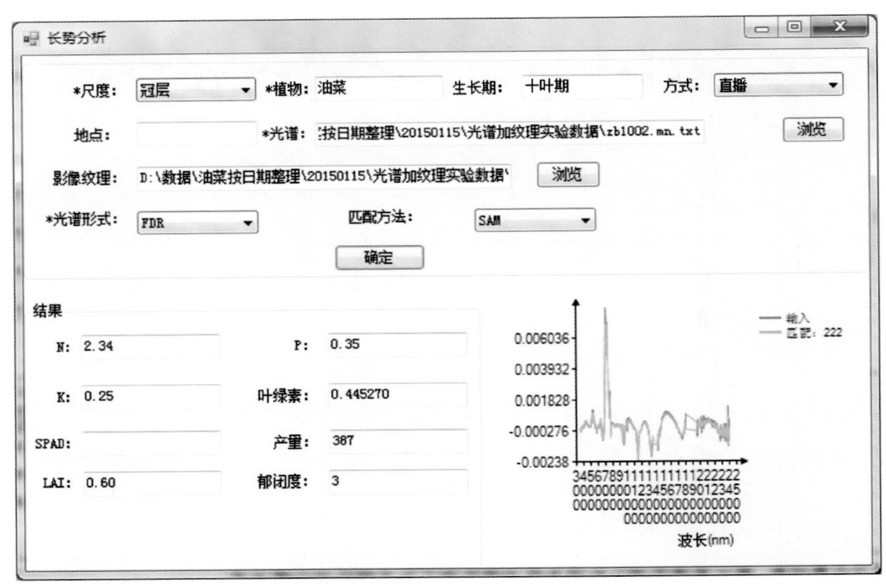

图 4.40　基于光谱和纹理数据的长势参数推断

5. 已知部分农作物长势参数的数据匹配

某些情况下,已经对农作物的部分参数进行了测量,但是另一部分参数还未知,可以将已知部分参数参与到数据匹配中。农作物的长势参数采集结果受采集方式、采集环境等影响,可能存在一定的误差,而且一般不会进行多种参数的采集,仅对少数的参数进行了测量。由于长势参数的这种潜在的不稳定性，在本实验中，如果输入数据中有光谱反射率或纹理特征参数时，仅将已知的这部分农作物长势参数作为对光谱数据或纹理特征参数数据匹配的辅助数据，如果不存在其他输入数据，将长势参数匹配结果作为最终结果。

具体处理方式为：对输入农作物长势参数与对应生长期内的同种种植方式的数据集分别进行欧氏距离计算：

$$\mathrm{ChED}_i = \sqrt{\sum_{l=1}^{n} (ch_l - ch_{i,l}^2)} \tag{4.24}$$

式中：ChED_i 表示输入数据与数据集中第 i 条数据之间的欧氏距离；l 为输入参数的个数；$ch_{i,l}$ 表示数据集第 i 条数据与输入参数对应的参数。ChED_i 越小，表示与输入数据越相似。

然后对数据集中数据 ChED_i 的值以及对应的数据 ID 按照 ChED_i 值从小到大进行排序，并对光谱或纹理参数的相似性测度和对应 ID 同样按照相似性测度从小到大排序。如果输入还存在其他数据，且光谱数据匹配或纹理参数数据匹配结果对应的 ID 在参数匹配结果 ID 的前五，就认为光谱参数或纹理参数数据匹配的结果成立，如果光谱数据匹配或纹理参数数据匹配结果对应的 ID 不在参数匹配结果 ID 的前五，取光谱或纹理匹配数据排序第二的结果作为匹配结果。

4.6.3　多时序农作物长势分析

光谱数据库包含农作物不同施肥水平下所有关键生长期完整的光谱、植被指数、光谱参数、影像、纹理特征参数、生化物理参数（N、P、K、叶绿素含量、LAI 等）和产量数据。某些情况下，特别是在农作物生长前期，在少数几个生长期内对农作物的冠层光谱反射率、无人机影像或农作物的长势参数进行了测量，但是并不全面。本实验希望通过对不同生长期内已知的数据进行匹配对有关农作物的全部生长期内的全部农作物长势参数以及农作物最后的产量进行预估。以油菜数据为例，具体流程如图 4.41 所示。

假设输入数据为直播油菜采集的数据，在六叶期采集了油菜植株 N 含量和叶绿素含量，在八叶期采集了冠层反射率曲线，在十叶期对油菜进行了无人机影像采集，采集的相机参数及航高等拍摄条件与数据库中无人机影像采集参数一致，而初花期的数据缺失。数据库中的油菜以直播方式种植的数据覆盖油菜各个生长期，且对每个生长期的每个生长参数进行了测量，包括 LAI、郁闭度、植株 N 含量、P 含量、K 含量、叶绿素含量，且记录了不同油菜最后的产量。为了根据已知的部分生长期的部分油菜长势参数得到全部生长期的完整长势参数，本实验采用的方法如下。

在某生长期内，如果输入数据为光谱反射率曲线，先对光谱反射率进行一阶微分变换，并计算光谱指数和光谱形状参数，根据之前光谱反射率和光谱形状参数数据匹配的实验分析，选择合适的光谱参数，并使用基于数据角度的匹配方式，计算相似性测度 SSAM，得到数据库中与之最为匹配的光谱反射率曲线及对应 ID，然后根据此 ID 以及数据库表格中数据记录之间的对应关系，对农作物长势参数和对应的土壤 SID 进行查询。

如果输入数据为纹理特征参数，先对纹理参数进行归一化处理，然后将输入数据与数据库中对应生长期内同样种植方式下的纹理特征参数进行基于数据角度的数据匹配，得到最为匹配的数据 ID 及对应的土壤 SID。

如果输入数据为光谱反射率和纹理特征参数，对光谱数据进行一阶微分变换，计算光

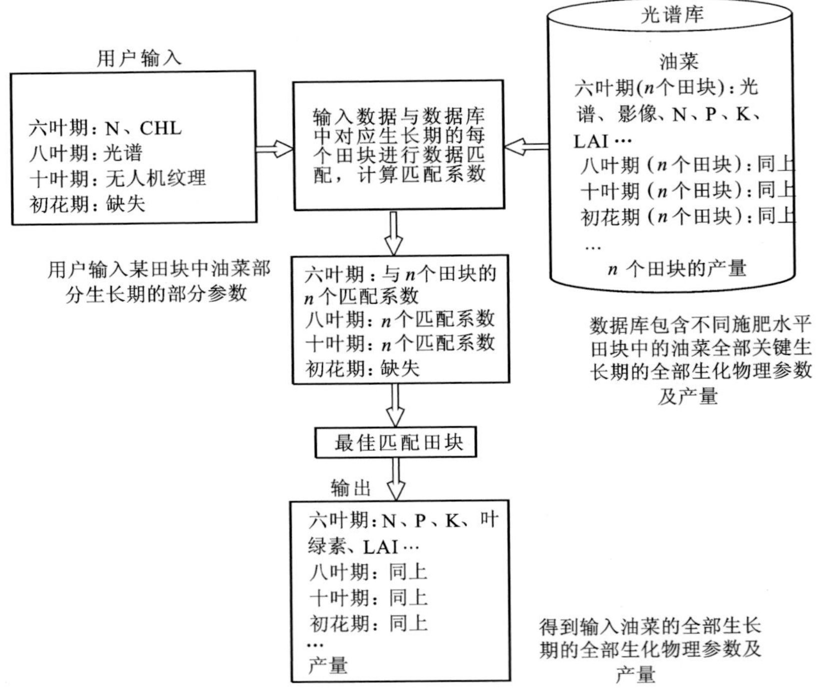

图 4.41　多时序数据匹配示意图

谱指数及光谱特征参数，然后将数据进行组合并归一化，与数据库中对应生长期内的同种方式下的数据进行基于角度的数据匹配，得到最为匹配的数据 ID 及对应的土壤 ID。

如果输入数据仅有某生长期内的部分长势参数，将长势参数与数据库中对应生长期内的同种方式下的这些长势参数进行欧氏距离计算，得到最为匹配的数据 ID 及对应的土壤 ID。

如果输入数据有光谱反射率、无人机纹理特征参数以及部分长势参数，先按照输入数据有光谱反射率与无人机影像纹理特征的处理方式进行，得到相似性测度及对应数据 ID，并对相似性测度和 ID 按照相似性测度从小到大排序。然后对部分长势参数进行欧式距离相似性测度计算并排序。最后以长势参数的相似性测度作为辅助，对光谱反射率和无人机影像纹理特征得到的匹配结果进行验证，如果光谱反射率和无人机影像纹理特征的数据匹配结果 ID 在长势参数相似性测度排序前无对应的 ID 集合中，则认为该结果 ID 为最终匹配结果，否则，对光谱反射率和无人机影像纹理特征的相似性测度第二小对应的 ID 为匹配结果，并再次验证，并查询对应的土壤 ID。

通过对单一生长期内的不同数据类型的匹配效果分析可知，光谱反射率及光谱参数进行数据匹配的效果最好，无人机影像纹理特征参数的匹配效果较差，而农作物长势参数可能存在偶然误差，因此需要根据输入数据的不同对不同的匹配结果赋予不同权重，对不同的匹配结果进行综合。另外，越靠近农作物收获的生长期的长势情况对农作物的产量更加相关，而且，人们也更加关心农作物在更加靠近收获时间的长势参数，因此对于不同生长期的匹配结果，也应该赋予不同的权重，对不同生长期内得到的匹配结果进行综合。本实验中对不同生长期内不同输入数据类型的匹配结果的权重如表 4.26 所示。

表 4.26　不同生长期内不同输入数据类型匹配结果的权重

生长期	光谱+(纹理+参数)	纹理(+参数)	参数
生长期 1	1−0.05×(n−1)	0.65−0.05×(n−1)	0.5−0.05×(n−1)
生长期 2	1−0.05×(n−2)	0.65−0.05×(n−2)	0.5−0.05×(n−2)
生长期…			
生长期 n	1	0.65	0.5

以表 4.26 中的生长期 1、生长期 2、生长期 n 为输入数据对应的生长期，并按照从刚种植至收获的时间顺序排列，生长期 n 为输入数据中最为接近收获的生长期。括号表示可以有也可以没有的数据类型，如输入数据为生长期 n 内的光谱数据和生长期内的光谱数据和部分长势参数，其匹配结果的权重均为 1。

最后对不同生长期的匹配结果进行统计，按照不同匹配结果 ID 进行分组，并对权重进行累加统计，将权重累加最大值对应的结果 ID 作为最后的匹配结果，并按照该数据 ID 查询农作物的长势参数和最后的产量数据。

以前述数据作为输入数据，进行多时序数据匹配，获取输入油菜数据的所有生长期的各种长势参数，运行界面如图 4.42 所示。

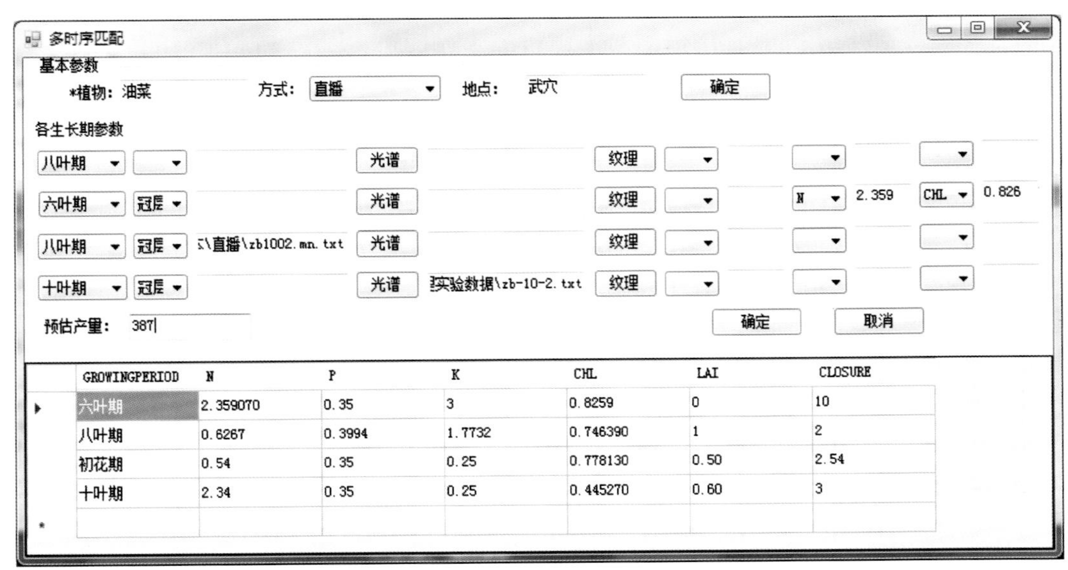

图 4.42　多时序数据匹配获取油菜长势参数及产量

根据匹配结果权重分配表格，六叶期参数匹配结果权重 0.5−0.05×(3−1)=0.4，八叶期光谱反射率匹配结果权重为 1−0.05×(3−2)=0.95，而十叶期纹理特征参数匹配结果的权重为 0.65，对不同时期的匹配结果进行权重统计得到最后的匹配结果。如图 4.42 所示，输入数据为油菜六叶期 N 和叶绿素含量、八叶期光谱反射率和十叶期无人机纹理特征，最后得到油菜各个生长期的 N、P、K、LAI 和郁闭度，并得到了可能的产量值。

4.6.4 小结

通常情况下，对农作物参数的测量不完全，或者已知生长前期的长势参数，希望推断后续的长势参数以及可能的产量。本节首先对一个生长期内不同输入数据、不同相似性测度进行匹配实验，并对不同相似性测度进行了评价。实验发现，使用一阶微分光谱和光谱参数进行组合并归一化的 SSAM 相似性测度匹配效果最佳。然后对不同生长期的数据匹配方法进行了探索，对不同生长期、不同输入数据的匹配结果的权重分配进行了设计，实现了输入部分生长期部分参数获取全部生长期全部长势参数和预计产量的功能。

4.7 基于 BS 模式的农作物光谱信息系统设计

高光谱遥感和定量遥感的发展使利用遥感进行农作物生长、性状检测，分析农作物生长状况及进行作物估产等成为可能。为使大量的地物波谱数据更易于为遥感研究服务，便需要建立地物波谱数据库对数据进行整合和存储。

国内外的地物光谱数据库逐渐趋向于丰富和完善，然而在专业性、友好性等方面依然存在不足，同时数据的完整性和可靠性难以保证，因此获取并处理农作物光谱数据、建立面向农作物的光谱数据库十分必要。大多数现有数据库均基于 CS 模式，通过前端软件的方式，实现光谱库的功能。而 B/S 模式随着 Internet 技术的兴起，是对 C/S 结构的一种改进。在这种结构下，软件应用的业务逻辑完全在应用 Server 端实现，用户表现完全在网页端实现，客户端只需要网页浏览器就可以处理业务，是一种全新的软件系统构造技术。

本节旨在利用 B/S 模式重新设计光谱数据库的前端，有效降低光谱库建立和应用的成本、维护和升级难度、降低服务器负荷。以网页为前端，方便科研工作者可以上传新的光谱数据、进行光谱数据分析、导出光谱数据。同时，编写程序实现数据库的日常维护和管理，实现数据库对光谱数据的进一步处理和分析的能力。为所建立的植被光谱库设计增加分析模块对数据库光谱数据吸收参数与植被反演参数进行相关性分析，便于利用植被光谱库的上述优势为植被遥感研究提供准确、完整的数据支持。

4.7.1 国内外光谱库研究进展

随着计算机技术的发展，国内外光谱数据库逐渐趋向于完善，光谱库中存储的地物类别的丰富度、地物光谱数据的准确度、数据存储技术都有着极大提高，同时光谱库界面的可视化和交互的人性化也更加符合需求。当前比较国内外的波谱数据库有 6 个。

(1) JPL(美国喷气推进实验室)用 Beckman uV—5240 型光谱仪对 160 种不同粒度的常见矿物进行了测试，同时进行了 X 射线测试分析。按照小于 45 μm、45～125 μm、125～500 μm 3 种粒度，分别建立了 3 个光谱库 JPL1、JPL2、JPL3，突出反映了粒度对光谱反射率的影响。

(2) 1993 年 USGS 实验室建立了波长在 0.2～0.3 μm 的光谱库，包含 444 个样本的 498 个光谱，218 种矿物。光谱分辨率为 4 nm(波长 0.2～0.8 μm)和 10 nm(波长0.8～2.35 μm)。并通过附带的软件提供光谱库参数和光谱数据资料(王珊珊 等，2013)。

(3) 美国在 IGCP-264 工程实施过程中，为比较光谱分辨率和采样间隔对光谱特征的影响，对 26 种样本采用 5 种分光计测试，最后建成 5 个光谱库。

(4) 2000 年 5 月，加利福尼亚技术研究所建立了 ASTER 光谱库，配备了相关的辅助信息，并带有数据库搜索功能，用户能查询光谱数据库。数据来源于 USGS、JPL、JHu 3 个光谱库，共计 8 类。

(5) 约翰霍普金斯大学 JHU 提供了包含 15 个子库的光谱库。其中 2.03～2.5 μm 的光谱数据用仪器测试得到，2.08～15 μm 的光谱数据用 FTIR 仪器测试得到。

(6) 1987 年，中国科学院空间技术中心编写了“中国地球资源光谱信息资料汇编”，包含岩石、土壤、水体、植被、农作物等地物的光谱曲线共 1 000 条，波长范围主要为 0.4～1.0 μm，部分在 0.4～2.4 μm。1998 年中国科学院遥感应用研究所建立了面向对象的光谱数据库，为我国第一个系统的光谱库。

2000 年中国科学院遥感应用研究所对典型地物波谱数据库进行了改进，结合 GIS 和网络技术使其更加完善。北京师范大学主持开发的 SpecLib 典型地物波谱库也是我国建立的相对完善的波谱库。我国的地物波谱研究从起步至今已有 40 余年的时间，我国的地物波谱库建设与国外相比依然有着较大差距。我国地物波谱研究起步晚，设施建设尚不完善，因此从地物波谱数据的角度来看，我国地物波谱库的数据丰富度、完整度和精确度尚且不足。我国地物波谱库已实现的功能依然有限，主要以数据的查询管理以及基本处理分析为主，而国外 USGS 等地物波谱库通常包含了一套完整的数据管理分析体系。同时在数据的共享性、专业性、与用户的交互性上依然有较大差距，在微波、中红外波长范围的地物波谱领域涉及尚浅，因此我国地物波谱库的发展道路依旧任重道远。同时，目前大多数的植被光谱库均基于 BS 模式，不利于广大遥感科学工作者更好地使用和维护。因此建立基于 BS 模式的农作物光谱信息系统是十分有必要的。

本节是在分析现有的国内外地物光谱的现有功能和不足之后，制定农作物光谱库功能模块的设计和改进方案。针对实验中的几种农作物的基本特征，对所要建立的植被光谱库进行数据库结构以及前端界面的功能模块设计，建立具有较强专业性、可靠性，网页界面的易用性、友好性强的面向农作物参数反演的植被光谱库。

基于 BS 模式的农作物光谱信息系统设计包含的主要内容如下(图 4.43)。

(1) 建立农作物光谱库数据库与关系表，针对农作物的特征和实际需要，改进数据库的功能，建立数据库的基本表格，并对入库的光谱数据进行预处理。

(2) 根据 B/C 模式的理念，编写农作物光谱库的前端，在通过网页进行农作物光谱库的查询、更新、下载、入库等基本功能的基础上，实现农作物光谱的显示功能。

(3) 编写 C #应用程序链接农作物光谱数据库，实现对农作物光谱的显示、分析等功能。

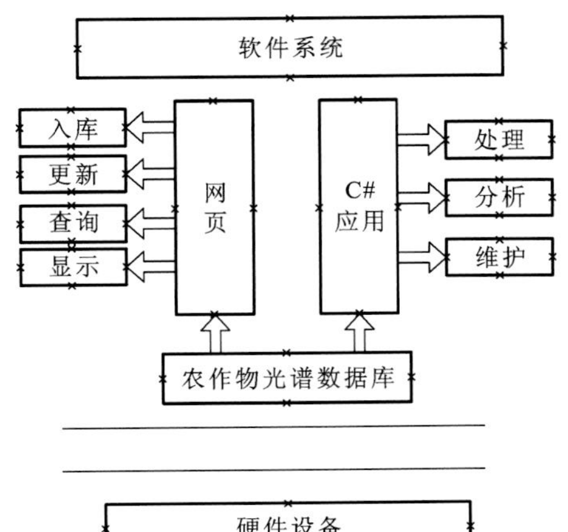

图 4.45　基于 BS 模式的农作物光谱信息系统设计流程

设计软件的基本界面和功能模块，通过程序实现对光谱数据的处理和分析，如分析农作物的吸收特性等。

最后，编写 C #语言的应用程序，实现对数据库系统的日常维护、数据处理和数据分析。

4.7.2 基于 BS 模式的农作物信息系统设计方案

从 20 世纪 90 年代 DOS 平台建立的地物波谱库至今，计算机硬件性能的飞速提升以及多元化软件的广泛使用使得在 Windows 平台下进行植被光谱库的设计和开发具有多种选择方案。

然而现存的农作物信息系统多以 CS 模式，利用专业数据库软件建立光谱数据库，高级编程语言编写界面和功能实现与数据库的交互。然而，使用 CS 模式，意味着需要在所有需要使用该软件的计算机上安装客户端，实现功能的成本和可实现性有所降低。

本节将构建基于 BS 模式的农作物光谱信息系统，以网页作为数据库的前端，方便科研工作者可以上传新的光谱数据、进行光谱数据分析、导出光谱数据。同时，使用 C #语言编写可视化程序实现数据库的日常维护和管理，实现数据库对光谱数据的进一步处理和分析的能力。

1. 数据库设计方案

当前国内外数据库软件众多，在软件更新的过程中功能均不断拓展但又各有优劣和侧重，因此针对建立植被光谱数据库需要对数据库的存储数据完整性、准确性、数据存取速率以及调用编程接口的难易进行综合考虑。国内外应用最广、同时适用于个人及企业的专业性数据库软件主要是甲骨文公司的 Oracle 和微软公司的 SQL Server。

对于建立存储植被光谱数据的数据库来说，Oracle 数据库具有更大的优势。

(1) Oracle 数据库基于 JAVA 平台建立，因此具有跨平台特性，可以运行于 Linux、Mac OS 等系统，基于此建立的植被光谱库更易于进行平台移植。对于需要建立完善而庞大的植被光谱库的开发者来说，只需开发基于各单独系统平台的界面即可实现与同一植被光谱数据库的交互。

(2) 从数据库部署成本的角度来说，Oracle 数据库面向中小型企业提供免费数据库版本，对于中小型企业和单位进行植被遥感研究来说功能已基本足够，同时便于向大型企业版数据库移植。

(3) Oracle 数据库的性能在多用户时高于 SQL Server 几十倍，随着存储植被光谱数据的激增及使用用户的增加，性能的高低将影响用户的使用和研究的进行。

综上 Oracle 数据库相对于 SQL Server 数据库存在的这些优势使其对于存储光谱数据更为适合，因此本节研究所建立的植被光谱数据库采用 Oracle 建立。在数据库设计中需要首先对入库数据进行分析进而决定数据库的结构设计。在研究中植被光谱库入库程序主要是植被光谱数据及测量光谱数据的时间、地点、尺度等相关数据，同时数据库应对后期激增的各种植被数据进行分类存储。

2. 前端网页设计方案

Web 技术的发展，使之早已迅速地影响到计算机应用领域的方方面面。将 Web 数据库与数据库技术相结合，即网络数据库。由于 Web 系统具有简单易学，与平台无关，在局域网内部均可使用，使得 Web 的功能大大扩展，同时使得数据库的性能也得到很大的提高。

ASP 技术，即动态服务器技术，是微软开发的一种可以运行在 Web 端的服务器开放式脚本环境，它很好地将 HTML 与脚本开发相结合，提高了编程的灵活性，降低了开发难度。在本节中的农作物光谱信息数据库中，使用 ASP 技术，相对于其他常用的 Web 技术(如 JavaScript)，主要具有以下优点。

(1) ASP 代码是在服务器一端被解释，Web 服务器负责将所有脚本处理，并生成 HTML 页面传送给浏览器，因此对客户端浏览器没有特定要求，ASP 源代码也不会泄露。提高了农作物光谱信息系统的安全性。

(2) ASP 系统中，后台的开发环境可以设置为 C #语言，对于本节来说，其代码与需要实现的可视化程序具有相似之处。这为系统的开发降低了难度。

(3) ASP 系统可以与 Oracle 数据库连接，并且使用一些特殊的对象集合，具有更好的执行效率。

综上 ASP 技术存在的这些优势使其对于存储光谱数据更为适合，因此本节中的前端网页使用 ASP 技术进行开发。同时，在前端网页中内置许多可视化操作步骤，提高前端网页的可操作性。

3. 可视化后台处理程序设计方案

针对 Windows 平台诸多高级编程语言，开发植被光谱库程序界面重点在于选择易于调用 Oracle 数据库编程接口同时便于编写具有友好性、易用性和美性界面的语言，同时应保证程序代码的严谨性、健壮性。基于这些要求，选择微软开发的 C #语言进行界面编写，其相对于 C/C++具有如下优点：

(1) 可以在 Visual Studio 建立的工程中添加对 Oracle 编程接口的动态链接库引用，实现与 Oracle 数据库的数据交互操作，链接库中封装的类和方法几乎可以实现对数据库的所有操作。在 C++平台则需要调用第三方的类库或组件实现数据库交互。

(2) C #语言作为一种面向对象的高级语言，其窗体和控件交互更加容易，具有更强的解释性和高效性。

(3) C #语言易于编写更加规范、严谨性更高的代码，并且具有优化的编译错误检查和内存管理机制。编写的植被光谱库前端界面除主界面外主要包括 4 个功能模块：光谱查询导出功能、光谱导入功能、相关分析功能和数据库备份还原功能，其中相关分析需要计算光谱曲线的吸收参数，该功能集成于光谱查询功能对查询出的光谱曲线结果进行计算提取。4 个功能模块均采用非模态窗体设计，可以同时执行对应操作功能互不干扰，同一功能在程序代码控制下禁止运行多个窗体以保持程序的严谨性。

4.7.3 农作物光谱信息数据库设计

作为农作物光谱信息系统后台重要的存储数据与分析的部分，数据库的设计将直接影响到信息系统的 IO 性能和用户体验。数据库的设计也将最终影响信息系统的功能和其实现效果。

本节中，由于考虑了农作物光谱反射特性在不同尺度上的差异，下面将分别从各个尺度展开，描述光谱信息系统数据库的设计。

1. 植被冠层光谱信息存储

大多数农作物由叶片、茎和枝干的不同部分组成，植株与光的相互作用更为复杂，植被结构如叶子形状、叶子大小、冠层结构和形状，成层结构以及覆盖度都会影响植被的冠层光谱特征。同时，为了探究植被的生化信息的因素对植被的光谱信息的影响，本节设计了两张表格分别来存储植被的光谱信息和植被的生化信息，并用一张"CC"表来连接这两张表。另外，为了提高农作物光谱信息系统的数据分析能力，另有两张表来存储农作物冠层的植被指数与吸收指数。下面，就除连接表以外的 4 张表格的设计进行进一步的阐述(图 4.44)。

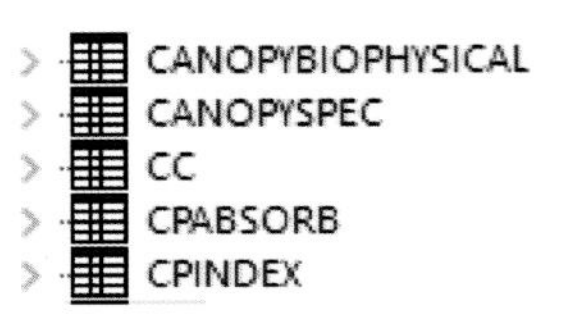

图 4.44　用来存放植被冠层光谱信息的 5 张表格

在"CANOPYBIOPHYSICAL"表格中，存放的是农作物冠层的生物化学信息，其中包括叶面积指数、郁闭度、氮、磷、钾和叶绿素的含量。

在"CANOPYSPEC"表格中，存放的是农作物冠层的光谱信息。由于 ASD 便携式光谱仪是高光谱的仪器，直接获取的波段多达近 2000 个，不可能用传统的多光谱数据库存放这么多波段的数据。Oracle 数据库中字段存在 BLOB 数据类型，这是一种可以将任何数据转换为二进制对象存储的类型，尤其对于难以用常规数据类型存储和表达的数据，如图片、音频、视频等提供了新的解决方案。在植被表中光谱数据、图片即适合以 BLOB 字段进行存储，将 TXT 光谱数据文本和图片以二进制数据进行存储可以完整保存和还原数据的原始内容，并且这种存储方式相对于将数据以二维表格形式的存储更加高效。于是，利用 Oracle 中的 BLOB 字段，将光谱数据存放为二进制文件。除此之外该表格还存放了植被类型、采集时间、采集地点、采集仪器、生长周期、天气和温度等。同时，为了保证每次入库的光谱数据不发生重复，设置了 MD5 值，因其具有易于计算性和压缩性、抗修改性、抗碰撞性，因此 MD5 值的唯一可以保证和判断光谱数据与数据库中的唯一性。

最后，为了提高农作物光谱信息库的数据分析能力，在本光谱信息系统中，计算并存储了计算后的去除包络线曲线和导数曲线。

在"CPABSORB"表格中，存储了计算后的农作物的吸收光谱参数。本节中，采用了吸收位置、吸收深度、吸收宽度、吸收指数 4 个吸收参数。

在"CPINDEX"表格中，存储了农作物的植被指数等参数，如 NDVI、红边位置、RTVI 等。

2. 植被叶片光谱信息存储

植被叶片是植物进行光合作用、呼吸作用和蒸腾作用的主要场所，是植物的主要组成部分。一些叶片中的色素分子吸收能量之后进入高能状态或者激发状态，如叶绿素的荧光效应、拉曼效应等。同时，其中所含的叶绿素 a 和叶绿素 b 可以吸收一部分来自太阳的辐射并通过光合作用将其转化为有机物。

因此，要构建功能完善的农作物光谱信息系统，也必须记录和使用植被叶片光谱的信息，并以此加以进一步的分析和利用。

本节中，对于植被叶片光谱信息的存储，类似于冠层信息的存储，同样使用了两张表格存储叶片的光谱信息和物理生物参数，并且用一张"LL"表来将它们联系起来。同时，也建立了两张表格来存储叶片尺度上的植被参数和吸收光谱。下面按照这几张表格的设计展开描述(图 4.45)。

在"LEAFBIOPHYSICAL"表格中，存放了农作物叶片尺度上的光谱信息，其中包括氮、磷、钾和叶绿素的含量。

在"LEAFSPEC"表格中，存放的是农作物叶片光谱信息。同样的，仍然使用了 Oracle 中的 BLOB 字段在存储叶片尺度上的光谱信息，并使用了 MD5 值来确保导入光谱数据的唯一性。还存放了植被类型、采集时间、采集地点、采集仪器、生长周期、天气和温度、导数曲线和去包络线之后的曲线。

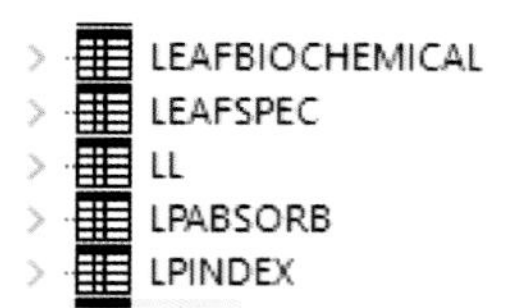

图 4.45　存储叶片光谱信息的 5 张表格

在"LPABSORB"表格中，在叶片尺度上，存储了计算后的农作物的吸收光谱参数。本节中，采用了吸收位置、吸收深度、吸收宽度、吸收指数 4 个吸收参数。

在"LPINDEX"表格中，存储了农作物的植被指数等参数，如 NDVI、红边位置、RTVI 等。

3. 农作物土壤信息的存储

植被的土壤中所含的氮、磷、钾等矿物养分，对农作物的生长和成熟也具有重要的作用。研究发现，农作物土壤中各种金属元素的含量对农作物的生长和产量有着直接的影响。由于不同农作物吸收土壤重金属不仅受土壤中重金属含量和形态、土壤的物理化学性质和气候条件的影响，还与作物种类、甚至不同基因型同种作物的重金属富集特征都有明显差异。因此，在农作物光谱信息系统中，建立针对土壤尺度的存储是十分有必要的。

在本节中，建立了"SOIL"表格存储农作物土壤的信息。其中包括了农作物的土壤中的氮、磷、钾含量以及该土壤的产量。

4.7.4　农作物光谱信息系统前端设计

为了使数据库更好地发挥作用，本节中构建了基于 BS 模式的网页前端和基于 C #程序的可视化程序。前者是用于大部分使用本信息系统的局域网内，而后者主要是针对数据库的管理人员。

下面将主要从前端网页的设计和功能的实现来展开，描述本系统的需求和实现的基本功能。

1. 网页界面设计与基本结构

在前端网页中，共设计了 4 个基本的页面。即登录界面、主界面、光谱信息上传界面与光谱信息的查询和分析界面。

用户打开网页时，会自动进入登录界面，只有进入登录界面并登录通过后才能进入主页面。主页面中，用户可选择进入上传界面或进入查询或分析界面；在上传界面中，用户可以上传新测得的光谱数据与农作物物理生物参数数据；在查询与分析界面中，用户可以查询已存在于数据库中的数据，并且对得到初步处理后的数据，如去处包络线之后的光谱曲线，并下载它们。接下来，将对各个界面的功能与操作进行展开描述(图 4.46)。

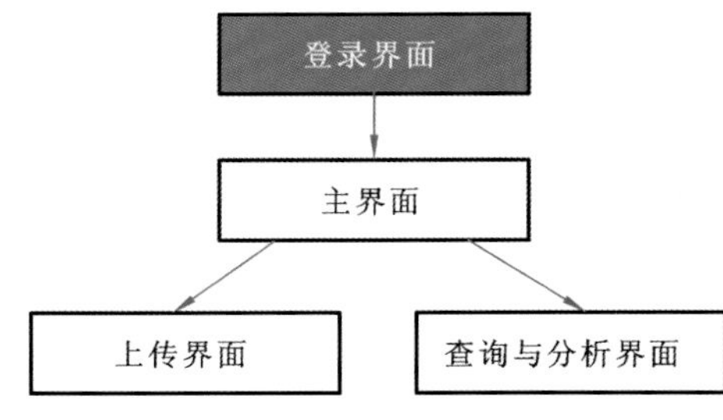

图 4.46　网页界面的设计与基本结构

2. 登录界面

本节中，为了保证数据库的使用、维护系统安全并减小服务器端压力，需要要求使用信息系统的用户进行登录之后再进入网页的主界面，保证进入信息系统的用户的身份（图 4.47）。

图 4.47　网页前端的登录界面

登录界面中，用户需要输入自己的用户名与密码；如果用户暂时没有账号，需要与数据库的管理员联系为其分配新的账号。登录成功后，网页才会跳转至主页面。

在后台数据库中，为了实现登录页面的功能，新增了一张叫作“SPEC_USER”的表格，存储注册用户的用户名与密码。在用户尝试登录时，网页后台会查询数据库中的这张表格，如果查询出该列用户，则跳转至主页面；否则将提示登录失败。

3. 网页的主界面

网页的主界面（图 4.48）使用了 Metro 风格的设计，用户完成登录之后，可以选择自己所需要的服务。如果用户选择需要上传新获取的农作物光谱数据，网页将自动跳转至上传页面；如果用户选择需要查询、分析并下载已有的数据，网页将自动跳转至查询与分析页面。

图 4.48　网页的主页面

同时，在主界面后台代码中加入了防止伪装已经登录的代码，防止恶意登录该页面。如果为通过登录界面的登录便进入登录界面将会提示用户尚未登录并跳转回登录界面。

4. 网页的上传界面

在网页的上传界面（图 4.49）中，用户可以上传自己新测得的农作物光谱信息数据，同时可以查看自己新测得数据的波形，并初步检验上传数据是否正确无误。另外，用户还可以选择拍摄测量数据时农作物的照片，并将它们一起上传；如果数据出现问题，可以选择返回主页面，不再进行进一步的操作。

上传界面中，用户需要上传的内容主要有两部分，其中一部分为光谱信息，即测量的

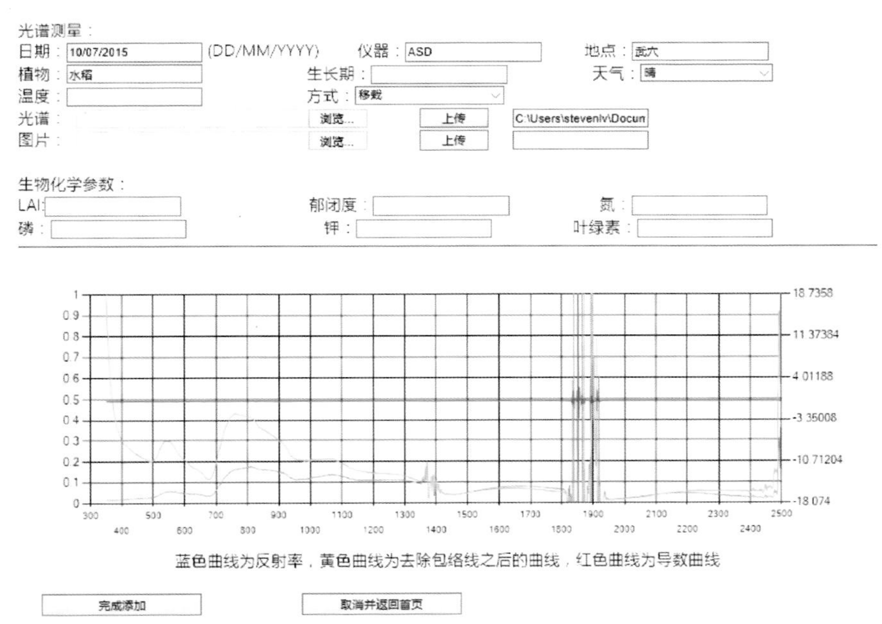

图 4.49　网页中的上传界面

光谱信息以及测量时的温度、植物种类等信息。其中，测量日期、植物种类、地点和温度 4 个指标是必须输入的，而生长期、天气、温度和培育方式是可以选择添加的，如果测量时较为匆忙没有测量或记录这些数据也可以不上传。同时，用户需要点选预处理后的光谱数据 TXT 文件并将其点击上传。

另一部分信息则为农作物的物理生物参数，即叶面积指数、郁闭度、氮、磷、钾和叶绿素等指标。这些物理生物参数也是可以选择性添加，由于测量条件的限制，可能许多数据测量时并没有记录这些指标，这也将被允许。

上传完成后，用户可以点击完成上传，网页后台将计算并更新各张表格，如果上传成功会提示用户并将所上传的光谱信息展现在空白处；如果上传失误则将告知用户上传失败。

1) 包络线消除

对于植被来说，不同植被的光谱曲线大多都呈现相仿的峰谷特征。为了增加不同植被之间的光谱信息之间的区别，往往需要进行去包络线的计算。另外，在计算植被的吸收光谱时，也常常先进行连续值去处（做法类似于包络线消除），以进一步地突出植被光谱的峰谷特征，再进一步计算吸收光谱参数。

包络线像是包裹在光谱曲线外“壳”的一个所以可用连续的折线段来近似光谱曲线的

包络线。一些文献介绍了光谱曲线包络线消除法，且在 ERDAS 等遥感专业软件中提供了消除包络线的算法。但是在高光谱遥感中，由于波段众多，传统方法变得计算量极大。

本节中，使用了学者 Clark 提出的外壳系数法，其主要思想是先寻找光谱曲线中的极大值点，从极大值点中获得最大值点；再从最大值点出发，其与其他长波方向的每个极大值点的斜率，以最大斜率为下一个端点；再以该点为最大点，继续遍历，直到形成包络线，再进行包络线消除算法。

2）导数光谱

导数曲线同样是常见的一种光谱特征参数提取方式，其做法是利用导数光谱方法，对反射光谱进行数学模拟并计算不同阶数的导数。导数光谱可以帮助人们快速地找到光谱的最大处最小处与拐点的所在处。又由于大气作用和噪声等的存在，地物光谱所固有的吸收特征在光谱曲线上失真。利用导数光谱可以很好地消除这些因素的影响，如四阶导数可消除瑞利散射的影响，而一阶或二阶导数可以消除土壤背景的影响。

在本节中，选择了最常见的一阶导数光谱，利用一阶导数光谱可以迅速地帮助人们找到光谱反射率的最大波长和最小波长。研究发现，其可以去除线性或者接近线性的土壤噪声、背景对光谱信息的影响。

在用户选择上传光谱曲线之后，后台会自动计算其导数光谱，并插入进数据库。

3）用户上传操作

用户录入完光谱信息与物理生物参量之后，可以选择点击完成添加按钮。点击之后，系统将自动将上传的信息存入数据库中。并且自动计算其去处包络线之后的曲线和导数光谱曲线，并将它们展示在页面上。

用户可以根据显示出的反射率曲线、去包曲线和导数曲线，基本分析自己上传的光谱数据是否正确。

5. 网页查询与分析页面

在网页的查询和分析页面（图 4.50）中，用户可以查询已经在数据库中存在的数据和信息，并且将他们可视化显示，下载经过基本分析处理的结果，如包络线消除之后的结果。首先，用户需要输入自己的查询条件，并点选查询按钮，网页会将查询到的光谱条数展现在表格中，并在空白处提示用户系统在数据库中自动查询到的光谱条数。

1）查询并显示

在该界面中，用户首先可以选择自己需要查询的光谱数据的尺度，可以选择查询冠层、叶片或者土壤尺度上的光谱信息。另外用户需要至少输入农作物的类型，可以选择输入生长周期、播种方式、日期和地点等进一步的条件。

本节中，通过 ASP 的后台处理，将用户输入的内容带入 SQL 语句，并进入 Oracle 数据库进行查询，再将查询结果返回给网页端，显示在 Gridview 控件中。

为了更好地显示查询出的结果，在 PLSQL developer 中增加了一个查询的视图 SPEC，在进行查询时，直接调用了该视图进行查询。

由于本章中的光谱数据是使用 BLOB 语句，以二进制的形式存储在数据库中的，在 Gridview 中显示的是每次查询出的测量的基本状况。

2）点选并显示光谱曲线和去除包络线之后的曲线

用户可以点选 Gridview 中的某一行光谱数据，并点击显示光谱曲线，在下方的空白

尺度：冠层　　农作物类型：油菜　　生长期：八叶期

方式：直播　　日期(DD/MM/YYYY)：　　地点：

查询　　取消并返回首页

查询到24条数据！

选择	CID	植物种类	时间	地点	方式	生长周期	天气	种植方式	LAI	叶绿素
☐	27	油菜	2014/12/8 20:01:25	武穴	asd	八叶期	晴	直播	0.5	0.83911
☑	28	油菜	2014/12/8 20:01:25	武穴	asd	八叶期	晴	直播	1.3	0.82762
☑	29	油菜	2014/12/8 20:01:25	武穴	asd	八叶期	晴	直播	2.4	0.88436
☐	30	油菜	2014/12/8 20:01:25	武穴	asd	八叶期	晴	直播	2.2	1.04614
☐	31	油菜	2014/12/8 20:01:25	武穴	asd	八叶期	晴	直播	3.7	1.06716
☐	32	油菜	2014/12/8 20:01:25	武穴	asd	八叶期	晴	直播	2.6	1.38752
☐	33	油菜	2014/12/8 20:01:25	武穴	asd	八叶期	晴	直播	2.5	1.24666
☐	34	油菜	2014/12/8 20:01:25	武穴	asd	八叶期	晴	直播	2	1.09561
☐	35	油菜	2014/12/8 20:01:25	武穴	asd	八叶期	晴	直播	3	1.35855
☐	36	油菜	2014/12/8 20:01:25	武穴	asd	八叶期	晴	直播	1.5	0.74639
☐	37	油菜	2014/12/8 20:01:25	武穴	asd	八叶期	晴	直播	2.6	0.98649
☐	38	油菜	2014/12/8 20:01:25	武穴	asd	八叶期	晴	直播	1.9	1.40607
☐	39	油菜	2014/12/8 20:01:25	武穴	asd	八叶期	晴	直播	1.6	0.87751
☐	40	油菜	2014/12/8 20:01:25	武穴	asd	八叶期	晴	直播	0.8	0.77066
☐	41	油菜	2014/12/8 20:01:25	武穴	asd	八叶期	晴	直播	2	1.01705
☐	42	油菜	2014/12/8 20:01:25	武穴	asd	八叶期	晴	直播	2.1	1.30627
☐	43	油菜	2014/12/8 20:01:25	武穴	asd	八叶期	晴	直播	2.4	1.26731
☐	44	油菜	2014/12/8 20:01:25	武穴	asd	八叶期	晴	直播	1.9	1.21365
☐	45	油菜	2014/12/8 20:01:25	武穴	asd	八叶期	晴	直播	2.4	1.50018
☐	46	油菜	2014/12/8 20:01:25	武穴	asd	八叶期	晴	直播	2.1	1.44008
☐	47	油菜	2014/12/8 20:01:25	武穴	asd	八叶期	晴	直播	1.2	0.85567
☐	48	油菜	2014/12/8 20:01:25	武穴	asd	八叶期	晴	直播	1.9	0.96347
☐	49	油菜	2014/12/8 20:01:25	武穴	asd	八叶期	晴	直播	1	0.6534
☐	50	油菜	2014/12/8 20:01:25	武穴	asd	八叶期	晴	直播	2	1.19449

显示选中列光谱曲线　　下载选中的光谱曲线（txt格式）　　下载查询结果表格

显示选中列光谱曲线(去包络线后)　　下载选中的光谱曲线（去包络线后 txt格式）

清空光谱曲线

图 4.50　网页的查询与分析页面

处，将显示出该光谱曲线。

在实际的工作中，常常发现仅仅查询一行光谱数据是不够的，有时需要将多条光谱数据的情况同时显示在反射曲线中，同时将他们展示出来，并且分析和对比他们之间的细微区别。在本节中，实现了在表格中同时显示多条光谱曲线的功能。

同时，为了增加信息系统处理数据的能力，用户还可以点选并显示对应列光谱数据去除包络线之后的曲线。

3）下载查询的光谱曲线或者包络线曲线

在这个光谱信息系统中，用户可以下载查询的多种结果。

用户可以选择将自己查询结果的表格下载，网页将自动弹出对话框让用户下载查询出来的 Gridview 控件中的结果转换为 Excel 表格格式并下载。此外，还可以下载查询结果中的光谱曲线或者去处包络线之后的曲线，以 TXT 格式保存(图 4.51)。

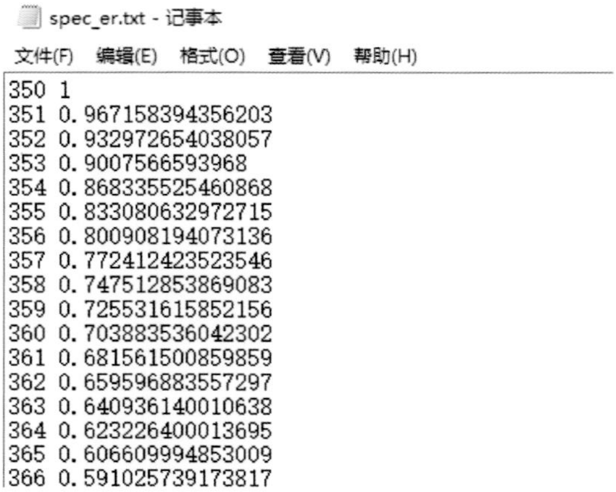

spec_er.txt - 记事本

文件(F) 编辑(E) 格式(O) 查看(V) 帮助(H)

```
350 1
351 0.967158394356203
352 0.932972654038057
353 0.9007566593968
354 0.868335525460868
355 0.833080632972715
356 0.800908194073136
357 0.772412423523546
358 0.747512853869083
359 0.725531615852156
360 0.703883536042302
361 0.681561500859859
362 0.659596883557297
363 0.640936140010638
364 0.623226400013695
365 0.606609994853009
366 0.591025739173817
```

图 4.51 txt 格式保存的消除包络线之后的光谱曲线

4.8 本章小结

农作物的高光谱反射率能够反映作物细微的差异，是精准农业获取信息的重要渠道，对农作物长势、产量估计、灾害监测等均具有指导意义，多通道的无人机影像记录了农作物在重要光谱通道的反射率及农作物的影像，对农作物长势判断提供了依据。对于实现作物长势参数的快速、全面获取，建立包含作物光谱反射率、长势参数、无人机影像等数据的地物光谱库是具有重要意义。

本章初步建立了一个农作物信息管理系统，实现了对各种农作物数据的管理，并实现了对输入数据进行数据回归或数据匹配快速获取农作物长势参数的功能。具体的工作包括以下几个方面。

(1) 分析数据之间的关系，针对不同类型的数据进行了数据库设计，并通过 Oracle 实现了对农作物各个关键生长期的光谱反射率、长势参数、无人机影像、土壤施肥水平、产量等数据的管理，在数据管理的同时对数据的合理性、完整性等进行了检验。

(2) 建立 Visual Studio 与 Oracle 的连接，通过 VS 平台实现了数据的可视化，并设计了方便的数据上传、下载、查询、修改和用户管理等功能，并将数据分析功能结合到了系统中。

(3) 基于数据库中全面的农作物参数，以油菜为实验数据，实现了对各种形式的光谱反射率与农作物长势参数的相关性分析，对不同光谱指数、光谱形状特征参数及无人机纹理特征与农作物长势参数进行相关性分析，在相关性分析的基础上，进一步实现了对农作物长势参数的回归反演，并对不同反演方式的精度进行了对比分析。实现了输入单个生长期的光谱反射率，能够获取对应的长势参数。

(4) 针对农业观测中的不完全观测问题，提出了通过数据匹配实现经过对不完全数据的数据匹配获取完全数据的方法。首先对比分析了在单一生长期内不同相似性测度对数据匹配的效果，探索了光谱特征参数、纹理特征参数等数据的引入对数据匹配效果的影响。然后提出了多时序不完全数据匹配方案，实现了不完全数据经多时序数据匹配获取全面参数的功能。

本章仅针对已有的油菜数据初步建立了一个数据管理分析系统，在以下几个方面还有待进一步探索。

(1) 由于同一生长期内同一种植方式的不同试验田的数据之间的差异并不显著，特别是当施肥水平比较接近时，更加难以区分，因此相似性测度的设计对数据匹配效果极为重要，本实验仅对比分析了几种常见的相似性测度在输入数据类型不同的情况下的匹配效果，在以后的研究中，可以对相似性测度算法进行改进，放大数据之间的差异性。

(2) 本章建立的数据管理分析系统存储的数据包括光谱反射率、无人机影像、长势参数、土壤参数和产量数据，对于激光点云、skye 测量数据、光合效率等数据还不支持，可以对数据库进行进一步扩充，实现对更多数据的管理。

(3) 在本章的实验中，基于无人机影像通过灰度共生矩阵获取的纹理特征参数对于数据匹配的效果不佳，可以进一步探索怎样利用无人机影像进行农作物长势参数分析，比如反映空间信息的局部空间统计参数：Gi 指数、局部 Moran's I 指数等是否适用于数据匹配。

(4) 由于不同光谱曲线的光谱吸收谷数量和位置并不一致，因此实验中将所有存在的吸收谷的吸收参数均入库管理，一条光谱曲线对应多条吸收参数记录，但是这种存储方式检索不方便，可以考虑根据农作物典型光谱反射率存在吸收谷的数量固定表格长度，一行存储一条光谱曲线对应的吸收参数。

(5) 本章建立的数据库在农作物同一生长期同一种植方式下的数据量不足，建立的反演模型的精度和可靠性还需要大量数据的进一步检验，当数据量增大时，可能建立的模型反演精度会更高。

参 考 文 献

白继伟，2002. 基于高光谱数据库的光谱匹配技术研究. 北京：中国科学院遥感应用技术研究所.

曹入尹，陈云浩，黄文江，2008. 面向作物病害识别的高光谱波谱库设计与开发. 自然灾害学报，17(6)：73-76.

陈鹏飞，NICOLAS T，王纪华，等，2010. 估测作物冠层生物量的新植被指数的研究. 光谱学与光谱分析，30(2)：512-517.

陈永刚，丁丽霞，葛宏立，等，2010. 南方常见树种光谱库的设计与实现. 测绘科学(S1)：215-217.

佃袁勇，2011. 高光谱数据反演植被信息的研究. 武汉：武汉大学.

董晶晶，牛铮，2008. 高光谱反演叶片叶绿素及全氮含量. 遥感信息(5)：25-27.

方立刚，陈水森，2005. 广东特色农业波谱数据库设计与开发. 计算机工程与应用，41(26)：170-173.

房华乐，任润东，苏飞，等，2012. 高光谱遥感在农业中的应用. 测绘通报(S1)：255-257.
傅德印，黄恒君，王晶，2013. 应用多元统计分析. 北京：高等教育出版社：46-46.
蒋阿宁，黄文江，赵春江，等，2007. 基于光谱指数的冬小麦变量施肥效应研究. 中国农业科学，40(9)：1907-1913.
雷利琴，2012. 基于冠层反射光谱的油菜光合及生长监测. 长沙：湖南农业大学.
李兴，2006. 高光谱数据库及数据挖掘研究. 北京：中国科学院遥感应用研究所.
刘俊，2014. 基于 ALOS 遥感影像纹理信息的怀柔区针、阔叶林蓄积量反演模型研究. 北京：北京林业大学.
任利华，冯伍法，2008. 地形信息光谱数据库系统设计与开发. 测绘工程，17(4)：59-61.
田永超，杨杰，姚霞，等，2010. 利用叶片高光谱指数预测水稻群体叶层全氮含量. 作物学报，36(9)：1529-1537.
童庆禧，张兵，郑兰芬，2006. 高光谱遥感：原理、技术与应用. 北京：高等教育出版社.
王平，刘湘南，黄方，2010. 受污染胁迫玉米叶绿素含量微小变化的高光谱反演模型. 光谱学与光谱分析，30(1)：197-201.
王锦地，李小文，张立新，等，2003. 我国典型地物标准波谱数据库//第一届环境遥感应用技术国际研讨会.
王巧男，叶旭君，李金梦，等，2015. 基于双波段植被指数(TBVI)的柑橘冠层含氮量预测及可视化研究. 光谱学与光谱分析，35(03)：715-718.
王珊珊，周可法，王金林，2013. 高光谱遥感在地质找矿中的应用研究//全国数学地质与地学信息学术研讨会.
肖筱南，2002. 小样本多元逐步回归的最优筛选分析. 统计与信息论坛，17(1)：22-24.
谢宏全，刘军生，卢霞，2012. 浒苔反射光谱库系统设计与实现. 海洋环境科学，31(4)：603-606.
徐元进，胡光道，张振飞，2005. 包络线消除法及其在野外光谱分类中的应用. 地理与地理信息科学，21(6)：11-14.
杨燕，田庆久，2007. 高光谱反演水稻叶面积指数的主成分分析法. 国土资源遥感，19(3)：47-50.
杨敏华，刘良云，刘团结，等，2002. 小麦冠层理化参量的高光谱遥感反演试验研究. 测绘学报(4)：316-321.
张修宝，袁艳，景娟娟，等，2011. 信息散度与梯度角正切相结合的光谱区分方法. 光谱学与光谱分析，31(3)：853-857.
周靖靖，赵忠，刘金良，等，2014. 基于快鸟影像纹理特性的刺槐林叶面积指数估算. 应用生态学报，25(5)：1266-1274.
BROGE N H，LEBLANC E，2003. Comparing prediction power and stability of broadband and hyperspectral vegetation indices for estimation of green leaf area index and canopy chlorophyll density. Remote Sensing of Environment，76(2)：156-172.
CHO M A，SKIDMORE A K，2006. A new technique for extracting the red edge position from hyperspectral data：the linear extrapolation method. Remote Sensing of Environment，101(2)：181-193.
DIAN Y，LI Z，PANG Y，2015. Spectral and texture features combined for forest tree species classification with airborne hyperspectral imagery. Journal of the Indian Society of Remote Sensing，43(1)：101-107.
EDDY P R，SMITH A M，HILL B D，et al.，2014. Weed and crop discrimination using hyperspectral image data and reduced bandsets. Canadian Journal of Remote Sensing，39(6)：481-490.
GEBBERS R，ADAMCHUK V I，2010. Precision agriculture and food security. Science，327(5967)：828-831.
GITELSON A A，GRITZ Y，MERZLYAK M N，2003. Relationships between leaf chlorophyll content and spectral reflectance and algorithms for non-destructive chlorophyll assessment in higher plant leaves. Journal of Plant Physiology，160(3)：271-282.

HE L, SONG X, FENG W, et al., 2016. Improved remote sensing of leaf nitrogen concentration in winter wheat using multi-angular hyperspectral data. Remote Sensing of Environment, 174: 122-133.

HUETE A R, 1988. A soil-adjusted vegetation index(SAVI). Remote Sensing of Environment, 25(3): 295-309.

KALACSKA M, LALONDE M, MOORE T R, 2015. Estimation of foliar chlorophyll and nitrogen content in an ombrotrophic bog from hyperspectral data: Scaling from leaf to image. Remote Sensing of Environment, 169(4): 270-279.

KUMAR M N, SESHASAI M V R, PRASAD K S V, et al., 2011. A new hybrid spectral similarity measure for discrimination among Vigna species. International Journal of Remote Sensing, 32(14): 4041-4053.

NIGON T J, MULLA D J, ROSEN C J, et al., 2015. Hyperspectral aerial imagery for detecting nitrogen stress in two potato cultivars. Computers & Electronics in Agriculture, 112(C): 36-46.

PU H Y, CHEN Z, WANG B, et al., 2014. A novel spatial—spectral similarity measure for dimensionality reduction and classification of hyperspectral imagery. IEEE Transactions on Geoscience & Remote Sensing, 52(11): 7008-7022.

ROBILA S A, GERSHMAN A, 2005. Spectral matching accuracy in processing hyperspectral data// IEEE International Symposium on Signals, Circuits and Systems: 163-166 Vol. 1.

SRIVASTAVA R, SARKAR D, MUKHOPADHAYAY S S, et al., 2015. Development of hyperspectral model for rapid monitoring of soil organic carbon under precision farming in the Indo-Gangetic Plains of Punjab, India. Journal of the Indian Society of Remote Sensing, 43(4): 751-759.

STEELE M R, GITELSON A A, RUNDQUIST D C, 2008. A comparison of two techniques for nondestructive measurement of chlorophyll content in grapevine leaves. Agronomy Journal, 100(3): 779-782.

VAN DER MEER, FREEK, 2006. The effectiveness of spectral similarity measures for the analysis of hyperspectral imagery. International Journal of Applied Earth Observation & Geoinformation, 8(1): 3-17.

WANG H, ZHAO Y, PU R, et al., 2015. Mapping robinia pseudoacacia forest health conditions by using combined spectral, spatial, and textural information extracted from IKONOS imagery and random forest classifier. Remote Sensing, 7(7): 9020-9044.

WANG X P, ZHAO C Y, GUO N, et al., 2015. Determining the canopy water stress for spring wheat using canopy hyperspectral reflectance data in Loess Plateau Semiarid Regions. Spectroscopy Letters, 48(7): 492-498.

WILSON J, ZHANG C H, KOVACS J, 2014. Separating crop species in Northeastern ontario using hyperspectral data. Remote Sensing, 6(2): 925-945.

WU Y, ZHANG D R, ZHANG K H, et al., 2012. Remote sensing estimation of forest canopy density combined with texture features. Chinese Forestry Science &Technology(3): 60-60.

WU C Y, NIU Z, TANG Q, et al., 2008. Estimating chlorophyll content from hyperspectral vegetation indices: modeling and validation. Agricultural & Forest Meteorology, 148(8-9): 1230-1241.

YANG C, LEE W S, GADER P, 2014. Hyperspectral band selection for detecting different blueberry fruit maturity stages. Computers & Electronics in Agriculture, 109(109): 23-31.

ZHANG J H, ZHANG J B, QIN S W, 2010. Spectral reflectance characteristics of summer maize under long-term fertilization. Plant Nutrition & Fertilizer Science, 16(4): 874-879.

ZHANG N Q, WANG M H, WANG N, 2002. Precision agriculture-a worldwide overview. Computers &Electronics in Agriculture, 36(02): 113-32.

ZHOU X, ZHUO Z H, 2014. Research and realization of ADO. NET database access technology. Applied Mechanics and Materials(496-500): 1748-1751.

第 5 章　无人机平台农田信息获取技术

5.1 引　　言

近年来，随着遥感技术的飞速发展，农业遥感信息的获取呈现出天地网一体化的趋势，作物估产研究与应用不断取得突破。对农作物产量的提前预测，在农业生产成本投入决策及实现精细化准确化农业经营管理中起到了至关重要的作用，同时带动了其他农产品相关产业发展。油菜以其富含油的种子成为我国乃至世界主要油料作物之一。但油菜在花期、角果期作物冠层结构会发生明显变化，其中花期出现达 30 多天，几乎占油菜1/4 的生长时期，这种现象影响了遥感数据的准确获取，对相关参量的反演造成误差。本章研究与精准农业紧密结合，利用遥感地面与无人机平台对油菜这个极具特点的作物进行天地动态立体监测。在油菜生长的关键节点，利用地面采集及无人机航飞作业方式实时获取光谱、理化参数信息，及时了解油菜田苗情以及生长状况。通过遥感数据的分析，对油菜的理化参数及最终产量提出较为准确的估算方法，并评价不同生长期油菜生长状况对最终产量的贡献，定量化数据化的为精准农业经营管理提供决策参考。在单时期估产模型的基础上提出华中地区油菜多时期多平台综合估产模型。主要的研究工作包括以下内容。

(1) 分析油菜冠层光谱的影响因素及不同波段宽度对反演典型参数(叶面积指数、叶绿素含量)的影响。不同生长期，随着典型参数的变化，冠层光谱的变化趋势不同。在花期随着叶面积指数、叶绿素含量的增加，所有波段反射率均上升，并且增幅明显。其中反演油菜典型参数的最佳波段宽度分别是：绿光、红光、低于 30 nm 的近红外波段，宽度低于 25 nm 的红边波段，适当增大波段宽度能够对反演精度有所提高。根据该波段宽度设计无人机 MCA 相机各通道滤光片，因此，利用地面平台根据光谱信息构建植被指数，并用于反演典型参数及产量的方法可以很好地向低空无人机尺度推广。

(2) 在地面遥感监测平台，利用植被指数经验模型在油菜不同时期分别反演叶面积指数与叶绿素含量。由于油菜典型参数(叶面积指数、叶绿素含量)与产量具有显著的线性或二次函数关系，将植被指数经验模型推广应用于产量估测。根据高光谱遥感的特点，构建能利用更多光谱信息的连续小波变换以及神经网络估产模型。基于地面平台遥感数据采用熵值法与层次分析法分析油菜各生长期对产量的贡献，并构建组合估产预测模型。对于地面遥感监测平台，十叶期是最好的估产时期，最佳的估产方法是优化后分种植方式的 $CI_{rededge}$ 植被指数估产模型，验证结果决定系数为 0.96，均方根误差为 169 kg。

(3) 在无人机遥感监测平台，提出一个简单的基于直方图阈值分割法、利用绿光波段和近红外波段构建 NGVI 指数、来区分样本中花是否出现的算法，并将其用于油菜植被覆盖率以及花覆盖率估算中。验证模型结果表明该算法能够很好地反演花覆盖率以及植被覆盖率，均方根误差均低于 6%。可将地面平台反演典型参数方法在无人机平台上推广。其中十叶期的 NDVI 与 $CI_{rededge}$ 植被指数，花期 R_{green} 植被指数，角果期 EVI2、MSAVI 植被指数反演叶面积指数与叶绿素含量的效果最好。根据无人机影像的特点，构建基于植被覆盖率回归方法及混合像元分析法的估产模型，并在神经网络估产模型中加入端元丰度信息。基于无人机平台遥感数据采用熵值法与层次分析法分析油菜各生长期对产量的贡献，并构建组合估产预测模型。对于无人机遥感监测平台而言，十叶期是最好的估产时期，利用优化后分种植方式的 NDVI 植被指数经验模型，估产结果的精度显著。无论在地面还是在无人机平台上，利用光谱信息在花期估产效果均不佳，通过对影像进行分析，结合花期油菜田生长环境信息（花覆盖率、花丰度）能够有效地提升估产模型的精度。

（4）虽然单时期估产模型方法简单、快速、灵活，但全面性、现实性、推广性有所欠缺，因此，提出了油菜综合估产模型。通过逐步回归法结合不同平台不同遥感数据确定油菜各时期估产关键变量，分别是：八叶期，SR 植被指数（地面）；十叶期，NDVI 植被指数（无人机）；花期，花丰度（无人机）与黄边幅值（地面）结合；角果期，SR 植被指数（地面）与 LAI 结合。利用油菜各时期估产关键变量，通过熵值-层次分析组合赋权法构建油菜全时期多平台综合估产评价模型，验证结果均方根误差为 225.2 kg/hm^2。并在此基础上对模型进行优化，提出华中地区油菜多时期多平台综合估产模型，需要利用的时期有角果期、十叶期、八叶期，验证模型决定系数 0.94，均方根误差 190.8 kg/hm^2，偏移量低于 10%。

5.2　概　　述

5.2.1　研究的意义和背景

中国作为一个农业大国，自新中国成立以来，以世界 7%的耕地解决了世界 21%人口的温饱问题，在全球农业的发展中取得了巨大的成就（李景奇，2013）。但是新时期中国农业还面临着不少问题，如人多地少、资源短缺、资源浪费、土地流失、环境污染以及劳动生产率低等，单单依靠传统农业已无法满足现代经济的发展以及人们日益增长的生活水平所需（王连跃，2012；杨慧，2011；黄国勤，2014）。随着科学技术的不断进步，从原始农业的刀耕火种向现代化农业的转变，农业领域科技的不断发展，趋势逐渐由耕地和灌溉面积的扩大、农化肥大量施用向依托与传统育种以及基因工程结合的动植物种质资源与现代育种技术、生态农业低碳农业技术、农业信息化和精准农业技术的现代化信息化农业转变，更为注重农业生产与生态环境的和谐共存以及农业可持续发展（邹伟，2011；赵其国 等，2012）。

油菜是世界上三大主要油料作物之一，在我国作为一个紧随水稻轮作的油料作物，油菜种植区域广、播种面积大、生长适应性强，对土壤和热量要求不高，是我国种植面积超过亿亩的 5 种作物之一（殷艳 等，2010；朱珊 等，2013；郭燕枝 等，2016；王松林 等，2015；Bao et al.，2012）。油菜的种植主要是为了获取富含油的种子，油菜种子的副产品在食品、生物燃料、医药学等领域广泛应用（Wittkop，et al.，2009；Fang et al.，2016）。长江流域属亚热带气候环境，油菜苗期越冬无碍，生长期雨量充沛、日照充足，该区域成为我国最大的油菜生产区，油菜的增产潜力大（李莉，2005）。借助优良的地理位置以及适宜的气候条件，湖北成为我国油菜生产大省，2015 年油菜播种面积达 1870 万亩，占全国油菜播种面积的 1/6，产量达 250 万吨，“世界油菜看中国，中国油菜看湖北”是对湖北省油菜产业优势地位的生动描述(吴萍,2011)。近年来,人民生活水平日益提高,消费构成不断变化,产业结构逐步调整,对油菜籽的需求量也与日俱增。以高油高产高效为目标的油菜生产研究和维护食用植物油有效供给是国家食物安全战略的核心之一(王汉中,2010)。总之,油菜作为主要的油料作物,国内外市场都迫切需求,开展对油菜增产增优的研究对于保障国家食物安全、能源安全及农民增收具有重要的理论意义和实用价值。

近年来遥感技术的兴起为解决油菜估产问题提供了新的方向。遥感技术以其大面积、快速、动态的优势可在不破坏作物结构的同时获取不同时间和空间尺度的作物冠层信息,与传统点尺度上费时费力的人工量测相比,遥感为获得作物冠层信息、对作物产量及品质的监控和评估、实时可视化的对作物长势动态监测及农作物种类细分提供了便捷的手段(史舟 等,2015;Beek et al.,2015;赵春江,2014;佃袁勇,2011;陈新芳 等,2005;Gitelson et al.,2003a)。与此同时近来兴起的无人机和无人机遥感对卫星遥感和传统测量形成了很好的补充。无人机系统技术具备云下低空飞行的能力(不易受云层遮挡影响);有着高时效、高分辨率,低成本、低损耗、低风险,可重复获取数据的特点,这些优势为精准农业打开了新视野,能够通过高分辨率以及高回访度的影像有效描述植被作物在关键生长期、生长节点的变异情况。

在农作物生长过程中,实时获取农作物光谱、理化参数信息有助于及时、准确地了解农作物生长状况,对于制定合理的农田管理方案,保障农作物正常生长起到关键作用(董莹莹,2013)。精准农业(precision agriculture)是在 20 世纪 80 年代初被提出并发展起来的,其概念是识别田间作物和环境的时空变异性,通过各种手段获取田间小区农作物的生长环境信息,并由此对农业生产过程实现精细化、准确化的农业经营管理,来满足日益增长的环境、经济、市场以及公众压力(Geipel et al.,2014;蒙继华 等,2011;何志文 等,2009)。遥感技术以其在不同时间不同尺度周期性获得地表、农田信息对精准农业起到了非常大的支持作用,在指导田间土壤水肥、作物病虫害、杂草控制及产量估测等方面发挥关键作用并确保农业的可持续发展(蒙继华 等,2011)。精准农业对产量的提前预测,在农作物成本投入决策中起到了至关重要的作用,例如营养物、农药、水及劳动力,此外生物能源以及其他农产品相关工业也在产量提前估测中获益(Mourtzinis et al.,2013)。目前,美国的精准农业技术以及相关研究在国际上处于遥遥领先的位置,各项技术发展趋于成熟,并得到推广应用。近年来我国也开始了精准农业的研究,开始摸索适合我国国情,有中国特色的精准农业发展模式,但总体而言,我国的精准农业研究才刚刚起步。精准农业的三个基本环节是信息获取、决策和实施,因此,农作物生态环境信息快速准确获取是精准农业能够得以顺利决策和实施的基础,是建立以实时、精准实施为特点的现代农业生产系统的核心组件。由于油菜在不同的生育期(十叶期、花期、角果期),冠层结构发生明显变化(开花、结角果),其中花期出现达 30 多天,几乎占油菜 1/4 的生长时期,与此同时针对油菜不同生育期对典型参数和产量估算的影响相关研究较少。本研究通过地面、无人机监测平台,准确实时地获取不同油菜生育期的光谱数据以及典型参数(叶绿素、叶面积指数、植被覆盖率),开展油菜产量估测的研究。

5.2.2 研究进展

1. 遥感技术的发展

遥感是通过传感器,在远离目标和非接触目标物体条件下探测目标地物,获取其反射、辐射或散射的电磁波信息(如电场、磁场、电磁波、地震波等信息),并进行提取、判定、加工处理、分析与应用的一门科学和技术。自 20 世纪 60 年代问世以来,遥感技术一直处于飞速发展中。

1) 遥感数据源

(1) 遥感数据源

多元的遥感传感器为遥感技术的应用提供了从地面、机载到星载各种尺度的丰富数据源。

(1) 从 0.1 m 到 1 000 m 的多种空间分辨率数据。国际商业遥感卫星 GeoEye 的空间分辨率已达到 0.41 m,美国光学侦察卫星 KH-12 空间分辨率达 0.1 m。与此同时近年来我国也不断发射了数颗高分卫星,包括高分一号至高分四号,最高空间分辨率已达 1 m,这些高分卫星具有高空间分辨率、高时间分辨率和高光谱分辨率,能更好、更快、更广、更长的进行对地观测,有力地促进我国国计民生各个领域水平的高速发展(东方星,2015)。随着遥感影像分辨率的提高,影像呈现出大量的新特点,如几何、结构、纹理特征丰富,光谱精细化,地表目标多尺度化等,为遥感的信息提取、解译提供了新的研究方向(李德仁 等,2012)。

(2) 遥感提供了时间分辨率为分钟级的地球同步静止卫星数据和 1～3 天的陆地卫星数据。我国的高分四号卫星有着高时间分辨率,它能够以分钟级甚至秒级间隔对目标进行高频率拍摄。

(3)光谱分辨率也逐渐提高,从 100 nm 的多光谱提升到了几 nm 高光谱以满足不同测量目标的需求。1975 年美国 NASA 发射了首颗多光谱卫星 Landsat-1;1987 年,著名的机载摆扫式成像光谱仪 AVIRIS 试飞成功拉开了高光谱遥感应用的序幕,AVIRIS 载有 4 个光谱测度仪,拥有 242 个光谱波段,覆盖整个大气窗口(380～2500 nm);1989 年,加拿大 ITRES 公司开发出可见光-近红外光谱成像仪 CASI,具有 288 个波段,覆盖了 430～870 nm 波长范围;2000 年美国成功发射了载有 Hyperion 高光谱成像光谱仪的 EO-1卫星,其空间分辨率为 30 m,在 400～2 500 nm 共有 220 个波段。我国于 2008 年 6 月成功发射了 2 颗搭载了多光谱可见光相机,高光谱成像仪以及红外相机的光学环境卫星遥感器 HJ-1 和 HJ-2,其中,高光谱成像仪覆盖 400～950 nm 的光谱范围,波段数为 115,平均光谱分辨率为 5 nm,地面分辨率 100 m;并在近年来发射数颗高分卫星。与此同时地面高光谱设备如 ASD、EPP、HyperScan 等也不断更新换代。

无所不在的传感器网以日、分、秒甚至毫秒计不断产生时空数据,使得人们能以前所未有的速度获得各种数据,描述和研究地球上的各种实体和人类活动,这些丰富的遥感数据为大气、地学、植被、海洋等方面的研究和应用提供了有效支持。

(2) 无人机遥感

无人机与遥感技术相结合,称为无人机遥感。无人机遥感系统具有低成本、低损耗、低风险、高分辨率、高时效等优点，对遥感地面平台以及卫星遥感形成了很好的补充，在农业监测、国土资源调查、灾害监测等领域应用广泛(唐晏，2014)。Hunt 等(2010)、Guillen-Climent 等(2012)等利用安装在无人机平台上的光谱成像传感器获取地面植被光谱信息从而对其进行监测。Duan 等(2014)利用无人机获取的三种典型的农作物(玉米、马铃薯和向日葵)评估 PROSAIL 模型估测 LAI 的可行性，LAI 使用基于查找表算法的 PROSAIL 反演。结果表明增加方向信息可以提高 LAI 的估算精度。Alexandridis 等(2014)针对小麦和油菜作物利用无人机获取的光谱数据估算了绿色面积指数。Bendig(2015)利用无人机获取的作物光谱、高度信息，结合植被指数和株高信息来估测大麦实验田的生物量。李冰等(2012)、刘峰等(2014)利用无人机系统通过对作物全生育期的监测，提出从时间序列影像的监测植被覆盖度变化的方法并取得较好结果。

由于卫星遥感易受天气、轨道周期的影响，对农作物关键生长节点不能准确把握，并且受制于卫星空间分辨率，对农作物田间变化不能很好地反映，往往对农作物典型参数或者产量的估算精度造成影响。而无人机遥感与大面积卫星遥感形成了很好地补充，它们相互配合能够形成多尺度的农情信息监测网。无人机拍摄的遥感数据能在田间尺度以及农作物生长状况实时动态监测上发挥重要作用，与大多数卫星传感器相比，机载传感器可以获得更高的空间分辨率数据，针对卫星空间分辨率难以研究的小尺度农田特别是中国南方起伏不定细碎的田块提供了很好解决方案，无人机遥感更有助于抓住作物在快速生长时期的关键节点。所以无人机遥感是精准农业的重要一环，对于农作物生态环境信息的快速准确获取起到关键作用，是精准农业发展的热点和新的趋势。

2) 定量遥感

遥感的定性分析是对观测对象的性质、特点、发展变化规律的主观判断，是遥感定量化的前提。遥感从初期的目视非量化识别逐渐发展到粗糙的量化信息提取之后，伴随着遥感信息获取、处理与应用技术进步，更为具体的应用对遥感信息提出的更高要求，希望能够实现更细致、准确的量化信息提取，从模糊走向精准(尹球 等，2007)。定量遥感是利用遥感传感器获取地表地物的电磁波信息，在先验知识和计算机系统支持下，定量获取观测目标参量或特性的方法与技术；定量遥感强调通过数学的或物理的模型将遥感信息与观测地表目标参量联系起来，定量地反演或推算出某些地学目标参量(李小文，2005)。

定量遥感综合利用了地面观测、航空、航天遥感平台与多种载荷探测器协同观测的数据，经过物理模型，统计模型或模型耦合，对观测对象或现象的特征、关系与变化的数量化处理与呈现。遥感技术所接收的地表目标辐射信号是由太阳辐射通过大气到达地表，被地表目标反射后又经过大气从而进入传感器的。所以，遥感传感器接收的信号包括大气辐射干扰的信息、地表目标辐射信息、传感器自身产生的误差信息等。遥感技术反演地表目标各种参数如叶绿素、叶面积指数(LAI)、植被覆盖率(VF)、产量等的本质是通过建立光谱信号与各种参数之间的关系模型，在模型的基础上，根据测量的光谱信号，采用各种算法推算目标的实时状态参数。

定量遥感在利用遥感数据反演各种地表目标参数的方法主要有 2 种：①基于辐射传输理论的分析模型方法。该方法主要是利用辐射传输模型得到模拟的光谱反射率，通过优化算法与实测光谱数据进行比较以估算地表目标参数。物理模型方法通过分析地表目标的光谱特征和其结构、表面特征、生化组成、外界环境条件等因素的关系以建立模型。当获得模型的输入参数，就可以利用模型模拟地表目标光谱；当已知光谱特征后，就可通过一些最优化的数据算法反演地表目标的相关参数。这类模型主要分为辐射传输模型、几何光学模型、浑浊介质模型、计算机模拟模型等。对于植被参数的物理模型最典型的有PROSPECT模型（叶片尺度）和SAIL模型（冠层尺度）。利用物理模型构建反演的目标函数，通过最优化算法求解目标函数，找到最优的参数值，这就是物理模型反演植被参数的过程。较为常用的优化算法有：基于梯度的优化算法、基于神经网络、遗传算法、模拟退火算法等。②基于光谱数据的经验/半经验方法，通过分析地表目标在各波段的光学吸收物理特性，基于经验或半经验的分析模型，将反射光谱在不同波段的数据进行数学组合运算以增强光谱特性与地表目标参量关联，或者根据智能算法建立光谱反射率与参数之间的关系，从而反演目标参量。

目前，定量遥感技术广泛应用于各个领域，对自然灾害、环境监测、应对全球气候变化、水文水资源管理、对陆地海岸海洋生态系统的保护、农业资源调查与可持续农业、森林资源的清查与监测等等，形成巨大的社会经济效益，造福整个社会。

2. 农业遥感

随着遥感技术的发展，农业遥感研究与应用得到了显著进步，农业遥感信息获取呈现出天地网一体化的趋势；农业定量遥感在关键参数遥感反演技术方法与应用方面取得进展；作物面积、长势、产量、灾害的遥感监测理论与技术方法取得突破（陈仲新 等，2016）。

1）农作物典型参数反演研究进展

（1）叶面积指数LAI反演

叶面积指数（LAI）是由英国农业生态学家Watson提出的，定义为单位土地面积上单面植物光合作用面积的总和（Atzberger et al.，1995）。在遥感范畴中，叶面积是指单位土地面积上所有叶子投影面积的总和，它的含义是通过感应器从树冠冠顶所能看到的最大叶面积值。LAI是一个具有量化植被冠层结构的重要植被特征参量，在农业领域有着广泛的应用。与传统的费时费力、破坏性强、不利于研究大区域范围的地面实测LAI方法相比，遥感的发展为区域范围内获取LAI的研究提供了一种解决方案。

在利用遥感数据反演LAI方面，国内外研究机构都投入了大量的人力物力，并取得了较为瞩目的成果。在植被指数估算LAI的研究中，归一化植被指数（NDVI）与比值植被指数（SR）最常被提及（夏天 等，2012；陈雪洋 等，2012；宋开山 等，2006；Chen et al.，1996）。并且随着高光谱遥感技术的发展以及高光谱传感器的不断升级，利用高光谱反演植被指数的研究越来越多，反演结果更为精确，波段信息更为具体（Xie et al.，2016；Viña et al.，2011；王秀珍 等，2004）。Maki等（2014）针对京都大学实验田中的大米，构造并验证了与LAI相关的植被结构时间序列植被指数TIPS，研究表明TIPS指数与LAI的相关性要高于其他植被指数，结果表明TIPS指数能够有效地估算在地面尺度的时间序列LAI。孙华等（2012）利用Hyperion高光谱数据对构建的13种植被指数反演LAI结果进行评估，并使用偏最小二乘回归分析方法取得了较好的结果。赵娟等（2013）对处于不同生育期的冬小麦分别采用不同植被指数反演LAI，结果表明在冬小麦不同生育期根据植被覆盖度以及反射率变化采用相应的植被指数反演结果要优于对整个生育期采用NDVI

植被指数的反演结果。除了植被指数方法外对 LAI 的反演研究还引入了一些其他的新方法如:神经元网络、混合像元分析法、支持向量机、基于辐射传输模型方法等并取得到较好的估算结果。Zhou 等(2014)利用高分辨率卫星 Quickbird 对中国黄土高原洋槐的 LAI 进行反演,考察了 3 种不同的方法:基于光谱的植被指数方法,纹理参数方法,纹理参数与植被指数相结合的方法。采用简单的线性和非线性回归模型来分析图像获得的参数与 52 块试验田 LAI 的关系,结果表明纹理参数与植被指数相结合的方法能有效地提高 LAI 的反演精度。Kira 等(2016)对灌溉、旱作的玉米和大豆在不同天气条件下的 8 年的数据的绿度 LAI 和高光谱反射率展开分析,通过神经元网络法、偏最小二乘回归法、植被指数法找到在估算玉米(C4)和大豆(C3)两种作物时高光谱中最有用的波段信息,从而选出了红边与近红外波段,并建立了使用最少波段数来反演绿度 LAI 的反演模型。李鑫川等(2012)利用 ACRM 物理模型模拟数据,并将其与地面实测数据相结合,通过植被指数方法分析土壤敏感性和饱和性从而判断 LAI 的分段点,来反演 LAI,并将改方法推广应用于 Landsat5 TM 反演冬小麦 LAI,反演的结果优于单一植被指数反演精度。梁栋等(2013)针对冬小麦起身期、拔节期和灌浆期利用支持向量机回归的方法进行叶面积指数反演,建立了利用蓝光、绿光、红光、近红外波段和归一化植被指数、比值植被指数作为输入参数的回归预测模型,结果表明通过支持向量机回归预测拟合结果更好,波段信息更多,适用于冬小麦多个生育期。

(2) 叶绿素含量反演

植被叶绿素含量指的是单位面积叶片的叶绿素含量,是叶绿素 a 与叶绿素 b 的加和。叶绿素含量与植被的光能利用息息相关,准确估算叶绿素含量对农作物生长过程动态监测以及最后的产量估算有着举足轻重的作用。

对于物理模型反演叶绿素含量的研究,Maire 等(2004)对 1973 年以来提出的几乎所有植被指数通过 PROSPECT 模型模拟的叶片光谱进行了验证。Clevers 等(2012)用 PROSAIL 模型模拟出的冠层光谱数据与实测光谱数据一起来反演叶绿素含量,结果表明 $CI_{rededge}$ 指数与冠层叶绿素含量线性相关且决定系数达到了 0.94。Darvishzadeh R 等(2012)通过 PROSAIL 辐射传输模型使用查找表的方法来估算水稻冠层叶绿素含量。所得到的结果证明该查找表方法能通过 PROSAIL 模型来估测使用的 ALOS AVNIR-2 多光谱数据($R^2=0.65$;RMSE=0.45)的水稻植物的叶绿素含量。物理模型具有一定的物理意义,在参数足够的情况下反演精度较高,但模型所需参数往往难以获取,反演时易出现病态反演的问题。

针对经验/半经验方法反演叶绿素含量,很多研究者都重视在一定的理论基础上建立和应用一些高效的光谱指数。Gitelson(2006,2003b)、Ciganda 等(2009)等选用红边波段(695～735 nm)、绿波段(520～570 nm)和近红外波段(750～800 nm)组成 CI_{green} 与 $CI_{rededge}$ 指数来反演叶片叶绿素含量,当叶片叶绿素含量在 10～805 mg/m^2 范围时,叶绿素预测的均方根误差 RMSE＜38 mg/m^2,变异系数(coefficient of variation)小于 10.3%。宫兆宁等(2014)利用 FieldSpec3 光谱仪对野鸭湖湿地典型植物叶片叶绿素展开研究,采用相关性及单变量线性拟合分析技术,建立叶绿素含量与三边参数的相关模型,以及叶绿素含量与 SR、ND 植被指数的回归模型,利用 3K-CV 交叉验证方法进行精度验证。研究发现基于红边位置(WP_r)和ND(565 nm,735 nm)建立的植被指数模型反演结果最好并验证精度高。

2) 植被覆盖率反演研究

植被覆盖率(vegetation fraction,VF)被定义为植被(包括叶、茎、枝)在单位面积内的垂直投影面积所占百分比(Purevdorj et al.,1998;Gitelson et al.,2002)。在农作物的整个生长过程中,植被覆盖率是可以表征作物许多生物物理特性(植物密度、物候、产量)的主要参数之一(Carlson et al.,1994;Owen et al.,1998)。由于入射光的截获与叶片的覆盖密切相关,植被覆盖率广泛用于构建与冠层光合作用能力以及植被生产力直接相关的光合有效辐射率(fAPAR)模型(Fang et al.,2016)。因此准确、定量的获取作物植被覆盖率对农业监测、生态评估、气候变化等研究尤为重要(Li et al.,2015)

近年来,随着遥感技术的发展,遥感不同时间尺度不同空间尺度的植被覆盖率信息能够提供实时、连续监测,这逐渐取代了传统费时费力的田间统计方法,成为研究植被覆盖率估算的主要手段。植被覆盖率反演主要是通过大量调查研究植被覆盖率与冠层光谱之间关系。Gitelson等(2002)提出了一种利用不同波段反射率信息估算植被覆盖率的方法,将裸露的土壤线和植被线放入由两个波段构建的光谱空间中,植被覆盖率的估算就是基于样本与植被线和土壤线的距离,该方法成功地应用于玉米、大豆和小麦的植被覆盖率估算中(Nguyrobertson et al.,2013)。神经网络法和混合光谱分析法同样能通过对冠层光谱与植被覆盖率相关参量的估算从而反演植被覆盖率。Baret等(1995)利用红光到近红外光谱构建BP神经网络,估算了甜菜的冠层空隙度。Peddle等(2005)利用混合光谱分析法反演了土豆实验区的LAI值。植被指数法是植被覆盖率研究中最常使用的方法。归一化植被指数(NDVI)和修正土壤调节植被指数(MSAVI)被成功应用于利用CASI数据估算玉米、大豆、小麦的植被覆盖率中(Liu et al.,2008)。Gitelson等(2002)提出了VARI植被指数,该指数对小麦以及玉米植被覆盖率的变化非常敏感。Alexandridis等(2014)证明EVI指数在多数情况下通过MODIS数据反演植被覆盖率表现优异。

3) 农作物遥感估产进展

遥感技术以其大面积、实时、动态等优势,在农业遥感产量估测领域得到了充分的应用。在20世纪70年代美国已经开始了利用遥感技术的相关估产研究,例如LACIE计划和"利用空间遥感技术进行农业和资源调查"。之后欧洲各国以及加拿大等对小麦、水稻、玉米等典型农作物开展估产研究(Basnyat et al.,2004;Genovese et al.,2001)。我国的遥感估产研究起步于80年代中期。国家气象局等利用NOAA/AVHRR卫星数据,对北方11省市的小麦进行产量估测,初步建立了我国利用遥感影像的估产研究方法(苟喻,2015)。经过多年的研究,世界各国对估产已从早期的利用植被指数进行统计回归发展为遥感与作物生长模型的结合方法(赵春江,2014)。

遥感估产就是根据获取的不同作物在不同生长阶段的遥感信息,通过分析这些遥感信息与地表作物类型长势之间的关系,单独或与其他非遥感信息相结合,依据一定的原理和方法构建产量模型,进而驱动模型运行的过程(徐新刚 等,2008;赵春江,2014)。基于遥感手段的估产方法,可大致分为三类:经验统计方法、半经验半机理方法以及机理方法(高中灵 等,2012;武思杰,2012)。

(1) 经验统计方法遥感估产

经验统计方法是通过混合光谱分析技术、多元逐步回归分析等方法，建立植被参量的敏感波段或各种植被指数与产量间的经验估产模型。基于经验统计方法的估产模型完全依赖遥感数据，不需要过多的地面辅助测量数据，不涉及作物产量形成机理，建模方法简单快速，应用广泛，在各种空间尺度上均适用。Son 等(2013)在越南湄公河三角洲地区利用 MODIS 数据以及增强型植被指数(EVI)和叶面积指数(LAI)建立了一个水稻产量预测模型，结果表明，使用两个变量二次模型(EVI 和 LAI)比其他模型(即线性、交互、纯二次和单一变量的平方)更准确的结果，并进行了鲁棒性验证，证明利用 MODIS 数据能很好地在湄公河三角洲地区预测水稻的产量，并且使用的方法可推广到世界其他地区。Xin 等(2013)提出了一个利用 MODIS 数据的基于模型的方法估计玉米和大豆产量。产量估测结果与美国中西部全国性调查数据误差很小，并且该算法可以推广应用于监测大面积农作物产量。Morel 等(2014)使用了一个在农业领域的不同气候条件和耕作方式的数据集比较基于遥感估产的三种方法：NDVI 指数经验模型法；Kumar-Monteith 效率模型；甘蔗作物模型(MOSICAS)和采用卫星数据得出的光合有效辐射率耦合模型。结果表明，线性经验模型估产甘蔗产量效果最好。Geipel 等(2014)利用无人机系统(UAS)拍摄的玉米的三个生长期的 RGB 影像对玉米的产量进行预估。影像进行处理后得到作物/非作物的指数正射影像分类图以及不同分辨率下作物高度的 3D 冠层模型，三个线性模型被用于不同的站点：①无差别的平均高度；②分出作物的平均高度；③结合作物覆盖度的作物平均高度。模型的结果决定系数均大于 0.74，其中情况③的结果最好。结果表明，结合光谱和空间建模、基于航拍图像和 CSMs 被证明是一种较好的预测玉米产量的方法。高中灵等(2012)以新疆的棉花为研究对象，提出了一种融合分区概念和时间序列 NDVI(归一化植被指数)相似性分析的棉花估产方法，结果表明该方法操作简单、推广性强。张玉萍(2015)为了构建不同施氮量下的小麦遥感估产模型，评估模型品种间的适用性，以不同施氮量处理的小麦为试验材料，分别利用 2011 年单一品种和 3 个品种小麦冠层一阶微分参数、植被指数施氮量和产量数据进行产量模型构建。结果显示，建模和预测数据均来自同一品种或 3 个品种时，其预测效果在 6 个模型中均较稳定且较好。任建强(2015)以美国玉米为例，探讨利用多年中高分辨率作物分布信息时序遥感植被指数和县级作物产量统计数据开展国外重点地区作物单产遥感估测技术研究。

与此同时，神经网络、混合光谱分析法等非线性回归方法被用于遥感技术产量估测的研究中，并且估产效果较好，为经验方法遥感估产的研究提供新的方向和活力(Luo et al.,2013；李涛,2008)。

(2) 机理方法遥感估产

机理方法的遥感估产就是将作物生长模型与遥感技术相结合，通过作物生长模型动态模拟作物生长过程中各种因素间相互作用，将作物从生长到最终形成产量的过程定量化。机理方法的遥感估产在国内外得到了广泛运用。Wang 等(2011)提出了一种叫作 RS-P-YEC 模型的冬小麦估产模型，产量的计算是净初级生产力(NPP)乘以收获指数(HI)。针对 2006 年华北平原冬小麦的产量使用 RS-P-YEC 估计模型，结果证明 RS-P-YEC 模型是一个能有效为华北平原进行冬小麦估产的模型。Cheng 等(2016)利用 the World Food Studies(WOFOST)模型模拟春玉米的生长过程，为了提高春玉米产量的模拟，对时序 HJ-1 A/B 数据同化到 WOFOST 模型提出了一种简单有效的快速算法，结果表明，该方法可有效在不影响模拟效率的情况下提高春玉米产量估计。黄健熙等(2012)在河北衡水利用 WOFOST 模型估算冬小麦叶面积指数在生长期间的变化，结果表明遥感与作物生长模型的结合能有效估产，并具有推广性。在遥感估产的方法中，遥感技术与生长模型的结合已经取得了一定的进展，但是遥感数据间的尺度转换以及作物生长模型相关参数较难获取等因素仍然制约着机理方法估产的研究进程(Dorigo et al.,2007；任建强，2011)。

3. 遥感反演油菜典型生长参数中存在的主要局限性

目前对农作物典型参数反演的研究主要是针对一些在生长期冠层完全由绿叶构成的作物进行的。然而，有一些作物在生长期，冠层会出现明显的花或者果实(油菜、棉花和马铃薯)，由于这些花或者果实的存在，其光谱混进冠层光谱中，造成反演精度的降低。这些明显的非叶成分会在某些波长上改变作物冠层的反射率(Everitt et al.,1992；Ge et al.,2006)。Gitelson 等(2003b)发现对于玉米而言，当玉米穗出现时冠层反射率增加的现象。Verma 等(2002)证明了当紫罗兰色和粉色花朵出现在鹰嘴豆冠层时，LAI 与 NDVI 指数的相关性会变得非常差。Behrens 等(2006)发现在油菜开花期 NDVI 与作物的生长参量仅有很低的相关性。Shen 等(2009)在一个高山草甸的地面实验中发现黄色花朵的出现，减少了 NDVI 和 EVI 的值。Sulik 等(2015)确认了对于油菜而言，NIR/red 或者 NDVI 被冠层花密度严重影响的事实。

因此，在农作物生长过程中出现非叶成分可能会使得冠层反射率变得混乱从而影响对农作物典型参数的估算，然而关于这一点的相关研究较少。当使用冠层光谱来反演农作物典型参数，特别是那些冠层会出现明显花或者果实，并在生长过程中持续相当长时间的作物品种需要考虑到这些影响因素。而本章的研究对象正是这种特殊的作物——油菜，油菜的花期达 30 天以上(经常在发芽之后持续 80 天左右)，这几乎占到了全生长期的 1/4，这是在针对油菜反演典型参数时需要考虑并解决的因素。

5.3　实验数据的采集与处理

5.3.1　实验区简介

如图 5.1 所示，实验区位于湖北省武穴市梅川镇试验基地(30.1127°N，115.5894°E)，2014～2015 年种植的包含 24 个直播小区和 24 个移栽小区的“华油杂 9 号”油菜品种。“华油杂 9 号”是华中农业大学选育并于 2004 年通过国家审定的品种，冬前、春后均长势强，具有高产、优质，抗逆性、适应性强，单株角果数多、结角层厚、每角粒数多等优点，无分段结实现象，施氮量对产量影响明显(黄光昱 等，2006)。在相同因素影响下，不同油菜品种比较，“华油杂 9 号”产量均位于中上水平(黄光昱 等，2006；何庆彪 等，2006；邹娟 等，2008；谭永强 等，2012)。研究中，移栽油菜在 10 月初播种育苗，10 月下旬移栽，种植密度为 7 500 株/亩；直播油菜于 10 月初播种，直播小区播种量按 300 g/亩；来年 5 月中旬收获。设 8 个氮肥处理，分别施纯氮 0(N0)、45(N45)、90(N90)、135(N135)、180(N180)、225(N225)、270(N270)和 360(N360) kg/hm^2。各小区氮肥均作基肥一次性施用。小区面积均为 20 m^2(2 m×10 m)，3 次重复，随机区组排列。具体施肥水平如表 5.1 所示，小区布置如图 5.2 所示。

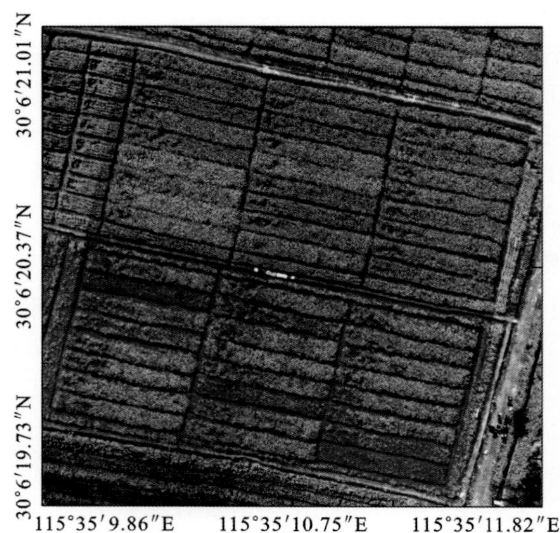

图 5.1　实验区位置以及油菜小区的无人机合成影像

表 5.1　不同处理的施肥水平(单位:g/20m²)

处理	尿素	过磷酸钙	氯化钾	硼砂	处理	尿素	过磷酸钙	氯化钾	硼砂
N00	0	1 500	400	30	P00	783	0	400	30
N03	196	1 500	400	30	P03	783	750	400	30
N06	391	1 500	400	30	P06	783	1 500	400	30
N09	587	1 500	400	30	P09	783	2 250	400	30
N12	783	1 500	400	30	B0.0	783	1 500	400	0
N15	978	1 500	400	30	B0.5	783	1 500	400	15
N18	1 174	1 500	400	30	B1.0	783	1 500	400	30
N24	1 565	1 500	400	30	B1.5	783	1 500	400	45

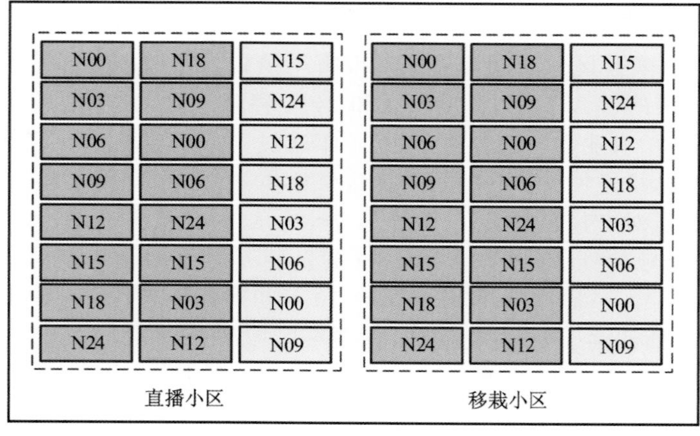

图 5.2　2014～2015 年油菜直播、移栽小区

5.3.2　地面平台数据的采集与预处理

在油菜的关键生长期六叶期(2014 年 11 月 9 日)、八叶期(12 月 8 日)、十叶期(2015 年 1 月 15 日)、花期(3 月 12 日)、角果期(4 月 14 日),采用美国 ASD FieldSpec4 全波段地物光谱仪采集油菜冠层光谱数据,并获取相应时间的冠层 LAI 和叶绿素含量数据。

1. 地面点光谱数据采集

本研究所采用的油菜冠层光谱测量仪器是美国生产的 ASD FieldSpec4(图 5.3、表 5.2)全波段地物光谱仪,其光谱范围为 350～2 500 nm,其中可见光近红外部分光谱分辨率为 3 nm,短波红外部分光谱分辨率为 8 nm。

图 5.3　ASD FieldSpec4 全波段地物光谱仪

表 5.2　ASD 光谱仪主要参数规格

原件	参数
探测器	350～1 000 nm,低噪声 512 阵元 PDA;1 000～1 800 nm 及 1 800～2 500 nm,两个 InGaAs 探测器单元,TE 制冷恒温
波长范围	350～2 500 nm
扫描时间	100 ms
光谱平均	31 800 次
色散元件	固定的快速旋转全息反射光栅
波长精度	0.5 nm
波长重复性	0.1 nm
光谱分辨率	3 nm@700 nm,8 nm@1400/2100
杂散光	VNIR 0.02%,SWIR 1 & 20.01%
通道数	2 151

为获得科学、严格、有效的光谱测量数据,在测量光谱时同样是要选择晴朗的天气、无风或风速很小的情况,时间范围为 10:00～15:00。测量人员着深色服装,测量过程中观测员面向太阳,记录员等其他成员站于观测人员身后,避免遮挡阳光。光谱仪光纤探头距冠层顶部垂直高度 1 m,在太阳主平面内采用垂直观测,在测量的同时记录每组光谱数据

测量的准确时间，以便求出当时的太阳高度角、太阳方位角。根据天气情况进行白板校正工作。为得到较为准确可靠的数据对每个小区重复观测 5 次，取其平均值作为该小区的冠层光谱反射值。

2. LAI 测量

使用英国 Delta 公司生产的 SunScan 冠层分析系统测量油菜叶面积指数（与冠层光谱 5 个点位位置一致），该仪器可用于观测植被冠层光合有效辐射，并根据 PAR 和 TPAR 计算 LAI。植被冠层光合有效辐射根据入射光合有效辐射和植被叶面积指数计算，使用比尔公式计算：

$$\mathrm{IPAR}=\mathrm{PAR}\times[1-\exp(-k\times \mathrm{LAI})] \tag{5.1}$$

其中：IPAR 为冠层截获的光合有效辐射；PAR 为入射光合有效辐射；k 为消光系数；LAI 为植被冠层叶面积指数。当 LAI 难以获取时，使用以下公式：

$$\mathrm{IPAR}=\mathrm{PAR}-\mathrm{TPAR} \tag{5.2}$$

其中：TPAR 为冠层底部的光合有效辐射。SunScan 就是通过测量 PAR 和 TPAR 来计算叶面积指数。SunScan 比较适合测量冠层分布比较均匀的植被冠层例如农作物，但在测量森林植被类型的时候会出现一定的误差。

3. 叶绿素含量测量

本实验采用 95%乙醇提取法测定冠层的叶绿素含量，基于叶绿素光谱吸收特征，将从田中取样的整株油菜叶片取下，经过烘干，取出叶片并擦净。在半片叶片上用打孔器（直径 0.4 cm）钻取小圆片 n 片（视叶片大小而定）。将小圆片均匀混合，平均分成三组。每组的总面积均为 M。三组小圆片分别放入 25 ml 容量瓶中，加入 95%乙醇 10 ml，塞紧盖子。迅速转置入黑暗的壁柜中，浸提 14 h，中间多摇动几次。浸提之后，用 95%乙醇定容至 25 ml。以 95%乙醇为空白，分别在 665 nm、649 nm 和 470 nm 波长下使用 722S 型分光光度计测定浸提液吸光度。计算公式为

$$C_a=13.95A_{655}-6.88A_{649} \tag{5.3}$$

$$C_b=24.96A_{649}-7.32A_{665} \tag{5.4}$$

$$C_x=(1\,000A_{470}-2.05C_a-114.8C_b)/245 \tag{5.5}$$

据此即可得到叶绿素 a 和叶绿素 b 以及类胡萝卜素的浓度（C_a、C_b、C_x），单位面积叶绿素含量可表示为

$$C_{ab}(\mu\mathrm{g}\cdot\mathrm{cm}^{-2})=(C\times V\times N)/M \tag{5.6}$$

式中：C 为色素浓度（mg/L）；V 为提取液体积，本书中为 25 ml；N 为稀释倍数，本书中为 1；M 为钻孔叶片面积（cm^2）。再乘以采用便携式 Yaxin-1241 叶面积仪（分辨率为 0.1 mm^2）（图 5.4）扫描获取整株油菜所有叶片叶面积，得到整株油菜的叶绿素含量。冠层叶绿素含量的值就是整株油菜叶绿素含量与种植密度的乘积。由于只有移栽油菜才有种植密度，后文中叶绿素含量的研究是针对 24 片移栽油菜田。

图 5.4　Yaxin-1241 叶面积仪扫描获取油菜叶面积

5.3.3　无人机平台数据的获取与预处理

1. 无人机平台数据的获取

在油菜的关键生长期十叶期(2015 年 1 月 13 日)、花期(3 月 21 日)、角果期(4 月 10 日),选择天气晴朗少云的天气,于 10:00～13:00 太阳天顶角最小时,利用搭载了 MCA 六波段相机的无人机进行 3 次飞行作业,飞行高度 50 m,覆盖整片油菜小区,空间分辨率 2.5 cm。油菜 LAI、叶绿素含量数据与地面平台测量对应。

1) 无人机简介

经过前期考察,选择用于小片农田的无人机,筋斗云系列 S1000 多轴八旋翼式无人机。该无人机由大疆公司生产,具体无人机与其搭载的 MCA 相机照片如图 5.5 所示。

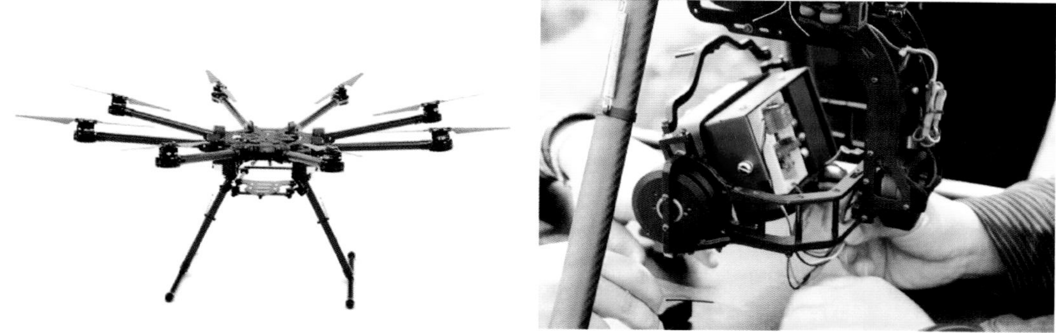

图 5.5　无人机及 MCA 相机

具体参数如表 5.3 所示。

表 5.3　八旋翼无人机参数

项目	参数
可负载重量(不包括云台)/kg	1.5
起降方式	垂直升降
驱动方式	电动
最大巡航速度/(m/s)	10
续航时间/min	30
最大抗风能力	3 级
最大控制距离/km	8
飞行高度/m	0～2 000
云台	可搭载云台

该无人机的优点,包括以下几个方面。

(1) 垂直起降,定点悬停。

(2) 自主导航:可以远程操控、设置航线以及飞行高度、并且具有自主返航的功能,特别是当无人机失去某一动力以后,无人机能够安全返航。

(3) 视野范围广：无人机搭载的云台，可以对目标物体实现360°全视角拍摄。

(4) 便于操控：实现了利用移动端APP进行远程控制无人机。

(5) 用途广泛：可以应用在测绘领域、灾害监测、矿产调查、摄影等领域。

(6) 实时传输数据：无人机上可以加装数字图传，将拍摄到的影像数据实时传输到地面操控中心，特别是在灾情监测时，无人机的这一优点得到了很大发挥。

(7) 在无人机云台上装有一个平衡架可以保证在飞行拍摄过程中相机始终垂直向下拍摄。

2) 多光谱MCA相机简介

油菜田影像是通过搭载于无人机上的MCA六波段相机获取的。Mini MCA由美国Tetracam公司所研制，是一款多功能型多光谱相机，应用场景多样。该相机主要是由高分辨率扫描件、采集镜头、成像光谱仪、输入光学元件等部分组成。每个传感器在光学探头上都固定着独立的探测器、滤光片。该相机具有质量小、体积小的优点，方便携带及搭载于无人机使用。具有较高分辨率，当拍摄130 hm^2 的影像时，分辨率可以精确到1 m。另外，该相机配有专门的PixelWrech2软件，用来进行全方位控制相机以及管理图像。具有多个波段设计，用户可以按照自己的需要，定制某些滤波波段。在本实验中，Mini MCA相机的滤波片是专门为实验需求所定制。MCA 6通道相机，如图5.6所示。

图5.6　Mini MCA六通道相机

其技术规格如表5.4所示。

表5.4　MCA技术规格表

项目	参数
传感器	每个通道(1 280像素×1 024像素)1.3兆像素COMS传感器
光谱滤光片	每个通道标准25 mm
数据存储	CF卡，8位或10位RAW格式
通信接口	USB 1.1
I/O接口	用于连接遥控器或取景器附件
材质	轻型铝质外壳
图像容量	每张图片约1 MB
图像处理速度	3～5 s
供电	12VDC @1A
GPS接口	RS232(符合NMEA标准的GPS接收机)
输出	实时NTSC或PAL视频用于取景器和菜单设置
重量	570 g

该相机配备的PixelWrech2软件，能够设置影像分辨率。拍摄的影像尺寸是1.3 mPel(百万像素)1 280×1 024。影像存储格式是.RAW格式，该格式具有无损压缩的

特点。MCA 6 波段相机成像镜头是硅 CMOS 成像镜头，该镜头的光谱范围较广，覆盖了可见光到近红外光谱，光谱范围从 0.44～0.97 μm。常用的过滤器是 25 mm 直径光谱仪过滤器，滤光片为蓝光、红光、绿光、近红外。在本次实验中，针对植被的相关特性，专门配置了 MCA 相机的 6 个通道的波段范围，中心波长分别是 490 nm、550 nm、670 nm、720 nm、800 nm 和 900 nm，基本覆盖了可见光到近红外光谱范围。

2. MCA 影像数据预处理

1）MCA 影像几何处理

在本实验中，MCA 相机的 6 个波段，即 0～5 波段对应的波段范围如表 5.5 各影像顺序与对应波段类型和宽度所示。

表 5.5　各影像顺序与对应波段类型和宽度

影像号顺序	波段/nm	波段类型	波段宽度/nm
0	800	近红外	40
1	490	蓝光	10
2	550	绿光	10
3	670	红光	10
4	720	红边	10
5	900	近红外	20

由于 MCA 相机是 6 镜头的多光谱相机，在飞行拍摄前需要对相机镜头进行光学配准。主要根据相机实验室检校得到的物镜畸变差改正系数进行，可用下式表达：

$$\begin{cases}\Delta x=(x-x_0)(k_1r^2+k_2r^4+k_3r^6)+p_1(r^2+2(x-x_0)^2)+2p_2(x-x_0)(y-y_0)+\alpha(x-x_0)+\beta(y-y_0)\\ \Delta y=(y-y_0)(k_1r^2+k_2r^4+k_3r^6)+p_2(r^2+2(y-y_0)^2)+2p_1(x-x_0)(y-y_0)\end{cases} \tag{5.7}$$

其中：Δx、Δy 是图像的校正点坐标；x、y 是图像点坐标；x_0、y_0 是主点坐标；k_1、k_2、k_3 是径向畸变；p_1、p_2 是偏心畸变；α、β 是畸变的数组；$r=\sqrt{(x-x_0)^2+(y-y_0)^2}$。

通过该方法对 MCA 相机 6 个镜头进行光学配准。最后使 6 个波段的影像位于同一坐标系统上，以便后续影像处理，校正后的结果如图 5.7 所示。

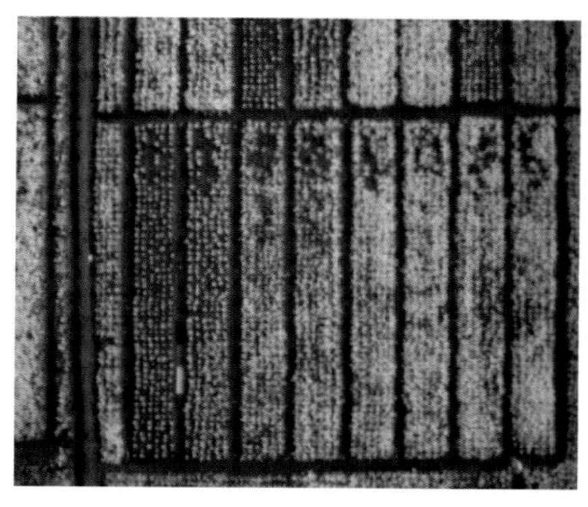

(a) 纠正前

(b) 纠正后

图 5.7　无人机影像几何处理图

2）MCA 影像辐射定标

MCA 相机获取的数据是 DN 值。要将 DN 值转换为具有实际物理意义的反射率或者辐射亮度，必须要对影像进行辐射定标。采用线性关系法将影像数字信号(DN)转化为地表反射率。这种方法在针对航空影像辐射定标中准确、有效并被广泛应用(Dwyer et al.,1995;Laliberte et al.,2011)。在无人机飞行作业前，先将 4 块经过严格实验室定标的定标毯安置于田间并确保处于拍摄区域与目标物体同时成像，定标毯反射率分别为 0.06、0.24、0.48 和 1。利用地表反射率与传感器接收辐射信号的线性关系假设，辐射定标可以采取如下公式：

$$R_i = \mathrm{DN}_i \times \mathrm{Gain}_i + \mathrm{Offset}_i,\quad i=1,2,\cdots,6 \tag{5.8}$$

$$\begin{pmatrix}0.06\\0.24\\0.48\\1\end{pmatrix} = \begin{pmatrix}\mathrm{DN}_{0.06}\\\mathrm{DN}_{0.24}\\\mathrm{DN}_{0.48}\\\mathrm{DN}_{1}\end{pmatrix} \times \mathrm{Gain}_i + \mathrm{Offset}_i \tag{5.9}$$

其中：R_i 代表第 i 波段的地表反射率；DN_i 代表传感器在第 i 波段上的数字信号 DN 值；Gain_i 代表 i 波段的增益系数；Offset_i 代表 i 波段的偏置值。

具体计算算法为：①增益量和偏置量的确定：利用 ENVI 软件的统计模块，可以读出每块定标板在 6 个波段上的平均 DN 值，利用定标板已知的反射率值，基于最小二乘方法进行求解，得出增益值和偏置值。②经过解算分别得到 6 个波段的辐射定标模型，然后对需要校正的影像，进行辐射定标，得到反射率影像。同时，为了减少噪声点的影响，当影像上出现反射率值大于阈值 1 的像元，将其反射率值定为 1。通过这些步骤，完成影像的辐射定标。在本实验由于蓝波段数据的信噪比低，在该波段会出现一些负值，故大部分情况不考虑蓝波段情况。定标前后影像 DN 值变为反射率的结果见图 5.8。

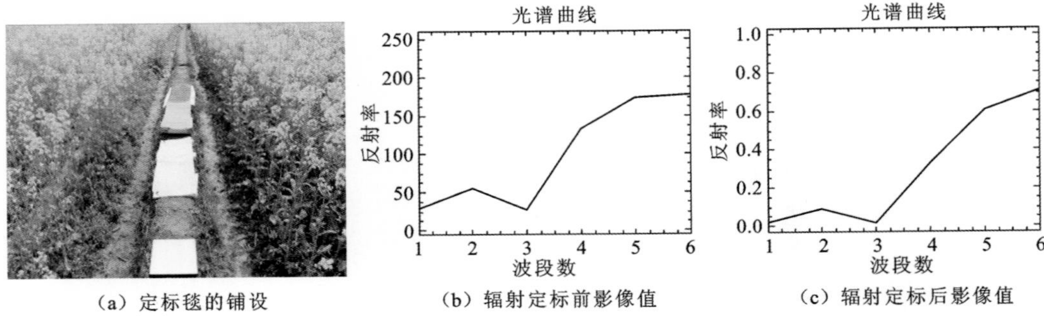

(a) 定标毯的铺设　(b) 辐射定标前影像值　(c) 辐射定标后影像值

图 5.8　定标毯的铺设以及辐射定标前后影像值变化

3）MCA 影像波段融合

MCA 6 波段相机获取的影像存储为单波段影像，在油菜估产研究中，为了实验的方便计算，需要使用波段融合后影像。因此，对几何纠正、辐射定标后的影像进行波段融合，得到一幅含有 6 个波段信息的影像。利用 ENVI 软件对 6 波段影像进行波段融合，各波段影像以及融合结果见图 5.9。

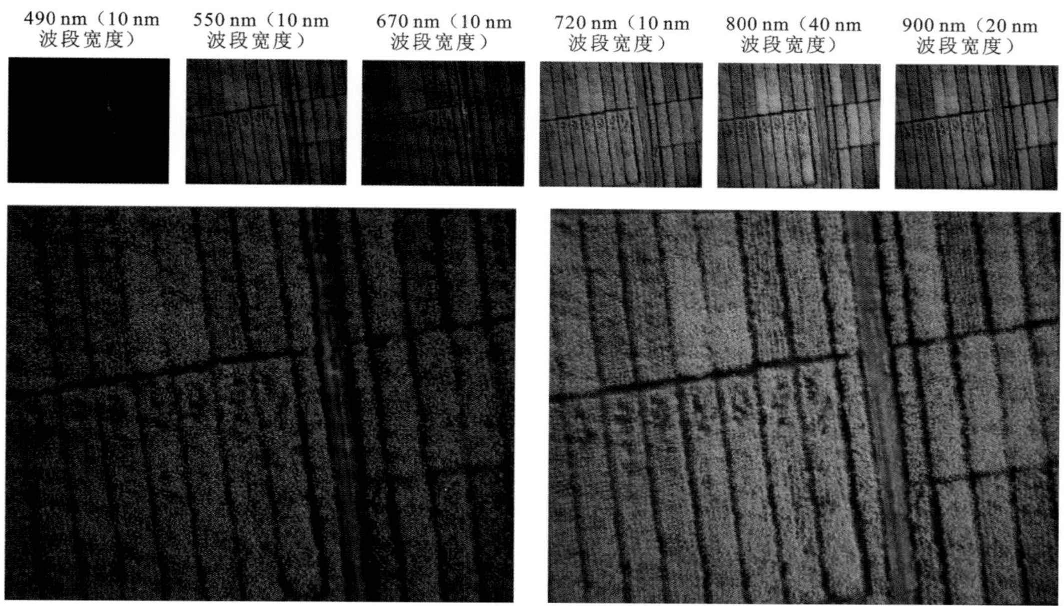

图 5.9　花期 RGB 合成影像以及 670、720、800 nm 波段合成的假彩色影像

4）MCA 影像拼接

为了保证影像的分辨率，无人机选择在 50m 高度作业飞行，MCA 相机在一景影像中最多覆盖 16 片田左右，无法将整个实验区 48 块油菜田区域全部包括。由于 MCA 相机拍摄过程中设置的自动拍照间隔是 2s，影像具有极高的航向以及旁向重叠度，有助于影像拼接。Agisoft PhotoScan 由俄罗斯 Agisoft 公司开发，根据最新的三维重建技术，不需要控制点，可以直接将导入的影像自动生成三维模型。为了整体显示油菜田的生长状况，利用该软件对挑选出的油菜田影像进行拼接(图 5.10)。

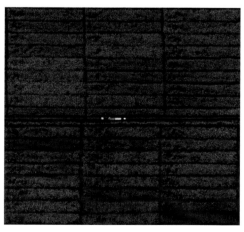

(a) Agisoft PhotoScom软件拼接界面

(b) 花期影像拼接结果

图 5.10　Agisoft PhotoScan 软件拼接界面以及花期影像的拼接结果

但是由于拼接后，影像之间的重叠会造成图像信息的混乱，所以在实际估算、反演研究中还是利用单景影像筛选出每片田的光谱信息进行实验，整体拼接图用于各时期油菜生长状况的监测。

通过以上一系列几何处理、辐射定标、波段融合等图像预处理工作，得到了可以用于研究的各个时期覆盖整个油菜田区域的无人机多光谱影像。利用ENVI软件可以将各时期每片油菜田的平均反射率提取出来，并且完成其他一些分类、波段运算、混合像元分析等研究。

5.4　油菜冠层光谱影响因素分析

油菜冠层光谱受到典型参数、冠层结构、环境背景等诸多因素的影响。本节利用油菜地面监测平台测量的冠层光谱，分析不同的典型参数、不同生长时期对光谱的影响。并通过分析不同的波段宽度对油菜典型参数反演的影响，找出最合适的波段位置和波段宽度用于之后的油菜典型参数反演研究，提高反演精度。

5.4.1　典型参数对油菜冠层光谱影响分析

1. LAI和冠层光谱的关系

图5.11显示了在油菜十叶期不同叶面积指数LAI情况下的冠层反射率以及典型波段的反射率。从图5.11(a)中可以看出在可见光波段(400～700 nm)冠层的反射率和LAI关系不太明显。在红边波段(700～750 nm)，反射率有明显的上升；在近红外波段(760～900 nm)冠层的反射率总是维持在较高的水平，并随着LAI的增大明显上升。图5.11(b)中可以看到，随着LAI的上升，红边、近红外波段反射率均处于上升趋势，同时可见光波段反射率处于下降趋势。当LAI增大至1，红、蓝波段反射率迅速下降，但LAI大于1以后，随着LAI的增大，蓝色、红色波段的反射率没有明显的变化，说明在油菜十叶期红、蓝波段在LAI为1时就达到饱和。在绿色波段，随着LAI的增大，反射率有所下降但下降并不明显。在红边以及近红外波段，随着LAI的增加反射率一直处于上升趋势，并未达到饱和。而在油菜的花期，LAI变化对冠层光谱的影响则截然不同。从图5.12中可以看出，在油菜花期，冠层反射率曲线还是保持着绿色植被的光谱特性，但在各波段冠层的反射率随着LAI的增大均增大，并且增幅明显。

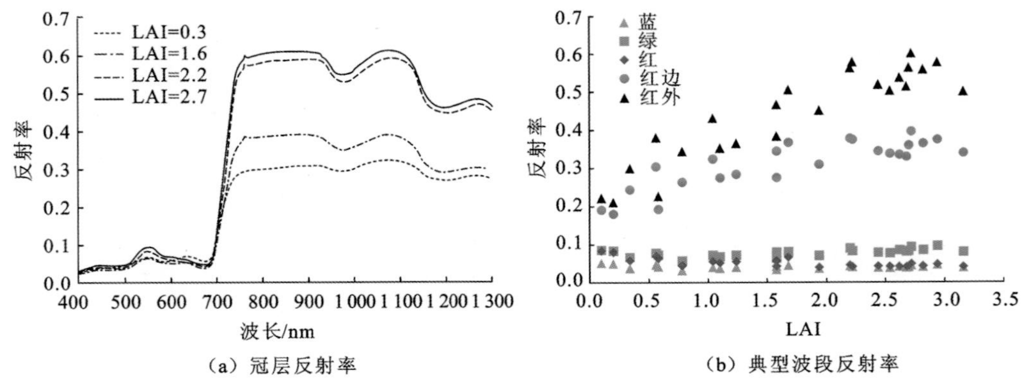

(a) 冠层反射率　　(b) 典型波段反射率

图5.11　油菜十叶期不同LAI值下的冠层反射率和典型波段反射率

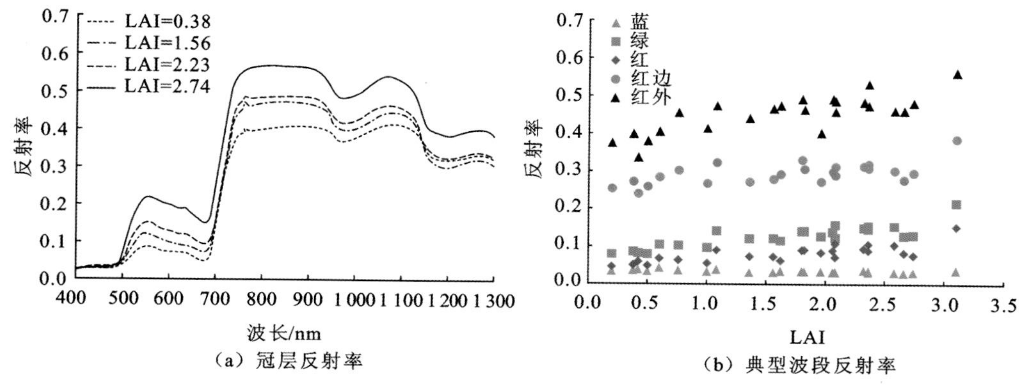

(a) 冠层反射率　(b) 典型波段反射率

图 5.12　油菜花期不同 LAI 值下的冠层反射率和典型波段反射率

2. 冠层叶绿素含量和冠层光谱的关系

图 5.13 是油菜十叶期不同冠层叶绿素含量下的油菜冠层光谱与典型波段反射率。当叶绿素含量逐渐增大时，红色波段(680 nm)和蓝色波段(450 nm)的反射率一直维持在较低的水平，在冠层叶绿素小于 50 mg/m^2 时红色波段随着叶绿素含量的增加有一定程度的降低，当叶冠层绿素含量大于 50 mg/m^2 时达到饱和，随后随着叶绿素的增加，没有明显的变化；绿色波段(550 nm)反射率随着叶绿素含量的增大无明显变化；随着叶绿素的增加，红边和近红外波段反射率有一定程度的上升。而如图 5.14(a)所示在油菜的花期绿光、红光波段随着叶绿素含量的增大而增大。图 5.14(b)所示在蓝光波段，随着叶绿素含量的增加而减少，之后到达饱和，但变化极为微弱。在红光以及绿光波段随着叶绿素含量的增加反射率的值均上升，并且红光波段反射率逐渐向绿光波段靠拢，到达 300 mg/m^2 左右时二者达到饱和。在红边与近红外波段的变化趋势与红绿波段类似。

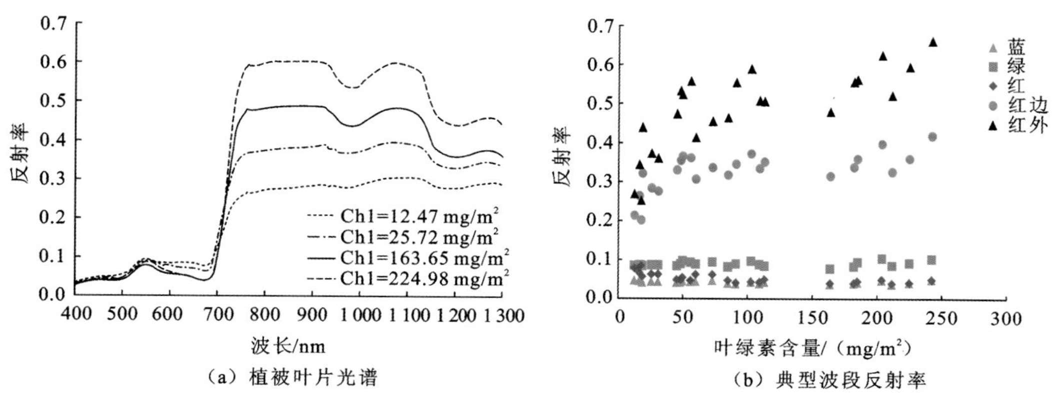

(a) 植被叶片光谱　(b) 典型波段反射率

图 5.13　油菜十叶期不同冠层叶绿素含量下的植被叶片光谱与典型波段反射率

通过对比分析 LAI 与叶绿素含量对于油菜十叶期、花期的冠层光谱变化规律可知，当油菜在不同生长期时，随着典型参数的变化，冠层光谱的变化是不同的，对于反演典型参数以及估产而言这是需要重点考虑的因素。

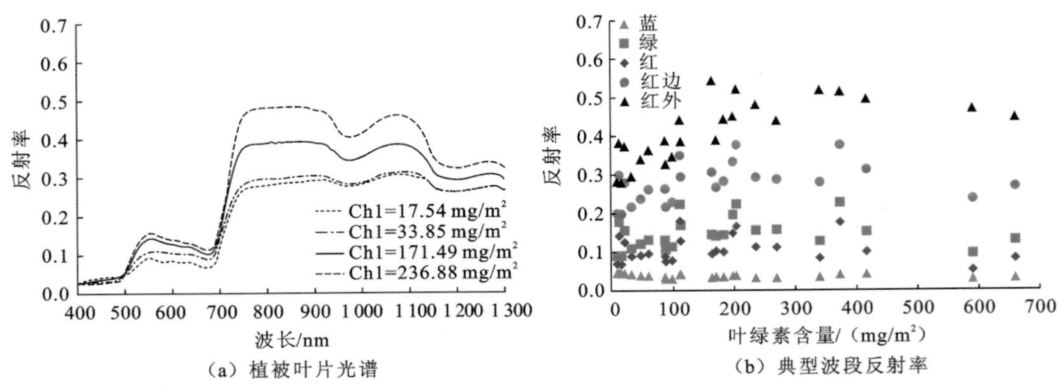

(a) 植被叶片光谱　　(b) 典型波段反射率

图 5.14　油菜花期不同冠层叶绿素含量下的植被叶片光谱与典型波段反射率

5.4.2　不同生长期对冠层光谱及反演典型参数的影响分析

1. 不同生长期对冠层光谱影响分析

从图 5.15 中可以看出，在油菜的不同生长期，冠层光谱反射率差异明显。在可见光波段，油菜处于叶期生长过程时(六叶期、八叶期、十叶期)，由于叶绿素的吸收作用冠层光谱逐渐降低，而到了花期、角果期冠层受花、角果影响，叶绿素含量发生了变化导致冠层光谱的变化。在绿光波段 550 nm 处，花期光谱发生突变，冠层反射率达到最高。在油菜开花期，由于花的存在，相比叶子而言，花中的叶绿素较少，花期油菜冠层增加了散射光而减少了吸收光，导致反射率的升高。随着油菜生育进程的推进，十叶期、花期、角果期在近红外波段范围明显低于六叶期和八叶期，在 930～970 nm 和 1 150～1 180 nm 受植株含水率(张晓东 等，2009)影响呈现明显的“吸收谷”。综上所述，油菜的不同时期对整体冠层光谱有较大影响。

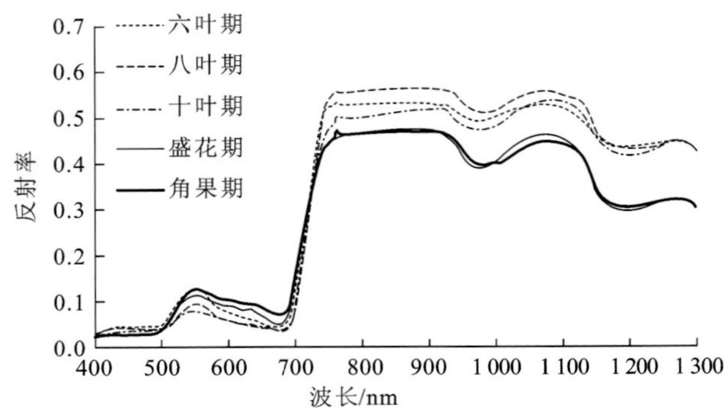

图 5.15　各时期同一片油菜田的冠层光谱反射率

2. 不同生长期冠层光谱与典型参数相关性分析

1) 不同生长期冠层光谱与 LAI 相关性分析

如图 5.16 所示，在油菜叶期(六叶期、八叶期、十叶期)，冠层光谱各波段反射率与 LAI 的相关系数变化趋势基本相同，在可见光波段范围内 420 nm、550 nm 左右出现波峰，在 500 nm 左右出现波谷，且在 650 nm 处红谷位置负相关均达到最大，720～1 300 nm 相关系数稳定呈现较强的正相关关系。而在花期、角果期冠层光谱反射率受到花、角果的干扰与 LAI 相关系数相对于油菜叶子时期有较大的不同。花期冠层光谱与 LAI 相关性在 450 nm 左右出现明显波谷，在 550 nm 处出现明显波峰，之后保持稳定直至 700 nm 处红边位置继续抬升到 750 nm 处左右出现最强相关性。角果期冠层光谱与 LAI 相关性在 550 nm 处出现明显波峰之后相关性一直降低直至 700 nm 处开始急剧上升，在 750 nm 处出现最强相关性，之后一直保持较强的正相关关系。

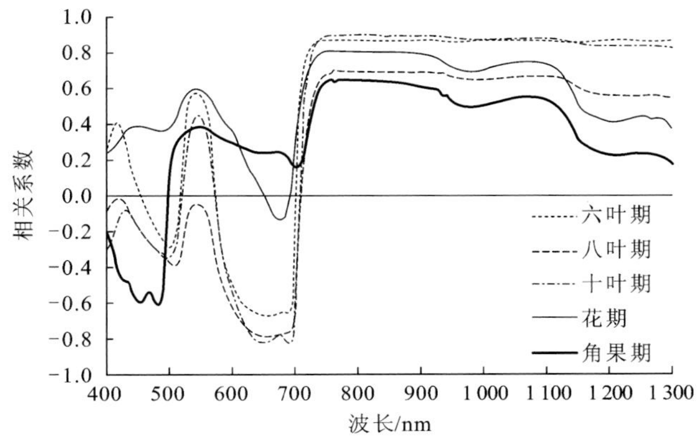

图 5.16　各时期冠层光谱与 LAI 的相关性

综合以上结论可以看出针对油菜叶子时期(六叶期、八叶期、十叶期)，与 LAI 相关性最强的波段出现在 420 nm、500 nm、550 nm、650 nm 左右以及 720 nm 之后的红边近红外波段。利用这些波段或者波段组合构建的植被指数反演 LAI 效果会较为理想。类似的花期光谱与 LAI 相关性最强的波段出现在 450 nm、550 nm 以及 750 nm 之后的红边近红外波段。而角果期光谱与 LAI 相关性最强的波段出现在 550 nm 左右以及 750 nm 之后的红边近红外波段。通过对不同时期油菜冠层光谱与 LAI 相关性分析，可以筛选出最适合用于 LAI 反演研究的敏感波段。

2）不同生长期冠层光谱与冠层叶绿素含量相关性分析

如图 5.17 所示，在油菜叶期(八叶期、十叶期)，冠层光谱各波段反射率与冠层叶绿素含量的相关系数变化趋势基本相同，在可见光波段范围内 420 nm、550 nm 左右出现波峰，在 500 nm 左右出现波谷，且在 650 nm 处红谷位置负相关均达到最大，720～1 300 nm 相关系数稳定呈现较强的正相关关系。而在花期、角果期冠层光谱反射率受到花、角果的干扰与冠层叶绿素含量相关系数对于油菜叶期有较大的不同。花期冠层光谱与冠层叶绿素含量相关性在 480 nm 左右出现明显波谷，在 550 nm 处出现明显波峰，之后小幅下降直至 700 nm 处红边位置继续抬升到 750 nm 处左右出现最强相关性。角果期冠层光谱与冠层叶绿素含量的相关性变化趋势则与 LAI 完全不同，整体相关性都处于低水平，最高负相关不超过 0.4，在 400 nm、680 nm 处，最高正相关不超过 0.2。这是由于在角果期冠层光谱反映的是角果、叶子与土壤的混合光谱，而冠层叶绿素含量是由角果期叶片叶绿素含量推算而来，这个值并不能代表角果期油菜的干物质存储以及反映当时油菜的生长状态，因此冠层光谱与冠层叶绿素含量相关性非常低。

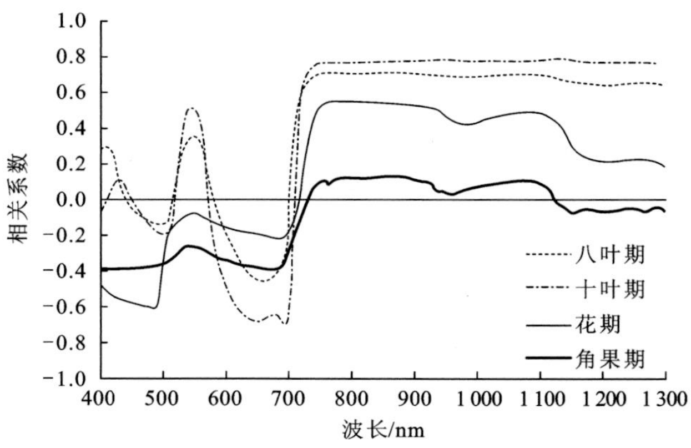

图 5.17　各时期冠层光谱与冠层叶绿素含量的相关性

油菜光谱在八叶期、十叶期、花期与冠层叶绿素含量的相关性变化趋势与 LAI 基本相同，但整体相关性稍低，筛选出的敏感波段位置基本一致。在角果期由于冠层角果的出现，冠层光谱与叶绿素含量相关性非常低，叶绿素含量的值不能反映当时油菜的营养状况以及生长状态。

5.4.3　不同波段宽度敏感性分析

1. 不同波段宽度对冠层光谱的影响

根据无人机波段特点，中心波长 800 nm(40 nm 波段宽度)、490 nm(10 nm 波段宽度)、550 nm(10 nm 波段宽度)、670 nm(10 nm 波段宽度)、720 nm(10 nm 波段宽度)和 900 nm(20 nm 波段宽度)，分析 400～1 000 nm 波长内不同波段宽度对冠层光谱的影响。

图 5.18 显示了油菜十叶期冠层光谱波段宽度从 5～100 nm 变化情况，其中图(a)～(h)间隔 5 nm，图(h)～(k)间隔 20 nm。从图中可以发现在窄波段宽度时，油菜冠层光谱表现了很好的植被光谱特征，波段宽度越小特征越明显。当波段宽度大于 30 nm 时，在红边波段(700～760 nm)，波段数明显减少，使得红边位置有较大的偏移和波动，不能准确地反映植被红边波段信息。绿光波段(500～600 nm)、红光波段(600～680 nm)一直到 40 nm波段宽度时，植被特征都保持得较为良好，绿峰以及红色波段波谷较为明显。40 nm之后绿色波段、红色波段数减少较多，产生较大波动，并且近红外平台波段数也急

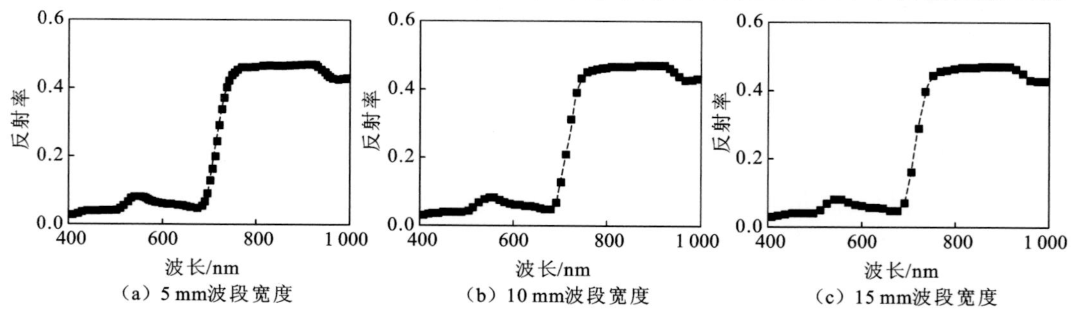

图 5.18　5～100 nm 波段宽度的植物冠层光谱反射率

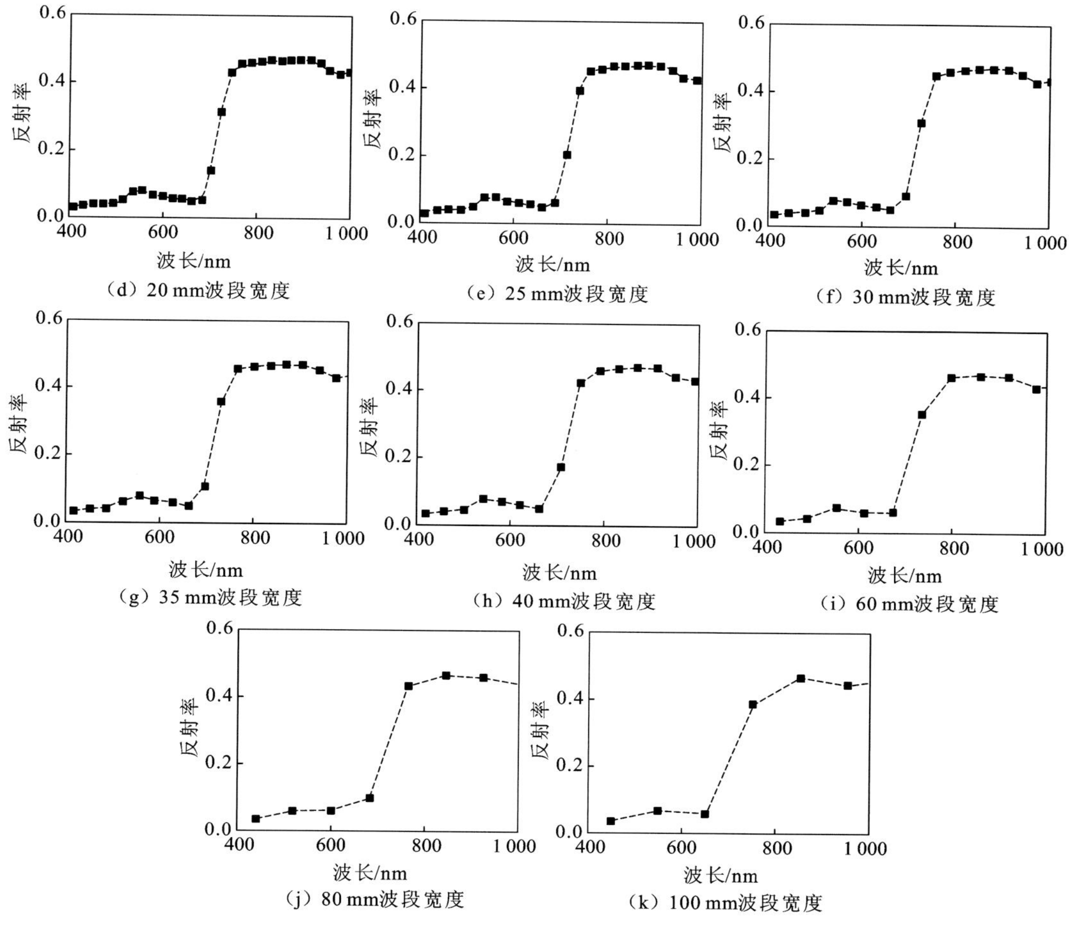

图 5.18　5～100 nm 波段宽度的植物冠层光谱反射率(续)

剧减少，尤其是 80 nm 波段宽度时红光波段的植被光谱红谷已经不够明显。通过分析可以发现当波段宽度大于 30 nm 时由于波段数的减少，造成波段信息的缺失从而影响反演的精度。

2. 不同生长期波段宽度对典型参数反演的影响

1) 油菜冠层光谱不同波段宽度对 LAI 反演的影响

如图 5.19 所示，将油菜各时期 1 nm 带宽的原始光谱反射率，通过逐步合并相邻窄波段并取其平均值的方法，波段宽度从 5～100 nm，以 5 nm 为步长，合并生成不同波段宽度和不同波段位置的光谱数据。从图 5.19(a)和图 5.19(b)中可以发现油菜八叶期以及十叶期冠层光谱随着波段宽度的增加与 LAI 的相关系数变化趋势是一致的。冠层光谱在 400～600 nm 波段范围以及 700 nm 左右 15 nm 带宽范围内(波段宽度越宽波段位置范围向可见光波段偏移)与 LAI 的相关系数低于 0.5。在红光以及红边、近红外波段，冠层光谱与 LAI 相关性均较好，与波段宽度的增加关系不大。冠层光谱与 LAI 的相关性十叶期要明显好于八叶期，八叶期最大相关值位于红光波段而十叶期位于红边近红外波段。波段宽度的影响主要体现在红光、近红外波段，随着波段宽度的增加，冠层光谱高相关性位置会发生变化。波段宽度的增加，在红光波段区域，高相关性的波段位置范围逐渐变窄，当波段宽度到达 35 nm 以后相关系数开始下降。可见窄波段在红光区域与 LAI 高相关性波段位置范围更大，敏感波段的选择更多。在红边波段随着波段宽度的增加，虽然整体冠层光谱与 LAI 相关性较高，但还是处于下降趋势，不如窄波段相关性高。

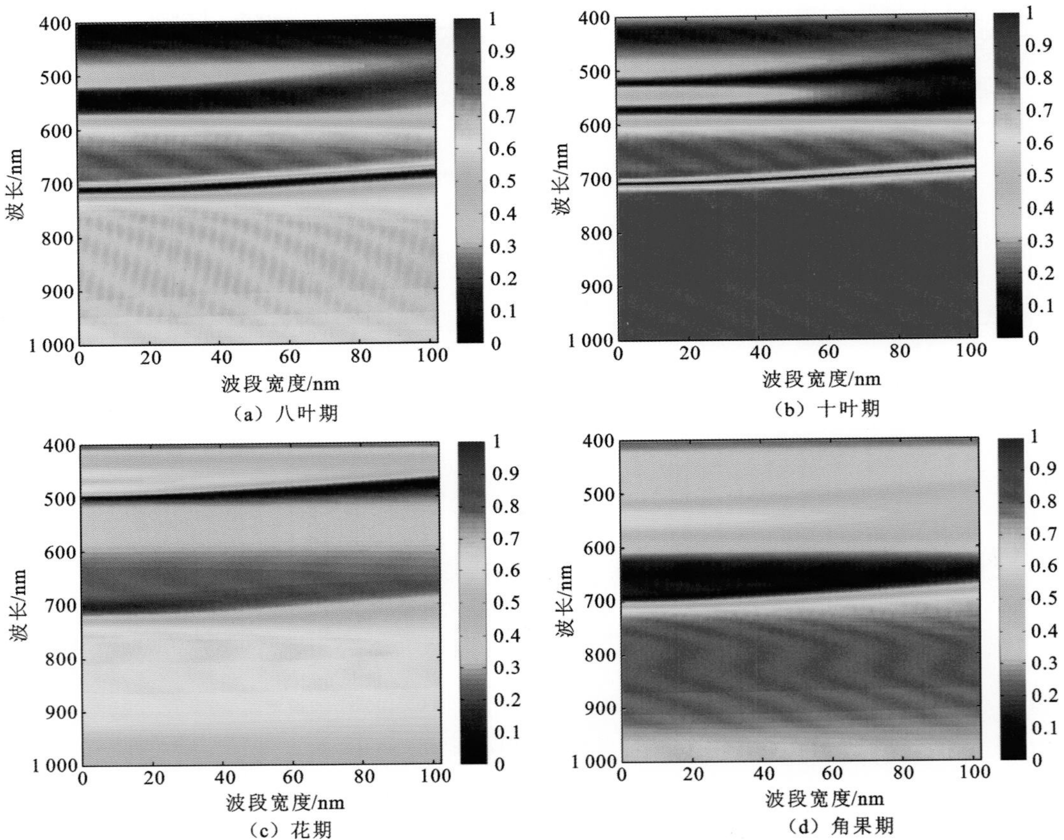

图 5.19　LAI 与不同波段宽度不同波段位置冠层光谱反射率的相关系数图

花期不同波段宽度不同波段位置与 LAI 的相关性趋势与八叶期、十叶期不同，整体相关性要低。如图 5.19(c)所示，在油菜花期，冠层光谱 490～730 nm 波段与 LAI 的相关系数低于 0.5。在 440～490 nm 范围内出现较大相关性，均大于 0.5，但波段宽度的增加，高相关性的波段位置范围逐渐变窄，当波段宽度到达 30 nm 以后相关系数开始下降。在 740～910 nm 波段相关系数均高于 0.6 并存在极大值。由此可见在花期 LAI 与红边、近红外关系较好，在 740 nm 以后波段宽度的变化对冠层光谱与 LAI 的相关性影响不大。从图 5.19(d)中可以发现，在油菜角果期，冠层光谱在绿光波段(520～570 nm)与 LAI 相关性较好均高于 0.5。在 720 nm 以后波段与 LAI 相关性均高于 0.7，并存在相关系数最大值。

总之，通过考察油菜各个时期不同波段宽度不同波段位置冠层光谱与 LAI 的相关性，可以发现随着波段宽度的增加，变化的主要区域是可见光范围和红边波段，八叶期以及十叶期的可见光范围高相关性区域随着波段宽度的增加而变少，并且相关系数逐渐降低，主要变化开始于30 nm波段宽度。红边波段4个时期均在波段宽度大于40 nm后相关性开始下降。而在近红外区域油菜各个时期冠层光谱与LAI保持较好的相关性，波段宽度的增加对其影响不大。

为了进一步分析波段宽度对利用冠层光谱构建的植被指数模型反演LAI的影响程度，选择常用的植被指数NDVI、$CI_{rededge}$、VARI，考察绿光波段、红光波段、红边波段、近红外波段构建的植被指数反演LAI对波段宽度变化的敏感性。

同样地，利用逐步合并相邻窄波段并取其平均值的方法，结合无人机MCA相机波段特点，选择近红外波段800 nm、绿光波段550 nm、红光波段670 nm、红边波段720 nm，波段宽度从5～100 nm，以5 nm为步长，合并生成不同波段宽度的光谱数据。在不同波段宽度，计算由绿、红、红边以及近红外波段构建的NDVI、$CI_{rededge}$、VARI植被指数。然后通过这些植被指数建立与LAI的回归方程，分析不同波段宽度回归方程的决定系数（R^2）以及均方根误差（RMSE）。

从图5.20可得出以下结论。

（1）在八叶期对于VARI植被指数反演LAI而言，波段宽度小于35 nm时随着波段宽度的增加，回归结果基本保持稳定，决定系数在0.6以上，均方根误差低于0.7。最佳波段宽度在25 nm处，其均方根误差为0.66，决定系数为0.62，这说明并不是波段宽度越窄反演精度就越高，波段宽度的适当增加反演结果更好。当波段宽度大于35 nm时随着波段宽度的增加，均方根误差以及决定系数出现波动，较窄波段回归结果变差至80 nm波段宽度以后趋于稳定。对于NDVI植被指数而言在波段宽度少于35 nm时，反演LAI精度随着波段宽度的增加而增加，决定系数均达到0.6以上，最佳波段宽度在35 nm处，决定系数为0.73，均方根误差为0.55，大于35 nm之后波段宽度反演结果出现较大震荡，反演精度明显降低。在八叶期$CI_{rededge}$反演LAI的整体精度较高，在波段宽度到达60 nm之前，决定系数均处于0.8左右，60 nm以后精度出现下降，但基本保持在0.7以上。

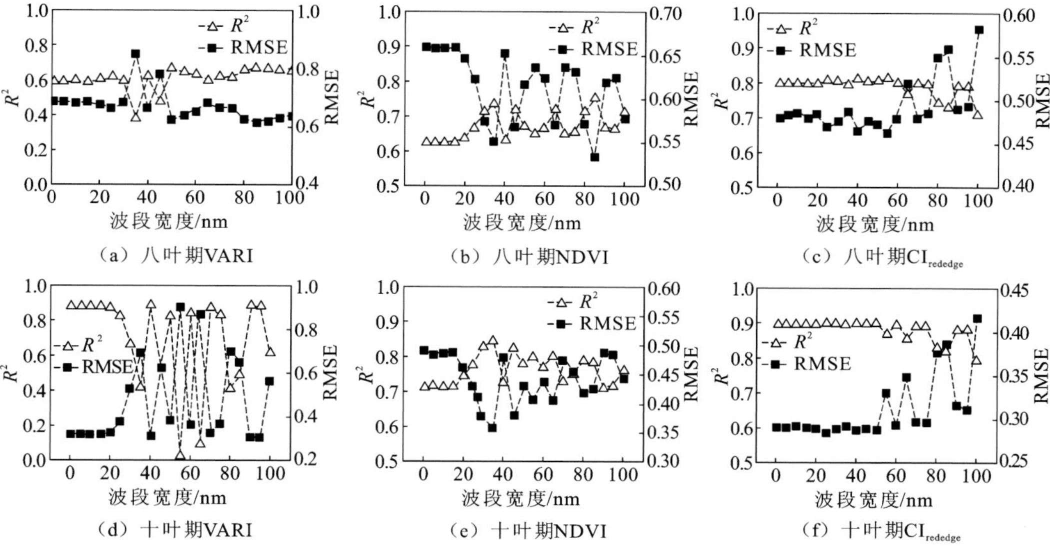

图5.20　VARI、NDVI、$CI_{rededge}$植被指数在不同时期反演LAI时反演的效果与波段的宽度的关系

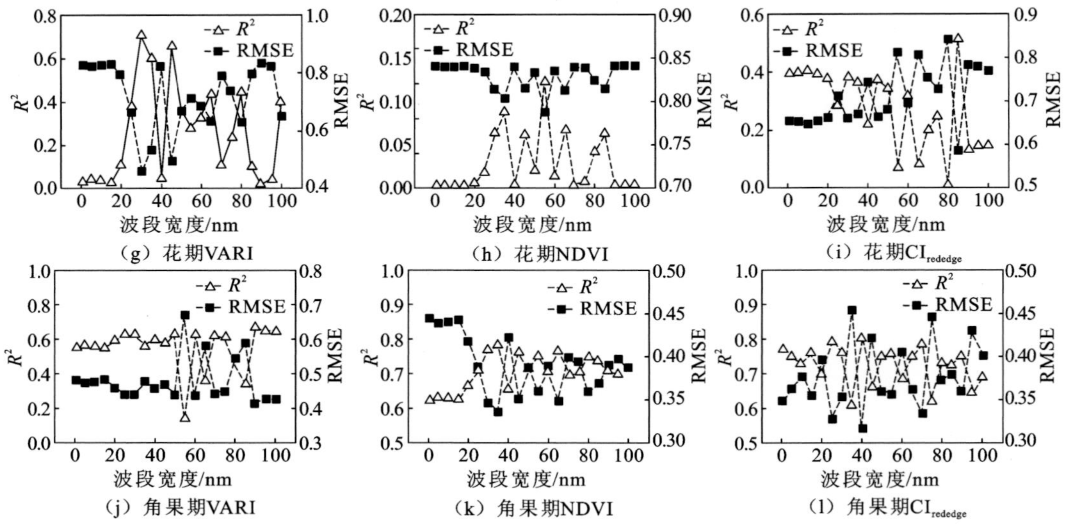

图 5.20 VARI、NDVI、$CI_{rededge}$植被指数在不同时期反演 LAI 时反演的效果与波段的宽度的关系(续)

通过对八叶期 3 个植被指数在不同波段宽度反演 LAI 精度的考察可以发现,在该时期各植被指数反演 LAI 效果较好,最好的植被指数是 $CI_{regedge}$,并且反演精度随着波段宽度的增加而增加。其他 2 个植被指数反演 LAI 决定系数基本维持在 0.6 以上,并未随着波段宽度的增加,出现极低相关性的情况,说明该时期对于绿、红、红边、红外波段构建的植被指数均能较好地反演 LAI,波段宽度的影响在适当范围。其中最好的波段宽度是:绿光、红光波段位于 25 nm 以下;近红外波段位于 35 nm 以下;红边波段位于 60 nm 以下;并且在该范围内适当增加波段宽度,反演效果有一定提升。

(2) 在油菜的十叶期,VARI 植被指数反演 LAI 精度在小于 25 nm 波段宽度时决定系数均高于 0.85,大于 25 nm 时出现巨大波动,其中最佳波段宽度在 10 nm 处,决定系数为 0.88,均方根误差为 0.31。NDVI 在波段宽度到达 35 nm 之前随着波段宽度的增加反演精度有所提升,最佳波段宽度在 35 nm 处。大于 35 nm 波段宽度时出现小幅震荡,但决定系数依然位于 0.7 以上。$CI_{rededge}$ 植被指数反演 LAI 时,变化趋势与八叶期类似,波段宽度的增加对反演精度的降低有限,决定系数均位于 0.8 以上,反演结果的小幅波动位于 60 nm 波段宽度处。

通过对十叶期 3 个植被指数在不同波段宽度反演 LAI 精度的考察可以发现,与八叶期类似,在该时期各植被指数反演 LAI 效果较好,最好的植被指数是 $CI_{regedge}$(决定系数在 60 nm 波段宽度之前基本处于 0.9 左右,均方根误差不高于 0.3),并且随着波段宽度的增加,整体保持较好的反演效果。波段宽度的增加对 NDVI 植被指数反演 LAI 精度同样影响有限。对于 VARI 植被指数而言,波段宽度大于 25 nm 时会出现急剧的波动,出现极低相关性的情况,证明在该时期 LAI 对绿光的变化非常敏感,当波段宽度大于一定程度时,绿峰的反射率与其他波段平均,特征不够明显导致了 VARI 植被指数反演效果的下降。而波段宽度对红边、近红外波段则影响较小。其中最好的波段宽度是:绿光、红光波段 25 nm 以下;近红外波段 35 nm 以下;红边波段 60 nm 以下;并且在该范围内适当提高波段宽度,反演效果有一定提升。

(3)在油菜的花期,VARI 植被指数反演 LAI 效果在 1～30 nm 窄波段下精度较差、决定系数不高于 0.4,在 30 nm 处决定系数达到 0.7 之后反演精度继续开始波动,在 30 nm波段宽度时反演精度较高是因为合并了一定的其他波段信息,并不是红光与绿光波段的准确信息的体现,具有一定的偶然性,该植被指数不适合在花期反演 LAI。类似的 NDVI 反演 LAI 结果中决定系数不高于 0.12,无明显相关性。$CI_{rededge}$ 植被指数反演 LAI,在波段宽度低于 20 nm 时,决定系数 0.4 左右,最佳波段宽度在 10 nm 时,决定系数为 0.41,均方根误差为 0.65。

通过对花期 3 个植被指数在不同波段宽度反演 LAI 精度的考察可以发现,花期较前两个时期反演 LAI 效果大幅下降,VARI、NDVI 植被指数与 LAI 无明显相关性,$CI_{rededge}$ 在小于 20 nm 波段宽度时与 LAI 有微弱的相关性。

(4) 在油菜的角果期,VARI 植被指数反演 LAI 精度在小于 30 nm 波段宽度时,随着波段宽度的增加而增加,决定系数位于 0.6 左右,大于 30 nm 时出现较大波动,最佳波段宽度在 25 nm 波段宽度处,决定系数为 0.63,均方根误差为 0.44。NDVI 在波段宽度到达 35 nm 之前随着波段宽度的增加反演精度有所提升,最佳波段宽度在 35 nm 处。大于 35 nm 波段宽度时出现小幅震荡,但决定系数依然位于 0.6 以上。$CI_{rededge}$ 植被指数反演 LAI 时,在 1～25 nm 波段宽度范围内出现小幅波动,决定系数均高于 0.7,之后则出现剧烈波动。

通过对角果期 3 个植被指数在不同波段宽度反演 LAI 精度的考察可以发现,NDVI 与 VARI 植被指数随着波段宽度的增加虽然反演精度会出现一定程度的震荡但基本维持较高水平,波段宽度对 $CI_{rededge}$ 植被指数反演 LAI 的影响较大,但 $CI_{rededge}$ 在 25 nm 波段宽度以下仍然是反演 LAI 效果最好的植被指数。对于角果期反演 LAI 而言,绿光、红光、近红外波段最佳波段宽度为 30 nm 以下,红边波段为 20 nm 波段宽度以下。

(5) 经过对各时期不同植被特征波段在不同波段宽度下反演 LAI 效果的研究可以发现,不同时期不同波段反演 LAI 的最佳波段宽度不同,基于红边、近红外波段构建的 $CI_{rededge}$ 植被指数在各时期反演 LAI 结果较好,并且对波段宽度的增加不敏感(角果期除外)。基于绿光波段构建的 VARI 植被指数对波段宽度的增加较为敏感,大于一定的波段宽度时反演结果会出现剧烈波动。证明植被光谱绿峰位置的准确光谱信息对于反演 LAI 而言较为重要。油菜各时期反演 LAI,在窄波段下反演结果总是最好的,要想达到最好的反演效果,传感器在绿光、红光、红边波段宽度要小于 25 nm,在近红外波段宽度要小于 30 nm,在该范围内适当的增加波段宽度,反演 LAI 精度会有一定程度的提升。

2) 油菜冠层光谱不同波段宽度对冠层叶绿素含量反演的影响

如图 5.21 所示,分析油菜不同波段宽度与波段位置冠层光谱反射率与叶绿素含量的相关关系。图 5.21(a)中在油菜八叶期时,冠层光谱在 650～680 nm 存在一个与冠层叶绿素含量相关性较高的区域,但随着波段宽度的增加,大于 35 nm 时,较高相关性的波段位置范围逐渐变窄,相关系数值逐渐变低,在红边、近红外波段,冠层光谱与冠层叶绿素含量相关性均较高,在红边波段随着波段宽度的增加,相关性降低。近红外波段与叶绿素含量的相关性对波段宽度的增加不敏感。如图 5.21(b)所示,冠层光谱与叶绿素含量的相关性十叶期要明显好于八叶期,并且在 580～700 nm 与冠层叶绿素含量的相关系数均高于 0.6,同样地随着波段宽度的增加,大于 40 nm 时,较高相关性的波段位置范围逐渐变窄，相关系数值逐渐变低，在红边、近红外波段的相关系数均较高，在红边波段随着波段宽度的增加，相关性不如窄波段，近红外波段相关性与波段宽度的变化关系不大。

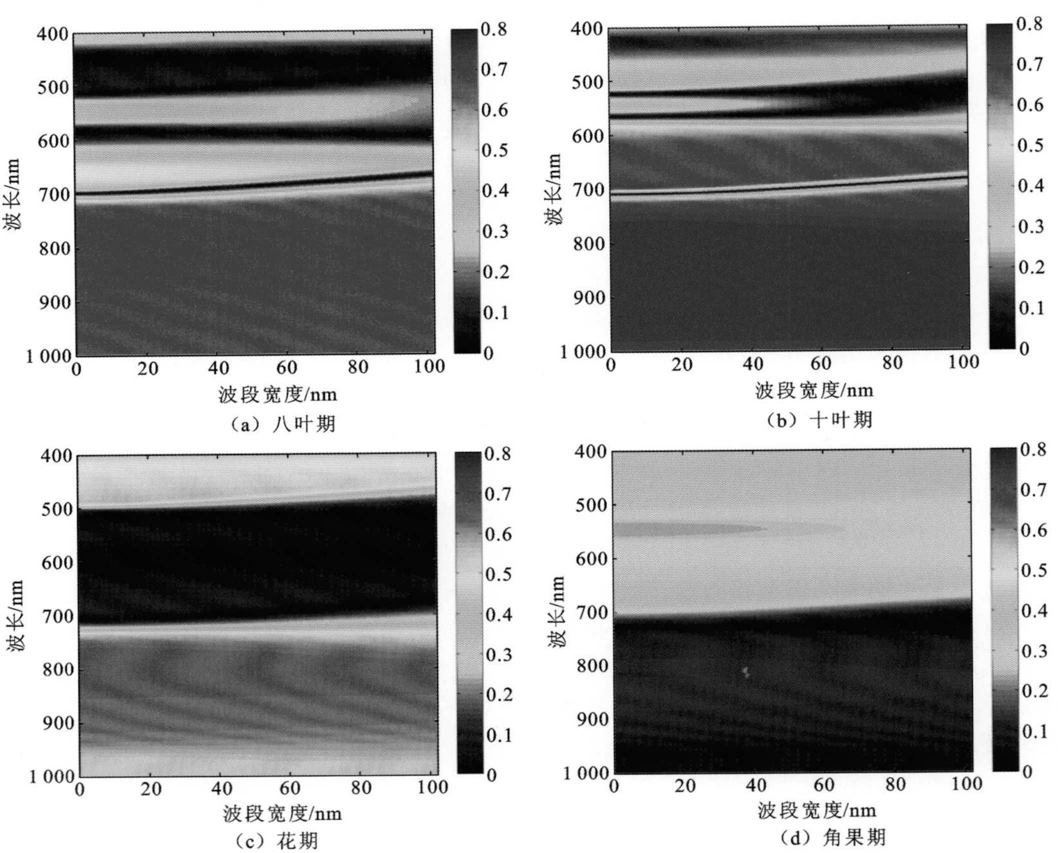

图 5.21　冠层叶绿素含量与不同波段宽度不同波段位置冠层光谱反射率的相关系数图

如图 5.21(c)所示，油菜在花期冠层光谱与叶绿素含量高相关性主要出现在 450～500 nm、以及红边、近红外波段的 730 nm 之后，与红光、绿光波段相关性不高。随着波段宽度的增加，大于 40 nm 波段宽度时红边波段相关性开始减弱，近红外波段不受影响。图 5.21(d)中，由于在角果期冠层光谱反应的是角果、叶子、土壤的混合光谱，而冠层叶绿素含量是由角果期叶片叶绿素含量推算而来，这个值并不能代表角果期油菜的干物质存储以及反映当时的生长状态，冠层光谱与冠层叶绿素含量相关性非常低，后面的研究对角果期的冠层叶绿素含量的研究不予考虑。

通过对比分析油菜各个时期不同波段宽度不同波段位置冠层光谱与冠层叶绿素含量相关性的变化规律，可以发现，在八叶期、十叶期，随着波段宽度的增加，变化的主要区域是红光波段，高相关性区域随着波段宽度的增加而变少，相关系数逐渐降低。主要变化开始于 40 nm 波段宽度。而红边波段对于所有时期而言，随着波段宽度的增加相关性均有一定程度的下降。

与研究不同波段宽度反演 LAI 情况一样，利用 NDVI、$CI_{rededge}$、VARI 植被指数，考察绿光波段、红光波段、红边波段、近红外波段构建的植被指数反演冠层叶绿素含量精度。采用逐步合并相邻窄波段并取其平均值的方法，波段宽度从 5～100 nm，以 5 nm 为步长，合并生成不同波段宽度和不同波段位置的光谱数据。在不同波段宽度构建的 NDVI、$CI_{rededge}$、VARI 植被指数与叶绿素含量的回归方程，分析不同波段宽度回归方程的决定系数以及均方根。

从图 5.22 可以得出以下结论。

(1) 在八叶期对于 VARI 植被指数反演叶绿素而言，在波段宽度小于 30 nm 时，随着波段宽度的增加，反演效果有所提升，决定系数均在 0.55 以上，均方根误差在 27 mg/m^2 左右。最佳波段宽度在 25 nm 处，当波段宽度大于 30 nm 时均方根误差以及决定系数出现波动。对于 NDVI 植被指数而言，波段宽度对反演叶绿素含量的影响不大，决定系数基本保持 0.55 以上，最佳波段宽度在 35 nm，决定系数为 0.6，均方根误差为 25.98 mg/m^2。$CI_{rededge}$ 反演 LAI，在波段宽度到达 20 nm 之前，均方根误差以及决定系数波动较小，大于 20 nm 后出现剧烈震荡。在该时期 NDVI 植被指数反演叶绿素含量效果较好。最好的波段宽度是：绿光、红光波段 30 nm 以下；红边波段 20 nm 以下；并且在该范围内适当提高波段宽度，反演效果有一定提升。

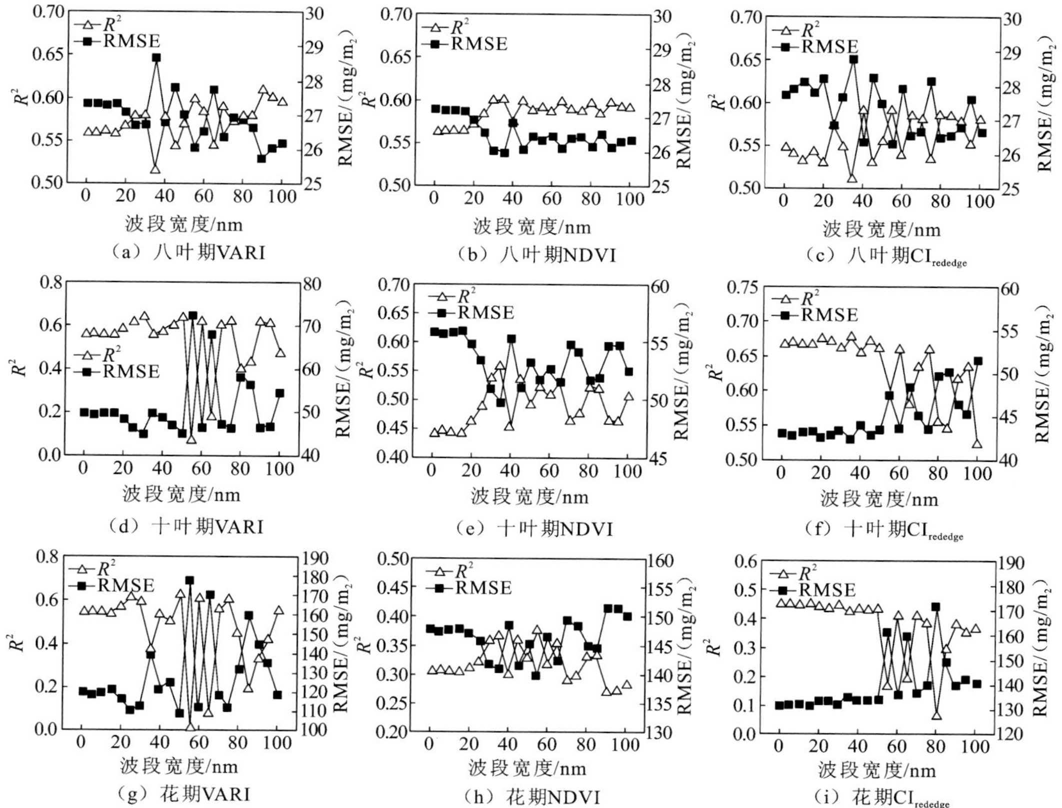

图 5.22　VARI、NDVI、$CI_{rededge}$ 植被指数在不同时期反演冠层叶绿素时反演的效果与波段的宽度的关系

(2) 在油菜的十叶期,VARI 植被指数反演叶绿素含量精度在小于 30 nm 波段宽度时反演叶绿素含量效果较好,之后出现巨大波动,最佳波段宽度在 30 nm 处,决定系数为 0.64,均方根误差为 44.8 mg/m^2。NDVI 在波段宽度到达 30 nm 之前随着波段宽度的增加反演精度有所提升,之后出现波动,最佳波段宽度为 30 nm。$CI_{rededge}$ 在波段宽度到达 45 nm之前决定系数均高于 0.65,之后反演精度开始降低。整体而言,在该时期 $CI_{rededge}$ 植被指数反演叶绿素含量效果较好。最好的波段宽度是绿光、红光、近红外波段 30 nm 以下,红边波段 45 nm 以下。

(3) 在油菜的花期,VARI 植被指数反演叶绿素含量精度在小于 30 nm 波段宽度时反演叶绿素含量效果较好,之后出现巨大波动,最佳波段宽度在 25 nm,决定系数为 0.61。NDVI 与叶绿素含量相关性较低,在不同波段宽度下决定系数均低于 0.4。$CI_{rededge}$ 在波段宽度到达 45 nm 之前,反演精度随着波段宽度的增加而稳定下降,最佳的波段宽度为 1 nm,并且决定系数均低于 0.5,在 45 nm 之后数据出现剧烈波动。在该时期 VARI 植被指数反演叶绿素含量效果较好。最好的波段宽度是绿光、红光 30 nm 以下,红边、近红外波段 45 nm 以下。

(4) 在各时期挑选的 3 个植被指数反演叶绿素含量与反演 LAI 相比精度均有一定程度的下降。不同时期不同波段反演叶绿素含量的最佳波段宽度不同,在八叶期、十叶期、花期最佳的植被指数分别是 NDVI、$CI_{rededge}$ 以及 VARI。花期 VARI 植被指数反演叶绿素含量结果明显好于其他 2 个,证明花期的叶绿素含量变化对绿光较为敏感,由于花的出现导致了冠层叶绿素含量的变化从而引起绿光波段的变化。在油菜各时期反演叶绿素含量时,在窄波段下反演结果总是最好的,要想达到最好的反演效果,传感器在绿光,红光,红外波段宽度最好小于 30 nm,红边波段宽度最好小于 20 nm,该范围内适当的增加波段宽度,反演 LAI 精度会有一定程度的提升。

5.4.4 小结

本节主要分析了油菜冠层光谱的影响因素以及不同波段宽度对反演典型参数 LAI、叶绿素含量的影响。

(1) 油菜在不同生长期,随着典型参数的变化,冠层光谱的变化是不同的。十叶期随着 LAI、叶绿素含量的增加,可见光波段反射率处于下降趋势,并在一定程度达到饱和(LAI 大于 1,叶绿素含量大于 50 mg/m^2),在红边,近红外波段随着 LAI、叶绿素含量的增加均为上升趋势。在花期随着 LAI、叶绿素的增加所有波段均为上升趋势,并且增幅明显。

(2) 在油菜的不同生长期,冠层光谱反射率差异明显。冠层出现花和角果时冠层光谱与叶期截然不同。

(3) 对油菜叶子时期(六叶期、八叶期、十叶期),与 LAI、叶绿素含量相关性分析,关键波段为 420 nm、500 nm、550 nm、650 nm 左右以及 720 nm 之后的红边近红外波段。利用这些波段或者波段组合构建的植被指数反演 LAI、叶绿素含量效果会较为理想。花期关键波段在 450 nm、550 nm 以及 750 nm 之后的红边近红外波段。角果期与 LAI 相关性分析的结果,关键波段为 550 nm 左右以及 750 nm 之后的红边近红外波段。由于角果期冠层叶绿素含量的值不能反映当时油菜的营养状况以及生长状态，与各波段相关性均很低。

(4) 通过对油菜各时期不同波段宽度与典型参数敏感性分析，可见光波段反演典型参数对于波段宽度的变化非常敏感。油菜不同时期，反演典型参数的最佳植被指数各不相同，绿光、红光、近红外波段宽度最好低于 30 nm，红边波段宽度最好低于 25 nm，并且波段宽度的适当增大能够对反演精度有所提高。根据该波段宽度设计无人机 MCA 相机各通道滤光片，800 nm(40 nm 波段宽度)、490 nm(10 nm 波段宽度)、550 nm(10 nm 波段宽度)、670 nm(10 nm 波段宽度)、720 nm(10 nm 波段宽度)和 900 nm(20 nm 波段宽度)。因此地面平台根据光谱信息构建植被指数用于反演典型参数及产量的方法可以很好地向低空无人机尺度推广。

5.5 地面平台油菜典型参数反演及产量估产

本节以油菜直播和移栽 48 片实验田为数据集，在地面平台利用 ASD 所测得的油菜冠层高光谱点数据，分析光谱与冠层叶绿素含量、叶面积指数(LAI)的关系，建立简单的统计回归模型。并在典型参数反演模型的基础上结合高光谱遥感的特点开展油菜产量估测研究。

在本节以及之后的章节中如不加以说明，研究样本均为各时期中随机选择三分之二的油菜田(32 片)作为建模数据，另外三分之一的油菜田(16 片)作为验证数据对各种典型参数反演以及估产模型进行精度验证。

采用决定系数(R^2)、均方根误差(RMSE)、偏移量(MNB)对建模效果以及验证模型进行精度评价。公式如下：

$$\mathrm{RMSE}=\sqrt{\frac{\sum_{i=1}^{n}(x_{i,\mathrm{measure}}-x_{i,\mathrm{predicted}})^2}{n-1}} \tag{5.10}$$

$$\mathrm{MNB}=\frac{1}{n}\sum_{i=1}^{n}\frac{(x_{i,\mathrm{predicted}}-x_{i,\mathrm{measure}})}{x_{i,\mathrm{measure}}} \tag{5.11}$$

式中：n 是样本总数；$x_{i,\mathrm{measure}}$ 和 $x_{i,\mathrm{predicted}}$ 分别代表 i 处的实测值与反演值。

5.5.1 油菜叶面积指数和叶绿素反演

1. 植被指数经验模型

结合 5.3 节的分析与无人机 MCA 相机的波段特点，油菜典型参数 LAI、叶绿素反演的关键波段有 400～500 nm、525～600 nm、640～690 nm、720～730 nm 以及 800 nm 处的近红外波段。本节选取包含归一化植被指数、红边指数、比值植被指数等以及结合油菜冠层光谱曲线特征和面积的 14 种植被指数(表 5.6)来构建植被指数经验模型，进行叶绿素含量与 LAI 的反演研究(表 5.6)。表中相关波段位置的选取分别为近红外波段 800 nm，红光波段 670 nm、绿光波段 550 nm、蓝光波段 490 nm、红边波段 720 nm 的光谱反射率。

表 5.6 本专题选取的典型植被指数

植被指数	计算公式	文献
归一化比值植被指数(NDVI)	$(\rho_{NIR}-\rho_{red})/(\rho_{NIR}+\rho_{red})$	(Rouse et al.,1974)
大气阻抗植被指数($VARI_{green}$)	$(\rho_{green}-\rho_{red})/(\rho_{green}+\rho_{red})$	(Gitelson et al.,2002)
改进型土壤调节植被指数(MSAVI)	$[2R_{NIR}+1-\sqrt{(2R_{NIR}+1)^2-8(R_{NIR}-R_{red})}]/2$	(Qi et al.,1994)
红边指数($CI_{rededge}$)	$\rho_{NIR}/\rho_{rededge}-1$	(Gitelson et al.,2003b)
绿边指数(CI_{green})	$\rho_{NIR}/\rho_{green}-1$	(Gitelson et al.,2006)
增强植被指数(EVI2)	$2.5\times(\rho_{NIR}-\rho_{red})/(1+\rho_{NIR}+2.4\times\rho_{red})$	(Jiang et al.,2015)
绿波段归一化植被指数(GNDVI)	$(\rho_{780}-\rho_{550})/(\rho_{780}+\rho_{550})$	(Gitelson et al.,1996)
比值植被指数(SR)	ρ_{NIR}/ρ_{red}	(Jordan et al.,1969)
MERIS 陆地叶绿素指数(MTCI)	$(\rho_{NIR}-\rho_{rededge})/(\rho_{rededge}-\rho_{red})$	(Dash,et al.,2010)
蓝边幅值(D_b)	波长 490～530 nm(蓝边)一阶导数光谱最大值	(程迪 等,2015)
黄边幅值(D_y)	波长 560～640 nm(黄边)一阶导数光谱最大值	(程迪 等,2015)
红边幅值(D_r)	波长 680～760 nm(红边)一阶导数光谱最大值	(黄敬峰 等,2006)
黄边面积(SD_y)	波长 560～640 nm(黄边)一阶导数光谱的积分	(鞠昌华 等,2008)
红边面积(SD_r)	波长 680～760 nm(红边)一阶导数光谱的积分	(黄敬峰 等,2006)

2. 叶面积指数反演

针对地面平台 ASD 测量的冠层光谱与油菜 LAI 反演,由于六叶期只有直播油菜的冠层光谱,移栽油菜田还未开始移栽,为了形成对比实验,选择油菜生育期为八叶期、十叶期、花期、角果期 4 个时期,直播和移栽一共 48 片油菜田展开研究。

如图 5.23 所示,是将油菜所有时期冠层光谱构建的 NDVI、SR 植被指数对 LAI 回归的结果,可以发现回归结果相关性较低,不高于 0.6。并且通过观察数据点的分布会发现明显分为几个聚类,根据第 3 章的研究,油菜不同生育期对冠层的光谱影响很大,为了得到更高精度的 LAI 反演模型,需要将油菜不同时期分开讨论。

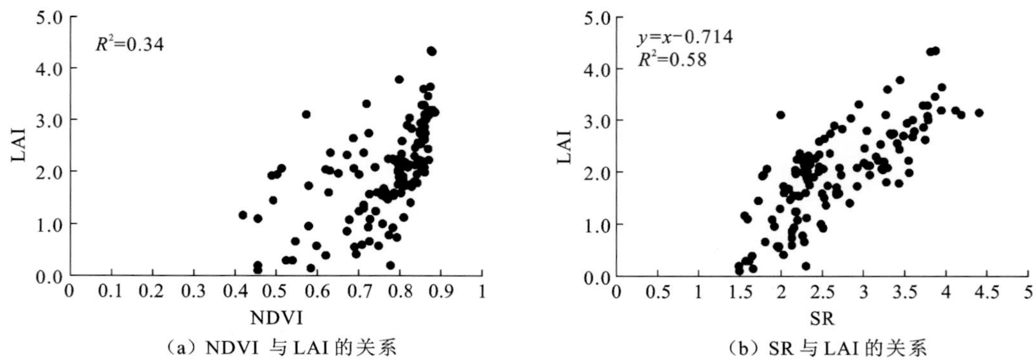

(a) NDVI 与 LAI 的关系　　(b) SR 与 LAI 的关系

图 5.23 所有时期数据构建的植被指数 NDVI、SR 与 LAI 的关系

1) 油菜八叶期植被指数模型反演 LAI 结果

表 5.7 中显示了油菜八叶期选取的植被指数与叶面积指数 LAI 之间的关系,展示了各个指数经验模型的计算公式以及决定系数和均方根误差。

表 5.7 八叶期 LAI 植被指数反演模型及精度

时期	植被指数	模型	R^2	RMSE
八叶期	NDVI	$y=0.000\ 117\times e^{11.71x}$	0.80	0.47
	GNDVI	$y=47.43x^2-42.12x+9.571$	0.80	0.48
	SR	$y=1.349x-1.947$	0.78	0.50
	CI_{green}	$y=0.969x-1.503$	0.78	0.50
	$CI_{rededge}$	$y=7.39x-0.936$	0.73	0.55
	MTCI	$y=7.267x-1.356$	0.68	0.60
	MSAVI	$y=10.51x^2-4.993x+0.9$	0.66	0.62
	红边面积(SD_r)	$y=4.319x-0.909$	0.62	0.65
	EVI2	$y=7.296x^2-1.84x+0.249$	0.62	0.66
	VARI	$y=23.8x^2-4.947x+0.495$	0.60	0.68
	红边幅值(D_r)	$y=316.6x-0.815$	0.59	0.67
	黄边幅值(D_y)	$y=8.14\times 10^7x^2-20\ 380x+2.203$	0.49	0.76
	蓝边幅值(D_b)	$y=-1.5\times 10^6x^2+6\ 146x-3.648$	0.16	0.98
	黄边面积(SD_y)	$y=-447.2\ x^2+105.5x-3.562$	0.16	0.98

图 5.24 显示了油菜八叶期与 LAI 回归效果最好的 4 个植被指数，其验证模型精度见表 5.8。由表 5.7 可知，波段组合构建的植被指数模型要优于光谱特征参数构建的指数经验模型，并且利用近红外波段的植被指数模型整体要优于其他波段的植被指数模型。

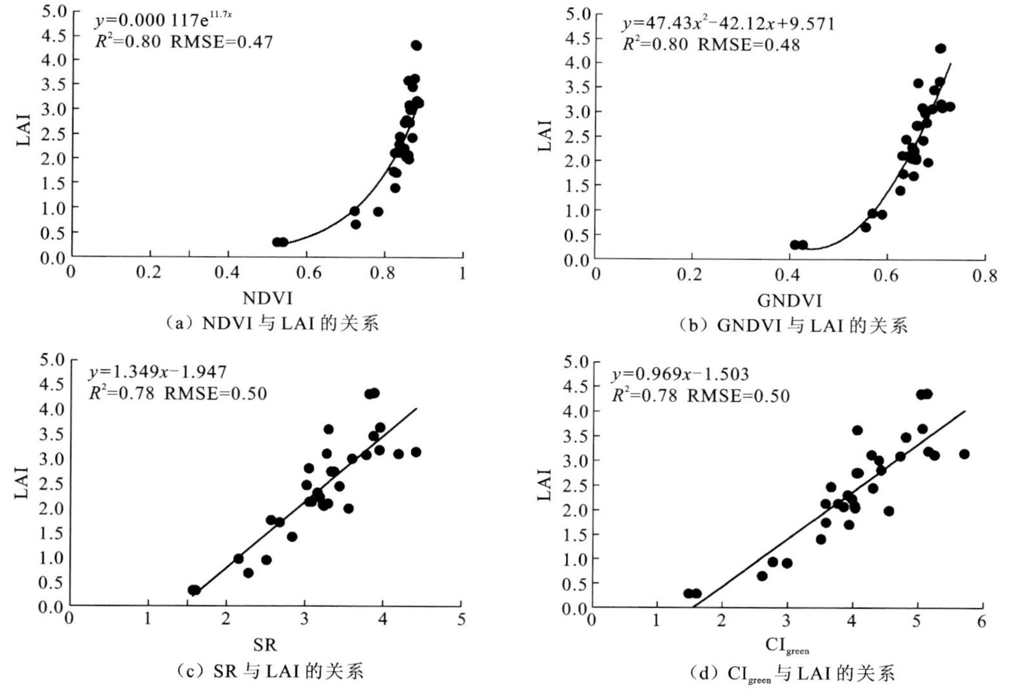

(a) NDVI 与 LAI 的关系 (b) GNDVI 与 LAI 的关系

(c) SR 与 LAI 的关系 (d) CI_{green} 与 LAI 的关系

图 5.24 八叶期优选的植被指数与 LAI 反演模型

蓝边幅值以及黄边面积指数经验模型与 LAI 无明显相关性，决定系数 R^2 均低于 0.2，不适合用于反演 LAI。NDVI、GNDVI、SR、CI_{green} 4 个指数与 LAI 的相关性较高决定系数 R^2 均高于 0.78，均方根误差不高于 0.5。并且验证模型决定系数均为 0.9，均方根误差小于 0.37，可以作为八叶期反演 LAI 的优选植被指数模型。其中图 5.24(a)、图 5.24(b)中 NDVI、GNDVI 植被指数与 LAI 之间的关系较为相似，在 LAI 低于 3 时，两者对于 LAI 均较为敏感，当 LAI 大于 3 时，两者迅速达到饱和状态。而图 5.24(c)、图 5.24(d)中 SR、CI_{green}植被指数与 LAI 相关性呈线性关系，不存在饱和状态，验证模型均方根误差较 NDVI 与 GNDVI 而言要小。

表 5.8 八叶期优选的植被指数与 LAI 验证模型精度

时期	植被指数	R^2	RMSE
八叶期	NDVI	0.90	0.37
	GNDVI	0.90	0.34
	SR	0.90	0.31
	CI_{green}	0.90	0.32

2) 油菜十叶期植被指数模型反演 LAI 结果

表 5.9 中显示了油菜十叶期选取的植被指数与叶面积指数 LAI 之间的关系，展示了各个指数经验模型的计算公式以及决定系数和均方根误差。图 5.25 显示了油菜十叶期与 LAI 模型效果最好的 4 个植被指数及其验证模型精度表 5.10。由表 5.9可知，在油菜十叶期，利用油菜冠层光谱特性分析得到的敏感波段构建的植被指数与 LAI 之间的关系都较好，决定系数均不低于 0.59，其中波段组合构建的植被指数模型要稍好于光谱特征参数构建的指数经验模型，并且利用红边波段构建的植被指数模型结果有明显提升。在油菜十叶期，模型大多为线性模型。在油菜十叶期，由于温度因素的影响，油菜叶子有所卷曲，使得冠层郁闭度下降，LAI 较八叶期而言有所降低，并未到达植被指数与 LAI 的饱和阈值，使得大部分植被指数与 LAI 变化较为敏感。SR、$CI_{rededge}$、VARI、MTCI 4 个指数与 LAI 的相关性较高决定系数 R^2 均高于 0.89，均方根误差不高于 0.3。并且验证模型决定系数均高于 0.8，均方根误差小于 0.41，且均为线性模型，对 LAI 的变化较为敏感，可以作为十叶期反演 LAI 的优选植被指数模型。

表 5.9 十叶期 LAI 植被指数反演模型及精度

时期	植被指数	模型	R^2	RMSE
十叶期	SR	$y=1.192x-1.587$	0.92	0.26
	$CI_{rededge}$	$y=6.508x-0.977$	0.91	0.27
	VARI	$y=7.553x+0.083$	0.90	0.29
	MTCI	$y=6.965x-1.77$	0.89	0.30
	红边面积(SD_r)	$y=3.448x-0.628$	0.85	0.36
	红边幅值(D_r)	$y=251.7x-0.589$	0.85	0.36
	NDVI	$y=23.59x^2-25.22x+6.919$	0.84	0.38

续表

时期	植被指数	模型	R^2	RMSE
十叶期	MSAVI	$y=5.092x-1.278$	0.83	0.38
	EVI2	$y=5.011x-1.301$	0.83	0.38
	蓝边幅值(D_b)	$y=2349x-1.419$	0.78	0.43
	黄边面积(SD_y)	$y=42.04x-1.485$	0.78	0.43
	黄边幅值(D_y)	$y=-5336x+2.846$	0.61	0.58
	CI_{green}	$y=0.608x-0.842$	0.60	0.59
	GNDVI	$y=26.02x^2-22.2x+4.974$	0.59	0.61

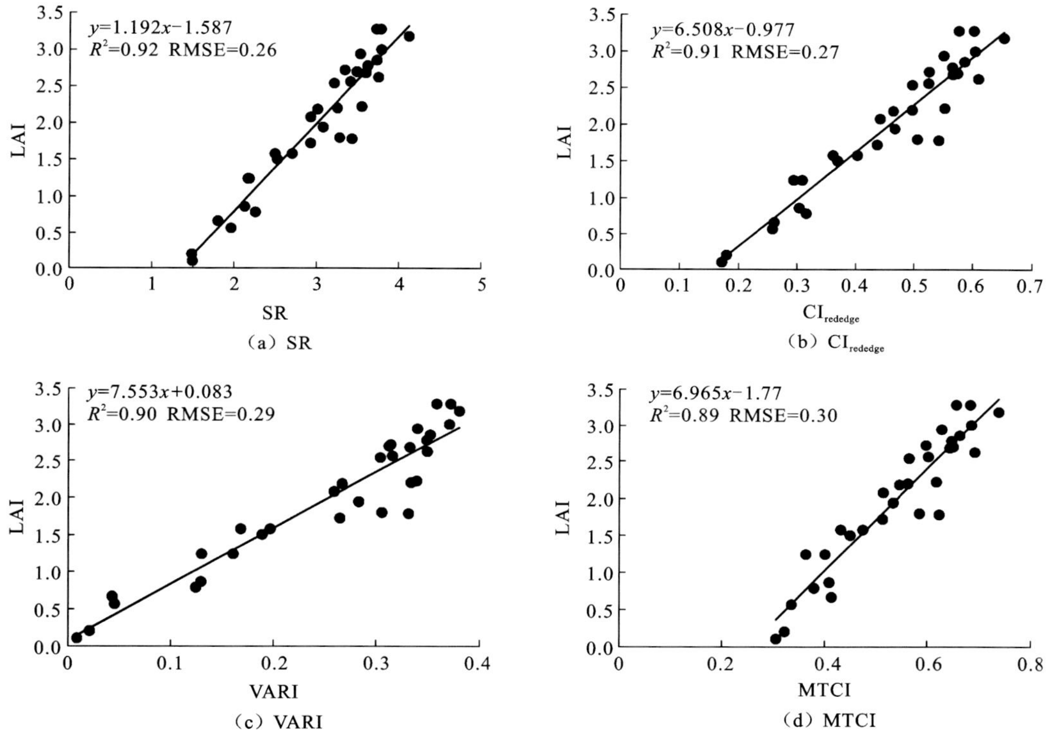

(a) SR　(b) $CI_{rededge}$　(c) VARI　(d) MTCI

图 5.25　十叶期优选的植被指数与 LAI 反演模型

表 5.10　十叶期优选的植被指数与 LAI 验证模型精度

时期	植被指数	R^2	RMSE
十叶期	SR	0.86	0.33
	$CI_{rededge}$	0.85	0.35
	VARI	0.83	0.38
	MTCI	0.80	0.41

3）油菜花期植被指数模型反演 LAI 结果

油菜花期选取的植被指数与叶面积指数 LAI 之间的关系以及决定系数和均方根误

差见表 5.11。图 5.26 显示了油菜花期与 LAI 模型效果最好的 2 个植被指数及其验证模型精度(表 5.12)。由表 5.11 可知，在油菜花期，植被指数经验模型与 LAI 的反演结果整体精度较低。除黄边幅值、MTCI、$CI_{rededge}$ 以外其他植被指数经验模型与 LAI 反演精度过低，甚者与 LAI 无明显相关性，不适用于反演油菜冠层 LAI。根据第 3 章的分析，在油菜花期冠层光谱受油菜花干扰较大，花的存在，导致冠层叶绿素的减少，使得整个冠层光谱曲线发生变化。黄边幅值在一定程度上反映了冠层花的光谱，与 LAI 相关性有所提升，而 MTCI 植被指数因为模型的特点一定程度上抵消了花对冠层光谱近红外、红边的影响。所以黄边幅值、MTCI 植被指数模型反演 LAI 效果较好，均为线性模型，对 LAI 的变化较为敏感，决定系数 R^2 均高于 0.55。验证模型决定系数均为0.8，均方根误差不高于 0.35，可以作为花期反演 LAI 的优选植被指数模型。

表 5.11　花期 LAI 植被指数反演模型及精度

时期	植被指数	模型	R^2	RMSE
花期	黄边幅值(D_y)	$y=-10550x+2.574$	0.59	0.54
	MTCI	$y=5.421x-0.983$	0.57	0.55
	$CI_{rededge}$	$y=4.854x+0.016$	0.39	0.66
	红边面积(SD_r)	$y=3.767x-0.389$	0.33	0.69
	红边幅值(D_r)	$y=259.3x-0.243$	0.32	0.70
	SR	$y=1.0x-0.507$	0.26	0.73
	EVI2	$y=3.858x-0.208$	0.19	0.75
	MSAVI	$y=3.792x-0.111$	0.18	0.76
	VARI	***	0.07	***
	蓝边幅值(D_b)	***	0.05	***
	黄边面积(SD_y)	***	0.04	***
	NDVI	***	0.02	***
	CI_{green}	***	0.01	***
	GNDVI	***	0.01	***

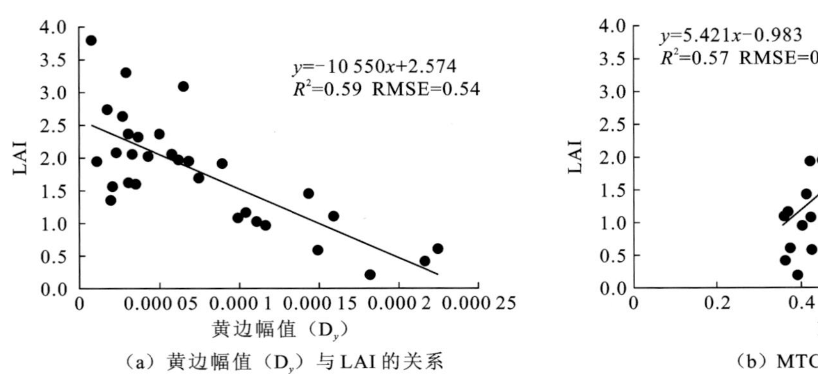

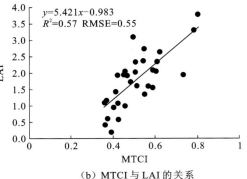

(a) 黄边幅值（D_y）与 LAI 的关系　　(b) MTCI 与 LAI 的关系

图 5.26　花期优选的植被指数与 LAI 反演模型

表 5.12　花期优选的植被指数与 LAI 验证模型精度

时期	植被指数	R^2	RMSE
花期	黄边幅值(D_y)	0.80	0.34
	MTCI	0.80	0.22

4）油菜角果期植被指数模型反演 LAI 结果

油菜角果期选取的植被指数与叶面积指数 LAI 反演模型决定系数和均方根误差见表 5.13。图 5.27 显示了油菜角果期与 LAI 模型效果最好的 4 个植被指数，其验证模型精度见表 5.14。由表 5.13 可知，在油菜角果期，植被指数经验模型与 LAI 的反演结果较八叶期与十叶期稍低，由于油菜角果期冠层光谱受到角果的影响，但整体表现优于花期。利用上红边、近红外波段的植被指数模型要好于其他波段的植被指数模型，绿光波段构建的植被指数模型会使得 LAI 反演精度下降。在油菜角果期模型大多同样为线性模型，LAI 并未到达饱和阈值，大部分植被指数与 LAI 变化较为敏感。SR、$CI_{rededge}$、MSAVI、EVI2 4 个指数与 LAI 的相关性较高决定系数 R^2 均高于 0.68，均方根误差不高于 0.4。并且验证模型决定系数均高于 0.78，均方根误差小于 0.25，除 MSAVI 植被指数外模型均为线性模型。当 LAI 小于 2.5 时 MSAVI 能够大大减小背景对冠层光谱的影响，与 LAI 的变化敏感度高，而当 LAI 大于 2.5 时，植被长势较密，背景影响减弱，MSAVI 模型的精度所有下降。总体而言这 4 个植被指数对 LAI 的变化较为敏感，可以作为角果反演 LAI 的优选植被指数模型。

表 5.13　角果期 LAI 植被指数反演模型及精度

时期	植被指数	模型	R^2	RMSE
角果期	SR	$y=2.344x-3.523$	0.80	0.31
	$CI_{rededge}$	$y=10.68x-1.627$	0.72	0.37
	MSAVI	$y=9.283x^2-4.354x+0.762$	0.71	0.39
	EVI2	$y=5.709x-1.911$	0.68	0.40
	红边幅值(D_r)	$y=316.9x-1.157$	0.65	0.42
	MTCI	$y=10.1x-2.072$	0.63	0.43
	NDVI	$y=34.63x^2-39.64x+11.6$	0.62	0.44
	黄边幅值(D_y)	$y=-9227x+2.674$	0.59	0.45
	红边面积(SD_r)	$y=4.949x-1.252$	0.57	0.46
	GNDVI	$y=6.294x^2+8.883x-5.246$	0.56	0.47
	CI_{green}	$y=1.406x-2.129$	0.53	0.48
	VARI	$y=7.034x-0.771$	0.51	0.49
	黄边面积(SD_y)	$y=14.54x-0.555$	0.39	0.55
	蓝边幅值(D_b)	$y=909.6x-0.387$	0.33	0.57

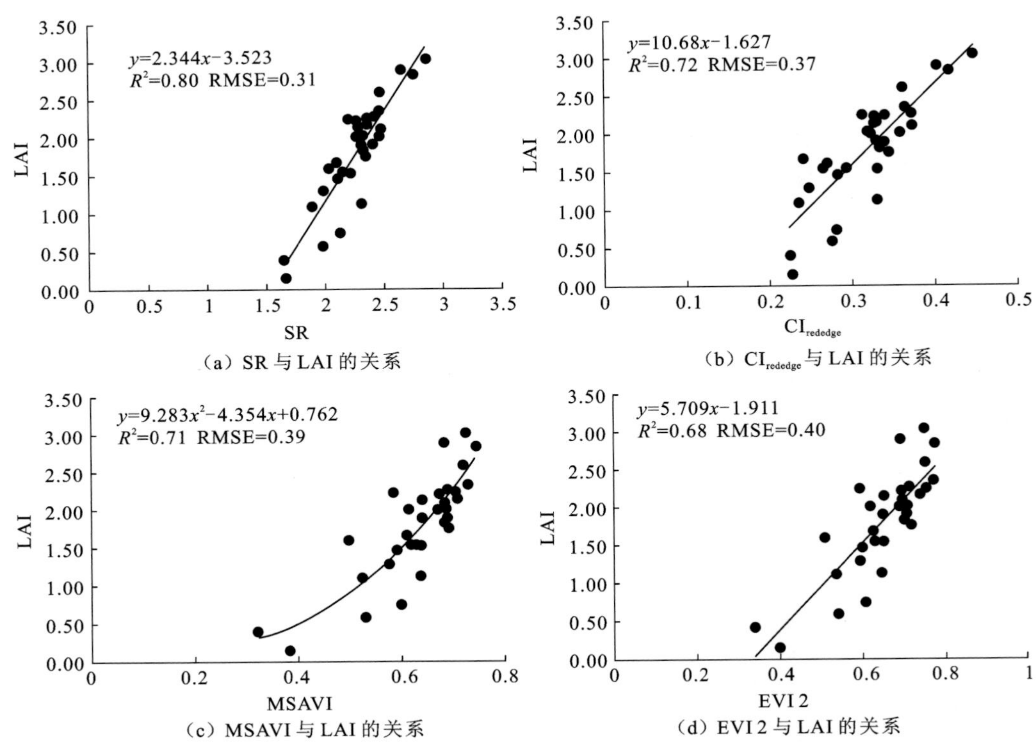

(a) SR 与 LAI 的关系

(b) $CI_{rededge}$ 与 LAI 的关系

(c) MSAVI 与 LAI 的关系

(d) EVI 2 与 LAI 的关系

图 5.27　角果期优选的植被指数与 LAI 反演模型

表 5.14　角果期优选的植被指数与 LAI 验证模型精度

时期	植被指数	R^2	RMSE
角果期	SR	0.89	0.18
	$CI_{rededge}$	0.78	0.23
	MSAVI	0.88	0.25
	EVI2	0.86	0.25

综上所述，将油菜各个生长期分开反演 LAI，模型精度相较各时期一同回归有显著的提升，油菜各时期反演模型最高决定系数分别达到 0.8、0.92、0.59、0.8，验证效果优秀。图 5.28(a)是根据油菜各个时期利用 SR 植被指数整体回归的模型验证精度。图 5.28(b)是分时期反演结果，考虑各个时期 LAI 决定系数、均方根误差并且尽量选择与 LAI 变化敏感，不存在饱和的模型验证结果(花期选择 MTCI 植被指数其他时期选择 SR 植被指数)。通过对比可知，整体回归的结果偏差较大，MNB 达到 30.96%，数据波动剧烈，实测结果与反演结果相差很大，在实测 LAI 低于 2 时，反演结果对 LAI 大部分高估。相较而言分时期结果实测值与反演值相差较小，数据偏差较低，MNB 为 10.51%，均方根误差为 0.29，但是随着 LAI 的增大，反演结果会有一定的低估。分时期反演 LAI 能极大地提升反演精度，在油菜各个时期较准确地估算出 LAI 的值。

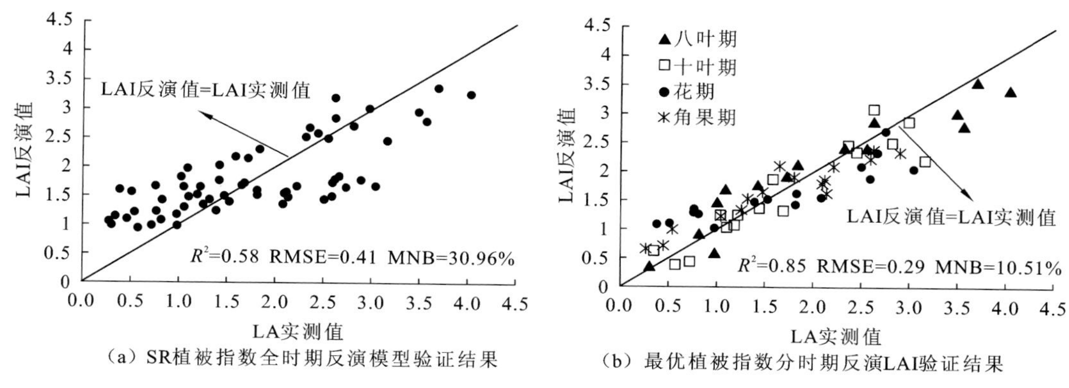

（a）SR植被指数全时期反演模型验证结果　（b）最优植被指数分时期反演LAI验证结果

图 5.28　各时期植被指数与 LAI 反演模型验证结果

3. 冠层叶绿素含量反演

在研究地面平台 ASD 测量的冠层光谱与冠层叶绿素反演中，由于冠层叶绿素含量的获得需要计算种植密度，而种植密度是对移栽油菜田采用的，于是选择油菜生育期为八叶期、十叶期、花期 3 个时期，每个时期移栽一共 24 片油菜田展开研究。其中各时期中随机选择三分之二的油菜田（16 片）作为建模数据，另外三分之一的油菜田（8 片）作为验证数据对植被指数经验模型的模型精度进行验证。与 LAI 反演研究类似，针对油菜不同时期构建冠层叶绿素与植被指数回归模型。

1）油菜八叶期植被指数模型反演冠层叶绿素含量结果

表 5.15 中显示了油菜八叶期选取的植被指数与冠层叶绿素含量之间的关系，展示了各个指数经验模型的形式以及决定系数和均方根误差。

表 5.15　八叶期冠层叶绿素含量植被指数反演模型及精度

时期	植被指数	模型	R^2	RMSE/(mg/m^2)
八叶期	MSAVI	$y=0.9915e^{6.4167x}$	0.75	27.20
	EVI2	$y=354.78x^{3.9452}$	0.74	27.93
	红边面积(SD$_r$)	$y=155.02x^{2.7744}$	0.72	29.82
	NDVI	$y=0.001e^{13.551x}$	0.71	26.93
	GNDVI	$y=5516.1x^{9.4771}$	0.70	30.16
	SR	$y=0.7161x^{4.1963}$	0.69	30.66
	红边幅值(D$_r$)	$y=5.1837e^{257.96x}$	0.67	32.94
	黄边幅值(D$_y$)	$y=61.204e^{-19529x}$	0.66	28.77
	VARI	$y=1.4212e^{9.8794x}$	0.66	29.0
	CI$_{green}$	$y=0.7749x^{3.5217}$	0.66	32.62
	CI$_{rededge}$	$y=413.1x-80.58$	0.38	31.58
	黄边面积(SD$_y$)	$y=3246x^{1.664}$	0.36	31.99
	蓝边幅值(D$_b$)	$y=80380x-72.44$	0.33	32.62
	MTCI	$y=312.1x^{1.647}$	0.32	33.14

由表 5.15 可知，模型大多是由幂函数、指数函数构成，证明随着叶绿素的增大，指数值达到饱和。由于模型过于类似，图 5.29 显示了油菜八叶期与冠层叶绿素模型效果最好的 2 个植被指数，其验证模型精度表表 5.16。$CI_{rededge}$、MTCI、蓝边幅值以及黄边面积指数经验模型与冠层叶绿素含量相关性较低，决定系数 R^2 均低于 0.4。其余植被指数与冠层叶绿素含量的相关性较高，决定系数 R^2 均高于 0.65，均方根误差不高于 35 mg/m^2。如图 5.29 所示，当叶绿素含量低于 120 mg/m^2 时，两种植被指数对冠层叶绿素含量较为敏感，当叶绿素含量超过 120 mg/m^2 时两者迅速到达饱和状态，验证模型决定系数均高于 0.6，均方根误差不超过 35 mg/m^2，模型反演冠层叶绿素含量结果精度较好。

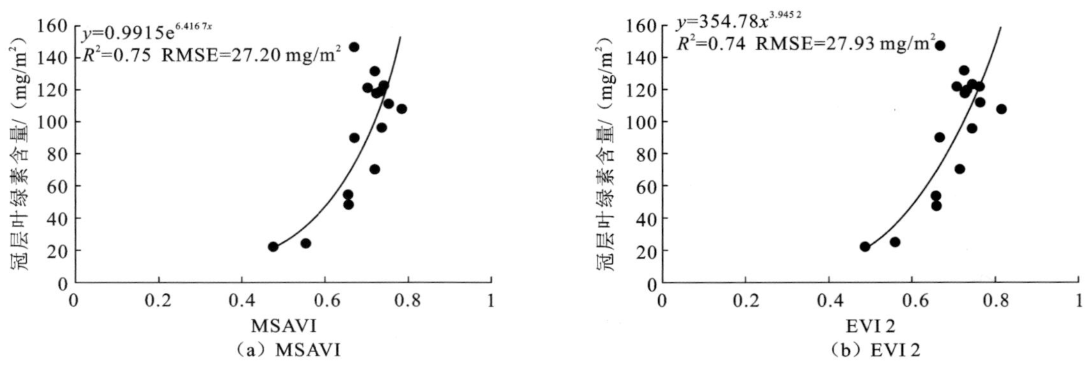

图 5.29　八叶期优选的植被指数与冠层叶绿素含量反演模型

表 5.16　八叶期优选的植被指数与冠层叶绿素含量验证模型精度

时期	植被指数	R^2	RMSE/（mg/m^2）
八叶期	MSAVI	0.62	31.02
	EVI2	0.60	34.7

2）油菜十叶期植被指数模型反演冠层叶绿素含量结果

表 5.17 中显示了油菜十叶期选取的植被指数与冠层叶绿素含量之间的关系。模型大多是由二次函数、幂函数、指数函数构成，证明随着叶绿素的增大，指数值达到饱和。图 5.30 显示了油菜十叶期与冠层叶绿素模型效果最好的 2 个植被指数 NDVI、SR，其验证模型精度见表 5.18。在十叶期油菜叶片出于生长状态，冠层叶绿素含量相较八叶期而言明显增加，利用油菜冠层光谱特性分析得到的敏感波段构建的植被指数与冠层叶绿素含量之间的关系都较好，决定系数均不低于 0.55。均方根误差不高于 60 mg/m^2。如图 5.30(a)所示当叶绿素含量低于 100 mg/m^2 时，NDVI 植被指数对冠层叶绿素含量较为敏感，当叶绿素含量超过 100 mg/m^2 时 NDVI 迅速到达饱和状态，而图 5.30(b)中 SR 的饱和值位于叶绿素含量 150 mg/m^2 以后，与 NDVI 相比饱和值较为延后，敏感性更高。二者验证模型决定系数均高于 0.75，均方根误差不超过 45 mg/m^2，模型反演冠层叶绿素含量结果精度较好。

表 5.17　十叶期冠层叶绿素含量植被指数反演模型及精度

时期	植被指数	模型	R^2	RMSE/(mg/m²)
十叶期	NDVI	$y=3\ 055x^{18.54}$	0.72	45.74
	SR	$y=43.48x^2-159.3x+159.6$	0.72	47.57
	CI_{green}	$y=0.105e^{1.427}$	0.71	46.09
	GNDVI	$y=1.265\times10^6\times x^{25.79}$	0.70	47.38
	黄边幅值(D_y)	$y=2.016\times10^9x^2-1.236\times10^6x+204.3$	0.70	49.26
	MSAVI	$y=812.2x^{5.921}$	0.69	47.73
	$CI_{rededge}$	$y=1195x^2-526.3x+68.01$	0.69	49.98
	EVI2	$y=487.5x^{4.624}$	0.68	48.64
	红边面积(SD_r)	$y=167.1x^{2.743}$	0.68	48.8
	MTCI	$y=866.1x^2-345.3x+14.14$	0.68	50.62
	VARI	$y=6.212e^{9.254}$	0.67	49.31
	红边幅值(D_r)	$y=1.741\times10^6x^2-1.414\times10^4x+40.12$	0.67	51.39
	蓝边幅值(D_b)	$y=1.518\times10^8x^2-2.544\times10^5x+116.4$	0.56	59.37
	黄边面积(SD_y)	$y=3.08e^{37.69}$	0.55	57.87

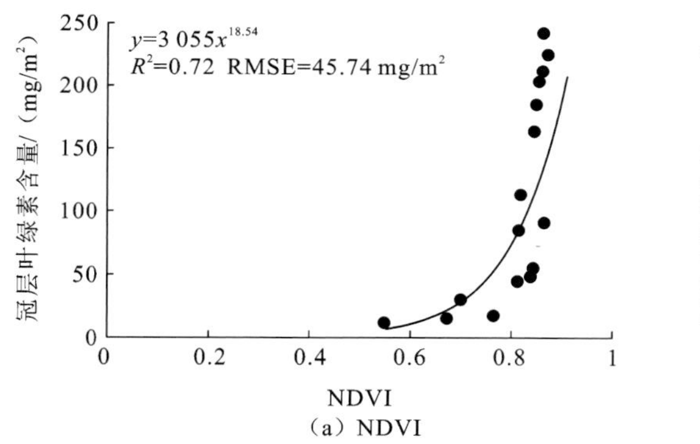

(a) NDVI

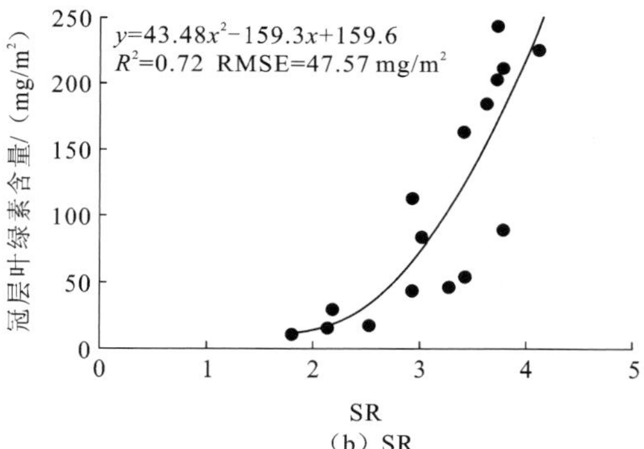

(b) SR

图 5.30　十叶期优选的植被指数与冠层叶绿素含量反演模型

表 5.18　十叶期优选的植被指数与冠层叶绿素含量验证模型精度

时期	植被指数	R^2	RMSE/(mg/m²)
十叶期	NDVI	0.77	43.17
	SR	0.82	34.13

3）油菜花期植被指数模型反演冠层叶绿素含量结果

表 5.19 中显示了油菜花期选取的植被指数与冠层叶绿素含量之间的关系。由于冠层花光谱的影响模型的整体精度较前两个时期有所下降，并且对于大多数植被指数而言回归的决定系数都处于 0.5 左右，均方根误差位于 140～150 mg/m²。图 5.31 显示了油菜十叶期与冠层叶绿素模型效果最好的 2 个植被指数 VARI、MSAVI，其验证模型精度

见表 5.20。如图 5.31 所示在叶绿素含量低于 200 mg/m^2 时两个模型的拟合效果都较好，当叶绿素含量超过 200 mg/m^2 植被指数模型与叶绿素含量的拟合出现了较大的偏差，由于冠层叶绿素含量表征着整片油菜田的生长健康状态，叶绿素含量的增大代表着花的增多，对整体冠层光谱的影响更大，从而降低了模型的整体精度。

表 5.19　花期冠层叶绿素含量植被指数反演模型及精度

时期	植被指数	模型	R^2	RMSE/(mg/m^2)
花期	VARI	$y=8\,862x^2-459.4\,x+24.81$	0.55	140.5
	MSAVI	$y=1\,397x-419.9$	0.52	140.1
	EVI2	$y=1\,338x-414.6$	0.50	143.1
	红边幅值(D_r)	$y=74\,110x-306$	0.49	144.4
	红边面积(SD_r)	$y=972.3x-298.7$	0.48	146.1
	NDVI	$y=6\,041x^2-6\,228\,x+1\,716$	0.45	155.5
	MTCI	$y=896.6x-259.9$	0.44	150.5
	黄边幅值(D_y)	$y=-2.611\times10^6\,x+398.6$	0.44	151.1
	SR705	$y=240.4x-312.3$	0.43	152.6
	$CI_{rededge}$	$y=821.2\,x^2+229\,x+10.96$	0.43	157.8
	CI_{green}	$y=64.37x^2-160.2\,x+235$	0.39	163.6
	GNDVI	$y=7\,762x^2-6\,268x+1\,383$	0.36	163.7
	黄边面积(SD_y)	***	0.005	***
	蓝边幅值(D_b)	***	0.004	***

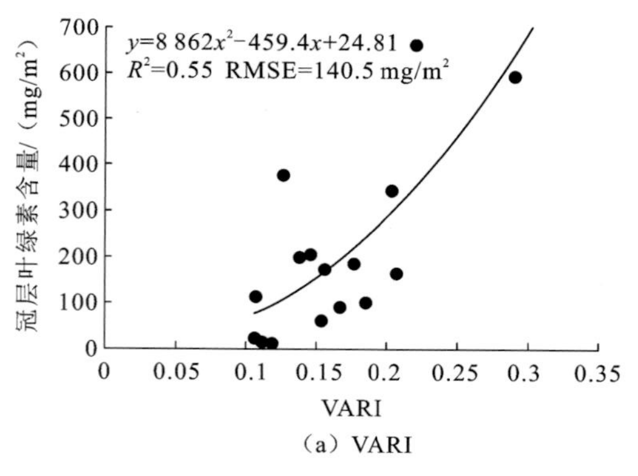

(a) VARI

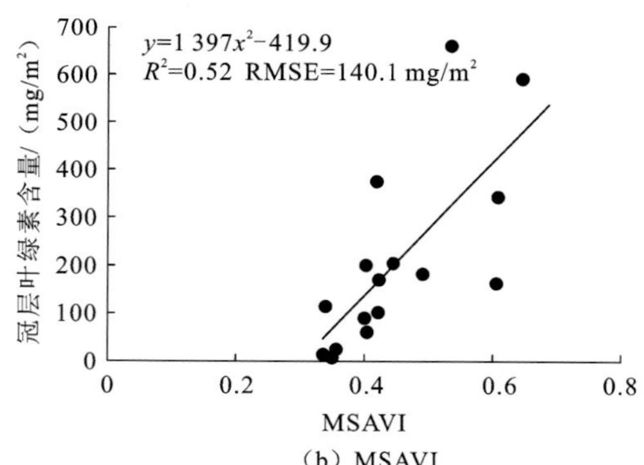

(b) MSAVI

图 5.31　花期优选的植被指数与冠层叶绿素含量反演模型

表 5.20　花期优选的植被指数与冠层叶绿素含量验证模型精度

时期	植被指数	R^2	RMSE/(mg/m^2)
花期	VARI	0.60	51.4
	MSAVI	0.80	53.45

如图 5.32 所示，油菜不同时期对冠层叶绿素含量构建的最优植被指数模型(十叶期

选择 SR 植被指数其他时期选择 MSAVI 植被指数)验证数据结果。验证模型决定系数 0.79,均方根误差 43.26 mg/m^2,偏移量(MNB)为 16.17%,在冠层叶绿素含量低于 100 mg/m^2实测值与反演值偏差较小,当冠层叶绿素位于 140 mg/m^2 左右实测值与反演值出现较大偏差,八叶期与十叶期植被指数模型与冠层叶绿素含量回归效果较好,花期的出现造成了模型整体精度的下降。

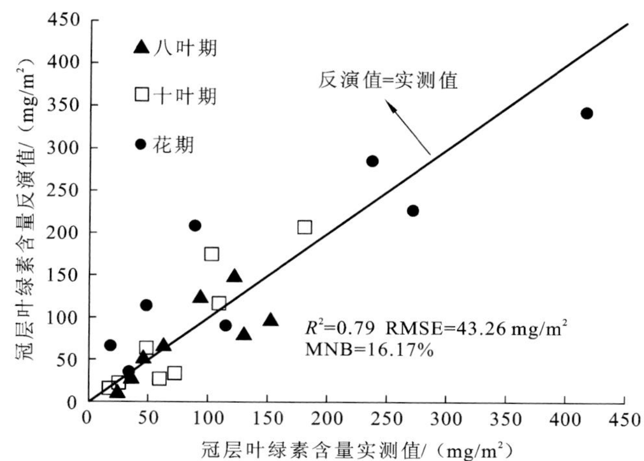

图 5.32 最优植被指数分时期反演冠层叶绿素含量验证结果

5.5.2 植被指数经验模型估产

1. 农作物典型参数 LAI、冠层叶绿素含量与产量的关系

农作物各时期的典型参数 LAI、冠层叶绿素含量一定程度上反映了该时期农作物的生长状态,而油菜最终的产量与油菜不同时期生长发育情况息息相关,本节主要对油菜不同生长期 LAI、冠层叶绿素含量与最终产量的关系展开研究。

1) 叶面积指数 LAI 与油菜产量的关系

如图 5.33 所示,分别是油菜 4 个时期对应的 LAI 与产量的关系。从图中可以发现,在各时期 LAI 与产量的回归明显出现 2 个聚类,八叶期与花期尤为明显。通过对数据点的调查分析发现,种植方式的不同造成了这种聚类现象的发生,直播和移栽油菜田产量与 LAI 的关系有所区别。

为了在稀缺的可用的土地上采用多种种植方式,移栽油菜成为我国特有的一种栽培方式,而世界其他发达国家大都采用直播方式种植油菜(Momoh et al.,2001;袁金展 等,2014)。由于移栽油菜需要提早播种,从而增加了移栽油菜的生长时间,其秧苗在苗床中具有较好的生长环境和养分供应,而移入大田后在较低种植密度下又具有了较大的个体发展空间,从而奠定了其相对直播油菜而言的生长优势,相应的直播油菜由于种植密度的不均一,造成了种内的竞争,并且狭小的生长空间使得植株生长受到极大的限制(帅海洪等,2010;王寅 等,2011;周玉 等,2011)。由于苗期的生长不佳限制了直播油菜的春后生长,从而影响了后期的角果发育及籽粒充实,导致直播油菜较移栽油菜而言产量大幅下降(胡立勇 等,2002)。

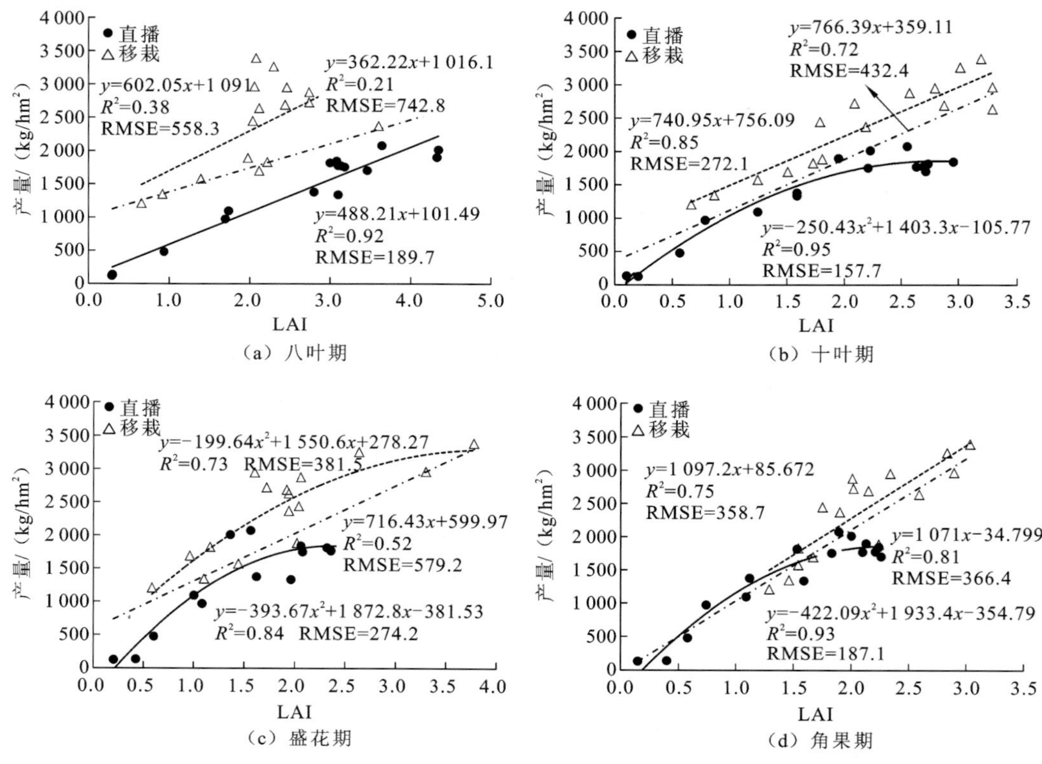

（a）八叶期　（b）十叶期　（c）盛花期　（d）角果期

图 5.33　不同时期 LAI 与产量的关系

所以说 LAI 对于直播和移栽两种种植方式并不能完全表征对产量形成的影响，尤其是在八叶期，直播油菜处于种内的竞争，横向扩展受限，而移栽油菜刚刚移栽，营养充分，发育空间大。所以针对油菜估产的研究，为了得到更高的估产精度，尝试将油菜分为 2 个数据集（直播与移栽）分开进行研究。

从图 5.33 中可以看出，移栽田的最终产量远大于直播田。在油菜十叶期、花期、角果期，LAI 与最终产量的相关性均较好，LAI 的高低一定程度上反映该油菜田的生长发育情况，从而影响最终产量的形成。图 5.33(d)中，油菜的角果期 LAI 与产量的相关性非常显著，并且与种植方式无关，这是由于该时期测量的油菜冠层主要是由角果构成的，相当于角果的 LAI，而角果与产量的关系是直接对应的。对于直播油菜，十叶期当 LAI 到达 2.5 以后，随着 LAI 的增加，最终该片油菜田的产量并没有增加，LAI 在 2.5 之前与最终产量较为敏感。类似的饱和现象同样发生在花期、角果期 LAI 为 2 的时候，八叶期时 LAI 与最终产量的关系一直为线性关系未发生饱和现象。这说明在直播田中，当油菜在十叶期、花期、角果期时，冠层覆盖达到一定程度以后，由于其他因素的限制使得产量无法得到有效提升，而移栽油菜各时期 LAI 与最终产量大部分保持线性关系，产量与油菜冠层的生长状况有直接关系。

2）*冠层叶绿素含量与油菜产量的关系*

油菜各时期冠层叶绿素含量与最终产量的相关性与 LAI 相似（图 5.34），回归的决定系数均高于 0.7，并且在八叶期移栽油菜的叶绿素含量与产量的关系相比 LAI 有明显的提升。在采取移栽方式的油菜田，冠层叶绿素含量表征油菜田生长情况较 LAI 更为显著。在十叶期冠层叶绿素含量大于 150 mg/m^2、花期冠层叶绿素大于 400 mg/m^2 时，随着冠层叶绿素的增加，最终产量出现饱和现象，这说明当移栽油菜在十叶期、花期时，冠层叶片发育到一定程度以后，植株叶片的发育情况已经不是影响最终产量的主要因素。

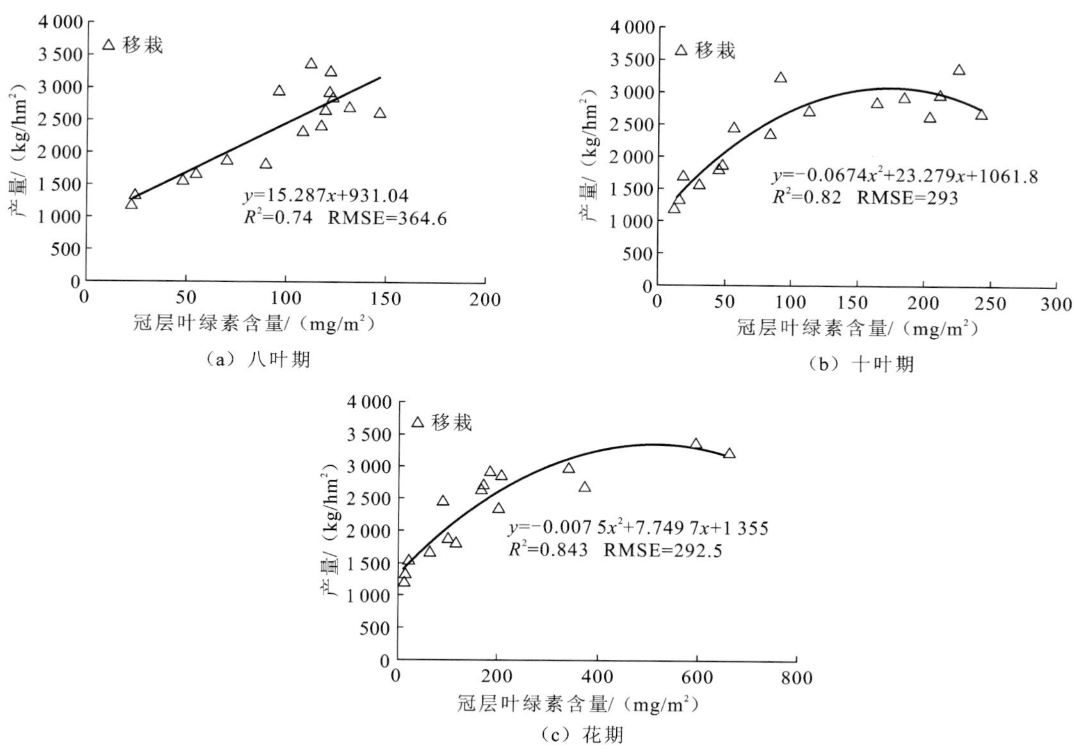

图 5.34　不同时期冠层叶绿素含量与产量的关系

经以上研究发现，油菜各时期 LAI、叶绿素含量与最终产量均成较好的线性或二次函数关系，而在 3.1 节的分析中找出了油菜各个时期反演 LAI、叶绿素含量效果最好的植被指数模型。所以，通过冠层光谱的波段组合可以构建各个时期与最终产量的估测模型，从而达到利用油菜不同时期冠层光谱估测最终产量的目的。

2. 植被指数经验模型估产

通过上一节分析，要构建高精度的植被指数估产模型，需要挑选反演 LAI、冠层叶绿素含量的最佳植被指数模型，各时期分别选出 2 个植被指数模型作为植被指数经验估产模型。八叶期（NDVI、SR），十叶期（SR、$CI_{rededge}$），花期（黄边幅值、MTCI），角果期（SR、$CI_{rededge}$）。利用各时期冠层光谱构建的植被指数经验模型对油菜估产展开研究。

表 5.21 是油菜各时期挑选出的反演 LAI、冠层叶绿素最优的 2 个植被指数与最终产量的回归模型，模型决定系数、均方根误差如表 5.21 所示。图 5.35～图 5.38分别是油菜各时期植被指数估产模型（(a)(b)）以及对应的验证模型（(c)(d)），决定系数、均方根误差、验证模型偏移量 MNB 如图所示。

表 5.21　各时期植被指数估产模型

时期	种植方式	植被指数	模型	R^2	RMSE/(kg/hm²)
八叶期	直播	NDVI	$y=25\,410x^2-30\,970x+9\,429$	0.93	177.5
		SR	$y=686.2x-860.5$	0.92	190.0
	移栽	NDVI	$y=9.540\,7e^{6.533\,1x}$	0.54	501.3
		SR	$y=277.29e^{0.672\,5x}$	0.49	549.2
	总体	NDVI	$y=2.133\,8e^{7.997\,9x}$	0.81	647.1
		SR	$y=661x-237.5$	0.29	703.7
十叶期	直播	SR	$y=-360.17x^2+2\,692.8x-3\,157.6$	0.95	154.0
		$CI_{rededge}$	$y=-11\,494x^2+13\,150x-1\,904.1$	0.95	153.5
	移栽	SR	$y=910.8x-506.5$	0.83	291.5
		$CI_{rededge}$	$y=5\,233x-165.4$	0.84	287.1
	总体	SR	$y=954.6x-984.4$	0.72	440.5
		$CI_{rededge}$	$y=5\,189x-484.5$	0.71	448.0
花期	直播	黄边幅值(Dy)	$y=-8.603\times10^6x+2\,045$	0.90	216.4
		MTCI	$y=7\,120x-2\,174$	0.83	279.4
	移栽	黄边幅值(Dy)	$y=-1.214\times10^7x+3\,260$	0.76	351.4
		MTCI	$y=3\,505x+543.1$	0.54	483.0
	总体	黄边幅值(Dy)	$y=-9.939\times10^6x+2\,623$	0.53	575.1
		MTCI	$y=4\,739x-540.9$	0.44	623.8
角果期	直播	SR	$y=2\,306x-3\,576$	0.78	316.4
		$CI_{rededge}$	$y=11\,290x-2\,057$	0.69	373.3
	移栽	SR	$y=2\,644x-3\,917$	0.83	289.6
		$CI_{rededge}$	$y=10\,410x-1\,109$	0.80	317.0
	总体	SR	$y=2\,821x-4\,510$	0.82	356.2
		$CI_{rededge}$	$y=12\,410x-2\,089$	0.68	472.4

从图 5.35 中可知，在油菜的八叶期，种植方式对该时期估测产量的影响很大，直播和移栽两个数据集明显的分开。在直播田，2 种植被指数在该时期对最终产量的回归模型均表现出显著的相关性，决定系数不低于 0.9。在移栽田，与直播相比 2 种植被指数模型相关性均有所下降，植被指数提前到达了饱和状态，对高产量田不够敏感。不考虑种植方式，NDVI 构建的植被指数模型精度更高。对于该时期模型的估产精度验证而言，分种植方式的估产方法明显优于整体估产，分种植方式构建的估产模型 2 种植被指数决定系数均不低于 0.75，而整体考虑的估产模型验证模型决定系数不高于 0.4，并且产量的估测值与实测值之间偏移严重，MNB 均超过 20%。所以在油菜的八叶期为了得到更高精度的估产结果，分种植方式进行产量的回归是有必要的。经过对模型相关性以及验证精度的对比分析，分种植方式的 SR 植被指数在八叶期能较准确地估测油菜的最终产量，其中模

型决定系数与均方根误差分别为 0.49、549.2 kg/hm²（移栽），0.92、190 kg/hm²（直播）；验证模型决定系数为 0.89，均方根误差为 245.9 kg/hm²，估测值与真实值偏移量为 14.8%。

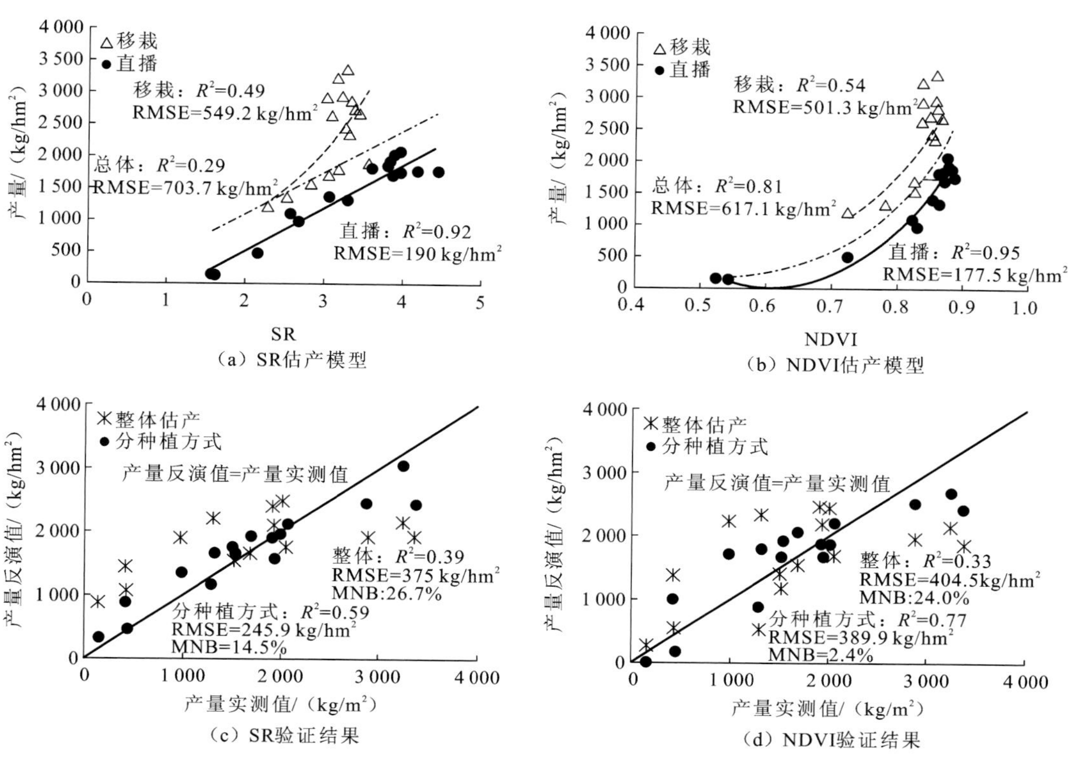

（a）SR估产模型　（b）NDVI估产模型

（c）SR验证结果　（d）NDVI验证结果

图 5.35　八叶期植被指数估产模型与验证结果

如图 5.36 所示，在油菜的十叶期，植被指数估产模型精度要高于八叶期，对最终产量的回归效果更为理想。在该时期种植方式对估测产量的影响就明显小于八叶期，直播和移栽两个数据集相对较为集中。并且直播和移栽 2 种种植方式在该时期对最终产量的回归模型均表现出显著的相关性，决定系数不低于 0.8，直播田相关性更高，决定系数在 2 种植被指数模型中均高于 0.9。不考虑种植方式的情况下植被指数模型精度也较高，决定系数均高于 0.7。对于该时期模型的估产精度验证而言，分种植方式的估产方法稍微优于整体估产，分种植方式构建的估产模型 2 种植被指数决定系数均不低于 0.95，而整体考虑的估产模型验证模型决定系数在 0.8 左右。分种植方式构建的估产模型均方根误差均不高于 170 kg/hm²，验证精度十分高。经过对模型相关性以及验证精度的对比分析，无论种植方式考虑与否，$CI_{rededge}$均为十叶期最优的估产植被指数经验模型。直播与移栽整体建模决定系数为 0.71，均方根误差为 448 kg/hm²；验证模型决定系数 0.83，均方根误差 296.7 kg/hm²，偏移量 15.2%。而分种植方式构建的模型决定系数与均方根误差分别为 0.84、287.1 kg/hm²（移栽），0.95、153.5 kg/hm²（直播）；验证模型决定系数为 0.96，均方根误差为 169 kg/hm²，估测值与真实值偏移量为 10%。相较而言，分种植方式估产结果更为准确。

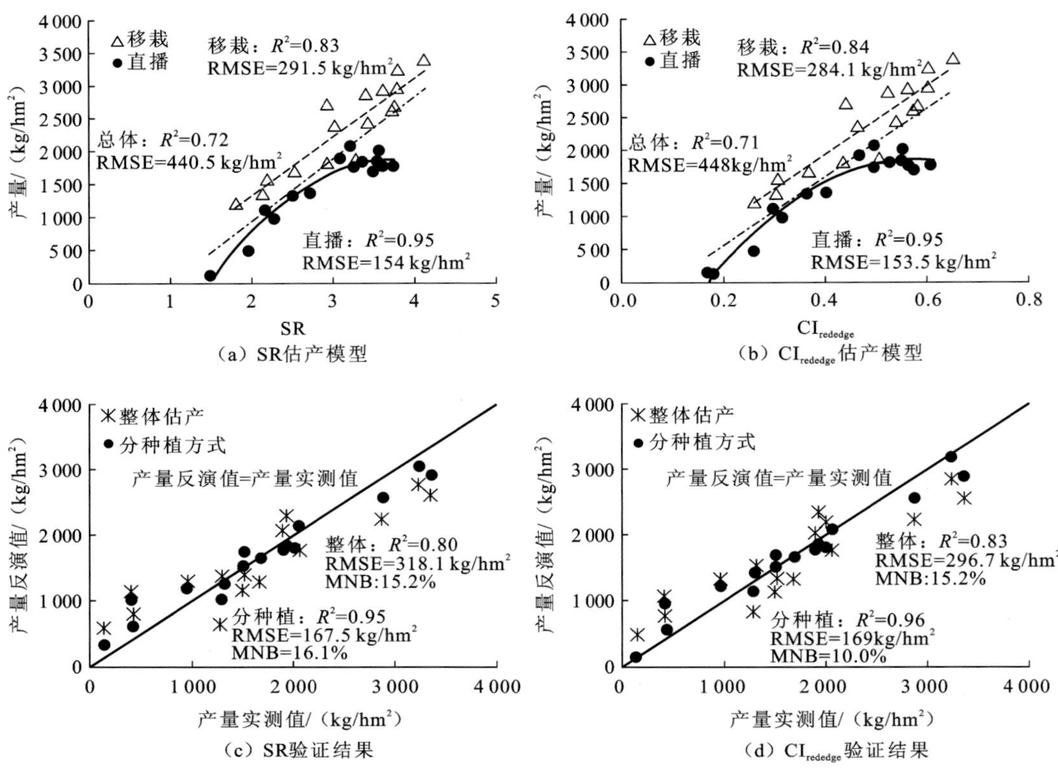

(a) SR估产模型　(b) $CI_{rededge}$估产模型

(c) SR验证结果　(d) $CI_{rededge}$验证结果

图 5.36　十叶期植被指数估产模型与验证结果

如图 5.37 所示，在油菜的花期，直播和移栽 2 种种植方式对产量估算的影响又重新开始明显起来，2 组数据出现较大的分叉。针对黄边幅值构建的植被指数模型，直播和移栽两种种植方式对最终产量的相关性均较高，决定系数不低于 0.75。而 MTCI 植被指数无论种植方式分否模型精度均不如黄边幅值植被指数。对于该时期模型的估产精度验证而言，分种植方式的估产方法明显优于整体估产，分种植方式构建的估产模型 2 种植被指数决定系数均不低于 0.75，而整体考虑的估产模型验证模型决定系数为 0.67。

所以在油菜的花期为了得到更高精度的估产结果，分种植方式进行产量的回归是有必要的。分种植方式的黄边幅值植被指数在花期能较准确的估测油菜的最终产量，其中模型决定系数与均方根误差分别为 0.76、351.4 kg/hm^2(移栽)，0.90、216.4 kg/hm^2(直播)；验证模型决定系数为 0.84，均方根误差为 369 kg/hm^2，估测值与真实值偏移量 MNB 为−8.5%。

如图 5.38 所示，在油菜的角果期，种植方式对该时期估测产量的影响微乎其微，直播和移栽两个数据集非常集中。通过对该时期 2 种植被指数模型的验证发现，不分种植方式的估产验证精度反而更高，均方根误差均低于分种植方式的估产方法，估产结果与产量真实值的偏移量不大。所以该时期不必分种植方式考虑，SR 植被指数模型较为优秀，建模决定系数为 0.82，均方根误差为 356.2 kg/hm^2；验证模型决定系数为 0.86，均方根误差为 250.8 kg/hm^2，偏移量 MNB 为 17.2%。

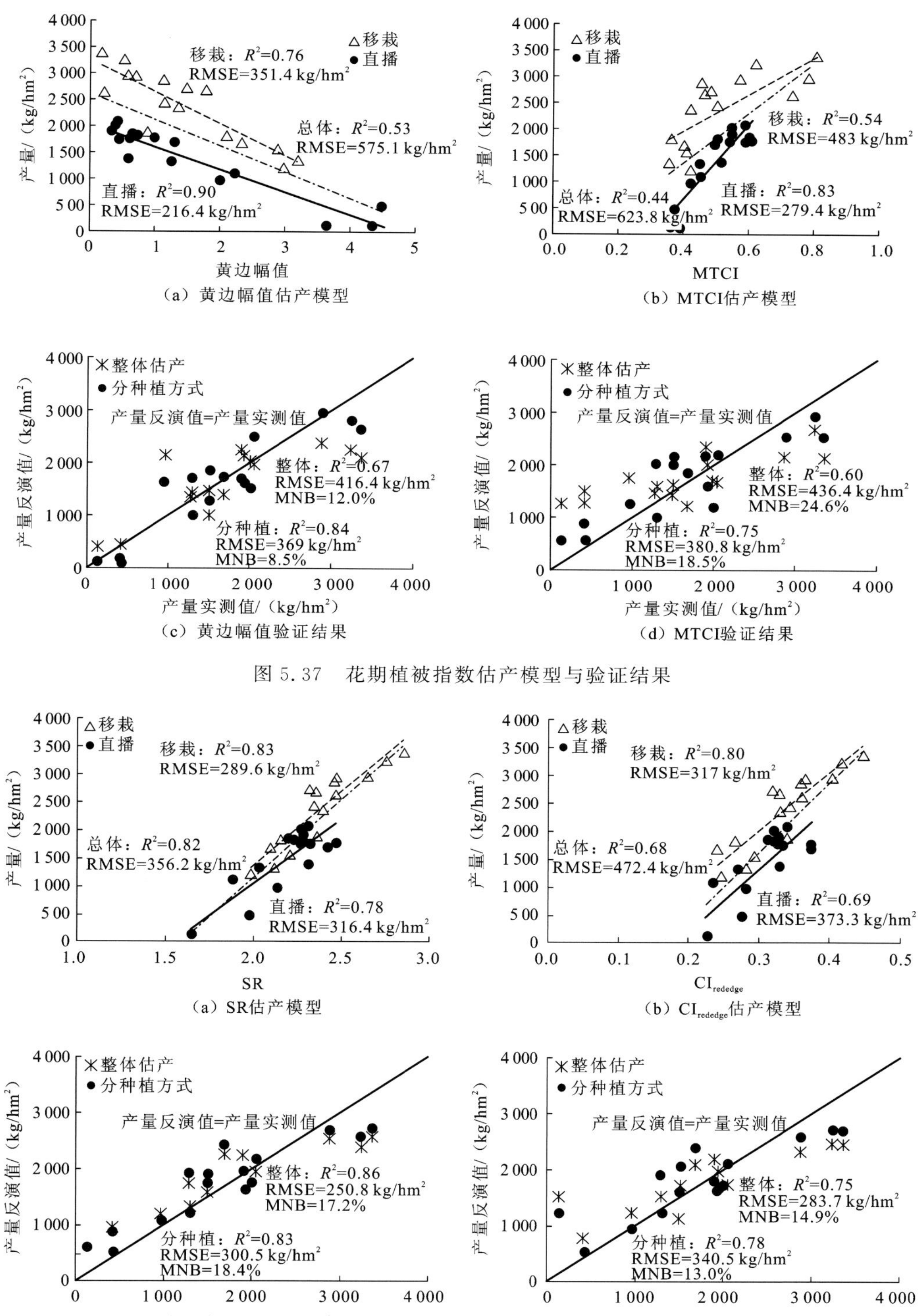

图 5.37　花期植被指数估产模型与验证结果

图 5.38　角果期植被指数估产模型与验证结果

综上所述，通过研究，挑选出了油菜的 4 个生长时期植被指数与产量的回归的最佳模型，分别如下所示。

（1）八叶期，SR 植被指数分种植方法，模型决定系数与均方根误差分别为 0.49、549.2 kg/hm^2（移栽），0.92、190 kg/hm^2（直播）；验证模型决定系数为 0.89，均方根误差为 245.9 kg/hm^2，估测值与真实值偏移量为 14.8%。

（2）十叶期，$CI_{rededge}$植被指数分种植方法，模型决定系数与均方根误差分别为 0.84、287.1 kg/hm^2（移栽），0.95、153.5 kg/hm^2（直播）；验证模型决定系数为 0.96，均方根误差为 169 kg/hm^2，估测值与真实值偏移量为 10%。

（3）花期，黄边幅值植被指数分种植方法，模型决定系数与均方根误差分别为 0.76、351.4 kg/hm^2（移栽），0.90、216.4 kg/hm^2（直播）；验证模型决定系数为 0.84，均方根误差为 369 kg/hm^2，估测值与真实值偏移量 MNB 为－8.5%。

（4）角果期，SR 植被指数不分种植方法，模型决定系数为 0.82，均方根误差为 356.2 kg/hm^2；验证模型决定系数 0.86，均方根误差 250.8 kg/hm^2，偏移量 MNB 为 17.2%。

从研究中可以发现，直播与移栽两种种植方式对植被指数与最终产量的模型影响较大，为了提高模型的精度，除角果期外均要考虑。4 个时期对油菜最终产量的估产效果从高到低分别是十叶期＞角果期＞八叶期＞花期。利用十叶期的遥感数据通过该模型能够提前且较为准确地估算出油菜的最终产量。

5.5.3　小波变换方法估产

小波变换最早于 20 世纪 80 年代由法国科学家 J. Morlet 提出，其原理是将数据、函数或者算子分割成不同频率的成分，然后再用分解的方法去研究对应尺度下的成分。该方法广泛应用于信号分析处理、图像处理、模式识别等方面。小波变换是时间与频率的局域变换，通过数学运算对函数或者信号的不同尺度进行细化、分析，从而提取出信息，该方法能够解决一些傅里叶变换无法解决的问题。在利用高光谱数据进行植被参数反演时，植被指数经验模型构造方便，具有一定的现实和物理意义，但经验模型利用的光谱波段有限，并没有完全利用上高光谱植被曲线的特征，因此模型的适应性受到限制。而小波分析方法是提取植被光谱某个尺度下一定波长范围内整个光谱的性质，利用了更多的光谱信息。基于小波变换高光谱植被反演就是将植被光谱看作一个信号，波长看作时间，从而引入小波分析这一信号分析工具，提取植被高光谱信息。小波分析目前已经应用在典型植被分类、植被叶绿素、LAI 反演、作物估产等各个方面。Pu 等（2004）将小波变换方法反演 LAI 运用于 Hyperion 卫星影像，结果表明与其他方法相比该方法反演效果最好，R^2＝0.65。方圣辉等（2015）利用 DB4 小波函数分析叶片和冠层尺度的 4 个植被高光谱数据集反演叶绿素含量，通过对比结果表明在两种尺度上基于小波分析的反演模型均优于植被指数经验模型。

由于连续小波变换原始光谱信号分解后的系数与原始光谱波段一一对应，相较离散小波变换而言具有一定的物理意义，本研究利用连续小波变换，在油菜不同生育期，通过冠层光谱进行产量的估产实验，寻找油菜最终产量估测的最佳生育期以及对应的小波尺度与波段。通过第 2 章的分析以及结合 MCA 相机波段特点，本研究中利用连续小波变换对油菜冠层光谱 400～1 000 nm 波段展开研究。连续小波变换分析方法就是通过对一个小波母函数进行伸缩和平移，得到一个小波序列。对于 400～1 000 nm 的油菜冠层光谱 $f(\lambda)(\lambda=1,2,\cdots,n,n=601)$，利用小波变换方法可以得到不同尺度、不同波段位置的小波系数。在各小波尺度因子中，通过改变平移因子，小波函数就将光谱分解成为一个 $1\times n$的小波系数矩阵。而小波尺度为 m 的话就会形成$n\times m$ 的连续小波变换系数矩阵，n 为对应的波段位置，m 为相应的尺度。低尺度因子下的小波系数反映的是光谱信号的细节吸收特性，高尺度的小波系数能够对整个小波宽度内的光谱曲线进行描述。根据研究中的光谱波段范围，大于 8 尺度(即 $2^8=256$)已经没有意义。将各时期油菜冠层光谱数据分为建模数据(32 个)以及验证数据(16 个)，在 8 个尺度上进行连续小波变换，得到对应的 8×601 大小的小波系数矩阵，分析最终产量与各时期小波系数的相关性，选取相关性最高的几个小波系数区域构建估产模型并进行验证。

结合国内外常用的小波函数，并参考 Matlab 提供的小波函数波形，对 Bior 系列小波函数、Db 系列小波函数、Coif 系列小波函数等小波函数进行筛选，选出估产能力较为优秀的小波函数。由于油菜叶子期冠层光谱信息更为纯粹，利用油菜八叶期与十叶期建模数据对挑选出的小波函数估产精度进行分析，取其中前 100 个数据的决定系数。表 5.22 所示是前 100 个决定系数的范围。从表中可以发现不同小波函数处理后，决定系数范围相近，没有明显的差别。从表中挑选出决定系数最大的两个小波函数作为小波变换函数，DB4(决定系数 0.866)和 Bior2.6(决定系数 0.863 9)。

表 5.22　不同小波函数连续小波分析(前 100 数据的决定系数范围)

小波函数	前 100 最高决定系数的范围	小波函数	前 100 最高决定系数的范围
Haar	[0.768 0　0.792 5]	Bior6.8	[0.741 1　0.822 6]
Mexh	[0.744 6　0.811 9]	Db1	[0.768 1　0.792 5]
Meyr	[0.745 0　0.834 3]	Db2	[0.755 1　0.817 9]
Morl	[0.732 7　0.834 4]	Db3	[0.750 4　0.818 4]
Dmey	[0.740 2　0.831 6]	Db4	[0.751 5　0.866 0]
Bior1.1	[0.768 1　0.792 5]	Db5	[0.753 3　0.822 8]
Bior1.3	[0.767 1　0.791 3]	Db6	[0.748 7　0.804 1]
Bior1.5	[0.767 5　0.791 3]	Db7	[0.743 4　0.833 0]
Bior2.2	[0.748 5　0.815 2]	Db8	[0.741 5　0.823 6]
Bior2.4	[0.751 6　0.822 2]	Coif1	[0.753 6　0.814 4]
Bior2.6	[0.753 0　0.863 9]	Coif2	[0.738 7　0.825 3]
Bior2.8	[0.753 3　0.819 6]	Coif3	[0.743 4　0.821 0]
Bior3.1	[0.739 1　0.826 9]	Coif4	[0.743 1　0.821 1]
Bior3.3	[0.740 0　0.822 6]	Coif5	[0.742 0　0.819 3]
Bior3.5	[0.741 4　0.823 4]	Gaus2	[0.750 2　0.816 9]
Bior3.7	[0.740 3　0.823 6]	Gaus8	[0.738 3　0.824 8]
Bior3.9	[0.739 3　0.823 6]	Rbio2.4	[0.741 8　0.828 7]
Bior4.4	[0.739 2　0.820 3]	Rbio5.5	[0.740 0　0.824 8]
Bior5.5	[0.744 2　0.825 1]	Sym4	[0.739 2　0.834 0]

利用 Db4、Bior2.6 两个小波函数对油菜 4 个时期的冠层光谱数据进行连续小波变换，将小波能量与油菜最终产量进行相关分析，得到同尺度、波长下小波能量与产量的决定系数并构建模型。表 5.23 和表 5.24 中分别列出了不同时期两种小波函数进行小波变换，小波能量与产量相关性最高的前 5 个区域以及其决定系数、验证模型的决定系数和均方根误差。

1. 油菜八叶期小波变换估产结果

在八叶期，Db4 小波函数变换得到的高相关区域主要位于 3～5 尺度 500～600 nm 范围内，而 Bior2.6 小波函数的高相关区域在 1～7 尺度均有分布，并集中在 520～580 nm 植被光谱曲线的绿峰附近。Db4 小波函数变换在第 5 尺度，593 nm 波段处估算油菜产量效果最好，模型决定系数 0.866，验证模型均方根误差低于 500 kg/hm²。Bior2.6 小波函数在第 3 尺度 520 nm 波段处模型效果最高，但验证精度不如 Db4 小波函数构建的估算模型(图 5.39、表 5.23)。

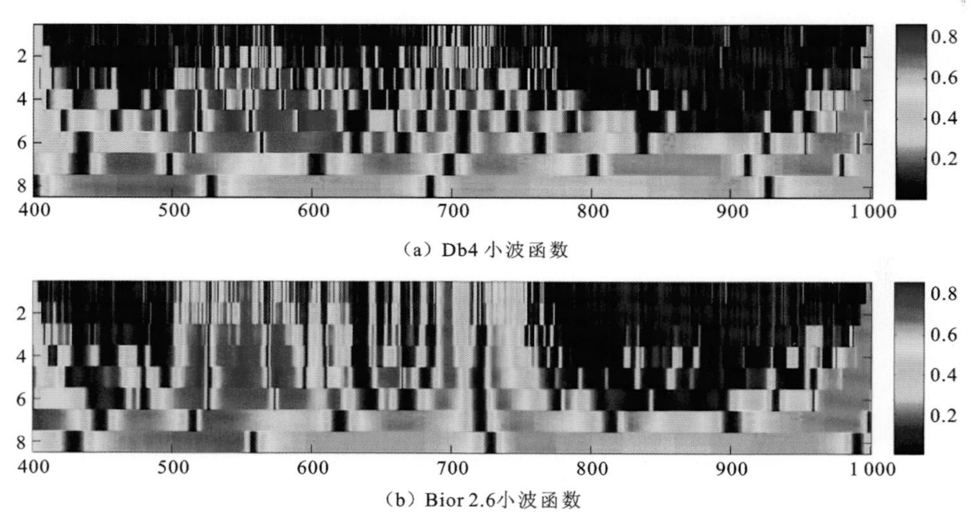

图 5.39　八叶期不同尺度、波长下小波能量与产量决定系数

表 5.23　八叶期小波变换估产建模与验证精度

八叶期	Db4				Bior2.6		
	建模 R^2	验证			建模 R^2	验证	
		R^2	RMSE/(kg/hm²)			R^2	RMSE/(kg/hm²)
CWT(A)(5,593)	0.866 0	0.740 4	499.4	CWT(A)(3,520)	0.863 9	0.625 8	599.5
CWT(B)(3,529)	0.853 6	0.672 7	560.7	CWT(B)(4,521)	0.848 2	0.644 6	584.3
CWT(C)(5,513)	0.852 3	0.643 7	585.1	CWT(C)(5,575)	0.845 1	0.677 4	556.7
CWT(D)(2,691)	0.851 9	0.693 8	542.3	CWT(D)(5,520)	0.840 1	0.613 7	609.2
CWT(E)(4,534)	0.844 3	0.648 5	581.1	CWT(E)(7,404)	0.831 2	0.462 9	718.3

2. 油菜十叶期小波变换估产结果

在十叶期，两种小波函数构建的模型估算油菜产量效果均优于八叶期。Db4 小波函数变换得到的最高相关区域主要位于第 7 尺度，波长 500 nm 处，验证模型决定系数为 0.75，均方根误差为 488.2 kg/hm²，3～6 尺度也有少量较为离散的最高相关区域，其中在第 3 尺度 580 nm 波长处，提供了更高的验证模型精度，决定系数为 0.915，均方根误差为 285.8 kg/hm²。Bior2.6 小波变换函数变换得到的最高相关区域与 Db4 小波类似，最高相关性波长位于第 7 尺度 519 nm 处，但验证精度不如第 3、4 尺度 570 nm 波段左右。在十叶期总体而言，利用连续小波分析分解出小波能量与产量的最高相关区域主要位于 500～600 nm 处，高尺度的 500 nm 波段左右提供了更高的相关性，但验证精度较差。而 3、4 尺度 570 nm 左右验证精度非常高决定系数均高于 0.8，均方根误差在 400 kg/hm² 以下，低尺度的小波系数更能反映光谱信号的细节（图 5.40、表 5.24）。

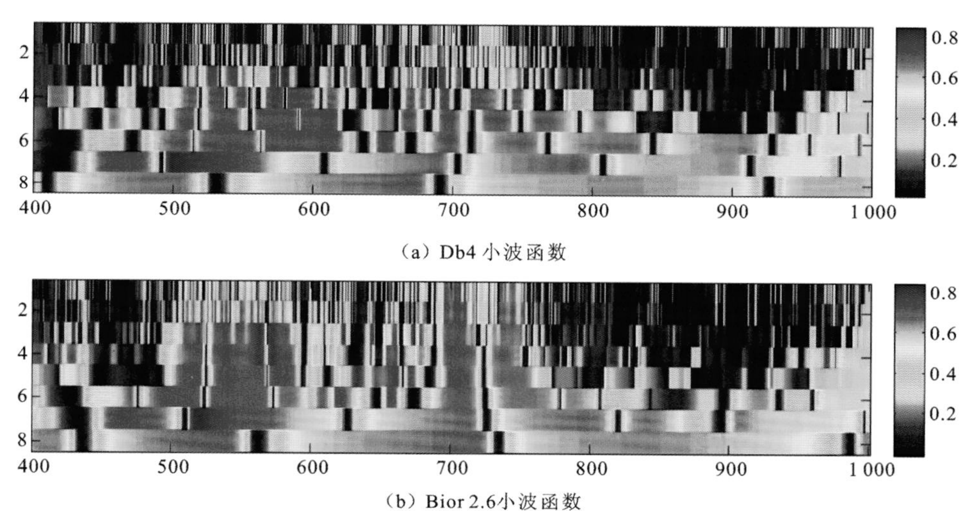

(a) Db4 小波函数

(b) Bior 2.6小波函数

图 5.40　十叶期不同尺度、波长下小波能量与产量决定系数

表 5.24　十叶期小波变换估产建模与验证精度

十叶期	Db4				Bior2.6		
	建模 R^2	验证			建模 R^2	验证	
		R^2	RMSE/(kg/hm²)			R^2	RMSE/(kg/hm²)
CWT(A)(7,500)	0.847 2	0.751 9	488.2	CWT(A)(7,519)	0.836 9	0.774 5	465.5
CWT(B)(3,580)	0.822 2	0.915	285.8	CWT(B)(3,564)	0.816 2	0.822 8	412.6
CWT(C)(3,571)	0.806 9	0.836 6	396.2	CWT(C)(3,571)	0.810 3	0.909 2	295.4
CWT(D)(4,574)	0.787 6	0.866 8	357.7	CWT(D)(4,572)	0.807 7	0.920 5	276.3
CWT(E)(3,693)	0.786 8	0.875 8	345.4	CWT(E)(4,563)	0.802 5	0.855 9	372

3. 油菜花期小波变换估产结果

在油菜的花期，小波函数变换方法构建的油菜估产模型的模型精度不如叶期，并且高

相关区域从绿峰转变为700 nm附近的红边波段聚集。Db4小波函数变换得到的高相关区域在2～8尺度，600～800 nm范围了均有离散的分布，最优估产模型位于第7尺度701 nm波段处，验证模型决定系数为0.78，均方根误差为451 kg/hm²。Bior2.6小波函数得到的高相关区域这集中在3～8尺度的720 nm波段左右。但最优估产模型位于第5尺度，664 nm波段位置处。在花期估产的研究中，最优的估产模型从低尺度的绿峰波段转为了高尺度的红边波段，证明在开花期，叶绿素的吸收作用对最终产量的贡献开始减弱，而在红边波段利用高尺度的小波系数对整个小波宽度内光谱曲线的特征提取作用更为突出(图5.41，表5.25)。

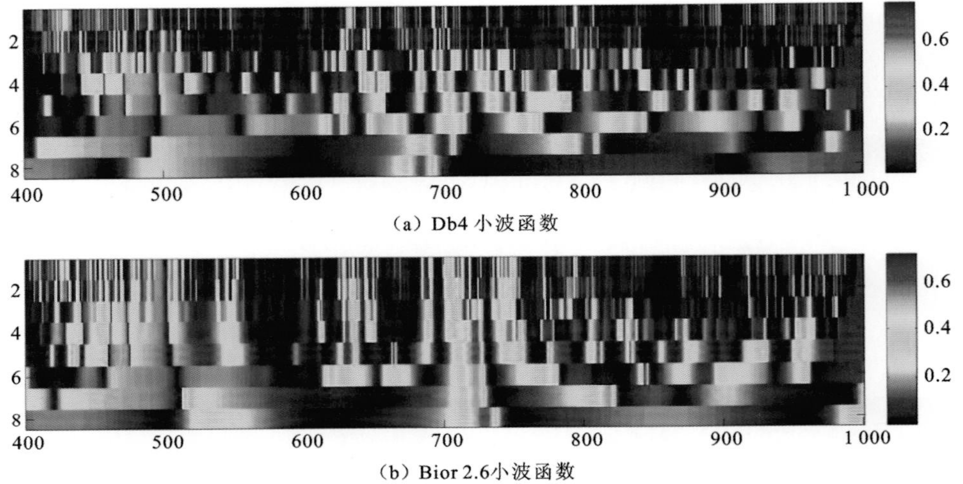

图5.41 花期不同尺度、波长下小波能量与产量决定系数

表5.25 花期小波变换估产建模与验证精度

花期	Db4				Bior2.6		
	建模 R^2	验证			建模 R^2	验证	
		R^2	RMSE/(kg/hm²)			R^2	RMSE/(kg/hm²)
CWT(A)(7,701)	0.779 7	0.777 2	451	CWT(A)(5,664)	0.716 1	0.742 6	497.3
CWT(B)(7,805)	0.728 6	0.789 8	449.3	CWT(B)(5,631)	0.689 0	0.571 2	641.8
CWT(C)(6,624)	0.691 9	0.702 8	534.3	CWT(C)(3,980)	0.661 6	0.359 8	784.2
CWT(D)(3,532)	0.681 9	0.577 7	636.9	CWT(D)(6,844)	0.648 1	0.668 3	564.5
CWT(E)(8,685)	0.653 1	0.792 5	446.5	CWT(E)(4,631)	0.646 3	0.525 5	675.2

4. 油菜角果期小波变换估产结果

在油菜的角果期，2种小波函数变换得到的小波系数与油菜最终产量的高相关区域位于红边、近红外波段。Db4小波函数的模型估算效果明显不如Bior2.6小波函数。对于Bior2.6小波函数变换得到的最优估产模型，综合考虑模型精度以及验证效果，选择第6尺度706 nm波段处，模型决定系数0.856，验证模型均方根误差为355.2 kg/hm²。在

角果期的估产研究中，最优的估产模型从低尺度的绿峰波段转为了高尺度的红边波段，红边波段利用高尺度的小波系数对整个小波宽度内光谱曲线的特征提取在该时期对产量的回归效果更为突出。

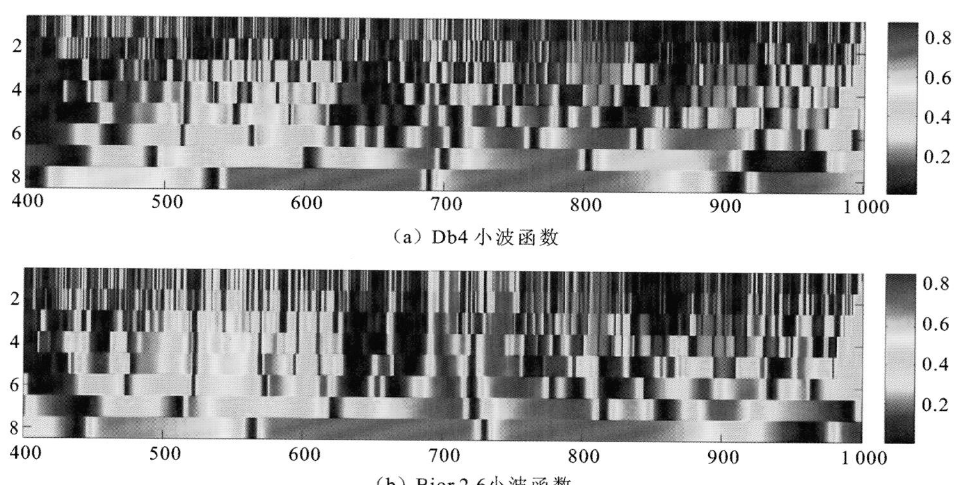

(a) Db4 小波函数

(b) Bior 2.6小波函数

图 5.42　角果期不同尺度、波长下小波能量与产量决定系数

表 5.26　角果期小波变换估产建模与验证精度

角果期	Db4				Bior2.6		
	建模 R^2	验证			建模 R^2	验证	
		R^2	RMSE/(kg/hm²)			R^2	RMSE/(kg/hm²)
CWT(A)(4,748)	0.779 7	0.826 7	408	CWT(A)(4,699)	0.871 5	0.802 7	435.4
CWT(B)(6,649)	0.728 6	0.764	476.1	CWT(B)(5,702)	0.869 7	0.813 6	423.1
CWT(C)(5,693)	0.691 9	0.779	460.8	CWT(C)(2,699)	0.868 0	0.703 7	533.5
CWT(D)(6,693)	0.681 9	0.863 9	361.6	CWT(D)(3,699)	0.863 3	0.794 7	444.1
CWT(E)(5,770)	0.653 1	0.869 8	353.7	CWT(E)(6,706)	0.855 7	0.868 6	355.2

综上所述，油菜的 4 个生长时期估产效果最佳的连续小波变换模型尺度以及波长如下。

(1) 八叶期，Db4 小波函数，第 5 尺度 593 nm 波长处，模型决定系数 0.87；验证模型决定系数 0.74，均方根误差 499.4 kg/hm^2。

(2) 十叶期，Db4 小波函数，第 3 尺度 580 nm 波长处，模型决定系数 0.82；验证模型决定系数 0.92，均方根误差 285.8 kg/hm^2。

(3) 花期，Db4 小波函数，第 7 尺度 701 nm 波长处，模型决定系数 0.78；验证模型决定系数 0.78，均方根误差 451 kg/hm^2。

(4) 角果期，Bior2.6 小波函数，第 6 尺度 706 nm 波长处，模型决定系数 0.86；验证模型决定系数 0.87，均方根误差 355.2 kg/hm^2。

对于连续小波变换估产模型而言，在八叶期以及十叶期最佳尺度与波长均位于低尺度绿峰位置，在油菜叶期，产量对绿峰位置的光谱曲线细节更为敏感。在花期与角果期最佳尺度与波长均位于高尺度红边区域，在油菜冠层结构发生变化时，相应的冠层叶绿素发生变化，而红边波段利用的高尺度的小波系数对整个小波宽度内光谱曲线的特征提取在这 2 个时期对产量的回归效果更为突出。

基于连续小波变换的估产模型各时期除角果期外估产精度要好于整体考虑的植被指数经验估产模型，种植方式对模型精度的影响在该方法上无须考虑。并且在各时期估产效果稳定，模型决定系数均高于 0.75。与整体考虑的植被指数经验估产模型相比，花期的估产效果有了显著提升。

4 个时期对油菜最终产量的估产效果从高到低分别是十叶期＞角果期＞花期＞八叶期。利用十叶期的遥感数据通过连续小波变换模型能够提前准确的估算出油菜的最终产量。

5.5.4　神经网络方法估产

结合上节的分析，对于反演模型而言，充分发挥高光谱数据的特点，利用更多的植被光谱信息能够提高模型的精度。在充分利用更多植被光谱信息的基础上加入油菜各时期相关典型参数能否对估产效果有所提高，这是本节需要讨论的内容。在本节中对 BP 神经网络构建的反演模型估产效果展开研究。各时期油菜田的冠层光谱反射率以及相关典型参数作为模型的输入，油菜的最终产量作为模型的输出。

人工神经网络(artificial neural networks)由大量的、简单的处理单元(即神经元)广泛地互相连接而形成复杂网络系统。其具有大规模处理、存储、组织以及自学习能力，能够解决许多要同时考虑诸多因素以及不确定性问题，针对复杂非线性问题的解决非常出色。神经网络根据事先定义好的“学习规则”，对所提供的特定样本进行学习，在此过程中调整神经网络系统的内部结构，从而达到记忆、归纳和联想的功能。目前已有多种神经网络模型，其中误差反向传递神经网络模型应用最为广泛。

由于人工神经元网络的高计算效率、对非线性模型的拟合度较好(Krasnopolsky et al.,2003)，近年来越来越多的用于各种生化参数的遥感反演以及估产研究中。Bocco 等(2014)年利用神经网络以及多波段作物残留量指数通过 Landsat 影像数据对估算大豆和玉米的残留量展开研究，其中神经网络的模型在估算大豆和玉米的残留量的决定系数达到 0.95。程洪等(2015)提出了一种利用提取图像中树叶与果实信息，通过 BP 神经网络构建苹果的估产模型，在半熟期与成熟模型拟合度均高于 0.92，同时验证精度也高于 0.85。

神经网络本身在训练过程中已经能反映一定的波段组合，本研究利用植被指数反演经验模型所运用的特征波段来作为输入，并结合 LAI 与叶绿素含量的输入来进行对比。在神经网络的训练中，隐含层节点个数与学习的训练速度以及最终的精度相关，节点数目的增多会导致网络运算量的增大并且训练速度减慢，但能提升精度。Lipster 等(1989)年曾指出，具有 1 个隐含层的神经网络，只要节点数据足够，训练均可以以任意精度逼近一个非线性函数。于是本研究选用试错法来确定 BP 神经网络隐含层节点数。

本小节中，建立一个三层的反向传播神经网络，通过各个时期油菜的冠层反射率以及LAI和叶绿素的输入对油菜的最终产量进行反演。算法输入参数有三种方案。①简单的6个高光谱窄波段的反射率，蓝光波段(490 nm)、绿光波段(550 nm)、红光波段(670 nm)、红边波段(720 nm)、近红外波段(800 nm)和(900 nm)。②6个波段反射率加上对应时期的LAI。③6个波段反射率加上对应时期的LAI以及叶绿素含量，由于角果期冠层叶绿素含量与最终产量无关，在角果期只考虑前2个方案。算法输出为油菜的最终产量，采用试错法测试隐含层个数5～20以及筛选出最佳方案组合，最大训练次数为20 000，训练目标最小误差为0.01。

如表5.27所示，利用神经网络估算油菜最终产量，在八叶期各个输入方案最佳的隐含层节点数均为20。在十叶期各个输入方案最佳隐含层节点分别为方案1(13个)、方案2(16个)、方案3(12个)。考虑到模型的计算效率，选择最早到达估算最佳精度的隐含层节点。在花期各个输入方案最佳隐含层节点为方案1(17个)、方案2(16个)、方案3(11个)。角果期为方案1(12个)、方案2(18个)。

表5.27　油菜各时期不同方案的估产模型决定系数

节点	八叶期			十叶期			花期			角果期	
	方案1	方案2	方案3	方案1	方案2	方案3	方案1	方案2	方案3	方案1	方案2
5	0.806	0.850	0.918	0.804	0.848	0.957	0.791	0.748	0.960	0.843	0.820
6	0.838	0.880	0.964	0.823	0.845	0.972	0.866	0.744	0.949	0.894	0.866
7	0.814	0.860	0.929	0.812	0.858	0.965	0.882	0.829	0.956	0.869	0.883
8	0.885	0.889	0.923	0.816	0.864	0.955	0.861	0.855	0.959	0.882	0.901
9	0.868	0.921	0.933	0.833	0.857	0.978	0.920	0.819	0.949	0.857	0.896
10	0.852	0.892	0.971	0.846	0.883	0.951	0.793	0.860	0.959	0.921	0.924
11	0.865	0.917	0.963	0.827	0.850	0.977	0.869	0.869	0.978	0.907	0.905
12	0.876	0.927	0.975	0.858	0.856	0.978	0.903	0.880	0.959	0.932	0.918
13	0.889	0.915	0.935	0.886	0.871	0.978	0.895	0.935	0.966	0.903	0.931
14	0.862	0.904	0.969	0.846	0.856	0.978	0.887	0.947	0.978	0.886	0.947
15	0.892	0.928	0.974	0.856	0.870	0.978	0.938	0.920	0.978	0.921	0.956
16	0.904	0.939	0.978	0.828	0.894	0.977	0.927	0.951	0.978	0.917	0.943
17	0.892	0.930	0.960	0.839	0.872	0.978	0.940	0.909	0.978	0.896	0.935
18	0.923	0.927	0.978	0.866	0.859	0.978	0.901	0.907	0.977	0.895	0.967
19	0.912	0.910	0.978	0.830	0.894	0.978	0.913	0.926	0.978	0.930	0.944
20	0.920	0.950	0.980	0.860	0.890	0.930	0.930	0.940	0.970	0.920	0.940

不同时期三种方案反演油菜最终产量的结果如图5.43所示，纵观4个时期，利用神经网络方法估算油菜最终产量，模型的精度十分高，无论哪种方案，哪个时期决定系数均达到0.88以上，均方根误差不高于260 kg/hm^2。并且通过对比逐步地引入光谱以外的油菜理化参数，遥感光谱数据与理化参数的结合，能够提升油菜产量的估产模型精度。所

以在前三个时期，估算油菜最终产量选择方案 3，在角果期选择方案 2。

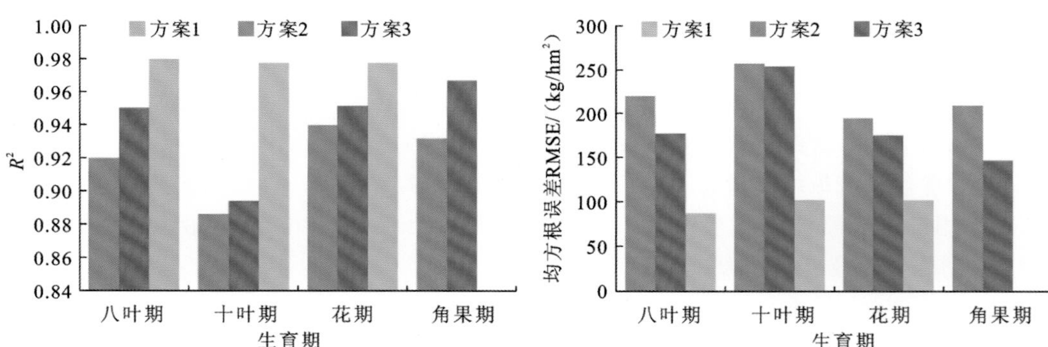

图 5.43　油菜各时期不同方案的估产模型决定系数与均方根误差

神经网络估产模型在各时期均具有极高的决定系数，但模型验证结果较其他估产方法略有不足，这是由于神经网络自身特点，以及数据量限制导致网络训练不足等因素造成的。4 个时期对油菜最终产量的估产效果从高到低分别是十叶期＞八叶期＞花期＞角果期(表 5.28)。

表 5.28　油菜各时期最佳方案的神经网络估产模型验证结果

验证模型	八叶期	十叶期	盛花期	角果期
R^2	0.86	0.87	0.82	0.79
RMSE/(kg/hm^2)	349.4	312.6	404.5	431.5

5.5.5　油菜不同生长期对产量的贡献

在油菜的生长过程中，会受到各种因素的制约，这些因素在油菜不同的生育期起到的作用不同，对最终的产量影响也各异(苏涛 等，2011；徐新刚 等，2009)。油菜各个生育期的生长特性均提供了不同的产量信息，针对单时期对产量的估产，则可能会相应的丢失部分有用信息，影响了估产的精度。因此将油菜各个时期对产量贡献的这些信息综合起来考虑，展开油菜估产的研究更为科学合理。

油菜在不同生育期生长特性所携带的信息对产量贡献可以看作是一个定权的问题，应用油菜多时期遥感数据对产量进行估测时，权重的大小即反映了各个时期生长状况携带产量信息的多少，可以找出对于最终产量最为关键的油菜生育期。

在各时期与产量相关的生长参数有叶面积指数以及冠层叶绿素含量，在 5.2.2 小节植被指数经验模型估产研究中，通过找到与 LAI、叶绿素含量相关性最高的植被指数，利用单时期遥感数据能较为准确的估产。这些植被指数综合考虑了 LAI 与叶绿素含量的信息，于是利用这些植被指数，研究油菜在不同生育期对产量的贡献。根据 5.2.2 小节研究结果，在八叶期选择 SR 植被指数、十叶期选择 $CI_{rededge}$ 植被指数、花期选择黄边幅值植被指数、角果期选择 SR 植被指数。油菜不同生育期植被指数对产量贡献的定权，采取完全基于数学分析的熵值法和结合专家知识、农学知识的层次分析法进行研究。

1. 基于熵值的组合预测法

组合预测基本原理是假设对相同的预测对象的某个指标为 $x_t(t=1,2,\cdots,N)$，存在 m 种单项预测方法对其进行预测。其中，第 i 种单项预测方法在第 t 时刻的预测值为 $x_{it}(i=1,2,\cdots,m\ ;t=1,2,\cdots,N)$。这样就可以通过 $k_1,k_2,\cdots,k_m$ 的权系数来分别对 m 个单项预测方法进行加权。其中满足

$$k_1+k_2+k_3+\cdots+k_m=1 \tag{5.12}$$

组合预测的 x_t 指标则为

$$x_t=k_1\times x_{1t}+k_2\times x_{2t}+\cdots k_m\times x_{mt} \tag{5.13}$$

而对于权系数的获取，运用信息熵的方法确定。信息熵反映的是系统无序程度，其具体体现在系统的某一项指标变异程度，而这种变异程度可以用来度量信息量的多少。系统的某个指标包含的信息量越大，则说明了这个指标对于最终的决策起到了更大的作用，这个时候的熵值越小，所以应该赋予更大的权值。所以通过这种方法，分析各种指标预测值的变异程度，来确定权值。熵值的计算步骤如下。

1）预测相对误差序列的归一化处理

预测相对误差的比重是通过对在 t 时刻第 i 种单项预测的预测结果与实际值的相对误差算出。

$$e_{it}=\begin{cases}1, & (\left|(x_t-x_{it})/x_t\right|\geqslant 1)\\ \left|(x_t-x_{it})/x_t\right|, & (0\leqslant\left|(x_t-x_{it})/x_t\right|<1)\end{cases} \tag{5.14}$$

式中：e_{it} 为第 i 种预测方法在第 t 时刻的预测相对误差；那么第 i 种单项预测方法、第 t 时刻的预测相对误差的比重描述为

$$p_{it}=\frac{e_{it}}{\sum_{t=1}^{N}e_{it}} \tag{5.15}$$

且

$$\sum_{t=1}^{N}p_{it}=1 \tag{5.16}$$

2）计算熵值

第 i 种单项预测方法的预测相对误差的熵值为

$$h_i=-k\sum_{t=1}^{N}p_{it}\,\mathrm{In}p_{it},\quad i=1,2,3,\cdots,m \tag{5.17}$$

式中：k 是大于零的常数，$h_i\geqslant 0$；若 p_{it} 全部相等，即 $p_{it}=1/N$，则 h_i 取极大值，即 $h_i=k\ln N$，取 $k=1/\ln N$，则 h_i 的极大值为 1，则有 $0\leqslant h_i\leqslant 1$。

3）计算变异程度系数

第 i 种单项预测方法的预测相对误差序列的变异程度系数为

$$d_i=1-h_i \tag{5.18}$$

4）计算熵权

第 i 种单项预测方法的熵权为

$$w_i = \frac{d_i}{\sum_{i=1}^{m} d_i} \tag{5.19}$$

5）计算权系数

$$k_i = \frac{1/w_i}{\sum_{i=1}^{m} 1/w_i} \tag{5.20}$$

根据 5.5.2 小节分析，油菜与最终产量的单时期最佳的回归模型为

八叶期：$$y_1 = 661 \times \mathrm{SR} - 237.5 \tag{5.21}$$

十叶期：$$y_2 = 5\,189 \times \mathrm{CI}_{\mathrm{rededge}} - 484.5 \tag{5.22}$$

花期：$$y_3 = -9.939 \times 106 \times \text{黄边幅值} + 2\,623 \tag{5.23}$$

角果期：$$y_4 = 2\,821 \times \mathrm{SR} - 4\,510 \tag{5.24}$$

式中：y_1、y_2、y_3、y_4 分别表示在油菜八叶期、十叶期、花期、角果期遥感估产模型的预测值，单位 $\mathrm{kg/hm^2}$。

利用信息熵定权方法确定的各时期权值见表 5.29。

表 5.29　油菜单时期估产模型熵值法的权值

参数	八叶期	十叶期	花期	角果期
权值	0.114	0.295	0.230	0.361

最终利用熵值法所给定的油菜各时期估产模型的权值建立的组合估产模型：

$$\mathrm{Yield} = 0.114 \times y_1 + 0.295 \times y_2 + 0.230 \times y_3 + 0.361 \times y_4 \tag{5.25}$$

Yield 是基于熵值的组合预测模型的估产值单位 $\mathrm{kg/hm^2}$。该模型估产验证结果见图 5.44。通过引入信息论中的熵值法对单时期油菜估产模型定权后构建的组合预测模型，在利用多时期遥感数据对产量进行估测时，模型反映了各个时期生长状况携带产量信息的多少，并将这些信息综合起来考虑，对产量的形成以及估测更为全面科学，验证结果较好，决定系数 0.88，均方根误差 220.4 $\mathrm{kg/hm^2}$。证明该组合预测模型能够较好地反映整个油菜生长过程中对产量贡献的动态过程，其中角果期权值最高，该时期对于最终产量形成的贡献最大。

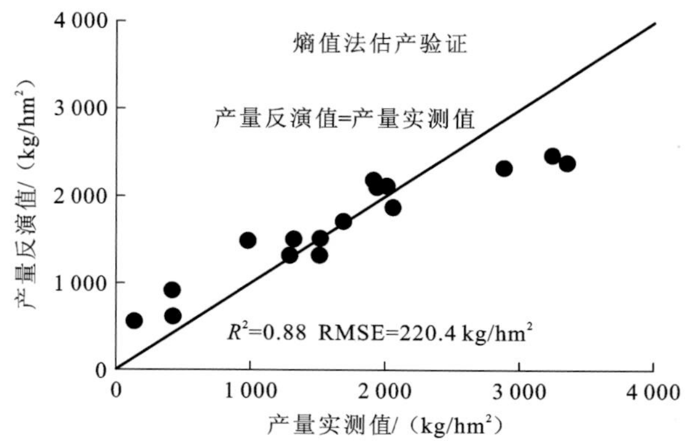

图 5.44　熵值法组合预测估产模型验证结果图

2. 层次分析法

层次分析法(analytical hierarchy process,AHP)是于 20 世纪 70 年代由美国运筹学家 Saaty 教授提出的一种实用的多方案或多目标的决策方法(孙月青 等,2010)。

层次分析法的主要步骤如下。

(1) 建立递阶层次结构模型:一般分为目标层、准则层和方案层。

(2) 构造各层次中的所有判断矩阵:对两两比较法确定的判断矩阵 **A** 的元素,a_{ij} 是要素 a_i 对 a_j 的相对重要性,若 a_j 元素比 a_i 元素更为重要,则为倒数 $1/a_{ji}$,其值是由专家根据资料数据以及自己的经验和价值观用判断标度来确定(表 5.30)。

表 5.30　层次分析法两两比较的标度

标度	含义
1	两个因素相同重要
3	前者比后者稍重要
5	前者比后者明显重要
7	前者比后者强烈重要
9	前者比后者极端重要
2,4,6,8	介于上述相邻两个判读的中间值

本小节中,油菜的关键生长期有八叶期、十叶期、花期以及角果期。根据邀请相关领域专家打分并结合相关农学知识以及文献参考,对打分结果剔除明显误差以及计算几何平均数处理。根据层次分析法,油菜不同时期生长状况对产量最终的影响,将八叶期定为基准 1。角果期是油菜产量生成的关键时期,与产量的大小有直接关系,因此相对于八叶期标度定为 9。十叶期相对于八叶期,生长期向前推进,对最终产量的形成相较于八叶期稍微或明显重要,因此标度范围定为 3～5。花期同样是油菜产量生成的关键时期,花的多少影响着最终角果的生成,从而影响到产量,标度定为 7。花期对于十叶期标度范围为 3～4,角果期对于十叶期标度为 7,角果期对于花期标度范围为 2～3。构造的判断矩阵

$$\mathbf{A} = \begin{Bmatrix} 1 & \frac{1}{a} & \frac{1}{7} & \frac{1}{9} \\ a & 1 & \frac{1}{b} & \frac{1}{7} \\ 7 & b & 1 & \frac{1}{c} \\ 9 & 7 & c & 1 \end{Bmatrix} = (a_{ij})_{4\times 4} \tag{5.26}$$

其中:$a = 3,4$ 或 5;$b = 3$ 或 4;$c = 2$ 或 3。

之后计算判断矩阵的特征向量 **W**,进行归一化处理即得到相对重要度。

$$w_i = \left(\prod_{j=1}^{n} a_{ij}\right)^{1/n} (i = 1,2,3,4) \tag{5.27}$$

$$W = \sum_{i=1}^{n} w_i \tag{5.28}$$

$$W_i = \frac{w_i}{W} \tag{5.29}$$

为了检验判断矩阵的一致性，根据 AHP 的原理，可以利用 λ_{max} 与 n 之差检验一致性。其中 λ_{max} 为判断矩阵 **A** 的最大特征值。定义计算偏差一致性指标为

$$\text{C. I.} = (\lambda_{max} - n)/(n-1) \tag{5.30}$$

定义一致性指标：

$$\text{CR} = \text{C. I.}/\text{C. R.} \tag{5.31}$$

式中：C. R. 为随机性指标。定义为 $n=4$ 时，C. R. $=0.9$。当 CR <0.1 时符合一致性要求，否则该判断矩阵向量需要重新调整。

当式(5.26)的约束条件内的各种组合通过一致性检验时，构建的组合预测模型与最终产量进行回归计算，选择回归模型中决定系数最高的作为最优权重。

油菜各个生育期与最终产量的单时期最佳的回归模型见式(5.21)～式(5.24)。对油菜的单产及其加权各时期产量进行线性回归分析，选择拟合程度最高的一组确定 a、b、c 的值。最终生育期两两比较结果见表 5.31。

表 5.31　油菜各生育期两两比较的标度

生育期	八叶期	十叶期	花期	角果期
八叶期	1	1/3	1/7	1/9
十叶期	3	1	1/3	1/7
花期	7	3	1	1/3
角果期	9	7	3	1

表 5.32　油菜单时期估产模型层次分析法的权值

参数	八叶期	十叶期	花期	角果期
权值	0.044	0.098	0.259	0.599

最终利用层次分析法所给定的油菜各时期估产模型的权值建立的组合估产模型为

$$\text{Yield} = 0.044 \times y_1 + 0.098 \times y_2 + 0.259 \times y_3 + 0.599 \times y_4 \tag{5.32}$$

Yield 是基于层次分析法的组合预测模型估产值，单位 kg/hm^2。该模型估产验证结果见图 5.45。通过运筹学中层次分析方法对单时期油菜估产模型定权后构建的组合预测模型，验证结果较好，决定系数 0.88，均方根误差 223.7 kg/hm^2。其中角果期权值最高 0.599，该时期对于最终产量形成的贡献最大，而八叶期与十叶期赋予的权值极低，不高于 0.1。

通过对比两种方法的估产验证结果可以发现，结合各个时期油菜生长特性对产量的贡献，确定每个时期对最终产量影响的权重，利用各时期优选植被指数组合能够较为准确的估测最终产量，验证模型验证效果均较为优秀，决定系数均为 0.88，均方根误差在 220 kg/hm^2 左右。

如图 5.46 所示，采用的两种方法定权结果是有差距的，熵值法定权的最大特点是直接利用决策矩阵计算得到的信息来确定权值，完全是基于数学方法对所给数据进行分析，分析结果较为客观，没有引入决策者的主观判断。而层次分析法则相对主观，但该方法使

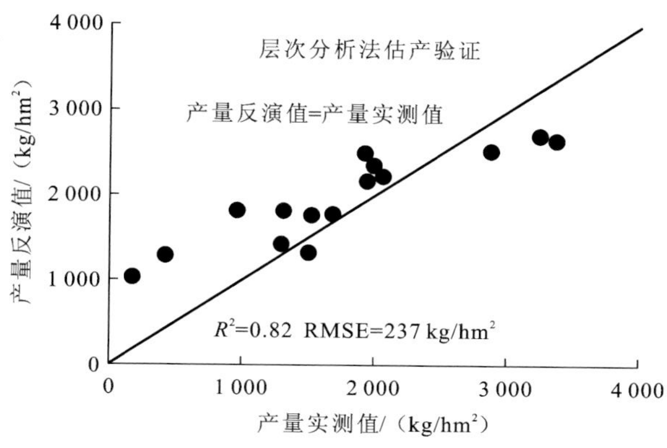

图 5.45 层次分析法组合预测估产模型验证结果图

得决策者能够认真考虑和衡量指标的相对重要性以及各种因素间的相互作用，更符合决策问题的实际情况，为分析决策提供定量的依据。从两种方法的不同权重分配上可以看出，基于层次分析方法加入了农学的知识，将角果期对最终产量的权重大大提高，并降低了八叶期、十叶期对产量影响的权重，这种定权方法更具备逻辑性、现实性，对农业生产的参考价值更大。

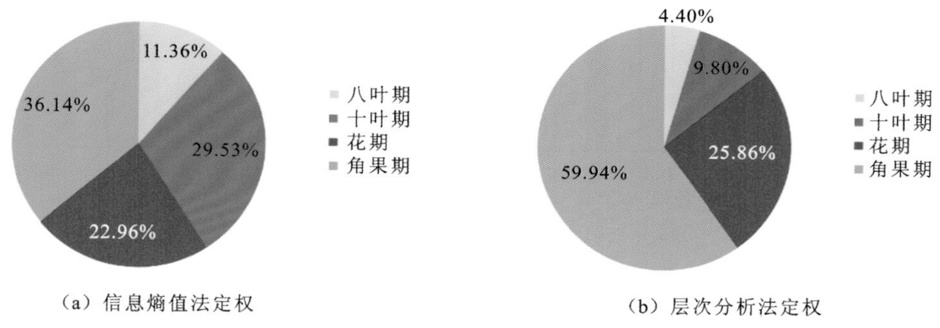

（a）信息熵值法定权　　（b）层次分析法定权

图 5.46 熵值法与层次分析法的定权结果

5.5.6 不同估产方法比较

通过对比在地面平台根据高光谱遥感技术估算产量的不同方法，结合各种模型建模精度以及验证结果，表 5.33 是不同估产方法的模型精度，表 5.34 及图 5.47 是不同估产方法验证模型结果。可以得出以下结论。

表 5.33 不同估产方法模型决定系数

估产方法/生育期	八叶期	十叶期	花期	角果期
整体植被指数模型	0.29	0.71	0.53	0.82
小波变换	0.87	0.82	0.78	0.86
神经网络	0.98	0.978	0.978	0.932

表 5.34 不同估产方法验证结果

估产方法/生育期		八叶期	十叶期	花期	角果期
整体植被指数模型	R^2	0.39	0.83	0.67	0.86
	RMSE/(kg/hm²)	375.7	296.7	416.4	250.8
分种植方式植被指数模型	R^2	0.89	0.96	0.84	0.83
	RMSE/(kg/hm²)	245.9	169	369	300.5
小波变换	R^2	0.74	0.915	0.78	0.87
	RMSE/(kg/hm²)	499.4	285.8	451	355.2
神经网络	R^2	0.86	0.87	0.82	0.79
	RMSE/(kg/hm²)	349.4	312.6	404.5	431.5
熵值法	R^2	0.88			
	RMSE/(kg/hm²)	220.4			
层次分析法	R^2	0.88			
	RMSE/(kg/hm²)	223.7			

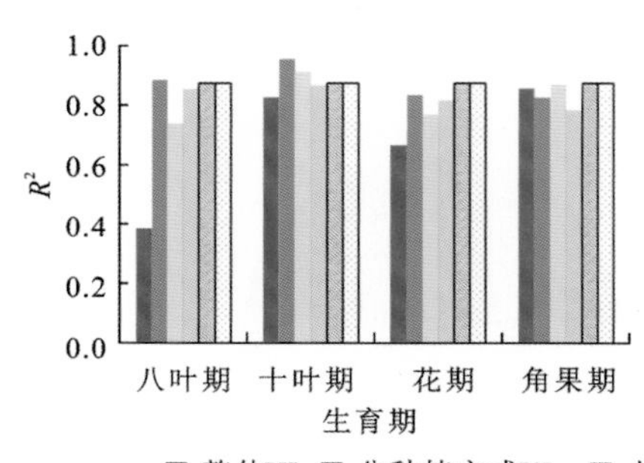

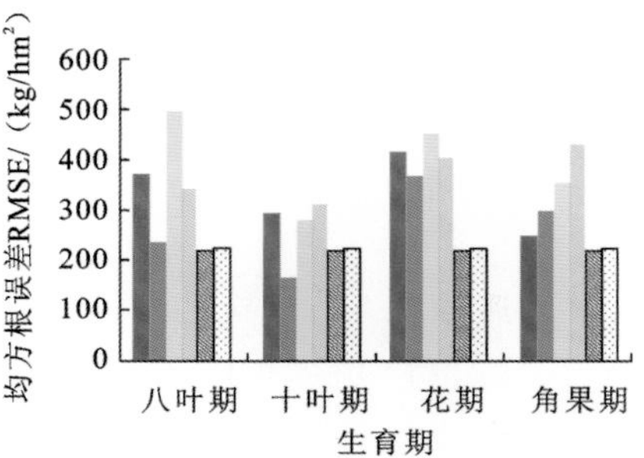

□ 整体VI ■ 分种植方式VI ■ 小波变换 □神经网络 ▨ 熵值法 □ 层次分析法

图 5.47 不同估产方法验证模型决定系数及均方根误差

(1) 对于基于植被指数经验模型估产方法而言，不区分种植方式，直接利用各时期植被指数与产量结果进行回归，在十叶期以及角果期能取得较好的结果，模型决定系数较高，验证模型决定系数高于 0.8，均方根误差小于 300 kg/hm²。但直播和移栽的种植方式的不同对八叶期以及花期估产结果影响很大。为了得到更好的估产效果，对植被指数经验模型进一步优化，不同种植方式分开建模，验证结果显示除角果期外，估产结果均有极大的提升，尤其是八叶期和花期。对于优化后的植被指数经验估产模型而言，油菜最终产量的估产效果从高到低分别是十叶期＞八叶期＞角果期＞花期。

(2) 基于连续小波变换的估产模型在各时期估产模型精度好于整体考虑的植被指数经验估产模型，验证结果稍差。但是对于小波变换的估产模型而言，种植方式对模型精度的影响较小，无须专门考虑。在各时期估产模型效果稳定，模型决定系数均高于 0.75，在花期的估产效果有了显著提升。估产效果从高到低分别是十叶期＞角果期＞花期＞八叶期。

(3) 利用神经网络方法估算油菜最终产量，模型的决定系数十分高，均达到 0.9 以上，并且逐步地引入光谱以外的油菜理化参数，遥感光谱数据与理化参数的结合，能够提高油菜估产模型精度。但由于神经网络自身特点以及数据量限制，网络训练不足，模型验证结果较其他估产方法略差。对于神经网络的估产模型而言，种植方式对模型精度的影响同样较小。4 个时期对油菜最终产量的估产效果从高到低分别是十叶期＞八叶期＞花期＞角果期。

(4) 基于熵值法和层次分析法的组合预测估产模型，利用了各时期优选植被指数组合，能够较为准确地估测最终产量，验证效果较好，决定系数均为 0.88，均方根误差在 220 kg/hm^2 左右。组合预测估产模型将各个时期生长状况携带产量信息综合考虑，显示了油菜生长中对产量形成的动态过程，对产量的形成以及估测更为全面科学。熵值法完全基于数学分析，而层次分析法结合了农学信息更具备逻辑性、现实性，对田间管理决策跟具参考价值。

综上所述，植被指数经验模型更为简单、方便，十叶期、角果期估产效果较好，八叶期、花期误差较大，种植方式对模型影响很大，考虑不同种植方式的优化植被指数模型估产效果在各时期明显提升。基于连续小波以及神经网络估产模型，无须考虑种植方式的影响，在各时期估产效果稳定，模型精度高，尤其是神经网络加入理化参数作为输入量后模型决定系数均高于 0.9，但两种方法验证结果不如优化后的植被指数经验模型。基于熵值法和层次分析法的组合预测估产模型对产量的形成以及估测更为全面，验证效果较好。在各种估产方法中十叶期的估产效果始终是最好的，该时期利用地面遥感数据能较好地对最终产量提前准确的预估。花期由于冠层光谱受到花的影响对估产结果有一定的影响，但信号分析或者机器学习的方法能对估产效果有一定的提升。

5.5.7　小结

高光谱遥感技术为理化参数及产量的定量反演提供了丰富、精细的数据源。本节从油菜典型参数反演研究出发，分析了地面高光谱数据与 LAI、冠层叶绿素含量的关系，构建了基于植被指数经验模型来反演油菜 LAI、叶绿素含量；根据农作物典型生长参数与产量的良好的线性关系将其推广应用于植被指数经验模型估产，利用油菜各时期优选的植被指数与最终产量构建植被指数经验模型，并对其进行验证；之后根据高光谱的特点，选择能够利用更多植被光谱信息以及加入典型参数的基于小波变换和神经网络估产模型开展估产研究；最后分析了油菜全生长期对最终产量的贡献，通过熵值法和层次分析法展开评估，通过遥感数据的分析对油菜田间管理决策提供定量化指标。

通过本节的研究得到以下结论。

(1) 油菜各个生长期分开反演 LAI，模型精度相较各时期一同回归有显著的提升，油菜各时期反演模型最高决定系数分别到达 0.8(NDVI)、0.92(SR)、0.59(黄边幅值)、0.8(SR)，同时验证效果优秀，各时期验证模型均方根误差为 0.37、0.33、0.34、0.18。

(2) 油菜各生长期反演叶绿素含量模型精度较 LAI 而言略有不如，八叶期、十叶期、花期反演模型最高决定系数分别为 0.75(MASVI)、0.72(SR)、0.55(VARI)，验证模型均方根误差为 31.02 mg/m^2、34.13 mg/m^2、51.4 mg/m^2。

(3) 农作物典型生长参数 LAI、叶绿素含量与产量具有良好的线性或二次函数关系，但受直播和移栽种植方式的影响，对于 LAI 与产量关系而言，直播田各时期回归决定系数不低于 0.8，移栽田除八叶期外(0.38)决定系数不低于 0.7。叶绿素与产量的关系，在各时期决定系数不低于 0.7。这种良好的线性或二次关系能够推广于植被指数经验模型估产。

(4) 基于植被指数经验模型估产方法，不区分种植方式在十叶期以及角果期能取得较好的结果。对植被指数经验模型进一步优化，不同种植方式分开建模，各时期验证模型决定系数分别为 0.89、0.96、0.84、0.83，均方根误差为 245.9 kg/hm^2、169 kg/hm^2、369 kg/hm^2、300.5 kg/hm^2 估产结果得到极大的提升。

(5) 基于连续小波变换的估产模型在各时期估产效果稳定，模型决定系数不低于 0.75，无须考虑种植方式，在八叶期与十叶期模型最佳的小波系数位于低尺度的绿峰位置，花期以及角果期位于高尺度红边位置。各时期估产验证模型决定系数分别为 0.74、0.915、0.78、0.87，均方根误差为 499.4 kg/hm^2、285.8 kg/hm^2、451 kg/hm^2、355.2 kg/hm^2。

(6) 神经网络方法估算油菜最终产量，模型的决定系数均在 0.9 以上，在充分利用更多光谱信息的基础上，逐步地引入油菜理化参数，能够提升油菜产量的估产模型精度。无须考虑种植方式的影响，对花期模型估产结果较其他方法提升较大。

(7) 基于熵值法和层次分析法的组合预测估产模型，验证模型决定系数均为 0.88，均方根误差在 220 kg/hm^2 左右。两种方法对各时期的权重赋值分别是：层次分析法，0.044、0.098、0.259、0.599；熵值法，0.114、0.295、0.230、0.361。两种方法均高度评价了角果期对产量贡献的关键作用。熵值法更为客观，层次分析法较为主观，但结合了农学知识更为科学、实际。

(8) 针对地面遥感监测平台油菜估产，十叶期是最好的估产时期，最佳的估产模型是优化后分种植方式的 $CI_{rededge}$ 植被指数经验模型，验证结果决定系数为 0.96，均方根误差为 169 kg/hm^2。

5.6 无人机平台油菜典型参数反演及产量估产

根据前面的研究内容，无人机 MCA 相机的波段宽度是根据地面反演典型参数最佳波段宽度设计的，地面的反演典型参数以及估产的方法可以很好地向低空无人机尺度推广。本节利用无人机低空作业拍摄的油菜 3 个生长期(十叶期、花期、角果期)多光谱影像，在低空尺度上以油菜直播、移栽 48 片实验田为数据集，分析光谱与植被覆盖率、冠层叶绿素含量、叶面积指数(LAI)的关系，建立植被指数经验模型。并在典型参数反演模型的基础上结合无人机多光谱影像的特点开展油菜产量估测研究。最后结合无人机影像以及产量数据讨论前期施氮量对油菜长势以及最终产量的影响。

5.6.1 植被覆盖率反演

针对无人机 MCA 相机获取的多波段影像，在本节中对植被覆盖率展开研究。实验数据选择十叶期(2015 年 1 月 13 日)和花期(2015 年 3 月 21 日)的无人机影像。由于角果期油菜枝叶繁茂，植株冠层横向密布大部分田块在影像上体现的植被覆盖率几乎为 100%，研究的意义的不大，并且会对研究结果造成混淆，所以角果期不进行植被覆盖率的反演研究。

1. 植被覆盖率以及花期覆盖率的获取

利用 MCA 相机获取的 6 波段合成影像来确定植被覆盖率以及花覆盖率。由于油菜田采取了不同的氮肥管理措施，通过实地观察发现在 48 片小区中油菜的生长存在明显的异质性(图 5.48(c)～(f))。因此，将每个小区均匀的分成 6 个样区，每个样区约 5 m^2，以保证每个样区作物绿度的同质性。经过仔细的目视判别以及现场记录，将无人机影像中的花、叶子、土壤选出，作为监督分类的训练样本。

N135	N180	N360
N0	N45	N270
N90	N225	N225
N45	N360	N180
N270	N90	N135
N180	N0	N90
N360	N135	N45
N225	N270	N0
N135	N180	N360
N0	N45	N270
N90	N225	N225
N45	N360	N180
N270	N90	N135
N180	N0	N90
N360	N135	N45
N225	N270	N0

(a) 施氮情况

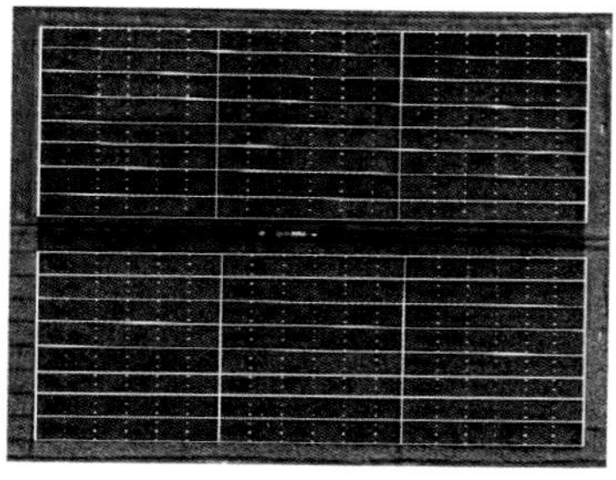

(b) 样本划分

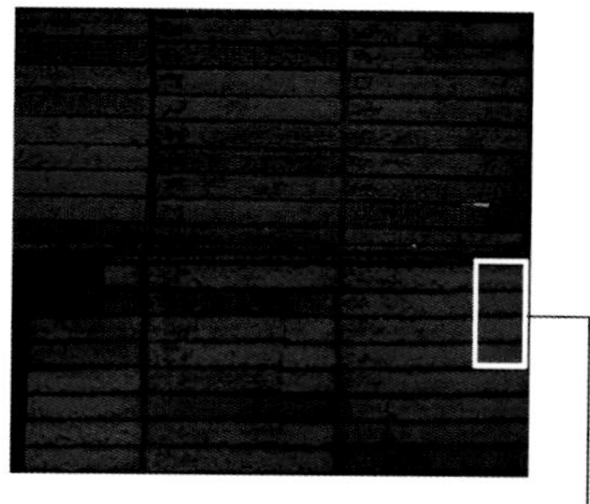

(c) 2015年1月13日无人机假彩色合成影像

(d) 2015年3月21日无人机假彩色合成影像

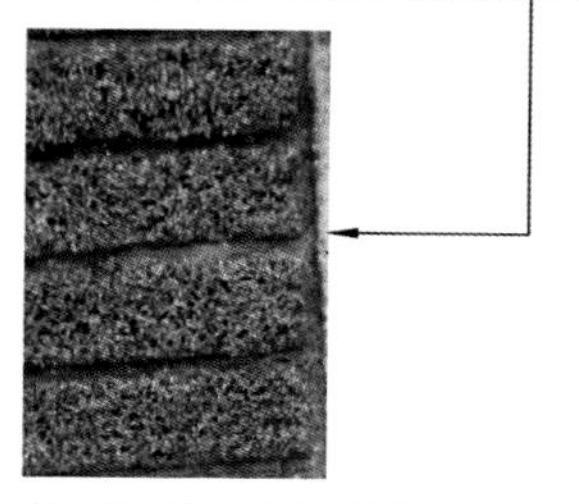

(e) 2015年1月13日无人机真彩色合成影像（800 nm，670 nm，559 nm）

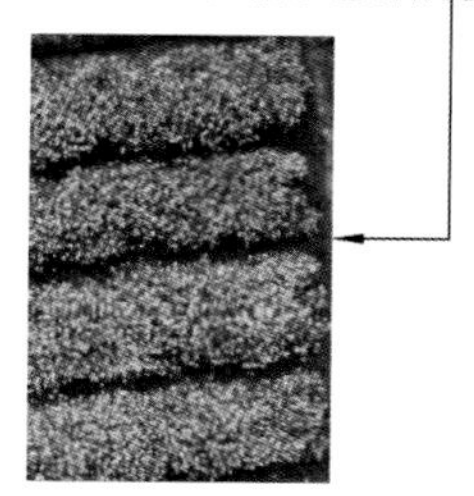

(f) 2015年3月21日无人机真彩色合成影像（800 nm，670 nm，559 nm）

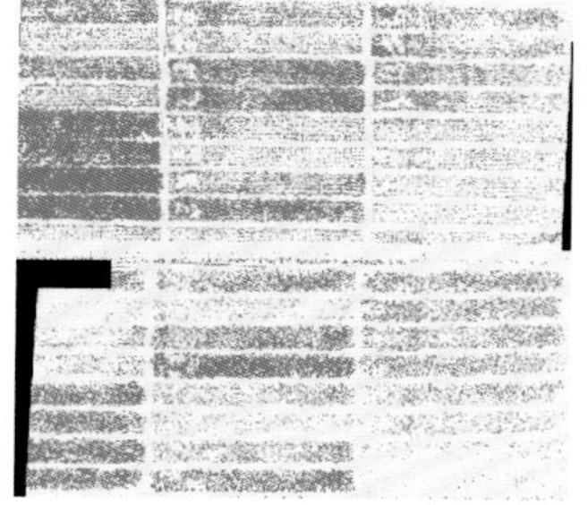

(g) 2015年1月13日支持向量机分类结果

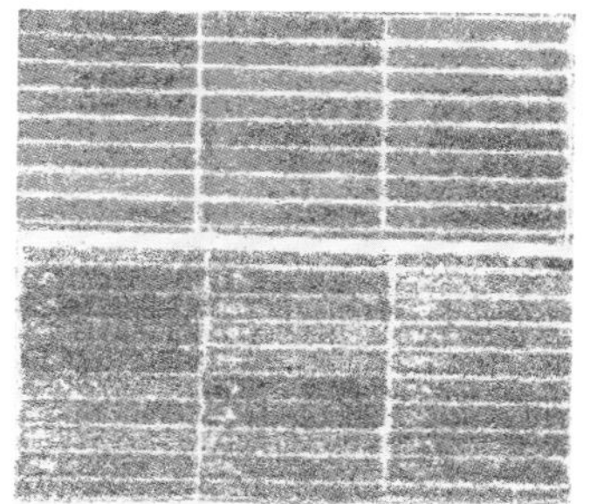

(h) 2015年3月21日支持向量机分类结果

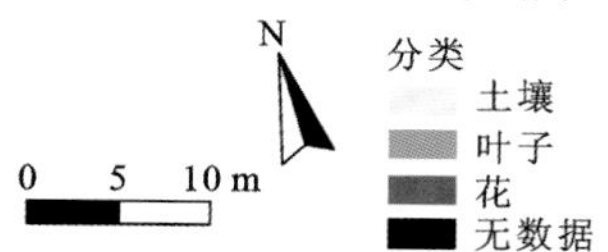

施氮情况

N0=0，N45=45 kg/hm²，N90=90 kg/hm²

N135=135 kg/hm²，N180=180 kg/hm²，N225=225 kg/hm²

N270=270 kg/hm²，N360=360 kg/hm²

图 5.48　油菜田的施氮情况、样本划分及在不同时期的真假彩色合成影像及分类结果

基于支持向量机(support vector machines,SVM)分类方法广泛应用于影像分类中,并能取得很高的精度(Lehnert et al.,2015;Schwieder et al.,2014)。利用支持向量机分类方法将图像所有像素分为三类:花、叶子和土壤(图 5.48(g)～(h))。花覆盖率被定义为样本小区内花像素占该小区像素的比率。而植被覆盖率 VF 被定义为一个样本小区内花和叶子总像素占该小区的比率。通过这种方法,不同时期的样本小区的植被覆盖率以及花覆盖率被提取了出来。在十叶期,2015 年 1 月 13 日获取的影像中由于在该生长期油菜冠层并未出现花,因此花覆盖率的值均为 0。为了保证研究的可靠性,检查样本中是否含有像素质量差的点,予以剔除。最终分别选择了 2 个时期各 180 个样本,即 360 个植被覆盖率从 0%～100%变化的样本以及 180 个花覆盖率从 0%～35%变化的样本,在所有样本中随机选取三分之二的数据作为建模数据集,另外三分之一样本作为验证数据集。

2. 油菜植被覆盖率反演

对于每一个样本小区,定义了一个最大矩形,并且在图像中刚好能和样本小区吻合。矩形的大小约在 9 000 像素,提取出这个矩形内的平均反射率,作为该样本小区的平均冠层反射率。结合国内外对植被覆盖率反演的研究,本研究中选用归一化差分植被指数、大气阻抗植被指数、改进型土壤调节植被指数以及增强植被指数 4 个典型常用的植被指数。

1) 油菜植被覆盖率与植被指数的关系

对于所挑选的植被指数,广泛应用于粮食作物植被覆盖率反演,在许多文献中反演结果决定系数均高于 0.9(Gitelson et al.,2003c;Liu et al.,2008)。然而,在本研究中发现,植被指数与植被覆盖率的相关性较低(除了 VARI 的决定系数为 0.62 以外其他植被指数与 VF 的决定系数均低于 0.42)。通过对模型的观察发现,与之前地面数据反演 LAI 类似,样本明显分离成了 2 个聚类(NDVI、VARI 与植被覆盖率的关系见图 5.49(a)～(b)),在同样的植被覆盖率情况下,一类的 VI 值明显高于另一组(1.5～4 倍)。经过对数据的样本检查发现,具有较高值的是当在覆盖率 FF=0 时的十叶期(图 5.49(c)),而另一组样本则是在花期(图 5.49(d))。

为了进一步找出造成这种在模型中数据明显分离现象的原因(图 5.49(a)～(b)),比较了在相同植被覆盖率情况下 2 个分别于十叶期(FF=0)和花期(FF>0)选定的样本。如图 5.50 所示在不同植被覆盖率的情况下,含花样本与不含花样本冠层反射率虽然值的大小不等,但曲线形状基本相同。在油菜花期,冠层光谱仍然表现为绿色植被的光谱特征,在绿色波段(550 nm)与红色波段(670 nm)反射率相对较低,在 800～900 nm 反射率迅速增大,出现近红外平台。对于绿色植被而言,在可见光波段反射率较低是由于叶绿素光合作用的强吸收作用(Gitelson et al.,2003a)。这表明,尽管花占据了冠层的一部分,但位于花下层的叶片还是能够吸收可见光的。

然而,如图 5.50 所示,在相同植被覆盖率的情况下,花期的冠层反射率值都比十叶期的要高。原因可能有以下两个方面。①叶绿素是植物进行光合作用时吸收可见光的主要色素,并且叶绿素主要存在于叶片中。因此,在相同的植物覆盖率情况下(花期是花和叶子的组合),含花冠层的总叶绿素含量低于具有更多绿色叶片的冠层。所以含花的冠层吸收可见光能力不如没有出现花的冠层,从而表现出了更高冠层的反射率。②在油菜花期,

图 5.49　植被覆盖率(VF)与植被指数(VI)在油菜样本中的关系

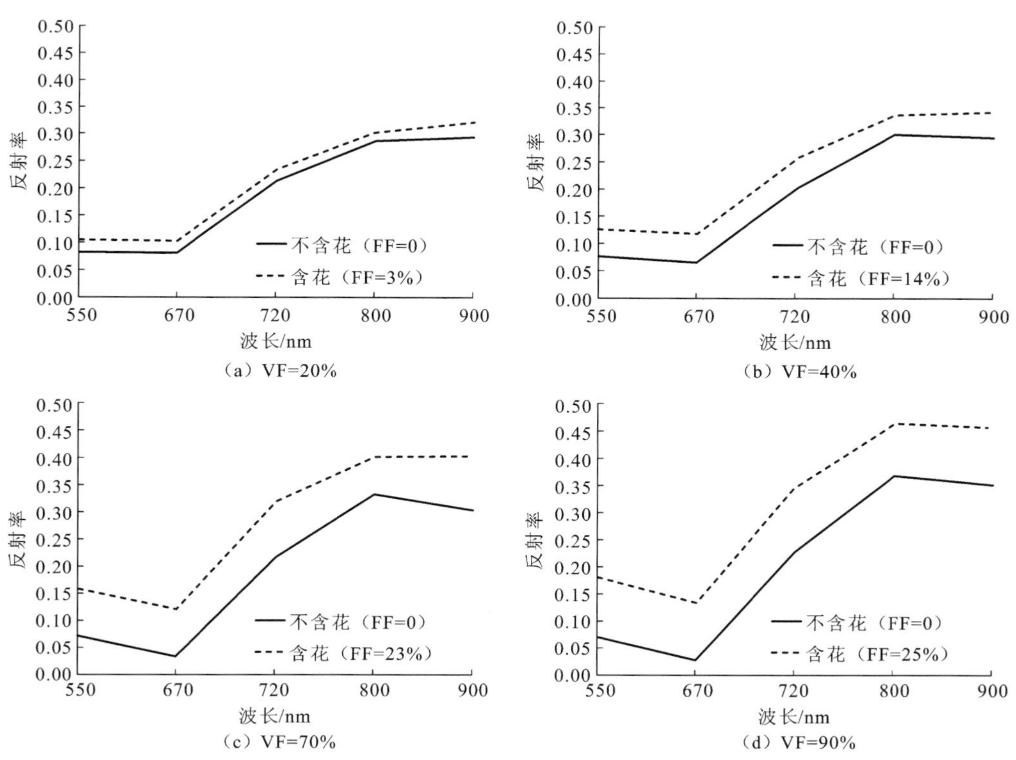

图 5.50　油菜样本不同生长期无人机数据的冠层反射率

冠层出现大量的花瓣，这些花瓣在茎干上向着各个方向密集的生长，这种花的布局可能会增加冠层的散射，使得近红外的反射率升高。总之，与叶子相比，花的成分吸收少，但散射多，从而增加各波段的冠层反射率。相关结论在玉米的抽穗期也有类似的发现（Vina et al.，2009；Gitelson et al.，2003b）。

当冠层出现花时，所有波段的反射率均增加，但增加的幅度是不同。在绿光（550 nm）和红光（670 nm）波段，反射率增加了 50%～300%。而在近红外（800 nm 和 900 nm），反射率仅增加了 10%～30%。因此，在相同的植被覆盖率情况下，由于花期归一化植被指数的分母显著高于十叶期，使得整体植被指数的值要低于十叶期。这就是造成植被指数与植被覆盖率模型数据分离的原因。

于是，将数据分为 2 个数据集讨论，一个为非花样本数据集，一个为含花样本数据集。如图 5.51 所示，植被覆盖率与植被指数的模型针对 2 个数据集分开建立。2 个数据集的植被覆盖率估算模型精度见表 5.35 和表 5.36。在非花样本数据集中（表 5.35），发现选择的植被指数与植被覆盖率均有显著的相关性，其中 $VARI_{green}$ 是最好的估算植被覆盖率指数，决定系数为 0.98，均方根误差低于 4%。NDVI、MSAVI 和 EVI2 反演植被覆盖率效果也较为优秀，决定系数高于 0.9，并且均方根误差低于 9%。如表 5.36 所示，对于含花样本的数据集的模型估算精度与非花数据集相比有所下降，但仍然比含花数据集与非花数据集同时考虑的模型要好。在开花阶段，EVI2 和 MSAVI 是估算植被覆盖率最为准确的植被指数，决定系数约 0.83、均方根误差低于 6%。其中，归一化植被指数 NDVI 在

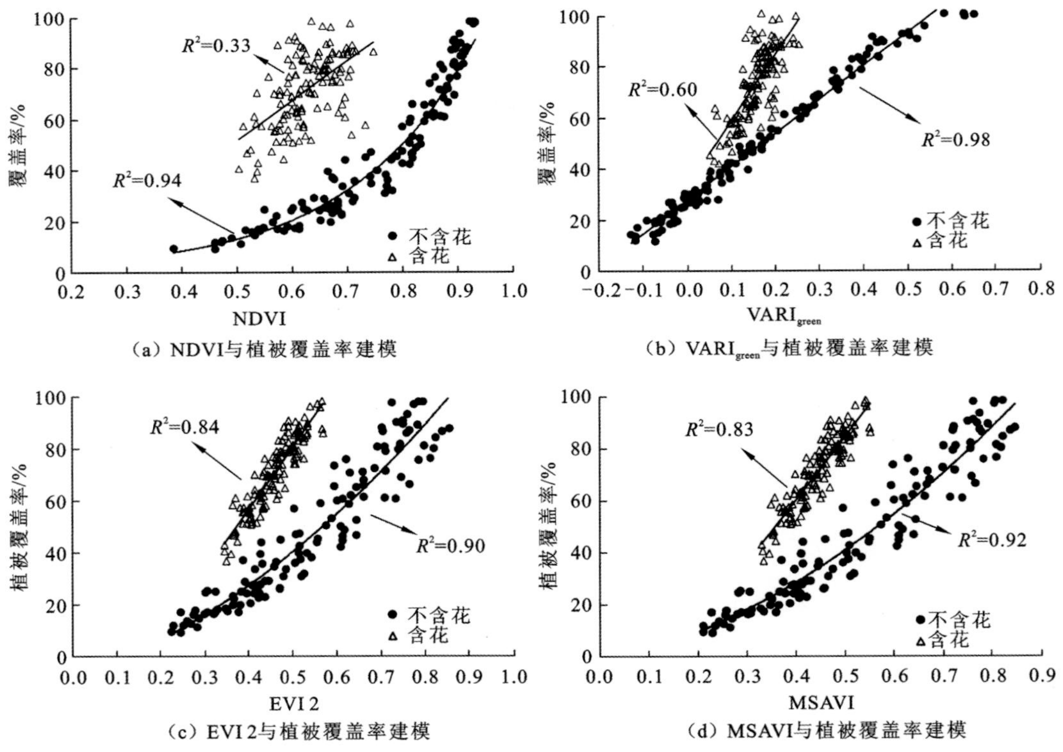

图 5.51　NDVI、$VARI_{green}$、EVI2 和 MSAVI 植被指数不同时期与植被覆盖率的建模

含花数据集中与植被覆盖率是线性相关的，这与其在大多文献中与植被覆盖率关系具有饱和现象不同(Gitelson et al.，2002)。可能是因为花的出现增加了冠层各波段的反射率，而可见光的反射率增加，减弱了 NDVI 对植被覆盖率的饱和效应。

表 5.35　十叶期植被指数估算植被覆盖率的回归模型

指数	模型	R^2	RMSE/%
$VARI_{green}$	$VF=1.31x+0.25$	0.98	3.56
NDVI	$VF=4.38x^2-4.45x+1.28$	0.94	6.56
MSAVI	$VF=0.87x^2+0.44x-0.02$	0.92	7.69
EVI2	$VF=0.82x^2+0.56x-0.08$	0.90	8.39

表 5.36　花期植被指数估算植被覆盖率的回归模型

指数	模型	R^2	RMSE/%
EVI2	$VF=2.41x-0.40$	0.84	5.65
MSAVI	$VF=2.43x-0.37$	0.83	5.74
$VARI_{green}$	$VF=2.57x+0.29$	0.60	9.0
NDVI	***	0.33	***

2）遥感技术反演油菜植被覆盖率算法

为了准确地估算油菜的植被覆盖率，需要将样本中的含花与非花分离出来。于是提出了一种能够自动确定油菜样本中是否含有花的算法。利用 SVM 分类方法以及现场实地调查，首先将样本分离成含花与非花两种。图 5.52 显示了 2 组样本在不同的波长反射率下的直方图。利用直方图阈值分割法来检测样本中是否含有花(Li et al.，2015；Adar et al.，2014；Brisco et al.，2009)。其中阈值是由直方图中两个样本刚好重叠时的点确定，并且区分样本是否含花的最佳阈值是筛选两组数据分类效果最好的值。比较 5 个波段的区分效果，550 nm 与 900 nm 波段是区分 2 组样本的最好波段，高于阈值的反射率表示含花样本。在其他波段(670 nm、720 nm 以及 800 nm)，直方图中 2 组样本重叠度超过30%，选出的阈值很难对 2 组样本进行准确的分离。油菜花表现为明显的亮黄色，因此在可见光 550 nm 波段处，对于花的出现相当敏感，而 900 nm 处影响反射率大小的主要因素是水分的吸收以及植被的蒸腾作用，可能在该波段非花样本的作用超过了含花样本，因此对该波段敏感(Penuelas et al.，1996)，所以在 900 nm 波段，花的出现预示着更高的冠层反射率。基于这 2 个波段，提出了一种新的指数来进一步提高花的光谱特性：$NGVI=(R_{900\ nm}-R_{550\ nm})/(R_{900\ nm}+R_{550\ nm})$。当冠层出现花时，NGVI 由于分母的增加，NGVI 下降。因此含花样本是 NGVI 指数低于阈值的数据(图 5.52(f))。

基于直方图阈值法，分别对 $R_{550\ nm}$，$R_{900\ nm}$ 以及 NGVI 三个指标分离含花以及非花样本的效果进行研究。这三个阈值的分类的精度如表 5.37 所示。NGVI 是最好的含花以及非花样本分类器。

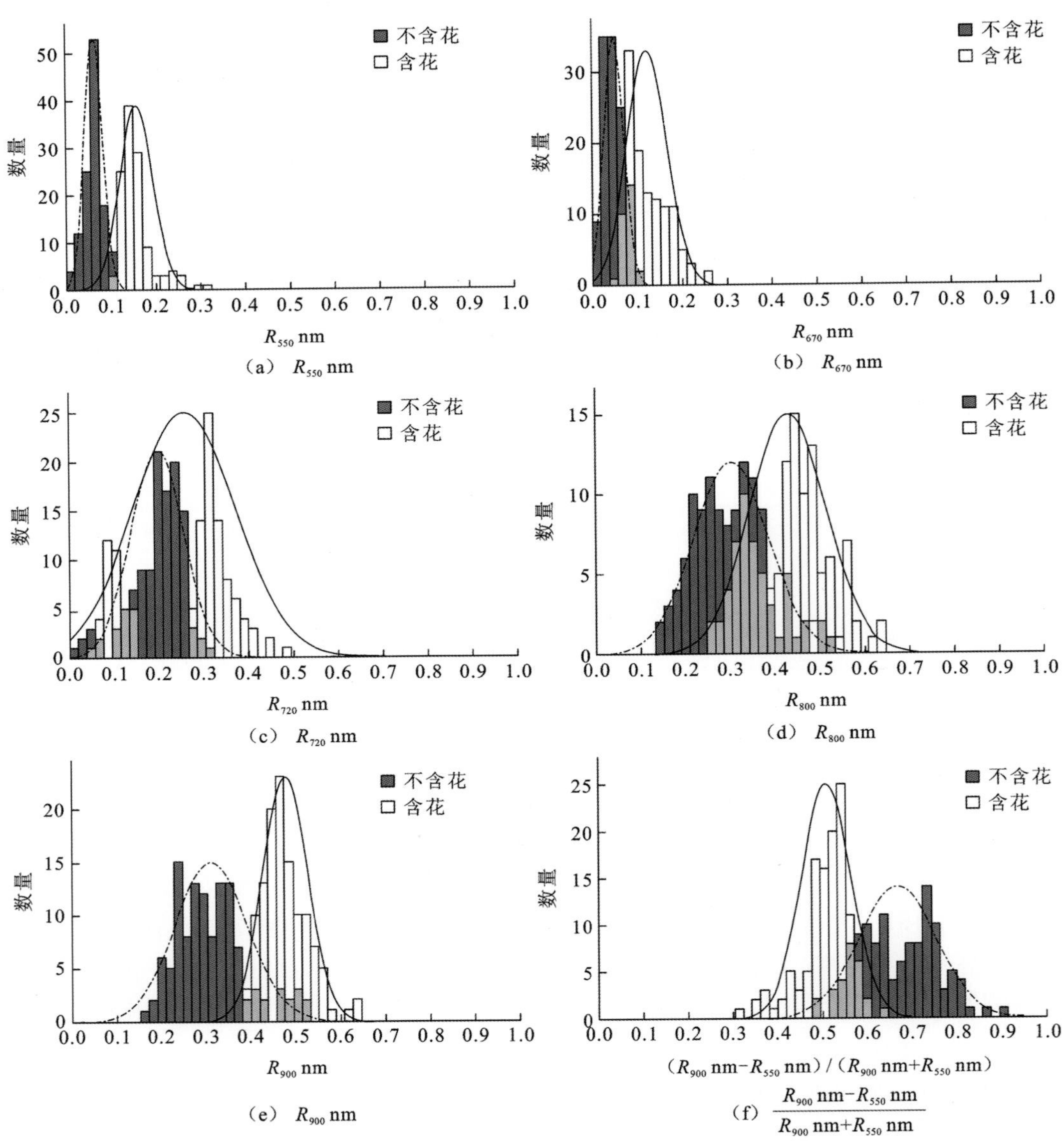

图 5.52　R_{550} nm、R_{670} nm、R_{720} nm、R_{800} nm、R_{900} nm、(R_{900} nm$-R_{550}$ nm)/(R_{900} nm$+R_{550}$ nm)情况下含花样本与非花样本的直方图

表 5.37　利用 R_{550} nm、R_{900} nm 和(R_{900} nm$-R_{550}$ nm)/(R_{900} nm$+R_{550}$ nm)指标对含花和非花样本分类精度

反射率/指数	阈值	整体精度	Kappa 系数
(R_{900} nm $-R_{550}$ nm)/(R_{900} nm$+R_{550}$ nm)	0.60	81.02%	0.58
R_{900} nm	0.4	78.94%	0.57
R_{550} nm	0.12	75.69%	0.54

估算油菜植被覆盖率的方法就是首先判断样本是含花样本还是非花样本，然后根据表5.36、表5.37挑选估算植被覆盖率的算法。油菜植被覆盖率反演步骤如下。

(1) NGVI指数判别样本类型：当NGVI＞0.6，样本为非花样本；当NGVI＜0.6，样本为含花样本。

(2) 针对样本类型挑选反演植被覆盖率算法：当样本为非花样本，$VF=1.31\times VARI_{green}+0.25$；当样本为含花样本，$VF=2.41\times EVI2-0.40$。

该植被覆盖率估算算法被用于验证数据集估算植被覆盖率。如图5.53所示，该算法反演油菜的植被覆盖率精度非常高，均方根误差为5.7%，偏移量MNB为1.47%。对于含花样本以及非花样本而言，植被覆盖率预测值与实际值均方根误差均低于5.5%并且偏移量在±3%。

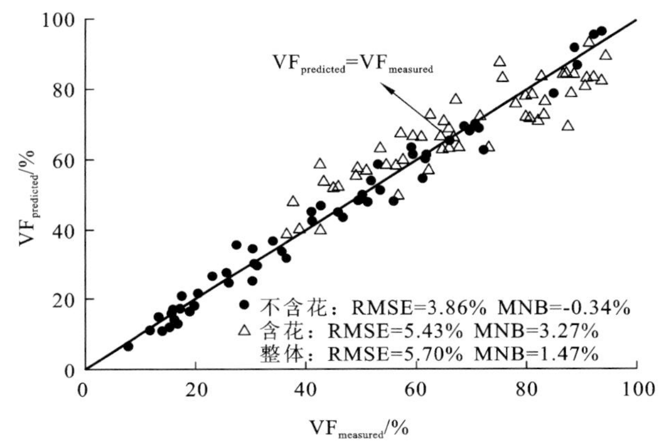

图5.53 新算法在油菜十叶期花期混合情况下估算植被覆盖率的验证模型

3. 油菜花覆盖率反演

油菜的花期长达30天，这是该作物的一个重要物候特性。花的多少是预测油菜产量的一项重要因素(Diepenbrock,2000)。本小节同时提出了一种利用遥感技术获取的冠层光谱反演花覆盖率的方法。图5.54显示了在油菜花期不同植被覆盖率下，5个波段的冠层光谱反射率变化。其中一个是花与叶子几乎完全覆盖地面的图(VF≥85%)，另一个是在传感器视野下方出现明显土壤的图(VF＜85%)。在VF≥85%时，随着花覆盖率的增加，油菜光谱在550 nm、670 nm以及720 nm波段处明显增加，但在800 nm与900 nm波段处对FF变化不敏感。而当VF＜85%时，冠层光谱反射率在所有5个波段上均增加。在这种情况下，除了叶子和花以外土壤背景也对冠层反射率的变化产生了一定的影响。为了分析不同波段对花覆盖率变化的敏感性，如图5.54中的小图显示了样本5个波段的反射率的方差。方差＝标准差(R_i)/平均值(R_i)，i为波段号。在两种情况下，550 nm和670 nm波段具有更高的方差值，均对花覆盖率的变化更为敏感。

图5.55显示了花覆盖率与550 nm、670 nm处的冠层反射率以及一些植被指数的相关关系。在两种情况下，随着花覆盖率的增加，冠层反射率在550 nm或者670 nm也相应地增加，并且550 nm处冠层反射率对花覆盖率的变化更为敏感，决定系数超过0.6。对于植被覆盖率大于85%的情况下，筛选出的植被指数与花覆盖率的关系较为接近，除了EVI2以外均

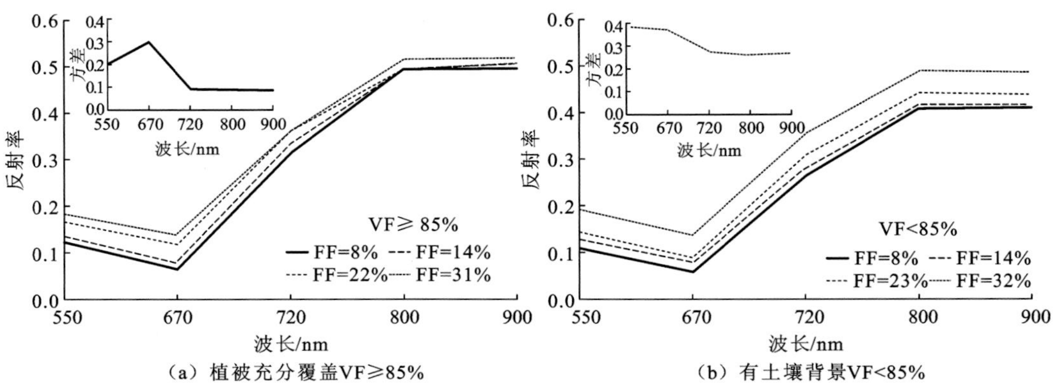

(a) 植被充分覆盖VF≥85%　　(b) 有土壤背景VF<85%

图 5.54 不同花覆盖率下无人机数据冠层反射率变化

插图是随着花覆盖率变化不同波段反射率的方差

为负相关。因为 EVI2 植被指数主要被冠层散射所影响，在花期冠层出现大量花瓣时有一定的不确定性。由于所有波段的反射率均随着花覆盖率增加而增加，因此，构建的一些具有归一化性质的植被指数分母也同时增加使得植被指数的值降低。当植被覆盖率小于 85%时，土壤在视野中清晰可见，花覆盖率与植被指数没有明显的相关性，决定系数低于 0.24。这是由于当土壤清晰可见时，随着花覆盖率的增加，在近红外波段冠层反射率增加的值与可见光波段相差不大。因此，被用来构建植被指数的可见光与近红外光的相减或者比率的特点，随着花覆盖率的增加，变得不为敏感，从而使得植被指数模型反而不如单波段模型对花覆盖率变化更为敏感。综合两种植被覆盖率情况同时考虑，在 550 nm 处的冠层反射率无论土壤是否清晰可见对于估算花覆盖率更为准确。根据 550 nm 处反射率构建的花覆盖率模型为：$FF=2.11\times R_{550\,nm}-0.1$，其中决定系数 R^2 为 0.67，均方根误差 RMSE＝2.89%。如图 5.56 所示，该模型在验证数据中均方根误差为 2.71%，偏移量 MNB 为 5.17%。

根据以上分析，将遥感技术获取的冠层反射率用于反演油菜植被覆盖率（VF）和花覆盖率（FF）的算法如下：

if NGVI＞0.6，then $VF=1.31\ VARI_{green}+0.25$，FF＝0；

if NGVI＜0.6，then $VF=2.41\ EVI2-0.40$，$FF=2.11\ R_{550\,nm}-0.1$。

这个算法在验证数据集的验证中具有良好的鲁棒性，反演植被覆盖率以及花覆盖率均方根误差均低于 6%。

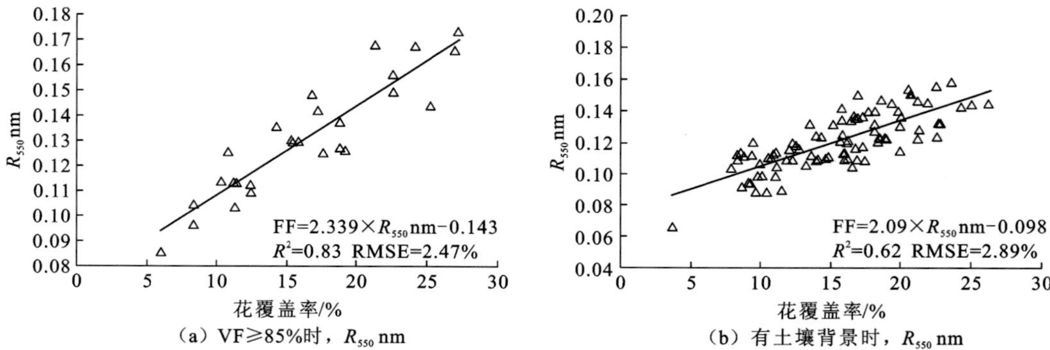

(a) VF≥85%时，R_{550} nm　　(b) 有土壤背景时，R_{550} nm

图 5.55 花覆盖率与 550 nm、670 nm 处的冠层反射率及与植被指数的相关关系

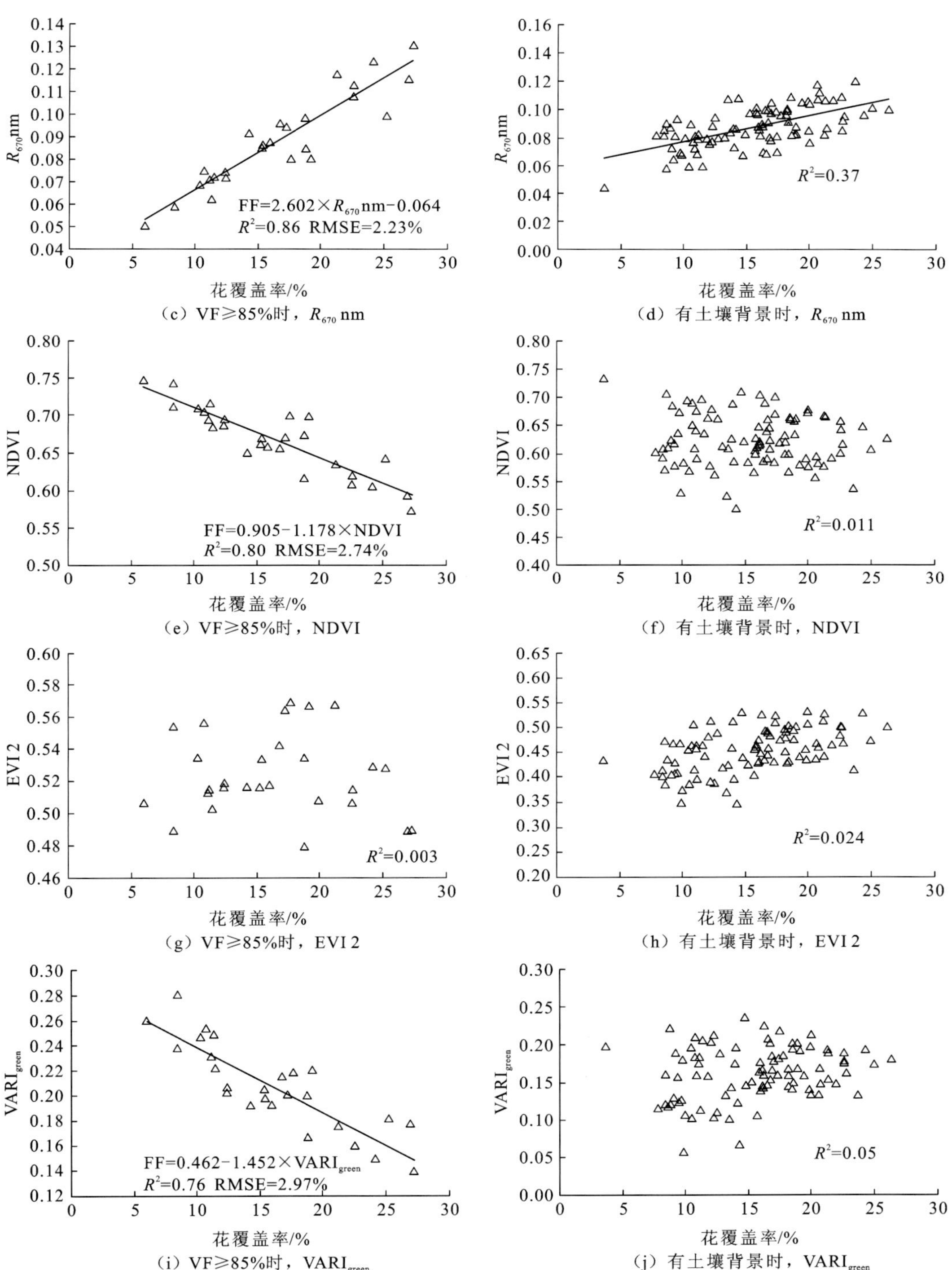

图 5.55　花覆盖率与 550 nm、670 nm 处的冠层反射率及与植被指数的相关关系(续)

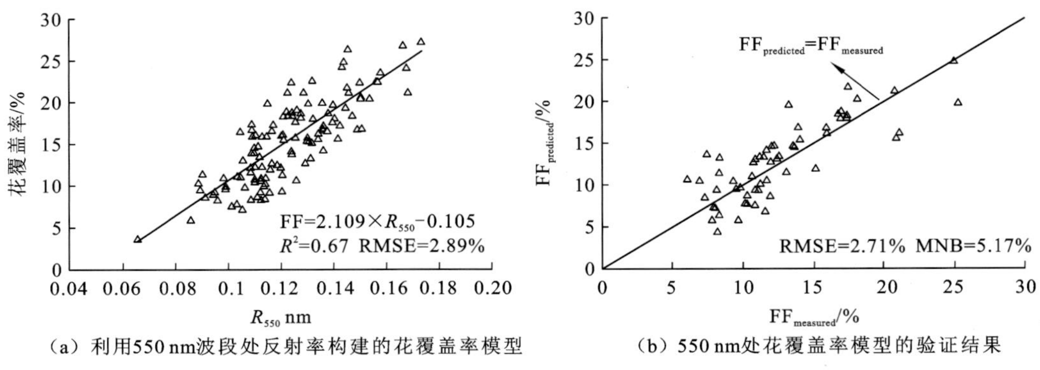

(a) 利用550 nm波段处反射率构建的花覆盖率模型　(b) 550 nm处花覆盖率模型的验证结果

图 5.56　550 nm 处花覆盖率模型及验证结果

如图 5.57 所示，这个算法之后被应用于估算整幅影像的植被覆盖率以及花覆盖率。植被覆盖率以及花覆盖率在 48 片油菜田中的变化一目了然。

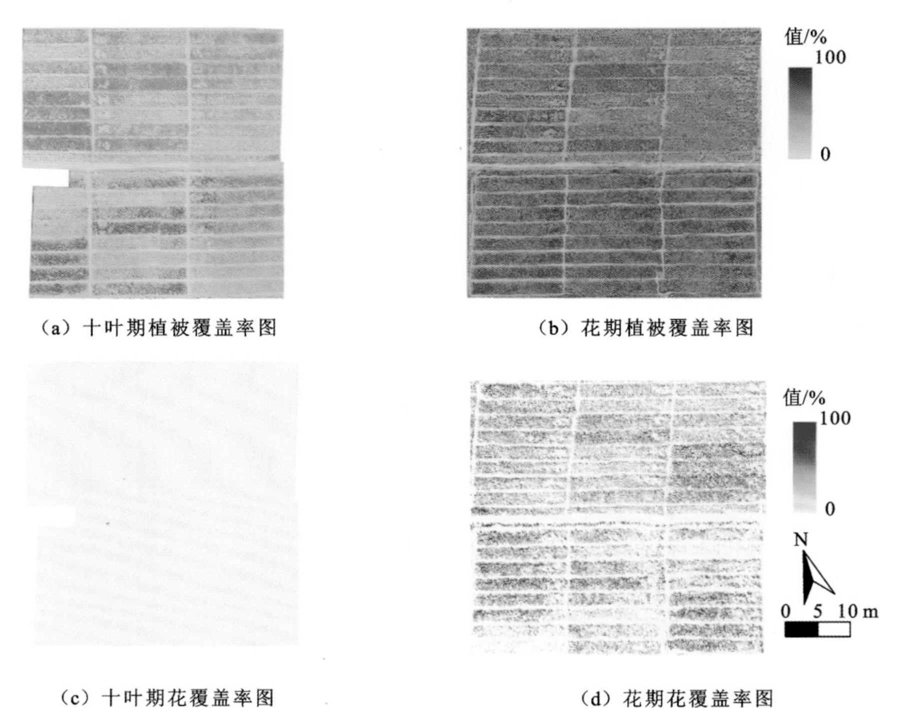

(a) 十叶期植被覆盖率图　(b) 花期植被覆盖率图

(c) 十叶期花覆盖率图　(d) 花期花覆盖率图

图 5.57　十叶期和花期的植被与花覆盖率

在本节的研究中，通过无人机安装的 MCA 多光谱相机获取的十叶期，花期的油菜冠层绿光波段、红光波段、红边波段以及近红外波段的反射率，提出了一个利用遥感方法对油菜植被覆盖率以及花覆盖率的反演算法。研究发现，随着花的出现，整个油菜冠层的反射率均增加。在植被覆盖率相同的情况下，根据波段比率或者归一化比率构建的植被指数的值在花期比十叶期要低。对于所有选出的植被指数，植被指数与植被覆盖率的相关性与油菜生育期有很大的关系，花期植被覆盖率估算方法的相关性与十叶期截然不同。$VARI_{green}$ 植被指数在非花样本中反演植被覆盖率效果最为精确，均方根误差为 3.56%，而 EVI2 植被指数是含花样本中反演精度最高的植被指数，均方根误差为 5.65%。因此，针对植被覆盖率的反演，需要先将含花样本与非花样本区分开来，然后再根据不同的算法进行植被覆盖率的估算。于是提出了一个简单的基于绿光波段和近红外波段构建的 NGVI 植被指数来区分花是否出现的算法。之后根据该样本是否含花来确定 $VARI_{green}$ 或者 EVI2 算法。

与此同时，研究了花覆盖率与冠层反射率或者其构建的植被指数。如果研究区域被大部分被植被覆盖，红光以及绿光反射率以及 NDVI、$VARI_{green}$ 植被指数，与花覆盖率的变化线性相关。但是当样本中土壤清晰可见时，只有绿光波段的反射率与花覆盖率相关性较好，决定系数为 0.62。因此，综合考虑，在油菜不同土壤背景条件下利用绿光波段构建了估算花覆盖率的估算模型。

根据遥感技术获取的冠层反射率用于反演油菜植被覆盖率（VF）和花覆盖率（FF）的算法如下：

当 NGVI＞0.6，then $VF=1.31\times VARI_{green}+0.25$，$FF=0$；

当 NGVI＜0.6，then $VF=2.41\times EVI2-0.40$，$FF=2.11\times R_{550\,nm}-0.1$。

验证模型表明该算法能够很好地反演预测花覆盖率以及植被覆盖率，均方根误差均低于 6%。

5.6.2　油菜叶面积指数和叶绿素反演

1. 无人机影像叶面积指数反演

本节中利用低空尺度上无人机拍摄的多波段影像，经过定标，获取每块油菜田的平均冠层光谱反射率，进行叶面积指数反演研究。由于 MCA 相机获取的是多波段影像，有些根据特定光谱组合或者通过光谱曲线特性构建的植被指数模型（波段的幅值，面积等）无法得到，所以结合地面平台 ASD 高光谱数据反演 LAI、叶绿素的结果选择其中表现最为优秀的 6 个植被指数用于植被指数经验模型的构建，分别是归一化比值植被指数（NDVI）、改进型土壤调节植被指数（MSAVI）、增强植被指数（EVI2）、红边指数（$CI_{rededge}$）、比值植被指数（SR）以及 MERIS 陆地叶绿素指数（MTCI）。在油菜花期，经过 5.5 节的分析，额外加入绿波段反射率构建植被指数模型。其中三分之二数据用于建模，三分之一数据用于验证。具体的计算公式及模型精度见表 5.38。

表 5.38　油菜各时期 LAI 植被指数模型及精度

时期	植被指数	模型	R^2	RMSE
十叶期	NDVI	$y=11.51x^2-10.26x+2.46$	0.89	0.32
	$CI_{rededge}$	$y=4.233x-0.449$	0.88	0.33
	SR	$y=-0.0035x^2+0.219x-0.250$	0.87	0.33
	MTCI	$y=4.443x-0.926$	0.84	0.38
	MSAVI	$y=4.798x-0.760$	0.77	0.45
	EVI2	$y=5.145x-0.936$	0.74	0.48

续表

时期	植被指数	模型	R^2	RMSE
花期	R_{green}	$y=14.85x+0.156$	0.54	0.58
	MTCI	$y=1.597x+0.812$	0.34	0.69
	$CI_{rededge}$	$y=3.135x+0.410$	0.33	0.69
	SR	$y=-0.1309x+2.7334$	0.25	0.73
	EVI2	***	0.004	***
	MSAVI	***	0.002	***
角果期	EVI2	$y=5.14x-2.009$	0.66	0.40
	MSAVI	$y=4.653x-1.769$	0.62	0.44
	MTCI	$y=2.251x+0.342$	0.34	0.57
	$CI_{rededge}$	$y=2.041x+0.548$	0.33	0.58
	NDVI	$y=4.739x-2.56$	0.24	0.61
	SR	***	0.08	***

从表 5.38 中可以发现，在无人机尺度上反演 LAI，各指数的反演精度较地面平台要低，尤其是花期以及角果期。这是影像定标误差、影像中油菜田块样本的代表性、波段宽度等因素综合影响的结果。换句话说对于十叶期，叶子占据主体的时期，反演 LAI 的精度下降并不明显，无人机尺度反演与地面尺度的差距主要是针对花期及角果期这种冠层出现明显特殊结构，对冠层光谱提取造成混淆的时期。对比各植被指数的反演结果可以发现，对于地面平面反演 LAI，比值植被指数 SR 这个相较其他植被指数而言优势极为明显的植被指数，在无人机平台估算 LAI 效果除了十叶期外下降明显，尤其在角果期 SR 植被指数与 LAI 无明显相关性，这是由于多光谱影像在近红外与红光波段比值的波动性导致的，甚至出现个别极大值。挑选出的 6 个植被指数在十叶期反演 LAI 的模型精度均较高，决定系数不低于 0.7。在花期几乎所有的植被指数与 LAI 的相关性都较低，这与第 4.1 节的分析一致。在油菜花期所有的波段反射率都增加，使得该时期对一些与叶子期植被指数具有极好相关性的理化参量不敏感。而油菜花表现的黄色在可见光 550 nm 波段处，对于花的出现相当敏感，所以 550 nm 处绿波段构建的植被指数与 LAI 相关性尚可。通过对比，选出了各时期估算 LAI 效果最好的植被指数，见图 5.58。

在十叶期，NDVI 与 $CI_{rededge}$ 植被指数均能较好的估算 LAI，模型决定系数均高于 0.85，与 LAI 显著相关，均方根误差不高于 0.33，验证模型均方根误差分别为 0.37 与 0.41，在该时期能够较好的反演 LAI。值得注意的是，NDVI 构建的模型是二次的，当 LAI 到达 3 左右时，NDVI 会达到饱和，从而影响模型的估算能力。在花期，植被指数与 LAI 的相关性均较低，选择 550 nm 处的波段反射率构建 LAI 反演模型，模型决定系数为 0.54，均方根误差 0.58。在角果期，EVI2 与 MSAVI 均能较好地反演 LAI，决定系数均大于 0.6，由于两者模型非常类似且均为线性模型，考虑到指数的构建以及决定系数的高低，选择 EVI2 植被指数模型作为该时期反演 LAI 的最优模型，EVI2 植被指数验证的决定系数为 0.76，均方根误差为 0.28，对 LAI 估算能力较好。

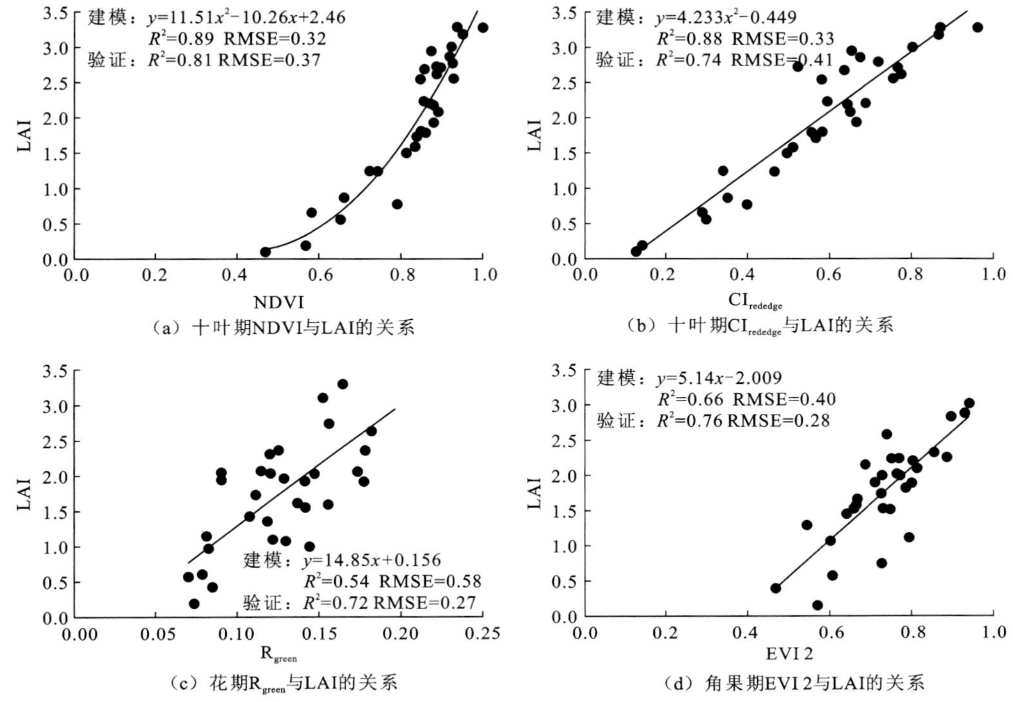

（a）十叶期NDVI与LAI的关系　（b）十叶期$CI_{rededge}$与LAI的关系

（c）花期R_{green}与LAI的关系　（d）角果期EVI 2与LAI的关系

图 5.58　各时期优选的植被指数与 LAI 反演模型及验证模型结果

2. 无人机影像叶绿素含量反演

本节利用航空尺度上无人机拍摄的多波段影像，进行油菜田冠层叶绿素含量反演研究。选择的植被指数与 LAI 反演一致，具体的计算公式及模型精度见表 5.39。

表 5.39　油菜各时期叶绿素含量植被指数模型及精度

时期	植被指数	模型	R^2	RMSE
十叶期	NDVI	$y=3\,488x^2-4\,653x+1\,548$	0.81	56.14
	$CI_{rededge}$	$y=562.3x-199.4$	0.78	57.81
	SR	$y=9.750\,3x-22.779$	0.77	58.18
	MTCI	$y=659.9x-312.8$	0.74	62.77
	MSAVI	$y=548.2x-153.8$	0.53	84.94
	EVI2	$y=609.7x-183.7$	0.51	86.96
花期	R_{green}	$y=3\,506x-224.4$	0.60	128.1
	MTCI	$y=291x+13.35$	0.37	160.5
	$CI_{rededge}$	$y=583.5x-55.14$	0.36	160.8
	EVI2	$y=792.9x-246.5$	0.12	188.8
	MSAVI	***	0.06	***
	NDVI	***	0.05	***
	SR	***	0.03	***

从表 5.39 中可以发现，在十叶期选择的 6 个植被指数反演叶绿素含量均表现良好，模型决定系数高于 0.5，但均方根误差与地面平台反演相比稍大。在花期只有 550 nm 处的绿光波段反射率与叶绿素含量关系较好，模型决定系数为 0.6，与第 2 章不同波段宽度敏感性分析结果一致，对于叶绿素含量的反演，在绿光波段十分的敏感，适当地增大波段宽度能提升反演模型精度。通过对比，选出了十叶期花期估算叶绿素含量效果最好的植被指数，见图 5.59。

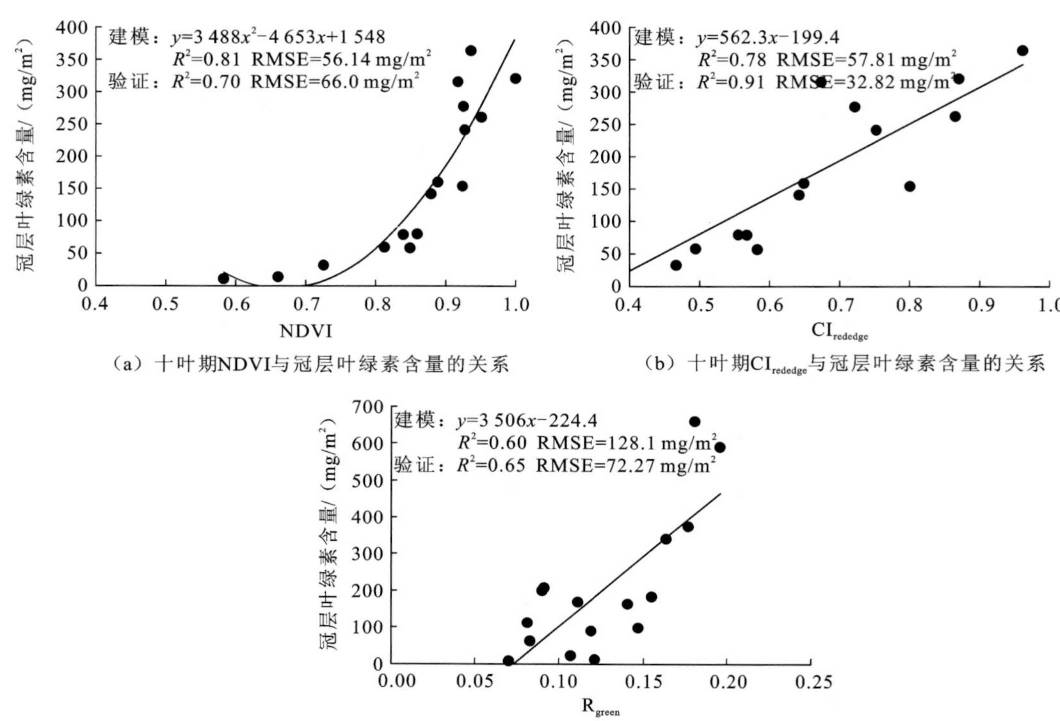

(a) 十叶期NDVI与冠层叶绿素含量的关系　　(b) 十叶期$CI_{rededge}$与冠层叶绿素含量的关系

(c) 花期R_{green}与冠层叶绿素含量的关系

图 5.59　十叶期与花期优选的植被指数与叶绿素含量反演模型及验证模型结果

如图 5.59，在十叶期，NDVI 与 $CI_{rededge}$ 植被指数均能较好地估算冠层叶绿素含量，模型决定系数均高于 0.7，与叶绿素含量显著相关，均方根误差不高于 60 mg/m²。但是对于 NDVI 植被指数，当叶绿素含量大于 250 mg/m² 时，指数过早地达到饱和，对于高叶绿素含量的反演能力不足，影响模型精度。NDVI 与 $CI_{rededge}$ 植被指数验证模型决定系数分别为 0.7 和 0.91，均方根误差为 66 mg/m² 和 32.82 mg/m²，$CI_{rededge}$ 植被指数模型不存在饱和现象，反演叶绿素含量更为准确。花期反演叶绿素含量验证模型决定系数 0.65，均方根误差 72.27 mg/m²，在高叶绿素含量情况下偏差较大，不能充分拟合。

图 5.60～图 5.62 是根据无人机植被指数反演叶面积指数以及叶绿素含量的分析结果，选出的最佳植被指数应用于估算整幅拼接影像中。

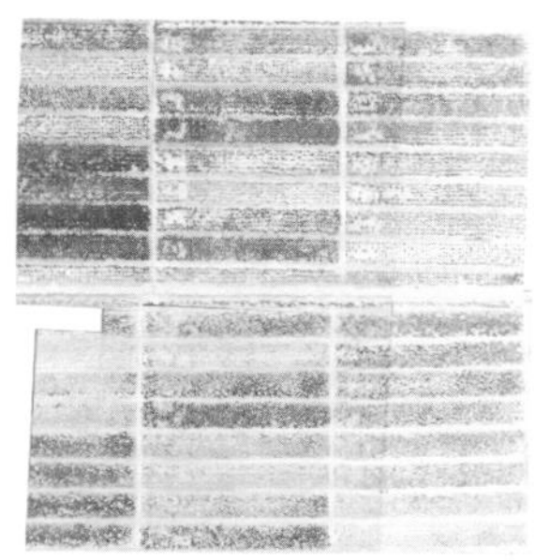
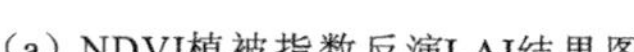

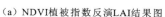

(a) NDVI植被指数反演LAI结果图

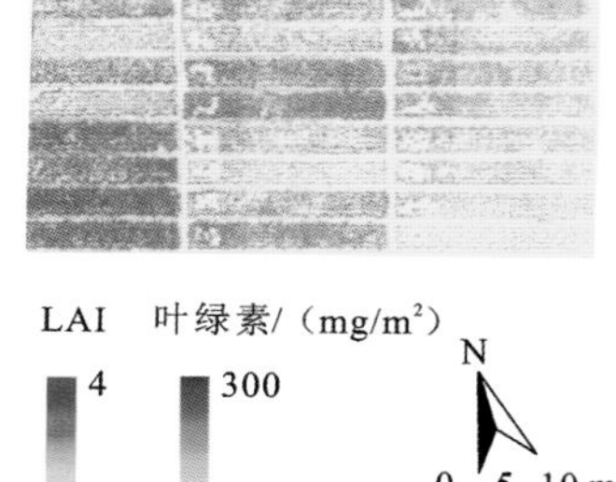

(b) $CI_{rededge}$植被指数反演叶绿素结果图

图 5.60　十叶期 LAI 与叶绿素反演结果图

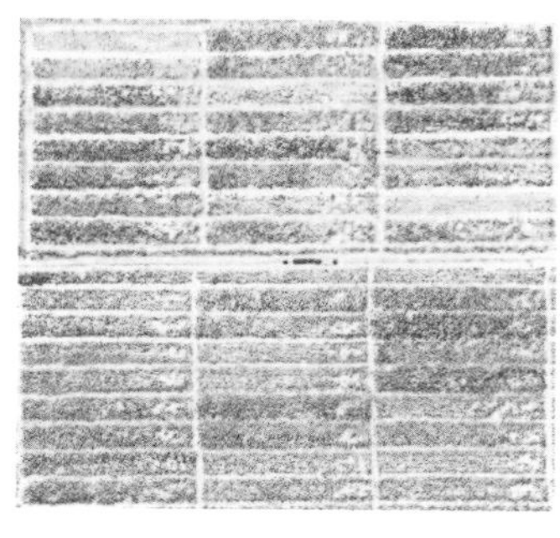

(a) R_{green}反演LAI结果图

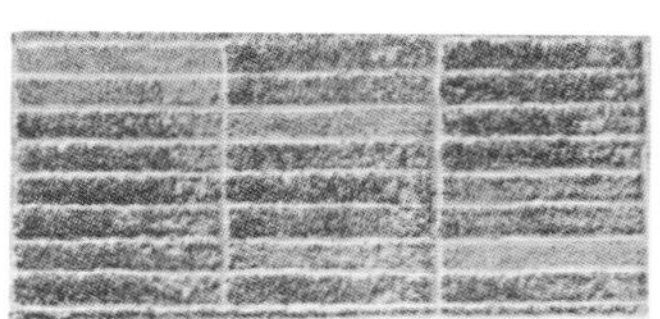
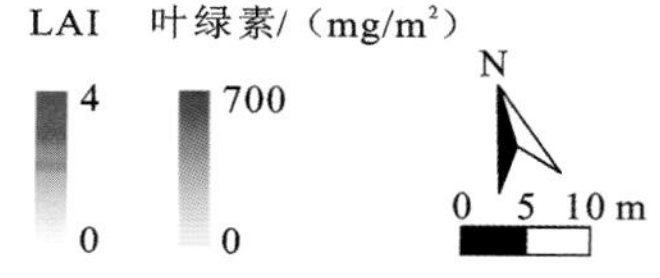

(b) R_{green}反演叶绿素结果图

图 5.61　花期 LAI 与叶绿素反演结果图

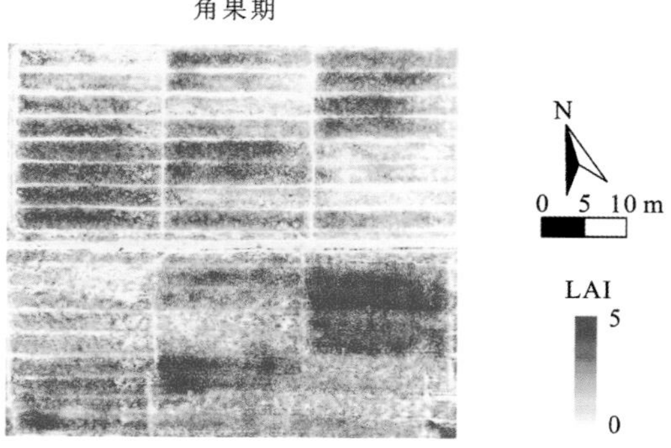

图 5.62　角果期 EVI2 植被指数反演 LAI 结果图

5.6.3　经验模型估产

1. 植被指数模型估产

基于上一节无人机低空尺度下植被指数反演 LAI 与叶绿素的研究，挑选出各时期反演 LAI、冠层叶绿素含量的最佳植被指数模型，为十叶期（NDVI、$CI_{rededge}$），花期（R_{green}），角果期(EVI2)。由于针对 LAI 与叶绿素的反演 NDVI 具有饱和现象，但饱和点不同，不能确定其与 $CI_{rededge}$ 估产效果优劣，故二者均作为十叶期植被指数估产模型进行对比。利用各时期无人机影像获取的冠层光谱，构建的植被指数经验模型对油菜估产展开研究。

表 5.40 是在无人机尺度上，油菜各时期挑选出反演 LAI、冠层叶绿素最优的植被指数与最终产量的回归模型，模型决定系数(R^2)、均方根误差 RMSE 如表所示。图 5.63 是油菜各时期产量估测植被指数模型以及对应的验证模型，决定系数、均方根误差 RMSE、验证模型偏移量 MNB 如图所示。

表 5.40　各时期植被指数估产模型

时期	种植方式	植被指数	模型	R^2	RMSE
十叶期	直播	NDVI	$y=7\,384x^2-5\,562x+1\,033$	0.91	221.8
		$CI_{rededge}$	$y=2\,933x-109.8$	0.83	288.5
	移栽	NDVI	$y=7\,999x^2-7\,276x+2\,646$	0.80	333.7
		$CI_{rededge}$	$y=3\,296x+257.1$	0.81	307.9
	总体	NDVI	$y=8\,982x^2-7\,626x+1\,936$	0.76	419.3
		$CI_{rededge}$	$y=3\,557x-161.1$	0.77	405.6
花期	直播	R_{green}	$y=15\,450x-596.4$	0.54	456.7
	移栽	R_{green}	$y=11\,990x+840$	0.48	511.9
	总体	R_{green}	$y=13\,040x+210.1$	0.31	697.4
角果期	直播	EVI2	$y=5047x-2\,280$	0.77	324.4
	移栽	EVI2	$y=5\,222x-1\,548$	0.69	398.8
	总体	EVI2	$y=5\,554x-2\,223$	0.55	565.1

如图 5.63(a)～(d)所示，在油菜十叶期，种植方式对该时期估测产量的影响不大，直播和移栽两个数据集相对集中。两种植被指数在不考虑种植方式的影响，整体的回归模型决定系数已达到 0.75 以上，均方根误差不高于 420 kg/hm²。但是分种植方式估产模型验证结果要好于整体估产模型，数据的偏移量不大，整体估产模型会对产量有一定程度的高估。根据不同种植方式优化后的 NDVI 植被指数模型估产效果要好于 $CI_{rededge}$ 植被指数估产模型，并未达到饱和，验证结果决定系数 0.97，均方根误差 132.5 kg/hm²，偏移量小于 10%，估产效果极为优秀。

如图 5.63(e)～(f)所示，在油菜花期，直播和移栽 2 种种植方式对产量估算的影响明显，2 组数据出现较大的分叉。利用 R_{green} 构建的植被指模型无论分不分种植方式，模型精度均不高于 0.6，均方根误差大于 450 kg/hm²。不分种植方式情况下验证结果均方根误差较小，316.7 kg/hm²，但数据偏差极大，MNB 大于 30%，在实测产量低于 2 000 kg/hm² 情况下出现极大的高估。

如图 5.63(g)～(h)所示，在油菜角果期，种植方式对该时期估产影响明显，数据出现较大分叉。利用 EVI2 构建的植被指数模型在分种植方式的情况下模型估产效果较好，验证结果偏移量低，决定系数为 0.89，均方根误差为 271.8 kg/hm²，但对于最终产量还是存在一定的高估。

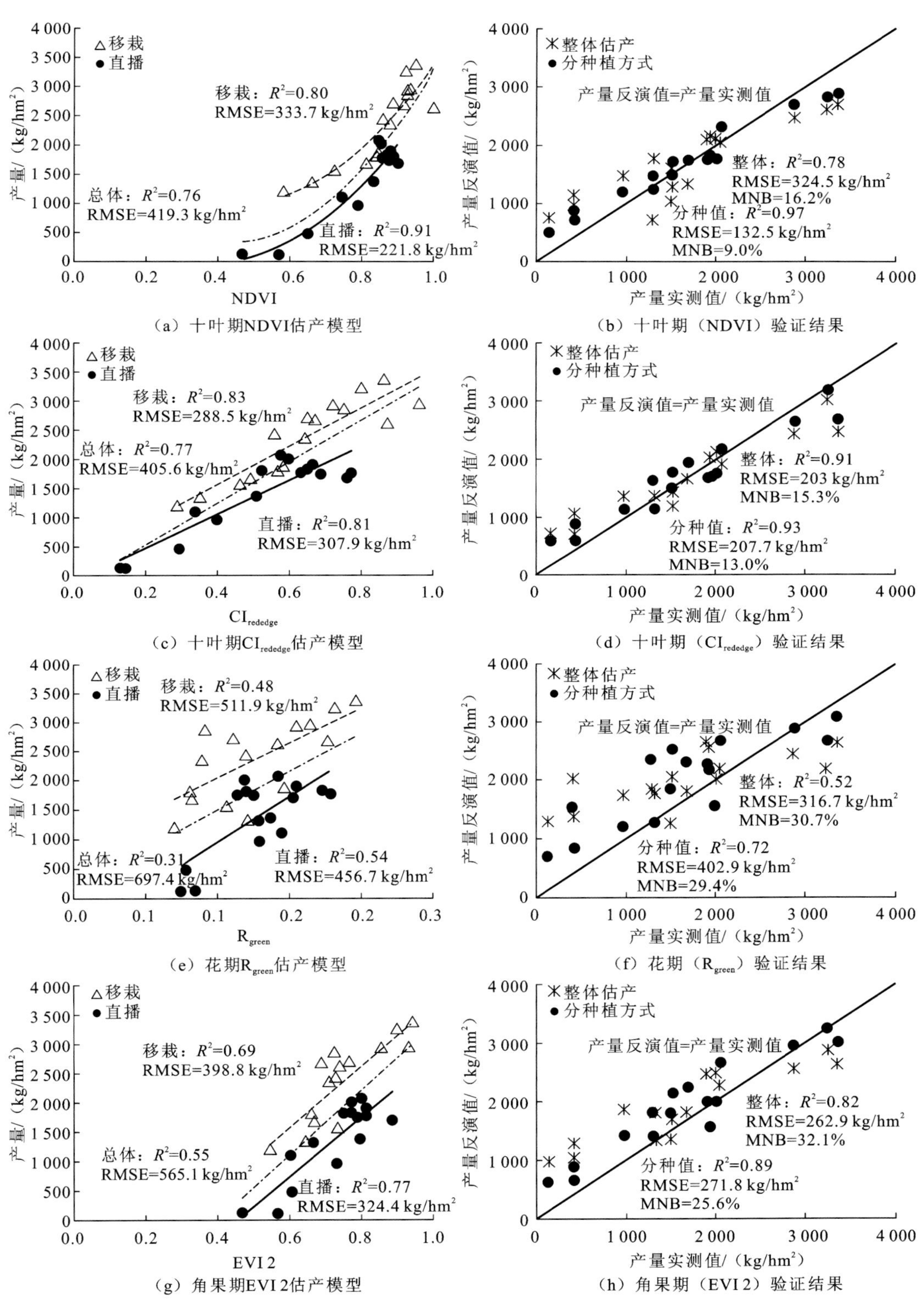

(a) 十叶期NDVI估产模型

(b) 十叶期（NDVI）验证结果

(c) 十叶期$CI_{rededge}$估产模型

(d) 十叶期（$CI_{rededge}$）验证结果

(e) 花期R_{green}估产模型

(f) 花期（R_{green}）验证结果

(g) 角果期EVI 2估产模型

(h) 角果期（EVI 2）验证结果

图 5.63 油菜各时期植被指数估产模型与验证结果

综上所述，油菜的 3 个生长时期植被指数与产量的回归最佳模型，分别如下。

(1) 十叶期，NDVI 植被指数分种植方法，模型决定系数与均方根误差分别为 0.80、333.7 kg/hm²(移栽)，0.91、221.8 kg/hm²(直播)；验证模型决定系数为 0.97，均方根误差为 132.5 kg/hm²，估测值与真实值偏移量为 9%。

(2) 花期，R_{green}不分种植方式，模型决定系数与均方根误差分别为 0.31、697.4 kg/hm²；验证模型决定系数为 0.52，均方根误差为 316.7 kg/hm²，估测值与真实值偏移量 MNB 为 30.7%，估产效果不理想，高估结果过多。

(3) 角果期，EVI2 植被指数分种植方法，模型决定系数与均方根误差分别为 0.69、398.8 kg/hm²(移栽)，0.77、324.4 kg/hm²(直播)；验证模型决定系数为 0.89，均方根误差为 271.8 kg/hm²，估测值与真实值偏移量为 25.6%，存在一定的高估。

从研究中可以发现，在无人机尺度下，直播与移栽两种种植方式对植被指数与最终产量的模型影响较为明显，为了提高模型的精度，需要考虑在内。三个时期对油菜最终产量的估产效果从高到低分别是十叶期>角果期>花期。其中角果期与花期的植被指数估产模型对估算结果具有一定程度的高估。利用十叶期的遥感数据通过该模型能够提前准确的估算出油菜的最终产量。

2. 无人机影像植被覆盖率以及花覆盖率估产

利用 5.6.1 小节中提出的支持向量机(SVM)分类方法获取无人机影像植被覆盖率花覆盖率，对油菜田十叶期植被覆盖率以及花期花覆盖率估产展开研究。图 5.64、图 5.65 分别是油菜十叶期、花期根据植被覆盖率以及花覆盖率估产的模型和验证结果。如图所示，在无人机低空尺度，运用基于图像处理方法时，油菜移栽田与直播田的生长异质性更为凸显。从模型的科学、实际角度出发以及提高估产模型的效果，无论是十叶期还是花期将种植方式分开讨论都是必要的。

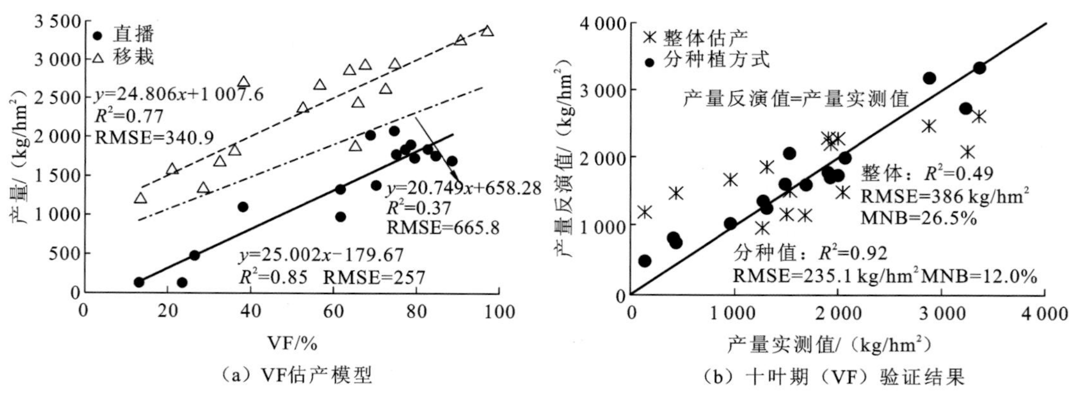

(a) VF估产模型　(b) 十叶期(VF)验证结果

图 5.64 油菜十叶期植被覆盖率估产模型与验证结果

在十叶期，植被覆盖率在不同的种植方式下与产量的回归精度较高，决定系数均高于 0.75，均方根误差不超过 350 kg/hm²。验证模型决定系数 0.92，均方根误差 235.1 kg/hm²，并且估产值与实测值偏移很小，估产效果很好。

在花期，花覆盖率在不同的种植方式下与产量的回归精度同样较高，决定系数均高于 0.7，均方根误差不超过 350 kg/hm²。验证模型决定系数 0.82，均方根误差 301.7 kg/hm²，

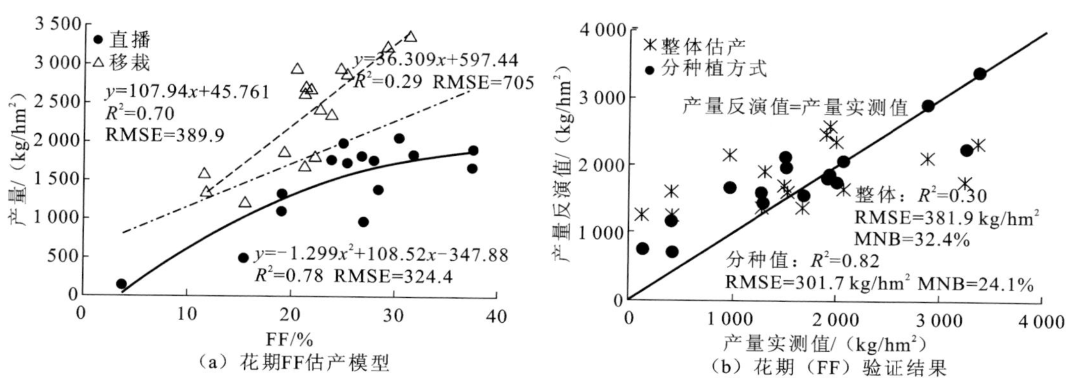

图 5.65　油菜花期花覆盖率估产模型与验证结果

虽然估产值与实际值之间，对低产量田块有一定程度的高估，但已经明显好于植被指数模型。验证了很多文章中提到的在油菜花期，花的数目直接决定了角果的数目，花覆盖率的多少与产量息息相关的观点，在该时期获取花覆盖率或者小区样本花数目对于最终产量的估算意义重大。

5.6.4　混合像元分析法估产

针对无人机拍摄的多波段影像特点，在本节中利用基于混合像元分析的方法分别对无人机拍摄的油菜十叶期、花期、角果期影像进行混合像元线性解混，建立各时期影像关键生长端元的丰度与油菜产量之间的回归关系，对油菜产量进行预测。

1. 混合像元的分析与线性解混模型

传感器是以像元为单位对地表物质的反射信号进行记录，同时该信号是地表各种地物的反射信号综合。当每个像元所对应的地表地物类型仅有一种，那么就认为该像元是纯净像元，传感器记录下来的像元光谱曲线就是该地物的真实光谱曲线。但在实际情况中，与传感器每个像元相对应的地表位置通常并不是只有一种地物，而是对应有多种地物，不同类型地物所具有的光谱特征也是不一致的，但是每个像元仅用唯一的 DN 值来对地表位置上的地物进行记录。因为，在扫描地物的时候，瞬时视场内的总光谱反射能量是由混合在一起的地物累加得到的，该能量值约等于各种地物光谱反射量的代数和。因此，传感器获得的像元大都为混合像元，这种情况使得影像对于地物细节描述信息非常少，如果要对像元内的各种物质进行研究，往往存在很大困难。此时，就需要对混合像元进行分解。

通常模型的构建方法如下：构建混合像元内各个端元的光谱矩阵和与之相对应的面积百分比的函数。在地面像元的瞬时视场视面积 A 上有 m 种物质，它们的辐亮度分别为 $L_1(\lambda)$，$L_2(\lambda)$，…，$L_m(\lambda)$，它们的瞬时视场视面积分别为 A_1，A_2，…，A_m。限制条件为 $A_1+A_2+\cdots+A_m=1$。F 代表 m 种物质的视面积比，$F_1=A_1/A$，$F_2=A_2/A$，…，$F_m=A_m/A$。其中 $F_1+F_2+\cdots+F_m=1$。在上式中，n 称之为端元，F 称之为丰度。利用辐射亮度角度进行解释，对瞬时视场上全部端元的辐射强度进行累加便是传感器所获得的总辐射强度。具体地，每个端元的辐射强度分别为 $A_1L_1(\lambda)$。像元总辐射强度为 $AL(\lambda)$。

$$AL(\lambda)=\sum_{i=1}^{m}A_iL_i(\lambda)=A\sum_{i=1}^{m}F_iL_i(\lambda) \tag{5.33}$$

因此

$$L(\lambda) = \sum_{i=1}^{m} F_i L_i(\lambda) \tag{5.34}$$

用反射率的形式表示为

$$L(\lambda) = \rho(\lambda) \frac{E_D(\lambda)}{\pi} = \sum_{i=1}^{m} F_i \rho_i(\lambda) \frac{E_D(\lambda)}{\pi} \tag{5.35}$$

即

$$\rho(\lambda) = \sum_{i=1}^{m} F_i \rho_i(\lambda) \tag{5.36}$$

从上面的公式推导中，可以看出混合像元形成时，瞬时视场所对应的地面像元的反射值是该像元内各个端元组分的反射率乘以它们所对应的像元面积比的和，依据这一原理，可以构建不同类型的光谱分解模型。

目前混合像元分解模型有：线性模型、几何光学模型、随机几何模型等。线性模型认为混合像元的反射率可以基于线性方程分解为各端元的反射率。非线性模型与线性模型是基于同一种原则，只是线性模型是在忽略多次非线性反射的情况下得出的，非线性模型将地面环境因素以及影像因素都纳入了考虑范围。

在本节的研究中选择的解混模型是最简单而且在国内外广泛使用的线性解混模型。Luo 等(2013) 利用实验室获取的端元光谱对高粱地获取的高光谱影像进行线性混合像元分解，得到了植被以及土壤的丰度。结果显示这种非监督方法所得的植被端元丰度与监督分类的方法一样好，通过这种方法计算的植被丰度与最终产量的相关系数达到了 0.6 至 0.7。Yang 等(2010) 将完全约束以及非完全约束的混合像元模型应用于高粱地以及棉花地得航空平台高光谱影像。作为对比选择了模拟出的宽波段 NDVI 植被指数以及窄波段 NDVI 植被指数。结果表明，植被端元丰度与产量的相关性比宽波段 NDVI 植被指数以及大部分窄波段 NDVI 植被指数要高。并且完全约束线性混合像元模型以及非完全约束的混合像元模型相差不大。

线性模型的优点是：模型的建立方法比较简单，建模速度快、模型便于理解、有较科学的理论依据，能够将混合像元进行很好的分解。但是，它也有一定的缺点，当端元组合的选取缺乏代表性时，影像仍然会存在大量的混合像元。并且选取端元不准确或者是在大气条件恶劣时测得的影像数据，均会造成丰度出现反常，不在指定阈值 0 ～ 1，会出现大量负值或者丰度值大于 1 的情况。

线性解混模型的误差来源主要涉及以下两点。① 模型默认在像元内部，所有的端元组分的反射率与相应的组分面积比的乘积的累加就是该像元的综合反射率。但是，在实际情况中，像元内部的端元光谱反射率是采用非线性方式进行组合的，而不是线性模型假定的线性关系。② 端元的获取，获得端元光谱反射率是线性模型中最重要的步骤，即得到某种地物的纯像元的光谱值，但在实际情况中，获取某种地物的纯净光谱很难。目前端元光谱值获取的手段主要是两种：① 进行野外光谱采集；② 从高分辨率影像上提取端元反射率值。两种方法各有利弊，从影像上获取端元反射率的方法对影像的分辨率要求较高，因为，从低分辨率影像上很难判断出纯净像元的位置，因此很难获取端元的真实反射率。利用野外或者实验室的地物光谱进行分解时，辐射校正的问题又很难解决，无疑增加了数据处理的难度。例如：实验室的光谱数据波段与遥感影像波段的不对应问题。

虽然线性模型有着一些缺陷，但模型的简单性，物理意义明确使得其成为最广泛使用的混合像元分解方法。本研究采用的是全约束性线性解混模型对影像进行分解，公式如下所示：

$$P = \sum_{i=1}^{N} c_i e_i + e = Ec + n \tag{5.37}$$

$$\sum_{i=1}^{N} c_i = 1, 0 \leqslant c_i \leqslant 1 \tag{5.38}$$

式中：N 是地物种类数量；P 是像元的波谱向量；E 是在每个波段范围内端元的反射向量；c 是端元所占比例系数矩阵；c_i 是第 i 个端元所占像元的面积比例；n 是误差项。

2. 混合像元端元的获取

在像元内部，地物的基本组成成分被称为"端元"，它是在混合像元中最基本的组分，也被当作是混合像元中比较纯净的光谱。端元是某种具有稳定光谱特征的典型地物种类。在光谱分解、变化检测、影像分类等方面，都需要对端元进行提取。主要用两种方式提取端元：①从光谱库中直接获取端元；②从高分辨率影像中，经过人工目视解译，获取端元光谱。相对而言，从影像上直接提取地物的端元信息，更能真实代表地物端元的光谱，因此，这种方法得到广泛的推广和应用。理想的纯净端元是很难获得的，如若要获取相对纯净的端元光谱，需要对地物目标的参数和传感器成像机理有着较为透彻的理解。在线性光谱解混中，端元的获取是非常重要的一个步骤，它的准确与否将直接影响最后丰度解算的精度。

为了获得更为纯净准确的端元光谱，在本研究中，端元的获取方法是通过野外采集地物光谱曲线来完成的。利用 ASD 光谱仪采集相应时期油菜十叶期、花期、角果期地物的端元光谱数据。由于本实验中采用的 MCA 6 波段相机的 6 个通道的波段范围分别是：800 nm(40 nm 波段宽度)、490 nm(10 nm 波段宽度)、550 nm(10 nm 波段宽度)、670 nm(10 nm 波段宽度)、720 nm(10 nm 波段宽度)和 900 nm(10 nm 波段宽度)，对 ASD 获取的光谱数据在 MCA 相机相应的波段范围内进行均值处理，这样得到每种地物端元在每个波段范围内的平均光谱值。

求地面测量端元光谱平均，再与 MCA 相机波段对应等处理，并筛选出有代表性，差异明显的特征端元。考虑到无人机飞行作业中太阳光照对地物光谱会产生一定影响，在端元的选取中需要加入光照、阴影等因素。各时期端元的各个波段反射率如图 5.66 所示。

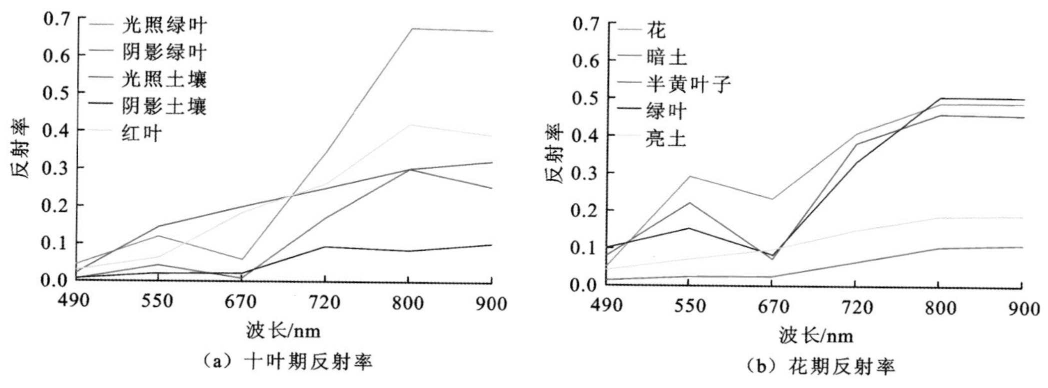

图 5.66　不同时期端元各波段反射率

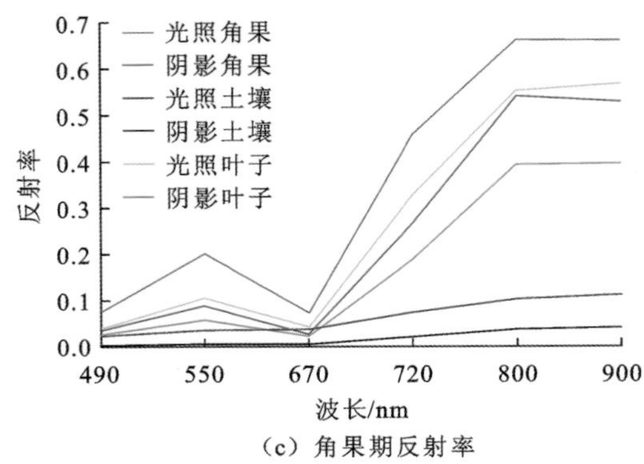

(c) 角果期反射率

图 5.66　不同时期端元各波段反射率(续)

最终选出的端元光谱如下。

(1) 油菜十叶期:光照绿叶、阴影绿叶、光照土壤、阴影土壤以及地面散落的一些红叶。

(2) 油菜花期:油菜花瓣、绿叶、半黄叶子、亮土、暗土。

(3) 油菜角果期:光照角果、阴影处角果、光照叶子、阴影叶子、光亮土壤、阴影土壤。

3. 线性解混模型估产

利用完全约束线性解混模型对油菜各时期 48 片油菜田影像进行线性解混,求出各个端元的丰度值,并取每块田的平均丰度作为该时期油菜田丰度值与最终的产量进行回归。

(1) 油菜十叶期移栽第二排田块各端元丰度图如图 5.67 所示。

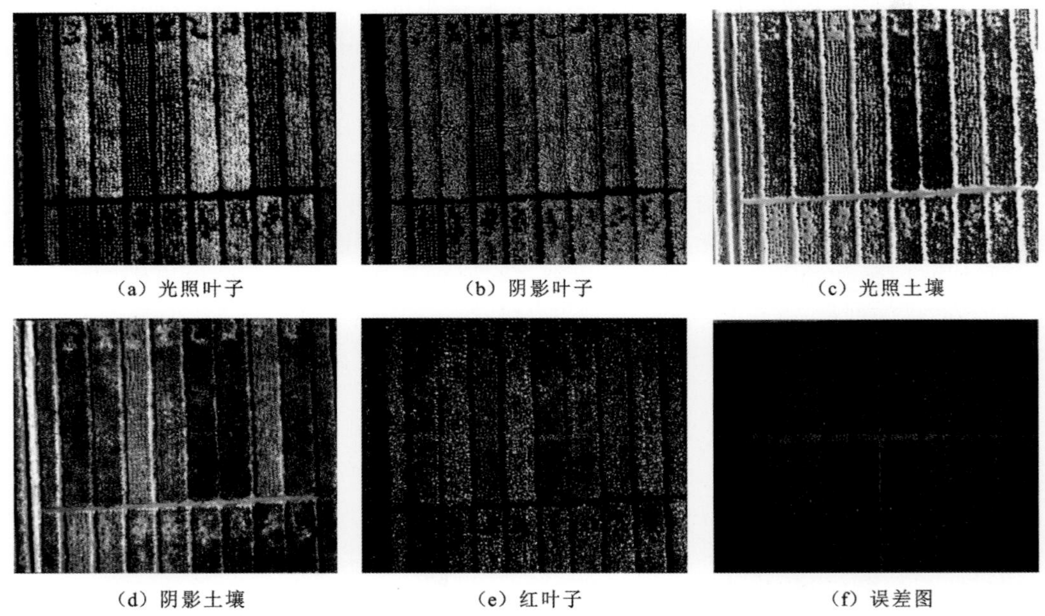

(a) 光照叶子　(b) 阴影叶子　(c) 光照土壤

(d) 阴影土壤　(e) 红叶子　(f) 误差图

图 5.67　十叶期不同端元丰度图以及误差图

在十叶期,叶子丰度是光照叶子与阴影叶子的丰度之和。如图 5.68 所示,对于十叶期混合像元方法解混得到的叶子端元丰度与产量的回归结果来看,由于根据影像图像处理获取的数据，油菜移栽田与直播田的生长异质性的更为凸显。十叶期叶子丰度与产量的回归，对于直播田和移栽田而言数据明显分离，需要对不同种植方式进行回归，以提高估产精度。从验证模型中可以看出，分种植方式的估产效果要明显好于整体估产效果，决定系数为 0.91，均方根误差为 296.5 kg/hm²。估测值与实测值的偏移量在 20%左右，有一定程度的高估。

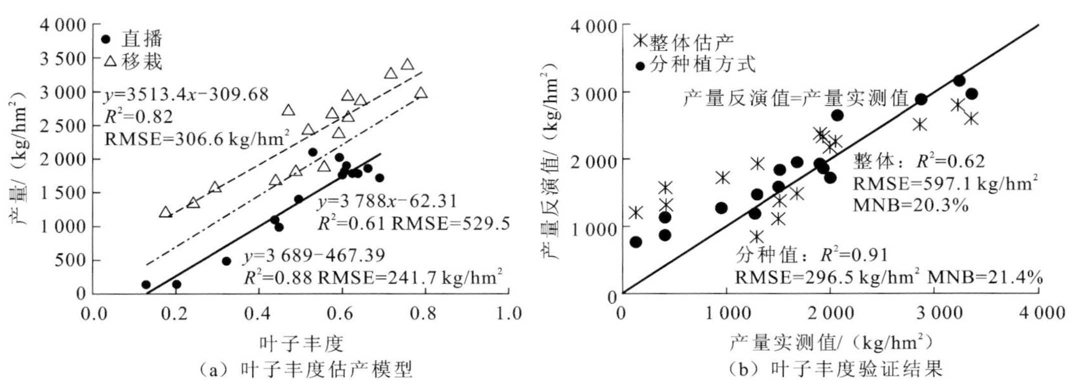

（a）叶子丰度估产模型　（b）叶子丰度验证结果

图 5.68 十叶期叶子丰度估产模型以及验证结果

（2）油菜花期移栽第二排田块各端元丰度图如图 5.69 所示。

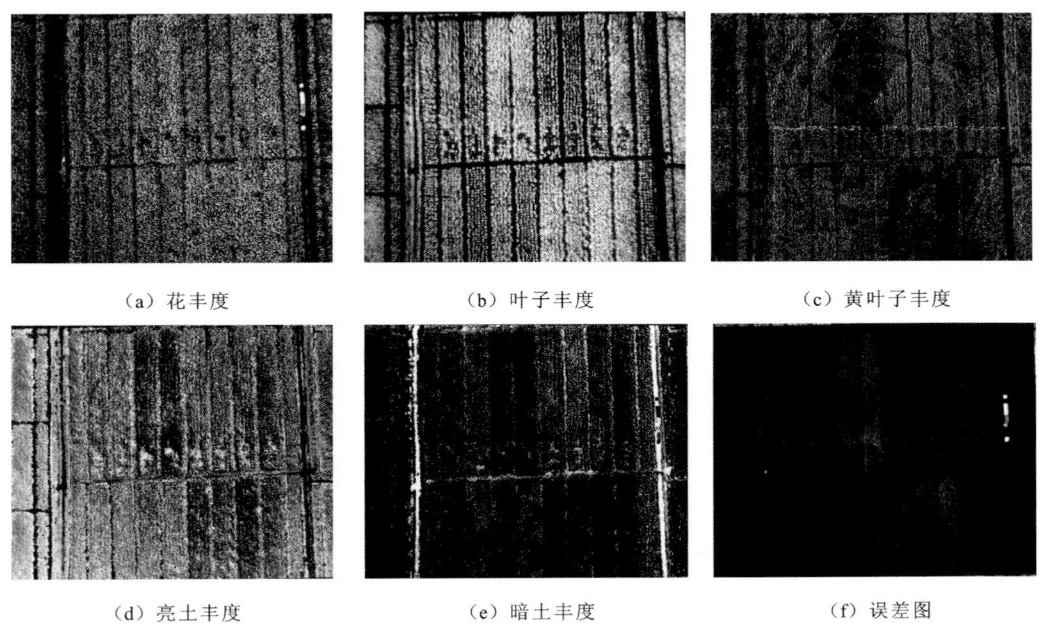
（a）花丰度　（b）叶子丰度　（c）黄叶子丰度

（d）亮土丰度　（e）暗土丰度　（f）误差图

图 5.69 花期不同端元丰度图以及误差图

从丰度图中可以看出绿叶与亮土的丰度图像较为明亮，在各像素中所占比值较大，花丰度稍差，而暗土与黄叶子丰度则较为灰暗，与实际情况相符，该幅影像解算误差均值为 0.006 7，解混效果较好。

对花期影像进行解混，建模数据与产量的回归以及验证结果如图 5.70 所示。在该时期直播与移栽的两种种植方式对应的数据相对较为集中，种植方式的不同对整体模型精度的影响不大。在验证模型中可以发现，不区分种植方式的估产模型结果更好，决定系数0.83，均方根误差334 kg/hm²，偏移量较小，结果表明，利用影像端元丰度信息，在油菜花期的估产效果明显好于基于光谱信息构建的植被指数模型。

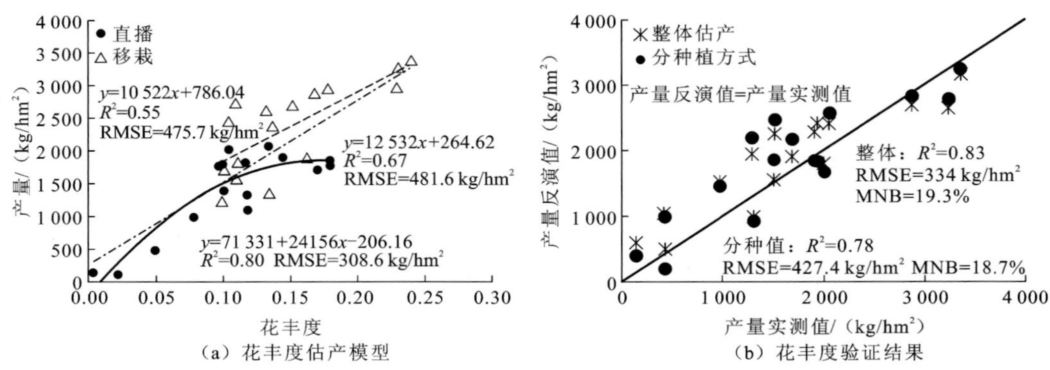

（a）花丰度估产模型　（b）花丰度验证结果

图 5.70　花期花丰度估产模型以及验证结果

（3）油菜角果期移栽第二排田块各端元丰度图如图 5.71 所示。

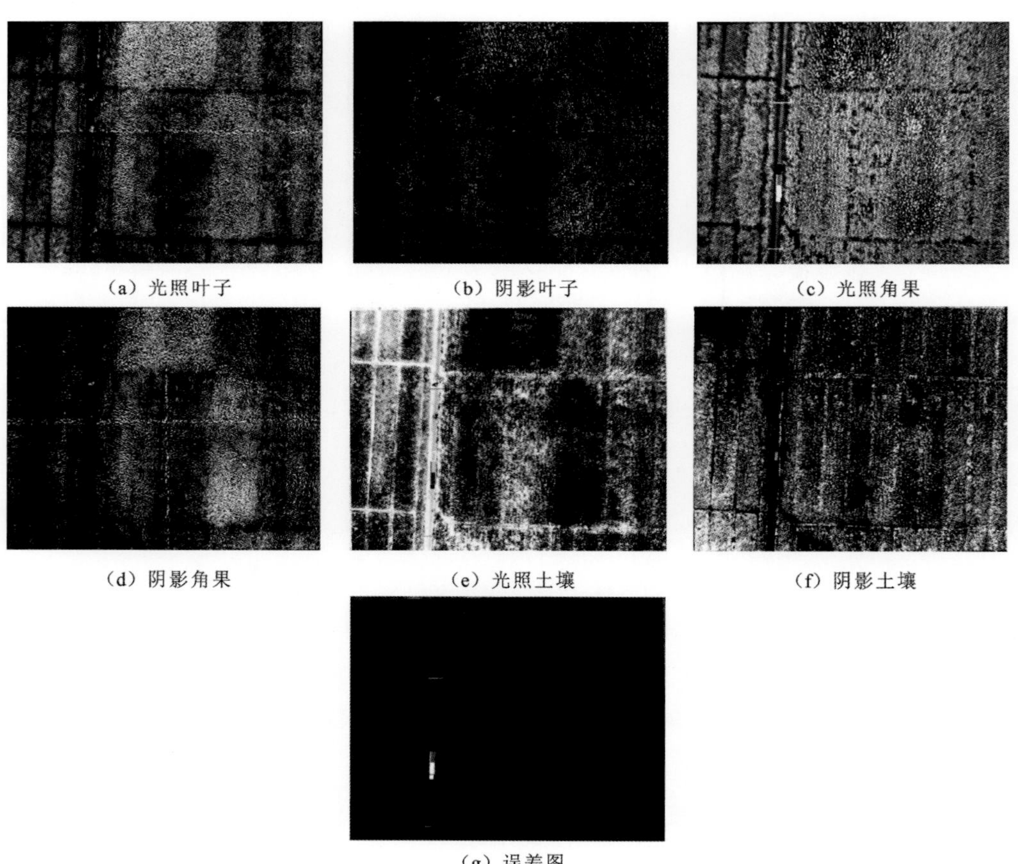

（a）光照叶子　（b）阴影叶子　（c）光照角果

（d）阴影角果　（e）光照土壤　（f）阴影土壤

（g）误差图

图 5.71　角果期不同端元丰度图以及误差图

从丰度图中可以看出光照角果、阴影角果、光照土壤在该幅影像中占主要部分，叶子由于冠层角果的遮挡，丰度值较前两个时期有所下降。该幅影像解算误差均值为 0.003 6，解混效果较好。

在角果期，角果丰度是光照角果与阴影角果的丰度之和。如图 5.72 所示，对于角果期混合像元解混得到的角果端元丰度与产量的回归结果来看，模型精度不如十叶期和花期，这是由于角果与叶子端元的反射率曲线波形过于接近，这将造成混合像元解混的误差，角果的丰度不如前 2 个时期的产量关键丰度那样易于提取。移栽和直播种植方式在角果期数据分离不太明显，但直播区域回归效果很差影响了整体的回归精度。从验证模型中可以看出，分种植方式的估产效果要稍好于整体估产效果，决定系数为 0.79，均方根误差为 334.6 kg/hm^2。在角果期估产能力不高，对油菜产量的估算，估测值与实测值的偏移量在 30%左右。

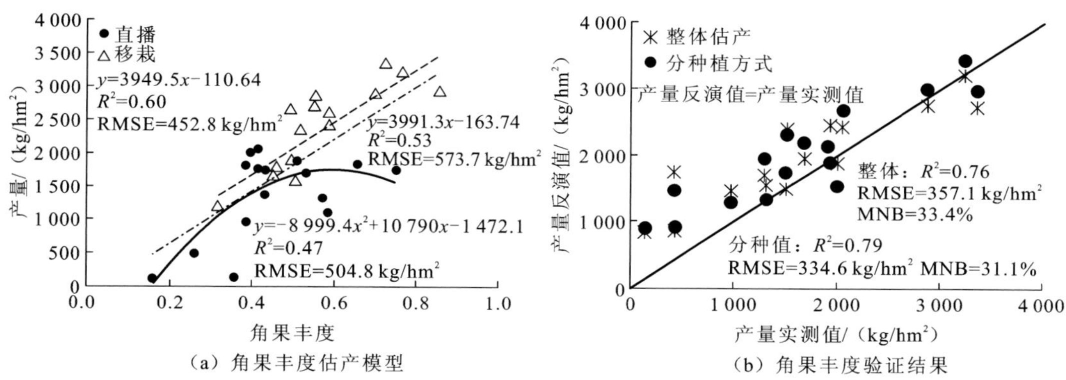

（a）角果丰度估产模型　（b）角果丰度验证结果

图 5.72　角果期角果丰度估产模型以及验证结果

利用无人机影像混合像元分解得到的各时期关键端元的丰度与产量的回归结果可以发现，种植方式的影响不如植被覆盖率与产量回归那么明显，但仍然存在。对于回归结果而言，十叶期的效果最好，但存在一定程度的高估。在花期估产效果与花覆盖率估产模型类似，利用无人机影像特有的信息（花丰度、花覆盖率），构建的估产模型，效果明显好于基于光谱信息构建的植被指数模型。在角果期估产验证结果偏移量过大，利用混合像元提取的角果端元丰度与产量的回归结果不佳，不如植被指数经验模型。

在各个时期关键端元丰度估产模型的验证结果均出现一定的高估现象，这是由于在各时期与产量相关的丰度被分入其他端元中，所构建的估产模型只是实际端元丰度的一部分与产量的回归，这种关键信息的缺失导致了高估现象的出现。对于混合像元估产模型，能否准确提取出相关时期关键端元丰度对估产效果影响很大。在角果期造成这种估产效果不佳的原因可能有以下几点：①角果与叶子端元的反射率曲线波形过于接近，较难区分；②对于无人机拍摄的正射影像，由于角果期油菜枝叶出现下垂，角果信息部分位于枝叶之下，田块之外，信息不好准确获取；③影像自身定标误差。

5.6.5　神经网络方法估产

结合第 5.5.6 小节的研究，对于神经网络构建油菜估产模型而言，除了各时期特征光谱作为输入外,加入理化参数会提高神经网络估测最终产量的精度。本节中,利用 MCA 获取的油菜三个时期 6 波段影像、理化参数 LAI 与叶绿素以及根据多光谱影像特点混合像元分解方法提取出的油菜田各生长期关键端元丰度对无人机尺度上神经网络方法估产展开研究。

基于一些前期实验以及 5.5.6 小节中神经网络不同隐含层节点数估产精度结果,节点为 20 个的时候各时期神经网络模型基本达到最优。在本节中主要分析不同表征油菜该时期生长状况的参数对神经网络估产模型的提升。

建立一个三层的反向传播神经网络,通过无人机影像获取的各个时期油菜的冠层反射率以及 LAI、叶绿素、关键生长期端元丰度(叶子丰度、花丰度、角果丰度)为输入对油菜的最终产量进行估算。算法输入参数方案是采取不同的输入参数组合,筛选出决定系数最高、均方根误差最低的组合作为最终的神经网络估产模型。隐含层 20 个,最大训练次数为 20 000,训练目标最小误差为 0.01。

油菜各时期不同的输入参数组合的估产模型精度见表 5.41,从表中得知,各时期最佳的输入参数组合分别是:十叶期,各波段反射率,叶面积指数,叶绿素含量;花期,各波段反射率,叶面积指数,叶绿素,花的丰度;角果期,各波段反射率,叶面积指数。在十叶期,从植被指数估产模型结果中可以得知,利用光谱波段组合的模型已经能够较好地估算最终的产量,而加入根据混合像元分解得到的叶子丰度反而会引入一些其他因素的影响和误差,对模型估产效果造成影响。在花期,由于植被指数波段组合对产量的估算结果不佳,而利用混合像元解混得到的花丰度与最终产量相关性较好,将其引入神经网络模型中能优化输入参数,提供更多的花期油菜生长状况信息,提高估产效果。在角果期,由于角果丰度本身带有一定的误差性,所以不将其引入该时期估产模型中估算精度更高。整体而言神经网络估产模型的决定系数均高于 0.9。

表 5.41　油菜各时期不同输入参数组合的估产模型决定系数与均方根误差

输入参数组合	十叶期		花期		角果期	
	R^2	RMSE/(kg/hm^2)	R^2	RMSE/(kg/hm^2)	R^2	RMSE/(kg/hm^2)
R	0.949	183.9	0.952	176	0.920	224.4
R,LAI	0.968	147.2	0.959	164.7	0.957	169.3
R,丰度	0.956	172.5	0.957	165.2	0.955	171.5
R,叶绿素	0.957	171.5	0.970	143.4	—	—
R,LAI,丰度	0.953	177.8	0.973	134	0.947	185.9
R,LAI,叶绿素	0.974	134.8	0.967	150	—	—
R,丰度,叶绿素	0.963	160.7	0.976	164.7	—	—
R,LAI,丰度,叶绿素	0.959	170.7	0.983	107.2	—	—

如图 5.73 所示是油菜各时期最佳输入参数组合的神经网络估产验证结果,可以看出十叶期估产效果最好,数据偏移量极小,估产结果准确。利用神经网络估产的方法在各时期验证结果中数据的偏移均好于其他方法,与其他估产方法相比对花期的估产结果提升最大,预测值与实际值的偏移量降至 11.7%,但对个别高产量田块有较大的低估。

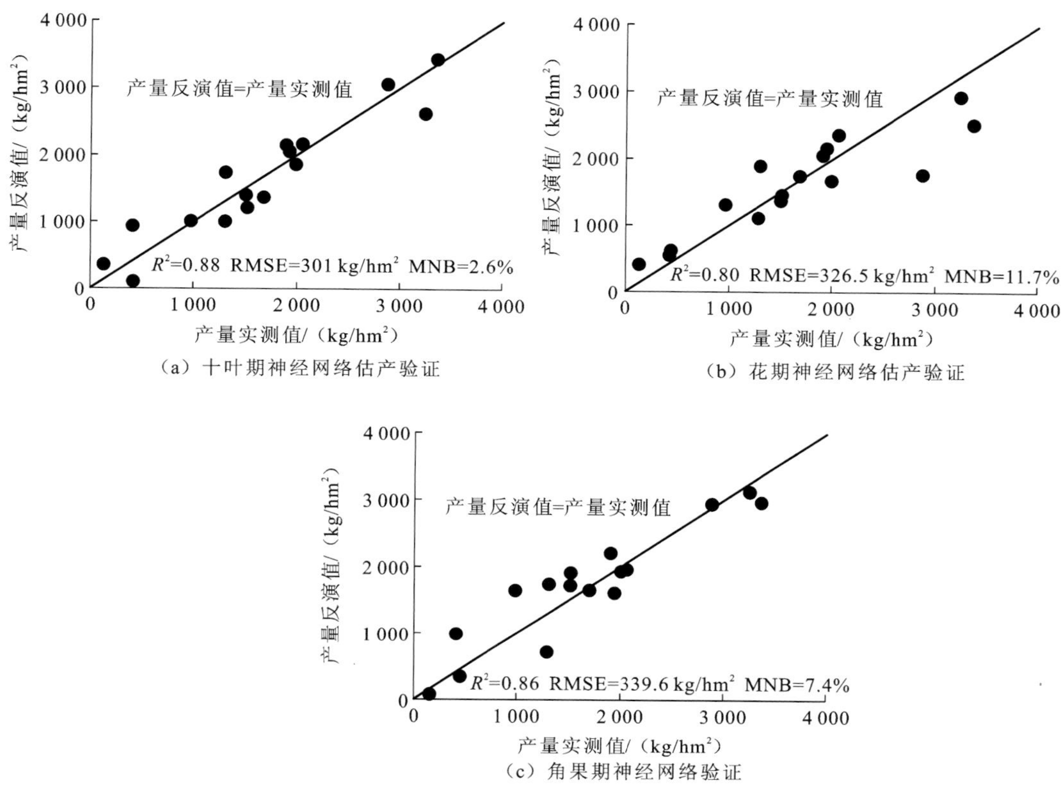

图 5.73 油菜各时期最佳输入参数组合神经网络估产模型验证结果

5.6.6 组合预测方法估产

利用无人机尺度在各时期最佳植被指数估产模型，十叶期选择 NDVI、花期选择 R_{green}、角果期选择 EVI2 植被指数研究不同时期油菜生长信息对最终产量的贡献。选用熵值法和层次分析法进行权值的分配并对油菜全时期构建组合预测估产模型。

1. 基于熵值的组合预测方法

对于无人机拍摄的影像数据，油菜与最终产量的单时期最佳的回归模型为

十叶期： $$y_1 = 8\,982 \times NDVI \times NDVI - 7\,626 \times NDVI + 1\,936 \tag{5.39}$$

花期： $$y_2 = 13\,040 \times R_{green} + 210.1 \tag{5.40}$$

角果期： $$y_3 = 5\,554 \times EVI2 - 2\,223 \tag{5.41}$$

式中：y_1、y_2、y_3 分别表示在油菜十叶期、花期、角果期遥感估产模型的预测值，单位 kg/hm^2。利用信息熵定权方法确定的各时期权值见表 5.42。

表 5.42 油菜单时期估产模型熵值法的权值

参数	十叶期	花期	角果期
权值	0.495	0.172	0.333

最终利用熵值法所给定的油菜各时期估产模型的权值建立的组合估产模型为

$$\text{Yield}=0.495\times y_1+0.172\times y_2+0.333\times y_3 \tag{5.42}$$

Yield 是基于熵值的组合预测模型的估产值，单位 kg/hm^2。该模型估产验证结果见图 5.74。验证结果较好，决定系数 0.81，均方根误差 262.7 kg/hm^2，但对于低产量田块有一定的高估。其中针对无人机数据该方法给予的十叶期权值最高，该时期数据估测值与实测值整体偏移较小，所以熵值定权方法的结果表明，十叶期对于最终产量形成的贡献最大。

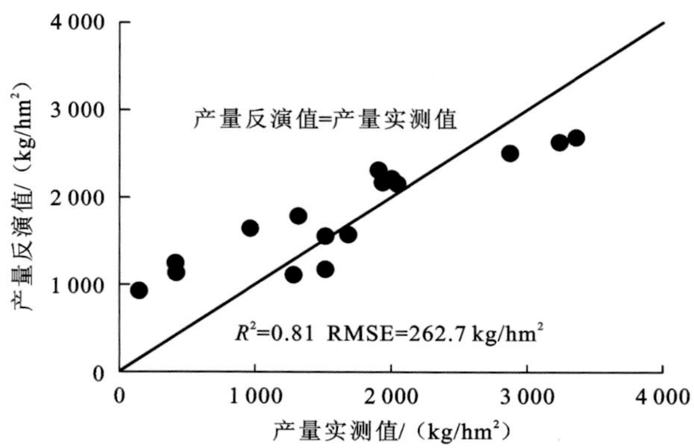

图 5.74　熵值法组合预测估产模型验证结果图

2. 层次分析法

由于无人机拍摄的油菜影像只有 3 个时期，对于地面平台所分析的各时期两两比较标度需要重新调整。构造的判断矩阵如

$$\boldsymbol{A}=\begin{Bmatrix}1 & \frac{1}{b} & \frac{1}{7}\\ b & 1 & \frac{1}{c}\\ 7 & c & 1\end{Bmatrix}=(a_{ij})_{3\times 3} \tag{5.43}$$

其中：$b=3$ 或 4；$c=2$ 或 3。

当式(5.43)的约束条件内的各种组合通过一致性检验时，构建的组合预测模型与最终产量进行回归计算，选择回归模型中决定系数最高的作为最优权重。

在无人机平台油菜各个生育期与最终产量的单时期最佳的回归模型见式(5.39)～式(5.41)。对油菜的单产及其加权各时期产量进行线性回归分析，选择拟合程度最高的一组确定 b、c 的值。最终生育期两两比较结果见表 5.43，单时期估产模型赋予的权值见表 5.44。

表 5.43　油菜各生育期两两比较的标度

生育期	十叶期	花期	角果期
十叶期	1	1/3	1/7
花期	3	1	1/3

角果期	7	3	1

表 5.44　油菜单时期估产模型层次分析法的权值

参数	十叶期	花期	角果期
权值	0.088	0.243	0.669

最终利用层次分析法所给定的油菜各时期估产模型的权值建立的组合估产模型为

$$\text{Yield}=0.088\times y_1+0.243\times y_2+0.669\times y_3 \tag{5.44}$$

Yield 是基于层次分析法的组合预测模型估产值，单位 kg/hm²。该模型估产验证结果见图 5.75。通过运筹学中层次分析方法对单时期油菜估产模型定权后构建的组合预测模型，验证结果较好，决定系数 0.82，均方根误差 237 kg/hm²，估产效果好于基于熵值法的组合预测模型。其中角果期权值最高 0.669，该时期对于最终产量形成的贡献最大。

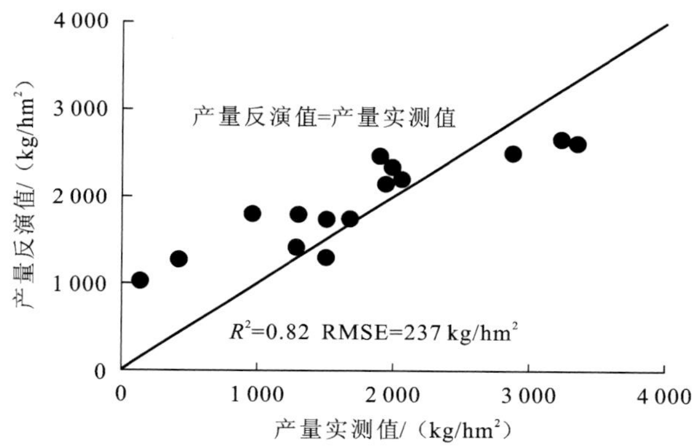

图 5.75　层次分析法组合预测估产模型验证结果图

如图 5.76 所示，对于无人机平台的遥感数据分析，两种定权方法的结果有较大的不同。熵值法定权完全基于数学分析方法，高度评价了油菜十叶期数据预测值与实测值间的相对一致性，给予了十叶期最高权重，接近 50%，花期由于数据的差异性较大，给予的权重不及 20%。而层次分析法结合农学知识，认为角果期对于最终产量的形成绝对重要，给予了 66.9%的权重，认为十叶期油菜生长信息对最终产量的贡献极低，不到 10%。但是由于在油菜十叶期以及角果期的单时期均能较好地估算产量，对于熵值法组合预测模型而言，估产结果存在一定的偶然因素。相对而言层次分析法更为科学合理，并且验证模型效果更好。

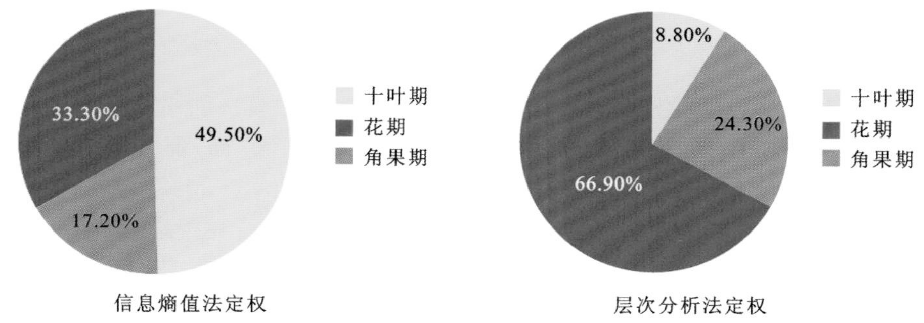

图 5.76　熵值法与层次分析法的定权结果

5.6.7 不同估产方法比较

通过对比无人机多光谱遥感技术估算产量的不同方法，结合各种模型建模精度以及验证结果，表 5.45 及图 5.77 是不同估产方法验证模型结果。可以得出以下结论。

表 5.45　无人机平台不同估产方法验证结果

估产方法/生育期		十叶期	花期	角果期
整体植被指数模型	R^2	0.78	0.52	0.82
	RMSE/(kg/hm²)	324.5	316.7	262.9
分种植方式植被指数模型	R^2	0.97	0.72	0.89
	RMSE/(kg/hm²)	132.5	402.9	271.8
植被覆盖率经验模型	R^2	0.92	0.82	—
	RMSE/(kg/hm²)	235.1	301.7	—
混合像元分析法	R^2	0.91	0.83	0.79
	RMSE/(kg/hm²)	296.5	334	334.6
神经网络	R^2	0.88	0.80	0.86
	RMSE/(kg/hm²)	301	326.5	339.6
熵值法	R^2		0.81	
	RMSE/(kg/hm²)		262.7	
层次分析法	R^2		0.82	
	RMSE/(kg/hm²)		237	

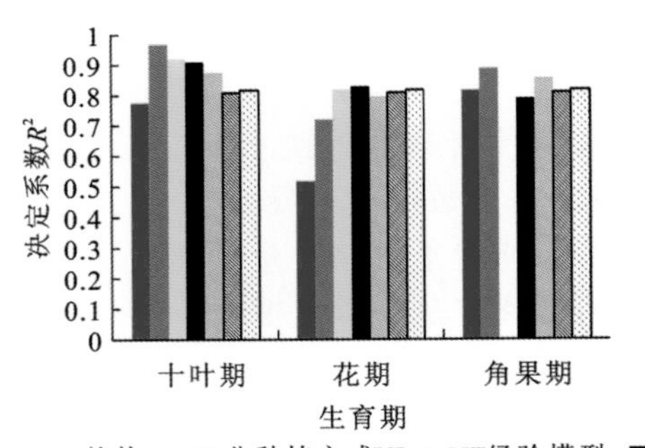

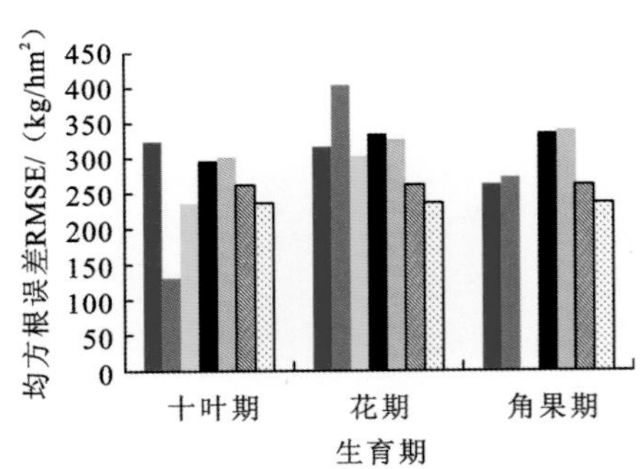

■ 整体VI ■ 分种植方式VI ■ VF经验模型 ■ 混合像元分析 ■ 神经网络 ▨ 熵值法 ◻ 层次分析法

(a) 决定系数　　(b) 均方根误差

图 5.77　无人机平台不同估产方法验证模型决定系数及均方根误差

(1) 基于植被指数经验模型估产方法，不区分种植方式，直接利用各时期植被指数与产量结果进行回归，在十叶期以及角果期模型决定系数高于 0.55，但验证结果反演值与实测值出现很大误差，花期以及角果期的验证结果偏移量均大于 30%。为了得到更好的估产效果，对植被指数经验模型进一步优化，不同种植方式分开建模，验证结果显示除花期外，估产结果均有极大的提升，验证结果的偏移量大幅下降。十叶期验证模型决定系数为 0.97，均方根误差为 132.5，是该估产方法的最佳估产时期。花期的估产效果较差，植被指数与最终产量的相关性不高，无论是整体模型还是分种植方式的模型，验证结果的偏移量均较大，分种植方式情况下均方根误差为 402.9 kg/hm^2，对产量有一定程度的高估。对于植被指数经验估产模型而言，估产效果从高到低分别是十叶期＞角果期＞花期。

(2) 利用植被覆盖率、花覆盖率构建的估产模型，估产效果较好。该估产模型对于油菜移栽田与直播田的生长异质性必须加以考虑。在十叶期，植被覆盖率在不同的种植方式下与产量的回归决定系数均高于 0.75，均方根误差不超过 350 kg/hm^2。验证模型决定系数 0.92，均方根误差 235.1 kg/hm^2。在花期，花覆盖率在不同的种植方式下与产量的回归精度同样较高，决定系数均高于 0.7，均方根误差不超过 350 kg/hm^2。验证模型决定系数 0.82，均方根误差 301.7 kg/hm^2，虽然估产值与实际值存在一定的偏差，但明显好于植被指数经验模型，适合用于花期的产量估算。

(3) 利用混合像元分析方法在油菜十叶期与花期能取得较好的估产效果。但所有时期对实际产量的预估都有一定的高估。十叶期估产效果最好，验证模型决定系数为0.91，均方根误差为 296.5 kg/hm^2。在花期，结合无人机影像特有的花丰度信息，估产模型效果明显好于基于光谱信息构建的植被指数模型。但在角果期虽然模型的验证结果较好，决定系数为 0.79，均方根误差为 334.6 kg/hm^2，但实测值与估测值偏差极大(MNB 为 30%左右)。

(4) 利用神经网络方法估算油菜最终产量，各时期输入参数在反射率、LAI、叶绿素、端元丰度的最优组合下构建的神经网络模型决定系数均高于 0.95。验证结果也十分稳定，决定系数高于 0.8，均方根误差不高于 350 kg/hm^2。各时期均能较为准确地估产，并且验证结果数据的偏移量大大降低，对于花期而言是最好的估产方法。

(5) 基于熵值法和层次分析法的组合预测估产模型，验证结果决定系数均高于 0.80，均方根误差在 300 kg/hm^2 以下，但对低产量田块存在一定的高估。对比两种方法层次分析法无论从逻辑性现实性还是估产结果考虑更为有效。

综上所述，在无人机尺度上，直播与移栽田块的差异性需要加以考量。植被指数经验模型简单方便，在十叶期、角果期估产效果好，利用优化的分种植方式回归模型能提高其估产效果。花期估产结果不尽如人意，反演值与实测值偏移过大，不适合作为该时期估产方法。植被覆盖率估产模型与混合像元分析估产模型类似，在考虑不同种植方式的情况下对于花期估产效果都有极大地提升。另外，混合像元分析估产模型在角果期，由于对角果端元丰度提取的误差估产效果不好，神经网络模型精度高，验证结果各时期均较为稳定偏移量小，是花期的最佳估产方法。基于熵值法和层次分析法的组合预测估产模型对产量的估测更为全面，验证效果较好。

5.6.8　施氮量对产量的影响

本节中，通过无人机获取的十叶期、花期影像植被覆盖率、花覆盖率以及不同种植方式的产量来分析施氮量对油菜产量的影响。

根据前面的研究，植被覆盖率、花覆盖率构建的估产模型估产效果较好，能很好地表征各片田最终产量的大小。利用无人机影像提取出的植被覆盖率以及花覆盖率可以很好地获取不同施氮水平下油菜的生长状态，对施氮水平不同情况下造成产量的差异有一个动态监测。

不同的施氮水平是造成油菜生长差异的主要因素，如图 5.78 所示，在 6 个相同施氮水平下的油菜田植被覆盖率以及花覆盖率的中值对比。在十叶期，氮处理是 0～135 kg/hm^2 的油菜田，植被覆盖率的值很低（不高于 60%）。在氮水平达到 180、225 以及 270 kg/hm^2 时，植被覆盖率差别不大均为 75%左右。在施氮水平是 360 kg/hm^2 时植被覆盖率稍稍高于 80%。所以在十叶期，施氮量越高的油菜田，植被覆盖率越高。在花期，不施氮的油菜田植被覆盖率最低，低于 75%，而在其他氮水平下无明显区别，植被覆盖率均在 85%～90%区间范围。其中 180 kg/hm^2 以及 225 kg/hm^2 氮肥水平下植被覆盖率最高。更大的施氮量并没有带来植被覆盖率的增长。另一方面，花覆盖率在 0～225 kg/hm^2 施氮水平下，随着施氮量的增加而增加。当氮肥到达 270 kg/hm^2 时花覆盖率开始下降。

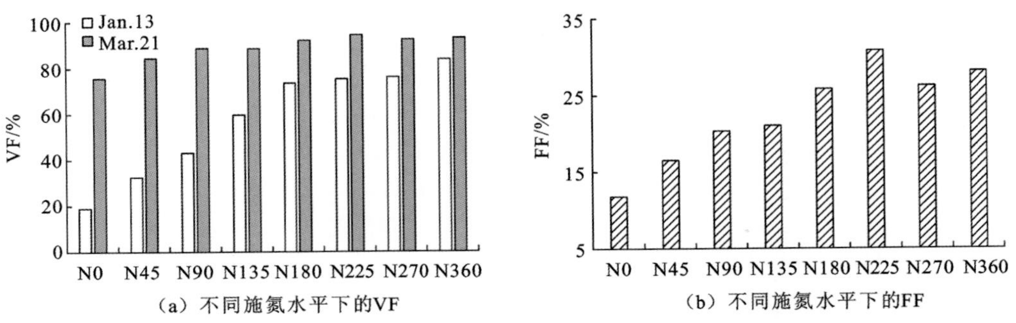

图 5.78　相同氮水平下油菜田(a)十叶期植被覆盖率(b)花期花覆盖率的中位数值

总之，在十叶期，施氮水平高的油菜田，植被覆盖率增加。随着油菜生长期的推进，在花期，不同施氮水平下，植被覆盖率的偏差不大。而花期在 225 kg/hm^2 施氮水平下花覆盖率最高，并且随着施氮量的增加而增加直至 270 kg/hm^2 施氮水平开始下降。所以根据植被覆盖率以及花覆盖率在不同施氮量下的结果，N180、N225 是“华油杂 9 号”油菜的最佳施氮量。

如图 5.79 所示，移栽油菜的产量远远大于直播油菜，在施氮量为 0～45 kg/hm^2 下尤为明显，差距甚至达 10 倍。对于直播和移栽油菜，对于产量与施氮量的变化趋势一致，在施氮

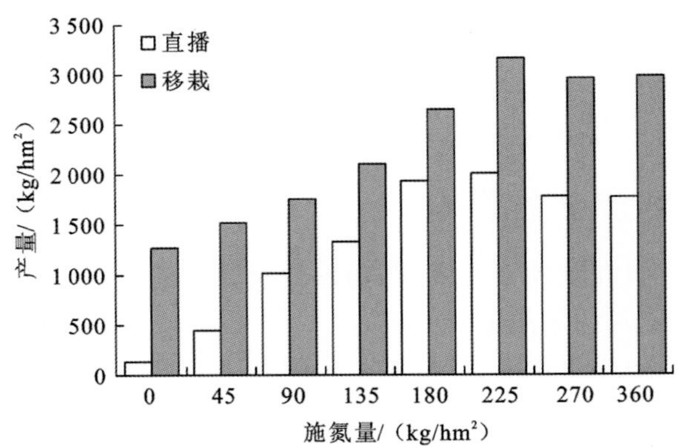

图 5.79　相同氮水平下直播田与移栽田的产量

量到达 225 kg/hm^2 之前随着施氮量的增加，油菜田产量逐步增加，之后随着施氮量的增加产量出现了下降。所以针对我国南方农田特征，采用移栽方法，施氮量在 225 kg/hm^2 下，油菜田可以获得较高的产量。

5.6.9 小结

无人机遥感技术对卫星遥感和传统测量形成了很好的补充，其影像数据对于研究小尺度农田特别是中国南方起伏不定细碎的田块提供了很好的解决方案，对于农作物生长关键节点的监测发挥着重要作用。本节中利用无人机低空尺度获取的油菜三个关键生长节点十叶期、花期、角果期影像数据，结合地面平台建模及研究经验，对油菜典型参数反演以及产量估算展开研究。通过本节的研究得到以下结论。

(1) 提出了利用遥感方法对油菜植被覆盖率以及花覆盖率的反演算法。$VARI_{green}$ 植被指数在非花样本中反演植被覆盖率效果最为精确，均方根误差为 3.56%，而 EVI2 植被指数是含花样本中反演精度最高的植被指数，均方根误差为 5.65%。针对植被覆盖率的反演，提出了简单的基于直方图阈值分割法，利用绿光波段和近红外波段构建的 NGVI 植被指数来区分花是否出现的算法，然后根据该样本是否含花来确定 $VARI_{green}$ 或者 EVI2 算法的应用。与此同时，研究了花覆盖率与冠层反射率或者其构建的植被指数，经过分析讨论确定了在油菜不同土壤背景条件下利用绿光波段构建估算花覆盖率模型较好。验证模型表明该算法能够很好地反演预测花覆盖率以及植被覆盖率，均方根误差均低于 6%。

(2) 在无人机尺度上反演 LAI、冠层叶绿素含量，由于影像定标误差、影像中油菜田块样本的代表性等原因，在冠层出现花与角果时，对冠层光谱提取会造成一定程度上的混淆从而使得模型精度较地面平台相比略低。在十叶期 NDVI 与 $CI_{rededge}$ 是反演 LAI 与叶绿素最好的植被指数，在反演 LAI 中模型决定系数均高于 0.85，与 LAI 显著相关，均方根误差不高于 0.33；在反演叶绿素含量中模型决定系数均高于 0.7，与叶绿素含量有较高的相关性，均方根误差不高于 60 mg/m^2。在花期选择 550 nm 处的波段反射率构建的 LAI、叶绿素反演模型效果最好，决定系数分别是 0.54、0.65，均方根误差分别是 0.58 mg/m^2、72.27 mg/m^2。在角果期，EVI2 与 MSAVI 均能较好的反演 LAI，决定系数均大于 0.6。

(3) 植被指数经验模型估产研究中，油菜的 3 个生长时期植被指数与产量回归的最佳模型分别是：十叶期，NDVI 植被指数分种植方法，验证模型决定系数为 0.97，均方根误差为 132.5 kg/hm^2，估测值与真实值偏移量为 9%。花期，R_{green} 不分种植方式，验证模型决定系数为 0.52，均方根误差为 316.7 kg/hm^2，但数据偏移量很大，估产效果不理想。角果期，EVI2 植被指数分种植方法，验证模型决定系数为 0.89，均方根误差为 271.8 kg/hm^2，存在一定的高估。利用十叶期的遥感数据通过该模型能够提前准确的估算出油菜的最终产量。

(4) 在利用植被覆盖率与花覆盖率估算产量研究中发现，在无人机低空尺度，运用基于图像处理方法时，油菜移栽田与直播田的生长异质性更为凸显。在十叶期，植被覆盖率在不同的种植方式下与产量的回归精度较高，决定系数均高于 0.75，均方根误差不超过

350 kg/hm^2。验证模型决定系数 0.92，均方根误差 235.1 kg/hm^2，估产效果很好。在花期，花覆盖率在不同的种植方式下与产量的回归，验证模型决定系数 0.82，均方根误差 301.7 kg/hm^2，明显好于植被指数模型。研究发现，花覆盖率的多少与产量息息相关，在该时期获取花覆盖率或者小区样本花数目对于最终产量的估算意义重大。

(5) 利用无人机影像混合像元分解得到的各时期关键端元的丰度与产量回归，在十叶期与花期估产效果较好，验证结果决定系数高于 0.80，均方根误差分别为十叶期 296.5 kg/hm^2、花期 334 kg/hm^2。在角果期由于角果与叶子端元的反射率曲线波形过于接近以及角果信息散布于冠层各个方向不好准确获取，利用角果的丰度估产效果不佳。

(6) 神经网络估产，利用各时期输入参数在反射率、LAI、叶绿素、端元丰度的最优组合下构建的神经网络模型决定系数均高于 0.95。验证结果也十分稳定，决定系数高于 0.8，均方根误差不高于 350 kg/hm^2，偏移量大大降低，对于花期是最好的估产方法。

(7) 熵值法定权完全基于数学分析方法，给予了十叶期最高权重。层次分析法结合专家知识、农学知识，认为角果期对于最终产量的形成绝对的重要，十叶期油菜生长信息对最终产量的贡献极低不到 10%。两种定权方式构建的组合预测模型均能较好地估算产量，但反演值与实测值存在一定的偏差，由于生长时期较少，不如地面平台的分析科学严谨。

(8) 通过无人机影像估产方法的对比，十叶期是最好的估产时期，利用优化后分种植方式的 NDVI 植被指数经验模型估产结果显著。仅仅利用光谱信息对花期估产效果不佳，通过对影像处理，加入田块花期整体信息（花覆盖率、花丰度）能够有效地提升估产模型，神经网络估产方法对于花期估产效果最优。由于角果信息较难准确获取，植被指数经验模型仍然是在该时期最好的估产方法。

(9) 针对我国南方农田特征，采用移栽方法，施氮量在 225 kg/hm^2 以下，油菜田可以获得较高的产量。

5.7　油菜多时期多平台综合估产评价模型与估产模型

在前文的研究中，地面以及无人机平台利用各种估产模型，针对油菜各个单时期均取得了较好的估产结果，但单时期估产模型的全面性、现实性、推广性均有所欠缺。在本中主要是结合油菜多时期多平台提出一种新的综合估产模型。

5.7.1　油菜各生长期叶面积指数与叶绿素含量的变化

如图 5.80 所示，是移栽油菜田各时期 LAI 与叶绿素含量之前的关系，从图 5.80(a)～(c)中发现，在油菜的八叶期、十叶期、花期，LAI 与叶绿素均呈现显著的正相关关系，随着冠层叶绿素含量的增加，LAI 同时增加，决定系数均大于 0.65，其中八叶期与十叶期相关性更为明显。在角果期，由于叶绿素含量是角果期油菜叶子的叶绿素含量，并不能反映当时油菜生长状态，故与 LAI 无明显相关性。

如图 5.81 所示，是油菜不同时期 LAI 与叶绿素含量的变化，color bar 颜色深浅表示 LAI 的值，由于不同的施氮水平会造成油菜的生长差异，故将施氮水平分为三类来考察不同时期 LAI 与叶绿素含量的变化，其中 0(N0)、45(N45)、90(N90)（单位：kg/hm^2）为

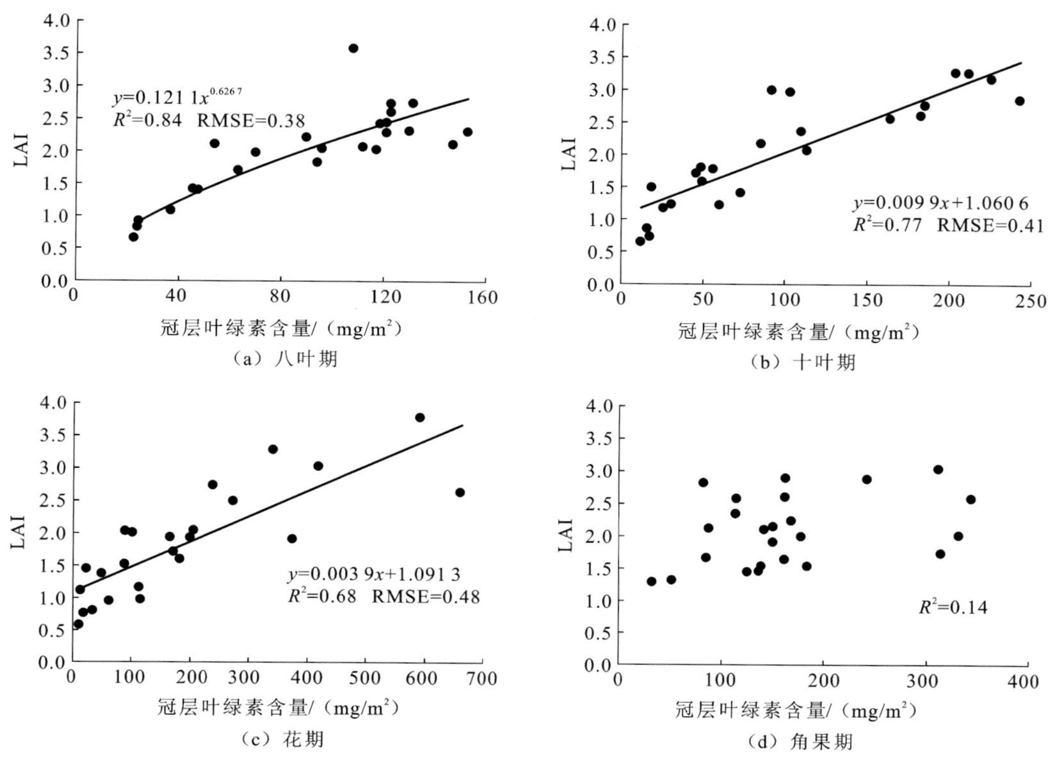

图 5.80　油菜各时期 LAI 与叶绿素含量的关系

低氮水平，135(N135)、180(N180)、225(N225)（单位：kg/hm²）为中氮水平，270(N270)和360(N360)（单位：kg/hm²）为高氮水平。从图中可得出以下结论。

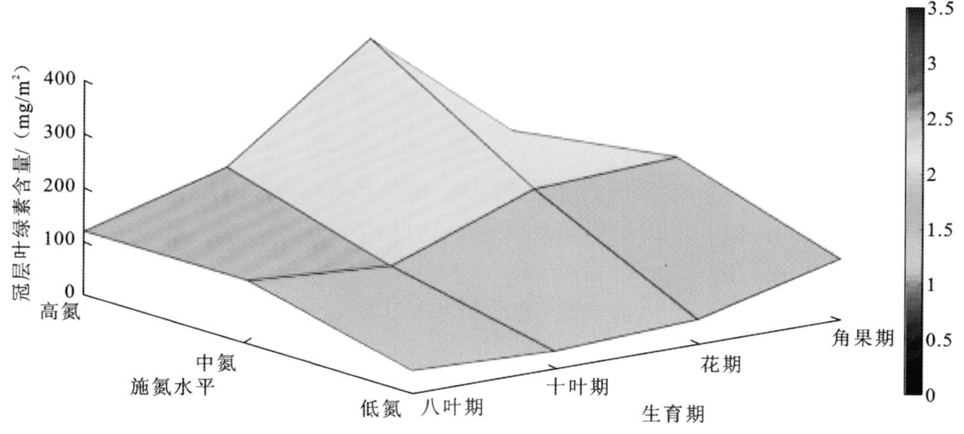

图 5.81　油菜各时期 LAI 与叶绿素含量的变化

(1) 在低氮水平下，LAI 在八叶期、十叶期、花期均处于较低水平，位于 1.5 以下且变化不明显，十叶期与花期相较八叶期而言有一定程度的降低，是由于十叶期油菜开始进入越冬时期，受温度的影响叶子有一定的卷曲造成 LAI 的降低，而在花期，油菜进入生殖生长，油菜茎秆开始纵向生长，使得冠层间郁闭度下降，LAI 出现一定程度降低。在角果期，与花期相比 LAI 值开始上升，达到 1.5 以上，这是由于在角果期油菜已经完全成熟，角果及枝叶充分展开，冠层间郁闭度明显增加，LAI 开始上升。叶绿素含量是油菜干物质的基质，与油菜叶片光合作用能力、生长发育情况息息相关。随着生育期的推进，十叶期与八叶期相比，由于越冬的影响，冠层叶绿素含量出现小幅降低，到花期重新开始上升，而进入角果期，低氮水平下的冠层叶绿素含量急剧上升，可能是由于低氮水平下油菜发育情况不良，花与角果的生长情况不佳，导致叶片中还存在着较多的营养物质。

(2) 在中氮水平下，LAI 随着生育期的推进，变化趋势与低氮水平一致，但整体较低氮水平 LAI 值要高，LAI 均高于 2，油菜生长状况更好。对于叶绿素含量变化而言，十叶期同样因为越冬低温的原因较八叶期叶绿素含量出现一定程度的下降，但花期相较十叶期而言叶绿素含量急剧上线，说明中氮水平下提供有油菜生长充分的营养，保证了生殖生长的进行。而在角果期，与花期相比叶绿素含量变化不大。

(3) 在高氮水平下，LAI 十叶期与八叶期相比较高，说明在高氮水平下营养元素供应充足，越冬低温的影响较小，花期 LAI 与十叶期相比同样由于生殖生长的原因出现小幅度下降，到角果期重新开始上升。叶绿素含量随着生育期的推进，在营养元素供应充足的情况下，越冬期影响很小，从八叶期开始到花期叶绿素含量由于光合作用一直处以急剧上升趋势，十叶期至花期上升斜率极高，油菜处于活跃的生长过程中，至角果期由于叶片中的营养被充分吸收，叶片开始老化，叶绿素含量下降。

综上所述，油菜最终产量的形成是伴随着油菜不同时期生长情况以及干物质累计的动态过程，每个时期都受到不同外部环境以及自身生长情况的影响。客观准确地评价油菜各时期生长情况，科学地构建油菜的估产模型，需要对油菜各时期有一个综合动态的考虑。虽然叶绿素含量是表征最终产量形成更为直观的参量，但由于叶绿素含量只能获取移栽田中的数据，并且叶绿素含量与 LAI 具有极高的正相关关系，因此针对油菜 48 块直播田和移栽田，以 LAI 作为估产因子之一。

5.7.2 油菜全时期多平台综合估产评价模型

1. 油菜估产关键变量选择

前文研究中，在地面以及无人机平台利用各种估产模型，提取出了各时期的估产因子，对油菜进行产量预估并取得了较好的结果。这些估产因子如下。

(1) 八叶期：LAI、SR 植被指数(地面)。

(2) 十叶期：LAI、$CI_{rededge}$ 植被指数(地面)、NDVI 植被指数(无人机)、植被覆盖率、叶丰度。

(3) 花期：LAI、黄边幅值(地面)、R_{green} 植被指数(无人机)、花覆盖率、花丰度。

(4) 角果期：LAI、SR 植被指数(地面)、EVI2 植被指数(无人机)、角果丰度。

采用逐步回归方法考察各时期估产因子的组合，选出该时期最能反映产量的某个估产因子或者某几个估产因子构成的关键变量。逐步回归的基本思想是从一个自变量开始，视自变量对因变量作用的显著程度，从大到小地依次逐个引入回归方程(卢毅敏 等，2010)。每引入一个新变量后都要进行 F 检验，并对已经选入的变量逐个进行 t 检验，当原来引入的变量由于后面变量的引入变得不再显著时，则将其删除。以确保每次引入新的变量之前回归方程中只包含显著性变量。重复上述步骤，直至既无不显著的变量从回归方程中剔除，又无显著变量可引入回归方程时为止。以保证最后所得到的变量集是最优的。这是一种变量可进可出的回归方法，克服了变量多重共线性和解释的优良有效性，能够较好地筛选变量。逐步回归运算利用 IBM 公司推出的 SPSS(statistical product and service solutions)软件分析模块进行。

1）八叶期

根据多元逐步回归结果，SR 植被指数（地面）与产量的回归结果最为显著，其他变量的引入只会造成显著性的降低。由于八叶期只有地面平台光谱数据与 LAI，LAI 与 SR 植被指数的权衡中，SR 植被指数与产量关系更为显著。选择 SR 植被指数（地面）作为该时期估产的关键变量。公式如下：

$$y_1 = 661 \times \mathrm{SR} - 237.5\text{（地面）} \tag{5.45}$$

2）十叶期

根据多元逐步回归结果，NDVI 植被指数（无人机）与产量的回归结果最为显著，其他变量的引入均予以剔除。无人机尺度上获取的光谱信息相较于地面而言更能反映油菜小区整体生长情况，与产量关系更为显著。选择 NDVI 植被指数（无人机）作为该时期估产的关键变量。公式如下：

$$y_2 = 8\,982 \times \mathrm{NDVI}^2 - 7\,626 \times \mathrm{NDVI} + 1\,936\text{（无人机）} \tag{5.46}$$

3）花期

多元逐步回归结果如表 5.46 所示。

表 5.46　花期多元逐步回归结果

预测变量	建模			验证		
	公式	R^2	RMSE/(kg/hm²)	R^2	RMSE/(kg/hm²)	MNB
丰度	$y=12\,532.31\times x-264.62$	0.67	481.6	0.83	334	19.3%
丰度、黄边幅值	$y=9\,185.87\times x1-4\,524\,805.48\times x2+1\,034.63$	0.73	441.7	0.77	323.1	−6.7%
丰度、黄边幅值、R_{green}	$y=12\,324.70\times x1-5\,651\,306.84\times x2-7\,916.14\times x3+1\,727.13$	0.77	413.3	0.57	425.6	−23.4%

从表 5.46 可知，花丰度作为与产量相关性最为显著的估产因子首先引入模型，在逐步回归筛选过程中 LAI 变量被剔除，而黄边幅值（地面）被引入模型中。之后 R_{green}（无人机）变量被引入模型中，花覆盖率被剔除，达到所有变量集最优。通过对花期逐步回归模型估产验证发现，花丰度与黄边幅值的结合在花期能够极好地估算油菜产量，验证模型决定系数 0.77，均方根误差 323.1 kg/hm²，偏移量很小（−6.7%）。在花期，地面平台与无人机平台数据的结合，光谱数据与影像信息的结合对该时期油菜估产结果有极大的提升。选择花丰度与黄边幅值（地面）的结合作为该时期的估产关键变量。公式如下：

$$y_3 = 9\,185.87 \times \text{花丰度} - 4\,524\,805.48 \times \text{黄边幅值（地面）} + 1\,034.63 \tag{5.47}$$

4）角果期

从表 5.47 可知，在角果期，SR 植被指数（地面）作为与产量相关性最为显著的估产因子首先引入模型，在逐步回归筛选过程中 LAI 变量被引入模型中，之后 EVI2（无人机）变量被引入模型，角果丰度则被剔除，达到所有变量集最优。通过对角果期逐步回归模型估产验证发现，SR 植被指数（地面）与 LAI 的结合在角果期能够较好的估算油菜产量，验证模型决定系数 0.90，均方根误差 249.1 kg/hm^2，偏移量低于 10%。由于无人机影像较难准确提取角果信息，利用地面数据与典型参数数据的结合更能反映该时期油菜生长状况携带的产量信息。选择 SR 植被指数（地面）与 LAI 的结合作为该时期的估产关键变量。公式如下：

$$y_4 = 1\,569.60 \times \text{SR(地面)} + 533.65 \times \text{LAI} - 2\,629.86 \tag{5.48}$$

表 5.47　角果期多元逐步回归结果

预测变量	建模			验证		
	公式	R^2	RMSE/(kg/hm^2)	R^2	RMSE/(kg/hm^2)	MNB
SR	$y=2\,820.58\times x-4\,510$	0.82	356.2	0.86	250.8	17.2%
SR、LAI	$y=1\,569.60\times x1+533.65\times x2-2\,629.86$	0.86	320.2	0.90	249.1	9.6%
SR、LAI、EVI2	$y=2\,492.1\times x1+568.26\times x2-2\,723.8\times x3-2\,770$	0.89	293.1	0.80	356.8	7.6%

2. 结合熵值法与层次分析法综合估产评价模型

1）熵值法定权

根据式（5.45）～式（5.48），利用信息熵定权方法确定的各时期权值见表 5.48。

表 5.48　油菜单时期估产模型熵值法的权值

参数	八叶期	十叶期	花期	角果期
权值	0.101	0.289	0.289	0.321

从熵值法确定的权值中发现，在花期利用花丰度与黄边幅值结合的关键变量估产模型，整个油菜生长期的权值相比地面/无人机平台的植被指数模型确定的权值有了很大的提高，说明该花期逐步回归模型对油菜产量的估测效果提升明显。

2）层次分析法定权

与地面平台层次分析法类似，构造的判断矩阵如下：

$$\mathbf{A}=\begin{Bmatrix} 1 & \frac{1}{a} & \frac{1}{7} & \frac{1}{9} \\ a & 1 & \frac{1}{b} & \frac{1}{7} \\ 7 & b & 1 & \frac{1}{c} \\ 9 & 7 & c & 1 \end{Bmatrix}=(a_{ij})_{4\times 4} \tag{5.49}$$

其中：$a=3$，4 或 5；$b=3$ 或 4；$c=2$ 或 3。

当式(5.49)的约束条件内的各种组合通过一致性检验时，构建的组合预测模型与最终产量进行回归计算，选择回归模型中决定系数最高的作为最优权重。

油菜各个生育期估产关键变量与最终产量的回归模型见式(5.45)～式(5.48)。对油菜的单产及其加权各时期产量进行线性回归分析，选择拟合程度最高的一组确定 a、b、c 的值。最终生育期两两比较结果见表 5.49，单时期估产模型赋予的权值见表 5.50。

表 5.49　油菜各生育期两两比较的标度

生育期	八叶期	十叶期	花期	角果期
八叶期	1	1/3	1/7	1/9
十叶期	3	1	1/3	1/7
花期	7	3	1	1/3
角果期	9	7	3	1

表 5.50　油菜单时期估产模型层次分析法的权值

参数	八叶期	十叶期	花期	角果期
权值	0.044	0.098	0.259	0.599

3) *熵值与层次分析组合赋权法*

熵值法定权的最大特点是直接利用决策矩阵计算得到的信息来确定权值，完全是基于数学方法对所给数据进行分析，充分挖掘了原始数据蕴涵的信息，没有引入决策者的主观判断，分析结果较为客观，但有时由于缺乏专家知识得到的权重可能与实际重要程度不符。而层次分析法则相对主观，对权值的决定完全依赖专家判断，数据信息的挖掘与分析不足，但该方法使得决策者能够认真考虑和衡量指标的相对重要性以及各种因素间的相互作用，更符合决策问题的实际情况。因此，需要一种定权方法将两者结合起来，在数据信息挖掘与分析的基础上运用专家知识、农学知识科学地评价油菜各时期对最终产量形成的贡献，为油菜农业生产提供更具逻辑性、现实性的定量化决策参考。结合熵值法与层次分析法的组合赋权方法如下：

$$\omega_i = \frac{\lambda_i k_i}{\sum_{i=1}^{m} \lambda_i k_i} \tag{5.50}$$

其中：λ_i 是熵值法求得的油菜各时期关键变量与产量回归的权值；k_i 是层次分析法求得的油菜各时期关键变量与产量回归的权值。熵值与层次分析组合赋权法结果见表 5.51 与图 5.82。组合赋权法，通过主观与客观赋权方法的结合，科学地评价了油菜各时期对最终产量的贡献。角果期赋予了绝对重要的权值，该时期对产量的贡献最为显著，其次是花期。

表 5.51　熵值与层次分析组合赋权法

参数	八叶期	十叶期	花期	角果期
权值	0.015	0.094	0.249	0.642

图 5.83 是组合赋权法估产模型的验证结果，组合赋权法估产模型能够较好地通过关键变量综合各时期携带产量信息对油菜全时期全面科学的估产。估产结果与实测值相关性显著决定系数 0.91，均方根误差 225.2 kg/hm²，估产结果偏差较小，偏移量低于 10%。

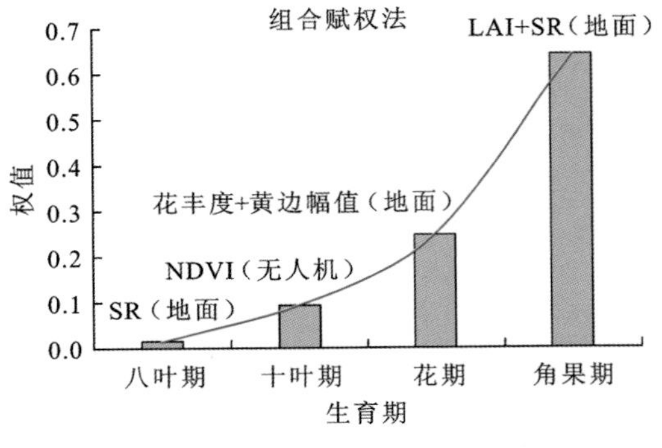

图 5.82　熵值与层次分析组合赋权法

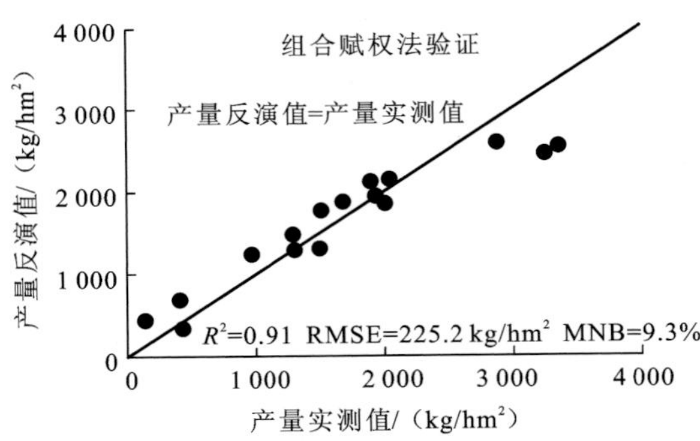

图 5.83　组合赋权法估产模型验证结果图

综上所述，针对油菜这种特殊的作物（花期、角果期冠层发生明显变化），评价各时期油菜生长情况对产量的贡献需要获取的数据有：地面光谱数据计算的 SR 植被指数（八叶期）；无人机航飞影像提取出的 NDVI 植被指数（十叶期）；无人机航飞影像提取出的花丰度信息（花期）、地面光谱数据计算的黄边幅值（花期）；地面光谱数据计算的 SR 植被指数（角果期）及角果期的 LAI 数据。这些数据能够较为准确地描述该时期油菜生长情况所携带的产量信息，利用它们构建的油菜全时期多平台综合估产模型估产效果较好，并能够科学的评判各时期油菜生长状况对最终产量的贡献。结果显示，角果期油菜的生长情况对产量的形成最为重要，权值为 0.642；花期次之，权值为 0.249；而八叶期与十叶期油菜生长状况对于最终产量的贡献较少，权值分别为 0.015 与 0.094。

5.7.3　油菜多时期多平台综合估产模型

从上节实验分析结果可知，对于油菜全时期综合估产评价模型，在不同的时期赋予的权值大小不同，油菜的生长状况对油菜产量的影响各异。组合赋权法估产模型是一个对全时期关键变量与产量关系的综合考虑，但模型并没有达到全局最优，模型中不同时期变量间有一定的多重共线性。利用逐步回归方法将油菜各时期变量逐步引入模型，通过新引入变量对整体模型显著性影响的筛选从而达到全局最优。根据熵值与层次分析组合赋权结果可知，油菜 4 个生长期，花期与角果期对于产量的贡献最为明显，考察基于角果期（八叶期、十叶期、花期、角果期）以及基于花期（八叶期、十叶期、花期）的逐步回归模型。

表 5.52　基于角果期和花期的逐步回归结果

预测变量	公式	R^2	RMSE/(kg/hm²)
八叶期、十叶期、角果期	$y=-0.38\times x_1+0.39\times x_2+0.82\times x_3+315.07$	0.89	283
八叶期、十叶期、花期	$y=-0.41\times x_1+0.71\times x_2+0.57\times x_3+240.83$	0.84	344.7

如表 5.52 所示分别为基于角果期和花期的逐步回归结果，x_1、x_2、x_3 分别为对应时

期产量的预测值。从基于角果期逐步回归模型可以发现只有花期被剔除,而基于花期的逐步回归模型中十叶期、八叶期均保留,可见花期数据与角果期数据间有一定的多重共线性,影响了模型的全局最优。2 种逐步回归模型估产效果优秀,模型决定系数均大于 0.8,均方根误差低于 350 kg/hm²。根据 2 种逐步回归模型以及不同时期的关键变量,提出一种油菜多时期多平台的综合估产模型:

$$y=-251.18\times SR_{八叶期地面}+3\ 502.98\times NDVI\times NDVI_{十叶期无人机}-2974.14\times NDVI_{十叶期无人机}+1\ 287.07\times SR_{角果期地面}+437.59\times LAI_{角果期}-996.13 \quad (5.51)$$

$$y=-271\times SR_{八叶期地面}+6\ 377.22\times NDVI\times NDVI_{十叶期无人机}-5\ 414.46\times NDVI_{十叶期无人机}+5\ 235.95\times 花丰度-2\ 579\ 139\times_{黄边幅值花期地面}+2\ 302.51 \quad (5.52)$$

图 5.84 为角果期多平台综合估产模型的验证结果,如图所示角果期模型估产效果显著,相较于组合赋权法估产模型输入变量集达到了全局最优,验证模型决定系数为 0.94,均方根误差为 190.8 kg/hm²,偏移量为 9.7%。该模型可以作为华中地区多时期多平台综合估产模型,需要利用的时期有角果期、十叶期、八叶期。

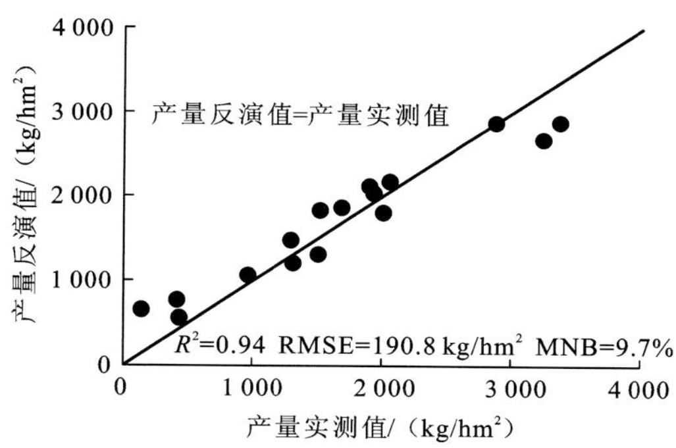

图 5.84 基于角果期的逐步回归模型验证

5.7.4 小结

在本节中结合地面与无人机平台油菜各时期估产模型以及熵值法与层次分析法定权方法,构建针对油菜全时期多平台的综合估产评价模型,并在此基础上对综合估产模型优化,提出了华中地区油菜多时期多平台综合估产模型。

本节的研究得到以下结论。

(1) 在油菜的八叶期、十叶期、花期,LAI 与叶绿素均呈现显著的正相关关系,决定系数大于 0.65。低氮、中氮水平下 LAI 在八叶期至十叶期受越冬低温的影响先降低,十叶期至花期由于生殖生长郁闭度降低的原因,LAI 出现小幅下降到角果期重新开始攀升;叶绿素含量在八叶期至十叶期同样受越冬低温影响先降低,之后处于活跃的生长时期十叶期至花期开始迅速攀升,到角果期叶绿素含量继续上升或持平。高氮水平下越冬低温对油菜生长影响相对较弱,LAI 与叶绿素含量在八叶期至十叶期处于增长状态。油菜最终产量的形成是一个动态的过程,每个时期都受到不同外部环境以及自身生长情况的影响。

(2) 采用逐步回归方法考察地面和无人机平台各时期不同估产因子的组合,选出该时期最能反映产量的某个关键变量或者某几个估产因子结合形成的关键变量。在实验中发现，八叶期和十叶期单个估产因子已经能够很好地反映产量信息，过多的引入其他因子反而对模型造成误差。而花期、角果期由于油菜作物的特点，单个估产因子，单独使用波段信息、影像信息、典型参数等并不能很好地反映该时期携带的产量信息，这两个时期产量信息的提取需要结合不同的估产因子。在花期，花丰度与黄边幅值的结合能够很好地反映花期油菜产量信息，回归决定系数为 0.73，验证结果的决定系数为 0.77，均方根误差为 323.1 kg/hm^2。角果期则需要 SR 植被指数（地面）与 LAI 数据的结合。筛选出的各时期关键变量分别是：八叶期，SR 植被指数（地面）；十叶期，NDVI 植被指数（无人机）；花期，花丰度与黄边幅值结合；角果期，SR 植被指数（地面）与 LAI 结合。

（3）通过主客观定权方法：层次分析法和熵值法两种定权方法的结合，构建油菜全时期多平台综合估产评价模型，科学地评价各时期油菜生长状况对最终产量的贡献。结果显示，角果期油菜的生长情况对产量的形成最为重要，权值为 0.642；花期次之，权值为 0.249。组合赋权法构建的综合估产模型能够通过各时期油菜生长情况所携带的产量信息较为准确地估算出最终的产量，验证结果决定系数 0.91，均方根误差 225.2 kg/hm^2，偏移量小于 10%。

（4）在组合赋权法估产模型的基础上，利用逐步回归方法将油菜各时期变量逐步引入模型进行筛选，提出了华中地区油菜多时期多平台综合估产模型，使得模型变量集能够达到全局最优，避免了不同时期变量间的多重共线性问题。利用角果期、十叶期、八叶期构建的油菜多时期多平台综合估产模型估产结果极为优秀，模型决定系数为 0.89，均方根误差为 283 kg/hm^2；验证模型决定系数为 0.94，均方根误差为 190.8 kg/hm^2，偏移量低于 10%。

（5）单时期估产模型与综合估产模型比较。①单时期估产模型，方法简单、快速、灵活，不需要考虑其他时期及油菜生长过程，无论在地面或无人机平台任何时期均能找到一个较好的估产模型。对于大多数作物而言，随着生育期的推进，作物干物质积累越多，生育期越晚，产量的估算结果越好，而由于油菜作物在花期角果期的特殊性，在叶期反而能够较准确地估算出最终产量，大大提前了估产时间。但是该方法完全依赖遥感数据分析，不涉及作物产量形成机理，没有对油菜各时期外部环境以及生长状况对产量的影响加以考虑，模型的全面性、现实性有所欠缺，单时期估产模型结果一定程度上取决于该时期油菜生长状况，模型的推广性同样存在一定的问题。单时期估产主要目的是提前、准确估产。②综合估产模型在单时期估产模型的基础上结合了不同监测平台，数据获取应用多元化，利用主客观层次分析与熵值法结合的组合赋权方法，在数据信息挖掘与分析的基础上结合专家知识科学地评价油菜各时期对最终产量形成的贡献并构建油菜全时期多平台综合估产评价模型及优化后的华中地区油菜多时期多平台综合估产模型。综合估产模型，涉及了部分油菜产量形成机理，将油菜各时期生长状况携带的产量信息权值加入模型中，模型更为科学全面，推广性较好。但需要获取的数据较多（不同时期不同平台），并且无法大幅提前估产时间。综合估产模型主要目的是定权、定参数、定模型、评价。

5.8 本章小结

本章主要的研究成果包括以下内容。

(1) 简要说明了地面平台相关数据获取仪器与使用方法，以及数据采集和预处理方法。重点介绍了无人机拍摄的低空影像处理流程。通过无人机飞行作业拍摄的多波段低空影像，经过几何、辐射定标，将定标后的结果进行波段融合，得到能够用于实验研究的遥感反射率影像。从中挑选出研究区域的航线进行影像拼接，可以形成整个实验区的全幅影像，对各时期试验田油菜生长状况进行大范围监测。通过一系列处理过程获取能够用于油菜典型参数研究以及产量估产的遥感反射率影像，是无人机农业遥感数据采集处理系统的整个流程。

(2) 分析了油菜冠层光谱的影响因素，以及不同波段宽度对反演典型参数LAI、叶绿素含量的影响。主要得到以下结论：①油菜不同生长期，随着典型参数的变化，冠层光谱的变化是不同的。在油菜十叶期随着LAI、叶绿素含量的增加可见光波段反射率降低，并在一定程度达到饱和(LAI大于1，叶绿素含量大于50 mg/m^2)，在红边，近红外波段随着LAI、叶绿素含量的增加均为上升趋势。在花期随着LAI、叶绿素的增加所有波段均为上升趋势，并且增幅明显。②油菜叶子时期(六叶期、八叶期、十叶期)，反演LAI、叶绿素含量的关键波段是420 nm、500 nm、550 nm、650 nm左右以及720 nm之后的红边近红外波段。利用这些波段或者波段组合构建的植被指数反演LAI、叶绿素含量效果会较为理想。花期的关键波段是450 nm、550 nm以及750 nm之后的红边近红外波段。角果期的关键波段为550 nm左右以及750 nm之后的红边近红外波段。由于角果期冠层叶绿素含量的值不能反映当时油菜的营养状况以及生长状态，与各波段相关性均很低。③通过对油菜各时期不同波段宽度与典型参数敏感性分析，可见光波段反演典型参数对于波段宽度的变化非常敏感。油菜不同时期，反演典型参数的最佳植被指数各不相同，绿光、红光、近红外波段宽度需要低于30 nm，红边波段宽度需要低于25 nm，并且波段宽度的适当增大能够对反演精度有所提高。因此地面平台根据光谱信息构建植被指数用于反演典型参数及产量的方法可以很好地向低空无人机尺度推广。

(3) 在地面遥感监测平台反演典型参数以及产量估产研究中，得到的结论如下。①利用油菜各生长期的植被指数分开反演LAI，在八叶期、十叶期、花期、角果期的反演模型最高决定系数分别到达0.8(NDVI)、0.92(SR)、0.59(黄边幅值)、0.8(SR)，同时验证效果优秀，各时期验证模型均方根误差为0.37、0.33、0.34、0.18。②反演叶绿素含量效果略低于LAI，八叶期、十叶期、花期反演模型最高决定系数分别为0.75(MASVI)、0.72(SR)、0.55(VARI)，验证模型均方根误差为31.02 mg/m^2、34.13 mg/m^2、51.4 mg/m^2。③农作物典型生长参数LAI、叶绿素含量与产量具有显著的线性或二次函数关系，但受直播和移栽种植方式的影响，对于LAI与产量关系而言，直播田各时期回归决定系数不低于0.8，移栽田除八叶期外(0.38)决定系数不低于0.7。对于叶绿素与产量的关系，在各时期决定系数不低于0.7。这种良好的线性或二次关系能够推广于植被指数经验模型估产。④挑选各时期反演典型参数最佳的植被指数，利用经验模型估产，不区分种植方式仅在十叶期以及角果期能取得较好的结果。对植被指数经验模型进一步优化，不同种植方式分开建模，各时期验证结果决定系数分别为0.89、0.96、0.84、0.83，均方根误差为245.9 kg/hm^2、169 kg/hm^2、369 kg/hm^2、300.5 kg/hm^{2}估产结果得到极大的提升。⑤根据高光谱遥感的特点，选择能够利用更多植被光谱信息的小波变换方法估产，在各时期估产效果稳定，模型决定系数不低于 0.75，无须考虑种植方式，在八叶期与十叶期模型最佳的小波系数位于低尺度的绿峰位置，花期以及角果期位于高尺度红边位置。各时期估产验证模型决定系数分别为 0.74、0.915、0.78、0.87，均方根误差为 499.4 kg/hm²、285.8 kg/hm²、451 kg/hm²、355.2 kg/hm²。⑥神经网络方法估算油菜最终产量，模型的决定系数均在 0.9 以上，逐步的引入光谱以外的油菜理化参数，能够提升油菜产量的估产模型精度。无须考虑种植方式的影响，对花期模型估产结果较其他方法提升较大。⑦利用地面平台遥感数据分析了油菜各生长期对产量的贡献，提出了采取完全基于数学分析的熵值法和结合专家知识、农学知识的层次分析法定权方法从遥感数据分析中确定油菜各时期对产量的权重。两种方法对各时期的权重赋值分别是：层次分析法，0.044、0.098、0.259、0.599；熵值法，0.114、0.295、0.230、0.361，均高度评价了角果期对产量贡献的关键作用。根据各时期的权值构建的组合预测估产模型，验证结果决定系数均为 0.88，均方根误差在220 kg/hm²左右。⑧对于地面遥感监测平台，十叶期是最好的估产时期，最佳的估产方法是优化后分种植方式的 $CI_{rededge}$ 植被指数估产模型，验证结果决定系数为 0.96，均方根误差为 169 kg/hm²。

（4）在无人机遥感监测平台反演典型参数以及产量估产研究中，主要成果如下。①分析了油菜花期造成冠层反射率变化的原因：一是叶绿素是植物进行光合作用时吸收可见光的主要色素，并且叶绿素主要存在于叶片中。因此，在相同的植物覆盖率情况下（花期是花和叶子的组合），含花冠层的总叶绿素含量低于具有更多绿色叶片的冠层。所以含花的冠层吸收可见光能力不如没有出现花的冠层，从而表现出了更高冠层的反射率。二是在油菜花期，冠层出现大量的花瓣，这些花瓣在茎干上向着各个方向密集的生长，这种花的布局可能会增加冠层的散射，使得近红外的反射率升高。与叶子相比，花的成分吸收少、但散射多，从而增加各波段的冠层反射率。$VARI_{green}$ 植被指数在非花样本中反演植被覆盖率效果最为精确，均方根误差为 3.56%，EVI2 植被指数是含花样本中反演精度最高的植被指数，均方根误差为 5.65%，于是提出了一个简单的基于直方图阈值分割法，利用绿光波段和近红外波段构建的 NGVI 植被指数来区分花是否出现的算法，并将其用于油菜植被覆盖率以及花覆盖率反演中，验证模型表明该算法能够很好地反演预测花覆盖度以及植被覆盖度，均方根误差均低于 6%。②根据地面的反演典型参数的方法在无人机平台上推广。在十叶期 NDVI 与 $CI_{rededge}$ 是反演 LAI 与叶绿素最好的植被指数，反演 LAI 模型决定系数均高于 0.85，与 LAI 显著相关，均方根误差不高于 0.33；在反演叶绿素含量中模型决定系数均高于 0.7，与叶绿素含量有较高的相关性，均方根误差不高于 60 mg/m²。在花期选择 550 nm 处的波段反射率构建的 LAI、叶绿素反演模型效果最好，决定系数分别是 0.54、0.65，均方根误差分别是 0.58、72.27 mg/m²。在角果期，EVI2 与 MSAVI 均能较好地反演 LAI，决定系数均大于 0.6。③植被指数经验模型估产，十叶期利用不同种植方式分开回归的 NDVI 植被指数模型估产效果最好，验证模型决定系数为 0.97，均方根误差为 132.5 kg/hm²。角果期，EVI2 植被指数分种植方法，验证模型决定系数为 0.89，均方根误差为 271.8 kg/hm²。花期 R_{green} 植被指数经验估产模型估算结果偏移量较大，估产效果不理想。④植被覆盖率与花覆盖率估算产量能取得较好的估产结果，花期花覆盖率估产结果明显好于植被指数模型。⑤无人机影像混合像元分解得到的各时期关键端元的丰度与产量回归，在十叶期与花期估产效果较好，验证结果决定系数高于 0.80，均方根误差分别为十叶期 296.5 kg/hm^2、花期 334 kg/hm^2。在角果期由于角果与叶子端元的反射率曲线波形过于接近以及角果信息散布于冠层各个方向不好准确获取，利用角果的丰度估产效果不佳。⑥神经网络估产方法，模型决定系数均高于 0.95。验证结果也十分稳定，决定系数高于 0.8，均方根误差不高于 350 kg/hm^2，偏移量大大降低，对于花期是最好的估产方法。⑦利用无人机平台遥感数据采取熵值法和层次分析法分析了油菜各生长期对产量的贡献。熵值法定权高度评价了油菜十叶期数据预测值与实测值间的相对一致性，给予了十叶期最高权重，接近 50%，花期由于数据的差异性较大，给予的权重不及 20%。而层次分析法结合农学知识，认为角果期对于最终产量的形成绝对的重要，给予了 66.9%的权重，十叶期油菜生长信息对最终产量的贡献极低不到 10%。⑧总体而言，十叶期是最好的估产时期，利用优化后分种植方式的 NDVI 植被指数经验模型，估产结果显著。无论在地面还是无人机平台，利用光谱信息在花期估产效果不佳，通过对影像分析，结合花期油菜田生长环境信息（花覆盖率、花丰度）能够有效地提升估产模型。

（5）虽然单时期估产模型方法简单、快速、灵活，但全面性、现实性、推广性有所欠缺，于是提出了油菜综合估产模型。在油菜多时期多平台综合估产模型研究中，主要成果如下。①采用逐步回归方法考察地面和无人机平台各时期不同估产因子的组合，选出该时期最能反映产量的某个关键变量或者某几个估产因子结合形成的关键变量。实验中发现，八叶期和十叶期单个估产因子已经能够很好地反映产量信息。而花期、角果期由于油菜作物的特点，单个估产因子，单独使用波段信息、影像信息、典型参数等并不能很好地反映该时期携带的产量信息，这两个时期产量信息的提取需要结合不同的估产因子。筛选出的各时期关键变量分别是：八叶期，SR 植被指数（地面）；十叶期，NDVI 植被指数（无人机）；花期，花丰度与黄边幅值结合；角果期，SR 植被指数（地面）与 LAI 结合。②通过主客观定权方法层次分析法和熵值法两种定权方法的结合，构建油菜全时期多平台综合估产评价模型，科学地评价各时期油菜生长状况对最终产量的贡献。结果显示，角果期油菜的生长情况对产量的形成最为重要，权值为 0.642；花期次之，权值为 0.249。组合赋权法综合估产模型，验证效果较好，决定系数 0.91，均方根误差 225.2 kg/hm^2，偏移量小于 10%。③在组合赋权法估产模型的基础上，优化模型输入变量，提出了华中地区油菜多时期多平台综合估产模型，使得模型变量集能够达到全局最优，避免了不同时期变量间的多重共线性问题。利用角果期、十叶期、八叶期构建的多时期多平台优化综合估产模型估产结果极为优秀，模型决定系数 0.89，均方根误差 283 kg/hm^2；验证模型决定系数 0.94，均方根误差 190.8 kg/hm^2，偏移量低于 10%。④综合估产模型，涉及了部分油菜产量形成机理，将油菜各时期生长状况携带的产量信息权值加入模型中，模型更为科学全面，推广移栽性较好，但需要获取的数据较多（不同时期不同平台）。

但本章研究还存在以下几点不足。

（1）本章研究的算法大部分都是根据油菜这种作物的生长特点而提出的，对其他作物的推广作用有限。下一步的工作是将该算法推广应用于其他作物，特别是那些随着生长期的推进出现非绿色成分或者果实的作物。

（2）本章是通过无人机单幅影像提供地面目标的光谱信息开展的研究，对于多幅影像的镶嵌，拼接过程可能会引入额外的不确定性因素并未进一步分析。今后的工作将对无人机影像镶嵌拼接所造成的模型的性能、精度的影响展开分析。

（3）在实验期间并未获取相应的高分辨率卫星影像，实验是基于地面以及低空无人机平台展开的，在今后的研究工作中需要对国内外高空间、高时间分辨率的卫星数据（例如 GeoEye，Sentinel-2，GF-2，WorldView）加以应用，将研究的算法模型推广应用于大尺度农业监测中。

参考文献

陈新芳，安树青，陈镜明，2005. 森林生态系统生物物理参数遥感反演研究进展. 生态学杂志，24(9)：1074-1079.

陈雪洋，蒙继华，朱建军，等，2012. 冬小麦叶面积指数的高光谱估算模型研究. 测绘科学，37(5)：141-144.

陈仲新，任建强，唐华俊，等，2016. 农业遥感研究应用进展与展望. 遥感学报，20(5)：748-767.

程迪，刘咏梅，李京忠，等，2015. 青海祁连瑞香狼毒的光谱差异特征提取. 应用生态学报，26(8)：2307-2313.

程洪，Lutz，Damerow，等，2015. 基于树冠图像特征的苹果园神经网络估产模型. 农业机械学报，46(1)：14-19.

佃袁勇，2011. 高光谱数据反演植被信息的研究. 武汉：武汉大学.

佃袁勇，方圣辉，徐永荣，等，2012. 光谱波段宽度对森林叶片叶绿素含量反演的影响分析. 测绘科学，37(6)：42-44.

东方星，2015. 我国高分卫星与应用简析. 卫星应用(3)：44-48.

董莹莹，2013. 农作物群体长势遥感监测及长势参量空间尺度问题研究. 杭州：浙江大学.

方圣辉，乐源，梁琦，2015. 基于连续小波分析的混合植被叶绿素反演. 武汉大学学报（信息科学版），40(3)：296-302.

高中灵，徐新刚，王纪华，等，2012. 基于时间序列 ANDVI 相似性分析的棉花估产. 农业工程学报，28(2)：148-153.

宫兆宁，赵雅莉，赵文吉，等，2014. 基于光谱指数的植物叶片叶绿素含量的估算模型. 生态学报，34(20)：5736-5745.

苟喻，2015. 重庆市水稻估产要素及模型研究. 重庆：西南大学.

郭燕枝，杨雅伦，孙君茂，2016. 我国油菜产业发展的现状及对策. 农业经济(7)：44-46.

何庆彪，王永生，魏泽兰，等，2006. 甘蓝型杂交油菜华油杂 9 号的选育与应用. 湖北农业科学，45(5)：574-576.

何志文，吴峰，张会娟，等，2009. 我国精准农业概况及发展对策. 中国农机化(6)：23-26.

胡立勇，单文燕，王维金，2002. 油菜结实特性与库源关系的研究. 中国油料作物学报，24(2)：37-42.

黄光昱，吴江生，许敏，等，2006. 栽培因子对华油杂 9 号产量的影响. 湖北农业科学，45(6)：727-729.

黄国勤，2014. 当前中国农业发展面临的问题及对策. 农学学报，4(1)：99-106.

黄健熙，武思杰，刘兴权，等，2012. 遥感信息与作物模型集合卡尔曼滤波同化的区域冬小麦产量预测. 农业工程学报，28(4)：142-148.

黄敬峰，王渊，王福，等，2006. 油菜红边特征及其叶面积指数的高光谱估算模型. 农业工程学报，8(8)：22-26

鞠昌华，田永超，曹卫星，等，2008. 油菜光合器官面积与导数光谱特征的相关关系. 植物生态学报，32(3)：664-672.

李冰，刘镕源，刘素红，等，2012. 基于低空无人机遥感的冬小麦覆盖度变化监测. 农业工程学报，28(13)：160-165.

李莉，2005. 播期、密度对油菜产量和品质及生产潜力影响的研究. 武汉：华中农业大学.

李涛，2008. 基于遗传神经网络的粮食产量预测方法研究. 哈尔滨：哈尔滨工程大学.

李德仁，童庆禧，李荣兴，等，2012. 高分辨率对地观测的若干前沿科学问题. 中国科学(地球科学)，42(6)：805-813.

李景奇，2013. 中国农业的现状和前景展望. 中国农业信息，17：184-185.

李小文，2005. 定量遥感的发展与创新. 河南大学学报(自然科学版)，35(4)：49-56.

李鑫川，徐新刚，鲍艳松，等，2012. 基于分段方式选择敏感植被指数的冬小麦叶面积指数遥感反演. 中国农业科学，45(17)：3486-3496.

梁栋，管青松，黄文江，等，2013. 基于支持向量机回归的冬小麦叶面积指数遥感反演. 农业工程学报(7)：117-123.

刘峰，刘素红，向阳，2014. 园地植被覆盖度的无人机遥感监测研究. 农业机械学报，45(11)：250-257.

卢毅敏，岳天祥，陈传法，等，2010. 中国太阳总辐射的多元逐步回归模拟. 遥感学报，14(5)：852-864.

蒙继华，吴炳方，杜鑫，等，2011. 遥感在精准农业中的应用进展及展望. 国土资源遥感，23(3)：1-7.

史舟，梁宗正，杨媛媛，等，2015. 农业遥感研究现状与展望. 农业机械学报，46(2)：247-260.

帅海洪，丁秋凡，陈卫江，等，2010. 双季稻区油菜移栽与直播性状比较研究. 湖南农业科学，2010(1)：28-30.

宋开山，张柏，王宗明，等，2006. 基于人工神经网络的大豆叶面积高光谱反演研究. 中国农业科学，39(6)：1138-1145.

苏涛，王鹏新，刘翔舸，等，2011. 基于熵值组合预测和多时相遥感的春玉米估产. 农业机械学报，42(1)：186-192.

孙华，鞠洪波，张怀清，等，2012. 偏最小二乘回归在 Hyperion 影像叶面积指数反演中的应用. 中国农学通报，28(7)：44-52.

孙俊英，黄进良，李晓冬，等，2009. 基于农业气象模型的农作物单产估算：以湖北省中稻为例. 安徽农业科学，37(17)：8103-8105.

孙月青，王鹏新，张树誉，等，2010. 基于层次分析法的加权 VTCI 和小麦产量分析. 遥感信息，(2)：83-87.

谭永强，胡立勇，余华强，等，2012. 肥料运筹对不同熟期品种油菜产量和品质的影响. 江西农业学报，24(5)：97-99.

唐晏，2014. 基于无人机采集图像的植被识别方法研究. 成都：成都理工大学.

唐晏，王华军，王建荣，等，2014. 云计算下无人机采集无序位置图像快速拼接. 计算机仿真，(5)：407-410.

王寅，鲁剑巍，李小坤，等，2011. 移栽和直播油菜的氮肥施用效果及适宜施氮量. 中国农业科学，44(21)：4406-4414.

王汉中，2010. 我国油菜产业发展的历史回顾与展望. 中国油料作物学报，32(2)：300-302.

王连跃，2012. 新时期我国农业可持续发展问题研究. 商品与质量：理论研究(1)：44.

王松林，张佳华，刘学锋，2015. 基于 MODIS 多时相的江苏启东市油菜种植面积提取. 遥感技术与应用，30(5)：946-951.

王秀珍，黄敬峰，李云梅，等，2004. 水稻叶面积指数的高光谱遥感估算模型. 遥感学报，8(1)：81-88.

吴萍，2011. 2011 年湖北油菜籽和菜籽油市场展望. 中国粮食经济(6)：47-49.

吴重言，陆静，郑介松，等，2016. 精准农业技术研究. 农业与技术，36(14)：42-43.

武思杰,2012.基于遥感信息与作物模型同化的冬小麦产量预测研究.长沙:中南大学.

夏天,吴文斌,周清波,等,2012.基于高光谱的冬小麦叶面积指数估算方法.中国农业科学,45(10):2085-2092.

徐新刚,吴炳方,蒙继华,等,2008.农作物单产遥感估算模型研究进展.农业工程学报,24(2):290-298.

徐新刚,王纪华,黄文江,等,2009.基于权重最优组合和多时相遥感的作物估产.农业工程学报,25(9):137-142.

杨慧,2011.我国农业可持续发展存在的问题及对策.现代农业科技(7):371-372.

杨盛琴,2014.不同国家精准农业的发展模式分析.世界农业(11):43-46.

殷艳,廖星,余波,等,2010.我国油菜生产区域布局演变和成因分析.中国油料作物学报,32(1):147-151.

尹球,匡定波,YINQiu,等,2007.促进遥感发展的几点思考.红外与毫米波学报,26(3):225-231.

袁金展,马霓,张春雷,等,2014.移栽与直播对油菜根系建成及籽粒产量的影响.中国油料作物学报,36(2):189-197.

张晓东,毛罕平,2009.油菜氮素光谱定量分析中水分胁迫与光照影响及修正.农业机械学报,40(2):164-169.

张勇,曾玉平,汪飞星,2005.中国农产量调查中几种可行的PPS系统抽样设计.统计与信息论坛,20(2):24-30.

张玉萍,马占鸿,2015.不同施氮量下小麦遥感估产模型构建.江苏农业学报,31(6):1325-1329.

赵娟,黄文江,张耀鸿,等,2013.冬小麦不同生育时期叶面积指数反演方法.光谱学与光谱分析,33(9):2546-2552.

赵春江,2014.农业遥感研究与应用进展.农业机械学报,45(12):277-293.

赵其国,黄季焜,2012.农业科技发展态势与面向2020年的战略选择.生态环境学报,21(3):397-403.

周玉,田春华,张全国,2011.种内竞争与个体大小不等性.生物学通报,46(7):11-12.

朱珊,李银水,余常兵,等,2013.密度和氮肥用量对油菜产量及氮肥利用率的影响.中国油料作物学报,35(2):179-184.

邹娟,鲁剑巍,刘锐林,等,2008.4个双低甘蓝型油菜品种干物质积累及养分吸收动态.华中农业大学学报,27(2):229-234.

邹伟,2011.基于高光谱成像技术的油菜信息获取研究.杭州:浙江大学.

ADAR S, SHKOLNISKY Y, BEN DOR E, 2014. A new approach for thresholding spectral change detection using multispectral and hyperspectral image data, a case study over Sokolov, Czech republic. International Journal of Remote Sensing, 35(4):1563-1584.

ALEXANDRIDIS T K, OIKONOMAKIS N, GITAS I Z, et al., 2014. The performance of vegetation indices for operational monitoring of CORINE vegetation types. International Journal of Remote Sensing, 35(9):3268-3285.

ALI I, CAWKWELL F, GREEN S, et al., 2014. Application of statistical and machine learning models for grassland yield estimation based on a hypertemporal satellite remote sensing time series// IEEE Geoscience and Remote Sensing Symposium. IEEE:5060-5063.

ANGADI S V, CUTFORTH H W, MILLER P R, et al., 2000. Response of three Brassica species to high temperature stress during reproductive growth. Canadian Journal of Plant Science, 80(4):693-701.

ATZBERGER C, GUÉRIF M, DELÉCOLLE R, 1995. Accuracy of multitemporal LAI estimates in winter wheat using analytical (PROSPECT + SAIL) and semiempirical reflectance models. Guyot G Proc: 423-428.

BAO Y, KONG W, LIU F, et al., 2012. Detection of glutamic acid in oilseed rape leaves using near infrared spectroscopy and the least squares-support vector machine. International journal of molecular sciences, 13(11):14 106-14 114.

BARET F, CLEVERS J G P W, STEVEN M D, 1995. The robustness of canopy gap fraction estimates from red and near-infrared reflectances: a comparison of approaches. Remote Sensing of Environment, 54(2):141-151.

BASNYAT P, MCCONKEY B, LANFOND G P, et al., 2004. Optimal time for remote sensing to relate to crop grain yield on the Canadian prairies. Canadian Journal of Plant Science, 84(1):97-103.

BEEK J V, TITS L, SOMERS B, et al., 2015. Temporal dependency of yield and quality Estimation through spectral vegetation indices in pear orchards. Remote Sensing, 7 (8):9886-9903.

BEHRENS T, MÜLLER J, DIEPENBROCK W, 2006. Utilization of canopy reflectance to predict properties of oilseed rape (Brassica napus L.) and barley (Hordeum vulgare L.) during ontogenesis. European Journal of Agronomy, 25(4):345-355.

BENDIG J V, 2015. Unmanned aerial vehicles (UAVs) for multi-temporal crop surface modelling. A new method for plant height and biomass estimation based on RGB-imaging. Universität zu Köln.

BLACKBURN G A, 2007. Wavelet decomposition of hyperspectral data: a novel approach to quantifying pigment concentrations in vegetation. International Journal of Remote Sensing, 28(12):2831-2855.

BLACKBURN G, FERWERDA J, 2008. Retrieval of chlorophyll concentration from leaf reflectance spectra using wavelet analysis. Remote Sensing of Environment, 112(4):1614-1632.

BOCCO M, SAYAGO S, WILLINGTON E, 2014. Neural network and crop residue index multiband models for estimating crop residue cover from Landsat TM and ETM+ images. International Journal of Remote Sensing, 35(10):3651-3663.

BRANTLEY S T, ZINNERT J C, YOUNG D R, 2011. Application of hyperspectral vegetation indices to detect variations in high leaf area index temperate shrub thicket canopies. Remote Sensing of Environment, 115(2):514-523.

BRISCO B, SHORT N, SANDEN J V D, et al., 2009. A semi-automated tool for surface water mapping with RADARSAT-1. Canadian Journal of Remote Sensing, 35(4):336-344.

CARLSON T N, GILLIES R R, PERRY E M, 1994. A method to make use of thermal infrared temperature and NDVI measurements to infer surface soil water content and fractional vegetation cover. Remote Sensing Reviews, 9(1):161-173.

CHEN J M, CIHLAR J, 1996. Retrieving leaf area index of boreal conifer forests using Landsat TM images. Remote Sensing of Environment, 162(1995):153-162.

CHEN S S, FANG L G, LI H L, et al., 2011. Evaluation of a three-band model for estimating chlorophyll-a concentration in tidal reaches of the Pearl River Estuary, China. ISPRS Journal of Photogrammetry and Remote Sensing, 66(3):356-364.

CHENG Z Q, MENG J H, WANG Y M, 2016. Improving Spring Maize Yield Estimation at Field Scale by Assimilating Time-Series HJ-1 CCD Data into the WOFOST Model Using a New Method with Fast Algorithms. Remote Sensing, 8(4):303.

CIGANDA V, GITELSON A A, SCHEPERS J, 2009. Non-destructive determination of maize leaf and canopy chlorophyll content. Journal of Plant Physiology, 166(2):157-167.

CLEVERS J G P W, GITELSON A A, 2013. Remote estimation of crop and grass chlorophyll and nitrogen content using red-edge bands on Sentinel-2 and-3. International Journal of Applied Earth Observation and Geoinformation, 23(8):344-351.

CLEVERS J G P W, KOOISTRA L, 2012. Using hyperspectral remote sensing data for retrieving canopy chlorophyll and nitrogen content. IEEE Journal of Selected Topics in Applied Earth Observations & Remote Sensing, 5(2): 574-583.

DALPONTE M, BRUZZONE L, VESCOVO L, et al., 2009. The role of spectral resolution and classifier complexity in the analysis of hyperspectral images of forest areas. Remote Sensing of Environment, 113 (11): 2345-2355.

DARVISHZADEH R, ATZBERGER C, SKIDMORE A, et al., 2011. Mapping grassland leaf area index with airborne hyperspectral imagery: A comparison study of statistical approaches and inversion of radiative transfer models. ISPRS Journal of Photogrammetry and Remote Sensing, 66(6): 894-906.

DARVISHZADEH R, MATKAN A A, AHANGAR A D, 2012. Inversion of a radiative transfer model for estimation of rice canopy chlorophyll content using a lookup-table approach. IEEE Journal of Selected Topics in Applied Earth Observations & Remote Sensing, 5(4): 1222-1230.

DASH J, JEGANATHAN C, ATKINSON P M, 2010. The use of MERIS terrestrial chlorophyll index to study spatio-temporal variation in vegetation phenology over India. Remote Sensing of Environment, 114(7): 1388-1402.

DAUGHTRY C S T, GALLO K P, GOWARD S N, et al., 1992. Spectral estimates of absorbed radiation and phytomass production in corn and soybean canopies. Remote Sensing of Environment, 39 (2): 141-152.

DELEGIDO J, VERRELST J, MEZA C M, et al., 2013. A red-edge spectral index for remote sensing estimation of green LAI over agroecosystems. European Journal of Agronomy, 46(46): 42-52.

DIAN Y, LE Y, FANG S, et al., 2016. Influence of spectral bandwidth and position on chlorophyll content retrieval at leaf and canopy levels. Journal of the Indian Society of Remote Sensing, 44(4): 1-11.

DIEPENBROCK W, 2000. Yield analysis of winter oilseed rape (Brassica napus L.): a review. Field Crops Research, 67(1): 35-49.

DONG H, MENG Q Y, WANG J L, et al., 2012. A modified vegetation index for crop canopy chlorophyll content retrieval. Journal of Infrared and Millimeter Waves, 31(4): 336-341.

DORIGO W A, ZURITA-MILLA R, DE WIT A J W, et al., 2007. A review on reflective remote sensing and data assimilation techniques for enhanced agroecosystem modeling. International journal of applied earth observation and geoinformation, 9(2): 165-193.

DUAN S B, LI Z L, WU H, et al., 2014. Inversion of the PROSAIL model to estimate leaf area index of maize, potato, and sunflower fields from unmanned aerial vehicle hyperspectral data. International Journal of Applied Earth Observation & Geoinformation, 26(2): 12-20.

DWYER J L, KRUSE K A, LEFKOFF A B, 1995. Effects of empirical versus model-based reflectance calibration on automated analysis of imaging spectrometer data: a case study from the Drum Mountains, Utah. Photogrammetric Engineering and Remote Sensing, 61(10): 1247-1254.

EVERITT J H, ALANIZ M A, ESCOBAR D E, et al., 1992. Using remote sensing to distinguish common (Isocoma coronopifolia) and Drummond Goldenweed (Isocoma drummondii). Weed Science, 40 (4): 621-628.

EVERITT J H, RICHERSON J V, ALANIZ M A, et al., 1994. Light reflectance characteristics and remote sensing of Big Bend loco (Astragalus mollissimus var. earlei) and Wooton loco (Astragalus wootonii). Weed Science, 42(1): 115-122.

FANG S, TANG W, PENG Y, et al., 2016. Remote estimation of vegetation fraction and flower fraction in oilseed rape with unmanned aerial vehicle data. Remote Sensing, 8(5): 416.

FARAJI A, 2010. Flower formation and pod/flower ratio in canola (Brassica napus L.) affected by assimilates supply around flowering. International Journal of Plant Production, 4(4): 271-280.

FARRAND W H, SINGER R B, MERÉNYI E, 1994. Retrieval of apparent surface reflectance from AVIRIS data: a comparison of empirical line, radiative transfer, and spectral mixture methods. Remote Sensing of Environment, 47(3): 311-321.

FITZGERALD G, RODRIGUEZ D, O'LEARY G, 2010. Measuring and predicting canopy nitrogen nutrition in wheat using a spectralindex: the canopy chlorophyll content index (CCCI). Field Crops Research, 116(3): 318-324.

GAN Y, ANGADI S V, CUTFORTH H, et al., 2004. Canola and mustard response to short periods of temperature and water stress at different developmental stages. Canadian Journal of Plant Science, 84 (3): 697-704.

GE S, EVERITT J, CARRUTHERS R, et al., 2006. Hyperspectral characteristics of canopy components and structure for phenological assessment of an invasive weed. Environmental Monitoring and Assessment, 120(1-3): 109-126.

GEIPEL J, LINK J, CLAUPEIN W, 2014. Combined spectral and spatial modeling of corn yield based on aerial images and crop surface models acquired with an unmanned aircraft system. Remote Sensing, 6 (11): 10335-10355.

GENOVESE G, VIGNOLLES C, NÉGRE T, et al., 2001. A methodology for a combined use of normalised difference vegetation index and CORINE land cover data for crop yield monitoring and forecasting. a case study on Spain. Agronomy, 21(1): 91-111.

GITELSON A A, 2013. Remote estimation of crop fractional vegetation cover: the use of noise equivalent as an indicator of performance of vegetation indices. International Journal of Remote Sensing, 34(17): 6054-6066.

GITELSON A A, KAUFMAN Y J, MERZLYAK M N, 1996. Use of a green channel in remote sensing of global vegetation form EOS-MODIS. Remote Sensing of Environment, 58(3): 289-298.

GITELSON A A, GRITZ Y, MERZLYAK M N, 2003a. Relationships between leaf chlorophyll content and spectral reflectance and algorithms for non-destructive chlorophyll assessment in higher plant leaves. Journal of Plant Physiology, 160(3): 271.

GITELSON A A, YDAN G P, MERZLYAK M N, 2006. Three-band model for noninvasive estimation of chlorophyll, carotenoids, and anthocyanin contents in higher plant leaves. Geophysical Research Letters, 33(11): 431-433.

GITELSON A A, SCHALLES J F, HLADIK C M, 2007. Remote chlorophyll-a retrieval in turbid, productive estuaries: Chesapeake Bay case study. Remote Sensing of Environment, 109(4): 464-472.

GITELSON A A, KAUFMAN Y J, STARK R, et al., 2002. Novel algorithms for remote estimation of vegetation fraction. Remote Sensing of Environment, 80(1): 76-87.

GITELSON A A, VERMA S B, VIñA A, et al., 2003b. Novel technique for remote estimation of CO2 flux in maize. Geophysical Research Letters, 30(9): 319-338.

GITELSON A A, VINA A, ARKEBAUER T J, et al., 2003c. Remote estimation of leaf area index and green leaf biomass in maize canopies. Geophysical Research Letters, 30(30): 335-343.

GONSAMO A, PELLIKKA P, 2012. The sensitivity based estimation of leaf area index from spectral vegetation indices. ISPRS Journal of Photogrammetry and Remote Sensing, 70(3): 15-25.

GRAETZ R D, PECH R P, DAVIS A W, 1988. The assessment and monitoring of sparsely vegetated rangelands using calibrated Landsat data. International Journal of Remote Sensing, 9(7): 1201-1222.

GUILLEN-CLIMENT M L, ZARCO-TEJADA P J, BERNI J A J, et al., 2012. Mapping radiation interception in row-structured orchards using 3D simulation and high-resolution airborne imagery acquired from a UAV. Precision agriculture,13(4):473-500.

HATFIELD J L,GITELSON A A,SCHEPERS J S,et al.,2008. Application of spectral remote sensing for agronomic decisions. Agronomy Journal,100(3):117-131.

HECHT-NIELSEN R,1988. Theory of the backpropagation neural network. Neural Networks,1(1):593-605.

HEISKANEN J, RAUTIAINEN M, STENBERG P, et al., 2013. Sensitivity of narrowband vegetation indices to boreal forest LAI, reflectance seasonality and species composition. ISPRS Journal of Photogrammetry and Remote Sensing,78(4):1-14.

HUNT E R, HIVELY W D, FUJIKAWA S J, et al., 2010. Acquisition of NIR-green-blue digital photographs from unmanned aircraft for crop monitoring. Remote Sensing,2(1):290-305.

JENSEN J R,2007. Remote Sensing of the Environment:An Earth Resource Perspective,2nd ed. Pearson Prentice Hall:Upper Saddle River,NJ,USA,

JIANG Z,HUETE A R,DIDAN K,et al.,2015. Development of a two-band enhanced vegetation index without a blue band. Remote Sensing of Environment,112(10):3833-3845.

JORDAN C F,1969. Derivation of leaf-area index from quality of light on the forest floor. Ecology,50(4):663-666.

KIRA O, LINKER R, GITELSON A A, 2015. Non-destructive estimation of foliar chlorophyll and carotenoid contents: Focus on informative spectral bands. International Journal of Applied Earth Observation and Geoinformation,38:251-260.

KIRA O, NGUY-ROBERTSON A L, ARKEBAUER T J, et al., 2016. Informative spectral bands for remote green LAI estimation in C3 and C4 crops. Agricultural & Forest Meteorology,s218-219(24):243-249.

KLEMAS V V,2011. Remote sensing of wetlands:case studies comparing practical techniques. Journal of Coastal Research,27(3):418-427.

KLEMAS V V, 2015. Coastal and environmental remote sensing from unmanned aerial vehicles: an overview. Journal of Coastal Research,315(5):1260-1267.

KRASNOPOLSKY V M,CHEVALLIER F,2003. Some neural network applications in environmental sciences. Part II: advancing computational efficiency of environmental numerical models. Neural Networks,16 (3-4):335.

LALIBERTE A S, GOFORTH M A, STEELE C M, et al., 2011. Multispectral Remote Sensing from Unmanned Aircraft:Image processing workflows and applications for rangeland environments. Remote Sensing,3(11):2529-2551.

LE MAIRE G, MARSDEN C, VERHOEF W, et al., 2011. Leaf area index estimation with MODIS reflectance time series and model inversion during full rotations of Eucalyptus plantations. Remote Sensing of Environment,115(2):586-599.

LEHNERT L W,MEYER H,WANG Y,et al.,2015. Retrieval of grassland plant coverage on the Tibetan Plateau based on a multi-scale, multi-sensor and multi-method approach. Remote Sensing of Environment,164:197-207.

LI F,MIAO Y,FENG G,et al.,2014. Improving estimation of summer maize nitrogen status with red edge-based spectral vegetation indices. Field Crops Research,157(2):111-123.

LI J H,WANG SS,2015. An automatic method for mapping inland surface waterbodies with Radarsat-2 imagery. International Journal of Remote Sensing,36(5):1367-1384.

LI X S, ZHANG J, 2016. Derivation of the green vegetation fraction of the whole China from 2000 to 2010 from MODIS data. Earth. Interact, 2015, 20(8): 1-16.

LIPSTER R SH, SHIRYAYEV A N, 1989. Theory of Martingales-Mathematics and Its Application. New York: Springer.

LIU J, MILLER J R, HABOUDANE D, et al., 2008. Crop fraction estimation from casi hyperspectral data using linear spectral unmixing and vegetation indicesp. Canadian Journal of Remote Sensing, 34(supl): S124-S138.

LIU J, PATTEY E, JÉGO G, 2012. Remote Sensing of Environment Assessment of vegetation indices for regional crop green LAI estimation from Landsat images over multiple growing seasons. Remote Sensing of Environment, 123(3): 347-358.

LOBELL D B, HICKE J A, ASNER G P, et al., 2002. Satellite estimates of productivity and light use efficiency in United States agriculture, 1982-98. Global Change Biology, 8(8): 722-735.

LUO B, YANG C, CHANUSSOT J, et al., 2013. Crop yield estimation based on unsupervised linear unmixing of multidate hyperspectralimagery. IEEE Transactions on Geoscience & Remote Sensing, 51(1): 162-173.

MA N, YUAN J, LI M, 2014. Ideotype population exploration: growth, photosynthesis, and yield components at different planting densities in winter oilseed rape (Brassicanapus L.). PloS One, 9(12): e114232.

MAIN R, CHO M A, MATHIEU R, et al., 2011. An investigation into robust spectral indices for leaf chlorophyll estimation. ISPRS Journal of Photogrammetry and Remote Sensing, 66(6): 751-761.

MAIRE G L, FRANÇOIS C, DUFRÊNE E, 2004. Towards universal broad leaf chlorophyll indices using PROSPECT simulated database and hyperspectral reflectance measurements. Remote Sensing of Environment, 89(1): 1-28.

MAIRE G L, FRANÇOIS C, SOUDANI K, et al., 2008. Calibration and validation of hyperspectral indices for the estimation of broadleaved forest leaf chlorophyll content, leaf mass per area, leaf area index and leaf canopy biomass. Remote Sensing of Environment, 112(10): 3846-3864.

MAKI M, HOMMA K, 2014. Empirical regression models for estimating multiyear leaf area index of rice from several vegetation indices at the field scale. Remote Sensing, 6(6): 4764-4779.

MOMOH E J J, ZHOU W, 2001. Growth and yield responses to plant density and stage of transplanting in winter oilseed rape(Brassica napus L.). Journal of Agronomy and Crop Science, 186(4): 253-259.

MONSI M, SAEKI T, 1953. Uber den lichtfaktor in den Pflanzengesellschaften undseine Bedeutung fur die stoffproduktion. Japanese Journal of Botany, 14(1): 22-52.

MONTEITH J L, MOSS C J, 1977. Climate and the efficiency of crop production in Britain [and discussion]. Philosophical Transactions of the Royal Society of London B: Biological Sciences, 1977, 281 (980): 277-294.

MOREL J, TODOROFF P, BÉGUÉ A, et al., 2014. Toward a satellite-based system of sugarcane yield estimation and forecasting in smallholder farming conditions: a case study on Reunion Island. Remote Sensing, 6(7): 6620-6635.

MORRISON M J, STEWART D W, 2002. Heat stress during flowering in summer brassica. Crop science, 42(3): 797-803.

MOURTZINIS S, ARRIAGA F J, BALKCOM K S, et al., 2013. Corn grain and stover yield prediction at R1 growth stage. Agronomy Journal, 105(4): 1045-1050.

NGUYROBERTSON A, GITELSON A A, PENG Y, et al., 2013. Continuous monitoring of crop reflectance, vegetation fraction, and identification of developmental stages using a four band radiometer. Agronomy Journal, 105(6): 1769-1779.

NGUY-ROBERTSON A, GITELSON A, PENG Y, et al., 2012. Green leaf area index estimation in maize and soybean: combining vegetation indices to achieve maximal sensitivity. Agronomy Journal, 104(5): 1336.

NORTH P R J, 2002. Estimation of fAPAR, LAI, and vegetation fractional cover from ATSR-2 imagery. Remote Sensing of Environment, 80(1): 114-121.

NOWOSAD K, LIERSCH A, POPŁAWSKA W, et al., 2015. Genotype by environment interaction for seed yield in rapeseed (Brassica napus L.) using additive main effects and multiplicative interaction model. Euphytica, 208(1): 187-194.

OWEN T W, CARLSON T N, GILLIES R R, 1998. An assessment of satellite remotely-sensed land cover parameters in quantitatively describing the climatic effect of urbanization. International Journal of Remote Sensing, 19(9): 1663-1681.

PANDA SS, AMES D P, PANIGRAHI S, 2010. Application of vegetation indices for agricultural crop yield prediction using neural network techniques. Remote Sensing, 2(3): 673-696.

PEDDLE D R, SMITH A M, 2005. Spectral mixture analysis of agricultural crops: endmember validation and biophysical estimation in potato plots. International Journal of Remote Sensing, 26(22): 4959-4979.

PENG Y, GITELSON A A, 2011. Agricultural and forest meteorology application of chlorophyll-related vegetation indices for remote estimation of maize productivity. Agricultural and Forest Meteorology, 151(9): 1267-1276.

PENUELAS J, FILELLA I, SERRANO L, et al., 1996. Cell wall elasticity and Water Index (R970 nm/R900 nm) in wheat under different nitrogen availabilities. International Journal of Remote Sensing, 17(2): 373-382.

PU R L, GONG P, 2004. Determination of burnt scars using logistic regression and neural network techniques from a single post-fire Landsat 7 ETM+ image. Photogrammetric Engineering & Remote Sensing, 70(7): 841-850.

PUREVDORJ T S, TATEISHI R, ISHIYAMA T, et al., 1998. Relationships between percent vegetation cover and vegetation indices. International Journal of Remote Sensing, 19(18): 3519-3535.

QI J, CHEHBOUNI A, HUETE A R, et al., 1994. A modified soil adjusted vegetation index. Remote Sensing of Environment, 48(2): 119-126.

QIAN W, CHEN X, FU D, et al., 2005. Intersubgenomic heterosis in seed yield potential observed in a new type of Brassica napus introgressed with partial Brassica rapa genome. Theoretical and Applied Genetics, 110(7): 1187-94.

RAMOELO A, SKIDMORE A K, CHO M A, et al., 2012. Regional estimation of savanna grass nitrogen using the red-edge band of the spaceborne RapidEye sensor. International Journal of Applied Earth Observation and Geoinformation, 19(10): 151-162.

RAY SS, JAIN N, MIGLANI A, et al., 2010. Defining optimum spectral narrow bands and bandwidths for agricultural applications. Current Science, 93(10): 1365-1369.

RICHARDSON A D, DUIGAN S P, BERLYN G P, 2002. An evaluation of noninvasive methods to estimate foliar chlorophyll content. New Phytologist, 153(1): 185-194.

ROUSE J W, HAAS R H, SCHELL J A, et al., 1974. Monitoring vegetation systems in the Great Plains with ERTS. Nasa Special Publication, 351, 309.

SCHWIEDER M, LEITAO P J, SUESS S, et al., 2014. Estimating fractional shrub cover using simulated

EnMAP data: a comparison of three machine learning regression techniques. Remote Sensing, 6(4): 3427-3445.

SHE B, HUANG J F, GUO R F, et al., 2015. Assessing winter oilseed rape freeze injury based on Chinese HJ remote sensing data. Journal of Zhejiang University ScienceB (Biomedicine & Biotechnology), 16(2): 131-144.

SHEN M G, CHEN J, ZHU X L, et al., 2009. Yellow flowers can decrease NDVI and EVI values: evidence from a field experiment in an alpine meadow. Canadian Journal of Remote Sensing, 35(2): 99-106.

SON N T, CHEN C F, CHEN C R, et al., 2013. A phenology-based classification of time-series MODIS data for rice crop monitoring in Mekong Delta, Vietnam. Remote Sensing, 6(1): 135-156.

SONG K S, LIU D W, WANG Z M, et al., 2011. Corn chlorophyll-a concentration and LAI estimation models based on wavelet transformed canopy hyperspectral reflectance. System Sciences & Comprehensive Studies in Agriculture,.

SONG S, GONG W, ZHU B, et al., 2011. Wavelength selection and spectral discrimination for paddy rice, with laboratory measurements of hyperspectral leaf reflectance. ISPRS Journal of Photogrammetry and Remote Sensing, 66(5): 672-682.

STEVEN M D, BISCOE P V, JAGGARD K W, et al., 1986. Foliage cover and radiation interception. Field Crop Research, 13(86): 75-87.

SULIK J J, LONG D S, 2015. Spectral indices for yellow canola flower. International Journal of Remote Sensing, 36(10): 2751-2765.

TETRACAM. Available online: http://www. tetracam. com/Products-Mini _ MCA. htm (accessed on 11May 2016).

THENKABAIL P S, LYON G J, HUETE A, 2011. Hyperspectral Remote Sensing of Vegetation. Boca Raton: CRC Press-Taylor and Francis group.

TURNER D, LUCIEER A, MALENOVSKÝ Z, et al., 2014. Spatial co-registration of ultra-high resolution visible, multispectral and thermal images acquired with a, Micro-UAV over Antarctic Moss Beds. Remote Sensing, 6: 4003-4024.

USTIN S L, GITELSON A A, JACQUEMOUD S, et al., 2009. Retrieval of foliar information about plant pigment systems from high resolution spectroscopy. Remote Sensing of Environment, 113(9): S67-S77.

VANBEEK J, TITS L, SOMERS B, et al., 2015. Temporal dependency of yield and quality estimation through spectral vegetation indices in pear orchards. Remote Sensing, 7(8): 9886-9903.

VERMA K S, SAXENA R K, HAJARE T N, 2002. Spectral response of gram varieties under variable soil condition. International Journal of Remote Sensing, 23(2): 313-324.

VERSTRAETE M M, PINTY B, MYNENI R B, 1996. Potential and limitations of information extraction on the terrestrial biosphere from satellite remote sensing. Remote Sensing of Environment, 54(s11-12): 201-214.

VINA A, GITELSON A A, RUNDQUIST D C, et al., 2004. Monitoring maize (Zea mays L.) phenology with remote sensing. Remote Sensing, 2(1): 2729-2747.

VIÑA A, GITELSON A A, NGUY-ROBERTSON A L, et al., 2011. Comparison of different vegetation indices for the remote assessment of green leaf area index of crops. Remote Sensing of Environment, 115(12): 3468-3478.

WANG C, MYINT S W, 2015. A simplified empirical line method of radiometric calibration for small unmanned aircraft systems-based remote sensing. IEEE Journal of Selected Topics in Applied Earth Observations and Remote Sensing, 8(5): 1876-1885.

WANG H, ZHU Y, LI W L, et al., 2014. Integrating remotely sensed leaf area index and leaf nitrogen accumulation with RiceGrow model based on particle swarm optimization algorithm for rice grain yield assessment. Journal of Applied Remote Sensing, 8(1): 083674-083674.

WANG P, SUN R, ZHANG J, et al., 2011. Yield estimation of winter wheat in the North China Plain using the remote-sensing-photosynthesis-yield estimation for crops (RS-P-YEC) model. International journal of remote sensing, 32(21): 6335-6348.

WITTKOP B, SNOWDON R J, FRIEDT W, 2009. Status and perspectives of breeding for enhanced yield and quality of oilseed crops for Europe. Euphytica, 170(1-2): 131-140.

XIE Q, HUANG W, ZHANG B, et al., 2016. Estimating winter wheat leaf area index from ground and hyperspectral observations using vegetation indices. IEEE Journal of Selected Topics in Applied Earth Observations and Remote Sensing, 9(2): 771-780.

XIN Q, GONG P, YU C, et al., 2013. A production efficiency model-based method for satellite estimates of corn and soybean yields in the midwestern US. Remote Sensing, 5(11): 5926-5943.

YANG C H, EVERITT J H, DU J Q, 2010. Applying linear spectral unmixing to airborne hyperspectral imagery for mapping yield variability in grain sorghum and cotton fields. Journal of Applied Remote Sensing, 4(1): 213-219.

YAO X, TIAN Y, NI J, et al., 2013. A new method to determine central wavelength and optimal bandwidth for predicting plant nitrogen uptake in winter wheat. Journal of Integrative Agriculture, 12(5): 788-802.

ZARCO-TEJADA P J, BERNI J A J, SUÁREZ L, et al., 2009. Imaging chlorophyll fluorescence with an airborne narrow-band multispectral camera for vegetation stress detection. Remote Sensing of Environment, 113(6): 1262-1275.

ZARCO-TEJADA P J, GUILLÉN-CLIMENT M L, HERNÁNDEZ-CLEMENTE R, et al., 2013. Estimating leaf carotenoid content in vineyards using high resolution hyperspectral imagery acquired from an unmanned aerial vehicle (UAV). Agricultural and Forest Meteorology, s171-172(8): 281-294.

ZHANG W H, LI Y C, LI D L, et al., 2013. Distortion correction algorithm for UAV remote sensing image based on CUDA. In Proceedings of the 35th International Symposium on Remote Sensing of Environment, Beijing, China, 22-26 April 2013.

ZHOU J J, ZHAO Z, ZHAO J, et al., 2014. A comparison of three methods for estimating the LAI of black locust Robinia pseudoacacia L. plantations on the Loess Plateau, China. International Journal of Remote Sensing, 35(1): 171-188.